国家社会科学基金课题成果

中国特色生态文明建设道路

赵凌云　张连辉　易杏花　朱建中　等著

U0194101

中国财政经济出版社

图书在版编目（CIP）数据

中国特色生态文明建设道路/赵凌云等著．—北京：中国财政经济出版社，2014.2

ISBN 978 - 7 - 5095 - 4958 - 2

Ⅰ.①中… Ⅱ.①赵… Ⅲ.①生态环境建设 - 研究 - 中国 Ⅳ.①X321.2

中国版本图书馆 CIP 数据核字（2013）第 275546 号

责任编辑：刘五书　　　　　　　责任校对：张　凡
封面设计：朱　江　　　　　　　版式设计：兰　波

中国财政经济出版社 出版

URL：http：// www. cfeph. cn

E - mail：cfeph @ cfeph. cn

（版权所有　翻印必究）

社址：北京市海淀区阜成路甲 28 号　邮政编码：100142

营销中心电话：88190406　北京财经书店电话：64033436　84041336

北京富生印刷厂印刷　各地新华书店经销

787×960 毫米　16 开　31.25 印张　552 000 字

2014 年 3 月第 1 版　2014 年 3 月北京第 1 次印刷

定价：55.00 元

ISBN 978 - 7 - 5095 - 4958 - 2/X · 0011

（图书出现印装问题，本社负责调换）

质量投诉电话：88190744

反盗版举报热线：88190492、88190446

目　录

导　论

　　中共十六届三中全会明确提出科学发展观的概念。中共十七大将科学发展观确定为党的指导思想的重要内容，并第一次将生态文明写入党的重要文献，将建设资源节约型、环境友好型社会写入了党章，同时把建设生态文明作为一项战略任务首次明确下来，将生态文明作为全面建成小康社会的基本要求之一，明确提出到 2020 年要使我国成为生态环境良好的国家。中共十七届五中全会通过的《中共中央关于制定国民经济和社会发展第十二个五年规划的建议》明确提出，要"提高生态文明水平"，由此对生态文明建设提出了更高要求。"十二五"规划纲要则首次提出"绿色发展"的理念，并且独立成篇，展示了中国党和政府对建设生态文明的高度重视。中共十八大明确提出"大力推进生态文明建设"，第一次将生态文明建设纳入中国特色社会主义总体布局，向全党全国人民发出了建设"美丽中国"，努力走向社会主义生态文明新时代的伟大号召。中共十八届三中全会通过的《中共中央关于全面深化改革若干重大问题的决定》明确提出，实行最严格的源头保护制度、损害赔偿制度、责任追究制度，完善环境治理和生态修复制度，用制度保护生态环境，对生态文明制度建设作出了全面部署。

　　当前，中国生态文明建设处在关键时期。2011 年 6 月，国家环境保护部指出，2010 年我国部分环境质量指标持续好转，但总体形势依然十分严峻。中国工程院、国家环境保护部共同牵头组织实施的成果表明：我国环境状况是局部有所改善、总体尚未遏制、形势依然严峻、压力继续加大，环境压力比世界上任何国家都大，环境资源问题比任何国家都突出，解决起来比任何国家都困难①。但愿，我们的这份研究成果能够为尽快将中国推向生态文明作出一份应有的贡献。

　　科学发展观作为全党的指导思想，同时也是中国生态文明建设的指导思想。如何以科学发展观为指导，加快推进中国生态文明建设，就成为理论与实

---

① 武卫政："中国环境宏观战略研究成果发布"，《人民日报》，2011 年 4 月 22 日，第 2 版。

践面临的重大课题。本书的主题是，以科学发展观为指导，探索中国特色生态文明建设的道路，探索中国特色生态文明建设的理论体系，探索中国特色生态文明建设的推进体系。

一、关于中国特色生态文明建设道路的几点认识

（一）　生态文明的内涵与生态文明建设的基本原则

要研究中国生态文明建设，首先必须理清生态文明的内涵、外延和建设的基本原则。

1. 理解生态文明的正确维度

20 世纪后期，针对日趋严重的生态环境问题，学者们相继提出了生态文明这个概念。前苏联学术界最早在"在成熟社会主义条件下培养个人生态文明的途径"① 一文中提出了生态文明概念。前苏联学者认为，生态文明是生态文化、生态学修养的提升。我国著名生态学家叶谦吉先生在 1987 年首次使用生态文明概念。他主要从生态学和生态哲学的角度阐释生态文明。他认为，生态文明是人类既获利于自然，又还利于自然，在改造自然的同时又保护自然，人与自然之间保持着和谐统一的关系。真正把生态文明看作"工业文明"之后的一种文明形式的现代意义上的生态文明概念，是由美国著名作家、评论家罗伊·莫里森在 1995 年出版的《生态民主》一书中提出。目前，我国学术界对生态文明的界定一般采用原国家环境保护总局副局长潘岳的定义。他认为，生态文明是指人类遵循人、自然、社会和谐发展这一客观规律而取得的物质和精神成果的总合，是指人与自然、人与人、人与社会和谐共生为基本宗旨的文化伦理形态② 。它将使包括伦理价值观、生产和生活方式等在内的人类社会形态发生根本转变。

总体来看，学术界对生态文明所下的定义纷繁复杂，尚未形成统一的观点。其所以如此，是因为"文明"一词本身就是一个相对含混的概念。生态文明本身是一个新概念、一个新生事物，要形成统一认识，需要时间和实践的积淀。

---

① 《莫斯科大学学报·科学社会主义》1984 年第 2 期。
② 潘岳："社会主义生态文明"，《文明》2007 年第 12 期。

更重要的是，不同学者基于对"文明"一词的不同理解，采用不同的解说思路。从解说思路上看，主要有三种：一是把"生态文明"理解为一种文明化进程，即一种实践。这种观点认为，生态文明包含两个层面的行动，即理论行动和实践行动。理论行动包括人类保护自然环境和生态安全的文化、意识、法律、制度、政策，实践行动包括维护生态平衡和可持续发展的科学技术、组织机构和实际行动。生态文明是在继承工业文明成果、批判工业文明弊病的基础上发展起来的，它把人类与自然环境的共同发展放在首位。因此，生态文明是一种实践导向，是一把钥匙，一把解决当前人和自然矛盾、社会矛盾的钥匙。

二是把生态文明作为人类文明演变进程中的一种新型文明形态。即生态文明是相对于古代文明、工业文明而言的一种新型的文明形态，它是一种物质生产与精神生产都高度发展，自然生态和人文生态和谐统一的更高层次的文明。它以绿色科技和生态生产为重要手段，以人、自然、社会共生共荣的深刻体会作为人类认知决策、行为实践的理论指南，以人对自然的自觉关怀和强烈的道德感、自觉的使命感为其内在约束机制，以合理的生产方式和先进的社会制度作为其坚强有力的物质、制度保障，以自然生态、人文生态的协调共生与同步进化为其理想目标。

三是把生态文明理解为人类与生态之间的关系形态，即从"崇拜自然的原始文明"（原始文明）经过"依赖自然的农业文明"（农牧业文明）和"征服自然的工业文明"（工业文明和科技文明），而正在转化为"效法自然的生态文明"（生态文明）。正是由于人类社会对自然生态规律认识的深化，提出了生态文明的理念。生态文明是人类社会与自然环境的和谐统一，它由生态系统生产成果的总和构成。任何社会都有与之相对应的生态文明。古代社会的生态文明主要表现为社会与水环境的和谐与统一；近代社会的生态文明表现为社会与动植物的和谐统一；现代社会的生态文明则主要表现为社会与整个自然环境的全面和谐与统一。

笔者认为，生态文明的定义必须基于当代中国语境。当代中国生态文明的提出有两个重大历史背景，一是基于人类文明演化的规律和要求，二是基于中国特色社会主义建设格局的总体要求。因此，当代中国的生态文明具有双重属性。一是文明演化纵向属性，即历史属性，二是中国特色社会主义建设横向属性，即制度属性。在把握生态文明内涵时，两种属性不可偏废。

2. 生态文明的内涵

首先，从人类文明演变纵向角度看，生态文明是相对于以往原始文明、农业文明、传统工业文明而言的更高阶段的文明形态，是指人类遵循人、自然、社会和谐发展这一客观规律所进行的物质、精神和制度方面的努力及其取得的物质与精神成果的总和，是指人与自然、人与人、人与社会和谐共生、良性循环、全面发展、持续繁荣为基本宗旨的文明形态。

这一定义具有三重内涵：一是生态系统恢复可持续发展的良性状况，可以支撑人类文明的长远演进。二是生态文明既是一种新的文明成果，又是一种新的文明发展过程。三是生态文明是对以往文明形态的扬弃，是一种新的文明形态。这种新的文明形态的特点在于它是文明地而不是粗暴野蛮地对待生态的文明，它是基于生态规律的文明。

从这个角度理解生态文明，可以避免两个理论失误，一是避免将生态文明与农业文明、工业文明割裂和对立起来。实际上，当代中国尚处于工业化进程，不可能抛弃工业文明，在这种背景下，生态文明实际上是用生态理念和原则对传统工业文明进行改造后的新型工业文明，或生态化的工业文明。因此，生态文明和一般意义上的工业文明不是对立的，而是可以融合的。二是避免将科技文明和信息文明与生态文明割裂开来。理论界对于后工业文明的形态先后提出过科技文明、信息文明和生态文明三种观点，实际上，三者都是后工业文明的形态，相互之间不是冲突的，而是一种互补关系，科技文明是从生产力角度对工业文明的发展，信息文明是从生产方式角度对工业文明的发展，生态文明则是从人与自然的关系的角度对工业文明的发展。

其次，从中国特色社会主义建设格局横向角度看，生态文明是人与自然协调发展的文明，即以科学发展观看待人与自然的关系以及人与人的关系，不断克服人类活动对生态的负面效应，积极改善和优化人与自然、人与人的关系，建设有序的生态运行机制和良好的生态环境所进行的物质、精神、制度方面的努力及其成果的总和。

这一定义有三重内涵：其一，生态系统足以支撑人及其发展的生态需求。其二，生态文明是与物质文明、精神文明和政治文明并列的文明形式。物质文明处理的是人与物的关系，精神文明处理的是人类精神世界与物质世界的关系，政治文明处理的是人与人之间的政治关系，生态文明处理的是人与自然界的关系。其三，生态文明对其他文明提出新的要求。生态文明要求物质文明致力于消除经济活动对大自然自身稳定与和谐构成的威胁，逐步形成与生态相协调的生产生活与消费方式；生态文明要求精神文明更提倡尊重自然、认知自然价值，建立人自身全面发展的文化与氛围，从而转移人们对物欲的过分强调与关注；生态文明要求政治文明、尊重利益和需求多元化，注重平衡各种关系，避免由于资源分配不公、人与人的斗争以及权力的滥用造成对生态的破坏。

3. 当代中国生态文明建设的基本原则

从上述定义和内涵中，可以归纳出当代中国生态文明建设的基本原则：

一是实践性与建设性。当代中国的生态文明是一个实践，不是一个单纯的文明构想和文明远景，需要通过有意识的实践加以建设。[①] 建设生态文明，不同于传统意义上的污染防治和生态恢复，而是修正工业文明的弊端，把环保理念和要求全面渗透到经济社会发展中。必须在生产全过程制定环境经济政策，将环保理念贯穿于生产、流通、分配和消费全过程，将环保要求体现在工业、农业、服务业等各个领域，落实到政府机构、企业、学校、社区和家庭等各个社会组织。

二是过程性与长期性。中国的生态文明建设是一个长期过程，需要长时期、分阶段的艰辛努力。文明的形成都是一个长期过程，生态文明也不例外。这一过程大体上可以分为两个阶段。第一个阶段是对传统工业文明生态化改造的阶段，这个阶段将伴随中国新型工业化的完成而结束。第二个阶段是建设完备意义上的生态文明的阶段，这个阶段将在中国全面完成工业化之后启动。中国生态文明建设作为一个过程，就是要像推进物质文明建设、精神文明建设、政治文明建设一样，构建长远的目标，形成中国特色道路，划分建设的阶段性和战略。

三是继承性与发展性。中国的生态文明建设并不是对以往文明的绝对否定，而是辩证扬弃，是在农业文明、工业文明基础上推进的。中国是一个农业大国，工业化进程尚未完成，中国不可能抛弃农业文明和工业文明建设生态文明，相反，要在辩证扬弃农业文明和工业文明的基础上，建设生态文明。同时，生态文明建设本质上是一个发展问题，不能离开发展，而是通过转变发展方式，科学发展来实现生态化发展，文明地对待生态的发展。

四是制度性与规范性。中国的生态文明是社会主义文明体系和中国特色社会主义建设总体格局的有机组成部分，它与其他文明一起，共同服务于以人为本、人的全面发展这一社会主义基本宗旨。因此，在中国，生态文明具有双重制度属性，一是社会制度属性，是中国特色社会主义的有机组成部分；二是制度规范属性，即形成一套有利于生态文明的制度规范系统和体制机制系统。

---

① 中国工程院沈国舫院士 2005 年 6 月 16 日在《光明日报》撰文指出，"生态环境"和"生态环境建设"是国产概念，与国际术语不接轨，而且可能有副作用，因为环境是客观存在的，可以改变，但是难以建设。

（二） 以科学发展观指导生态文明建设

如同物质文明、精神文明、政治文明和社会文明建设一样，生态文明建设需要有科学正确的指导思想。指导当代中国生态文明建设的指导思想，应该是科学发展观。

1. 传统的发展观难以指导生态文明建设

迄今为止，中国在 60 多年的经济发展进程中，中国发展观的发展经历了三个阶段，形成了三代具有各具特色而又相互联系的发展观。[①] 即：1949—1978 年间的经济增长导向型发展观；1979—1994 年间的经济发展导向型发展观；1995 年至今的经济社会全面进步导向型发展观，即科学发展观。从中国决策层的理论以及实际的发展模式中，可以抽象出三代发展观的基本内容，详见表 0 - 1。

表 0 - 1　　　　新中国成立以来三代发展观的特征与基本内容

	第一代发展观：经济增长导向型发展观	第二代发展观：经济发展导向型发展观	第三代发展观：经济社会全面进步导向型发展观（科学发展观）
发展目标	工业化	四个现代化	人的全面发展
发展标准	工农业总产值	国内生产总值	绿色国内生产总值
发展途径	增长优先	增长为主，发展为辅	发展优先
发展重点	重工业	工业	国民经济与社会
发展方式	外延式与粗放式	外延式与粗放式	内涵式与集约式
发展形式	积累优先	积累和消费并举	积累和消费并举
区域发展	均衡发展	非均衡发展	协调发展
发展动力	生产关系革命	体制改革与开放	社会全面进步
发展态势	赶超	赶超	和平崛起
发展层面	经济	经济并兼顾社会	经济、社会、人、生态

---

① 参见赵凌云、张连辉："新中国成立以来发展观与发展模式的历史互动"，《当代中国史研究》2005 年第 1 期。

从表 0 - 1 所列特征可见，前两代发展观都是以经济领域的发展为基本追求，相对忽视生态领域的发展，而且，从实际效果来看，前两代发展观指导下的经济发展是以牺牲环境和生态为代价的，由此形成的传统发展方式已经遭遇严重资源环境约束，具有生态上的不可持续性。因此，传统发展观难以指导当代中国的生态文明建设。

2. 国外生态文明建设理论与思潮难以指导中国的生态文明建设

随着工业文明的发展和人口的不断增加，加上长期以来忽视环境保护和生态技术，西方发达国家开始面临严重的环境挑战。许多专家学者从理念、制度、政策等层面进行反思，分别从生态伦理观、生态马克思主义、生态社会主义、生态经济等角度，就发展生态文明提出了一些有价值的思想，如确立生态理性、生态优先观念，发展循环经济、低碳经济，推进生态现代化，构建生态国家等。一些理念在实践中得以实施，成为推进生态文明的指导思想。特别是20 世纪 80 年代中后期以来，主张生态政治的绿党在工业化国家不断发展壮大，曾在西方近 20 个国家的议会中拥有议席，一些绿党还取得过执政地位，其生态理念得以影响实践。

但是，总体上看，西方发达国家的生态建设理念和指导思想只能为中国提供借鉴和参考，难以直接成为生态文明建设的指导思想。

首先，西方国家关于生态文明的理论具有庞杂性，不是一个系统完整的理论体系。一些理论侧重于哲学思辨，如生态伦理学；一些理论侧重社会与政治批判，如生态马克思主义；一些理论侧重技术路线，如循环经济、低碳经济等。目前还缺乏系统的理论整合，难以成为一个指导一种新的文明生成的指导思想。

其次，西方国家关于生态文明的理论具有抽象性，难以指导中国社会主义生态文明建设。西方国家的生态文明理论往往忽视资本主义制度的反生态特征，试图剥离生态问题的社会制度因素。无论是基于"人类中心论"还是基于"非人类中心论"，西方的生态文明观都从哲学角度揭示了"传统人类中心论"是生态问题产生的根源，把人类脱离生态危机的出路归结为"是走出人类中心主义还是走入人类中心主义"的抽象价值争论。立足于抽象人性思辨和批判，难以实现生态文明建设与社会制度的耦合。中国的生态文明建设是中国特色社会主义建设的有机组成部分，中国生态文明建设的指导思想应该具有社会制度特征。因此，西方抽象掉社会制度特征的生态文明理论难以成为中国生态文明建设的指导思想。

最后，西方生态文明理论具有消极性，难以指导中国积极的生态文明建设实践。基于对历史与现实的反思以及对资本逻辑的批判，西方生态文明理论多少都将生态文明与经济发展对立起来。例如，一些思想家从神学和纯粹生物学角度主张出发，主张"零增长"、"负增长"，一些极端的生态保护主义者则主张"反增长"。①"增长极限论"的悲观思潮则低估科技进步的作用，产生了地球将要毁灭的人类前途悲观论，构成反对现代技术的思潮。中国还处在发展中阶段，发展不够是中国的基本阶段性特征，发展是中国现代化进程面临的首要任务。中国的生态文明建设与西方理论主张不同。因此，需要有中国特色的理论作为推进中国生态文明建设的指导思想。

3. 科学发展观与生态文明是内在兼容的，是中国生态文明建设的指导思想

科学发展观，是中国共产党关于发展的世界观和方法论的总和，是指导当代中国发展的重要思想的理论体系。科学发展观，第一要义是发展，核心是以人为本，基本要求是全面协调可持续，根本方法是统筹兼顾。

将科学发展观与生态文明建设关联起来并作为中国特色生态文明建设的指导思想，首先是因为，科学发展观是马克思主义关于发展的理论的集中体现，是同马克思列宁主义、毛泽东思想、邓小平理论和"三个代表"重要思想既一脉相承又与时俱进的科学理论，是我国经济社会发展的重要指导方针，是发展中国特色社会主义必须坚持和贯彻的重大战略思想，生态文明是中国特色社会主义总体格局的有机组成部分，因此，科学发展观也是中国生态文明建设的指导思想。

其次，科学发展观与生态文明具有内在关联性。科学发展观内在包含了生态文明的要求，是一种生态文明指向型发展观。生态文明是实践科学发展观的基本路径，科学发展观的实践要基于生态文明建设。科学发展观的第一要义是发展，这个发展是包括生态发展在内的经济、社会、人与自然的协调发展，生态文明是这种发展的基础。科学发展观的核心是以人为本，以人为本重要的是以满足人的利益为本。当今时代，人的利益已经超出单纯的物质利益，发展到政治利益、社会利益、文化利益以及生态利益，生态文明则是满足人们生态利益的基本途径。科学发展观的基本要求是全面协调可持续，其中的全面、协调包括前述生态与经济社会的全面协调发展，可持续则直接是指发展的生态环境

---

① "极端化"的例子是，2010 年 9 月 1 日，美国环保人士詹姆斯·李在"探索频道"劫持人质被警察击毙。他主张动物和昆虫是好的，人是坏的，文明是污秽的。人类污染了地球，人类繁衍是最糟糕的污染。世界上没有人将更好。参见"环保理念趋极端"，《参考消息》2010 年 9 月 3 日。

的可持续性。科学发展观的根本方法是统筹兼顾，这也标志着物质文明、精神文明、政治文明、社会文明和生态文明的统筹推进。因此，科学发展观明确了生态文明建设在整个社会文明发展中的基础性地位和作用，为我们进一步建构生态文明建设的基本原则和行为规范，实现人、自然与社会的全面、协调、可持续发展指出了正确的方向。科学发展观不仅为新时期中国社会的整体发展指出了一条正确的发展道路，而且还为我们进行生态文明建设确立了一条基本的社会管理原则，这就是"生态—发展"原则。

复次，科学发展观是党领导和推进发展的世界观和方法论，它不仅是推进发展的指导思想，也是推进生态文明建设的指导思想。一方面，生态文明建设首先是一个发展问题，即在发展中正确处理人与自然的关系问题。科学发展观指明了生态文明建设的路径，即发展是建设生态文明的前提，要通过科学发展能动地推进生态文明建设。中国作为一个发展中国家，不能像纯粹生物学和神学主张的那样，停滞工业文明的发展搞单纯的生态保护和生态文明建设，而是要在发展中解决人与自然不协调的问题。另一方面，生态文明建设是一个系统工程，需要联系经济与生态、人与生态、国内与国外来分析、观察和推进，需要统筹协调的思维方法，只有科学发展观才具备这种理论指导功能。

再次，科学发展观也指明了中国生态文明建设的基本路径，即主要依靠自己的力量推进生态文明建设。科学发展观强调要通过内生型自主创新、国内市场的培育实现发展，因此，中国生态文明建设不是依靠对外生态扩张和生态输出，而是依靠自身的内生努力来实现。

最后，从科学发展观和生态文明提出的历史关联来看，科学发展观与生态文明的提出具有内在的逻辑联系，生态文明是在科学发展观的引导下上升为中国特色社会主义组成部分的。1992 年联合国召开环境与发展大会，号召人类选择生态文明发展模式。1992 年"里约会议"之后，中国相继公布了一系列可持续发展战略文件，1994 年公布"中国 21 世纪议程"，2000 年公布"全国生态环境保护纲要"和"可持续发展科技纲要"。此后，中央先后提出"农民开创生产发展、生活富裕、生态良好的文明道路"等蕴含着"生态文明"基本观点的重要思想，在局部领域，如林业直接提出来建设"生态文明"，然后，在科学发展观正式形成并上升为党的指导思想以后，党的"十七大"第一次将生态文明写入党的重要文献。

（三）建设生态文明，要走中国特色道路

中国作为一个发展中的社会主义国家，在推进生态文明发展进程中，要遵

循历史逻辑和时代要求，依托后发优势，探索和确立中国特色生态文明发展道路。

1. 中国不能照搬发达资本主义国家生态文明发展道路

不同国家形成不同的生态文明发展道路，因为发展阶段和社会制度的区别具有不同特点。早发资本主义国家生态文明发展道路呈现出滞后性、被动性和剥削性的历史特点。资本逻辑与生态逻辑是冲突的，因此，资本主义是反生态的社会制度。① 但是，发达资本主义国家在推进现代化的进程中，遭遇到严重的生态约束，这些约束在资本主义制度框架内难以破解的条件下，资本主义国家不得不采用环境保护和生态文明建设手段，在先发优势、资本主义主导的世界经济体系以及强大的经济与科技实力的支撑下，迅速提升生态文明化程度。由此形成了早发资本主义国家的生态文明发展道路。这一道路的历史特征在于：一是滞后性，即生态文明发展滞后于政治文明、经济文明、社会文明的发展。二是被动性，即整体上看，发达资本主义国家经历的是先发展后环保、先破坏后修复、先污染后治理，牺牲环境换取经济增长的消极性生态文明发展模式。② 三是剥削性，即发达国家提升了自身的生态文明水平，但是这一点是建立在剥削他国生态资源、破坏他国乃至全球生态环境的基础上的。

可见，发达资本主义国家生态文明发展道路根源于资本主义本身的剥削性质，建基于资本主义国家主导的国际生态资源分配体系带来的生态霸权，同时也是以经济优势、技术优势、市场优势、话语权优势等先发优势为手段的。因此，对于中国来说，这种道路是不可复制的。

2. 中国传统生态环境保护道路难以支撑当代中国的生态文明建设

新中国成立以来，党和政府高度重视生态环境保护。1955 年，毛泽东向全国人民发出了"绿化祖国"、"实行大地园林化"的号召。1973 年 8 月，国务院召开第一次全国环保工作会议，审议通过了"全面规划、合理布局、综合利用、化害为利、依靠群众、大家动手、保护环境、造福人民"的环境保护工作 32 字方针。1978 年，中共中央批准了国务院环境保护领导小组的《环境保护工作汇报要点》，指出"消除污染，保护环境，是进行社会主义建设、实现四个现代化的一个重要组成部分。"1983 年召开的第二次全国环保会议将环境保护确定为基本国策，奠定了其在社会主义现代化建设中的重要地位。

2006 年，第六次全国环保大会，提出"三个历史性转变"，把环保工作推

---

① 约翰·贝拉米·福斯特：《生态危机与资本主义》，上海译文出版社 2006 年版，第 3—4 页。
② 参见周生贤："进一步提高可持续发展能力"，《经济日报》，2009 年 11 月 12 日，第 7 版。

向了以保护环境优化经济增长的新阶段。中国开始从环境保护步入生态文明建设阶段，生态文明建设全面展开。除了传统意义上的环境保护以外，生态文明建设扩展到其他诸多方面。在气候方面，2006 年，中国成立了第一届国家气候变化专家委员会，主要就我国应对气候变化的重大战略、政策提出意见和建议，标志着环境保护和生态文明建设与全球接轨的过程加快。在两型社会建设方面，2007 年批准武汉城市圈和长株潭城市群为资源节约型和环境友好型社会建设综合配套改革试验区。在减排方面，2010 年 8 月 18 日，国家低碳省区市试点启动，首批五省八市即广东、辽宁、湖北、陕西、云南、天津、重庆、深圳、厦门、杭州、南昌、贵阳、保定进行试点。试点的任务，一是编制低碳发展规划；二是制定支持低碳绿色发展的配套政策；三是加快建立以低碳排放为特征的产业体系；四是建立温室气体排放数据统计和管理体系；五是积极倡导低碳绿色生活方式和消费模式。总体要求是要努力建成低碳发展先行区，绿色发展示范区和科学发展试验区，实现生产发展、生活富裕、生态良好的内在统一。① 在资源节约方面，国家发展和改革委员会等六部门联合发布《中国资源利用技术政策大纲》，力图在五个方面发挥引导作用：一是引导关键、共性重点综合利用技术的研发；二是引导推进高新技术产业化；三是引导成熟的、先进的综合利用技术与工艺的推广应用；四是引导推动淘汰落后的生产技术、工艺和设备；五是为各地区、各行业编制资源综合利用规划提供技术支援。在投入方面，近 10 年来，我国不断增加生态建设和环境保护的投入，总投资接近 1 万亿元。近年来，我国先后实施了退耕还林、退牧还草、天然林保护、三江源头保护和南水北调水源地保护等重大生态建设工程，总投资达 7000 多亿元，其中用于各种补助性质的支出 3000 多亿元；开展了大规模的水污染治理工作，加大了环保基础设施建设力度，累计安排 2000 多亿元资金用于重点流域水污染治理和城市污水处理，不仅减少了大量污染，而且改善了中国尤其是西部地区的生态环境。

中国环境保护与生态建设取得了长足进展。从国际义务履行看，截至 2010 年 9 月，中国已经完成《蒙特利尔议定书》阶段性履约任务。自 1991 年加入《蒙特利尔议定书》以来，中国结合形势发展和自身实际，不断扩宽履约管理思路，创造了很多"第一"，包括第一个编制完成《国家方案》，第一个制定加速淘汰计划，第一个推行工业重组，第一个实现淘汰全氯氟烃和哈龙目标。20 年来，已经淘汰消耗臭氧层物质共计 10 万吨生产量和 11 万吨消费

---

① 朱剑红："国家低碳省区市试点启动"，《人民日报》，2010 年 8 月 19 日，第 3 版。

量，约占发展中国家淘汰总量的一半。2010 年已经全面停止全氯氟烃、哈龙、四氯化碳等主要消耗臭氧层物质的生产和使用。[①] 从减排来看，"十一五"时期，通过强化结构减排、工程减排和管理减排措施。2010 年，全国化学需氧量排放量比 2005 年下降 12%，二氧化硫下降 14%，双双超额完成减排任务，环境质量持续好转。[②]

上述进展为中国的科学发展和生态文明建设奠定了坚实基础。但是，总体上看，环境保护赶不上环境污染的步伐，中国生态环境仍处于总体恶化状态，中国生态环境质量不高。根据环境保护部的通报，2010 年上半年环境质量总体平稳向好，部分指标反弹。地表水总体中度污染，Ⅳ、Ⅴ 类占 26.4%，劣 Ⅴ类占 24.3%，氨氮、生化需氧量和高锰酸盐指数不同程度超标，近岸海域水质差于上年同期。监测的 443 个城市中，189 个出现酸雨。之所以如此，一方面是因为经济增长依赖资源环境消耗的传统发展模式还没有根本改变，发达国家上百年工业化过程中分阶段出现的环境问题，在我国已经集中出现。另一方面，中国传统环境保护道路是传统发展方式的内在组成部分，难以支撑生态文明建设。突出表现在，环境保护以及生态文明建设的推进与科学发展尚未有机地结合起来。

首先，环境保护实际上处于从属地位，难以实现经济发展与环境保护的内在有机结合。尽管环境保护被确立为国策，但是，由于传统经济发展方式的强势存在，环境保护实际上处于服从经济发展的从属地位。在以 GDP 为主要目标的经济发展方式的主导下，一些地方往往将环境保护和节能减排作为次要目标，而一旦节能减排目标被"硬化"后，又往往以暂时牺牲发展为代价完成目标任务。2010 年 9 月，江苏、浙江、河北、山西等一些地方为了完成节能减排指标，对企业拉闸限电，靠牺牲生产和发展完成指标。江苏常州市要求大约 7000 家公司"开九停五"，要求各公司的电力消耗同比下降 20%—30%。2010 年冬天，一些地方甚至出现为了减排停止向居民供暖的极端做法。

其次，环境保护与修复赶不上环境"折损"速度，难以形成生态文明的物质基础。应该看到，伴随国家对生态环境保护重要性认识的不断提高和经济发展的推进，生态环境保护的投入力度不断加大。例如，20 世纪 80 年代初期，全国环保治理投资每年为 25 亿元至 30 亿元；到 2007 年，全国环境污染

① 孙秀艳："我国完成《蒙特利尔议定书》阶段性履约任务"，《人民日报》，2010 年 9 月 17 日，第 10 版。

② 刘松柏："十一五污染减排任务超额完成"，《经济日报》，2011 年 1 月 14 日，第 3 版。

治理投资总额达 3387 亿元，是 1981 年的 135 倍。但是，由于生态环境恶化呈现加速累积特征，诸多深度污染逐渐凸显和释放，不断加大的投入同环境污染的发展和由此造成的影响相比，仍然是杯水车薪。例如，2008 年一项调查表明，如果水土流失继续以现在的速度发展，中国西南部 1 亿人将在 35 年内丧失土地，东北部的收成将在半个世纪内下降 40%，水土流失导致每年 45 亿吨土壤流失，1998—2008 年的 10 年间，每年导致直接损失 2000 亿元。① "十一五"时期，重金属污染严重问题开始暴露，尽管已经出台《重金属污染防治规划》，要求力争 2015 年构建完善的防治体系，但是，由于这类污染的持久性和广泛性，现有的措施难以在近期内扭转局面。国家环境保护部 2010 年 12 月发布的报告指出，由于经济发展造成的环境污染代价持续增长，中国生态环境年 "折损"近万亿元。全国连续 5 年的环境经济核算结果表明，尽管 "十一五"期间污染减排取得进展，但是环境污染损失代价持续加大，5 年间的环境退化成本从 5118 亿元提高到 8947 亿元，虚拟治理成本从 2874 亿元提高到 5043 亿元，增长 75%。②

再次，经济发展方式与生态文明建设统筹不够，导致污染减量赶不上排放增量。例如，一方面强调节能减排，另一方面经济结构对高碳排放的煤炭高度依赖。由于产业结构偏重，加上一次性能源中煤多油少，致使经济发展高度依赖煤炭。根据近期召开的国家能源经济形势分析会的分析，即便是到 2015 年，非化石能源比重只能达到 11% 以上，煤炭占一次能源消费比重由 2009 年的 70% 以上，降到 63% 左右。"十二五"期间，煤炭、石油等化石能源仍然是能源供应主体，特别是煤炭将继续起基础性作用。为此，未来 5 年，国家将推进 14 个大型煤炭基地建设，使之产量占全国的 90%，石油原油稳定在 2 亿吨。火电仍然是主要电源。中国承诺 2020 年非化石能源消费比重达到 15%，其间，"十二五"末期达到 11.4%，主要不是靠减少石化能源，而是靠发展水电、风电、太阳能、生物质能和地热能。③ 可见，环保道路与经济结构和经济发展之间仍然没有充分耦合，要发挥环境保护在推进发展方式转变中的综合作用，必须创新和完善环境保护道路。

最后，制度缺失，机制不活，科学性不强，尚未形成体制机制体系。例

① 塔尼亚·布兰妮根："水土流失将使中国近亿人失去土地"，《参考消息》，2008 年 11 月 24 日，第 7 版。

② 安邦："中国环境污染年损失远超万亿元"，《社会科学报》，2011 年 1 月 7 日，第 2 版。

③ 张国宝："太阳能将成新能源支柱产业"，《人民日报》，2011 年 1 月 12 日，第 10 版。

如，资源性产品价格关系不顺、价格形成机制不合理，助长了粗放型、环境破坏性增长方式。环保收费制度、污染者收费制度尚不完善，生态价值体制机制尚未形成，助长环境破坏行为。

3. 以科学发展观为指导探索中国特色生态文明发展道路

中国生态文明建设的特殊历史背景决定了中国的生态文明建设道路不应该是跟随式的，而应该是跨越式的。当前，中国生态环境面临双重挤压：一是来自传统发展方式的挤压；二是来自不合理国际经济体系的挤压。后者表现为资本主义国家挟持国际组织，凭借资本和科技威力，依托市场和产业链优势，转嫁危机，掠夺生态空间和资源。在这种背景下，跟随式和被动式生态文明建设道路只能导致中国的生态文明永远落后于西方国家，永远受制于西方国家。正如马克思所说的："东方社会为了喝到现代生产力的甜美酒浆，它不得不像可怕的异教神那样，用人头做酒杯"。① 生态危机就是这种"人头酒杯"。要避免这种代价，必须寻求超越之路。因此，对于中国来说，要探索超越发达国家的生态文明发展道路。

同样，当代中国生态文明建设面临的特殊环境也决定了不能延续传统的生态环境保护道路，而应该采取超越式的生态文明建设道路。

要统筹发展，靠科学发展观为指导；要超越发达国家的道路，必须基于自身的优势。如果说发达国家具有发展生态文明的先发优势，那么中国则具有自身的后发优势。当前，中国的工业文明正在追赶发达国家工业文明，同时正在加快推进生态文明建设的步伐，文明位差在缩小，发展生态文明的后发优势正在显现。根据笔者的研究，中国在生态文明建设方面主要具有六大后发优势，即制度优势、政策优势、资源优势、产业优势、科技优势和市场规模优势。

以科学发展观为指导，以后发优势为基础，以发达国家生态文明发展道路为参照，可以探索中国特色生态文明超越式发展道路。从历史视角看，其"中国特色"应该体现在下述几个方面：

一是系统性与同步性。首先，中国生态文明建设的特殊时代背景决定了中国生态文明发展不应该是零散的、应景式的，而应该是系统的、整体的过程。当前，人类已经进入系统的文明重建和文明转换时代，中国不应该像发达国家早期实践那样，单纯开展"头痛医头、脚痛医脚"式的生态建设，相反，要推进从单纯的环境保护、生态修复到系统推进生态文明发展的转变，实现文明

---

① 马克思："不列颠在印度统治的未来结果"，《马克思恩格斯全集》（第9卷），人民出版社1961年版，第252页。

形态从传统工业文明向现代生态文明的系统转变。其次，要推进生态文明发展与政治文明、物质文明、精神文明、社会文明发展的同步和协同。生态文明是中国特色社会主义的基础结构，政治建设、社会建设、经济建设、文化建设是建立在此基础上的。中国不能像发达国家那样，在政治文明、物质文明、精神文明和社会文明发展到较高程度以后才开始发展生态文明，而是要实现五大文明发展的整合与联动。通过五大文明发展的整合与联动，可以推进政府和行政的绿色化、经济生活的低碳化和绿色化、社会的绿色化以及培育公民的生态文明素质，从而形成推进生态文明发展的强大合力。

二是主动性与发展性。一方面，中国生态文明发展的特殊制度背景决定了中国的生态文明发展不应该是被动的，而应该是主动的。资本主义的资本逻辑决定了西方国家生态文明建设的滞后性，社会主义本质上是亲生态的社会制度，因此，相对于资本主义生态文明而言，社会主义与生态文明具有本质上的统一性。当前，中国已经开始从传统社会主义向中国特色社会主义的转变，为构建亲生态的社会主义奠定了坚实的制度基础。在这种社会制度基础上，可以避免"先污染后治理"、"先破坏后建设"的传统道路，推进主动的生态文明建设。另一方面，中国生态文明发展的国内背景决定了中国生态文明建设道路不应该是消极的、脱离发展的，而应该是积极的、发展型的。中国还处在发展中阶段，发展不够是中国的基本阶段性特征，发展是中国现代化进程面临的首要任务。强调生态文明，不应该否定发展。在这点上，中国的生态文明建设与西方一些思想家从神学和纯粹生物学角度主张的"零增长"、"负增长"不同，也与一些极端的生态保护主义者主张的"反增长"不同，而是承认发展，承认科学发展，推进发展，推进科学发展，承认工业文明，同时将生态文明建设作为积累绿色资产、开发绿色资源、拓展绿色空间的一种发展手段。因此，中国的生态文明应该是积极的、发展性的。

三是互利性与内生性。中国生态文明建设的特殊国际背景决定了中国生态文明建设的道路不应该是对外掠夺和转嫁的，而应该是内生的和互利的。如前所述，西方国家依托经济霸权基础上的生态霸权，对他国进行生态掠夺、生态转嫁和生态遏制。中国没有殖民地，处在国际产业链条低端，不会也不可能对他国进行生态掠夺和生态转嫁，更不会对他国进行生态遏制，在与发展中国家的生态交流中，要努力实现互利共享。在整个世界的生态文明建设中，要承担大国应尽的责任。同时，在同发达国家的生态交流中，要力争摆脱生态掠夺、生态转嫁和生态遏制，努力维护国家的生态权益，实现国家生态进出的平衡。

（四）　中国特色生态文明建设道路的基本框架

用科学发展观指导生态文明建设，就是用科学发展观指导中国特色生态文明建设道路的探索。中国生态文明发展道路的上述历史特色需要体现到现实道路中，形成中国生态文明发展道路的现实内涵。中国的生态文明是社会主义的生态文明，当代中国的生态文明发展道路应该具有鲜明的制度特征、中国特色和时代特征。

中国共产党已经开展了关于经济建设、社会建设、政治建设、文化建设的系统实践，已经基本形成关于物质文明、精神文明、政治文明建设的系统理论。生态文明建设作为最新提出的一项建设任务，在实践上尚未全面展开，在理论上尚未形成全面系统的理论，在推进上尚未形成工作体系。本书旨在以指导思想为切入点，探索中国特色生态文明建设的基本理论体系，探索中国特色生态文明建设道路的基本框架。

科学发展观指导的中国特色生态文明建设道路的基本框架包括十大支柱。这十大支柱也是中国生态文明建设推进体系的十个方面：一是生态友好型发展是生态文明建设的发展方式支撑；二是低碳产业是生态文明建设的产业支撑；三是绿色制度创新是生态文明建设的制度支撑；四是"两型"社会是承载生态文明的社会支撑；五是生态文化是生态文明建设的文化支撑；六是技术创新是驱动生态文明的技术支撑；七是推进国土空间布局合理化是生态文明建设的空间支撑；八是对外生态合作与国际互动是推动生态文明的外部支撑；九是完善评价体系是生态文明的引领体系支撑；十是全面推进社会科学理论绿色化是生态文明建设的理论支撑。

二、文献综述和本书的基本框架、主要观点与主要创新

（一）　文献综述：已有研究基础与本书研究重点

1. 现有研究基础

近年来国内外学术界关于生态文明的研究成果可谓汗牛充栋，相关对策建议不胜枚举。在此不拟做全面的文献和观点综述，主要围绕本书的内容，分析学术界的主要成果。

总体上看，学术界围绕中国生态文明建设的指导思想、道路等问题展开了广泛的讨论和研究，论题涉及生态文明内涵、建设生态文明与社会主义的关系、生态文明建设的理论基础、生态文明指标的构建、建设生态文明的现实途径等生态文明建设的多个方面。就代表性论著而言，概论性的主要有《竭泽而渔不可行——为什么要建设生态文明》（郭强，2008 年）、《生态文明论》（陈学明，2008）、《生态文明研究前沿报告》（薛晓源，2007）、《生态文明论》（余谋昌，2010）；《生态美学导论》（曾繁仁，2010）；专题性的有《生态文明与绿色发展》（储大建，2008）、《生态文明与循环经济》（宋宗水，2009）、《生态文明与环境立法》（刘爱军，2007）、《人地关系与生态文明研究》（雍际春，2009）；实证性研究主要有《中国省域生态文明建设报告》（严耕，2010）。对策性研究主要有：

（1）关于中国生态文明建设的指导思想。关于中国生态文明建设的指导思想，学术界主要有生命伦理、马克思主义生态思想和科学发展观三种主张。

徐文明基于佛教理论提出，生态文明建设要以生命伦理作为指导思想。生命伦理即突破人类中心主义，从关注人自身到六道众生，从关注人生疾苦到所有生命的命运，确立以众生之福祉、生命之和谐为目标的伦理观。这种代表人类最高道德水平的生命伦理，是建设生态文明的理论基础和指导思想。这是因为，生态问题的提出，是由于现在生态恶化，包括人类在内的整个生命系统都面临着巨大的威胁。不正视这一现实，不关注众生的疾苦，不努力实现生命的和谐与幸福，就无从建设生态文明①。

张渝政和周文则认为，马克思主义生态思想是建设社会主义生态文明的指导思想。这是因为，马克思主义生态理论是自然生态观、生态文明观的理论来源，马克思主义生态理论超越了时代局限，具有深远的前瞻性，可以指导中国生态文明建设。②

多数学者认为，中国生态文明建设要以科学发展观为指导。例如戴安良认为，科学发展观应该成为生态文明建设的指导思想。因为科学发展观的重要内容之一，就是强调社会经济的发展必须与自然生态的保护相协调，在社会经济的发展中要努力实现人与自然之间的和谐，发展不能以破坏生态平衡为代价，发展要顾及子孙后代的利益，走可持续发展的道路。正如胡锦涛所说："可持

---

① 徐文明："以生命伦理作为生态文明的指导思想"，《绿叶》2009 年第 2 期。
② 张渝政、周文："马克思主义生态思想为工业文明向生态文明的转变提供理论指导"，《生态经济》2007 年第 1 期。

续发展，就是要促进人与自然的和谐，实现经济发展和人口、资源、环境相协调，坚持走生产发展、生活富裕、生态良好的文明发展道路，保证一代接一代地永续发展。"因此，科学发展观不是一般地要求我们要保护自然环境、维护生态安全、实现可持续发展，而是把这些要求本身就视为发展的基本要素，其目标就是通过发展去真正地实现人与自然的和谐以及社会环境与生态环境的平衡，实现植根于现代文明之上的"天人合一"。简言之，科学发展观要求我们建设社会主义的生态文明。科学发展观立足于人之"本"，提出"全面、协调、可持续的发展观"，集中体现了生态文明的基本方向和原则，反映了人类社会在物质文明和精神文明基础上跨入生态文明的发展主流，代表着人类对天人关系认识的新境界、新高度。从这个意义上讲，建设生态文明，必须以科学发展观为指导。① 潘岳也持有这种观点。他说："没有生态文明，一切文明就没有了享受的前提。生态文明体现的正是科学发展观的重要文化内涵。"②

（2）关于中国生态文明建设的道路。关于中国生态文明建设的道路，学术界尚未就这一道路本身展开充分研究，而主要是从中国特色发展道路、新型工业化道路和环境保护道路等层面进行了研究。

例如，李景源认为，中国生态文明建设道路，就是中国特色发展道路，特别是其中的新型工业化道路。中国的生态文明建设就是要走出一条不同于第一次工业化的先污染后治理的新型工业化道路。③

唐代兴认为，生态文明建设道路就是可持续发展道路。生态文明是一种生境化文明，它的具体指标有三：一是地球具有强健的承载力；二是社会具有生生不息的自净力；三是气候生境化运行。以此三大指标为规范引导，探索以低碳化生存、灾疫防治、生境化教育为主要方式的可持续生存式发展，构成了生态文明建设的唯一正确道路。④

周生贤则提出通过中国特色环境保护道路来推进生态文明建设。他指出，当前和今后一段时期的重中之重，就是积极探索出一条代价小、效益好、排放低、可持续的中国环境保护新道路。"代价小"就是坚持环境保护与经济发展

---

① 戴安良："对建设生态文明几个理论问题的认识——兼论科学发展观与建设生态文明的关系"，《探索》2009年第1期。

② 潘岳："践行科学发展观，推进建设生态文明"，新华网，http://news.qq.com/a/20071015/002376.html。

③ 李景源："建设生态文明中国特色发展道路"，《中国绿色时报》，2008年1月17日，第4版。

④ 唐代兴："可持续生存式发展：强健新生的生态文明建设道路"，爱思想网，http://www.aisixiang.com，2010年10月8日。

相协调，以尽可能小的资源环境代价支撑更大规模的经济活动；"效益好"就是坚持环境保护与经济社会建设相统筹，寻求最佳的环境效益、经济效益和社会效益；"排放低"就是坚持污染预防与环境治理相结合，用适当的环境治理成本，把经济社会活动对环境的损害降低到最小限度；"可持续"就是坚持环境保护与长远发展相融合，通过建设资源节约型、环境友好型社会，不断推动经济社会可持续发展。总之，探索中国环保新道路，要用新的理念进一步深化对环境保护的认识，用新的视野把握好环境保护事业的发展机遇，用新的实践推动环境保护取得更大的实际成效，用新的体制机制保障环境保护的持续推进，用新的思路谋划环境保护的未来，制定和完善与我国基本国情相适应的环境保护宏观战略体系、全防全控的防范体系、健全高效的环境治理体系、完善的环境法规政策标准体系、完备的环境管理体系、全民参与的社会行动体系。①

诸大建提出中国特色生态文明就是生态化工业文明道路。他认为，生态文明是用较少的自然消耗获得较大的社会福利。实现生态文明要求有两个重要的脱钩：一是经济增长与自然消耗的脱钩，即经济增长是低物质化的，这意味着资源节约型和环境友好型的生产和消费；二是生活质量与经济增长的脱钩，即要求在经济增长规模得到控制的情况下提高生活质量。以上两个脱钩清楚地表达了中国未来 30 年以社会福利为目标的生态文明社会与以经济增长为目标的传统工业文明的基本区别。中国特色的生态文明是用生态文明的原则来改造传统意义上的工业文明，实质是新型工业文明的问题。中国要搞的生态文明已经不是传统意义上的工业文明，而是生态导向的新型工业文明。同时，衡量中国生态文明发展的指标与目标不能太高，因为这样会犯超越发展阶段而降低发展节奏的错误。概而言之，中国未来的发展，既不是沿袭传统工业文明，也不是提前进入后工业化的生态文明，而是要走中国特色的生态化工业文明道路。②

（3）关于中国生态文明建设道路的基本框架。学术界对中国生态文明建设的具体路径进行了比较丰富的探索，归纳起来，主要涉及下述几个方面：

①培养生态文明意识。张新宁认为，举凡文明其灵魂皆为一种精神层面的存在。对生态文明而言，其灵魂则是生态文明意识，或曰生态文明价值观。因而，建设生态文明的首要任务，就是在全社会确立生态文明意识。而要在全社

---

① 周生贤："探索中国环境保护新道路，提高生态文明水平"，环保部网，http：//www.chinadaily. com. cn/hqgj/jryw/2010－11－12/content_ 1195032. html，2010 年 11 月 12 日。

② 诸大建："生态文明下的绿色发展"，《解放日报》，2010 年 12 月 19 日。

会确立生态文明意识，就必须唤起人们对自然的"道德良知"和"生态良知"，使人们全面认识人和自然的关系，改变"人类中心论"的传统观念，用尊重自然的态度取代无节制占有自然的欲念，把生态伦理作为一种价值导向和评判标准。① 钱俊生认为，确立生态文明意识的过程，既是生态文明观的形成过程，也是文明观的转变过程。对于文明观转变的具体层面，有学者认为，这一转变必须在科学发展观的指导下，从思想意识上实现三大转变，即从传统的"向自然宣战"、"征服自然'等理念，向树立"人与自然和谐相处"的理念转变；从粗放型的以过度消耗资源破坏环境为代价的增长模式，向增强可持续发展能力、实现经济社会又好又快发展的模式转变；从把增长简单地等同于发展、重物轻人的发展向以人的全面发展为核心的发展理念转变。② 郭强认为，文明观的转变和生态文明意识的确立，需要全社会的参与，同时也对不同社会成员提出了不同的要求。对于普通公民而言，要树立生态环保意识，转变消费理念和消费模式；对于政府而言，要树立生态文明执政理念，积极推动生态文明文化建设和制度建设；对于企业而言，要树立生态文明型企业家精神，实施企业绿色管理和清洁生产。③ 王博则明确提出，要将转变消费理念和模式、树立科学发展理念、树立科学执政理念、树立素质教育理念以及树立德法共建理念，作为培养生态文明意识的具体途径和方式。④

②构建生态文明型政府。建设生态文明对中国政府也提出了新的要求，要求政府职能作出相应的调整和转型，要求构建生态文明型政府。至于政府在建设生态文明过程中的作用，学者们基本都认为，政府应该处于主导地位，发挥主导作用。对于如何坚持政府在中国生态文明建设中的主导地位，以及如何按照建设生态文明的要求调整政府职能，蔡文认为应该从三个方面着手：一是进一步强化多层次绿色政治组织机构的环保权能，增强其生态绩效；二是有效实施和切实执行丰富的绿色政治制度；三是创新绿色政治运行机制。⑤ 常丽霞、叶进则较详细地阐述了根据建设生态文明的要求构建相应的政府环境管理职能和制度的具体着眼点：构建国家环境管理体制；全面规划、整体协调各级政府的环境管理；构建生态化的市场制度体系；通过制度供给全面引导社会公众参

① 张新宁："构建生态文明的机制研究"，《创新科技》2008 年第 11 期。
② 钱俊生："怎样认识和理解建设生态文明"，《半月谈》2007 年第 21 期。
③ 郭强："竭泽而渔不可行——为什么要建设生态文明"，人民出版社 2008 年版，第 82、94 页。
④ 王博："提高生态文明意识的途径与方法"，《黑龙江史志》2009 年第 7 期。
⑤ 蔡文："当前我国生态文明建设路径的现实选择"，《实事求是》2010 年第 2 期。

与环境管理；培养生态保护领域的社会自治能力；建立合理的政府考核制度。① 周生贤认为，环保部门要从思想上正确认识环境保护与经济发展的关系，加快实现"三个转变"：一是从重经济增长轻环境保护转变为保护环境与经济增长并重；二是从环境保护滞后于经济发展转变为环境保护和经济发展同步；三是从主要用行政办法保护环境转变为综合运用法律、经济、技术和必要的行政办法解决环境问题。②

③构建生态文明法律和制度体系。建设生态文明，关键是建构一个稳固的制度保障基础。众多学者认为，中国现存的诸多法律和制度安排难以适应建设生态文明的要求，因而要在具体分析现存法律和制度的不足的基础上，按照建设生态文明的要求，构建生态文明法律和制度体系。魏澄荣认为，许多企业对发展生态产业积极性不高的深层原因是利益驱动不足。具体而言，就是由于现行的价格机制扭曲、排污费偏低、环保处罚力度不够以及税收、融资优惠不到位等原因，致使企业发展生态产业难以获得经济收益，因此也就没有积极性。③ 施从美则指出，在跨行政区的区域环境立法上存在环境法规的执行主体被人为割裂、国家环境立法相对滞后和环境法规内容存在冲突等三方面不利于生态文明建设的局限。④ 关于构建生态文明法律和制度体系应遵循的基本原则。孙立侠认为，建立在制度维度基础上的生态文明应从三个层面来理解，即生产制度正义、分配制度正义和国际政治经济制度正义。也就是说，在制度设计上，建设生态文明必须体现正义或公平的原则；不仅要能有效维护国内弱势群体的权益，也要能有效维护作为发展中国家的中国的权益。⑤ 李长健、张磊、董芳芳则从农业生态保护的角度提出了完善生态文明法律制度的基本原则：追求协调发展的目标性原则、以预防为主的基础性原则和注重公众参与的关键性原则。⑥ 关于构建生态文明法律和制度体系应采取的主要举措。郭强认为，建设生态文明涉及社会、经济、资源、环境各个方面，是对传统经济发展模式、环境治理方式以及相关战略和政策的重大变革，迫切需要在上层建筑的

---

① 常丽霞、叶进："向生态文明转型的政府环境管理职能刍议"，《西北民族大学学报（哲学社会科学版）》2008年第1期。

② 周生贤："积极建设生态文明"，《今日中国论坛》2009年第11、12期合刊。

③ 魏澄荣："科学发展观与生态产业发展"，中国环境生态网，2007年8月15日。

④ 施从美："长三角区域环境治理视域下的生态文明建设"，《社会科学》2010年第5期。

⑤ 孙立侠："生态文明的制度维度探析"，《前沿》2008年第11期。

⑥ 李长健、张磊、董芳芳："生态文明理念下我国农业生态保护法律制度研究——以外部性理论为探究视角"，《中共济南市委党校学报》2008年第3期。

法律领域，也进行一次重大的变革，从全局的高度制定一部能够统揽全局的带有基本法性质的法律。① 刘延春则提出了根据生态文明建设的需要修改和完善现行法律体系的三项要求：一要把生态文明的内在要求写入宪法，在根本大法上保证生态文明建设的健康发展；二要制定一个统一的"自然资源保护法"，使自然资源的合理利用得到法律上具体而切实的保障；三要在各种经济立法中突出生态环保型经济的内涵，使经济发展与生态文明的协调发展在经济法中得到充分体现。② 李长健、张磊、董芳芳则认为，完善生态文明基本制度应由六部分组成，即作为基本前提的国家责任制度、作为逻辑起点的规划和影响评价制度、作为核心目标的综合利用制度、作为重要保障的专家监督制度、作为关键内容的利益分享制度以及有助于促进和谐运行的纠纷解决制度。③ 张爱娥、赵美珍则主张应该着力构建生态文明建设的环境法治保障机制，并指出应该从健全公众参与机制、完善生态补偿机制、建立生态安全预警应急机制、宣传并适用 ADR 争端解决机制等四个方面，构建生态文明建设的环境法治保障机制。④ 周生贤提出，在推进生态文明的体制机制建设上，要健全和落实资源有偿使用制度、生态环境补偿机制和严格的环境保护目标责任制；深化价格改革，加快建立反映市场供求关系、资源稀缺程度、环境损害成本的生产要素价格机制，推进资源性产品价格和环保收费改革，不断完善绿色信贷、绿色税收、绿色贸易、绿色保险等环境经济政策；要建立健全与中国基本国情相适应的环境保护宏观战略体系、全防全控的防范体系、高效的环境治理体系、与经济发展相协调的环境政策法规标准体系以及完备的环境管理体系；构建科学的决策机制和管理机制，为生态文明建设和可持续发展能力提高保驾护航。⑤

④构建生态文明的产业基础。严耕、杨志华认为，建设生态文明的物质基础是生态产业。生态产业是指积极采用清洁生产技术，采用无害或低害的新工艺、新技术，大力降低原材料和能源消耗，实现少投入、高产出、低污染，尽可能把环境污染物的排放消除在生产过程中的产业，是国民经济结构中以防治环境污染、改善生态环境、保护自然资源为目的所进行的技术开发、产品生产、商业流通、资源利用、工程承包等活动的总称。因而，生态产业具有非常

---

① 郭强："竭泽而渔不可行——为什么要建设生态文明"，人民出版社 2008 年版，第 82、94 页。

② 刘延春："关于生态文明的几点思考"，《生态文化》2004 年第 1 期。

③ 李长健、张磊、董芳芳："生态文明理念下我国农业生态保护法律制度研究——以外部性理论为探究视角"，《中共济南市委党校学报》2008 年第 3 期。

④ 张爱娥、赵美珍："论生态文明建设的环境法治保障"，《江苏工业学院学报》2008 年第 9 期。

⑤ 周生贤："积极建设生态文明"，《今日中国论坛》2009 年第 11、12 期合刊。

宽泛的含义，可以包括生态工业、生态农业、生态牧业、生态渔业、生态商业、生态建筑业等。对于生态产业的每一领域，学界均有著述讨论。总体来看，学者们主要将走新型工业化道路和发展循环经济作为发展生态产业的主要路径与方式。[①] 薛晓源和陈家刚认为，生态产业是建设生态文明的产业基石，若要奠定建设生态文明的产业基石，就必须实现从传统产业到生态产业的转化，并在具体操作中采取循环经济的形式，走新型工业化道路。[②] 在生态产业的空间组织上，姚丽娟认为，产业集群的组织结构是生态文明建设的载体。因为，产业集群的空间集聚和专业化分工可以为生态文明建设奠定基础，产业集群的规模效应可以为生态文明建设提供条件，产业集群的学习和创新机制有力地促进了生态文明建设，而且产业集群也有利于在生态文明建设方面取得共识。因而应该通过大力构建产业集群，为生态文明建设提供技术支撑。[③]

⑤建设生态文明经济。这方面研究成果较多，内容涉及可持续发展经济、循环经济、低碳经济等。其中，比较集大成的是廖福霖教授等的新著《生态文明经济研究》。[④] 这是第一部对生态文明经济的理论体系进行系统研究、对生态文明经济实践进行系统探讨的专著。该书探讨了生态文明经济的内涵与外延，生态文明经济的基本原理，生态文明经济发展的基本规律、基本特征与基本功能等。同时，该书对企业发展生态文明经济、以生态文明经济理论指导生态恢复与建设、环境治理与保护、指导构建生态文明建设评价指标体系等进行了极有新意的阐述。生态文明经济是一个较新的研究领域。作者把生态文明经济定义为"生态文明各种经济形态有机结合、相辅相成、协同发展的经济系统"，认为它是经济发展理念、机制、技术、管理和市场相配套的综合创新。其中，理念创新是指在经济发展中树立生态整体主义的观念，摒弃高投入、高消耗（包括高消费）、高污染、低产出、低效益的生产（包括生活）方式，走资源能源节约、生态环境友好、人类安康幸福的发展道路。机制创新是指摒弃各种经济形态相互孤立的旧机制，确立各种经济形态协同发展，能够取得系统效应（$1+1>2$），切实实现生态效益、经济效益、社会效益相统一与最优化的生态文明经济的新机制；技术创新是指建立生态文明经济技术体系，包括生态化技术、信息化技术（包括网络、智能技术）、各个领域各个产业的纵向技

----

① 严耕、杨志华："生态文明的理论与系统建构"，中央编译出版社 2009 年版，第 211 页。

② 薛晓源、陈家刚："从生态启蒙到生态治理——当代西方生态理论对我们的启示"，《马克思主义与现实》2005 年第 4 期。

③ 姚丽娟："产业集群生态化生态文明建设的战略选择"，《商业时代》2010 年第 1 期。

④ 廖福霖：《生态文明经济研究》，中国林业出版社 2010 年版。

术的有机结合，建立社会技术平台，一方面为实现"三大效益"的统一与最优化提供支撑，另一方面实现产品、产业从低端走向高端，从低价值走向高附加值，提供技术保障；管理创新是指综合应用现代生态学、现代管理学、系统学、协同学等学科知识和技术，实现从末端管理走向过程管理、从单向管理走向协同管理、从开环管理走向循环管理、从低效益管理走向高效益管理。市场创新是指建立诚信市场，让生态文明经济系统生产的产品（如绿色产品、低碳产品、有机产品）能够切实促进公众的安全、健康和幸福，并在市场上确实体现其价值与价格，使企业生产生态文明经济产品既能获得生态效益又能获得经济效益和社会效益，从而获得发展生态文明经济的内在的持久动力。作者认为，生态文明各种经济形态的协同发展是生态文明经济发展的基本规律。生态文明经济是新的经济系统，它不仅是各种生态文明经济形态的简单相加，而是生态文明各种经济形态的有机联系协同发展。此外，学者们对知识经济、绿色经济、循环经济、低碳经济等涉及生态文明的经济形态进行了深入研究，并开始对各个概念之间的关系进行辨析。①

　　⑥建设两型社会。王金南、张惠远认为，生态文明比"两型"社会建设具有更为广泛的内涵、更为综合的目标，既包含人类保护自然环境和生态安全的意识、法律、制度、政策，也包括维护生态平衡和可持续发展的科学技术、组织机构和实际行动。而"两型"社会建设的核心则是从人类生产和消费活动与自然生态系统相协调角度，建设人与自然和谐共生的社会形态。两者是包容交错、互为依托的。但作为更低层次概念的"两型社会"建设，应是建设生态文明的重要途径和有形抓手。② 毛明芳直接指出，建设中国特色的生态文明，应以"两型社会"建设为载体，搭建生态文明建设的实践平台。③ 总体而言，建设生态文明提出之后，凡涉及两型社会建设的著述，基本都将两型社会建设作为建设生态文明的基础。

　　⑦提高生态文明建设的公众参与度。建设生态文明提出之后，人们意识到建设生态文明也是一个需要全民参与的系统工程，必须强调公民参与、对话、协商、共识与公共利益，必须在保证社会公正的前提下提高建设生态文明的公众参与度与公众权力。学者们认为，除了社会公众的生态文明意识和参与环保

　　①　彭小丁："正确把握低碳经济与循环经济的异同"，《人民日报》，2011年1月24日，第7版。
　　②　王金南、张惠远："关于中国生态文明建设体系的探析"，《环境保护》2010年第4期。
　　③　毛明芳："中国特色生态文明的理论定位特质与建构"，《中国井冈山干部学院学报》2010年第1期。

的积极主动性有待提高之外，当前束缚公众参与度提高的因素主要是相关制度的缺失。例如林震认为，尽管当前中国存在政治投票和选举，通过各级人民代表大会、政协参政议政，信访制度，基层群众自治，行政复议和行政诉讼，社会协商对话制度，通过大众传媒参与政治，通过社会团体（NGO）参与政治，通过专家学者参与决策咨询，以及公民旁听和听证制度等体制内的公众参与途径，但仍存在公众难以参与决策和公众参与缺乏法制保障两大问题，束缚了公众参与度的提高。① 楚晓宁认为，当前中国环保非政府组织（NGO）的发展和作用的发挥，主要受到以下三方面的限制，即政府部门和社会公众对环境保护（NGO）认识不够、缺乏信任；环境保护 NGO 没有自主经费来源，在组织活动上往往受制于资助方，缺乏决策权；国内环境保护 NGO 在人才及技术方面基础薄弱，缺乏与国际环境保护 NGO 沟通与联系。② 应该建立完备的信誉机制，提高环保 NGO 可信度；增强组织活动的透明度，使更多的社会公众了解和参与环境保护 NGO；建立起完备的环保基金机制，奠定环境保护 NGO 独立发展的基础；尽快与国际环保事业的接轨，加强与国际环境保护 NGO 合作与交流，借以增强环保 NGO 的实力。就如何完善生态文明建设的公众参与制度，蔡文主张，党和政府既要依法支持又要积极引导和规范环保志愿者和本土环境非政府组织参与我国生态环境保护事业；要立足环境公正，增强政府生态公信力；要加强中国环境非政府组织的建设。③

（4）关于中国生态文明建设的战略安排。中央提出，到 2020 年中国要建成生态良好的国家，这一表述可以理解为中国生态文明建设到 2020 年要取得重大阶段性成就。但是建设生态文明是一个战略性目标，需要人们制定相应的战略步骤。但对于如何有步骤、分阶段地实现建设生态文明的战略任务，却极少得到人们的关注。中国工程院和国家环境保护部共同组织了"中国环境宏观战略研究"项目，提出了中国环境保护战略安排，强调要避免发达国家走过的先污染后治理、牺牲环境换取经济增长的老路，积极探索代价小、效益好、排放低、可持续的中国环境保护新路，加快构建符合国情的环境保护宏观战略体系，全防全控的防范体系、高效的环境治理体系、完善的环境法规政策

①　林震："生态文明建设中的公众参与"，《南京林业大学学报（人文社会科学版）》2008 年第 2 期。

②　楚晓宁："生态文明背景下公众参与制度的完善——环境保护 NGO 不可忽视"，《法制与社会》2008 年 7 月（上）。

③　蔡文："当前我国生态文明建设路径的现实选择"，《实事求是》2010 年第 2 期。

标准体系、健全的环境管理体系和全民参与的社会行动体系。[①] 王金南、张惠远认为，生态文明建设具有阶段性特征，可以分为初级阶段和高级阶段两个阶段，不同阶段具有不同的特征和重点的建设任务。生态文明的初级阶段是转变工业文明发展方式的实施阶段，是经济社会的发展与自然的冲突逐步减小的时期。初级阶段生态文明建设的重点应是自然系统的改善和安全，最基本的要求是经济和社会系统对于自然系统的利用控制在资源环境的承载能力范围内。初级阶段重点任务是实现经济增长和生态环境退化脱钩，经济增长和环境改善相互促进，经济发展实现绿色增长，社会制度和文化意识符合生态文明理念。但在初级阶段，为满足经济增长的目标，不可能实现二氧化碳排放总量减少，重点是提高二氧化碳的排放效率。在高级阶段，人类社会与自然环境的相互关系进一步改善。经济增长和自然环境改善的同步性快速提高，历史积累的环境问题得到全面解决。低碳经济和低碳文明真正建立，二氧化碳排放总量逐渐降低，气候系统自然运行。可持续发展模式真正实现，经济和社会子系统高效运行，自然子系统人为扰动减小，全面实现人与自然的和谐相处。生态文明作为一种文明形态在世界范围内得到普及。[②] 胡鞍钢则从绿色现代化角度构思了中国生态文明建设的推进阶段。他认为，中国有可能不需要经过许多西方国家曾经经历的高消耗资源、高污染排放的过程，直接进入绿色发展阶段，也不必要等达到较高收入时再来实施绿色发展战略。他在接受媒体采访时说，21 世纪中国现代化的主题和关键词是绿色发展、科学发展，中国绿色现代化可通过"三步走"战略来实施：第一步是从 2006 年至 2020 年，为减缓二氧化碳排放、适应气候变化阶段，在"十二五"期间，大大减少排放量速度，在"十三五"期间，排放量趋于稳定且达到顶峰。第二步是从 2020 年至 2030 年，进入二氧化碳减排阶段，到 2030 年，二氧化碳排放量大幅度下降，力争达到 2005 年的水平。第三步是从 2030 年至 2050 年，二氧化碳排放继续大幅度下降，到 2050年下降到 1990 年水平的一半，基本实现绿色现代化。胡鞍钢认为，中国的绿色现代化道路是一条创新之路，它将不同于英国工业革命以来经济增长与温室气体排放共同增长的传统发展模式，而是在 21 世纪上半页创新一种经济增长与温室气体排放同期下降乃至脱钩的绿色发展模式。同时，绿色现代化也是中国必选之路，中国应对全球气候变化发展绿色经济，调整产业结构，发展绿色产业，投资绿色能源，促进绿色消费，这样不仅不会影响中国长期经济增长

---

① 武卫政："中国环境宏观战略研究成果发布"，《人民日报》，2011 年 4 月 22 日，第 2 版。

② 王金南、张惠远："关于中国生态文明建设体系的探析"，《环境保护》2010 年第 4 期。

率，还会大大提高经济增长质量和社会福利，实现经济发展与环境保护、生态安全、适应气候变化的"多赢"。①

2. 既有研究中存在的不足

综上可见，近年来关于建设生态文明实现途径的研究取得了丰硕成果，丰富了人们对如何建设生态文明的认识。但纵观既有成果，我们发现，现有的研究中也存在诸多不足，主要有四个方面：

一是深度尚需拓展。关于生态文明建设途径的研究文献以论文为主，著作较少，诸多论文又往往面面俱到，再加上论文篇幅的限制，多难以作出深入的分析。

二是视野尚需开拓。一是缺乏全球视野和比较视野。诸家研究成果多是就中国谈中国，很少在全球视野和国际比较中展开研究。其实，建设生态文明是一个具有强烈外部性的命题，不仅需要中国的努力，更需要全球各国的积极参与与合作；建设生态文明不仅是中国的目标，也应该是全球的目标。这意味着，中国的生态文明建设必须在全球治理和国际互动合作的框架中进行；在立足本国生态文明建设的基础上，也应该着眼于全球生态文明的建设，应该有全球视野和全球使命感。同时，中国的生态文明建设研究也应该注重国际比较。通过国际比较，既认识到自己的不足，也可学习他国在环境保护和生态文明建设上比较成功的经验、制度和理论，以更好地推进中国的生态文明建设。二是学科视野不足。虽然大部分学科领域都积极参与相关研究，但部分学科领域的相关研究仍然非常缺乏，导致学科视野的不完整性。比如，从历史角度展开的研究就非常少。这使得关于生态文明建设的研究缺少历史视野和历史深度。但历史视野是不可或缺的，因为建设生态文明具有明显历史属性：一方面当前的人地关系状况是历史的结果；另一方面建设生态文明本身也是一个历史过程。

三是整合性尚需提升。建设生态文明是一个系统工程，需要从系统论的观点进行研究，需要整合性研究。但纵观诸研究成果，普遍存在整合性研究不足的问题。一是内容整合性不足。各家研究要么只论一点，不及其余，要么虽面面俱到，但分而述之，都缺少整合性。二是理论整合性不足。学者们主要是从各自专业角度开展研究的，不同学科领域缺乏交流与合作，难免存在各说各话的情况，这显然也是难以满足整合性要求的。

四是针对性尚需加强。现有研究比较多的是从生态文明一般理论出发，比较少从当代中国实际出发，探索中国特色生态文明建设的道路、模式、内容框

---

① 胡鞍钢："中国绿色现代化三步走"，中国新闻网，2009 年 11 月 13 日。

架和制度框架，因此，针对性和可操作性不够强。一些学者和官员提出了中国特色生态文明建设的命题，但是，对生态文明建设道路的中国特色到底是什么，没有作出明确解答。[①]

以上四方面的不足，既是未来研究的主要努力方向，也是本研究试图有所突破与创新的着力点。

3. 本书研究的重点

基于上述选题意义和现有研究基础和不足，本书侧重研究和回答下述四个基本问题：

一是中国生态文明建设的指导思想是什么？二是中国生态文明建设走什么道路？三是中国生态文明建设道路的中国特色是什么？四是中国特色生态文明建设道路的内涵是什么？

（二）本书基本框架、主要观点和主要创新

本书分为三个部分。第一部分包括第一至五章，属于总论部分，主要阐述生态文明建设是当代中国的战略机遇，中国要走社会主义生态文明建设道路，中国生态文明建设要以科学发展观为指导，中国生态文明建设的历史过程与经验等五个问题。第二部分包括第六至第十六章，主要探讨中国特色生态文明建设道路的基本框架，第六章概要提出中国特色生态文明建设道路的总框架，第七到第十六章分别阐述中国特色生态文明建设道路的十大支柱。第十七章第三部分，主要分析和总结发达国家生态文明建设道路的经验及其对中国的启示与借鉴。

本书的主要观点和创新之处在于：

一是将生态文明建设作为中国重大战略机遇。生态文明建设是人类文明的一次系统性转换。人类社会已经进入生态危机时期，同时也是生态文明建设时期。一个民族的崛起和复兴，只有赶上人类文明转换的契机，才能实现可持续的振兴崛起和复兴。当前，一方面世界发展重心开始向包括中国在内的亚洲迁移；另一方面人类文明形态开始从工业文明向生态文明转变，发展重心的横向迁移和文明演变的纵向演变交汇于中国推进民族复兴的进程之中。这是中国21世纪头20年重要战略机遇期的重要内涵和支撑。

二是强调生态文明建设与中国现代化的内在关系。即将建设生态文明建设与推进发展进程有机结合起来，强调通过生态文明建设推进生态现代化进程和

---

① 姬振海："对建设中国特色生态文明的若干思考"，《光明日报》，2005年4月21日。

生态强国进程，丰富了中国现代化内涵与道路，充实了中国强国进程的内涵与路径。

三是中国具有加快推进生态文明建设的多重优势。即六大后发优势：制度优势、政策优势、资源优势、产业优势、科技优势和市场规模优势。只要采取切实举措，全面系统推进生态文明建设，中国可以摆脱现有的生态转嫁、生态剥削、生态流失，扩大中国发展的生态空间，提升生态文明水平。

四是从理论、历史、比较三个层面阐明科学发展观对生态文明建设的指导地位。科学发展观对生态文明建设的指导地位，不仅来源于理论上的可行性，也是中国发展观演变历史和实践的选择。传统的发展观难以指导生态文明建设，只有科学发展观将生态文明内化到发展进程中，可以成为生态文明建设的指导思想。

五是中国特色生态文明建设道路应该具有具体的路径和重点，是一个推进体系。本书在理论与实证研究的基础上，借鉴国外经验，提出十大支柱或十大支撑，即发展方式支撑、产业支撑、制度支撑、社会支撑、文化支撑、技术支撑、空间支撑、国际支撑、评价体系支撑、理论支撑。

第一章

人类进入文明转换时代

20 世纪 20 年代，俄国著名思想家别尔嘉耶夫（1874—1948）说过："世界历史上特定时刻里特别剧烈的历史灾难和骤变，总会引起历史哲学领域的普遍思考，人们试图了解某一历史过程的意义，构筑这种或那种历史哲学"。①2011 年，日本发生了强烈地震和海啸，由此引发的核电站泄露导致的核危机，再次引发全球对生态危机的严重关注。可以说，当今时代，人类又面临一次对人类生存危机的深层思考，生态文明就是在当今生态危机加剧和文明转换时代兴盛的新的历史哲学。

第一节

当今人类正面临着严重的生态危机

1962 年，美国海洋学家蕾切尔·卡逊在《寂静的春天》一书中警告人类："在人们的忽视中，一个狰狞的幽灵已向我们袭来，这个想象中的悲剧可能会很容易地变成我们大家都将知道的现实"。② 当前，这一"幽灵"已经以"生态危机"的形式在世界各地施虐，悲剧已经以"生态灾难"的形式变成现实。在感叹蕾切尔·卡逊超乎常人的悲天悯人情怀和非凡的理性和洞察力的同时，人类更要充分认识这一"幽灵"的性质和从根本上遏制悲剧发展的道路。

2009 年 9 月，两艘德国商船途经俄罗斯和北极之间的东北航道抵达西欧，

---

① 别尔嘉耶夫：《历史的意义》，学林出版社 2002 年版，第 1 页。

② 蕾切尔·卡逊：《寂静的春天》，吉林人民出版社 1997 年版，第 3 页。

开辟东北航线，这对于航运来说，是降低成本和时间的好事，为"地球村"和"地球是平的"等现代观念增加了注解。甚至有学者乐观预测，新北方国家将主导 2050 年后的世界文明，因为这些国家伴随北极冰雪消融，将拥有北冰洋出海口，将成为大国。但是，对于人类生存环境来说，这预示着气候变化已经接近危险的引爆点。亚洲开发银行 2011 年 3 月公布的一份报告指出，亚太地区面临环境恶化引发的人口大迁徙。报告称，2010 年，台风、洪水及干旱等极端天气迫使亚太地区数百万民众逃离家园，流落异乡。大城市、沿海地区是人口迁徙的热点地区，亚洲各国沿海城市将面临人口骤增的风险。[1] 可见，人类开始进入生态危机时代。[2] 2010 年可能成为这一时代到来的标志性年份。

一、生态危机是一个社会历史现象

　　生态危机表面上看是一个自然现象，实际上是一个人为的社会历史现象。
　　关于生态危机的含义，人们给予了不同的解释。有人认为，所谓生态危机是指人类在经济活动中的物质和能量的不合理开发、利用和改造给人类自身的生存和发展带来的灾难性危害。[3] 有人认为，自然人以及他们为了自身生存所创造的人为条件之间的不协调问题，在文献中被称之为"生态问题"，而由此所造成的局面则被冠以"生态危机"。[4]《中国大百科全书》关于生态危机的解释为："主要由于人类不符合自然生态经济规律的经济行为长期积累，使自然生态破坏和环境污染程度超过了生态系统的承受极限，导致人类生态环境质量迅速恶化，影响生态安全的状况和后果。"[5] 总体来说，生态危机是指人类与自然环境关系的不协调造成的，是人类的生存和发展与全球环境之间的潜在的灾难性冲突。
　　人类的生存和发展与全球环境之间的潜在的灾难性冲突，是以环境危机的形式体现出来。美国著名的生态马克思主义学者福斯特对环境危机所囊括的形

　　① 亚洲开发银行："亚太面临环境恶化引发的人口大迁徙"，《中国民族报》，2011 年 2 月 11 日，第 8 版。
　　② 编辑部："新北方国家主导 2050 年后的世界"，《参考消息》，2010 年 9 月 10 日，第 3 版。
　　③ 向玉乔："生态危机剖析"，《湘潭工学院学报》（社会科学版）2002 年第 4 期。
　　④ A. H. 帕夫连科：" '生态危机'：不是问题的问题"，《国外社会科学》2004 年第 1 期。
　　⑤ 《中国大百科全书》（第 19 卷），中国大百科全书出版社 2009 年版，第 566 页。

形色色的问题加以总结并列出了如下清单：全球变暖、臭氧层遭到严重破坏、热带雨林消失、珊瑚礁死亡、过渡捕捞、物种灭绝、遗传多样性减少、环境与食物毒性增加、沙漠化、水资源日趋短缺、洁净水不足以及放射性污染。[①] 当然，这一长长的清单还在不断延伸，其影响范围也在不断扩大。

生态问题伴随着经济发展而产生，与经济危机如影随形，呈现全球化的倾向。以当今的发达国家为例：作为工业革命发源地的英国，生态问题早在1825 年第一次全国性经济危机之后就接连出现，频率和规模呈加速的趋势。1873 年，"雾都"伦敦煤烟中毒死亡人数较前一年多 260 人，1880 年和 1892 年烟雾杀手夺去了 1000 多人的生命。英国的格拉斯哥、曼彻斯特也造成了1000 多人死亡。因"明治维新"而闻名世界的日本，由于对足尾铜矿的乱开滥采导致水土流失和剧毒砷化物的蔓延，加上 1890 年的洪水泛滥，致使群马、茨城等 4 县 10 余万人流离失所。发生在 20 世纪 30 年代至 70 年代发达资本主义国家的"八大公害"事件，以及 20 世纪 80 年代末臭氧层损害的证实和全球气候变异的出现，说明了生态危机这个"幽灵"越来越难以对付，日渐威胁到人类的生存和发展。

科学家把森林喻为"地球之肺"，把湿地喻为"地球之肾"，把生物多样性喻为地球的"免疫系统"，把荒漠化喻为地球的顽症。这"三个系统和一个多样性"直接关系到地球的健康和我们人类的生存根基。生态危机体现了地球的肾、肺和免疫系统出现问题，正在失去健康，威胁到人类的生存。

二、生态危机的主要表现

当前，人类面临的生态危机是全面的，主要表现如下：

（一）物种灭绝

生物多样性是地球的"免疫系统"。生物多样性是许多工业原料和药品来源的保证，也是农业品种资源的保证；生物多样性及其物质能量循环通过水、气体、营养物质和其他物质的交换交流为人类提供了天然服务，为人类提供优化的生存环境。生物多样性的减少，会使人对一些致命疾病丧失抵抗药物；生物多样性的减少意味着人类自身生存环境和条件的恶化。由于人类活动导致的

---

① 约翰·贝拉米·福斯特：《生态危机与资本主义》，上海译文出版社 2006 年版，第 4 页。

物种灭绝的速度是人类支配地球前的 100 倍到 1000 倍①，现在全世界约有 25000 种植物和 1000 种脊椎动物处于灭绝的边缘，地球鸟类的四分之一由于人类的活动已濒于灭绝。据"世界科学家们"②的估计，到 2100 年，现存物种的三分之一将消亡，而这种无可挽回的消亡尤其严峻。物种灭绝速度的加快导致生态系统趋于简化，这将会使生态系统失衡，而地球上现存的物种一旦灭绝，就没有再生的可能。中国和世界其他地方一样，同样面临着物种多样性减少的危险。据联合国有关组织统计，目前世界有 740 多种濒危物种，中国占 189 种。③ 2009 年 10 月 25 日，联合国环境规划署发布的 1400 名科学家地球会诊结果《全球环境展望·4》显示，自 1987 以来的 20 年间，人类消耗地球资源的速度已经将人类生存置于岌岌可危的境地。由于全球人口膨胀，地球的生态承载力已经超支三分之一。生物多样性锐减也是人类历史上最快的。在地球长达 50 亿年的历史上已经发生了五次物种大灭绝。当前，第六次大灭绝已经开始，30% 的两栖动物、23% 的哺乳动物和 12% 的鸟类生存受到威胁。

（二）森林锐减

森林是"地球之肺"。主要原因在于地球在生态环境方面有如下的作用：一是涵养水源，保持水土；二是净化大气，保护大气层；三是防风固沙，调节气候；四是维持生物的多样性；五是调节全球生态环境。但是随着森林大火等灾害的不断加剧，毁林造田等对世界森林造成的严重破坏，加上森林保护的不力以及对森林产品的需求日益加大，世界的森林面积锐减。据有关资料统计，历史上人类曾有森林 76 亿公顷，19 世纪降到 55 亿公顷，而现在仅有森林不足 3 亿公顷。森林正以每年 4000 平方公里的速度消失。世界热带雨林的面积也在剧减，目前仍以每分钟 20 公顷的速度消失。照此速度，2030 年，世界将无热带雨林。④ 中国的状况也不容乐观。我国曾是一个森林覆盖率为 60%、至少有 6 亿公顷原始森林的国家。但是由于人为的因素和灾害及其他方面的原因，目前我国的森林面积仅为 1400 万公顷，我国的森林面积仅为全球森林面

---

① 约翰·贝拉米·福斯特：《生态危机与资本主义》，上海译文出版社 2006 年版，第 68 页。
② "世界科学家"是指 1992 年科学家联合会发起和签署了"世界科学家警告人类文明书"，签字的有 1575 位世界顶级的科学家，其中包括半数仍然健在的诺贝尔奖获得者。相关材料见福斯特著：《生态危机与资本主义》，第六章。
③ 转引自刘本炬著：《论实践生态主义》，中国社会科学出版社 2007 年版，第 6 页。
④ 杨通进："工业文明的生态困境"，载杨通进：《生态文明理论构建与文化资源》，中央编译出版社 2009 年版，第 21 页。

积的 4%。

（三）湿地退化

由于湿地具有维持生物多样性、调蓄洪水以防止自然灾害、减缓气候变化并调节区域气候，降解污染物等功能，所以湿地被誉为"地球之肾"、"文明的发源地"、"天然水库"和"物种的基因库"。但是，人类的不合理的行为造成了湿地丧失和功能退化。据美国内政部和野生生物管理局 2001 年的一份报告估计①，从 1986 年至 1997 年，美国有 48 个州总共损失了 391 万亩湿地，剩下 6.4 亿亩；目前美国每年仍有 35.5 万亩湿地在消失。另据联合国在 2000 年所做的一项估计显示，伊拉克 90% 的自然湿地已经消失；阿富汗和伊朗的 99% 的湿地已经干涸，这主要是长期的战争造成对河流大坝管理和灌溉计划的失调。我国有天然湖泊 2 万多个，湿地的生物多样性十分丰富。但由于人为的因素，近 50 年来我国每年有约 20 个天然湖泊消亡，75% 的湖泊受到污染。② 目前，富营养化的湖泊已占 50%，这不仅加重了水资源紧张，而且也给渔业、农业和人民的生活健康带来了危害。

（四）臭氧层破坏

臭氧层是指地球表面最外层的平流层，由于它吸收了太阳辐射来的大量紫外线而保护了地球的生态。但是，由于人类大量制造和运用氟利昂于冷冻业，加之航空航天排放的氧化氮、在化学清洗剂中的卤代烃类化合物、氮肥分解所产生的氧化亚氮，以及工业废气中的二氧化碳，造成了"臭氧空洞"。"臭氧空洞"是 1985 年由英国的科学家最先发现在南极上空的一片臭氧层正在变薄（俗称出现了"空洞"），其大小相当于美国国土的面积。1988 年的一项研究表明，在以往 20 年内，北半球上空平流层的臭氧量已减少 3%。在排除自然原因外，发现中国、日本、前苏联、西欧、美国、加拿大等人口密集区域上空的臭氧量减少最为严重。1998 年 9—10 月，日本气象厅臭氧层信息中心观察发现，南极上空臭氧层空洞最大面积已达 2724 万平方公里，几乎是南极洲面积的两倍（世界气象组织的报告数字为 1300 万平方公里）③，成为历史最高纪

① 转引自沈国明主编：《21 世纪生态文明：环境保护》，上海人民出版社 2005 年版，第 142 页。
② 杨通进："工业文明的生态困境"，载严耕、林震、杨志华主编：《生态文明理论构建与文化资源》，中央编译出版社 2009 年版，第 21 页。
③ 刘本炬：《论实践生态主义》，中国社会科学出版社 2007 年版，第 8 页。

录。2003 年 8 月以来，南极上空臭氧层空洞迅速扩大，目前已危及美洲大陆最南端的火地岛和阿根廷圣克鲁斯省的南部地区。臭氧层的破坏，造成的主要后果是紫外线辐射增强并使人体皮肤癌增加，动植物机体受害，引起水生态系统变化，降低水体的自然净化能力，导致水生物大批死亡，还造成聚合物老化加快等后果。

（五）温室效应加剧

由温室气体排放导致的气候变化问题是 21 世纪世界重大的生态环境问题之一，气候变化愈来愈引起国际社会和各国政府的重视和关注。据世界权威机构"政府间气候变化委员会"（IPCC）2007 年的报告①，在过去的 20 世纪里（1906—2005 年），地球表面温度上升了 0.56—0.92℃。过去的 20 年是 20 世纪温度最高的时期。另据估计，到 2100 年，地球温度将比 1990 年升高 5.8℃，这将是 5000 万年以来地球的最高温度。气候变暖所带来的气候变化主要表现在水资源时空分布规律被打乱，海平面上升，干旱、洪涝、热带风暴、龙卷风、土壤缺水、森林火灾等极端气候事件程度与频率上升，农业生产和粮食供应安全受到威胁，人类健康受到气候变化引致的瘟疫流行威胁等。据 IPCC 报告估计，大气中二氧化碳浓度提高 1 倍，可以给发达国家带来相当于其国内生产总值（GDP）1%—1.5% 的经济损失，给发展中国家带来的损失可以达到 GDP 的 2.0%—9.0%。气候变暖还将以逐渐加速的趋势推进，美国国家冰雪数据研究中心的科学家估计，全球变暖将导致世界上近 60% 的永久冻土层到 2200 年解冻，并释放出大量的碳，结果又进一步加快气候变暖。② 近期美国国家海洋及大气管理局公布的由 48 个国家 160 多所研究机构 300 多科学家编撰的年度《气候状况报告》对 10 项与表面温度明确相关的指标（陆地气温、海面气温、海洋气温、海洋水位、海洋热度、湿度、对流层温度、北极海冰、冰川、北半球春雪覆盖）进行的分析表明，从 1980 年起，全球气候每 10 年气温比上一个 10 年上升 0.2 华氏度。50 年来上升了 1 华氏度，即 0.56 摄氏度。可见，全球气候变暖已经成为人类面临的最危险也是最具挑战性的问题。

（六）水环境恶化

欧洲海洋酸化研究项目一份报告指出，海洋每年吸收二氧化碳排放量的四

---

① 《中国大百科全书》（第二版）第 19 卷，中国大百科全书出版社 2009 年版，第 566 页。
② 法新社："永久冻土消融加剧全球变暖"，《参考消息》，2011 年 2 月 18 日，第 7 版。

分之一，海水酸度已经比工业革命开始时高三分之一左右。① 人类农田灌溉已经消耗 70% 的可用水。预计到 2025 年前，发展中国家淡水使用量还将增加 25%，发达国家增加 18%。水需求增加成为缺水国家无法承担的负担。同时，水污染是人类治病、致死的最大单一原因。人类活动导致全球多数三角洲下沉。美国科罗拉多大学研究人员一项报告指出，世界 33 个主要三角洲，24 个在下沉。85% 的三角洲 2009 年经历严重洪灾，导致大片土地被淹。原因是水库和水坝造成上游沉积物增加，人工渠道及堤坝将沉积物冲进海洋，因抽取地下水和开发天然气造成平原沉积物大量增加。②

三、生态灾难频发

人类社会从产生以来，就开始进入应对各类危机的过程。人类最先应对的，是人类社会危机，包括政治危机（世界大战）、全球性经济危机、全球性能源危机、全球性食品危机、全球性疾病危机等。对于这些危机，都是人和人之间关系上的危机，人类自身行为导致的危机，人类在不同程度上都能够最终摆脱，或者充其量只对部分人群导致影响。但是，生态危机则属于人与自然关系上的处理不当导致的人类与自然关系的紧张。这种危机与紧张处理不当，可能危及整个人类的生存。

生态危机从酝酿、产生到肆虐，已经发展到威胁人类生存的程度，而且，由于生态危机的累积性、持续性，人类可能进入一个颇受生态危机制约的时代。

（一）生态灾难频率明显加大

从全球看，《光明日报》评出的 2010 年十大国际新闻中，包括海地强烈地震、冰岛火山肆虐、美国原油泄露、智利矿难四大灾难性事件，其中后两者是人为的生态灾难。③ 世界气象组织称，2010 年，发生的一系列极端事件的严重性、持续性以及发生的地理范围，赶上甚至超过历史上的最严重的极端气候事件。其中包括俄罗斯出现 10 世纪以来的最高气温和干旱、撒哈拉非洲出现

---

① 《参考消息》，2009 年 12 月 12 日，第 7 版。
② 《人民政协报》，2009 年 9 月 25 日。
③ 编辑部："2010 年十大国际新闻"，《光明日报》，2010 年 12 月 27 日，第 10 版。

严重干旱、强降雨导致印度河出现 110 年以来最高水位、中国遭遇严重泥石流和山体滑坡等等。世界气象组织表示，目前世界多个地区出现极端天气气候事件，造成大量生命财产损失。这些事件与政府间气候变化委员会（IPCC）报告的推测吻合，即由于全球变暖，未来将有更多更严重的极端天气气候事件。世界气象组织称，最近的一些研究表明，大气变率的主要模式发生了明显改变。厄尔尼诺和拉尼娜等气候现象将与过去明显不同。"伴随地球气候变化，极端事件的种类、频率和强度将发生改变。人们已经观察到一些极端事件的变化，例如，热浪和强降水的频率和强度在上升。"目前的事实与报告的推测完全一致。

从中国来看，2010 年，中国经受了历史罕见自然灾害的挑战，包括西南大部旱魃逞凶、多条江河洪浪翻滚、东南沿海台风肆虐、西北高原震情又起、山区峡谷泥石流穿村毁城。全国有 25 个省份遭受重旱，全国七大流域暴雨洪水都创下进入 21 世纪以来的极值，地质灾害是上年同期的近 10 倍，11 个省份遭受地震灾害，5 场台风先后在我国登陆。有专家指出，中国可能正在进入一个自然灾害频发的时期，自然灾害用频率发出警告：快速发展与资源环境承载力、人与自然的矛盾日益凸显。[①]

（二）生态灾难损失加大

生态灾难的深度、广度和程度也在加深，由此导致的损失已经开始抵消越来越大的发展成果。

以 2010 年为例，俄罗斯经历了 10 世纪以来历史上最高的气温。高温在该国的欧洲部分引发大面积森林火灾，上千万人受到影响。巴基斯坦的洪灾起因于强烈的季风雨。巴基斯坦强降雨导致印度河出现 110 年以来最高水位，洪水侵袭了该国中部和南部地区，导致超过 1600 人死亡，600 多万人转移，4000 万人受影响。

从国内来看，仅 2008 年 1—2 月的冰冻灾害，就使 1 亿人受灾，导致 129 人死亡，直接经济损失达 1500 亿元。水利部统计显示，中国现有水土流失总面积 356 平方公里，已经占国土的 37.1%，年均土壤侵蚀量 45 亿吨，损失耕地 100 万亩，其中，646 个县水土流失严重，近 50 年来，因水土流失损失耕地 5000 万亩。20 世纪 90 年代以来，每年新增水土流失面积 1.5 万平方公里，新增水土流失量 3 亿吨。水土流失导致全国 8 万座水库年均淤积 16.24 亿立方

---

① 评论员文章："在历史灾难中实现历史进步"，《人民日报》，2010 年 9 月 10 日，第 2 版。

米。根据联合国环境规划署 2009 年最新报告，北京、上海和深圳被纳入全球 13 个棕色云团热点城市。棕色云团是以细颗粒物为主出现在对流层中的污染物。世界卫生组织空气质量准则的推荐值是 PM2.5（粒径小于 2.5 微米的细颗粒物）的日平均浓度不宜超出每立方米 10 微克。如果浓度上升 20 微克，中国和印度每年将有约 34 万人死亡。按照折中估计，棕色云团相关 PM2.5 所致经济损失，将分别占中国 GDP 的 3.6% 和印度的 2.2%。

（三）生态灾难刚性化趋势明显

生态灾难是历史累积的产物，其中主要是发达国家形成的"气候债"。"人均累积排放"反映一个国家的气候历史责任。根据世界资源研究所统计，1850—2005 年间，发达国家人均历史累积排放 667 吨，发展中国家 52 吨，英国最高，为 1125 吨。如果按照 2050 年全球二氧化碳减排减半计算，发达国家已经超过其应有份额。由于发达国家的"贡献"，1987 年，人类生态足迹已经第一次超出地球自我更新能力。人类消耗的能源已经超过能够重新形成的能源。据估算，如果全球按照美国生活方式生活，地球只能容纳 14 亿人，以欧洲标准，可以容纳 21 亿人，以埃及等中等收入国家方式，64 亿人生活，而地球上现有 68 亿人，2050 年将达到 90 亿人。[①]

当前，人类阻止气候恶化只剩下 20 年时间。英国牛津大学迈尔斯·艾伦教授的研究结论表明：从 18 世纪末期到 2500 年内，要使地球气温增幅不超过 1 摄氏度的速度，人类能够排放的二氧化碳重量是 3.7 万亿吨。目前，只剩下这一重量的一半可排放量，应该在 2020 年以前降低大气污染。德国波茨坦气候变化研究所的研究团队的研究表明：如果不采取紧急措施，大幅度降低二氧化碳排放，地球将无法避免气温升高 2 摄氏度的对生命构成威胁的临界点。2000—2050 年，二氧化碳排放不能超过 1 万亿吨，然而，2000—2008 年，全世界已经排放该总量的三分之一，如果继续这种速度，20 年内，将消耗所有可排放量。[②] 国际原子能机构发布 2009 年《世界能源展望》，提出控制温室气体长期浓度目标。2007—2030 年，全球一次性能源以每年 1.5% 的速度增长，从 120 亿吨到 168 亿吨，增幅 40%，2030 年全球一次性能源需求增加 4 成，将面临灾难性气候变化和能源安全后果。该报告提出，将大气温室气体长期浓度控制在 450ppm 二氧化碳当量的"450 情景"，但要实现这一愿景，全球化

---

① 达格玛·德莫："有损他人的现代消费方式"，《参考消息》，2010 年 2 月 3 日，第 13 版。
② 《参考消息》，2009 年 5 月 2 日。

石燃料需求量应该在 2020 年前达到高峰，此后不再增加。按照目前的速度，2030 年全球二氧化碳排放量将达到 402 亿吨，是 1990 年的两倍。这意味着大气温室气体浓度超过 1000ppm 二氧化碳当量，全球气温上升 6 摄氏度，导致大规模气候变化。几年前，科幻影片《后天》中，气候学家杰克·霍尔博士不顾一切奔往被风暴、洪水、冰雪摧毁的纽约，去救援自己的孩子。其喻意在于，人类正在和自己破坏环境的行为以及环境破坏后果的发展赛跑。

问题在于，全球生态危机一方面已经形成强大基数，另一方面发达国家不愿意承担历史责任，由此导致生态危机发展的刚性趋势。哥本哈根博弈是发达国家和发展中国家的博弈，美国减排目标是 2020 年温室气体排放量在 2005 年基础上减少 17%，仅相当于在 1990 年基础上减少 40%，发展中国家要求其削减 40% 以上，而且不附加条件。哥本哈根会议的失败实际上暴露出两个深层次利益分配问题，即历史排放责任的分担和国际现有排放空间的分配的问题。波茨坦气候影响研究所所长汉斯—约阿希姆·舍尔恩胡伯认为，"政治难以解决这个问题"。哥本哈根失败后，世界气候将朝比工业化初期升高 3.5 摄氏度的趋势推进。

就中国而言，生态危机发展的刚性也很明显，特别是发展方式问题和结构问题。中国能源依赖煤炭的刚性很强。国际环保组织发布的《中国发电集团气候影响排名》表明，内地十大发电集团 2008 年总煤耗 5.9 亿吨，占全国煤炭产量的五分之一，造成环境损失 870 亿元。中国体制中制约生态文明进步的刚性也很强。即使在富裕地区，由于体制的制约，也出现了难以逆转的生态问题。例如，浙江是富裕省份，也是富水省份，但当前，浙江诸多饮用水源水质处于 4 类，有的是劣 4 类。

四、生态危机实际上是传统工业文明的危机

分析生态危机的根源和产生环境问题的症结，主要原因在于传统工业文明。工业文明的基本结构和运行机制决定了生态危机是传统工业文明的必然产物。在传统工业文明的基本框架内，环境问题和生态危机是不可能得到解决的。

300 多年前，以蒸汽机为标志的工业文明，把人类社会从农业时代推进到工业化时代，促进了人类社会的进步和发展。在人类历史上短短的三四百年里，工业文明创造了难以想象的物质财富和精神财富，远远超过了以前一切时

代的总和。马克思和恩格斯在《共产党宣言》中曾这样称赞资产阶级建设工业文明的伟大成就:"资产阶级在它的不到一百年的阶级统治中所创造的生产力,比过去一切时代创造的全部生产力还要多、还要大。自然力的征服,机器的采用,化学在工业和农业中的应用,轮船的行使,铁路的通行,电报的使用,整个整个大陆的开垦,河川的通航,仿佛用法术从地下呼唤出来的大量人口,——过去哪一个世纪想到在社会劳动里蕴藏有这样的生产力呢?"① 但是,人类也遇到了前所未有的社会危机和生态危机。

工业文明自诞生之日起,就因其造成的困境和生态危机而为思想家们所诟病和批判。卢梭曾对使工业文明过分膨胀的工具理性侵蚀人的道德理性、破坏人与自然和谐的可能性和危害性发出警告。他认为,在自然界中,即使那些没有智力、没有自由的动物,也不是人类征服的对象,它们应当和我们人类一样享有自然权利,拥有不平白无故遭到人类虐待的权利。"由于它们天生具有感觉力,在某些方面与我们共享大自然,因此我们认为,他们必定享有自然权利,人类对他们也应承担某种义务。"② 马克思、恩格斯则认为,工业文明是人与自然关系的异化的主要原因,最终导致了生态危机。恩格斯警告说:"我们不要过分陶醉于我们对自然界的胜利。对于每一次这样的胜利,自然界都报复了我们。每一次胜利,在第一步都确实取得了我们预期的结果,但是在第二步和第三步却有了完全不同的、出乎预料的影响,常常把第一个结果又取消了。"③ 他提出,我们不应当像征服统治异民族一样,把自己当作是站在自然界以外的人来统治自然界,相反,人应当是自然的一部分。"我们连同我们的肉、血和头脑都是属于自然界,存在于自然界的;我们对自然界的整个统治,是在于我们比其他一切动物强,能够认识和正确运用自然规律。"④

传统工业文明的困境在于工业文明的增长观和对自然资源再生产能力的认识之间的矛盾。工业文明视经济增长为人类追求的惟一目标,较少考虑资源对增长的制约,完全忽视自然资源的再生产能力。工业文明的增长观认为,一方面,人类居住的地球具有资源供给能力的无限性,经济增长和物质财富的增加所依赖的自然资源在数量上不会枯竭,可以满足人类发展的需要,因而对资源

---

① 马克思、恩格斯:"共产党宣言",《马克思恩格斯选集》(第一卷),人民出版社1995年版,第277页。

② 让—雅克·卢梭著:《论人类不平等的起源和基础》,广西师范大学出版社2002年版,第67页。

③ 马克思、恩格斯:《马克思恩格斯选集》(第三卷),人民出版社1972年版,第517页。

④ 马克思、恩格斯:《马克思恩格斯选集》(第三卷),人民出版社1972年版,第518页。

的开发可以不受约束；另一方面，自然环境对废物的降解能力具有无限性，因而，在社会发展过程中不必考虑自然再生产的因素，也不必考虑经济活动和消费后果对自然环境的影响。然而残酷的现实在于，我们所生存的地球是一个体积有限的星球，地球上的资源也是有限的。正是在工业文明的增长观和世界观的指导下，西方工业国家确实积聚了大量的物质财富，但自然界却遭受了一次又一次生态灾难和环境危机，人类赖以生存的基本环境正受到严重威胁，经济的再生产也越来越难以为继。

传统工业文明对科学技术的崇拜和迷信，在技术的进步与资源枯竭之间形成了经济学意义上的"杰文斯"悖论。工业文明相信，科学技术是解决一切问题的法宝，使资本主义得以延续并存在下去。他们认为，生态问题是社会发展到一定阶段的产物，必将随着社会发展和科技进步得到解决；而技术的进步能够提高资源的利用率，延缓资源枯竭的速度。熊彼特认为，资本主义能存在下去的原因在于，资本主义和企业家是以不断革新技术、不断进行"创造性破坏"为其本质特征和基本职能的。资本主义存在的事实和每一家资本主义公司存在的事实在于资本主义本质性的事实——创造性的破坏过程；资本主义和企业家发展的动力在于创新。"开动和保持资本主义发动机运动的根本动力，来自资本主义创造的新消费品、新生产方法或运输方法、新市场、新产业组织的新形式。"[1]　"不断地从内部使这个经济结构革命化，不断地破坏旧结构，不断地创造新结构。这个创造性破坏的过程就是资本主义的本质性的事实。它是资本主义存在的事实和每一家资本主义公司赖以生存的事实。"[2]　熊彼特所说的"资本主义"，乃是生产力变革或技术变革的一种形式和方法，他所谓的资本主义的"本质因素"的"创造性的破坏"过程或"产业突变"，也只是生产技术的变革过程。

在现实世界中，人们普遍认为，如果改进和提高了利用某种资源的技术，那么，以这种资源为原料的产品价格就会降低。价格的降低会进一步刺激人们对这种产品的需求。结果这种资源就会被开发和消费得更快，从而加速这种资源的枯竭。这就是经济学中所谓的"杰文斯悖论"。正如杰文斯在《煤炭问题》第七章"论燃料经济"中所论证的那样，提高自然资源的利用效率，比如煤炭，只能增加而不是减少对这种资源的需求。这是因为效率的改进会导致生产规模的扩大。……任何制造行业的进步都会刺激其他许多行业的需求，并

---

① 约瑟夫·熊彼特著：《资本主义、社会主义与民主》，商务印书馆 2009 年版，第 146 页。
② 约瑟夫·熊彼特著：《资本主义、社会主义与民主》，商务印书馆 2009 年版，第 147 页。

最终直接或间接地导致对煤炭的需求。① 20 世纪 70 年代的石油危机使汽车生产厂家不断改进技术，生产出能源效率更高的汽车。但由于驾驶人员的增加和道路上汽车数量的翻番，并未遏制对能源燃料的需求，反而导致了对石油更大的需求，加速石油资源的枯竭。

第二节

生态文明是一种新的人类文明形态

传统工业文明以人类中心主义的价值观和世界观为指导，加之对科学的迷信和崇拜，没能解决好人与自然之间的关系，造成了环境危机和生态危机，对人类的生存和发展构成严重威胁，一种新的文明范式、以自然生态系统的动态平衡为核心的生态文明的诞生将是不可避免的历史必然。只有实现从工业文明向生态文明的转型，人类才能从整体上解决威胁人类文明的生态危机。实现人与自然和谐统一的生态文明是人类在当代环境日益恶化的情况下惟一正确的选择，也是人类社会历史发展的必然趋势。

一、化解生态危机的根本出路 是建设生态文明

恩格斯说，"没有哪一次巨大的历史灾难，不是以历史的进步为补偿的"。生态灾难也将以生态进步为补偿。这种进步，就是人类将通过应对这种危机进入生态文明时代。

德国科学家海克尔在 1866 年在其《生物体普通形态学》中首次提出"生态"的概念。作为一个生物学名词，指的是生物群落的生存状态，包括一个生物群落与其他生物群落的关系以及与其生态环境的关系；20 世纪 20 年代出现了人类生态学的概念；1935 年，英国学者坦斯勒进而提出"生态系统"的概念，开始从更宏观的角度认识自然生态环境；20 世纪 70、80 年代，生态环境问题在世界范围内受到极大的关注和重视。1972 年，麻省理工学院丹尼

---

① 约翰·贝拉米·福斯特：《生态危机与资本主义》，上海译文出版社 2006 年版，第 89 页。

斯·米都斯（Dennis L. Meadows）等教授撰写的《增长的极限》，提出"地球是有限的，任何人类活动愈是接近地球支撑这种活动的能力限度，对不能同时兼顾的因素的权衡就变得更加明显和不能解决。""如果在世界人口、工业化、污染、粮食生产和资源消费方面按现在的趋势继续下去，这个行星上的极限有朝一日将在今后一百年中发生，最可能的结果将是人口和工业生产力双方有相当突然的和不可控制的衰退。"① 这在全世界范围内开始了"增长的极限"的讨论，各种环保运动风起云涌，在世界各地兴起。同年 6 月，联合国在斯德哥尔摩召开了有史以来第一次"人类与环境会议"，通过了《人类环境宣言》，从而揭开了全人类共同保护环境的序幕。1983 年 11 月，联合国成立了世界环境与发展委员会，1987 年该委员会在其报告《我们共同的未来》中正式提出了可持续发展的模式。1992 年联合国环境与发展大会通过的《21 世纪议程》，更是高度凝聚了当代人对可持续发展理论的认识。2002 年约翰内斯堡可持续发展世界首脑会议确认经济发展、社会进步与环境保护相互联系、相互促进，共同构成可持续发展的三大支柱，进一步深化了人类对可持续发展的认识。

二、生态文明的内涵

"生态文明"是由生态与文明两个词合成的，是生态与文明的有机结合而构成的统一体。理解生态文明就必须理解生态与文明的科学含义及其内在关系。

生态一词源于古希腊，原意是指房屋、家庭。19 世纪中叶以来形成了现代意义上生态含义，它主要是指自然界各系统之间的交错复杂关系。从系统论的角度来看，生态系统是由植物、动物和微生物群落和他们的无生命环境交互作用形成的一个动态复合体。而研究生态系统的科学便构成了现代生态学。1866 年德国生物学家海克尔干在《普通有机体形态学》中第一次提出：我们把生态学理解为关于有机体与周围环境关系的全部科学，进一步可以把全部生存条件考虑在内。也就是生物之间及生物与非生物环境之间的相互关系。

从生态学的角度分析，生态系统具有多种功能，在提供多种产品、维系生命支持系统、保持自然系统的动态平衡方面起着不可替代的作用。首先，它具有产品功能，能为人类提供食品和纤维、淡水、水能、燃料、药品、观赏和环

---

① 丹尼斯·米都斯等：《增长的极限》，吉林人民出版社 1997 年版，第 18 页。

境用植物、遗传基因库等；其次，它具有调节功能，能进行气候调节、水资源调节、侵蚀控制、水质净化、废弃物处理、人类疾病控制等；再次，它具有支持功能，比如初级生产、泥炭积累、氮循环、水循环、生境提供等；最后，它具有文化功能，提供文化多样性、精神和宗教价值、教育价值、美学价值、文化遗产价值、休闲旅游等。总之，生态系统对人类的安全、健康、维持高质量的生活和良好的社会关系具有重要作用。根据有关专家测算，全球生态系统（包括海岸、海洋、湿地、森林、湖泊、河流、草地、农田）每年提供的服务价值高达 33 万亿美元，相当于全球 GNP 的 1.8 倍。

文明作为历史唯物主义的一个基本范畴，是与野蛮相对应的，是人类在能动地探索和改造世界的社会实践中所付出的努力及其获得的全部积极成果，是人类生产实践和社会活动的产物，代表着人类社会的进步和开化状态。在 18 世纪，欧洲人通常把文明和文化作为同义语使用，是指知识、信念、艺术、伦理、法律、习俗、风尚等的综合体。我国古代汉语中，文明具有文采、文藻、开明、明智的意思。恩格斯指出，文明是实践的事情，是一种社会品质。

生态文明是一种文化伦理形态，是人们在改造客观物质世界的同时，积极主动地改善和优化人与自然、人与人、人与社会关系，实现和谐共生、良性循环、全面发展、持续繁荣所取得的物质、精神、制度方面成果的总和，体现了人们尊重自然、利用自然、保护自然，与自然和谐相处的现代文明理念。因此，生态文明以人与自然和谐发展为目标，通过人的解放和自然解放，实现人与自然的生态和解以及人与人的社会和解，建设人与自然和谐发展的新型社会文明形态。早在 100 多年以前，马克思恩格斯在就提出了一个重要命题："人类同自然的和解以及人类本身的和解。"①

社会主义生态文明是在社会主义制度下实现人与自然、自然与社会和谐的新的发展模式，与马克思建立共产主义社会的价值追求一脉相承。建设社会主义生态文明就是要在尊重自然规律的前提下，最大限度地解放和发展社会主义社会的生产力，不断满足人民群众日益增长的物质文化需要和生态环境需要，走生产发展、生活富裕、生态良好的文明发展道路，实现科学发展和可持续发展。

---

① 《马克思恩格斯全集》（第一卷），人民出版社 1956 年版，第 603 页。

三、生态文明的时空维度

从人类社会文明发展历程来看，度量文明有两个维度：一是历史形态维度；二是结构成分维度。

在文明发展的历史形态维度上，先后产生了原始文明、农业文明、工业文明和生态文明四种形态。这种划分主要是根据不同时期的生产工具和核心产业加以区分。原始文明大约生发于石器时代，那时人们必须依赖集体的力量才能生存，物质生产活动主要靠简单的采集渔猎，人们主要以采集、游牧为主。原始文明存在了大约上百万年。铁器的出现使人改变自然的能力产生了质的飞跃，于是产生了农业文明，为时一万年。农业是人类社会的第一种生产活动，其目的是利用土地和其他自然资源生产维持人类生活必需但又不能完全由自然提供的产品，它标志着人类迈出了支配自然的决定性步骤，同时也推动了人类自身在各方面的进化，产生了以农业为主的农耕文化。自16世纪开始，西欧各国市场经济的发展，促使整个社会从农业文明迈向工业文明，至19世纪中期西欧工业化完成之时，历经数百年的历史发展，终于实现了这一社会转型。其特征为近代大工业生产方式成为满足社会需要的主导方式，成为占据支配地位的社会体制。工业革命开启了人类现代化生活，为时300年。工业文明是以工业为核心产业的文明形态。生态文明作为一种继工业文明之后的文明类型，是以生态产业为核心产业的文明形态。生态文明是人类社会在反思传统工业文明弊端的基础上提出并且努力建设的一种文明形态，不仅意味着要改造传统的产业结构、增长模式和消费模式，而且涉及制度、观念等要素的全面变革，因而是对传统工业文明的一种超越。当今人类社会正处于从传统工业文明向现代生态文明的过渡时期。

在文明结构成分维度上，根据人类社会活动的内容，可分为物质文明、精神文明、政治文明和生态文明。人类的实践包括物质生产实践、精神生产实践、社会关系实践和生态生产实践。人类的四种实践活动产生了四大基本领域，即经济、政治、文化与生态领域。与四种社会实践相对应产生了物质文明、精神文明、政治文明与生态文明四种社会文明形式。在人类的实践活动中，首先是物质生产实践活动，这是人的最基本的实践活动，也是决定其他一切活动的始源性活动。人类所创造的物质文明就是指人类在能动地探索和改造自然过程中所付出的努力及其获得的全部物质成果，表现为物质生产力的进步与人们物质生活水平的提高。政治文明就是指人类在能动地改造社会的过程中所付出的努力及其获得的全部政治成果，表现为人们政治理念的进步与政治制度的完善。精神文明就是指人类在能动地改造自己的主观世界过程中所付出的努力及其获得的全部精神成果，表现为精神生产的进步与精神生活的满足和提高。生态文明就是指人类为实现人与自然和谐相处所付出的努力及其获得的积极成果，表现为人们的生态意识的增强、生态制度的完善和生态环境的改善等。因此，生态文明是社会文明的重要组成部分，与物质文明、政治文明和精神文明相对应的人类社会文明成果。物质文明、精神文明、政治文明为实现生态文明提供了基础条件，生态文明反过来对前三个文明产生有力地促进作用。基于生态文明的物质文明，致力于消除经济活动对大自然自身稳定与和谐构成的威胁，逐步形成与自然、与生态环境相协调的生产、生活与消费方式。基于生态文明的精神文明，提倡尊重自然，人与自然和谐相处，建立人类全面发展的生态文化氛围。基于生态文明的政治文明，坚持以人为本，尊重社会利益和社会需求多元化，避免由于资源分配不公、人或人群的斗争以及权力的滥用而造成对生态的破坏。

生态文明与工业文明的相同点在于它们都主张在改造自然的过程中发展物质生产力，不断提高人的物质生活水平。它们的不同点在于：生态文明遵循的是可持续发展原则，它要求人们树立经济、社会与生态环境协调发展的发展观。它以尊重和维护生态环境价值和秩序为主旨、以可持续发展为依据、以人类的可持续发展为着眼点。它强调在开发利用自然的过程中，人类必须树立人和自然的平等观，从维护社会、经济、自然系统的整体利益出发，在发展经济的过程中，既要慎重对待资源问题，科学制定开放战略，使资源的消耗不能超过临界值，又要坚持生态原则，讲究生态效益，不能损害地球生命的大气、水、土壤、生物等自然资源，把发展和生态环境紧密结合起来，在保护生态环境的前提下发展，在发展的基础上改善生态环境，实现人类与自然的协调发展。生态文明不同于工业文明之处，还在于两者对待科学的不同态度。在生态文明时代，科学技术不再是人类征服自然的工具，而是修复生态系统，实现人与自然和谐的助手。

生态文明最重要的特征，是强调人与自然的和谐。生态文明倡导人与自然和谐的文化价值观，不仅承认人的价值，而且认为生命和自然界也是有价值的，这种价值观的本质是人与自然的和谐。生态文明的重要价值理念是凸显自然的整体性及其内在价值的有机自然观。生态文明的价值观认为，自然是人类生命的依托，自然的消亡必然导致人类生命系统的消亡，尊重生命、爱护生命并不是人类对其他生命存在物的施舍，而是人类自身进步的需要，把对自然的爱护提升为一种不同于人类中心主义的宇宙情怀和内在精神信念。

生态文明的经济模式是生态经济，这种经济把人类的经济系统视为生态系统的一部分，而不是强行把生态系统纳入人类的经济系统。生态文明的消费模式既满足自身又不损害自然。提倡"有限福祉"的生活方式。人类的追求不再是对物质的过度享受，而是一种既满足自身需要、又不损害自然，既满足当代人的需要，又不损害后代人需要的生活。这种公平和共享的道德，成为人与自然、人与人之间和谐发展的规范。

第三节

建设生态文明是人类文明的系统性转换

生态文明是指人类自觉遵循自然、社会和经济规律，在改造客观物质世界的过程中，通过采取生态化的生产方式和生活方式，改善和优化人与自然、人与人关系所取得的物质、精神、制度成果的总和。生态文明作为一种后工业文明的文明形态，不是简单的生态环境的文明，具有包括生态物质文明、生态道德文明、生态制度文明等在内的丰富内涵。

一、生态物质文明

生态文明无论是作为一种社会文明形态，还是一种社会文明成分，是以高度发达的物质文明为基础。离开了物质文明，生态文明缺乏物质载体；同样，物质文明的发展和发达是建立在生态良好和生态优化的基础上的。生态物质文明包括良好的自然生态环境、发达的生态产业链、高效的循环经济和丰富的生态物质产品。生态物质文明是衡量生态文明程度的基本标准。建设生态物质文明，不同于传统意义上的污染控制和简单的生态恢复，而是克服工业文明弊端，使生态意识、生态观念物化到社会物质生产的全过程中来，使所有的经济活动符合人与自然和谐的要求，探索资源节约型、环境友好型物质文明发展道路，实现第一、第二、第三产业和其他经济活动的"绿色化"、无害化以及生态环境保护产业化。因此，建设生态文明，就是要选择有利于生态安全的经济发展方式，建设有利于生态安全的产业结构，建立有利于生态安全的制度体系，形成维护生态安全的良性运转机制，使经济社会发展符合生态原则。

二、生态道德文明

生态道德是关于人们对待生物和非生物环境所持有的态度、原则和行为规范。它属于人的精神层次的文明，驱动着人们的生态意识和行为的自觉性、自律性与责任感。生态和道德是紧密地联系在一起的，是不可割裂的。事实上，生态环境的优劣，反映着人们生态道德水准的高低；同时，人们生态道德水准的高低，也极大地影响着生态环境的优劣。在工业文明的伦理道德中，人是世界上唯一的主体和中心，自然和其他生物都只是人的对象。这一伦理道德带来的结果是：人类作为主体，对自然肆无忌惮地占有和掠夺，可以心安理得；自然作为对象，被人类无限地征服和改造，视为理所当然。这是导致工业文明陷入困境的根源。这就是恩格斯所说的人类遭到了自然界的报复。而生态文明的伦理道德强调人和自然都是主体，人对自然、对人类承担着道德义务。人们在追求物质财富的过程中，不能掠夺自然，不能超过生态的承载能力，不能忽视人类和自然的生存和可持续发展。这就要求文明在正确的生态道德价值的约束下校正我们过去违反生态、违背自然的行为，养成良好的生态行为习惯和行为方式。正如罗曼·罗兰所说："善良不是学问，而是行为。"生态道德文明是需要通过生态行为文明来实践、来体现的。因此，建设生态文明，客观上要求人类必须按生态道德、生态原则来规范自己的行为，将政治行为、经济行为、生活行为规范和限制在不破坏自然生态系统良性循环的范围内，最大限度地减少对生态环境的不良影响，对已经受到破坏的生态进行积极的修复，自觉履行人类对自然、对生态的责任和义务，共同呵护人类家园。

三、生态制度文明

生态文明必须有一套完善的有利于保护生态环境、节约资源能源的政治制度和法规体系，用以规范社会成员的行为，确保整个社会走生产发展、生活富裕、生态良好的文明发展道路。生态道德文明是对人类生态行为的一种精神上的软约束，生态制度文明则是对人类生态行为的一种制度上的硬约束，是人类共同制定的对其行为进行规范的制度性措施，包括政治制度、经济体制和政策、社会管理制度和法律法规。其中，最重要的是建设完善的生态文明法制体系，出台强制性生态技术、生态标准法制，并在生产生活中得到严格执行。

四、生态消费文明

　　文明的生态消费方式是生态文明的重要内容，事关我们每一个人。人类社会所生产的物质产品和精神产品最终是供人类自身消费的。人们的消费取向、消费观念、消费方式、消费行为直接决定和影响物质和精神产品的生产方式。只有人们的消费方式实现了生态化的转型，才能实现生产方式的真正生态化。可以说，生态消费文明是建设生态文明的原动力，人类社会的一切物质财富和精神财富的生产以及制度和法律的设计都是以它为出发点和落脚点。而实现消费方式的生态化，就是要拒绝挥霍铺张、浮华摆阔的消费行为，形成有利于人类可持续发展的适度消费、绿色消费的生活方式。适度消费是指消费水平随着经济的增长和收入的增加而适度的提高，既不刻意抑制消费，也不盲目超前消费，形成合理的消费结构，由数量型消费向质量型消费转变，体现消费的品质，体现产品消费带来的精神满足程度。绿色消费是指避免消费"危及消费者和他人健康的产品；在生产、使用或废弃中明显伤害环境的产品；在生产或丢弃中明显不相称地消耗大量资源的产品；带有过分包装、多余特征的产品或由于产品寿命过短等原因引起不必要浪费的产品；从濒危动物或者环境资料中获得材料，用以制成的产品；对别国特别是发展中国家造成不利影响的产品"。做到消费者对环境负责，主动购买经过绿色认证的产品、对人不会造成危害的产品、无污染的产品、处于清洁生产环境和加工环境中的产品以及没有过度包装的产品，减少生活污染，将生活垃圾分类存放，使用节约资源和减少生活污染的新技术。

　　总之，建设生态文明，是人类文明史上的一次革命性进步，是对农耕文明、工业文明的继承与超越，是人类文明质的提升和飞跃，是人类文明史上的新里程碑。生态文明不只是关乎生态环境领域的一项重大研究课题，而且还是涉及人与自然、人与人、人与社会、经济与环境的关系协调、协同进化、达到良性循环的理论理性和实践理性，是人类社会跨入一个新时代的标志。走生态文明之路，已是当今世界发展的大趋势。

第二章

中国推进生态文明建设的机遇与优势

    中国共产党在世纪之交作出一个重大判断，即 21 世纪头 20 年，将是中国发展和现代化进程的重要战略机遇期。党的十七届五中全会进一步明确指出，实践证明，这一判断是正确的、科学的，中国仍然面临着重大战略机遇。中国面临的战略机遇的内涵是丰富的，其中最重要的内涵，就是人类文明向生态文明的转换。

    纵观世界国家兴衰与文明转换的历史，可以发现一些规律性现象：一是国家兴衰往往发生在文明转换时期；二是国家发展与文明发展趋势的契合程度决定国家兴衰的程度与持久性。一个国家的兴衰取决于这个国家能否跟随人类文明发展潮流，占领人类文明高地。当前，中国开始进入民族复兴加快推进时期，人类文明开始进入从工业文明向生态文明的转换时期。要利用后发优势，在现有工业文明基础上，通过跨越式发展，加快建设生态文明和生态强国，为民族振兴和崛起奠定坚实的文明基础，从新的文明中吸取强劲的民族复兴动能。建设生态文明和生态强国是中华民族复兴的必由之路。

第一节

人类文明转换是加快推进
中华民族复兴的历史机遇

    21 世纪头 20 年的人类历史进程中，潜伏着两条具有重大历史意义的线索：一是中国开始崛起；二是人类文明从工业文明向生态文明转换的全面启动。对于中国来讲，这两条线索之间，具有深刻的内在关联。这种关联，乃是中国发展和现代化最大的战略机遇。

一、中国进入民族复兴加速推进时期

2008 年以来，一系列重大事件标志着一个无可争辩的趋势，即中国开始进入民族复兴的加速推进时期。2008 年的两件大事，即北京奥运会的成功举办和国际金融危机的爆发，促使中国提前走到世界前台。2010 年中国已经超过日本，成为世界第二大经济体。可以说，尽管中国依然还是一个发展中国家，依然具有明显的发展中国家属性，但是中国开始站在民族复兴新的历史起点上。

首先，新中国成立 60 年特别是改革开放 30 年以来，中国的经济总量迅速提升，已经从一个低收入国家迈入中等收入国家行列。1952 年，中国国内生产总值 679 亿元，人均国内生产总值只有 119 元人民币，1978 年，中国国内生产总值仅占世界的 1%，比 1955 年还下降了 3.7 个百分点[1]，2009 年，中国人均 GDP 达到 3700 美元，按照世界银行标准，突破了下中等收入国家和上中等收入国家之间的分界线，全面进入中等收入国家行列。根据联合国计划开发署的统计，近年来，中国人类发展指数迅速提升，从 2009 的第 92 位上升到 2010 年的第 89 位，2006—2010 年 5 年间，中国排名上升 8 位，上升速度仅次于阿曼。[2]

其次，国际地位迅速提升。中国经济总量在世界的位次，从 1949 年的第 33 位上升到 2009 年的第 3 位，2010 年上升到第 2 位。1976 年，中国进出口总额仅有 134 亿美元，对外贸易占全球贸易的比重只有 0.78%，外汇储备仅 12.55 亿美元[3]，基本没有利用外资，基本没有技术引进。2009 年，中国成为全球第一出口大国，第一外汇储备大国。从对世界经济发展的贡献率来看，从 2001 年开始，中国就成为贡献率最大的国家。根据国际货币基金组织的有关数据，2010 年中国对世界经济增长贡献率将达到 27%，超过四分之一。从国际影响力来看，中国继成为世界银行第三大股东国之后，2010 年 10 月，G20

---

① 李岚清：《突围——国门初开的岁月》，中央文献出版社 2008 年版，第 17 页。

② 编辑部："中国'人类发展指数'提升迅速"，《参考消息》，2010 年 11 月 6 日，第 6 版。

③ 国家统计局国民经济综合统计司：《新中国 60 年统计资料汇编》，中国统计出版社 2010 年版，第 35 页。

财长会议又达成协议，中国在国际货币基金组织的投票权（股权）从4%上升到6.19%，股权和投票权超过德国、英国和法国，上升为第三大会员。2005年，中国文化影响力指数排名世界第7，居世界强国前列，文化竞争力指数位居24，属于中等强国。文化生活现代化指数排名57，处于初等发达国家行列。从竞争力来看，根据2010年《全球竞争力报告》披露的分析数据，2010年中国竞争力排名上升到第27位，比2009的第29位上升两位。而中国社会科学院最近发布的《国家竞争力蓝皮书》表明，中国国家竞争力从1990年的第73位上升到2008年的第17位。从外交发言权来看，中国外交开始从被动趋向主动，表现在一些重要的国际场合、国际事项上开始主动发出倡议，积极提出建议，在国际舞台上的发言权增大。特别是中国的国际认可度也开始迅速提升，目前国际上承认中国市场经济地位的国家已经70余个，美国表示考虑以适当方式认可中国的市场经济地位。

最后，开始形成自己独特的现代化模式。20世纪最后20年，拉美经济危机宣告"拉美模式"失效、东亚金融危机宣告"东亚模式"失效、俄罗斯经济实力衰减宣告"休克疗法"的失效，① 这些模式都是新自由主义经济主张的产物。另一方面，中国采取与新自由主义主张完全不同的改革目标模式和渐进改革推进方略，形成了独特的转轨道路，被西方学者概括为"北京共识"或"中国模式"。

二、新的文明转换是中华民族
复兴的战略机遇

当前的世界处在一次新的文明转换进程之中，即从传统工业文明向生态文明转换。从全球范围来看，人类已进入新一轮技术创新密集推进时期，生态文明正在孕育和发展。这是中华民族伟大复兴必须抓住的战略机遇。

首先，从中华民族自身的历史教训来看，中华民族历史上由盛而衰源于文明转换的滞后。

人类近代史以前，特别是在18世纪，中国曾经是世界上最强大的国家。

---

① 最近俄罗斯列瓦达中心调查显示，越来越多的俄罗斯民众认为"8·19"事件是民族悲剧。持这种观点的民众的比例从2001年的25%上升到36%。参见俄罗斯报纸网："俄近四成民众视8·19为悲剧"，《参考消息》，2010年8月19日，第3版。

一是经济规模最大。根据经济史学家麦迪森的计算，1700 年，中国 GDP 占世界总量的 22.3%，1820 年提升到 32.9%。[①] 二是国土疆域最大、国家治理最好。正如伏尔泰这位"欧洲的孔子"所指出的："中国是世界上治理最好的国家，中国人是世界上最有智慧的民族"。

这种辉煌的出现正值"康乾盛世"（1661—1799 年），是古代中国"落日的余晖"，同时，这种辉煌是在农业文明基点上创造的，相对于当时西方正在萌发的工业文明而言，只是一种落后文明的高峰。

更严重的是，统治者沉迷于"天朝"和"中央之国"的文化幻想。1793 年，马嘎尔尼使团访华，希望与中国建立通商关系，乾隆皇帝拒绝这一要求，在写给英王乔治三世的信中，他宣称："天朝德威远披，万国来王"，"天朝之大，无所不有"。另一方面，没有及时把握时代的脉动和文明的转换，失去一次搭乘先进文明快车机遇，最终导致国家方向迷失，文明转换滞后，从农业文明领先者转变为工业文明的落伍者。

其次，从人类历史来看，一个国家的兴衰取决于这个国家能否跟随文明转换。

纵观人类 5000 年历史，可以发现国家兴替和世界发展重心的转移基本上都发生在北纬 60 度以南、北回归线以北的狭长地带上，而且其轨迹呈现出由西向东的迁移趋势。公元前 3000 年，在长江和黄河、印度河和恒河、幼发拉底河和底格里斯河以及尼罗河流域产生的四大文明古国成为世界发展重心，其文明基点是农耕文明。公元前 500 年开始到公元 1300 年，世界发展重心开始由东向西向地中海迁移，先后产生希腊、罗马等城邦发展体和威尼斯、佛罗伦萨、米兰等城市发展体，地中海因此成为世界发展重心，其基点是商业文明。公元 1300 年开始，世界发展重心继续向西即向荷兰迁移，造就荷兰这个"海上马车夫"，荷兰作为世界发展重心，其文明基点是海洋商业文明和手工业文明的结合体。公元 1700 年，世界发展重心继续向西即英国迁移，造就英国的"世界工厂"和"日不落帝国"地位，其文明基点是近代工业文明。20 世纪以来，世界发展重心进一步向西即美国迁移，其文明基点是基于现代科技的现代工业文明。20 世纪 70 年代特别是进入 21 世纪以来，人类发展重心开始出现日趋明显的继续西向迁移的趋势，即越过太平洋向以日本、"四小龙"、中国和印度为主体的亚洲迁移。在应对金融危机冲击的进程中，以中国和印度为主体的亚洲国家开始成为世界经济发展的主要市场载体和增长动力。这表明，

---

① 安格斯·麦迪森：《中国经济的长期表现：公元 960—2030 年》，上海人民出版社 2008 年版，第 36 页。

尽管新一轮世界发展重心迁移没有完成，但是，这一进程正在加快推进。

可见，世界发展重心地理上自东向西的迁移过程，实际上也是人类文明形态转换的过程，即从农业文明到商业文明，从商业文明到传统工业文明，从传统工业文明到现代工业文明的转变。当前，一方面世界发展重心开始向包括中国在内的亚洲迁移，另一方面人类文明形态开始从工业文明向生态文明转变，发展重心的横向迁移和文明演变的纵向演变交汇于中国推进民族复兴的进程之中。

历史经验表明，跟上人类文明步伐是民族复兴的关键。把握文明转换契机，国家就会顺势而兴，荷兰、英国、美国、日本就是这方面成功的例子。错过人类文明转换，先进的国家将沦为落后国家，西班牙、葡萄牙以及18—19世纪的中国就是这方面的例子。

其次，从中华民族自身的历史教训来看，中华民族历史上由盛而衰源于文明转换的滞后。人类近代史以前，特别是在18世纪，中国曾经是世界上最强大的国家。一是经济规模最大；二是国土疆域最大、国家治理最好。但是，这种辉煌是在农业文明基点上创造的，当时的中国处于农业文明的制高点上。

问题在于，当时的西方已经实现从农业文明到商业文明的转换，开启了商业文明向工业文明的转换进程。而当时的中国统治者沉迷于"天朝"和"中央之国"的文化幻想，没有及时把握文明转换的脉动，沉湎于农业文明的辉煌，失去一次搭乘先进文明快车的机遇，于是导致了国家方向迷失，也导致了文明转换滞后，最终从农业文明领先者转变为工业文明的落伍者。

因此，文明转换往往是一个民族实现崛起的历史机遇，民族崛起根本上看取决于崛起进程与文明转换的契合程度。当前，世界发展重心地理上向亚洲的迁移以及人类文明形态从工业文明向生态文明的转换是高度契合的，给中华民族复兴带来了强大的文明势能，这是中华民族复兴的历史机遇。中华民族要复兴，就必须承接发展重心自东向西的迁移，就必须顺应文明形态从工业文明向生态文明的转换！

第二节

以生态文明建设推进生态强国
是中华民族复兴的必由之路

生态文明是未来文明的走向，是先进文明的方向，要顺应工业文明向生态文明的转变趋势，中国必须大力建设生态文明，将中华民族伟大复兴建立在生态文明的基点上，在建设政治强国、经济强国、文化强国、民生强国的同时，建设生态强国。

一、建设生态文明是打破民族复兴
生态约束的必然要求

当前，中国面临的生态约束越来越紧张，中国的生态日益呈现出不可持续性，生态约束已经成为最为刚性的约束。具体表现在，资源承载空间日趋狭窄，资源约束日趋紧张。首先是耕地规模下降已经接近红线。2009 年，中国耕地 18.26 亿亩，离 18 亿亩红线仅一步之遥。[①] 其次，矿产资源短缺压力日渐增大。根据分析，到 2020 年，国内石油、铀、铁、锰、铝土矿、锡、铅、镍、锑、金等 10 种矿产品的可供能力将下降到 40%—70%；铬、铜、锌、铂族金属、镍、硼、金刚石等 9 种矿产品可供能力将小于 40%，可供储量严重短缺。[②] 2000 年以来，资源性缺水日趋严重，全国每年因缺水造成的直接经济损失已超过 2000 亿元。

能源支撑能力日益弱化，能源约束日趋紧张。20 世纪 90 年代以来，能源需求总量开始超过生产总量，供需缺口呈不断扩大趋势。部分能源进口依存度不断提高。[③] 以石油为例，1993 年中国成为原油净进口国，石油进口依存度逐年提高，到 2009 年，已提高到 52%，突破 50% 的国际警戒线[④] 随着能源进口依存度的提高，能源短缺已成为制约中国经济发展的一大瓶颈。譬如由于电力短缺，2004 年 8 月，全国共有 24 个省级电网拉闸限电；仅国家电网公司就累计拉限电 84.37 万条次，损失电量 224.17 亿千瓦时。2004 年，中国 90% 的经济总量受到电力供应不足的影响。[⑤]

环境承载力严重下降，污染排放空间约束日渐紧张。根据估算，在全国能

---

① 朱蕾："危朝安：去年中国耕地总数 18.26 亿亩已接近红线"，新华网，2010 年 3 月 10 日，http://news. xinhuanet. com/politics/2010 – 03/10/content_ 13139335. htm.

② 张文驹主编：《中国矿产资源与可持续发展》，科学出版社 2007 年版，第 84 页。

③ 进口依存度即净进口量占消费量的比重。

④ 梁盛："2009 年中国石油对外依存度达到 52%，突破警戒线"，上海热线，2010 年 1 月 20 日。http： //news. online. sh. cn.

⑤ 崔民选主编：《2006 中国能源发展报告》，社会科学文献出版社 2006 年版，第 126 页。

源结构、产业结构、城市布局、气象条件等没有发生重大变化的前提下，要使污染物排放处在生态系统所能承受的降解能力之内，全国最多能容纳1620万吨左右的二氧化碳年排放量、1000万吨左右的化学需氧量年排放量。实际情况是，自1991年以来，中国二氧化硫的排放量就开始高于这一水平，且呈现出逐步扩大的趋势，2007年仅工业废气中的二氧化硫排放量就高达2119.75万吨，高出可容纳量的31%。① 1990年开始，化学需氧量排放开始超过环境容纳量，1997年，排放量量超过环境承受能力的30%。生态损失逐渐上升，可持续发展成本约束加大。根据2008年国家环境保护部编制的《全国生态脆弱区保护规划纲要》的分析，由于长期以来生态保护和生态涵养不够，中国已经成为世界上生态脆弱区分布面积最大、脆弱生态类型最多、生态脆弱性表现最明显的国家之一。各种自然灾害每年给全国八大生态脆弱区造成2000多亿元的经济损失，自然灾害损失率年均递增9%，普遍高于这些生态脆弱区的GDP增速。②

中国生态损失大，可持续发展成本约束加大。1949—1999年50年间，按照1990年不变价格计算的自然灾害总损失为25000多亿元，平均占GDP的3%—6%，大大高于同期美国0.27%、日本0.5%的水平，占财政收入的30%，大大高于同期美国0.78%的水平。

二、建设生态文明是打破外部生态钳制，扩大发展空间的根本方法

进入21世纪以来，伴随中国出口规模的不断扩大，以绿色壁垒和绿色遏制为基本手段的外部生态钳制日趋严重，严重限制了中国的外部环境空间。

一是绿色贸易壁垒缩小中国出口空间。中国入世以后，就开始遭遇日趋紧逼的绿色贸易壁垒。例如2002年，中国成为美国"绿色贸易壁垒"限制进口最多的国家。1月到3月，美国药品管理局扣留的进口产品共达12025批次，其中，中国为1140批次，占同期被扣产品总批量的9.48%，居受阻国家和地

---

① 中华人民共和国环境保护部："第一次全国污染源普查公报"，《经济日报》，2010年2月10日，第7版。

② 章轲："环保部编制《全国生态脆弱区保护纲要》"，《第一财经日报》，2008年10月14日，第1版。

区的首位。①

二是绿色标准提高中国出口产品的成本。例如，2010年5月，奥巴马公布一项汽车油耗和排放全国标准。根据该标准，汽车生产商要在2016年将在美销售的汽车平均油耗标准从目前的每升10.58公里提升到15公里。这比目前美国联邦法律限定的时间提前4年，2016年前，汽车尾气排放标准从2009年的每公里237.5克降到156.25克。该标准将从2012年的车型开始使用。新标准将每辆车平均生产成本提升1300美元。美国政府对于美国的厂商将给予财政补贴。这种绿色标准实际上提高了中国出口商品的门槛，客观上起到限制中国汽车出口美国，拓展美国市场的空间和可能性。

三是不合理的绿色规则抬升中国减排压力。根据《京都议定书》的条款，温室气体减排被分配给二氧化碳的产生国，这就导致"境外排放"没有纳入西方国家的排放范围。由于哥本哈根峰会没有解决这一问题，这就加大了中国减排的压力。尽管中国排放的很大一个部分是为西方国家生产出口产品排放的，但是西方国家却没有承担排放责任。在哥本哈根会议召开前，中国做出了"到2020年比2005年减排40%—50%"的承诺，有研究认为，要实现这样的目标将造成3384—5862亿元的GDP损失。2005年与1990年相比，中国单位GDP减排量已经达到47%，但中国现在的单位GDP能耗极高，尽管2020年单位GDP排放下降，总量却还会上升。考虑边际效应，未来的减排压力仍很巨大。因此，要缓解减排压力，关键要通过建设生态文明，发展绿色技术，培育绿色制度，建立绿色产业体系。

四是潜在的绿色遏制可能进一步缩小中国发展的战略空间。由于哥本哈根会议没有达成有法律约束力的减排目标，各个国家在碳排放方面，开始陷入互相博弈的混乱状态。一些发达国家开始选择为发展低碳经济设置各种"绿色壁垒"，以保护他们在碳减排领域取得的领先优势，同时控制在低碳经济这一新"竞技场"的话语权。当前，伴随着各个国家控制碳排放的压力日趋加大，加上国家碳排放交易逐步扩大，碳排放权相应开始成为继石油等大宗商品之后的战略资源和资产。酝酿已久的碳关税，可能会更早提上日程。例如，法国已经单方面提出将从2010年对在环保立法方面不及欧盟严格的国家的进口产品征收碳关税。发达国家已经围绕这一蛋糕谋篇布局。因此，对于发展中国家而

① 谭荣久："中国成为美国绿色贸易壁垒限制最多的国家"，《北京青年报》，2002年7月19日，第4版。

言，将面临来自国际贸易中碳壁垒的巨大风险。①

当前，发达国家一方面要求发展中国家承担更多减排责任，另一方面开始大力发展低碳经济，力图保持自身优势，进一步限制新兴发展中国家的发展空间。因此，要想拓展未来中国发展的战略空间，关键要推进以低碳经济为特征的产业升级，这是打破西方绿色遏制的唯一出路。

三、建设生态文明是捍卫生态主权的关键举措

伴随着人类社会从传统工业文明向生态文明的转换，生态主权开始成为最重要的主权，生态利益开始成为最重要的国家利益，生态财富成为国家最为重要的财富之一，生态空间成为国家发展的根本空间之一，在国际舞台上，生态发言权将成为最重要的发言权。因此，要通过建设生态文明，保卫民族和国家的生态权益。

（一）只有建设生态文明，才能改变"污染者天堂"命运

改革开放以来，中国在承接国际产业转移的过程中，"污染者天堂"② 效应明显显现，中国日益成为西方污染转移地。根据美国《纽约时报》报道，废旧电线、电表、电路板等电子垃圾每年大量运往中国等发展中国家。欧洲环境局提供的资料显示，1995—2007 年，欧洲出口的纸张、塑料制品和金属垃圾增长 10 倍。向穷国非法出口垃圾已经成为一项受益巨大和日益增长的国际业务。这些废物在欧洲必须回收或者以不污染环境的方式处理，一些公司利用向穷国出口的方式降低新环境法带来的成本。例如，在荷兰将垃圾进行简单焚烧处理然后再运往中国的成本只有前者的四分之一。③ 英国《卫报》报道，英国一家负责减少垃圾量的政府机构进行的"废物与资源行动项目"研究报告称，与就地掩埋相比，如果把英国的废旧报纸和塑料瓶运到中国去回收利用，

---

① 杨志："积极应对碳交易市场的新特点"，《光明日报》，2011 年 2 月 18 日，第 11 版。

② 即 pollution havens。发展中国家在发展的初期阶段，为了增加出口和吸引外资，倾向于放松环境管制标准，吸引发达国家污染产业转移，由此导致污染产业聚集。参见布莱恩·科普兰等：《贸易与环境——理论与实证》，格致出版社 2009 年版，第 5 页。

③ 《经济深度分析》编辑部："中国等发展中国家成为西方垃圾站"，《经济深度分析》2009 年 10 月 19 日，第 26 页。

就能更大程度地减少碳排放量，并且可以生产出新产品。最近 10 年来，英国每年的废纸出口量（主要运往印度、中国和印度尼西亚）从 47 万吨增加到 470 万吨，废旧塑料瓶的出口量从不到 4 万吨增加到 50 万吨。

中国沦为"污染者天堂"已经是不争事实。长此以往，将摧毁中国可持续发展基础，中华民族将沦为"生态难民"，要改变这种状况，避免这种命运，关键是建设生态文明，推进发展方式的转变。

（二）只有建设生态文明，才能涵养生态和遏制生态及生态福利流失

改革开放以来，中国采取出口导向的发展战略。伴随着出口的高速增长，出现了严重的生态流失和国际生态逆差。生态输出迅速增加，生态赤字急剧扩大。根据中国社会科学院城市发展与环境中心的估计，2002 年中国净出口内涵能源 2.4 亿吨标煤，占当年一次能源消费的比例高达 16%；而 2006 年，内涵能源净出口高达 6.3 亿吨标煤，占当年一次能源消费的 25.7%。2006 年，中国出口内涵能源的排放约为 18.46 亿吨二氧化碳，进口内涵能源的排放约为 8 亿吨二氧化碳，净出口内涵能源的排放值超过 10 亿吨。英国廷德尔气候变化中心（Tyndall Center）对中国出口产品和服务中二氧化碳排放的初步评估结果表明，在 2004 年，中国净出口产品所排放的二氧化碳约为 11 亿吨，约占中国排放量的 23%。这一数值只略低于同年日本的排放量，相当于德国和澳大利亚排放量的总和，是英国排放量的两倍多。[①] 由于中国出口产品生产过程中的平均污染强度大，而进口产品生产过程的平均污染程度小，中国出口结构中污染强度大的产品多，进口结构中污染强度小的产品多，加上日趋扩大的贸易顺差，生态逆差日趋扩大。国务院发展研究中心地区司牵头的课题组计算结果表明，如果不考虑生产结构与贸易结构的差异性，"十五"期间二氧化硫（SO_2）污染物排放量中，我国每年对外贸易造成的 SO_2 "逆差"约为 150 万吨，占我国每年 SO_2 排放总量的近 6%。[②] 根据《英国卫报》2010 年 2 月 23 日报道，一份发表于《地球物理学研究快报》科学杂志的调查报告显示，中国近年来增加的二氧化碳排放中约一半是为西方生产出口产品排放的。应用多区域投入产出分析，对包括中国在内的十个国家或地区的国际贸易中隐含的碳

---

① 李虎军："出口商品隐含能源消耗，谁该对碳排放增长负责"，中国经济网，2007 年 12 月 11 日，http://www.ce.cn/cysc/hb/gdxw/200712/11/t20071211_ 13880996. shtml。
② 王世玲："外贸新变量：环保部启动贸易环境逆差核算"，2008 年 8 月 28 日，新浪网，http://finance. sina. com. cn/roll/20080828/23482398229. shtml。

排放（embodied emissions）进行核算。分别通过"消费者污染负担"原则，及"生产者与消费者共同负担"原则，重新试算了各国或地区的温室气体排放量。结果表明，美国为贸易中隐含碳排放的最大净进口国（464M_t – CO_2），日本次之（191M_t – CO_2），中国为最大净出口国（452M_t – CO_2）。[①]

可见，减少和遏制生态流失，保持国际贸易中生态收支的平衡，涵养生态，已经成为中国现代化进程中必须解决的突出问题。要做到这一点，必须推进生态文明建设，减少出口产品的生态内涵，减少生态输出。

（三）建设生态文明是推进科学发展的必由之路

中国现有发展方式的基本特征是高投入低产出、高消耗低收益、高速度低质量，是一种高生态损耗低生态涵养的发展方式；另一方面，这种发展方式的本质在于强调物本发展，即强调产值、速度、规模，偏离以人为本的价值轨道，由此必然导致对人的环境需求的忽视，对人的生存环境的破坏。

这两个方面的突出表现，就是中国经济发展方式是一种"黑色"发展方式，即高碳发展方式。自20世纪90年代中期以来，以汽车、石化、重型装备为代表的重化工业得到了国家和地方政府的倾斜式发展，中国经济结构呈现出越来越重之势。据国家统计局的数据，1990年中国重工业比重为50.6%，而到2008年重工业比重已上升至71.1%。产业结构的重型化，造成了高碳消费的倾向和碳偏好，2000—2008年，中国能源消费年均增速达9.1%，其中煤、石油等化石能源占能源消费比重超过九成。同时，锁定效应也会形成发展过程中的路径依赖，因为基础设施、机器设备及大件耐用家用电器等使用年限都在15年乃至50年以上，其间不大可能轻易废弃，即技术与投资都会被"锁定"在高碳路线。如果没有发生重大的技术革命，的确很难打破中国对高碳经济的依赖。以电力行业为例，该部门对煤的依赖程度与扩建速度众所周知，据相关研究估计，到2030年将新增发电能力126兆瓦的发电站，其中70%为燃煤电站，如果不能避免传统燃煤发电技术的弊端，则这些发电站50年后还会持续、较多地排放碳，未来几十年排放的状况将不可避免地被"锁定"。

要改变发展方式，关键要按照低碳经济的要求推进经济结构、产业结构的绿色转型，通过建设生态文明，实现经济增长方式从高碳到低碳的转变，实现经济发展方式从要素驱动向创新驱动的转变。

---

① 周新："国际贸易中的隐含碳排放核算及贸易调整后的国家温室气体排放"，《管理评论》2010年第6期。

　　必须认识到，推进生态文明建设本身就是发展，而且是绿色发展。在生态文明之下的生产系统是不同企业生产过程的共生系统，消费系统也是不同环节之间的循环系统，减少甚至消除废物，达到物质消耗的最小化，这本身就是对人类劳动的节约，因此是社会财富的增长，是社会成员福利的增长，不仅是发展，而且是高级形态的绿色发展。例如，在丹麦和瑞典两国，近年来 GDP 增长速度只有 3% 左右，但是，由于两国致力于建设循环经济和循环消费系统，基本实现了生产废料和消费垃圾的循环利用，社会经济发展的物质消耗大大减少。1980 年到 2006 年，丹麦 GDP 增长超过 50%，但是能源消耗没有增加。同时，可再生能源在能源中的比重迅速提高，瑞典来自石油的能源比重从 1970 年的 77% 下降到近年的 32%，1994—2004 年间，丹麦的可再生能源增长 90%，已经占全国能源消耗的 14.2%。由此大大降低了经济发展对石化能源的依赖。更重要的是，基于生态文明的发展大大提升居民的福利水平。2000 年以来，由于能耗和消耗的降低，这两个国家的人均收入增长 20%，但是物价水平基本没有变化，生活消耗开支大大下降，居民福利水平因此不断提升，[①] 实现了发展的主要目标。

（四）建设生态文明是抢占新的文明制高点，跟随文明转换的根本途径

　　自第三次工业革命之后，世界科技相对沉寂了 60 年。进入 21 世纪以来，以新能源、新材料、生物技术、信息技术为代表的高新技术等领域突破的先兆开始显现，预示着第四次科技革命已经初显端倪。低碳技术、太阳能和生物质能转换技术、新能源汽车等重点领域将率先出现突破，标志着这次科技革命将为人类新的文明，即生态文明奠定基础。

　　2008 年国际金融危机爆发以来，各国为了应对危机，同时为了抢占新的经济发展制高点，开始推进国家经济发展战略调整。这些调整都聚集到低碳经济这一方向，预示着人类文明将加速从传统工业文明向生态文明的转换。

　　例如，美国在推进经济发展从债务依赖向内需依赖，从虚拟经济到实体经济等转变的同时，积极推进低碳经济发展。在能源方面，大力推进能源转型战略。2009 年 1 月 25 日，美国发布《复兴计划进度报告》，要求推进清洁能源经济，3 年内将可再生能源产量增加 1 倍，使其能够为 600 万个美国家庭服务；敷设或更新 3000 英里的美国电网，为 4000 万美国家庭安装智能电表，对 200 万所住宅和 75% 的联邦建筑物进行翻修，增强其保温性。新的能源战略的

　　[①]　丁刚："欧洲并没有衰落"，《长江商报》，2007 年 12 月 10 日，第 2 版。

目标是减少对中东和委内瑞拉石油依赖，到 2012 年，来自新能源的发电量比重要达到 10%，2025 年要达到 25%。为此，美国政府还提出一系列公共政策，包括在 3 年内运用贷款和其他财政手段为清洁能源项目调动 1000 亿美元的私人投资。未来 10 年投入 1500 亿美元资助替代研究并为相关公司提供税务优惠；资助风能、太阳能等能源公司，大力发展混合动力车；建立一个相关基金为房屋业主改进能效，提供资金推进建筑节能改造；通过节能技术建设 21 世纪学校，为家庭提供短期退税，应对能源价格上涨；建立一个联邦资金支持的全国清洁能源贷款机构，提供担保，信贷支持乡村清洁能源等。

2009 年 4 月，日本自民党日本经济再生战略会议提出"日本经济再生战略计划"的中间报告，提出十个方面的政策目标，重点是建设低碳"绿色经济社会体系"，要在 3—5 年内将太阳能板的价格降低一半，到 2020 年使太阳能发电增加 20 倍，从业人员达到 11 万人；3 年内建设 300 万套节能住宅，由此创造 40 万个就业岗位；大力支持环保车辆的普及，创造 10 万就业。同月，日本公布《绿色经济与社会变革》，提出到 2015 年将环境产业市场规模扩大到 100 万亿日元，就业增加到 220 万人。可见，日本新的发展战略也把环保和低碳经济作为关键。

欧盟是绿色经济的倡导者。早在 2001 年，意大利就已经安装和改造了3000 万台智能电表。2006 年，欧盟理事会的能源绿皮书《欧洲可持续发展、竞争和安全电能策略》就强调欧洲已经进入新能源时代，提出建立覆盖全欧洲的智能电网。2007 年，欧盟提出以发展低碳经济为基础的新战略，将低碳经济看成是"新的工业革命"。2009 年 3 月，欧盟宣布在 2013 年前投资 1050亿欧元支持欧盟地区的绿色经济，提出在 30 个城市采用洁净能源技术，建成"智能城市"。同时公布"策略性能源科技计划"（SET‑Plan），计划投入数十亿欧元资金，以协助欧盟企业培育战略新能源优势。根据该计划，2020 年前，欧盟风力发电要占总电力的五分之一，2030 年前要占三分之一。2010 年欧盟领导人夏季峰会正是通过了欧盟未来十年发展蓝图——欧洲 2020 年战略，将以发展绿色经济、强化竞争力为内容的"可持续增长"作为欧洲未来发展三个战略重点之一，具体目标是，到 2020 年，在 1990 年基础上将温室气体减排20%，将总能源消耗中可再生能源比重提高到 20%，将能效提高 20%。①

---

① 其他两个战略重点是：以知识和创新为基础的"灵巧增长"，以扩大就业和社会融合为基础的"包容性增长"。参见刘晓燕："欧洲 2020 战略对中国的启示"，《参考消息》，2010 年 6 月 24 日，第 14版。

　　美国、欧盟和日本的上述战略调整，首先是试图通过新能源产业催生新的产业。例如，美国的新能源战略将造就一个 20 万亿—30 万亿美元价值的大产业，拉动美国经济再次崛起，将每年上万亿美元的依托国外的能源供给转变为内部解决；将每年依托国际市场的上万亿的消费品需求转变为内需解决，推进美国从消费社会转变为生产社会。更重要的是，发展以低能耗、低污染、低排放为基本特征的低碳经济，推进经济增长方式的转变。因此，上述战略调整客观上将推动人类文明从传统工业文明向生态文明的转换。

　　问题在于，一旦西方通过上述战略调整再造了富有竞争力的能源技术和产业，抢占了低碳经济制高点，中国又将处在新的不利的处境上。小布什政府 8 年拒绝签署《京都议定书》，奥巴马则将新能源作为战略，改变气候策略，将气候问题列入优先政策议题。实际上，2001 年小布什政府退出《京都议定书》时，美国政府当时就开始着手实施一个"气候变化技术"（CCIP）的战略项目。这个项目从战略方向、战略规划和战略分析几个方面着手实施，推进多部门的气候变化技术研发项目和投资的协调与优化。这表明，美国政府一方面消极应对气候变化方面的国际合作机制，另一方面已经未雨绸缪，力图成为绿色创新的中心。正如奥巴马所宣称的："美国要么继续做全球最大的石油进口国，要么成为世界上最大的清洁能源技术出口国"。美国的重要图谋是抓住中国开展合作，因为中国和美国是世界上最大的二氧化碳排放国。2009 年 2 月，由美国亚洲协会美中关系中心和皮尤全球气候变化中心（Pew Center on Global Climate Change）所发布的一份名为《中美能源与气候变化合作路线图》的报告提出，作为全球最大的两个二氧化碳排放国，中美必须通过开发和利用新技术，大规模推广新能源，使两国的能源供应呈现多样化、可靠、独立和绿色环保的特质。这里既包含与中国合作减排的希望，又潜伏着将中国绑在美国新能源技术战车上的图谋。

　　因此，人类文明的新一轮转换是传统工业文明向生态文明的转换，新一轮竞争将是能源技术的竞争，是绿色经济和低碳经济的竞争。中国只有通过加快绿色技术、低碳经济的发展，加快建设生态文明，才能抢占新的经济形态的制高点，才能跟随人类新的文明转换进程。

　　总之，建设生态文明，是实现中华民族复兴的基点和必由之路。新中国成立前，中国作为半殖民地，承受殖民剥削，承受资本—帝国主义国家的生态转嫁；改革开放以来 30 年，伴随出口规模的扩大，中国输出大量生态，为了贸易顺差，不得不接受巨额生态逆差；未来，如果不能抢占生态文明制高点，中国可能遭受生态遏制，不得不接受新的生态制约。

第三节

文明转换中中国具有跨越式推进优势

当前阶段，以建设生态文明为基点推进中华民族复兴也具有现实的可行性。这是因为，中国的工业文明正在追赶西方工业文明，同时启动了生态文明建设的步伐，文明位差在缩小。更重要是的，中国具有建设生态文明的一系列基础条件和综合优势，因此，中国可以在现有工业文明基础上，通过跨越式发展，抢占生态文明发展制高点和先机。

一、现代化总体水平为跨越式推进
生态文明奠定物质基础

生态文明必须建立在发达的工业文明和经济基础上。2010 年，中国人均GDP 突破 4000 美元，按照世界银行标准，突破了中下等收入国家和中上等收入国家之间的分界线，全面进入中等收入国家行列，已经具备加快建设生态文明的物质基础。经济总量规模的扩大为生态文明建设提供了物质基础。从 2009 年 8 月发布的全国第一份省市区生态文明水平排名来看，排在前十位的除重庆和广西以外，都是经济发达的东部沿海省份，[①] 可见，生态文明水平与经济发展开始呈现正相关关系。当前，总体上看，中国工业化率超过 40%，已经成为半工业化国家，已经开始进入工业化中后期阶段，沿海省份开始进入工业化后期后半阶段，现代工业体系基本建成，目前已经建成的工业包括 39个大类，191 个中类，525 个小类，联合国产业分类中所列全部工业门类我国都已经建成。更重要的是，中国开始进入信息化加速推进时期。根据 2010 年《信息化蓝皮书》的数据，中国的信息化水平已经超过世界平均水平，基本上达到世界中等发达国家的水平，工业化特别是工业化与信息化的整合为生态文明建设奠定工业文明基础。

根据中国现代化战略研究课题组 2007 年发布的《中国现代化报告

[①]　王红茹："中国首份省市区生态文明水平排名出炉"，《中国经济周刊》，2009 年 8 月 17 日。

2007——生态现代化研究》，2004 年，中国生态现代化指数为 42 分，在 98 个国家中排名第 84 位①。尽管中国的生态现代化水平不高，但是已经进入生态现代化起步时期，具有建设生态文明的巨大空间。从发达国家生态文明发展的历程来看，在经济发展的一定阶段，只要采取得力措施，就可以快速实现生态文明程度的提升。日本在 20 世纪 60 年代环境污染也很严重，出现过水俣病，曾在短期内造成 1400 多人死亡。这使得日本痛定思痛，终于形成了全民的环保共识，然后经过仅 10 来年的努力，日本就扭转了环境恶化的颓势，使日本奇迹般地从一个污染大国变成了环保大国。如果我们在环保方面能向日本学习，首先做到日本今天做到的一半，就可以实现生态文明的发展。

　　当前，中国开始出现推进生态文明建设的综合性契机。生态恶化趋势开始被遏制，生态建设开始加速，生态破坏和生态文明出现平衡点，全民生态意识开始复兴和强化，开始形成推进生态文明建设的合力，这是推进生态文明建设的契机。

二、中国跨越式推进生态文明建设的制度优势和政策优势

　　与传统社会主义不同，中国特色社会主义是以人为本的社会主义，是强调人与自然协调发展的社会主义，这为生态文明建设的推进提供制度基础。同时，中国生态文明建设是政府主导和推进的，具有明显的政策力度优势。自从中国党和政府提出建设生态文明以来，采取政府和国家行为主导生态文明建设的道路，已经密集出台了开展两型社会建设、可持续发展试验、发展循环经济、低碳经济、生态经济、绿色能源等一系列生态文明建设战略性举措和具体推进政策，已经呈现出跨越式推进生态文明建设的态势。正如美国劳伦斯伯克利国家实验室中国能源项目部主任马克·利文博士指出的，中国在节能降耗政策制定和实施方面已经走在世界前列，特别是风能、太阳能等可再生能源的增长速度连续数年位居全球前列。② 美国皮尤慈善信托基金会在一份研究报告指出，中国在绿能产业的总投资额已经超过美国。2009 年美国投资于绿色能源

---

①　课题组：《中国现代化报告 2007——生态现代化研究》，北京大学出版社 2007 年版，第 243 页。

②　于青："外国专家喜看中国生态文明建设"，《人民日报》，2010 年 3 月 11 日。

的总额为 186 亿美元，中国为 346 亿美元，而 5 年前，中国只有 25 亿美元。中国在太阳能电池制造，风力发电机产能也超过美国。[①] 2010 年上半年，中国宣布更新 2000 个发电厂设备，每年投入 750 亿美元用于清洁能源技术，这个数字是美国能源预算部总预算的 3 倍。[②] 在制度创新方面，近期中国为应对气候问题和节能减排，推出了一系列重大制度创新，如 2010 年 8 月 31 日，全国首家绿色碳汇基金会成立，旨在致力于推动以应对气候变化为目的的植树造林、森林经营、减少毁林和其他相关的增汇减排活动，为企业和公众搭建了通过林业措施吸收二氧化碳、抵消温室气体排放、实践低碳生产和低碳生活、展示捐资方社会责任形象的专业性平台。[③]

三、中国具有跨越式推进生态文明建设的经济优势和产业基础

（一）资源基础

在生物质能方面，根据计算，中国理论生物质能 50 亿吨，约折合 5 亿吨标准煤，包括 7 亿吨秸秆，其中可以用作能源的 3 亿吨，折合 1.5 亿吨标准煤，工业有机废水和畜禽养殖废水可以生产 800 亿立方米沼气，折合 5700 万吨标准煤，薪炭林和林业及木料加工废物资源相当于 3 亿吨标准煤，城市垃圾发电相当于 1300 万吨标准煤。此外一些油料、含糖或淀粉类作物用于制取液体燃料。但是，目前生物质能作为能源的利用量不到 1%。在新型能源方面，我国在青海省祁连山南缘永久冻土带成功钻获天然气水合物实物样品，首次发现可燃冰，储量达到 350 亿吨油当量，是继加拿大、美国之后第三个发现可燃冰的国家。可燃冰是水和天然气在高压低温条件下混合而成的一种固态物质，具有燃烧值高、清洁无污染的特点，是地球上尚未开发的最大新型能源，被誉为 21 世纪最有希望的战略资源。在风能方面，中国可开发风能储量为 10 亿千瓦。在地热开发方面，中国可开采利用低热资源每年 67 亿立方米，相当于 3283 万吨标准煤，中国年实际利用地热 4.45 亿立方米，位居世界第一，且每

---

① "中国绿色能源投资全球居首"，《参考消息》，2010 年 3 月 2 日，第 2 版。
② 朱丽叶·埃尔伯林："中国在减排方面取得进展"，《参考消息》，2010 年 9 月 14 日。
③ 刘惠兰："中国绿色碳汇基金会成立"，《经济日报》，2010 年 9 月 1 日，第 3 版。

年递增 10%。在太阳能方面，太阳能理论储量每年 17000 亿吨标准煤。此外，中国控制着 90% 以上的稀土产量。[①]

（二）产业优势

环保产业进入快速增长期，进入"十一五"时期以来，中国环保产业产值以 12%—15% 速度增长，预计"十一五"末期年产值过万亿元。2008 年环境保护产业的产品数量达到 3000 多种，产值达到 7900 亿元，环保企业达到 3.5 万家，从业人数达到 300 万人。新型能源产业进入快速发展期。2008 年，风电装备实现国产化，太阳能集热真空管生产和保有量世界第一，太阳能光伏发电方面，2008 年太阳能电池产量超过 2570 兆瓦，占世界的 37%，成为世界第一生产大国。水电装机全球第一，风电装机世界第四。太阳能产业包括太阳能热利用和太阳能光伏两个产业。太阳能热利用产业，太阳能热水器使用量和年产量均占世界一半以上。太阳能光伏电池产量超过日本和德国，世界第一。光伏电池占全球的比重由 2002 年的 1.07% 上升到 2008 年的 15%。太阳能热水器集中热能面积和年产能全球第一。核电是世界上在建规模最大的国家。能源结构开始进入优化期，1952—2008 年，煤炭在能源消费总量中的比重从 95% 下降到 68.7%，水、核电、风电、天然气提高 11.7 个百分点。内蒙古发展新能源的做法：风力发电与风机设备制造挂钩联动，形成多晶硅、单晶硅、太阳能电池制造、组件封装、光伏系统集成等完整的太阳能产业链。

（三）科技优势

近年来，中国开始在一些新能源和低碳技术领域抢占制高点。在新能源汽车方面，2008 年 12 月 28 日，北京以首汽为依托，成立中国第一个新能源汽车设计制造产业基地，集成力量，总投资 50 亿元，年产各类新能源和替代能源客车 5000 辆，已经建成混合动力、纯电力、氢燃料电池和高效节能发动机四大核心设计制造工程中心。2009 年 3 月，北汽福田又成立了中国第一个新能源汽车产业联盟，整合新能源产业链上的研发、设计、制造、零部件供应和终端用户等资源，加强产学研用的有效衔接，打造具有国际竞争力的新能源汽车产业链。整合了国内新能源领域的优势资源，包括国内外 300 多家联盟理事

---

① 稀土是指 17 种化学上相似的金属元素，如铈、钇和镧等，具有独特的磁性、光学性，对微型化、激光和能源效率至关重要，可以广泛运用于绿色科技，是生态文明的战略资源。邓小平曾经将中国的稀土资源与沙特阿拉伯的石油相提并论。

单位。在生物质能方面，广西经科技部批准，成立了国内首家非粮生物质能源工程研究中心。该中心主要研究木薯、甘蔗和北方甜高粱。打造非粮生物质能源技术研发基地，成果孵化基地，成果工程化基地，开展产学研结合，国际合作和开放服务，为全国提供技术支持。在具体技术方面，中国也在一些领域获得优势。例如，2010 年 7 月 21 日，中国核工业集团公司宣布由中国自主研发的中国第一座快中子反应堆——中国试验快堆（CEFR）达到首次临界。这标志着中国掌握了快堆技术，成为继美、英、法等国后第八个拥有快堆技术的国家。快堆技术代表第四代核能系统发展方向，发展和推广快堆，可以从根本上解决世界能源可持续发展和绿色发展问题。① 再例如，2011 年，中国民营清洁能源企业中国新奥集团与美国杜克能源签署在中国和美国建设绿色城市的技术开发协议。美方参与这一项目的目的之一，就是向中国企业学习"区域清洁能源整体解决方案"的技术与经验。可见，在绿色经济市场竞争中，中国企业开始从"产品输出"转变为"技术输出"。②

（四）文化优势

中国传统文化中的生态和谐观与生态文明观高度契合，为实现生态文明提供了坚实的哲学基础和思想源泉。中华文化中儒、释、道三家都在追求人和自然的统一，有着极为深厚的生态智慧文化底蕴。中国儒家主张"天人合一"，其本质是"主客合一"，肯定人与自然界的统一。儒家肯定天地万物的内在价值，主张以仁爱之心对待自然，体现了以人为本的价值取向和人文精神。中国道家提出"道法自然"，强调人要以尊重自然规律为最高准则，以崇尚自然、效法天地作为人生行为的基本皈依。强调人必须顺应自然，达到"天地与我并生，而万物与我为一"的境界。这与现代环境友好意识相通，与现代生态伦理学相合。中国佛家认为，万物是佛性的统一，众生平等，万物皆有生存的权利。《涅槃经》中说："一切众生悉有佛性，如来常住无有变异。"佛教正是从善待万物的立场出发，把"勿杀生"奉为"五戒"之首，生态伦理成为佛家慈悲向善的修炼内容。在全世界，中华民族是惟一以国家形态同根同文同种存留几千年的民族，这是因为中华文明精神里蕴含着深刻的生态智慧。这与生态文明的内涵一致。中华文明精神是解决生态危机、超越工业文明、建设生态文明的文化基础。如今，越来越多西方学者提出世界生态伦理应该进行"东

---

① 新华社："中国绿色核能获重大突破"，《湖北日报》，2010 年 7 月 22 日，第 11 版。

② 吴越仁："抢夺绿色商机中国企业大有可为"，《光明日报》，2011 年 2 月 10 日，第 2 版。

方转向"。1972 年罗马俱乐部出版的《增长的极限》一书第一章的卷首语就采用韩非子的一段话。[①] 可见，中华文明的基本精神与生态文明的内在要求是基本一致的，中华文化中"天人合一"、"和为贵"等宝贵的思想资源，为我们建设人与自然的和谐社会奠定了坚实的哲学基础和思想源泉。

（五）国际合作优势

中国具有运用清洁发展机制[②]的后发优势。由于发达国家能源利用效率高，能源结构优化，新的能源技术被采用，进一步减排的成本较高。而中国等发展中国家能源效率较低，减排空间大，成本相对较低。这就导致同一减排单位在不同国家之间形成不同成本，形成所谓"高价差"。2005 年，中国正式加入国际 CDM 市场，开始成为 CDM 市场的主要供应国之一。

在一些尖端生态文明技术发明，中国可以培育后发优势。例如，中国第三代核电项目关键设备已经达到较高的国产化程度。其所以如此，是因为国内外处在同一起点上，特别是技术、人才日益全球化的条件下，通过技术创新和技术合作，中国可以加快弥补差距，在一些关键技术上可以领先。

此外，中国可以利用生态文明技术与智力引进，缩小和国外的差距。例如，丹麦在华最大投资者诺维信在华建设第二代生物燃料，即利用作物秸秆等农业废弃物和城市居民生活垃圾提炼乙醇燃料。中国已经成为该公司继美国之后第二大研发、生产及运营中心。武汉市通过与法国波尔多市合作，引进法国资源能源管理署的"碳值测量法"，用以科学计算一个城市的二氧化碳排放量，以及确定如何减排；引进加龙河流域水务署在污水控制和水质监测方面的先进方法以及垃圾处理等城市管理方法，大大加快了城市水务管理的科学化进程。

综上所述，中国具有推进生态文明建设跨越式发展的各种优势和有利条件，中华民族有能力抓住这个战略机遇，并引领世界率先实现从传统工业文明

---

①　这段话是："今人有五子不为多，子又有五子，大父未死而有二十五孙。是以人民众而货财寡，事力劳而供养薄"。丹尼斯·米都斯等：《增长的极限——罗马俱乐部关于人类困境的报告》（中译本），吉林人民出版社 1997 年版，第 19 页。

②　清洁发展机制（CDM）是英文 Clean Development Mechanism 的全称。这是《京都议定书》规定的附件 1 缔约方（即发达国家）在境外实现部分减排承诺的一种履约机制，核心内容是允许发达国家与发展中国家进行项目级的减排量抵消额的转让与获得，在发展中国家实施温室气体减排项目。在这一过程中，发达国家提供资金和技术，与发展中国家开展项目合作，实现"经核证的减排量"，即"资金加技术"换取温室气体排放权指标。

向生态文明的转型。季羡林先生说过，21世纪是东方文化的时代，这是不以人们的主观愿望为转移的客观规律①。只要在提出科学发展观、建设社会主义和谐社会与环境友好型社会等一系列新的政治理念的基础上，吸收中国的传统文化的精髓，借鉴西方发达资本主义国家在环境治理问题上的经验和教训，中国必将带领全国人民引领世界可持续发展的潮流，促成并实现社会主义生态文明，实现中华民族的伟大复兴。

① 季羡林："21世纪，东方文化的时代"，《今日中国》1996年第2期，第57页。

第三章

社会主义是建设生态文明的根本道路

生态文明体现了社会主义的基本原则。生态文明建设应该成为中国特色社会主义建设格局的重要组成部分，生态文明应该成为社会主义文明体系的重要内容。反过来，相对于资本主义的反生态性质而言，社会主义具有亲生态的本质。因此，只有社会主义才是人类走向生态文明的根本道路。

第一节

生态学与马克思主义的结合

生态学马克思主义是西方马克思主义发展的最新流派之一，它产生于 20世纪 70 年代，并逐渐发展成为具有完整理论体系和较大社会影响的理论思潮，其主要代表人物有加拿大的本·阿格尔、威廉·莱斯、法国的安德瑞·高兹，英国的戴维·佩珀，美国的詹姆斯·奥康纳、约翰·贝拉米·福斯特以及德国的瑞尼尔·格伦德曼等人。① "生态学马克思主义" 这一概念是加拿大学者本阿格尔 1974 年首次提出，在 20 世纪 80 年代、90 年代进一步发展。它主张马克思主义应当重构，人类应当重新认识人和自然的关系，认为资本主义制度与人对自然的统治在历史、概念、宗教、文字、伦理等诸多方面有着密切的联系，理解这种联系对社会理论的发展和生态保护意义重大。生态学马克思主义的基本特点是通过开启历史唯物主义的生态视域，并以此为基础对当代资本主

---

① 王雨辰：《生态批判与绿色乌托邦——生态学马克思主义理论研究》，人民出版社 2009 年版，第 1 页。

义展开生态批判，揭示资本主义制度以及资本的全球权力关系同当代生态危机之间的内在联系，强调解决生态危机的根本途径在于变革资本主义制度及其资本的全球权力关系，建立一个人和社会、人和自然和谐发展的生态社会主义社会。

一、生态问题是发展马克思主义的理论基点

美国学者詹姆斯·奥康纳的《自然的理由——生态学马克思主义研究》①是当代西方生态学马克思主义领域的一部集大成的力作。该书不仅构建了当代西方生态学马克思主义的基本框架，在奥康纳看来，发展马克思主义的当代出路是推进"马克思主义理论的生态学改革"。这就是说，生态问题是发展马克思主义的理论基点。

首先，自然史是劳动史内在的重要组成部分。马克思主义理论把全部社会发展史归结为劳动发展史，正如恩格斯所指出的，马克思主义是一种"在劳动发展史中找到理解全部社会史的锁钥的新派别"②。但是，解读劳动史必须联系自然史。正如奥康纳指出的，"要想在自然界的历史与人类历史之间划出一条简单的因果之线是根本不可能的，因为它们是相辅相成的"。迄今为止，人类社会出现的奴隶制、农奴制和资本主义制度等三种劳动组织形式具有不同的生态后果。因此，"自然史或多或少是人类劳动史的一部分"。"自然史在一定程度上也是劳动者的斗争的历史。"③

其次，从资本主义发展的客观历史进程来看，环境问题是资本主义矛盾发展逻辑的当代结果，是资本主义制度问题在当代的集中体现。"环境史问题应该被视为资本主义时期所凸现出的各种历史问题之发展的顶点。""资本主义发展中的结构转型至少已经用一种粗略的逻辑，书写了其自身的历史叙事，这种历史叙事与发生在政治、生产力与生产关系、作为整体的社会与文化、环境或'自然'领域所发生的变化是相对应的。"④

---

① 詹姆斯·奥康纳：《自然的理由——生态学马克思主义研究》，南京大学出版社 2003 年版。
② 《马克思恩格斯选集》第 4 卷，人民出版社 1972 年版，第 254 页。
③ 詹姆斯·奥康纳：《自然的理由——生态学马克思主义研究》，南京大学出版社 2003 年版，第 41、43 页。
④ 詹姆斯·奥康纳：《自然的理由——生态学马克思主义研究》，南京大学出版社 2003 年版，第 85 页。

最后，资本主义历史内在矛盾的演变决定了历史书写主线的演变。环境史历史书写模式已经成为解读资本主义的历史书写模式发展的顶端。迄今为止，解读资本主义的历史书写模式已经经历了政治史、经济史、社会史和环境史四个阶段。环境史要吸收前三个阶段的研究成果。因为，从理论上说，环境史就是对政治、经济、社会与文化的历史的兼容和扬弃。同时，"自然越是被当成劳动、财产、剥削及社会斗争的历史的结果，我们的未来就越有可能是可持续的、公正的以及具有社会正义性的。"①

马克思主义理论中存在与生态学结合的基点。在奥康纳看来，经典马克思主义虽然存在着"生态感受性"的缺失，但的确存在着生态学视角的理论基因。马克思在关于未来社会的观点中，人类不再异化于自然界，人类对自然界的利用不再建立在资本积累逻辑的基础上，而是一方面以个人和社会的需要，另一方面以今天所谓的生态学的理性生产为直接基础的思想。马克思一方面十分关注把总体上的劳动力生产过程和具体的生产过程统一起来，用今天的话说即"生态规则性"过程；另一方面，他对当时的生态问题，如农业中土地质量和数量问题的讨论很感兴趣。恩格斯曾经指出："政治经济学家说：劳动是一切财富的源泉。其实劳动和自然界一起才是一切财富的源泉，自然界为劳动提供材料，劳动把材料变成财富。"② 总之，在马克思主义理论视域中，"人类历史和自然界的历史无疑是处在一种辩证的相互作用关系之中的；他们认知到了资本主义的反生态本质，意识到了构建一种能够清楚地阐明交换价值和使用价值的矛盾关系的理论的必要性；至少可以说，他们具备一种潜在的生态学社会主义的理论视域。"③

二、高兹对资本主义经济理性的批判

法国学者高兹是从经济理性的角度出发，从抽象的哲学层面来探讨资本主义生态危机的根源。他把当代资本主义社会中的生态危机归结于资本主义的利润动机，而资本主义的利润动机属于资本主义的经济理性范畴。这样，他从对

---

① 詹姆斯·奥康纳：《自然的理由——生态学马克思主义研究》（中译本），南京大学出版社2003年版，第113页。

② 恩格斯：《自然辩证法》，《马克思恩格斯选集》（第3卷），人民出版社1976年版，第508页。

③ 詹姆斯·奥康纳：《自然的理由——生态学马克思主义研究》（中译本），南京大学出版社2003年版，第86页。

资本主义利润动机的批判延伸为对资本主义经济理性的批判。

高兹所说的经济理性是以计算和核算为基础，与计算机和机器人联系在一起，把由于劳动手段的改进所节省下的劳动时间尽一切可能地加以利用，让其生产出更多的额外价值①。在前资本主义时期，人们在生产和生活中所遵循的原则是"够了就行"（Enough is enough）。而在资本主义时期，人们在经济理性的指导下进行生产和生活。经济理性的原则是"计算与核算"的原则，效率至上的原则，越多越好的原则。"替代'够了就行'这种体验，提出了一种用以衡量工作成效的客观的标准，即利润的尺度。从而成功不再是一种个人评价的事情，也不是一个'生活品质'的问题，而主要看所挣的钱和所积累的财富的多少。量化的方法确立了一种确信无疑的标准和等级森严的尺度，这种标准和尺度现在已用不到由任何权威、任何规范、任何价值观念来确认。效率就是标准，并且通过这一标准来衡量一个人的水平和效能：更多要比更少好，钱挣得多的人要比钱挣得少的人好。"②

高兹从三个方面揭示了经济理性的危害。首先，他借用马克思的观点来解释经济理性的危害。他强调，按照马克思的观点，经济理性的危害可以归结为一方面使人与人之间的关系变成金钱关系，另一方面使人与自然之间的关系变成工具关系，而核心的问题是使劳动者失去理性。这些问题是一种广泛意义上的生态危机。其次，他借用哈贝马斯对认识——工具理性的批判进一步分析经济理性的危害，认为经济理性的危害在于使生活世界殖民化。"我想指出经济合理性和认识——工具和理性的共同根源，他们的根源就在于思维的一种形式化，把思维编入技术的程序，使思维孤立存在于任何反思性的自我考察的可能性，孤立于活生生的体验的确定性。种种关系的技术化、异化和货币化在这样一种思维的技术中有其文化的锚地，这种思维的运作是在没有主体的参与下进行的，它由于没有主体参与就无法说明自己。欲知这种严酷的殖民化是如何组织自己的，请看：它的严酷的、殖民性的、核算化的和形式化的关系，使活生生的个人面对这个物化的世界成了陌路人，而这一物化的世界只不过是他们的产品，与威力无比的技术发明相伴的则是生活艺术、交往和自发性的衰落。"③最后，他认为，当代资本主义社会经济理性的新危害就是在资本主义社会中出现了新奴隶主义。"对经济领域中劳动的不平等分配，以及与此相伴随的对由

---

①　徐艳梅：《生态学马克思主义研究》，社会科学文献出版社 2007 年版，第 293 页。
②　Gorz Andre, *Critique of Economic Reason*, London, Verso, 1989, p. 113.
③　Gorz Andre, *Critique of Economic Reason*, London, Verso, 1989, p. 20.

技术发明所创造的自由时间的不平等分配，导致了这样一种情景，在这种情境下，一部分人能从另一部分人那里购买到额外的空闲时间，而后者沦为只是替前者服务。……对于至少是提供个人服务的那些人，这种社会分层也就是服从于和人身依附于他们为之服务的那些人。曾经被战后工业化所废除掉的'奴隶阶级'再次出现了。"①

三、奥康纳对资本主义的生态批判

马克思和恩格斯清楚地意识到资本主义对资源、生态及人类本性的破坏性作用。恩格斯曾经指出，"动物仅仅利用外部自然界，单纯地以自己的存在来使自然界改变；而人则通过他所作出的改变来使自然界为自己的目的服务，来支配自然界。……但是我们不要过分陶醉于我们对自然界的胜利。对于每一次这样的胜利，自然界都要报复我们。"② 马克思注意到，都市化和农业的商业化破坏了人与土壤之间的物质循环。但是，总体上看，"他们没有把生态破坏问题视为资本主义的积累和社会经济转型理论中的中心问题。"他们留下的"只是一种生态经济学或政治经济学的朴素遗产，不管是对生态系统的分析，还是对热力学系统以及能源生产和消费的分析，都没有融入他们的历史唯物主义理论以及资本主义积累理论和经济危机的理论之中。"③

在奥康纳看来，资本主义的反自然性质来源于资本追求利润的本性，来源于"存在于资本主义于自然界之间，或者说资本的自我扩张和自然界的自身有限性之间的总体性矛盾。"资本的扩张成为一种无限制的必然趋势，"自然界本身的节奏和周期是根本不同于资本运作的节奏和周期的。"④ 因此，资本必然将自然看成是资源的"水龙头"和废弃物的"污水池"。尊重生态规律与发展资本主义是矛盾的。

资本主义是通过资本主义与自然界之间的一系列中间环节反自然的。这些中间环节包括技术、矿物燃料能源、城市化、殖民制度等。

---

① Gorz Andre, *Critique of Economic Reason*, London, Verso, 1989, p. 6.

② 恩格斯：《自然辩证法》，《马克思恩格斯选集》（第3卷），人民出版社1976年版，第508页。

③ 詹姆斯·奥康纳：《自然的理由——生态学马克思主义研究》，南京大学出版社2003年版，第198、199页。

④ 詹姆斯·奥康纳：《自然的理由——生态学马克思主义研究》，南京大学出版社2003年版，第16、17页。

技术的发展成为资本反自然的中介。伴随技术的发展，一些资本主义生产过程脱离自然，不需要"第一自然"。资本主义独特的时空统一体把生产从原来的文化和自然形式中脱离出来。在资本主义条件下，技术的发展不仅消解文化，而且消解"第一自然"。技术进步在经济领域中是一种胜利，可对生态领域来说无疑是一种灾难。

能源的利用也是资本反自然的中介。瓦特蒸汽机用烟煤取代无烟煤，解决了无烟煤燃烧效率低下的技术问题，却带来环境污染。烟煤带来二氧化硫，二氧化硫经过氧气转化为硫酸，形成酸雨，降低土地肥力。同时，对煤的过分开采导致水污染。可见，在资本主义社会，环境服从利润和效率。

城市化也成为资本反自然的中介。在资本主义内部出现了农村和城市的冲突。城市居民的生活是以牺牲自然界为代价的，他们直接导致了自然环境的恶化。

资本主义殖民制度则是全球性反生态的罪魁祸首。非洲和作为原材料供应地的新大陆出现了史无前例的生态和人类悲剧。资本使北部国家战胜了贫穷，可在全球范围内导致了环境质量的下降，从这一角度看，北部国家的经济、财富增长显然是一种矛盾的事实。北部的高生活水准在很大程度上源自于全球不可再生性资源的衰竭、可再生性资源的减少以及对全球民众生存权利的掠夺。

正是由于资本主义的反生态性质，资本主义的发展中面临的矛盾日益拓展。经典马克思主义揭示了资本主义价值实现的矛盾，即生产无限扩大与消费需求相对不足的矛盾。奥康纳定义为第一重矛盾。在他看来，资本主义与生态发展的对抗性质导致了资本主义的第二重矛盾，即引入使用价值因素后的矛盾，即伴随资本主义的发展与生态危机的发展，资本主义日益破坏自身的生产条件。伴随生态条件的恶化，地租日渐提高，远距离运输成本日渐增大，生态问题提高劳保费用，进而降低剥削率，全球环保运动也导致资本主义生产成本的提高。总之，当今资本主义的危机，"不仅是资本主义生产过剩的危机，而且也是资本的不充分发展的危机。危机不仅来源于传统马克思主义所说的需求的层面，而且也来源于生态学马克思主义所说的成本层面。"①

鉴于上述分析，奥康纳认为，与生态发展的矛盾使"资本主义生产关系

---

① 詹姆斯·奥康纳：《自然的理由——生态学马克思主义研究》，南京大学出版社 2003 年版，第 207 页。

具有一种自我毁灭的趋势。"① 因此，资本主义不可能持续发展。

四、资本主义制度是生态危机的元凶

一般来说，西方环境保护主义和生态中心主义喜欢从科学技术和工业文明本身去寻找生态危机的根源，认为科学技术和工业化是产生生态问题的罪魁祸首，认为科学技术的发展破坏了人类赖以生存的自然环境，科学技术具有原罪的性质。"生态学马克思主义"持相反的观点，认为现代社会的生态危机并非科学技术本身造成的，而是对科学技术的资本主义使用方式造成的。

本·阿格尔认为，资本主义商品生产的扩张主义的动力导致资源不断减少和大气受到污染等问题。今天，生态危机取代了经济危机，"资本主义由于不能为了向人们提供缓解其异化所需要的无穷无尽的商品而维持其现存工业增长速度，因而将触发这一危机。"② 帕森斯认为，根据马克思、恩格斯的生态学思想，"所有的人的技术产生于自然，建立在自然基础之上，并且作为对人生存及其能力实现的支持而处于一种自然的背景之中。如果技术及其所创造的世界被理解为与自然完全不同，是一种将杀死它的制造者的神灵或怪物，那么这是误解。如果技术被认为是不可救药地与自然界相异化，那么这也是误解。……现代生态学表明技术不是神秘的怪物，而是对自然物质和自然过程的特有的、现实的影响，它们可以被理解和得到控制。"③

大卫·佩珀指出，根据对马克思理论的解读，生态问题的产生根源是资本主义的经济发展方式而不是技术。他认为，马克思提醒我们，19 世纪明显是通过激增的城市化和资本主义工业化的经济开发而遭受环境危机的。"今天，在本质上，这种解释在世界范围内仍然是正确的。因此，对马克思和恩格斯来说，遭受生态破坏的首要地方是工厂、农业和郊区贫民窟。这种解释的有效性于今天在第三世界的环境分析中继续得到加强。"④ 福斯特认为，资本主义的根本特征是积累资本，为了得到这个目的，它不断地进行扩张。只有有利于资本扩张的技术才能得到发展，而不利于扩张的技术则被排斥。以能源为例，

① 詹姆斯·奥康纳：《自然的理由——生态学马克思主义研究》，南京大学出版社 2003 年版，第 331 页。

② 本·阿格尔：《西方马克思主义概论》，中国人民大学出版社 1991 年版，第 486 页。

③ Howard Parsons, *Marx and Engels on Ecology*, London, 1977. p. 12。

④ David Pepper, *Eco - socialism*: *from deep ecology to social justice*, London, 1993. p. 63。

"在资本主义制度下，需要促进开发的是那些为资本带来巨大利润的能源，而不是那些对人类和地球最有益处的能源。"

高兹根据技术本身的性质，把技术分为资本主义的技术和社会主义的技术，两者对生态环境的影响是完全不同的。核技术等"硬技术"代表了一种独裁主义的政治选择，能够给资本家带来利润，属于资本主义的技术。太阳能、风力、地热等方面的"软技术"是小规模的分散化的技术，它们不能够被大公司、银行或政府垄断，更具人性化，属于社会主义的技术。核技术不是清洁技术，实施核计划将带来诸如核放射、核事故、核垃圾、食物链中的核污染等环境问题，对人类生存造成极大伤害。社会主义有着与资本主义不同的技术选择和原则。"如果社会主义运用与资本主义一样的工具，那么它就不比资本主义好。对自然的统治必然通过技术的统治影响到对人的统治。"① 所以，开展生态运动主要不在于停止经济增长，限制消费，而在于如何选择技术。

在生态学马克思主义的阵营中，当然也有学者赞同技术是生态问题的罪魁祸首。以瑞尼尔·格仑德曼为代表的学者提出"技术与生态问题的产生具有高度相关性"的观点，认为技术是生态问题的产生根源。格仑德曼宣称，根据马克思哲学思想的解读，生态问题不是源于技术使用的资本主义方式，而是来源于技术的内在逻辑。② 显然，格伦德曼是把技术形而上学化了。而在马克思那里，科学技术在导致社会危机方面是无罪的，有罪的是资本主义的生产关系。

第二节

资本主义制度的反生态本性

生态学马克思主义理论的一个共同点在于，从不同角度揭露资本主义所造成的生态破坏，指认资本主义制度及其生产方式的反生态本性。本·阿格尔明确指出：" '生态学马克思主义'包含两种分析观点：一方面，它认为资本主义商品生产的扩张主义的动力导致资源不断减少和大气受到污染的环境问题；另一方面，它力图评价现代的统治形式——人类在这种统治形式中从感情上依

---

① Andre Gorz, *Ecology as Politics*, South End Press, 1980, p. 20.
② Reiner Grundmann, *Marxism and Ecology*, Oxford, 1991, p. 75.

附于商品的异化消费，力图摆脱独裁主义的协调和异化劳动的负担。"①

一、资本的扩张逻辑与生态危机

　　福斯特从资本的不断扩张和生态系统的有限性之间的矛盾分析了资本主义制度的反生态形式和资本主义条件下产生生态危机的必然性。首先，资本主义把追逐利润和积累财富视为最高社会目的，这与生态系统的有限性之间是矛盾和冲突的。他认为，由于资本主义经济把追求利润增长作为自己的首要目的，并且不惜一切代价追求经济增长，"人类按'唯利是图'的原则通过'市场看不见的手'为少数人谋取狭隘机械利益的能力，不可避免地要与自然界发生冲突。"②　其结果是造成自然资源的快速消耗和环境污染的日益加重，因此，生态危机的发生在资本主义制度下具有必然性。"这种把经济增长和利润放在首要位置的目光短浅的行为，其后果当然是严重的，因为，这将使整个世界的生存都成了问题。一个无法避免的事实是，人类与环境关系的变化使人类历史走到了重大转折点。"③　其次，资本为了追求利润而注重短期回报与环境保护和可持续发展是格格不入的。资本总是追求在较短时期内的投资回报以抵御风险。环境问题往往关系到几代人的生存，环境保护和环境的恢复也需要一个较长的时期，因此环境保护与可持续发展"与冷酷的资本需要短期回报的本质是格格不入的。资本需要在可预见得失的时间内回收，并且确保要有足够的利润抵消风险，并证明好于其他投资机会。……这样以来，资本主义投资商在投资决策中短期行为的痼疾变成为影响整体环境的致命因素。"④

　　高兹分析了资本的利润动机和资本主义的生态危机之间的内在联系。他认为，在追求利润这一动机的支配下，"资本主义企业管理首要关注的并不是如何使劳动变得更加愉快，使生产与自然平衡以及人的生活相协调，或者确保它的产品仅仅服务于公众为其自身所选择的目标，它首要关注的是花最少的成本而生产出最大的交换价值。"⑤　在利润动机的支配下，资本主义企业对机器的关注甚于工人身心健康的关注，对降低成本的关注甚于对维护生态平衡的关

---

①　本·阿格尔：《西方马克思主义概论》，中国人民大学出版社1991年版，第420页。

②　约翰·贝拉米·福斯特：《生态危机与资本主义》，上海译文出版社2006年版，第69页。

③　约翰·贝拉米·福斯特：《生态危机与资本主义》，上海译文出版社2006年版，第60页。

④　约翰·贝拉米·福斯特：《生态危机与资本主义》，上海译文出版社2006年版，第3—4页。

⑤　Andre Gorz, *Ecology as Politics*, South End Press, 1980, p. 5.

注。因为生态平衡的破坏并不会增加企业财政上的负担。可以说，资本主义"生产就是破坏"，就是无止境地追求利润，而不可能去保护生态环境。把降低生产成本看得比生态平衡更重要，这就是资本主义的"生产逻辑"。

佩珀主张从资本主义制度本身去寻找生态危机的根源。他认为，资本主义追求利润最大化的生产方式造成了生态危机。资本主义的生产方式不仅决定了资本主义社会中人与人之间剥削与被剥削的关系，而且也决定了人类与自然之间的关系，即资本主义对自然的剥夺是资本主义剥削的一部分。他强调由于资本主义生态矛盾的存在，使所谓"绿色"资本主义成为不可能。"资本主义的生态矛盾是可持续发展、'绿色'资本主义成了一种不可能实现的梦想，从而成为一种自欺欺人的骗局。"①

二、资本主义统治的合法性与生态危机

从当代资本主义维系其统治合法性的方式的变化，来揭示资本主义制度下产生生态危机的必然性，是本·阿格尔生态危机论的突出特点。哈贝马斯认为，当代资本主义国家通过广泛干预社会经济生活，在一定程度上缓解了经济危机的频繁发生，但与之俱来的还有资本主义的"合法性危机"，导致了资本主义国家不能获得群众的支持和忠诚。② 资本主义因经济危机而崩溃的预言之所以没有在西方实现，是由于当代资本主义用高生产、高消费延缓了经济危机。借助于科学技术带来的巨大物质财富，资本主义国家制定了对群众的一系列的补偿原则自下而上地获得了广大人民群众对资本主义制度的忠诚。

本·阿格尔认为，当代资本主义为了维护其存在的"合理性"——统治的合法性，采取了"异化消费"的方式，以貌似丰富的消费前景来满足人们的消费需求，从而消除人们对异化劳动的不满，消除人们对资本主义的批判能力。本·阿格尔指出："异化消费是指人们为补偿自己那种单调乏味的、非创造性的且常常是报酬不足的劳动而致力于获得商品的一种现象。"③ 异化消费不仅支持着异化生产制度，使资本积累和再投资得以继续进行，而且还是对人们所从事的日益令人讨厌的不能实现的劳动的一种补偿。但是这种异化消费引

---

① David Pepper. *Eco - Socialism*：*From Deep Ecology to Social Justice*，Routledge，1993. p. 95.
② 王雨辰：《生态批判与绿色乌托邦》，人民出版社 2009 年版，第 119 页。
③ 本·阿格尔：《西方马克思主义概论》，中国人民大学出版社 1991 年版，第 494 页。

起了资源的极大消费、环境受到严重污染、生态环境被破坏，从而形成了资本主义的生态危机。① 因此，"异化消费"是导致生态危机的根源，只有消灭"异化消费"，才能有效地遏制生态危机。

本·阿格尔认为，当代资本主义是通过向工人许诺提供越来越多的商品和财富来维系其统治的合法性，通过干预消费、操纵消费延长了资本主义制度的寿命。资产阶级利用广告等大众媒体在全社会宣扬消费主义的价值观和生存方式，通过控制人的需要的内容，把整个社会引向消费主义的方向，导致了全社会盛行享乐主义的价值观念，使得人们对经济增长和物质生活水平的提高产生了一种习惯性期待。对资本主义来说，这样做可以带来两个好处：一是维持相对较高的利润，从而抑制资本主义制度过多生产多余商品的趋势；二是可使人们无需直接参与生产过程的管理就能满足自己，使当代西方工人阶级呈现出政治意识不断弱化的趋势，这也可以说是异化消费的政治作用。本·阿格尔强调，资本主义之所以不断扩大其生产体系，引导人们走向异化消费，目的就是维护资本主义统治的合法性，满足资本不断追求利润的需要。但是，这种把消费和幸福寄托于能生产源源不断的各种商品的社会制度与有限的生态系统之间必然发生矛盾冲突，因为有限的生态系统无力支撑经济的无限增长，其矛盾冲突的表现形式就是生态危机。由此可以看出，生态危机是内生于资本主义制度的，在资本主义制度下必然产生生态危机，资本主义制度具有反生态的本性。

三、资本主义主导的世界体系与生态危机

地理大发现以来，开始形成资本主义主导的世界体系。这种世界体系从一开始就伴随着对人类生态环境的破坏。这也正是资本主义反生态性的体系性表现。

首先，这一体系的扩张一开始就伴随着生态殖民主义，伴随着欧洲对全球的生态扩张。"欧洲扩张主义的成功含有生物学和生态学的成分。"② 这种成功是建立在对全球其他地区生态破坏的基础上的。正如达尔文指出的："无论欧洲人走到哪里，死亡看上去似乎都追随着土著居民。我们不妨向美洲的广大地

---

① 曾文婷：《"生态学马克思主义"的生态危机理论评析》，《北方论丛》2005 年第 5 期。

② 艾尔弗雷德·W. 克洛斯比：《生态扩张主义：欧洲 900—1900 的生态扩张》，辽宁教育出版社2000 年版，第 6 页。

区、波利尼西亚、好望角和澳大利亚展眼望去，我们发现结果都一样。"① 事实正是如此，900—1900 年的 1000 年中，欧洲人沿着水路和陆路扩张到西伯利亚、美洲和大洋洲，在这些地方建立一个个殖民地，他们不仅进行了殖民，也带去了欧洲的动物、植物和疾病，这些生物挤占各地土生土长的动植物的生存空间，许多物种甚至民族惨遭灭绝。例如，"几百个西班牙征服者摧毁了宏大而又富丽的美洲文明，特别是阿兹特克文明和印加文明，在中墨西哥，三千万人中有 90% 死于天花和流感这类欧洲疾病"②。可见欧洲人的殖民，"与其说是军事征服问题，毋宁说是生物学问题"③。

其次，欧洲以外地区的生态危机在很大程度上就是欧美国家利用这一体系掠夺和破坏的结果。例如，英国工业革命发源于纺织工业，"为了满足纺织厂的需求，英国在 19 世纪初期从新大陆——特别是从前的殖民地现在的美国，还有加勒比属地——进口了数十万磅的原棉。如果英国人继续穿本国生产的毛、棉、亚麻和大麻衣物，需要 2000 多万英亩的土地。与此类似，英国从殖民地进口的蔗糖为劳动大众提供了相当的热量，而产生这些热量本来需要几百万英亩的土地"。因此，英国工业革命的发动和推进是建立在对殖民地生态掠夺的基础上的。这种生态掠夺加剧了非欧洲国家的生态危机，削弱了这些国家的国家生产力和发展能力。例如，在拉丁美洲，"殖民主义列强为了榨取原材料并把他们的拉丁美洲殖民地变成糖或咖啡种植园，因而乱砍滥伐。在巴西，最初是为了糖料种植，大西洋海岸的大片森林遭到砍伐"，到 19 世纪的最后 25 年，亚洲和拉丁美洲的大部分地区经受了乱砍滥伐森林和土地养分衰竭引起的重大环境灾难。正是资本主义主导的世界体系给广大的边缘国家带来的这种生态破坏，加上厄尔尼诺现象的肆虐，导致了广大发展中国家经济危机和生态危机的加剧。

最后，这一体系还将成为进一步破坏发展中国家生态环境的源头。正如乌拉圭学者爱德华多·加莱亚诺所说的："滋润着帝国主义权力中心的雨水淹没了该体系广阔的外围"，"整个帝国主义体系的力量是以局部必须不平等为基

---

① 转引自艾尔弗雷德·W. 克洛斯比：《生态扩张主义：欧洲 900—1900 的生态扩张》，辽宁教育出版社 2000 年版，扉页。

② 罗伯特.B. 马克斯：《现代世界的起源——全球的、生态的述说》，商务印书馆 2006 年版，第 7—8 页。

③ 艾尔弗雷德.W. 克洛斯比：《生态扩张主义：欧洲 900—1900 的生态扩张》，辽宁教育出版社 2000 年版，内容提要。

础，这种不平等达到越来越惊人的程度"①。当今，西方国家已经开始抢占新一轮科技革命制高点，将继续保持在资本主义主导的世界体系中的优势地位，同时，伴随气候问题的激化，西方兴起了一种"生态帝国主义"，即以气候，生态问题为名，打压发展中国家的发展②。其目的，是通过这种压制，将发展中国家继续牵着在经济社会和生态的落后地位。

第三节

社会主义的亲生态本质：生态社会主义的可行性

既然从生态学角度看资本主义不可持续，那么，社会主义必须具备生态上的可持续性。马克思主义是对资本主义的超越，包含着对工业文明的反思，从而使生态文明成为马克思主义的内在要求和社会主义的根本属性。恩格斯说："人们会重新感觉到，而且也认识到自身和自然界的一致，而那种把精神和物质、人类和自然、灵魂和肉体对立起来的荒谬的、反自然的观点，也就更不可能存在了。但是要实行这种调节，单是依靠认识是不够的。这还需要对我们现有的生产方式，以及和这种生产方式连在一起的我们今天的整个社会制度实行完全的变革。"

一、社会主义的亲生态本质

从理论上看，社会主义相对于资本主义制度来说更能达到生态平衡。奥康纳明确指出，"坦率地讲，社会主义革命的生态危害性要比资本主义相互间的对抗以及它们的反革命行为的危害性小得多。"因为，"社会主义国家的财产关系和法律关系是不同于资本主义世界的，所以对于它们来说，环境破坏的原因和影响又是不一样的。"由于社会主义不是以利润为生产目的，造成环境问题的原因不是社会制度，而是官僚体制中的不协调的机制。"与资本主义的情

---

①　爱德华多·加莱亚诺：《拉丁美洲被切开的血管》，人民文学出版社 2001 年版，第 3 页。

②　布伦丹·奥尼尔："汽车与生态帝国主义的兴起"，《参考消息》，2009 年 3 月 25 日，第 4 版。

况不同，大规模的环境退化可能并非是社会主义的内在本质。"①

　　社会主义的生态可持续性只是理论上的，无论前苏联还是中国的社会主义建设实践都证明，传统的社会主义模式难以真正走向生态可持续发展。因此，取代现行资本主义的不是传统的社会主义，而是与生态学结合的社会主义，即生态学社会主义。

二、生态社会主义的可行性

　　在奥康纳看来，整体的生态学社会主义在理论上是可行的，具体的生态学社会主义实践在现实中则是存在的。

　　一方面，全球范围内的生态学社会主义的构建具有现实的必要性。"世界资本主义的矛盾本身为一种生态学社会主义趋势创造了条件。"因为：其一，"自第二次世界大战以来，西方资本主义的生命力在很大程度上是建立在生产的社会和生态成本外化的基础上的。"其二，"大部分世界性的生态问题是不能在地方性的层面上获得恰当阐述的。"②

　　另一方面，生态学与社会主义的融合将构建生态学社会主义的理论基础。"社会主义和生态学是互补的。社会主义需要生态学，因为后者强调地方特色和交互性，并且还赋予自然内部以及社会与自然之间的物质交换以特别重要的地位。生态学需要社会主义，因为后者强调民主计划以及人类相互间的社会交换的关键作用。""离开了对'生产的社会统辖'，缺少一种'对自然的深刻的科学理解'为基础的社会计划，一种在生态上可持续的社会几乎是不可能的。"③

　　生态学与社会主义结合起来以后，"'社会主义'至少应该使生产关系变得清晰起来，终结市场的统治，并结束一些人对另一些人的剥削，生态学应该使得社会生产力变得清晰起来，并终止对地球的毁坏和解构。"④

---

　　① 詹姆斯·奥康纳：《自然的理由——生态学马克思主义研究》，南京大学出版社2003年版，第409—418页。

　　② 詹姆斯·奥康纳：《自然的理由——生态学马克思主义研究》，南京大学出版社2003年版，第430、432页。

　　③ 詹姆斯·奥康纳：《自然的理由——生态学马克思主义研究》，南京大学出版社2003年版，第435、447页。

　　④ 詹姆斯·奥康纳：《自然的理由——生态学马克思主义研究》，南京大学出版社2003年版，第439页。

奥康纳所说的生态学社会主义实际上是指资本主义世界的绿色运动。绿色运动之所以具有社会主义因素，是因为其目的在于解决资本主义的总体危机，包括政治危机、经济危机和生态危机，而且是新形势下的"阶级斗争"。在奥康纳眼里，一方面，生态危机是一个"阶级问题"，国际上的生态运动因此成为阶级斗争。在资本主导的全球化背景下，尽管北部国家和南部国家都有生态运动，但是，两类国家的环境运动有不同的模式：在南部国家里，环境运动最重要的主题是防止资源的耗尽与衰竭；在北部国家里，环境运动的主题是防止和治理污染。更重要的是，北部国家是剥削阶级和消费阶级的化身，南部国家则是被剥削阶级和生产阶级的化身。另一方面，奥康纳不仅认为失业、低工资、污染、疾病等社会问题的根源是财产权利结构的不合理、土地及其他生产资料的分配的不合理，而且依据生态学马克思主义的语境重新定义了阶级斗争。生态学马克思主义语境中的生产条件，包括劳动力、经济基础以及自然界，资本主义对生产条件的威胁，已经不仅是利润积累的问题，而且是社会与自然环境即人类的生活资料以及人类生活本身的可存在性问题。因此阶级斗争要被扩展出人类自我认知的理论视域。环境保护运动致力于追求环境和社会正义。因此，环保运动是阶级斗争性质的。

虽然奥康纳在理论上充满信心，也看到了生态学社会主义的实践探索性质，但是，他对现实的生态学社会主义运动的实践是充满失望的。首先，就像桑巴特早在 1906 年考察美国为什么没有社会主义后得出的结论一样①，奥康纳对美国绿色运动的状况深表失望。美国缺乏推进对社会进行根本性改造的社会运动的群众基础。"美国是非常个人主义的，原因有两个方面：一是因为美国保持了前资本主义的英国个人主义对美国文化所造成的影响，二是因为劳动的工资形式和需求满足的商品形式在美国得到了最充分的发展。"② 换句话说，美国的大众已经普遍被资本和消费主义收买。

其次，他对全球性生态运动的力度与影响深感失望。本来"20 世纪 80 年代和 90 年代不断累积的经济与生态危机并没有为社会变革、社会体制与政治体制的深层改革或社会革命提供新的契机，相反，他们所导致的是全球资本和富裕国家的统治与剥削结构的重构。"③

---

① W. 桑巴特：《为什么美国没有社会主义》，社会科学文献出版社 2003 年版。

② 詹姆斯·奥康纳：《自然的理由——生态学马克思主义研究》，南京大学出版社 2003 年版，第 456 页。

③ 詹姆斯·奥康纳：《自然的理由——生态学马克思主义研究》，南京大学出版社 2003 年版，第 442 页。

之所以会出现这种状况，是因为资本主义世界的社会主义运动已经被资本所消解。本来，根据马克思的思路，在资本主义社会，使用价值从属于交换价值，具体劳动从属于抽象劳动，因此，资本主义生产目的是追求利润，而不是为了满足需要。可以说，在资本主义社会，数量重于质量。但具有讽刺意味的是，社会主义的实践却常常是由争取高工资、缩短劳动时间、充分就业、控制租金、资助小农场主等所构成的，或者说是由对分配性正义的追求所构成的。社会主义者对资本主义进行了某种定性的理论批判，但是却进行一种定量的政治实践。从逻辑上讲，传统社会主义对资本主义的批判应该导向生产性正义，它却导向了分配性正义。社会主义者对资本主义生产关系进行了批判，但后来却致力于改革资本主义的交换方式。①

第四节

中国特色社会主义是中国生态
文明建设的根本道路

迄今为止，中国的社会主义经历了传统社会主义和中国特色社会主义两个历史阶段。如果扩大视野，前苏联模式的社会主义也是传统社会主义的范围。尽管社会主义是亲生态的，但是，传统社会主义则由于其特定时期的赶超型发展特征和粗放型发展方式而具有逆生态特征。在中国，只有中国特色社会主义才是生态文明建设的根本道路。

一、传统社会主义的逆生态是一种体制现象

传统社会主义的逆生态特点不是来源于社会主义制度本身，而是来源于"公地的悲剧"这一体制现象，即传统计划经济体制下的产权与激励机制特征。

---

① 詹姆斯·奥康纳：《自然的理由——生态学马克思主义研究》，南京大学出版社 2003 年版，第515 页。

（一）公地的悲剧：传统社会主义逆生态的体制原因

"公地的悲剧"这一概念是生物学家 G. 哈丁（Garrett Hardin）在 1973 年首先使用的。其内容为：一片对所有牧民都开放的牧场，在公地内在逻辑的作用下，最终会导致"悲剧"的产生。其悲剧性在于：作为一个理性的人，每一个牧羊人都要寻求收益的最大化。每个理性牧民在追求自身利益最大化的驱动下，不断地在公共草场上增加放牧，每增加一个放牧单位，他积极的效用近乎为 +1。然而，由于过度放牧的后果是由所有的牧羊人分摊的，他消极的效用只会是 −1 的一部分。[①] 因此，所有的理性牧民都有过度放牧的倾向，于是在公共草场的舞台上不断上演着"草场荒漠化的悲剧"。

传统社会主义典型特征是所有权（产权）和经营权不分。公共资源由整个社会共同占有，具有经营权的经济主体可以从公共资源的利用中获得收益，但却不必支付相应的成本，由此而导致每个理性经济人有足够的动力来无限使用相对稀缺的公共资源，致使该公共资源迅速枯竭或利用公共资源获取个人好处，最终使整个社会承受损失。公共资源的产权明晰与实际使用中的产权模糊的不对称性，使公共资源经常处于一种无人为之负责同时又任人攫取的悲惨境地。[②] 在传统社会主义的前苏联出现了无数的盗窃国家财产的事例。国有汽车的司机偷窃汽油，运送水泥的卡车司机盗窃水泥，商店里的售货员偷窃肉、水果等，工人偷窃汽车及其他耐用消费品的零部件。《消息报》在 1975 年 1 月 1 日报道[③]，1972—1973 年，三分之一的汽车拥有者使用的是盗窃国家的汽油。还有人根据前苏联的统计数字计算，每年 56000 万升的汽油被偷。盗窃和赃物的购买者，不仅仅是较低阶层的人，他们中间有研究所的药剂师、汽车厂的工程师以及牙科医生。

造成"公地悲剧"的实质性原因有：首先，责任主体的缺位。相较于计划经济而言，市场经济的制度基础是产权明晰，并以此为基础在不同产权之间进行商品和劳务的生产和交换。传统社会主义虽在法律上规定公共资源的国有化，而在实际使用上却是模糊不清，构建了"人所共有，其实是无人所有"的实际产权主体空位的产权体制。事实上，当公共资源遭受攫取时，缺少真正的负责任的主体去诉诸法律加以追回，国有资产和资源严重流失和造成无法挽回的损失。由

---

① 转引自：萨拉·萨卡：《生态社会主义还是生态资本主义》，山东大学出版社 2008 年版，第 102 页。

② 刘力臻、徐奇渊：《"公地的悲剧"与产权环保效应的分析》，《经济纵横》2005 年第 1 期。

③ 转引自：萨拉·萨卡：《生态社会主义还是生态资本主义》，山东大学出版社 2008 年版，第 95 页。

于公有产权的性质，无人能对资源过度使用负法律责任，追究法律责任更无从谈起。事实证明，"公地体制"具有责任主体缺位的性质和缺陷。

其次，产权和经营权结构的失衡。传统社会主义实行的是计划经济体制，在计划经济体制下产权和经营权结构的失衡变现为资源的所有权和经营权均为公共性的组合，这一组合的弊端在于效力低下，将造成对公共资源的严重破坏，这也是传统社会主义在经济上获得巨大发展的同时环境资源遭到巨大破坏的主要因素。十月革命以前，沙俄的经济在欧洲乃至世界是十分落后的，它的工业总产值在欧洲居第 4 位，在世界上居第 5 位。从实行第一个五年计划、开展大规模经济建设的 1928 年起到 1940 年，前苏联的工业总产值以每年 21% 的速度向前发展，迅速超过了英、法、德等欧洲发达资本主义国家，跃居欧洲第 1 位，成为世界上仅次于美国的第二工业强国。这一成就正好在世界资本主义 1929—1933 年爆发大危机及危机后长期萧条的背景下取得的。第二次世界大战后，从 1950 年到 1984 年前苏联国民收入增长 8 倍，而美国只增长了 2 倍。正因为前苏联经济发展迅速，前苏联工业总产值与美国工业总产值的比例，从 1913 年的 6.9% 上升到 20 世纪 80 年代中期的 80%，从而成为令帝国主义望而生畏的社会主义大国。在经济巨大发展的背后是环境资源遭到严重的破坏。据资料显示，从狭隘意义上的经济成本来看①，到 1980 年，由于空气和水的污染造成的年均总损失将达 200 亿卢布；而到 1990 年，这一数字将会达到 450 亿卢布。有的资料显示，1980 年的总损失大约为 500 亿—600 亿卢布，而 1990 年要达到 1200 亿卢布。另据世界观察研究所的报告②，1988 年前苏联排放了 1850 万吨的二氧化硫，美国排放了 2070 万吨；但就每单位的国民生产总值的排放量而言，苏联（10 克）远远超过了美国（4 克）。

（二）计划经济体制的生态悲剧

前苏联社会主义模式的一个严重缺陷，就是排斥市场经济，实行计划经济，并且以部门管理和行政管理的方式组织经济建设，造成经济体制的僵化。本来，市场经济是人类经济发展过程中不可逾越的阶段，但传统社会主义则把市场经济等同于资本主义，把经济工作的计划性拔高为一种特定的经济形态，为资本主义的对立物。他们制定了无所不包的计划，完全以计划来配置资源，造成资源的严重浪费，必然导致经济工作的失误。同时，制定计划的权力集中

---

① 萨拉·萨卡：《生态社会主义还是生态资本主义》，山东大学出版社 2008 年版，第 55 页。
② 萨拉·萨卡：《生态社会主义还是生态资本主义》，山东大学出版社 2008 年版，第 47 页。

在党中央和中央政府，实施计划和组织经济工作的权力集中在中央政府及相关的部门，统得过多过死，从而压抑了各方面的积极性。由于无视企业和消费者的实际需求，一方面造成产品大量积压，另一方面造成消费品的严重短缺，使生产和消费的比例和结构的严重失调，社会生活和生产处于半停滞、半瘫痪的状态，对资源造成严重浪费，对环境造成严重的损害，形成了生态危机。

1989 年 11 月 27 日，当时的苏联最高苏维埃主席戈尔巴乔夫所发表的"有关完善国家生态系统的紧急措施"的报告中，将巴尔喀什湖划定为生态系统重灾区。这是计划经济体制造成的生态悲剧。计划体制下的前苏联，在各加盟共和国之间实行功能分工制①。前苏联最高苏维埃政府在 1918 年规定，中亚地区承担生产棉花的重任。原先的中亚地区，是克孜尔库姆沙漠和卡刺库姆沙漠垄断的地带，气候炎热干燥，寸草不生。在作物的生长期，气温通常达到摄氏 40 度。前苏联的苏维埃政府认为，这里的气候条件非常适合种植棉花，于是从 1918 年起，利用流入巴尔喀什湖的夏河和妫河②，引渠灌溉建在沙漠中的植棉农场，将中亚的沙漠改造成棉花生产基地，灌溉水渠总长 500 英里和 800 英里，宽度超过了高速公路路面。灌溉设施的建设和当地的气候条件，使中亚的棉花产量占前苏联棉花总产量的 90% 以上，不仅满足了本国所需的棉花，而且还成功地向国际市场廉价抛售棉花，棉花在前苏联被誉为"白色的金子"。

计划经济体制下的不合理分工，使中亚地区承担了生产棉花的重任。为了生产棉花而人工建造灌溉引渠，使流入巴尔喀什湖的淡水越来越少，环境问题逐渐显现，生态悲剧正悄然而至，终使巴尔喀什湖走上了死亡之路。通过1989 年前苏联自己发射的人造卫星所拍摄的巴尔喀什湖照片，与 20 世纪 60年代的地图进行比较，可以发现，在这一期间巴尔喀什湖丧失了 40% 的水域。巴尔喀什湖周边环境更是严重恶化，临近巴尔喀什湖的农田变成了盐碱地，大气中包含了有毒性很强的氯化镨和二氧化硫，危害了人体的健康，不少当地居民患上了喉癌，当地婴儿死亡率高居前苏联之首。农田里大量富集着氯化钠和硫酸钠，任何农作物都无法种植，只有被称作"所兰加"的杂草在这里繁茂的生长。据有关资料显示，巴尔喀什湖的盐度正在逐年增高。有前苏联科学家

① 全京秀："文明过程和生态危机"，《贵州民族学院学报》（哲学社会科学版）2006 年第 6 期。
② 夏河（总长 1370 英里）发源于天山山脉，经过哈萨克斯坦和克孜尔库姆沙漠，流入巴尔喀什湖。妫河（总长 1578 英里）发源于帕米尔高原，流经乌兹别克斯坦和卡拉库姆沙漠，注入巴尔喀什湖。本文的相关材料出自埃利斯 1990 年发表的论文中的"巴尔喀什湖：苏联的大海正在走向死亡"。材料转引自全京秀："文明过程和生态危机"，《贵州民族师范学院学报》（哲学社会科学版）2006 年第6 期。

预测，21 世纪的巴尔喀什湖将成为另一个"死海"。

当然，计划经济体制造成的生态悲剧，并非仅出现在传统社会主义的前苏联，在东欧前社会主义国家同样存在，在改革开放前的社会主义中国同样存在。我国在"赶英超美"的错误思想指导下所作出的"围湖造田"、"大炼钢铁"等错误决策，造成荒漠化等环境恶化和生态悲剧，多年后的今天已在中国的大地上露出其"狰狞的面孔"。

（三）中国传统计划经济体制下的生态破坏

改革开放前 30 年，中国实行传统计划经济体制，形成了高投入低产出、高消耗低收益、高速度低质量的发展方式。这种发展方式，加上指导思想上强调"战天斗地"、"改造自然"，在战略上强调快速推进重工业化进程，给中国的生态环境造成了严重影响。

首先，工业化和城市化的无序推进导致城市人居生态环境污染。在工业化推进中，强调变消费城市为生产城市，大量工业企业建在大中城市的居民区、文教区、水源地甚至名胜游览区，加上强调先生产、后生活，致使城市基础设施与生活保障严重脱节。到"文革"结束时，城市的污染到了非常严重的程度。据一些主要城市测定，每月每平方公里的降尘量在 100—400 吨之间，局部地区甚至高达上千吨。据对 44 个城市地下水调查结果，有 41 个受到污染，其中严重污染的有 9 个。①

其次，片面强调"以粮为纲"的农业生产方式加剧自然生态破坏。过度强调"以粮为纲"，大面积推进围湖造田、垦草造田、毁林造田，导致土壤生态严重退化。以"大跃进"时期为例，由于过度强调"以粮为纲"，导致了大范围毁林种粮现象；三年困难时期，由于粮食严重匮乏，也引发了大量毁林种粮行为。例如，1962 年 9 月，浙江省毁林种粮 200 多万亩②。1958—1962 年间，云南省全省毁林开荒达 17.4 万公顷③。1958—1959 年，广东省广宁县两年就毁林开荒 20 多万亩④。湖南省在 1958—1961 年间，毁林开荒共砍伐林木 107 万立方米。据湖北省房县、郧县、郧西、竹山和竹溪等五个县调查显示，1957—1960 年开荒 7.8 万多公顷⑤。大面积毁林造田，加上围湖造田、垦草造

---

① 余文涛等：《中国的环境保护》，科学出版社 1987 年版，第 127 页。
② 浙江省林业志编纂委员会：《浙江省林业志》，中华书局 2001 年版，第 457 页。
③ 云南省林业厅编撰：《云南省志·林业志》，云南人民出版社 2003 年版，第 334 页。
④ 广东省地方志编纂委员会：《广东省志·林业志》，广东人民出版社 1998 年版，第 277 页。
⑤ 《湖北林业志》编纂委员会编：《湖北林业志》，武汉出版社 1989 年版，第 174 页。

田等行为的大面积发生，中国自然生态出现严重退化。这一时期，北方地区出现严重的土地沙漠化趋势，20 世纪 80 年代初期与 70 年代相比，内蒙古、宁夏、青海的重点地区土地沙漠化面积平均增长 35%①。南方水蚀荒漠化和石质荒漠化也在发展。整个南方丘陵山区，由于水蚀造成的荒漠化土地从 20 世纪 50 年代占山区面积的 8.2% 扩大到 80 年代初期的 22.9%②。

最后，不合理的发展方式导致严重的生态灾害。例如，20 世纪 80 年代中国北方沙漠化成因类型中，过度放牧型形成的沙漠化面积占沙漠化总面积的 30.1%，过度农垦型占 26.9%，过度樵采型占 32.7%，水资源利用不当型占 9.6%，工矿交通建设中不注意环境保护型占 0.7%。南方水蚀荒漠化成因类型中，陡坡开垦型占 40%，过度开采森林及樵采型占 37%，不合理的农林耕作型占 18%，工矿交通建设环境污染型占 5%。③ 由于生态系统与生态功能退化，生态灾害和损失上升。四川省 20 世纪 50 年代平均 2—3 年发生一次春旱，到 70 年代就发展到十年九旱。1950 年到 1958 年，全国受灾面积不到 3 亿亩，到 1978 年，受灾面积达到 5.08 亿亩。④

二、中国特色社会主义是建设
生态文明的根本道路

实践证明，传统社会主义与生态文明是不兼容的。只有中国特色社会主义才是中国生态文明建设的根本道路。同时，生态文明要成为中国特色社会主义的有机组成部分。党的十二大提出建设物质文明和精神文明两个文明，党的十五大提出建设政治文明，党的十七大提出建设生态文明。当前，将中国特色社会主义与生态文明有机结合起来，已经成为党内的广泛共识。中共中央党校一项调查表明，认为社会主义整体文明包括物质文明、精神文明、政治文明和生态文明的占 72.6%，认为社会主义建设包括经济建设、政治建设、文化建设、社会建设和生态建设的占 77%。

首先，中国特色社会主义强调以人为本，这与生态文明的精神是一致的。

---

① 课题组：《中国荒漠化（土地退化）防治研究》，中国环境科学出版社 1998 年版，第 17 页。
② 课题组：《中国荒漠化（土地退化）防治研究》，中国环境科学出版社 1998 年版，第 19 页。
③ 课题组：《中国荒漠化（土地退化）防治研究》，中国环境科学出版社 1998 年版，第 13 页。
④ 《中国统计年鉴 2009》，中国统计出版社 2009 年版，第 479 页。

以人为本是生态文明的首要原则，也是社会主义的基本原则。这一原则区别于人类中心主义原则和极端生态中心主义。工业文明以人类中心主义原则为指导，制造了严重的人类生存危机和生态危机；极端生态中心主义却过分强调人类社会必须停止改造自然的活动。社会主义生态文明则认为，人是价值的中心，但不是自然的主宰，人的全面发展必须促进人与自然的和谐。在可持续发展与公平公正方面，社会主义生态文明与中国特色社会主义的原则高度一致。[①]

其次，中国特色社会主义强调科学发展，科学发展的重要内涵就是可持续发展，可持续发展的基础就是生态文明。与传统社会主义不同，中国特色社会主义将人与自然的协调发展和人类可持续发展放在突出重要位置，因此，生态文明也是中国特色社会主义的内在价值追求和外在展现形态。

---

① 潘岳："社会主义生态文明"，《学习时报》，2006 年 9 月 27 日，第 1 版。

第四章

科学发展观是中国生态文明
建设的指导思想

党的十七大首次提出生态文明思想，标志着中国共产党在人与自然关系认识上的一次重大飞跃。生态文明思想既是针对进入 21 世纪以来中国日益严峻的资源与生态环境问题提出的，也是新中国成立以来党在人与自然关系的认识上持续探索和不断升华的结晶，是中国推进生态文明建设的指导思想。

第一节

中国共产党生态文明思想的探索

环境观是关于人类社会各层面与生态环境关系的基本看法的总和，包含人们对生态环境的基本态度以及关于解决环境问题的着眼点和实现机制的理论与政策体系[①]。新中国成立以来，中国环境观的演变经历了三个发展阶段，形成三代各具特色又相互联系的环境观，即环境改造型环境观（1958—1972 年）、环境保护型环境观（1973—2002 年）和 2003 年至今的生态文明型环境观（即生态文明思想）。

---

① 书中将"人类社会各层面与生态环境关系"简称为"人地关系"。"人"是指人类的经济、社会、政治等活动，"地"是指整个生态环境。

一、环境改造型环境观（1958—1972 年）

1949—1957 年，新中国国民经济初入正轨，国家工业化刚刚起步，环境污染和生态破坏与工业化的展开和经济发展同时显现，但只在局部地区出现且程度较轻，环境问题还没有作为"问题"进入人们视野，因此尚未出现较明确的环境观。1958 年后，经济增长导向型发展观和重工业优先发展战略全面展开，环境改造型环境观成为这一时期的主导环境观①。

环境改造型环境观具有以下基本特征：在人地关系上，环境相对于人处于从属地位；在对待环境的态度上，片面强调人的能动性，忽视环境问题，突出人类中心主义思想，将生态环境视为改造对象；无意协调人地关系，也没有形成人地关系的协调机制。

在经济增长导向型发展观、重工业优先发展战略及环境改造型环境观的影响下，1958—1972 年中国工业迅猛发展。数据显示，工业企业由 1957 年的 17 万个猛增到 1959 年的 60 多万个。其中仅 1958 年下半年，全国动员数千万名农民大炼钢铁和大办"五小工业"，建成简陋的炼铁、炼钢炉 60 多万个、小炉窑 59000 多个、小电站 4000 多个、小水泥厂 9000 多个、农具修造厂 80000 多个。② 1970 年后，中央提出大办"五小"企业，各地纷纷追求"大而全"、"小而全"的工业体系，兴建了大量小拖拉机厂、小化肥厂、小农机厂、小钢铁厂和小水泥厂等小企业。重工业总产值在工业总产值中的比重从 1957 年的 46.88% 增加到 1972 年的 57.36%。③

与此同时，随着技术落后、污染密集的小企业数量迅速增加，工业结构呈现出污染密集的重化工化趋势。加之管理混乱、污染控制措施缺位，工业"三废"长期放任自流，环境污染问题日益突出。至 20 世纪 70 年代初，主要河流、湖泊、海湾都受到不同程度污染，部分地区甚至出现严重污染事故；森林遭到乱砍滥伐，造成严重的水土流失。如 1972 年大连湾因污染荒废的贝类

---

① 之所以称为主导环境观，如下文所示，是因为其间政府曾出台了一些零星的环保举措，但对待环境的主流观念仍然没有改变。

② 《中国环境保护行政二十年》编委会主编：《中国环境保护行政二十年》，中国环境科学出版社 1994 年版，第 4 页。

③ 国家统计局工业交通物质统计司编：《中国工业经济统计资料（1949—1984）》，中国统计出版社 1985 年版，第 19—20 页。

滩涂 5000 多亩,年损失海参 5000 多公斤、贝类 10 多万公斤、蚬子 150 多万公斤,造成港口淤塞,堤坝腐蚀损坏;松花江水系污染报警,1960 年以前鱼群集中的区域,到 1970 年已鱼虾绝迹①。由于植被破坏,20 世纪 60、70 年代,湖北省产林县由 46 个下降到 32 个,成林、过熟林蓄积量比建国初期下降 50%;20 世纪 50 年代后期至 70 年代初期,全省水土流失面积约占土地总面积的四分之一,流失面积超过百万亩的县有 10 个;1958—1978 年全省 13 条主要通航河流中,河床普遍淤高 1.5 米以上②。

这一时期,严峻的环境问题开始进入人们的视野,日益严重的环境问题及其导致的居民健康损害和经济损失,促使人们反思原有的环境观;同时,政府也采取了一些相应的应对措施。如 20 世纪 60 年代,工业部门提出"变废为宝"口号,一些地方相应成立"三废"治理办公室之类的准环保机构;1963 年,国家发布《森林保护条例》和《矿产资源保护条列》等。可以看出,环境观已出现一些积极的变化;但从全国来看,环境观念并未转变。主流观点仍然认为"社会主义制度是不可能产生污染的。谁要说有污染,有公害,谁就是给社会主义抹黑。在只准颂扬、不准批评的气候下,环境清洁优美的颂歌,吹得人们醺醺欲醉"③。而政府也未进一步采取系统的环保措施。

二、环境保护型环境观 (1973—2002 年)

国内最早注意到环境问题并有意识推动环境观转变的是中国环保事业奠基人——周恩来。1970 年 6 月 26 日,周恩来总理在接见卫生部军管会负责同志时指出:"卫生系统要关心人民健康,特别是对水、空气,这两种容易污染";在针对美、日等国发生的工业污染问题时指出:"毛主席讲预防为主,要包括空气和水。要综合利用,把废气、废水都回收利用,资本主义国家不搞,我们社会主义国家要搞",而且"必须解决"。④ 此后,周恩来又多次强调要注意环

---

① 《中国环境保护行政二十年》编委会主编:《中国环境保护行政二十年》,中国环境科学出版社 1994 年版,第 5—6 页。

② 《湖北省环境保护志》编纂委员会编:《湖北省环境保护志》,中国环境科学出版社 1989 年版,第 2 页。

③ 曲格平:《我们需要一场变革》,吉林人民出版社 1997 年版,第 2 页。

④ 顾明:"周总理是中国环保事业的奠基人",李琦主编:《在周恩来身边的日子——西花厅工作人员的回忆》,中央文献出版社 1998 年版,第 332 页。

境保护问题。据不完全统计，从 1970 年到 1973 年 7 月，周恩来对环境保护共作过 25 次讲话或批示①。由于周恩来总理的高度重视，人们开始注意经济建设中的环境保护问题，中国环境观开始悄然转变。

20 世纪 60 年代，西方工业化国家环境公害事件频繁发生，引起国际社会广泛关注。1972 年 6 月，联合国第一次环境会议在斯德哥尔摩召开，中国政府代表团参加了此次会议。此次会议对中国环境观的转变产生积极影响，参会人员开始意识到中国同样存在环境问题，而且"中国城市的环境问题不比西方国家轻，在自然生态方面存在的问题远在西方国家之上"②。从对环境问题的漠视、不承认到承认乃至意识到环境问题的严重性，是认识上的一大转变，为中国第一次环保会议的召开和环境观的转变作了重要思想准备。

1973 年 8 月，国务院召开第一次全国环境保护会议。此次会议取得三项主要成果：一是作出环境问题"现在就抓、为时不晚"的结论；二是审议通过"全面规划、合理布局、综合利用、化害为利、依靠群众、大家动手、保护环境、造福人民"的环境保护工作方针；三是审议通过中国第一个环境保护文件《关于保护和改善环境的若干规定》，后经国务院批转全国执行。

1978 年 2 月，第五届全国人民代表大会第一次会议修订通过的《中华人民共和国宪法》，在新中国历史上第一次在宪法中对环境保护作出明确规定。1979 年 9 月 13 日，《中华人民共和国环境保护法（试行）》颁布，标志着中国工业环境保护正式被纳入法制轨道。此后，中国政府又相继颁布和修订了多项环境保护专门法规，中国的环境保护法律体系基本形成，环境保护正式被纳入法制轨道。

1983 年年底，第二次全国环境保护会议召开。会议明确指出，环境保护是中国现代化建设中的一项战略性任务，是一项基本国策，并从 1983 年之后，环境保护作为一项重要内容被写入历年政府工作报告；从第六个五年计划起，环境保护正式被纳入国民经济和社会发展计划。1992 年 8 月，中国政府在《中国环境与发展十大对策》中，明确宣布实施持续发展战略。1996 年 3 月，第八届人民代表大会第四次会议批准《国民经济和社会发展"九五"计划和2010 年远景目标纲要》，将可持续发展作为一条重要的指导方针和战略目标，

---

① 曲格平、彭近新主编：《环境觉醒——人类环境会议和中国第一次环境保护会议》，中国环境科学出版社 2010 年版，第 463—471 页。

② 曲格平：《梦想与期待：中国环境保护的过去与未来》，中国环境科学出版社 2000 年版，第 50 页。

并明确作出中国今后在经济和社会发展中实施可持续发展战略的重大决策。可持续发展战略进一步从经济可持续发展的角度和战略高度强调环境保护的重要性，它是环境保护型环境观的一次重要发展。

1996 年 7 月，在第四次全国环境保护会议上，江泽民作出"确保环境安全"的重要指示，首次在中国提出"环境安全"概念。在 2001 年、2002 年中央人口资源工作座谈会上，江泽民进一步强调要"确保国家环境安全"、"要建立环境安全防范体系"。胡锦涛明确指出："要建立健全污染物排放总量控制、生物安全、化学物质污染防治、自然遗产保护等方面的法律制度，依法查处违法排放污染物、转移污染、走私废物、破坏生态等行为，确保国家环境安全"①。至此，环境保护型环境观正式形成。

环境保护型环境观是中国领导人对原有环境观的反思和国际社会对环境问题的重视两者综合作用的结果。环境保护型环境观是针对环境改造型环境观实施时期出现的日益严重的环境问题提出的，因而其基本特征发生了显著转变：尽管在人地关系上，环境仍处于从属地位，但在对待环境的态度上，已经从改造环境转变为保护环境；在人地关系协调的着眼点上，主要从经济发展与环境关系入手，强调经济可持续发展；在人地关系协调机制上，主要依赖政府环境保护实现人地关系的协调。

随着中国发展观逐渐从经济增长导向型转变为经济发展导向型，环境保护型环境观较前期得到较好贯彻，环保地位、环保力度明显提升和增强，环境保护工作取得显著效果。环境污染治理投资呈上升态势，占 GDP 的比重从 1981 年的 0.51%，提高到 2002 年的 1.14%②。大中型项目"三同时"执行率从 1979 年的 39%，提高到 2000 年的 94.8%③。"六五"期间，环境影响报告书制度执行率为 76%；至 2001 年，全国环境影响报告书制度执行率已提高到 97%④。县及县以上工业企业"三废"治理率显著提高：工业废水处理率从 1980 年的 13.1%，提高到 1999 年的 91.1%；废水排放达标率也从 1980 年的 35.7%，提高到 2002 年的 88.3%；燃烧过程消烟除尘率和生产工艺过程空气

---

① 谢振华主编：《国家环境安全战略报告》，中国环境科学出版社 2005 年版，第 3 页。

② 1981 年数据整理计算自《中国环境保护行政二十年》第 86 页和《中国统计年鉴 2007》相关 GDP 数据；2002 年数据来自国家统计局网站：《中国统计年鉴 2006》。

③ 1979 年数据来自《中国环境年鉴 1990》，第 109 页；2000 年数据来自《中国环境年鉴 2001》，第 218 页。

④ 《中国环境保护行政二十年》编委会：《中国环境保护行政二十年》，中国环境科学出版社 1994 年版，第 104—105 页；2001 年数据来自《中国环境年鉴 2002》，第 301 页。

净化率分别从 1985 年的 54.5% 和 59.1%，提高到 1999 年的 90.4% 和 82.6%；工业固体废物综合利用率从 1980 年的 19.8%，提高到 2002 年的 52.0%[①]。

但必须清醒地看到，由于同期中国经济高速增长、经济总量大幅提高、工业化重现重化工化趋势、人口不断增加等原因，发达国家上百年工业化过程中分阶段出现的生态环境问题，在中国改革开放以来集中出现，突出表现在主要污染物排放量突破环境承载力、生态环境总体呈现恶化趋势、资源短缺压力迅速增大、生态环境破坏造成巨大经济损失等。进入 21 世纪初，这些生态环境问题又呈现出结构型、复合型、压缩型的特点，给经济发展和人民生活造成严重影响，环境保护型环境观已经难以满足中国新的发展形势和发展阶段对环境观尤其是人地关系协调机制的需要。再次转变环境观，构建更加有利于人与自然和谐发展的人地协调机制，成为摆在中央政府面前亟待解决的一个重要课题。

三、生态文明型环境观（2003 年至今）

生态文明型环境观是对环境保护型环境观的扬弃，其基本特征具体表现在以下四个方面：在人地关系上，环境与人拥有对等地位而不再处于从属地位；在对待环境的态度上，进一步强调环境与人的共同发展；协调人地关系的着眼点，也从单纯强调经济可持续发展转变为强调人类社会的存续；人地关系协调机制则在重视政府环境保护的基础上，进一步要求形成协调人地关系的社会机制，以及强调后者对实现人地关系和谐的重要性。生态文明型环境观的形成大致经历了两个阶段：2002 年 11 月至 2005 年 10 月为初步形成阶段，2005 年 11月至 2007 年 10 月为正式形成阶段。

2002 年 11 月，党的十六大提出了一条科技含量高、经济效益好、资源消耗低、环境污染少、人力资源优势得到充分发挥的新型工业化路子。新型工业化道路的推行，不仅依赖于技术进步和政府环保力度的提高，更有赖于新型"绿色"工业发展机制的形成，它从工业化的角度对环境观的转变提出了新的具体要求。

2003 年 10 月，党的十六届三中全会提出社会经济和环境协调发展的科学

[①] 1980 年数据来自《中国环境年鉴 1990》，第 431—432 页；1985 年数据来自《中国环境统计资料汇编（1981—1990）》，第 46 页；1999 年数据来自《中国环境年鉴 2001》，第 516 页；2002 年数据来自国家统计局网站：《中国统计年鉴 2007》。

发展观，要求坚持经济社会和人的全面可持续发展。环境观明显从属于发展观，发展观决定了环境观的基本特征及其实施绩效；科学发展观的提出直接促进了中国环境观的第二次转变，为第三代环境观的形成准备了思想基础。2004年3月，胡锦涛在中央人口资源环境工作座谈会上的讲话中，首次提出"建立资源节约型国民经济体系和资源节约型社会"，明确要求通过构建社会环保机制来协调人地关系。2005年10月，党的十六届五中全会通过《中共中央关于制定国民经济和社会发展第十一个五年规划的建议》，明确提出建设"资源节约型、环境友好型社会"，比较完整的阐述了第三代环境观的基本理念，标志着生态文明型环境观的初步形成。

2005年11月—2007年10月为正式形成阶段。2006年10月，党的十六届六中全会通过《中共中央关于构建社会主义和谐社会若干重大问题的决定》，将"加快建设资源节约型、环境友好型社会"作为建设和谐社会的重要内涵与任务，进一步推动了环境观的转型。2007年10月，党的十七大提出"建设生态文明，基本形成节约能源资源和保护生态环境的产业结构、增长方式、消费模式。……生态文明观念在全社会牢固树立"。生态文明建设就是要建设以资源环境承载力为基础、以自然规律为准则、以可持续发展为目标的资源节约型、环境友好型社会。党的十七大同时要求必须把建设资源节约型、环境友好型社会放在工业化、现代化发展战略的突出位置。生态文明完整的阐明了第三代环境观的思想内涵，它的提出标志着生态文明型环境观的正式形成。

从新中国环境观演变路径来看，环境观的每次转变都是对前一代环境观的发展，体现了人们对人地关系认识的深化和改善人地关系的努力。在此过程中，环境的地位也不断得到提升。从将环境视为改造对象，到将其作为保护对象，再到将人类社会作为生态环境的一部分来看待，环境观的每一次转变都提升了环境的地位。而且，生态文明型环境观不是简单的强调以环境为本，而是将人内化为生态系统的一部分的同时，将环境内化为人类社会经济系统的一部分。因此，提升环境的地位其实就是提升人的地位，这是以人为本的真正体现。

第二节

中国共产党发展观的演变

2003年10月党的十六届三中全会正式提出科学发展观。科学发展观是对新中国成立以来经济发展模式进行理论思考的产物，也是对新中国成立以来中国决策层几代发展观扬弃的结果。

一、第一代发展观：经济增长导向型发展观（1949—1978 年）

中国的第一代发展观是指 1949—1978 年间形成和发生作用的发展观，可以概括为经济增长导向型发展观，它的形成具有特定的历史背景。首先，这一时期中国借鉴了前苏联的计划经济体制、经济发展模式和发展观；其次，在借鉴前苏联经验的基础上形成的中国传统计划经济体制与传统经济发展战略，对中国发展观的形成产生了根本性的影响；再次，这一时期的中国处在"冷战"的国际大背景中，"冷战"格局对中国的发展观产生了广泛而深刻的影响；最后，这一时期的中央决策层是以毛泽东为核心的，这一代发展观的形成深深打上了毛泽东个人思想和理念的烙印。

在上述历史与宏观背景下，第一代发展观有十个具有内在逻辑联系的基本历史特征。（1）在发展目标上，强调实现工业化，虽然在 1964 年提出了"四个现代化"的目标，但是，工业化是最为突出的目标；（2）在发展标准上，强调工农业总产值规模，特别是工业总产值及其在工农业总产值中比重的提高；（3）在发展途径上，强调经济增长优先，没有将经济增长与经济发展区分开来，实际上将经济增长等同于经济发展；（4）在发展重点上，强调重工业特别是军事工业的发展；（5）在发展方式上，强调外延式与粗放式发展方式；（6）在发展形式上，强调通过资本积累来寻求发展的源泉；（7）在区域发展模式上，强调地区间均衡发展；（8）在发展动力上，强调通过生产关系的革命推动经济发展；（9）在发展态势上，强调赶超西方先进国家；（10）在发展层面上，单纯强调经济层面的发展。

第一代发展观以追求经济增长为基本导向，是经济增长导向型发展观。作为特定历史时期形成的发展观，它顺应了中国发展初期阶段通过工业化奠定中国发展初步基础的要求，其中一些方面如强调工业化、强调重工业的理念是合理的。但总起来看，这一发展观是在传统计划经济体制和传统经济发展战略的框架内形成的，是建立在对马克思主义经济理论一系列误解的基础上的，是通过行政手段实施的。因此在实践中导致了中国经济发展模式上的问题，突出表现在经济发展与经济增长严重脱钩，出现了类似于其他一些发展中国家出现的

"有增长而无发展"的局面①。具体来说，表现在下述几个方面：（1）经济结构畸形，突出表现为重工业过重，轻工业过轻，农业发展迟缓，能源、交通运输等基础产业发展滞后，流通、服务等第三产业薄弱。（2）区域经济配置效率低下。尽管追求区域平衡发展，但是由于投资效益低下，区域差距不仅没有缩小，反而进一步扩大，造成资源的极大浪费。（3）经济质的发展与量的发展脱钩，经济效率和经济增长的质量低下，经济增长主要是靠外延要素投入支撑的。（4）经济增长片面推进，经济发展滞后。经济发展与经济增长脱钩，经济增长速度较快，但是作为经济发展表现的经济结构优化、经济效率提高以及经济成果分配的公平化等没有明显改善。（5）经济增长没有以人为本。伴随经济增长，人们生活水平没有相应提高，人们消费受到积累和畸形经济结构的压抑。1978 年，全国全民所有制单位的职工平均工资水平只比 1957 年增加 7 元；1978 年居民平均消费水平为 175 元，只比 l957 年增加 44%（按可比价格计算），其中农民增加 34.5%，非农业居民增加 68.6%②。

到 20 世纪 70 年代末期，这些问题已经发展到极端，传统经济体制和传统经济发展模式难以为继，而这些问题在这一发展观的框架内难以解决，也标志着这一发展观的难以为继。因此，伴随经济体制改革的展开和国民经济调整的实施，客观上也需要对这一发展观进行历史的扬弃，构建新的发展观。

二、第二代发展观：经济发展导向型
发展观（1979—1994 年）

1979—1994 年间，中国逐渐形成第二代发展观，即经济发展导向型发展观。这一发展观是对第一代发展观的扬弃：第一代发展观强调经济增长而相对忽视经济发展，第二代发展观强调经济发展，试图将经济发展与经济增长统一起来；第一代发展观中一些消极层面的扬弃是十分困难的，第二代发展观继承了第一代发展观的一些要素，同时，这一发展观也是特定历史条件的产物，因此出现了新的问题，即强调经济发展，而相应忽视了社会发展、人的发展以及生态发展和这些发展层面之间的协调与统一。

---

① 但性质不同，参见赵凌云："论中国经济发展与增长的'脱钩'与'联动'"，《江汉论坛》1991 年第 6 期。

② 马洪主编：《现代中国经济事典》，中国社会科学出版社 1982 年版，第 571 页。

第二代发展观的形成有特定的历史背景。首先，从政治上看，发展已经成为党和国家工作的重点，经济发展没有受到政治局面变化的冲击；其次，从经济发展的指导思想上看，开始从主观主义走向尊重经济规律；复次，传统计划经济体制开始向现代市场经济体制转轨，发展处在"双轨制"的体制环境中；再次，国际环境发生了变化，和平和发展是这一时期的主题；最后，这一时期是中国决策层理论创新全面推进的时期，发展观的发展受到这一时期理论创新成果的理论支持。

上述特定的历史背景赋予第二代发展观诸多特征。与第一代发展观相对应，第二代发展观也具有十个基本特点：（1）在发展目标上，开始超越单纯的工业化，而强调现代化；（2）在发展标准上，开始超越单纯的工农业总产值指标，强调国内生产总值这一内涵更为深刻全面的发展指标；（3）在发展途径上，超越增长优先的理念，开始强调将经济发展与经济增长统一起来；（4）在发展重点上，超越单纯的重工业，将包括轻工业和重工业在内的整个工业作为发展重点；（5）在发展方式上，超越片面的外延式与粗放式经济增长方式，积极推进经济增长方式向内涵式和集约式的转变；（6）从发展形式上，超越积累优先的发展战略，推进积累与消费并举的发展形式；（7）在区域发展上，超越单纯的均衡发展，实施非均衡发展战略；（8）在发展动力上，超越单纯的生产关系革命的误区，实施经济体制改革和对外开放；（9）在发展态势上，继续保持赶超的姿态；（10）在发展层面上，超越经济发展的层面，开始兼顾社会的发展。

第二代发展观试图扬弃第一代发展观，在很大程度上也做到了这一点。如第一代发展观过分强调重工业、区域均衡、工农业总产值、"跃进式"发展方式的偏向，而第二代发展观则强调重工业、轻工业和农业的协调发展，强调区域经济发展的梯度推进，强调国民生产总值，强调"分步走"的发展方式。但在实践中，1979年以后第一代发展观并没有退出历史舞台，而是与第二代发展观交织在一起；第二代发展观是在整个经济体制和经济发展战略尚未完成根本转型的条件下形成和实施的，转轨中的摩擦制约了中国发展观的转型。因此，第二代发展观客观上继承了第一代发展观中的一些层面，未能完成一些重要层面上观念的转变。如虽然强调国民生产总值的概念，但实际上依然强调产值的增长与经济总量规模的扩大；虽然抛弃了"跃进式"发展的主观愿望，但实际上依然希望经济"波浪式"发展；虽然提出把全部经济工作转到以提高经济效益为中心的轨道上来，但实际上没有做到这一点。

由于第二代发展观在实践中出现的上述问题，到世纪之交，中国经济发展模式出现了诸多在原有发展框架内难以解决的问题。一是发展不协调，农村和城市差距拉大；二是发展不可持续；三是发展不是以人为本，或者没有从根本上做到以人为本。一方面，强调以改革促发展，强调以改革者驱动发展，人的发展积极性、主动性和创造性尚未充分调动起来。另一方面，将发展理解为人的物质财富的增加，国家财富的增长，较少关注人以及人的自由、道德、健康、安全等非物质层面发展以及社会公平、正义与秩序的构建。

综上所述，从 20 世纪 90 年代中期以来，中国原有发展观和发展模式的突出问题是经济发展与社会发展的脱钩，具体表现为发展的不协调性、不公平性和不可持续性，这种状况要求对原有发展观进行进一步的扬弃和发展。

三、第三代发展观：经济社会进步 导向型发展观（1995 年至今）

第三代发展观正是在上述历史背景下开始形成的。如果说原有发展观和发展模式的不协调性、不公平性、不可持续性构成第三代发展观形成的推动因素，那么，第三代发展观的形成还具有下述几个方面的历史背景。首先，从国内来看，经济体制改革进入了构建和完善社会主义市场经济体制的时期，发展观和发展的体制背景发生重大变化，即从原有的"双轨制"体制环境转变到社会主义市场经济体制背景；其次，从国际上看，整个世界的发展观都开始重大转向，即从单一的经济发展观转向社会、经济与生态协调的全面发展观；最后，从中国的发展态势来看，"和平崛起"方针的提出，也推动着发展观的快速转型。

第三代发展观的集中表述是 2003 年 10 月党的十六届三中全会通过的《中共中央关于完善社会主义市场经济体制若干问题的决定》。该决定提出，要"坚持以人为本，树立全面、协调、可持续的发展观，促进经济社会和人的全面发展"；同时提出"五个统筹"，即统筹城乡发展、统筹区域发展、统筹经济社会发展、统筹人与自然和谐发展、统筹国内发展和对外开放。这一表述和"五个统筹"的提出标志着第三代发展观的正式形成；这也是新中国历史上，在中央文件中第一次明确提出发展观的概念。

第三代发展观是一个完整的发展观念理论体系，包括下述四个层面：一是以人为本的发展价值观，以前的发展观强调以物、以经济为本，以增长为本，新发展观强调以人为本，即人的全面发展为本；二是发展优先的发展主体观，即将发展而不是增长放在突出重要位置；三是协调发展的发展模式观，即通过"五个统筹"实现城乡、区域、经济与社会、人与自然、国内与国外的协调发展；四是内源发展的发展动力观，即强调通过调动民众和企业的参与性，形成整个社会的发展积极性、主动性和创造性。

与前述两代发展观相比，第三代发展观具有突出的特点：（1）在发展目标上，将人的全面发展而不是单纯的经济发展作为发展的首要目标；（2）在发展标准上，将考虑资源、环境约束因素在内的绿色国内生产总值作为发展的衡量标准；（3）在发展途径上，将发展置于优先于增长的位置；（4）在发展重点上，将整个国民经济和社会作为发展的重点和立足点；（5）在发展方式上，将内涵式与集约式发展作为经济发展的基本方式；（6）在发展形式上，继续强调积累和消费并举；（7）在区域发展上，强调区域之间的协调发展；（8）在发展动力上，强调通过社会全面进步推动人的全面发展；（9）在发展态势上，采取"和平崛起"的姿态；（10）在发展层面上，不仅强调经济发展，更强调社会、人、生态的发展以及这三个方面与经济发展的协调推进。

第三代发展观也是逐渐形成的。具体而言，其形成大体上经历了8年的时间，包括三个阶段。第一个阶段为萌芽和酝酿阶段，从1995年9月党的十四届五中全会到2000年10月党的十五届五中全会。党的十四届五中全会通过的《中国共产党关于制定国民经济和社会发展九五计划和2010年远景目标的建议》标志着第三代发展观的萌芽，提出了后来构成第三代发展观框架的几个基本观点：第一，提出了中国跨世纪发展的"两步目标"，即从1995年到2000年，人们生活达到小康水平，初步建立社会主义市场经济体制；从2000年到2010年，国内生产总值再翻一番，小康生活更加富裕，建立完善的市场经济体制，这里开始突出"小康"这一概念。第二，提出两个"根本性改变"，即经济体制从计划经济向社会主义市场经济的转变；经济增长方式从以粗放型为主向集约型为主的转变，而且提出要促进国民经济持续快速健康发展和社会全面进步。第三，提出了两个新的发展"战略"。一是"科教兴国"战略，开始强调劳动者素质的提高，在强调经济增长方式转变的基础上进一步强调要把经济建设转移到依靠科技进步和劳动者素质的轨道上来。二是可持续发展战略，强调在经济发展的同时控制人口、节约资源和保护环境。第四，提出了区域协调发展的重大战略，标志着区域发展战略从非均衡转向区域协调发展。由此可见，1995年提出的跨世纪远景规划实际上已经萌芽了第三代发展观，但还只是一个初具形态的新发展观，内容还不甚丰富。

第二个阶段是第三发展观形成与提出阶段，从 2000 年的党的十五届五中全会到 2003 年的党的十六届三中全会。首先，党的十五届五中全会通过的《中共中央关于制订十五计划的建议》把社会进步提到了突出重要的位置，强调要以发展为主题，结构调整为主线，改革开放与科技进步为动力，提高人民生活水平为出发点，全面推进经济发展和社会进步。其次，江泽民在 2001 年的"七·一"讲话中提出一个重要观点，即社会主义必须追求人的全面发展，必须实现人的全面发展，这就超越了单纯追求物质层面现代化的窠臼，强调人的全面发展和人的现代化。第三，中国共产党"十六大"提出了两个新的发展理念，即"一条新道路"和"一个统筹"。"一条新道路"即新型工业化道路，即信息化带动工业化，工业化促进信息化，走一条科技含量高，经济效益好，资源耗费低，环境污染少，人力资源优势得到充分发挥的新型工业化道路。新型工业化道路的提出构成新发展观的一个重要支点。"一个统筹"，即统筹城乡经济社会发展。第四，党的十六届三中全会在前面几个阶段发展的基础上，系统全面地提出了以人为本，树立全面协调可持续发展的新发展观，实现经济、社会、人的全面发展。党的十六届三中全会还提出，为了实现这一发展观，必须做到"五个统筹"：统筹城乡、统筹区域、统筹经济社会、统筹人与自然、统筹国内发展和对外开放。

第三节

科学发展观是中国建设生态文明的指导思想

发展观最终决定环境观的落实，进而最终影响到生态文明建设的成效。对中国生态文明建设而言，科学发展观是建设生态文明的指导思想，其内涵决定了建设生态文明的最终归宿、基本前提、根本途径和主要载体。

一、生态文明建设要以科学发展观为指导

科学发展观是党领导和推进发展的世界观和方法论，它不仅是推进发展的指导思想，也是推进生态文明建设的指导思想。

首先，生态文明建设是一个发展问题，即在发展中正确处理人与自然的关系问题。科学发展观指明了生态文明建设的路径，即发展是建设生态文明的前提，要通过科学发展能动地推进生态文明建设。中国作为一个发展中国家，不能像纯粹生物学和神学主张的那样，停滞发展和工业文明的发展搞单纯的生态保护和生态文明建设，而是要在发展中解决人与自然不协调的问题。

其次，科学发展观本身是建立在生态文明理念基础上的发展观，是一种生态文明指向型发展观，其中的以人为本、全面协调可持续发展等内涵本身就是生态文明的基本理念，因此，科学发展观指明了生态文明建设的方向与原则。

最后，科学发展观也指明了中国生态文明建设的基本路径，即主要依靠自己的力量推进生态文明建设，科学发展观强调要通过内生型自主创新、国内市场的培育实现发展，因此，中国生态文明建设不是依靠对外生态扩张和生态输出，而是依靠自身的内生努力来实现。

二、科学发展观对生态文明建设的重点导向

当前，在推进生态文明建设进程中，要依据科学发展观的要求，明确生态文明建设的重点导向。

（一）建设生态文明要以人的全面发展为最终归宿

从人类当前所拥有的知识和人类发展史来看，人类只能依赖能够支持人类存续的地球生态系统而存在。在人类进化史上，人类在与地球生态系统的互动过程中，通过知识的不断积累和对自然的持续影响，不断突破生态系统对人类的束缚，创造出灿烂的农业文明与工业文明，实现了自身在精神和物质上的巨大发展。但在此过程中，随着人类影响自然的能力的不断增强，人类对自身能力一度过于自信甚至自负，由此产生了一味强调人的主观能动性的片面的人类中心主义发展观和环境观。长期推行这种发展观与环境观的后果，即是当前日益严重并极可能最终决定人类命运的资源环境问题。这是整体意义上的人类从未面临的严峻形势。而且，当前的资源环境问题，已不是仅仅通过提高人类改造自然的能力以突破自然束缚所能解决的。这种单向思维不仅不能用来谋求人类的进一步发展，反而成为阻碍人类进一步发展的桎梏。因而，为了推动人类社会的进一步发展，就必须改变原有的发展观、环境观乃至文明观。科学发展观以及在此基础上提出的生态文明型环境观和生态文明观，正是在此背景下被

构建出来的。

但也必须认识到，科学发展观和生态文明观并非就是简单地以环境中心主义替代人类中心主义，更不是否定人类存在的价值。人类中心主义是不可能被根本否定的，因为万物皆以己为中心，人类也不例外；如果人类不复存在，一切讨论恐怕都将是没有任何意义。其实，科学发展观和生态文明观的主要理论诉求，是批判一味强调人的主观能动性的片面的人类中心主义，提醒人们应认识到人是生态系统的有机组成部分，人不仅可以影响自然，自然反过来也可以影响人类乃至决定人类的命运。因而，人类的存续必须以生态系统的存续为前提，人类的持续发展必须以人与自然的和谐为保证。建设生态文明的根本目的是通过文明的转轨，将生态环境充分、有机地纳入人类的发展函数，在和谐的人地关系中实现人的发展。正是在此意义上，科学发展观强调以人为本，即人的全面可持续发展为本，这也正是建设生态文明的最终归宿。

（二）　建设生态文明要以发展为基本前提

建设生态文明的号召是在中国人均国民收入水平刚刚上升到中等收入国家行列、中国工业化仍处于中期阶段、重化工化趋势仍较明显的背景下提出来的。这实际上是试图在相对于发达国家更低的收入水平和工业化水平上，开始建设超越工业文明的生态文明。这是中国面临的一个前所未有的挑战。因为在当前中国的经济发展水平上，至少在短期内，经济发展与环境保护仍然存在尖锐的矛盾。在将有限的资源到底投向发展经济和继续推进工业化上，还是投向环境保护上，中国政府面临艰难的选择。显然，中国已不能再走通过牺牲生态环境来实现经济发展和工业化的老路了。但建设生态文明是否就意味着我们只能停下经济发展和工业化的脚步，甚至牺牲已建立起来的工业文明，来实现人地关系的和谐呢？答案是否定的。我们认为，建设生态文明其实是要求在现有文明成果的基础上，建设更高水平的人类文明。如果放弃现有的文明成果，那结果只能是与人发展的要求背道而驰，是历史的倒退。我们也不能裹足不前；原地踏步的后果，可能比开历史倒车更严重。对于尚未建起发达的工业文明的中国而言，唯一的选择，只能是改变以前重"增长"轻"发展"的做法，通过发展，通过发展观与发展方式的转变，通过走新型工业化道路和建设生态农业，来解决发展中出现的人地关系不和谐乃至激化的问题，最终实现人与自然的和谐发展，乃至人的全面可持续发展。科学发展观以发展为第一要义，要求必须通过发展来解决发展中出现的问题。建设生态文明也必须建立在不断发展的基础上，必须以发展为基本前提。

（三）建设生态文明要以转变发展方式为根本途径

实践科学发展观要求从根本上转变发展方式，而发展方式的转变将最终决定生态文明型环境观的落实。建设生态文明与转变经济发展方式在科学发展、和谐发展战略目标的统领下辩证统一、有机统一、互为因果、相辅相成，是建设生态文明的根本途径。

1. 建设生态文明，是转变经济发展方式的导航仪和方向标

改革开放以来，我国实现了经济社会发展的历史性跨越，但也付出了生态环境等方面的代价。生态文明为经济发展方式的转变提供了思想理念、价值取向、评判标准、目标方向、路径选择。科学的发展方式必须体现生态文明的精神，有利于保护生态环境，有利于节约集约利用资源，有利于建立人与自然的和谐相处关系和实现可持续发展，有利于实现人民群众经济政治文化权益与生态权益的有机统一。

2. 建设生态文明，是转变经济发展方式的重要着力点和根本途径

建设生态文明蕴藏新的经济增长点，建设生态文明拓展了新兴产业的成长空间、经济社会发展的承载空间、突破贸易壁垒的国际市场空间。建设生态文明是扩大内需、拉动经济增长的重要途径。加大对生态环境整治项目、新能源开发项目、农村环境基础设施项目的投入，既能拉动当前经济增长，又能增强可持续发展后劲，无论对眼前还是长远，都具有重要意义。

3. 建设生态文明，是转变经济发展方式的重要成果和结晶

经济发展方式转变的成效，可用经济发展质量、生态环境质量和人的生活生命质量三大标准来检验衡量，归根到底反映生态文明建设水平的高低。经济发展方式实现根本转变，产业结构实现转型升级，经济发展从粗放增长转变为集约增长，从主要依靠物质资源的消耗向主要依靠科技进步、劳动者素质提高、管理创新转变，生态农业、生态工业和现代服务业得到了发展，绿色经济、循环经济、低碳经济不断壮大，必然表现为资源节约、环境友好、人与自然和谐相处，凝结为生态文明的建设成果。可以这样说，经济发展方式转变到什么程度，生态文明建设水平就会提高到什么层次。没有经济增长方式的根本转变，就不可能有真正意义上的生态文明建设成就①。

----

① 周国富：《以生态文明建设为导引　加快转变经济发展方式》，《人民日报》，2010 年 8 月 6 日。

（四）建设生态文明要以"两型社会"为主要载体

科学发展观本质上是经济社会进步导向型的发展观，要求在经济不断发展的基本前提下，更加注重社会发展。这是针对此前发展观过于重视"经济"相对忽视"社会"而导致的社会发展相对滞后于经济发展的状况提出的。不过，科学发展观视域中的社会发展，已不是一般意义上的社会发展，而是增加了可持续发展内涵的社会发展，是社会的可持续发展。这要求建构一种能实现人与自然和谐发展的社会机制与文化，并在此社会机制与文化的规制下，使人类文明走上生态文明的轨道。因此，科学发展观提出之后，中国党和政府提出了建设"两型社会"的要求。从具体实践取向来看，建设生态文明的现实目标就是建设"两型社会"，只有建成了"两型社会"才可能建起生态文明。"两型社会"承载着建设生态文明的主要历史任务，是建设生态文明的主要载体。从此意义上来说，建设生态文明实质上就是建设两型社会。

第五章

中国生态文明建设的实践探索与基本成就

　　中国的生态文明建设道路是在实践中形成的。尽管中国在传统社会主义计划经济体制下相对忽视生态文明建设，但是，在实践中不断探索了环境保护的道路，正是通过探索环境保护，才逐渐走上建设生态文明的道路。梳理中国环境保护的实践历程，总结环境保护的历史经验，可以辨明从环境保护推进到生态文明建设的历史逻辑，发现对生态文明建设的历史启示。

第一节

第一次全国环保会议前中国政府的
环保探索（1949—1973 年 7 月）

一、新中国环境保护的萌芽
（1949—1957 年）

　　新中国成立后，随着工业化的展开和经济的发展，生态环境问题开始逐步出现，中国政府关注到环境污染问题并在环境保护上采取了若干应对措施。

　　1951 年 2 月，林垦部出台《保护森林暂行条例（草案）》。1953 年，卫生部成立卫生监督室，在前苏联的顾问指导下，开展预防性卫生监督工作，以应对城市新建工业项目在规划、选址、设计、"三废"处理等方面涉及的卫生问题。1956 年，国务院发布《矿产资源保护试行条例》；建立了第一个综合性自然保护区——鼎湖山自然保护区；卫生部、建设委员会联合颁发《工业企业设计暂行卫生标准》和《关于城市规划和城市建设中有关卫生监督工作的联合指示》，这两份文件对预防污染，保证饮水安全及城市合理规划，发挥了积极指导作用；同年，中国政府确立"综合利用工业废物"方针——该方针成为此后十余年间治理工业污染所遵循的基本方针。在这些方针政策的指导下，一些有污染危害的工业企业，尤其是集中建设的 156 项大中型项目，采取了某些防治措施，如污水净化处理和安装消烟除尘设备等，在一定程度上减轻了污染危害。1957 年，国务院第三、第四办公室发出《注意处理工矿企业排出有毒废水、废气问题的通知》，明确提出要注意防治工业污染，该通知已成为一个实质意义上的环保文件。同年，国务院发布《中华人民共和国水土保持暂行纲要》。这些法律规章制度的制定和实施，对生态环境保护产生了积极影响。以植树造林和森林护育为例，1950—1952 年间，全国完成封山育林 6210万亩；1956 年一年封山育林即达 5835 多万亩；1950—1957 年间，全国共造林23596.4 万亩，对保护生态环境，有效防止水土流失发挥了重要作用[1]。

在中央政府相关职能部门出台一些具有环保功能的文件和法规的同时，部分城市也采取了一些环境保护的举措。武汉市在制订城市总体规划时充分考虑城市发展的生态环境问题，"一五"期间开始建设的武汉钢铁公司和武汉肉联厂，厂址均选在分别距离武昌和汉口市区中心 20 公里以外的长江武汉段下游南北两岸；武钢将生产区工业"三废"污染问题纳入规划布局中，将后勤生活区规划在厂区 5 公里以外，中间设计有绿化隔离带。武汉重型机床厂、武汉锅炉厂、武汉汽轮发动机厂等大型机械工业企业，也分别建设在新规划近郊工业区内[2]。

重庆市于 1954 年、1955 年和 1956 年对长江、嘉陵江重庆段的水质基本状况、污染与自净能力及工业"三废"有害物质对两江的污染情况，以及粉尘和有毒气体调查测定、生产性噪音、工业废水调查等环境调查工作[3]。20 世纪 50 年代，上海、淄博等城市开始开展环境监测工作[4]，预示中国环境监测

---

① 中国社会科学院、中央档案馆编：《1949—1952 中华人民共和国经济档案资料选编：农业卷》，社会科学文献出版社 1991 年版，第 741 页；中国社会科学院、中央档案馆编：《1953—1957 中华人民共和国经济档案资料选编：农业卷》，中国物价出版社 1998 年版，第 921、924 页；《当代中国》丛书编辑委员会：《当代中国的林业》，中国社会科学出版社 1985 年版，第 84 页。

② 武汉市环境保护局编：《武汉环境志》，中国环境科学出版社 1991 年版，第 149 页。

③ 重庆环境保护局编：《重庆市环境保护志》（内部发行），1997 年，第 3 页。

④ 黄树则、林士笑主编：《当代中国的卫生事业》（上），中国社会科学出版社 1986 年版，第108 页。

工作开始起步。

南京市于 1956 年 5 月颁布《关于减少城市嘈杂声音的规定》，以防治城市噪声污染。1957 年 7 月，南京市人民委员会发出通知，要求新建厂矿的设计部门在设计时应认真考虑处理废水、废气的措施，同时将此类设计图纸及有关资料送交卫生部门研究。这可谓是"三同时"制度的最初设想，只可惜在实践中基本未予执行①。

北京市在 1949—1952 年间共修复旧下水道 220 余公里，清除旧沟淤泥 16 万立方米。1950 年 9 月，北京市政府决定将易燃易爆工厂一律迁入南郊及其他地区。1951 年，北京市政府又决定将永定门附近的木材厂及城区的血料场、皮革厂等迁往南郊，将易燃易爆及有碍卫生的工业集中在南郊沙子口、大红门、铁匠营一带。1953 年 10 月，北京市政府发布《关于减少城市嘈杂现象的通告》；1954 年 7 月，北京市政府再次发出通告，要求继续减少城市噪声扰民；1955 年 5 月，北京市人民委员会发布《关于减少城市嘈杂声音的规定》。

新中国环保工作是在借鉴前苏联经验的基础上起步的，中国政府对环保的认识水平，也自然受到前苏联的认识水平的制约。当时中国跟前苏联一样都未形成环境保护理念，环保举措尤其是环境污染防治措施，多是在"环境卫生"理念的指导下实施的，推行环保举措的机构也主要是卫生部门，这一认识水平持续到第一次全国环保会议的召开。1957 年之后，中国开始摆脱前苏联模式"走自己的路"，环保工作也走上了独立行进的轨道②。

二、在曲折中艰难发展的中国环保工作（1958—1969 年）

1958 年开始的"大跃进"运动，使生态环境遭遇新中国成立以来第一次集中的污染与破坏，导致中国环境问题迅速凸现。"大跃进"运动结束后，经济进入调整期，中国政府采取了一些环保举措，但随后因"文化大革命"的发动而名存实亡，中国环保事业跌入低谷。虽然如此，中央和各级地方政府仍然没有放弃努力，环境保护工作在艰难曲折中前行。

---

① 南京市环境保护志编纂委员会：《南京环境保护志》，中国环境科学出版社 1996 年版，第 311 页。

② 中国科学技术情报研究所编：《国外公害概况》，人民出版社 1975 年版，第 88—116 页。

20 世纪 60 年代前期，中央政府采取的环保措施主要集中在两个方面：一是防治工业污染；二是制止林木乱砍滥伐，恢复林业经济正常秩序。在工业污染防治方面，主要是在恢复前期污染防治举措的同时，大力推行 1956 年确立的"综合利用工业废物"的方针。1960 年年初，国务院批准颁发《放射性工作卫生防护暂行规定》，对预防放射性污染作出了相关规定；同年 3 月，中共中央在批转建筑工程部党委《关于工业废水危害情况和加强处理利用的报告》中明确指出，工业废水处理利用是一件很重要的事情，必须积极进行工业废水的处理利用，新建企业都应将废水的处理利用作为生产工艺的一个组成部分，在设计和建设中加以保证。在重申"综合利用工业废物"的方针的同时，提出"三同时"思想。随后，工业部门提出"变废为宝"的口号，1963 年全国掀起"三废"综合利用热潮。同时，15 个城市被确立为工业废水处理和利用实验研究基地。1956 年颁布的《工业企业设计暂行卫生标准》，也被修订为《工业企业设计卫生标准》于 1963 年颁布实施。其间，对一些盲目建立的工业企业，实行关、停、并、转；混乱的工业布局也得到一定纠正。1966 年 1 月 13 日，国家经济委员会拟定《一九六六年工业交通企业支援农业的十项措施》，再次强调有害农业的污水、废气和废渣，都要在 1966 年内抓紧进行处理，变有害为有利，变无用为有用①。

在恢复林业经济正常秩序方面，1960—1963 年间，先后制定和实施了《关于农村人民公社当前政策问题的紧急指示信》（1960 年 11 月）、《关于坚决纠正平调错误、彻底退赔的规定》（1961 年 6 月）、《关于确定林权、保护山林和发展林业的若干政策规定（试行草案）》（1961 年 6 月）、《农村人民公社工作条例修正草案》（1962 年 9 月）、《森林保护条例》（1963 年 5 月）等相关文件和法规。1964 年，林业部又提出"以营林为基础，采育结合，造管并举，综合利用，多种经营"的林业发展方针。上述举措有力地促进了林业经济秩序的恢复，对弥补因林木滥伐导致的生态破坏，发挥了重要作用。在自然资源和生态保护上，1962 年，国务院发出《关于积极保护和合理利用野生动物资源的指示》；1963 年，国务院发布《矿产资源保护条例》；1965 年之前，建立了一批综合性自然保护区，自然资源和生态保护制度体系逐步完善。

地方政府也积极响应中央政府号召，在环境保护尤其是工业污染防治上，扮演了更为积极的角色。北京、天津、上海、黑龙江和新疆等少数省级行政单

---

① 《当代中国的经济管理》编辑部编：《中华人民共和国经济管理大事记》，中国经济出版社 1987 年版，第 226 页。

位，以及鞍山、武汉、哈尔滨、南京、南昌、齐齐哈尔、保定、青岛、吉林市等工业比较集中的城市，成立了"三废"治理利用办公室之类的环保机构，并开展以"三废"污染调查为主要内容的环境状况调查，以掌握本地环境污染状况，据以制定相应环保措施的基本依据。这些机构与各地卫生监督机构相比，环保内涵更加明确，与现代环保机构更为相像，是环保组织机构从"环境卫生"性转向"环境保护"性的一种重要过渡形式。在工业污染防治过程中，江西、黑龙江、武汉、南京等省、市政府因地制宜制定了一些具有针对性的环保法规和文件。如哈尔滨市从 1960—1965 年间，先后颁布 8 项强调管理工业"三废"和生活污水的文件和法规[①]；从内容上来看，这些文件和法规比中央政府颁布的此类文件更详尽、具体，也更有地区针对性。齐齐哈尔市1963 年开始对新建、改建和扩建的工厂、企业排水工程进行审查和水质化验，严格控制各种渗井的使用，开展初始的环境监测工作；1967 年组织建立污水监测监督网，设城市污水、西南工业废水、富拉尔基工业废水 3 片，共 10 个点，定期检查检测[②]。1965 年 12 月，南京市计划委员会、城建局、卫生局联合向市人民委员会报告，提出"新建、扩建、改建单位的'三废'处理设施应作为生产工艺的一部分，在设计、施工时一并安排，并将设计文件报'三废'管理部门，会同卫生、公安、劳动部门签署意见。城建、设计、施工部门应加以监督"[③]。

　　在中央和地方政府的共同努力下，环境保护工作在局部地区取得了一定成效。如鞍山市在 1963 年被国家计划委员会列为全国"三废"处理、利用试点城市后，于 1963—1966 年间先后完成治理污染工程 29 项，其中污水处理工程17 项，废渣处理工程 2 项，烟尘处理工程 10 项，完成治理投资额 2744.7 万元，这些措施有效地防治了一部分环境污染，环境质量有所改善：南沙河畔各矿选矿废水流失精矿粉由每天 615 吨减少到 110 吨，南沙河水质也由浊变清；鞍钢化工总厂建成的三套蒸汽脱酚装置，使废水含酚浓度由原来的每升 97 毫克，下降到 31.4 毫克；高炉水冲渣工程以及渣砖、渣瓦厂的建成，使高炉废渣利用率达到 50%，每年生产出渣瓦 600 万片，渣砖 6000 万块；鞍钢烧结总

　　①　哈尔滨市地方志编纂委员会编：《哈尔滨市志·环境保护技术监督》，黑龙江人民出版社 1998年版，第 98 页。

　　②　齐齐哈尔市环境保护局编：《齐齐哈尔市环境保护志》，黑龙江科学技术出版社 1989 年版，第96、第 99 页。

　　③　南京市环境保护志编纂委员会编：《南京环境保护志》，中国环境科学出版社 1996 年版，第 311页。

厂机尾除尘设施建成投产，使该厂厂区降尘量由原来每月每平方公里 611 吨，下降到 184 吨①。吉林市先后办起 11 个小工厂，利用"三废"生产化工产品，每年创造价值 800 多万元。到 1966 年，吉林市每年处理工业废水 3560 万立方米，占工业有害废水排出总量的 23.5%；处理废气 11 亿立方米，占排出总量的 33.5%；处理废渣 70 万吨，占排出总量的 68.6%；回收和综合利用"三废"生产 66 种产品，产值 4716.75 万元。据估算，这些"三废"的处理和综合利用，每年创造价值近 2000 万元②。

但从全国来看，由于当时奉行的环境改造型环境观及极左意识形态，人们对"三废"治理重要性认识不足，环境保护方面的主导理念仍然是"环境卫生"；在许多地方，企业在生产的同时开展"三废"综合利用，甚至被批判为"不务正业"，因而推行"三废"治理举措的地方和企业所占比重仍然较小，一些环保举措也难以较好地落到实处③；加之经验不足、技术落后及执行不力等原因，如部分省市虽然设立了"三废"治理利用办公室之类的环保机构，但缺乏开展环境保护所必需的行政权力和组织能力等，进一步限制了大部分地方和企业污染治理的积极性，环境保护工作的效果非常有限。"文化大革命"开始后，各项环保举措基本废弛，地方"五小企业"再度兴起，"以粮为纲"政策再度推行，新中国林业发展遭遇第二次大挫折等不利于环境保护甚至破坏环境的因素集中涌现，进一步加剧了生态环境的破坏，中国生态环境恶化状况必然无可避免。

三、中国环保意识开始觉醒与环保行政的加速发展（1970—1973 年 7 月）

日益严重的环境问题及其导致的居民健康损害和经济损失，促使人们去反思人与自然的关系。在周恩来总理的重视和联合国第一次环境会议的促动下，

---

①　鞍山市环境保护志编纂委员会编：《鞍山市环境保护志》，红旗出版社 1989 年版，第 2、114 页。

②　吉林市地方志编纂委员会编纂：《吉林市志·环境保护》，吉林文史出版社 1992 年版，第 112—115 页。

③　1963 年南京市 114 家企业中，只有 13 家相继上了废水治理设施，废水治理量仅占当年排放总量的 0.5%。南京尚且如此，其他城市可想而知。资料来源：南京市环境保护志编纂委员会编：《南京环境保护志》，中国环境科学出版社 1996 年版，第 174 页。

中国环保意识逐渐觉醒，环境观开始转变。在中央政府的大力推动下，环保行政加速发展；从中央到地方，各级政府开展了更为积极的环保工作，其重点仍然是"三废"治理和综合利用。

1971年，在周恩来总理的关怀下，国家计划委员会成立"三废"利用领导小组——这是中央政府成立的第一个环保机构。1973年1月，国务院成立环境保护领导小组筹备办公室；与此相对应，北京、甘肃、湖北、广东、贵州、河北、河南、辽宁、云南、浙江、湖南、山东、吉林、宁夏、内蒙古等省级行政区，新建或重构了"三废"治理利用办公室之类的环保机构。加上20世纪60年代即设立环保机构的天津、上海、黑龙江和新疆，到第一次全国环保会议召开前夕，已有19个省、自治区和直辖市设立了环保机构。长春、成都、大连、贵阳、南京、武汉、郑州、重庆、襄樊、宜昌等中心城市，也新建或恢复了此类机构。1972年6月，成立第一个跨省、市环保机构——官厅水库水资源保护领导小组。随后，相继成立关于保护黄河流域、淮河流域、长江流域、松花江流域、珠江流域、太湖水系等水域的环保领导小组。到1973年7月，在全国范围内初步形成一个涵盖中央、省、地市三级行政单位的环保组织网络。上述环保机构的成立，为日后现代环保事业的顺利起步准备了重要组织条件；同时也奠定了中国环保行政上区域治理与流域治理相结合的基本格局。虽然这些环保机构基本隶属于同级政府，它们之间缺乏上下级隶属关系，但这也是中国环保行政制度化之前所具有的重要组织特征。

召开相关会议是中国政府表示关注、形成决策和推行政策的重要手段。针对日益严重的环境污染，中央及部分地方政府召开若干会议，专门研究污染治理问题。1972年，卫生部在上海召开工业"三废"污染问题会议；同年4月，国家建设委员会召开"烟囱除尘现场会议"。各地省、市政府在传达上述会议精神的同时，也专门召开此类会议，出台更有针对性、内容更为详细的"三废"污染治理文件和法规，如北京、广东、黑龙江、湖北、云南、山东、武汉、哈尔滨、齐齐哈尔等省市。此类环保性会议的召开，对人们加深对环境污染严重性和环保重要性的认识，以及更好地推行环保举措，起到重要的推动作用。

这一时期，环保意识开始觉醒，环境保护工作受到更多关注，中央和地方政府开展了更为广泛的环境污染调查。中央政府层面，从1972年起，国家卫生部曾组织相关省市对长江水系、渤海、黄海和东海海域进行水质污染调查——这是中央政府组织实施环境状况调查的开端。在中央政府的重视下，北京、广西、贵州、山东、浙江、重庆、武汉、保定、长春、兰州、郑州、株洲、佛山等省市，也纷纷开展本地区的环境污染调查。这些调查，使人们更客观、清晰地了解中国环境状况，为人们认识到开展环境保护的紧迫性提供了重要事实材料。环境管理措施也得到进一步发展，"三同时"思想在中央政府文献中首次得到明确表述。在 1972 年 6 月国务院批转的《国家计委、国家建委关于官厅水库污染情况和解决意见的报告》中，提出"工厂建设和'三废'利用要同时设计、同时施工、同时投产"的要求。北京市和云南省也分别作出建设项目"三同时"的规定①，"三同时"制度逐渐成为一项重要环境管理手段。

此外，作为一种环境管理手段，主要污染点源的限期治理开始出现。如北京市于 1972 年将位于居民稠密区、群众反映强烈的和平里化工厂、北京铅丝厂等 11 个工厂含酸、含苯废气的治理，作为限期治理重点项目。1973 年 5 月 7 日，湖北省革委会转发关于武昌东湖污染情况及治理意见的报告中，要求武汉大学灭火剂厂、武汉第二制药厂、青山热电厂、武汉重型机械厂含酚废水、武汉仪表厂、武汉温度计厂、湖医的放射性废水，黄家湾六所结核病疗养院限期治理污染，否则予以搬迁或停产②。安徽、云南、南京、齐齐哈尔等省市政府也拨出专项资金用于污染点源治理。

第二节

中国现代环保事业的兴起与初步发展
（1973 年 8 月—1978 年）

1973 年国务院第一次全国环境保护会议的召开，标志着新中国现代环保事业的兴起；1978 年之后，重工业优先发展战略逐渐被现代化战略所取代。因此，1973—1978 年构成中国现代环保事业的兴起与初步发展阶段。其时实施中的环境保护主要表现为一系列的制度组合；这一制度组合体现在环境保护在国民经济发展中的地位和环保手段两个层面。

---

①　北京市地方志编纂委员会：《北京志·市政志·环境保护志》，北京出版社 2004 年版，第 262 页；云南省环境保护委员会编：《云南省志·环境保护志》，云南人民出版社 1994 年版，第 43、44 页。

②　北京市地方志编纂委员会：《北京志·市政志·环境保护志》，北京出版社 2004 年版，第 272 页；《湖北省环境保护志》编纂委员会编：《湖北省环境保护志》，中国环境科学出版社 1989 年版，第 76—77 页。

一、环境保护在国民经济发展中的地位

环境保护在国民经济发展中的地位，体现了人们对环境保护与国民经济发展之间关系的认识及对环境保护的重视程度，同时也直接影响环境保护的绩效。环境保护在国民经济发展中的地位主要体现在环境保护是否纳入国民经济发展规划和计划等党和国家重要文件之中，以及在这些文件中对环境保护的评价上。

1973 年，第一次全国环境保护会议通过《关于保护和改善环境的若干规定》，明确提出把环境保护与制定发展国民经济计划和发展生产统一起来，统筹兼顾、全面安排。1975 年 5 月，国务院环境保护领导小组印发《关于环境保护的 10 年规划意见》，进一步要求各地区、各部门把环境保护纳入长远规划和年度计划，作为国民经济计划的一个组成部分，"统筹兼顾、适当安排"，改变环境保护纳不进计划、排不上队的状况。1976 年 5 月，国家计划委员会和国务院环境保护领导小组联合下发《关于编制环境保护长远规划的通知》，明确要求从 1977 年起，切实把环境保护纳入国民经济的长远规划和年度计划。1978 年 12 月 31 日，中共中央批转国务院环境保护领导小组《环境保护工作汇报要点》，提出"消除污染，保护环境，是进行社会主义建设，实现四个现代化的一个重要组成部分"。

虽然在政府的一些文件中一再提出要将环境保护纳入国民经济发展计划，但一直未能付诸实践，环境保护仍未得到足够重视并获得其应有的地位。究其原因，一方面是由于当时中国经济发展水平较低，尚处于工业化初期，对环境保护缺乏应有的重视，很自然地走上了西方工业化国家"先污染，后治理"的老路；另一方面，也是最根本的，还在于当时实施的重工业优先发展战略。在这一战略下，为了首先满足优先发展重工业的战略目标，通过一系列制度安排，不仅牺牲了民生工业的发展，而且也使居民生活水平长期停滞不前。在居民基本的物质生活需求尚未得到满足的情况下，难以想象国家会对环境保护给予足够的重视，并拿出足够的决心和力量开展环境保护。

二、环境保护手段

环境保护手段是一个内涵比较丰富的概念。从宏观层面来看，环境保护手段大致可分为行政手段、法律手段和经济手段三种①；从微观层面来看，环境保护手段主要体现为各种具体的防治措施和政策，如"三同时"制度、限期治理政策以及群众运动等。宏观寓于微观之中，微观是宏观的具体表现和实现途径。

本阶段宏观层面的环境保护主要依靠行政手段，集中表现在各种环境保护措施都是以行政命令的形式出台，如"三同时"制度、限期治理制度和运动手段都具有明显的行政命令特征。这是由当时的计划经济体制决定的。在计划经济体制下，企业的原材料、劳动力和资金供给、产品销售、利润分配等经济行为都纳入国家计划，由国家统筹安排，国家通过计划命令的形式来调控企业行为——这也是本期没有制定和使用环境保护经济手段和法律手段的根本原因。

虽然如此，运用经济和法律手段防治污染的思想已初现端倪。1973 年以来，除出台上述提到的一些行政法规外，还出台了一些具有显著法律特征的文本。如《工业"三废"排放试行标准》（1973 年）、《中华人民共和国防止沿海水域污染暂行规定》（1974 年）、《放射防护规定（内部试行）》（1974 年）、《生活饮用水卫生标准（试行）》（1976 年）等，它们共同构成了中国环保基本法的雏形。1978 年 2 月，第五届全国人民代表大会第一次会议通过修订的《中华人民共和国宪法》规定，"国家保护环境和自然资源，防止污染和其他公害"。这是新中国历史上第一次在宪法中对环境保护作出明确规定，为日后环境保护真正走向法制轨道奠定了基础。1978 年 12 月 31 日，中共中央批转国务院环境保护领导小组《环境保护工作汇报要点》；提出"必须把控制污染源的工作作为环境管理的重要内容，向排污单位实行排放污染物的收费制度，由环境保护部门会同有关部门制定具体收费办法"。

从微观层面来看，"三同时"制度是中国出台最早的具有中国特色、行之有效的环境保护手段。"三同时"制度在 1973 年之前已基本形成，1973 年《关于保护和改善环境的若干规定》又对"三同时"制度作了进一步规定。限期治理政策具有典型的行政命令特征。1973 年前，部分城市曾经出台了限期治理政策；1973 年，国家计划委员会在上报国务院《关于全国环境保护会议情况的报告》中提出，对污染严重的城镇、工矿企业、江河湖泊和海湾，要一个一个地提出具体措施，限期治理好。从此，限期治理政策加入中国环境保护微观手段序列，并产生深刻影响。1978 年 10 月，国家计划委员会、国家经

---

① 曹东、王金南等编著：《中国工业污染经济学》，中国环境科学出版社 1999 年版，第 80 页。

济委员会和国务院环境保护领导小组共同制定并下达了中国第一批限期治理的严重污染环境的重点工矿企业名单。群众运动也是一项具有中国特色的环保手段。虽然并没有明确将群众运动作为一项环保手段提出，但在本期的一些重要环保文献中不乏"发动群众，组织社会主义大协作，开展综合利用"、"打一场综合利用工业废渣的人民战争"、"开展消烟除尘的群众运动"等用语①，表明群众运动实际上已成为当时的一项重要环保手段之一。开展群众运动，保护生态环境具有明显的时代特征，它是重工业优先发展战略下，为尽快实现赶超目标所形成的思维和行为习惯在环保领域的延伸。

1973—1978 年间，中国现代环保事业开始兴起并得到初步发展，环境观也从环境改造型逐步转变为环境保护型，但由于受当时经济增长导向型发展观及重工业优先发展战略的影响，环境保护仍未得到足够重视，环境保护绩效不佳。1973—1978 年间污染治理投资基本上来自国家财政预算②，而且总额不大，与环保投资需求相差甚远。"三同时"制度和限期治理制度等环保手段均未得到很好的贯彻，其间大中型项目"三同时"执行率，1976 年仅为 18%，1977 到 1979 年均徘徊在 40% 左右③。截至 20 世纪 70 年代末，工业污水处理率尚不足 10%；大部分工厂多数没有采取消烟除尘措施，大量烟尘和有害气体直接排入大气。

第三节

中国环保事业的稳步发展
（1979—1991 年）

1978 年 12 月，党的十一届三中全会召开，全会作出将党和国家工作重点从 1979 年转移到社会主义现代化建设上来的重大决策。以此为起点，中国开始逐渐以现代化战略取代重工业优先发展战略，同时逐步推行以市场化为导向

---

① 国家环境保护局办公室编：《环境保护文件选编 1973—1987》，中国环境科学出版社 1988 年版。

② 《中国环境保护行政二十年》编委会：《中国环境保护行政二十年》，中国环境科学出版社 1994 年版，第 83 页。

③ 《中国环境保护行政二十年》编委会：《中国环境保护行政二十年》，中国环境科学出版社 1994 年版，第 100 页。"三同时"即"三废"治理设施与主体工程同时设计、同时施工、同时投产。

的经济改革。随着发展战略从重工业优先发展战略转变为现代化战略，即从片面的经济发展战略转向经济兼顾社会型的发展战略，与经济发展和居民生活有着密切联系的环境保护开始受到更多重视，中国环境保护工作进入稳步发展时期。

一、1979—1991 年中国环境保护政策的内容及主要特征

随着市场化导向改革的推进和资源配置中市场手段作用的扩大，环境保护手段发生了重大变化。在环境保护宏观手段上，我国政府一改前期主要依赖行政手段的格局，强调运用法律和经济手段防治污染，将环境保护纳入法制轨道，法律与经济手段开始真正走上历史舞台。这一阶段中国环境立法发展迅速，颁布施行了一系列有关环境保护的单行法和行政法规，环境保护法律手段得到进一步强化和完善，环境保护法律体系基本形成。

1979 年 9 月 13 日，《中华人民共和国环境保护法（试行）》颁布，标志着中国工业环境保护开始纳入法制轨道。该法的颁布施行具有重要历史意义：它为各种环境保护手段的实施提供法律依据，为各级环保机构开展工作提供法律保障并带动中国环境保护立法的全面展开。1982 年 12 月 4 日，第五届全国人民代表大会第五次会议通过修订的《中华人民共和国宪法》，对保护环境作出了一系列重要规定。环境保护被再次写入新修宪法，有力地推动了中国环境保护立法工作。1989 年 12 月 26 日，《中华人民共和国环境保护法》颁布施行，新的环境保护法对 1979 年颁布的试行环保法作了重大修改；它的颁布施行标志中国环境法制建设取得重大进展，环境保护法律手段得到进一步完善。

这一时期制定的其他法律法规还包括《中华人民共和国海洋环境保护法》（1982 年 8 月）、《征收排污费暂行办法》（1982 年 7 月）、《结合技术改造防治工业污染的几项规定》（1983 年 2 月）、《中华人民共和国水污染防治法》（1984 年 5 月）、《对外经济开放地区环境管理暂行规定》（1986 年 3 月）、《中华人民共和国大气污染防治法》（1987 年 9 月）、《中华人民共和国水污染防治法实施细则》（1989 年 7 月）、《中华人民共和国环境噪声污染防治条例》（1989 年 9 月）、《中华人民共和国防治陆源污染物污染损害海洋环境管理条例》（1990 年 6 月）和《大气污染防治法实施细则》（1991 年 7 月）等。有关主管部门、地方人民代表大会和政府也制定了大量的环境保护法规、规章和标

准。本阶段开始推行环保经济手段，其中最有代表性的措施是对污染物排放实行排污收费，但总体而言，本阶段环保经济手段还比较单一，发挥的作用仍然有限。

从微观手段来看，最大变化是出台了两项重要的环境保护手段——排污收费制度和建设项目环境影响评价制度。此外还制定了污染集中控制制度、排污许可证制度及具有中国特色的环境保护行政手段——企业环境目标责任制。随着战略和体制的转向，群众运动手段则退出历史舞台。

二、1979—1991 年中国环境保护政策的实施绩效

随着发展战略和经济体制的转型，环境保护更受重视，环境保护投资明显增强，环境保护政策实施绩效显著提高。按当年价格计算的环保投资从 1981 年的 25 亿元，增长到 1991 年的 160 亿元，增长了 5 倍多；环保投资在国民生产总值（GNP）中的比重也从 0.51% 增加到 0.74%，其中 1987 年一度达到 0.77%[①]。微观环保手段的执行情况也明显好于前期，以"三同时"制度为例，1979 年后，由于环保法律的颁布实施及《建设项目环境保护处理办法》和《建设项目环境保护设计规定》相继颁布，使大中型建设项目"三同时"执行率由 1979 年的 44% 提高到 1989 年的 99%[②]。工业"三废"治理效果显著，从企业废水处理率来看，1980 年为 13.1%，1991 年增加到 66.1%，增长非常显著；废水排放达标率从 1980 年的 35.7% 提高到 1991 年的 50.1%；工业废气治理水平也有较大提高，其中 1991 年燃烧过程中废气排放的消烟除尘率已经达到 85%[③]。

但是也应该清醒地看到，到 1991 年仍然有近 50% 的废水不达标，未经综

---

① 环境污染治理投资 1981 年和 1991 年数据来自《中国环境保护行政二十年》，中国环境科学出版社 1994 年版，第 86 页；GNP 数据来自《中国统计年鉴 2002》，中国统计出版社 2002 年版，第 51 页。

② 《中国环境年鉴》编委会：《中国环境年鉴 1990》，中国环境科学出版社 1990 年版，第 109 页。

③ 1980 年数据来自《中国环境年鉴 1990》，第 431—432 页；1991 年数据来自《中国环境年鉴 1992》，中国环境科学出版社 1992 年版，第 121 页。1990 年前的统计范围为县及县以上企、事业单位，1991 年以后修改为县及县以上有污染的工业企业单位。由于除工业企业外的其他企业及事业中位的"三废"排放量占总排放量的比例非常小，尚不影响与修改前历年"三废"排放量的可比性。下同。

合利用的工业固体废物比重高达 62% ；上述数据还未包括本期发展迅速且污染密集的乡镇工业企业。可见本期污染治理水平仍然较低，环境保护政策的实施绩效有待提高。导致这种情况的直接原因主要有三个：

1. 环保投资总额偏低。从 20 世纪 90 年代初中国经济支撑能力来看，把工业防治污染投资在基本建设投资中的比重控制在 10% 以内是合理的，而当时基建投资中用于环保的投资比例为冶金行业 6.1%、化工行业 6.1%、有色金属行业 8.4%、机械行业 2.7%、航天行业 1.4%[1]。在当时中国环保的经济承受能力还比较低的情况下，环境投资仍在相当程度上低于经济承受能力，这足以说明本期环保投资的低水平状况。环保投资占 GNP 的比重仅相当于发展中国家 20 世纪 70 年代的水平，明显低于同期发达工业化国家[2]。到 20 世纪 90 年代初，由于环保投资不足所欠下的环境账中，仅工业欠账大约已累积到 1500 亿—2000 亿元[3]。

2. 环保投资效益不高。在对全国 22 个省市的 5556 套废水处理设施运行情况的调查中发现，因报废、闲置、停运等而完全没有运行的设施占 32%，运行的占 68%，运行设施的总有效投资率只有 44.9%[4]。换言之，在运行的处理设施中，能实现预定投资目标的有效投资额，不足运行设施总投资的一半。

3. 投资体制有待完善。环境保护投资最初来源于单一的国家预算内拨款，1979 年国家开始投资体制改革之后，环保投资体制才随之启动改革。1984 年 6 月，中央七部委联合发出"关于环境保护资金渠道的规定"的通知，确定了环境保护的八条资金渠道。这是国家第一次就环境保护资金作出明确的政策规定，标志着中国环保投资体制改革的开始。但是，随着国家经济体制改革的深化，上述八项投资渠道并没有适时作出相应调整，也缺乏具体的实施细则，导致一些渠道不畅，甚至出现萎缩趋势。

追根溯源，导致本期环境保护总体绩效不高的根本原因在发展战略和发展观上。现代化战略本质上是经济兼顾社会型的发展战略，缺少有关环境的战略目标和要求，而且尚残留赶超特征。而发展观则属于经济发展导向型的发展观，发展目标主要是四个现代化，对人地关系的关照也相对不足。这就难免在

① 张坤民：《中国环境保护投资报告》，清华大学出版社 1992 年版，第 9 页。
② 曲格平、李金昌：《中国人口与环境》，中国环境科学出版社 1992 年版，第 45 页。
③ 《中国环境年鉴》编委会：《中国环境年鉴 1995》，中国环境科学出版社 1995 年版，第 47 页。
④ 张坤民：《中国环境保护投资报告》，清华大学出版社 1992 年版，第 7 页。

对待发展与环境之间的关系上，重发展而轻环保；在环境保护上，重治理而轻预防。环保投资长期不足、效益不高即是其表现之一。同时，由于市场经济体制不完善，政府职能属经济建设型，这使政府官员手中掌握过多的资源分配权，使得政府官员可以运用这些权利追求所谓的"政绩"；而与此同时，官员的政绩评价体系中又缺少环保指标，导致很多地方官员热衷于追逐以牺牲环境为代价的短期行为。在这样的发展观、战略和体制下，环保部门缺乏足够的强制性执法权力，影响环保的效果。正是由于上述原因，本期才会出现在改造 7 万个锅炉的同时，又有 10 万个落后锅炉投入使用的情况①。

第四节

中国环保事业的加速发展
（1992—2002 年）

改革开放以来中国实施环境保护政策的实施绩效较改革前显著提高，但仍未能有效遏制环境恶化的趋势。到 20 世纪 90 年代初，中国环境状况总体上已与发达国家环境污染最严重的 20 世纪 60 年代相仿②。环境恶化造成巨大经济损失，据一些国内外学者和研究机构对中国环境损失（环境污染＋生态破坏）的估算结果，环境损失占 GNP 的比重大约在 10% 至 17% 之间③。由于基础研究不够、数据缺乏和研究者掌握的信息不完备，上述研究成果未能全面涵盖环境损失。更为重要的是，部分污染物排放量业已超过环境承载力；高昂的环境损失和长期突破环境承载力的经济增长难以持续。

严峻的现实不得不令人们反思以往的发展理念和发展战略，并谋求构建能够有效调和经济发展与环境之间矛盾的新的发展理念和发展战略，而当时国际上出现的可持续发展理念为中国构建新发展战略提供了重要思想元素。1992 年，为参加在巴西里约热内卢召开的联合国环境与发展大会，中国政府编写了

---

① Dieter Albrecht、柯炳生：《农业与环境》，农业出版社 1992 年版，第 132 页。
② 语出国家环保局局长曲格平 1993 年在"第二次全国工业污染防治工作会议"上的讲话。见《中国环境年鉴 1994》，第 39 页。
③ 厉以宁等著：《中国的环境与可持续发展——CCICED 环境经济工作组研究成果概要》，经济科学出版社 2004 年版，第 105 页。

《中华人民共和国环境与发展报告》和《关于出席联合国环境与发展大会的情况及有关对策的报告》，明确提出施行持续发展战略。1996 年 3 月，第八届人民代表大会第四次会议批准《国民经济和社会发展"九五"计划和 2010 年远景目标纲要》，将可持续发展作为一条重要的指导方针和战略目标，并明确作出中国今后在经济和社会发展中实施可持续发展战略的重大决策，可持续发展战略基本形成。2003 年 10 月，中共十六届二中全会通过《中共中央关于完善社会主义市场经济体制若干问题的决定》，提出"五个统筹"和坚持以人为本，树立全面、协调、可持续的发展观。可持续发展战略正式成为国家主要发展战略。在此过程中，发展观也从经济发展导向型发展观转变为追求经济、社会、人与自然协调发展的经济社会进步型发展观。与此同时，社会主义市场经济体制改革已经从"定向"阶段正式转入"完善"阶段。

一、1992—2002 年间中国环境保护政策的内容及主要特征

随着可持续发展战略的形成和实施、社会主义市场经济体制的初步建立与完善，这一阶段环境保护手段发生了新的变化。从宏观层面看，经济手段被置于突出位置，法律手段得到深化和完善，行政手段则逐渐退居次要位置。

环保经济手段被置于重点发展的位置，一系列重要环保文献均提出要充分发挥经济手段的作用。《中国 21 世纪议程》（1994 年 3 月）明确提出，在建立社会主义市场经济体制中，充分运用经济手段，促进保护资源和环境，实现资源可持续利用；《全国环境保护工作纲要（1993—1998）》（1994 年）要求运用经济手段，拓宽环境保护资金渠道；《全国环境保护工作纲要（1998—2002）》（1998 年 9 月）提出，1998—2002 年全国环境保护工作的首要目标就是建立和完善适应社会主义市场经济体制的环境政策、法律标准和管理制度体系。为推行和完善环保经济手段，将经济手段落到实处，相关部门采取一系列措施，如开展大气排污交易政策试点工作；从 1993 年开始在全国 21 个省、市、自治区继续试点建立环保投资公司；开展招标试点，将竞争机制引入环境影响评价市场；全面推行排污许可证制度；开征二氧化硫排污费，提高排污收费标准；推行环境标志制度等，有力地推进了环保经济手段的制定和运用。

环保法律手段日益受到重视，出台和完善了一系列环境法规。1994 年，

制定《全国环境保护工作纲要（1993—1998）》，要求加快环境保护立法步伐，加大环境保护执法力度，建立与社会主义市场经济体制相适应的环境法体系。1998 年 9 月，国家环境保护总局印发《全国环境保护工作纲要（1998—2002）》，将建立和完善适应社会主义市场经济体制的环境法律体系，作为 1998—2002 年全国环境保护工作的首要目标之一。这一阶段还修改了《中华人民共和国大气污染防治法》、《中华人民共和国水污染防治法》、《中华人民共和国海洋环境保护法》；制定了《中华人民共和国固体废物污染环境防治法》、《中华人民共和国噪声污染环境防治法》、《中华人民共和国水污染防治法实施细则》、《中华人民共和国建设项目环境保护管理条例》、《中华人民共和国化学物质污染环境防治条例》、《关于严格控制从欧共体进口废物的暂行规定》和《化学品首次进口及有毒化学品进出口环境管理规定》；通过《中华人民共和国清洁生产促进法》等环境保护法规；修改后的《中华人民共和国刑法》增加了"破坏环境资源保护罪"、"环境保护监督渎职罪"的规定。而企业环境目标责任制则从此退出历史舞台，国务院决定从 1992 年开始不再推行企业升级考核评比制度，随之企业升级的环境保护考核也相应取消。

从微观层面看，环保手段主要有环境标志制度、排污收费制度、排放水污染物许可证制度、排污交易制度、环境影响评价制度和关停污染企业等，其特征是进一步向适应市场经济的方向发展。

环境标志是环境标准化工作的一个新领域，包含环境标准的制订、组织实施和监督的标准化全过程，并将环境标准化对象由企事业单位的排污行为扩展到产品从"摇篮到坟墓"的全过程环境行为。作为一种环保经济手段，环境标志制度主要依赖市场机制，通过引导消费者行为，从而促使企业自觉开展环境保护。1994 年，全国环境保护工作会议要求建立和推行环境标志制度；同年 5 月 17 日，中国环境标志产品认证委员会正式成立，环境标志工作开始进入实施阶段。本期实施环境标志制度的一个重要举措，就是推行国际标准化组织（ISO）在 1993 年制定的 ISO14000 环境管理系列标准。

排污制度包括排污收费、排污许可证和排污交易制度。本期对排污收费制度进行一系列相关改革，开征二氧化硫排污费和调整排污收费标准。1992 年 9 月，国务院批准在贵州、广东两省及重庆、宜宾等 9 市开展征收二氧化硫排污费试点工作；收费标准为一般排放每公斤二氧化硫收费不超过 0.20 元。1998 年，环境保护总局、发展计划委员会、财政部、国家经济贸易委员会联合印发《关于在酸雨控制区和二氧化硫污染控制区开展征收二氧化硫排污费扩大试点的通知》，扩大二氧化硫排污收费试点面。在排污收费标准方面，《国务院关于环境保护若干问题的决定》（1996 年 7 月）要求按照"排污费高于污染治理成本"的原则，提高现行排污收费标准。为加强对排放大气污染物许可证制度的指导，1992 年 4 月，国家环境保护局下发《关于进一步推动排放大气污染物许可证制度试点工作的几点意见》；同时为配合发证工作，下发《确定排放大气污染物许可证排污指标的原则和方法》和《排放大气污染物许可证管理办法》（框架稿），以指导试点城市排污指标核定和发证后的监督管理工作。《全国环境保护工作纲要（1993—1998）》（1994 年）进一步要求强化排污许可证发放及证后管理工作，逐步扩大发放范围。除西藏、青海等少数省、自治区外，排放水污染物许可证发放工作在全国全面铺开。同时，将市场机制引入大气环境管理，建立排污交易制度，选择太原市、柳州市、贵阳市、平顶山市、开远市和包头市等 6 个城市进行了大气排污交易政策试点工作。

本期国家环境保护局对建设项目的环境影响评价制度进行了一些改革：一是对开发建设项目进行分类管理；二是引入竞争机制，试行环境影响评价工作的招标制；三是试行环境影响"后评估"工作，建立责任约束机制；四是推动区域环境影响评价工作，颁布《开发区区域环境影响评价管理办法》。关停污染企业是一种采用运动方式推行的行政命令性环境保护手段。1996 年 7 月，国务院召开第四次全国环境保护会议，发布了《国务院关于环境保护若干问题的决定》，提出在 1996 年 9 月 30 日以前，取缔规模小、工艺落后的"十五小"企业。1998 年 5 月 20 日，为进一步巩固取缔、关停"十五小"企业的成果，遏制死灰复燃的现象，国家环境保护局下发《关于 1998 年取缔关闭和停产 15 种污染严重小企业工作意见的通知》，要求一般地区取缔、关停率达到 100%，经国务院批准的特殊困难地区达到 85%，死灰复燃查处率达到 100%，并对加强领导、加大工作力度、加强执法监督作出了部署。1998 年 9 月，国家环境保护总局印发《全国环境保护工作（1998—2002）纲要》，进一步提出结合产业结构调整，关闭污染严重企业的管理政策。

1992 年以来，在现代化战略的基础上，中国逐步形成强调环境与经济同步、协调、持续发展的可持续发展战略。可持续发展战略的制定与实施是针对当时发展与环境之间尖锐的矛盾提出的，是中国发展战略的重大转轨；以此为标志，中国环保政策的演变进入加速发展阶段。

二、1992—2002 年间中国环境保护
政策的实施绩效与存在的问题

　　1992 年以来，随着可持续发展战略和科学发展观的逐渐形成，环境保护得到前所未有的重视。1999 年环保投资占 GNP 比例首次突破 1%，2000—2002 年均在 1% 以上；环保投资占 GNP 的比例基本达到一些发达国家 20 世纪70 年代的水平①。微观环保手段的执行率也不断提高，如全国环境影响报告制度执行率从 1992 年的 61% 提高到 2001 年的 97%②。环境保护政策总体实施绩效较前期又有明显提高。以工业"三废"治理率为例，1999 年，本期县及县以上工业废水处理率达到 91.1%；燃烧过程中消烟除尘率和生产工艺过程废气净化率分别提高到 90.4% 和 82.6%。固体废物综合利用率也从 1992 年的41.29% 提高到 2000 年的 56.23%③。

　　但本期的环境保护依然受到三个主要问题的制约：一是环保投资水平仍然太低。有数据显示，要实施控制型为主的国家环境安全战略，污染防治投资至少要保持在同期 GDP 的 1.5%—2% 之间；要使中国环境质量得到全面改善，污染防治投资必须达到 GDP 的 2% 以上。而本期环保投资虽然增长迅速，但仍不能满足同期经济发展对环境保护提出的客观要求，更无法依靠这一投资水平解决历史累积的环境污染问题④。二是环保手段滞后于市场经济体制改革的要求。1996—1998 年，中国环境科学院组织专家对 20 世纪 90 年代中期中国主要污染控制手段的效力进行了评价⑤。从评价结果来看，总体评价较好的手段主要是行政管制手段。这表明，本期控制手段仍然不能适应市场经济发展的需要，经济手段难以充分发挥效力。三是由于市场经济体制不完善，政府职能未实现从经济建设型政府向公共服务型政府的转变，因而仍未从根本上减少政府

---

① 《中国环境年鉴》编委会：《中国环境年鉴 2001》，第 107、139 页；《中国环境年鉴 2002》，第228 页；GNP 数据来自《中国统计年鉴 2002》，中国统计出版社 2002 年版，第 51 页。

② 《中国环境年鉴》编委会：《中国环境年鉴 1997》，第 100 页；《中国环境年鉴 2002》，第 301页。

③ 《中国环境年鉴》编委会：《中国环境年鉴 1996》，第 477 页；《中国环境年鉴 2001》，第 516页。

④ 谢振华主编：《国家环境安全战略报告》，中国环境科学出版社 2005 年版，第 40、68 页。

⑤ 曹东等编著：《中国工业污染经济学》，中国环境科学出版社 1999 年版，第 234 页。

官员追逐短期行为的现象，环保部门则缺少强制性权力。

第五节

从环境保护到生态文明建设的转变
（2003 年至今）

科学发展观提出之后，尤其是建设生态文明的号召发出之后，中国环保事业在科学发展观的指导下和建设生态文明目标引领下，全面快速发展，中国政府为生态文明建设做出了初步努力。

一、2003—2006 年间中国环保事业的全面快速发展

2003—2006 年，环保部门继续提高环保力度，完善原有环保手段，增加环保投资；同时从建设生态文明的角度出发，大力促进环保事业走向全面发展，环保绩效继续提高。全国环境污染治理投资占 GDP 的比例，2003 年为 1.20%，2004 年为 1.19%，2005 年为 1.30%，2006 年为 1.22%。2006 年与 2003 年相比，工业废水达标率从 89.2% 提高到 92.1%，工业用水重复利用率从 72.5% 提高到 80.6%，城市生活污水处理率从 25.8% 提高到 43.8%，工业染料燃烧二氧化硫排放达标率从 75.4% 提高到 82.3%，工业生产工艺二氧化硫排放达标率从 59.3% 提高到 81.0%，工业固体废物综合利用率从 51.8% 提高到 59.6%，环境影响评价制度执行率从 98.9% 提高到 99.7%[①]。

（一）　发展循环经济

发展循环经济是落实科学发展观和建设生态文明的重要途径。2003 年以来，我国政府做了大量工作：一是通过研究和借鉴国际上发展循环经济的经验和做法，在企业和区域层次基础上增加注重社会层次建设，在推动清洁生产和

---

① 《中国环境年鉴》编辑委员会编：《中国环境年鉴 2004》，第 134—135 页；《中国环境年鉴 2007》，第 222—223 页。

建立生态工业园的基础上，更加注重循环经济型社会建设。二是拓展发展循环经济的行业和区域范围。2003 年，国家环境保护总局论证通过苏州高新区国家生态工业示范园区建设规划、天津经济技术开发区国家生态工业示范园区建设规划。经济技术开发区和高新区工业园区的循环经济建设，突破了中国循环经济和生态工业园区建设主要集中在高物耗、高能耗、重污染的行业和经济欠发达的地区的既有格局，为推动工业发展走上新型工业化路子做出了有益的探索。三是加强发展循环经济的相关法规、规划和标准建设，提高对循环经济发展的政策指导。2005 年，国务院发布《国务院关于加快发展循环经济的若干意见》，随后国家环境保护总局发布《关于推进循环经济发展的指导意见》。这两个文件提出发展循环经济的指导思想、基本原则、主要目标、工作重点、重点环节、宏观指导等方面的内容，成为系统推进循环经济的纲领性文件。同年，国家环境保护总局组织编写《循环经济城市规划指南》（征求意见稿）和《生态工业园区规划技术指南》（征求意见稿），编制完成钢铁行业、铝业、海洋化工行业、磷化工行业和综合类园区循环经济发展模式，以行业循环经济环境保护指导原则的形式颁布，进一步引导全国稳步地推进循环经济试点示范工作的开展。2006 年，环境保护总局制定和发布《行业类生态工业园区标准（试行）》、《综合类生态工业园区标准（试行）》和《静脉产业类生态工业园区标准（试行）》，这是中国首次发布的生态工业园区建设、管理、验收标准，对规范和有序推进中国生态工业园区创建工作具有重大意义。经过努力，全国循环经济建设成就显著。截至 2006 年年底，全国循环经济示范点省（市）发展到 8 个，国家生态工业示范区发展到 24 个，其中行业类园区 8 个，综合类园区 15 个，静脉产业类园区 1 个①。

（二）推进生态功能区的规划与建设

2004 年，环境保护总局在汇总各省生态功能区划的基础上，编制完成《全国生态功能区划》（初稿）及《全国重要生态功能保护区建设规划》（讨论稿）。2005 年，环境保护总局会同有关部门编制《国家重点生态功能保护区规划（2006—2020 年）》（送审稿），进一步推进生态功能区建设。到 2006 年，全国已有 15 个省（自治区、直辖市）和新疆生产建设兵团的生态功能区划经省人民政府正式批准实施，完成《国家重点生态功能保护区规划》报批

---

① 《中国环境年鉴》编辑委员会编：《中国环境年鉴 2007》，中国环境年鉴社 2007 年版，第 301 页。

稿，评审通过 3 个国家级生态功能保护区。生态示范系列创建工作不断深化，江苏省张家港市、常熟市、昆山市，上海市闵行区，浙江省安吉县被命名为首批国家生态市（区、县），海南、吉林、黑龙江、福建、浙江、山东、安徽、江苏、河北、广西、四川、辽宁、天津等 13 个省（区、市）开展了生态省（区、市）建设。

（三）启动全国土壤污染状况调查工作

此前环境污染防治的重点主要是水体和大气，对土壤污染防治工作重视不足，本阶段环保部门更加重视土壤污染防治工作。2005 年，国家环境保护总局组织编制《全国土壤现状调查及污染防治专项实施方案》，并开展《典型区域土壤环境质量状况探查研究》、《菜篮子基地环境质量监测调查》、《受污染场地环境监测与控制标准体系研究》、《受污染场地环境监测技术规范研究》、《农产品安全生产环境保障技术研究》、《农产品产地环境污染控制与安全技术标准研究》、《农用化学品环境安全评价与监控技术研究》、《重金属对土壤生物特性的影响研究》、《东北老工业基地环境污染特征与时空演变》等 10 余项相关科研项目。2006 年，国家环境保护总局在全国部署启动全国土壤污染状况调查工作，总体目标是全面、系统、准确掌握全国土壤环境质量总体状况，查明重点地区土壤污染类型、程度和原因，评估土壤污染风险，确定土壤环境安全等级，筛选并试点示范土壤污染修复技术，构建适合中国国情的土壤污染防治法律法规及标准体系，提升土壤环境监管能力。截至 2006 年年底，已在长江三角洲、珠江三角洲、辽中南城市群及湖南株洲开展重点地区土壤污染调查工作，数据库建设与集成、典型地区土壤污染人群健康风险评价、典型地区污染土壤修复与综合治理试点、土壤污染防治立法调研、国家土壤环境质量标准修订等专题工作也按计划推进。

（四）环保立法工作成果显著

这一阶段制定了《中华人民共和国放射性污染防治法》和《中华人民共和国可再生能源法》两部重要环保法规，其中《中华人民共和国放射性污染防治法》填补了中国在放射性污染防治管理上的立法空白；修订了《中华人民共和国野生动物保护法》、《中华人民共和国渔业法》、《中华人民共和国土地管理法》和《中华人民共和国固体废物污染环境防治法》等相关法规。中央和地方政府还制定和发布了若干环保规定和办法。财政部、国家税务总局制定了取消或降低资源型产品出口退税率政策及有利于汽车产业升级、减轻汽车污染的税收政策，对提前达到第三阶段（相当于欧洲Ⅲ号）排放标准的汽车生产企业减征 30% 的消费税。发展和改革委员会、财政部、国家环境保护总局出台《排污费征收标准管理办法》、《排污费资金收缴使用管理办法》和《关于环保部门实行收支两条线管理后经费安排的实施办法》等配套规章政策文件，为顺利实施《排污费征收使用管理条例》奠定了良好的基础。

（五）扎实推进环保指标纳入干部政绩考核的论证和试点工作

2004 年年初，中央举办省部级主要领导干部"树立和落实科学发展观"专题研究班，提出实行领导干部的环保政绩考核是落实科学发展观和正确政绩观的重要举措。随后，国家环境保护总局配合中共中央组织部开展把环保指标纳入干部政绩考核的论证工作，提出执行环保法律法规、污染排放强度、环境质量变化、公众满意度等 4 项环保指标，并选择内蒙古、浙江、四川作为试点单位。

（六）积极鼓励公众参与环境保护工作

鼓励公众参与环境保护是加强环保社会监督力和建设生态文明的重要举措。20 世纪 90 年代以来，中国政府越来越重视公众参与环保工作，颁布了一系列鼓励公众参与环保的政策文件，但公众环保参与率仍然较低，参与机制尚未真正形成。本期环保部门主要从两个方面积极鼓励公众参与环境保护工作：一是进一步深化企业环境行为评价试点工作。企业环境行为评价是拓宽公众参与环境保护渠道，加强企业自律、营造良好社会监督氛围的一项重要环境政策创新，也是提高环境管理水平的重要手段。1998 年以来，在世界银行的支持下，江苏省镇江市和内蒙古自治区呼和浩特市开展了初步试点工作。2003 年年初，国家环境保护总局与世行合作开展第二期研究工作，进一步深化试点工作，并在实践中总结经验，逐步形成一项成熟的环境管理制度，在全国推广。二是发布《环境影响评价公众参与暂行办法》，进一步为促进公众参与环保工作提供更详细的法规依据和政策指导。

（七）编制绿色国民经济核算体系

原有国民经济核算体系只核算了经济产出，未反映资源与生态环境的损耗，难以适应建设生态文明的要求。为此，中国政府开始尝试编制绿色国民经济核算体系，并将 2004 年作为核算标准年。经过两年多的探索，2006 年 9 月，国家环境保护总局和国家统计局联合发布《中国绿色国民经济核算研究报告 2004》。报告表明，2004 年全国因环境污染造成的经济损失为 5118 亿元，占当年 GDP 的 3.05%；虚拟治理成本为 2874 亿元，占当年 GDP 的 1.80%。由于部门和技术局限，2004 年的绿色 GDP 没有包含资源的损耗，即便是环境损失也只是实际环境成本的一部分，但此次尝试为日后编制更完整的绿色国民经济核算体系积累了宝贵经验。

二、2007 年以来建设生态文明的初步尝试

党的十七大之后，在贯彻生态文明型环境观和推进生态文明建设上，中国党和政府采取了诸多举措，取得初步成效，节能减排取得积极进展，化学需氧量和二氧化硫排放量实现双下降。2007 年，化学需氧量和二氧化硫排放量出现历史性拐点，分别比 2006 年下降 3.2% 和 4.7%，首次实现双下降；2008 年比上年分别下降 4.42% 和 5.95%，比 2005 年分别下降了 6.61% 和 8.95%，首次实现任务完成进度赶上时间进度；2009 年又分别比 2008 年下降 3.27% 和 4.60%。"十一五"以来，截至 2009 年年底，"十一五"前 4 年全国单位 GDP 能耗下降 14.38%、化学需氧量排放总量下降 9.66%、二氧化硫排放总量下降了 13.14%，二氧化硫减排目标提前完成。虽然化学需氧量和二氧化硫只是众多污染物中的两种，其排放量实现双下降并不能遏制环境总体恶化趋势，但作为两种具有代表性的污染物，它们的排放量实现双下降既让人们看到了希望，也是对多年来中国环保工作的肯定。

（一）重视社会环保机制建设

在构建社会环保机制上，党和政府采取了一系列举措：

（1）批准成立"两型"社会综合配套改革试验区。2007 年 12 月 7 日，武汉城市圈和长株潭城市圈被国家批准为全国资源节约型和环境友好型社会建设综合配套改革试验区。这是国家从生态文明角度批准建立的综合配套改革试验区，目的是为构建社会环保机制乃至在全国范围内建设生态文明积累经验。

（2）大力提高公众环保参与度。2008 年 5 月 1 日起正式施行《环境信息公开办法（试行）》，这是在国务院颁布《政府信息公开条例》之后，政府部门发布的第一部有关信息公开的规范性文件，也是第一部有关环境信息公开的综合性部门规章，对于促进公众参与环境保护具有重要意义。公众的环境知情权有了法律的保障，公众环境参与权、监督权也就有了更坚实的基础。2009 年，环境保护部向社会主动公开环境保护部公告、部令、标准规范、人事任免

等各类政府信息 885 条，发布其他环境信息 4768 条。信息公开数量比 2008 年增加 960 条，增长率为 21%。为了让公众更好地了解和参与环保，2009 年以来，一些省市的环保部门和企业开展了"公众开放日"或类似活动。

（3）实行塑料购物袋有偿使用制度。2008 年 1 月，国务院办公厅下发《关于限制生产销售使用塑料购物袋的通知》，规定从 2008 年 6 月 1 日起，在全国范围内禁止生产、销售、使用厚度小于 0.025 毫米的塑料购物袋（超薄塑料购物袋）。在所有超市、商场、集贸市场等商品零售场所实行塑料购物袋有偿使用制度，一律不得免费提供塑料购物袋。这是利用经济手段，引导消费者形成"绿色"消费模式的重要举措。

（4）成立环境保护部。2008 年 3 月 27 日，国家环境保护部正式成立。这是继 1998 年将国家环境保护总局升格为副部级单位后，又一次提升环保部门的权力和环保的地位，体现了国家对环境保护的重视。

（5）继续加强环保宣传教育工作。

（二）进一步强调转变经济发展方式的重要性

党的十七大之后，在中国全面展开各项加快经济发展方式转变举措的进程中，2008 年即遭遇了空前的国际金融危机，国内经济受到严重冲击。此次国际金融危机使传统经济发展方式的弊端充分暴露，进一步增加了转变经济发展方式的紧迫性和中共领导人的紧迫感。2009 年下半年，中国经济开始企稳向好，其他主要发达国家和大国经济也出现复苏迹象，中共中央迅即加快了转变经济发展方式的脚步，一再强调加快转变经济发展方式的重要性和紧迫性。2009 年年底召开的中央经济工作会议指出，转变发展方式已刻不容缓。这次会议明确指出要统筹发展与发展方式转变，提出转变发展方式是推进科学发展的"重要目标"和"战略举措"的定位，进一步提升了发展方式转变的战略地位。2010 年 2 月，胡锦涛在省部级主要领导干部深入贯彻落实科学发展观、加快经济发展方式转变专题研讨班开班式上强调，加快经济发展方式转变是中国经济领域的一场深刻变革，关系改革开放和社会主义现代化建设全局，是中国共产党必须承担的历史使命。

（三）继续完善社会主义市场经济体制①

党的十七大以来，尤其是 2008 年和 2009 年，中国政府坚持深化改革，不

---

① 本部分内容主要来自 2009 年和 2010 年《政府工作报告》。

断完善社会主义市场经济体制。这两年来，国务院机构改革基本完成，地方政府机构改革有序展开，事业单位分类改革试点稳步进行。国有企业改革不断深化。国家开发银行商业化转型和中国农业银行股份制改革扎实推进，跨境贸易人民币结算试点启动实施。实施新的企业所得税法，统一内外资企业和个人房地产税收制度。酝酿多年的成品油价格和税费改革正式推出并顺利推进，新的成品油价格形成机制规范运行。制定医药卫生体制改革方案并公开征求意见。增值税转型全面实施。创业板正式推出，为自主创新及其他成长型创业企业开辟了新的融资渠道。社会保障体系也不断完善。

值得一提的是，2008 年 6 月 8 日，《中共中央、国务院关于全面推进集体林权制度改革的意见》（以下简称《意见》）颁布，标志着集体林权制度改革进入全面推进的新阶段。《意见》明确指出集体林权制度改革的总体目标是用 5 年左右时间，基本完成明晰产权、承包到户的改革任务。《意见》提出了完善集体林权制度改革的一系列政策措施，主要包括五个方面的政策：一是完善林木采伐管理机制；二是规范林地、林木流转；三是建立支持集体林业发展的公共财政制度；四是完善林业投融资改革；五是加强林业社会化服务。2009年，集体林权制度改革全面推开，到该年年底，已有 15 亿亩林地确权到户，占全国集体林地面积的 60%。这是继土地家庭承包之后中国农村经营制度的又一重大变革，为更好地保护林地、发展林业提供了总要制度保障。

（四）提高环保投资力度

2007 年全国环境污染治理投资为 3387.6 亿元，比上年增加 32.0%，占当年 GDP 的 1.36%；2008 年全国环境污染治理投资为 4490.3 亿元，比上年增加 32.6%，占当年 GDP 的 1.49%，为历史最高水平。为应对国际金融危机，中国政府决定在 2008—2009 年新增 4 万亿元投资拉动内需，其中环保性投资占相当比重。2008 年中央财政安排 423 亿元资金支持十大重点节能工程和环保设施等项目建设；2009 年中央政府公共投资 9243 亿元，其中自主创新、结构调整、节能减排和生态建设占 16%。

（五）环境保护三大基础性战略性工程进展顺利

2007 年以来，中国先后启动环境宏观战略研究、第一次全国污染源普查和水专项治理等环境保护三大基础性战略性工程。

1. 制定环境宏观保护战略

长期以来，中国在环保领域确定了"以点带面"的环保战略，提出以淮河、海河、辽河、滇池、太湖、巢湖、渤海和三峡水库等重点流（海）域为突破点，以点带面，扭转环境不断恶化的趋势，并取得一定成效。但这些环保战略对解决当前环境与发展战略的关系、污染防治规律、重大环境科学等基础性、宏观性问题研究不够、认识不深，中国仍缺乏全面、系统、协调的国家层面的环保宏观战略，这在一定程度上影响了环保措施的全面推行和环保绩效的提高。

2007 年 5 月，中国政府组建中国环境宏观战略研究项目领导小组，正式启动中国环境宏观战略研究项目。该项目主要围绕五大主题展开：回顾和总结三十多年来中国环境战略的发展历程及其经验教训；客观描述中国环境形势并预测未来趋势，分析环境状况变化与经济发展之间的联系；从生产、流通、消费、贸易等经济发展全过程来分析环境问题产生的原因和对策；认真研究和借鉴世界各国在不同经济发展阶段上认识和处理环境问题，推动环境与经济关系转型的经验和规律；提出具有重要超前性、实践性和可操作性的理论观点、目标、措施等意见和建议。在此基础上，系统提出中国环保宏观战略思想、战略方针、战略目标、战略任务和战略重点。

经过两年多努力，到 2009 年 7 月，中国环境宏观战略研究已经形成 29 个专题报告、4 个课题的综述报告和研究项目的综合报告。这些研究报告认为，中国环境形势局部地区和行业的部分环境指标有所改善，环境恶化状况未得到根本遏制，环境形势依然十分严峻，未来的环境压力将继续加大。这些研究报告认为，造成中国环境问题的主要原因是粗放式的发展方式、人口总量大且环境意识不强、不可持续的消费方式、对外贸易中粗放型增长方式、科技支撑能力不足、体制和制度安排不完善及环境保护水平长期滞后等。按照探索中国特色环境保护新道路的总体要求，研究报告提出了中国环境宏观战略思想、战略方针、战略目标、战略任务和保障措施，为中央进一步加强环境保护工作提供了决策依据。战略思想是："以人为本、优化发展、环境安全、生态文明"。战略方针是："预防为主、防治结合；系统管理、综合整治；民生为本、分级负责；政府主导、公众参与"。战略目标是：到 2020 年，主要污染物排放得到有效控制，环境安全得到有效保障；到 2030 年，污染物排放总量得到全面控制，环境质量全面改善；到 2050 年，环境质量与人民群众日益提高的物质生活水平相适应，与现代化社会主义强国相适应。战略任务是：水环境安全、能源与大气环境、控制固体废物污染、工业污染防治、城市环境保护、农村环境保护、生态环境保护等 12 项。保障措施是：环境法治、环境经济政策、综合协调管理体制机制、区划和规划、环境科技、公众参与。

2. 开展并完成第一次全国污染源普查

2007 年年底，国务院决定开展第一次全国污染源普查。普查标准时点为 2007 年 12 月 31 日，时期为 2007 年度。普查对象是中国境内排放污染物的工业污染源、农业污染源、生活污染源和集中式污染治理设施。普查内容包括各类污染源的基本情况、主要污染物的产生和排放数量、污染治理情况等。两年多来，中央财政投入污染源普查经费 8.62 亿元，地方财政安排资金 31.16 亿元；全国共组织动员 57 万多人，调查工业源、农业源、生活源和集中式污染治理设施 4 大类普查对象 592 万多个；建立了污染源信息数据库，查清了主要污染物产生、处理和排放情况，掌握了农业源污染物排放情况，摸清了有毒有害污染物区域分布。

2010 年，为实现第一次全国污染源普查结果与环境统计工作的顺利衔接，奠定"十二五"环境统计和污染减排工作基础，同时保证"十一五"后期各项环境管理和污染减排工作的连续性，国家环境保护部决定在 2010 年和 2011 年开展污染源普查动态更新调查工作。2010 年更新调查的标准时点为 2009 年 12 月 31 日，时期资料为 2009 年度。污染源普查动态更新调查工作以第一次全国污染源普查为基础，按其有关要求调查收集 2009 年和 2010 年度污染源数据，实现污染源普查动态更新。以第一次全国污染源普查产业活动单位名录为总体，按污染源个体排污量降序排列，筛选出占总排污量（固体废物以产生量计）85% 以上的工业企业为重点调查单位。筛选项目为废水、化学需氧量、氨氮、二氧化硫、氮氧化物、烟尘、粉尘、固体废物等。废水中产生重金属类物质、产生危险废物 100 吨以上的企业、全部集中式污染治理设施和经过清库整理（核实上年环境统计数据库，删除关停企业、非工业企业、企业群和其他不符合实际的企业）后的环境统计重点调查单位作为动态更新重点调查对象。农业源方面的重点调查对象包括规模化畜禽养殖场（户）、养殖小区和水产养殖场；其余部分以区县为单元发表调查。

3. 水专项治理

2007 年 12 月 26 日，温家宝总理主持召开国务院常务会议，审议通过水专项实施方案；2009 年，水专项进入全面实施阶段。水专项共设立湖泊富营养化控制与治理、河流水环境综合整治、城市水污染控制与水环境整治、饮用水安全保障、流域水环境监控预警与综合管理、水环境战略政策与管理六大主题 33 个项目，以"三河"（淮河、海河、辽河）、"三湖"（太湖、巢湖、滇池）、"一江"（松花江）、"一库"（三峡库区）为重点研究流域，集成控源治污、生态修复关键技术，突破饮用水源保护和引用水安全保障技术，创新流域水质监控、预警技术和政策管理机制。国家将投入 300 多亿元支持水专项，遵照循序渐进原则，用 13 年的时间，分三个阶段实施，最终将建立适合中国国情的水污染防治监控预警和水污染控制两大技术支撑体系，形成国家水环境综合管理技术平台。至 2009 年，所有项目和课题立项论证工作基本完成，共启动 32 个项目、230 个课题，占"十一五"拟启动课题的 96.6%；大部分示范工程、配套工程和配套经费得到落实，部分项目和课题取得阶段性成果。

（六）农村环境保护工作全面启动

长期以来，环境污染主要集中在城市和工业领域，但最近几年来，农村环境问题日益突显起来，形势十分严峻。突出表现为生活污染加剧、面源污染加重、工矿污染凸显、饮水安全存在隐患等，且呈现出污染从城市向农村转移的态势。为加强农村环境保护，2008 年 7 月 24 日，国务院召开全国农村环境保护工作电视电话会议，专门研究农村环境保护问题——这是新中国成立以来首次召开全国农村环境保护会议。会议确定农村环境保护的主要目标是：到 2010 年，农村饮用水水源地水质有所改善，农业面源污染防治取得一定进展，严重的农村环境健康危害得到有效控制；农村生活污水处理率、生活垃圾处理率、畜禽粪便资源化利用率、测土配方施肥技术覆盖率、低毒高效农药使用率均提高 10% 以上；到 2015 年，农村人居环境和生态状况将明显改善，农村环境监管能力显著提高。会议提出"以奖促治、以奖代补"等重要政策措施，中央财政首次设立农村环境保护专项资金，安排农村环境保护专项资金 5 亿元用于"以奖促治、以奖代补"。2008 年 10 月 9 日，中共十七届三中全会提出，到 2020 年，农村人居环境和生态环境要有明显改善，可持续发展能力不断增强。

为进一步落实"以奖促治"政策，2009 年 2 月，国务院办公厅转发《关于实施"以奖促治"加快解决突出的农村环境问题的实施方案》。该方案在重申全国农村环境保护工作电视电话会议提出的农村环境保护目标的同时，明确提出"以奖促治"的实施范围、整治内容、成效要求、实施程序、监督考核办法及组织领导。会后，国家环境保护部会同财政部制定中央农村环境保护专项资金及项目管理办法，开展重点省市督查工作。2009 年 12 月 21—23 日，环境保护部在浙江宁波召开全国农村环境保护暨生态建设示范工作现场会，总结交流"以奖促治"政策实施情况，研究部署深化"以奖促治"和生态建设示范工作，以及进一步加强农村环境保护的具体措施。会议要求实施"以奖促治"政策，必须处理好中央与地方、多还旧账与不欠新账、立足当前与着眼长远、"以奖促治"与"以奖代补"等四方面的关系；同时做好加强领导、创新方法、完善机制、落实责任以及保障投入等五方面的工作。

到 2009 年年底，为实施"以奖促治"政策，中央财政投入农村环境保护专项资金达 15 亿元，支持 2160 多个村开展环境综合整治和生态建设示范，带动地方投资达 25 亿元，1300 多万农民直接受益，许多村庄的村容村貌明显改善，一些项目实现了生态、社会和经济效益的统一。与此同时，各地农村环保资金投入力度不断加大，农村环境保护统筹规划能力日益提高，农村环保机构和队伍建设得到进一步加强。实践证明，"以奖促治"是一项顺民意、解民忧、惠民生的好政策，对改善农村环境质量，提高农村环境保护水平发挥了积极作用。

（七）继续加强土壤污染防治工作

2008 年 1 月 8 日，国家环境保护总局在北京召开第一次全国土壤污染防治工作会议，要求搞好全国土壤状况调查，强化农用土壤环境监管和综合防治，加强城市建设用地和遗弃污染场地环境监管，拓宽土壤污染防治资金投入渠道，增强土壤污染防治科技支撑能力，建立健全土壤环境保护法律法规和标准体系，加强土壤环境监管体系和能力建设，加大宣传教育力度。2008 年 6 月 6 日，国家环境保护部印发《关于加强土壤污染防治工作的意见》，明确土壤污染防治的指导思想、基本原则和主要目标。该意见指出了土壤污染防治的重点领域是农用土壤和污染场地土壤，要求建立污染土壤风险评估和污染土壤修复制度。按照"谁污染、谁治理"的原则，被污染的土壤或者地下水，由造成污染的单位和个人负责修复和治理。到 2009 年年底，已完成 65637 个点位、18 万个土壤、农产品等样品的采集和分析测试工作，共入库 470 多万个实测数据和 205 万个野外样点环境信息数据，制作图件 1 万多件，累计培训 15000 多人次。

（八）循环经济全面发展

2008 年 8 月，《中华人民共和国循环经济促进法》正式发布。发展循环经济有了专门的法律保障，标志着中国发展循环经济纳入了法制化和规范化管理的轨道。该法明确了中国环境保护行政管理部门在发展循环经济工作中的职责和任务，从发展循环经济实现可持续发展的角度对中国的环境保护工作提出了新的要求。中国开始进入循环经济全面发展时期，到 2009 年年底，已有 26 个省市，33 个产业园区，钢铁、有色、电力等 84 个重点行业，再生资源利用、再生资源加工、废弃包装物等 34 个重点领域开展了循环经济试点工作。

（九）继续制定和完善环保经济政策

印发《关于进一步规范重污染行业生产经营公司申请上市或再融资环境保护核查工作的通知》，完善上市公司环保核查制度，阻止10家存在环境问题的公司上市融资；颁布《节能环保发电调度办法（试行）》、《燃煤发电机组脱硫电价及脱硫设施运行管理办法》，会同财政部出台《中央财政主要污染物减排专项资金管理暂行办法》、《城镇污水处理设施配套管网以奖代补资金管理暂行办法》，对燃煤脱硫机组实施0.015元的发电加价，促进节能环保电力的科学调度和城镇污水收集管网建设；发布《关于加强出口企业环境监管的通知》、《关于环境标志产品政府采购实施的意见》、《环境标志产品政府采购清单》，建立出口企业监管信息共享机制，启动政府绿色采购。重点抓好绿色信贷、绿色保险、绿色税收工作和发布"双高"产品目录。

1. 制订绿色信贷政策

2007年国家环境保护总局与中国人民银行和中国银行业监督管理委员会联合发布《关于落实环境保护政策法规防范信贷风险的意见》，与中国人民银行联合印发《关于共享企业环保信息有关问题的通知》，将1.8万家企业环境违法信息纳入银行征信系统。2009年国家环境保护部和人民银行联合印发《关于全面落实绿色信贷政策进一步完善信息共享工作的通知》，进一步规范信息交流范围和报送方式；到2009年年底，已有4万多条环保信息进入中国人民银行征信管理系统。

2. 开展绿色保险试点

2007年12月，国家环境保护总局与中国保险监督管理委员会联合发布《关于环境污染责任保险工作的指导意见》，选择高污染行业开发环境污染责任保险产品。2008年11月，国家环境保护部与中国保险监督管理委员会部署在全国部分省、市易发生污染事故、储存运输危险化学品、危险废物处置的企业和垃圾填埋场、污水处理厂及各类工业园区开展试点工作。到2009年，绿色保险工作稳步推进，有9省市在全省或部分地区开展试点，10余家保险企业推出环境污染责任保险产品。

3. 完善绿色税收政策

2009年，财政部、国家税务总局和国家环境保护部继续研究制定开征环境税方案，出台《环境保护、节能节水项目企业所得税优惠项目（试行）》，对企业从事符合条件的公共污水处理、公共垃圾处理、沼气综合开发利用、节能减排技术改造、海水淡化等5类环保项目所得采取税收优惠政策。

4. 发布高污染、高风险产品名录

2007 年，国家环境保护总局分两批制定 190 多种"双高"产品名录，并建议取消其出口退税、禁止加工贸易。2008 年 1 月，国家环境保护总局发布农药、无机盐、电池、涂料、染料等 5 个行业 140 多种"高污染、高环境风险产品"名录，涉及出口金额 20 多亿美元，并对其中 39 个商品编码提出取消出口退税、禁止其加工贸易的政策建议，被商务部、财政部和国家税务总局采纳。"双高"产品名录发布后，生产"双高"产品的企业在项目审批、银行贷款、企业上市及再融资等方面受到更加严格的限制。2009 年，国家环境保护部发布含 290 余种产品的"双高"产品名录，财政部、商务部随之根据新名录调整了出口退税政策和加工贸易政策。此外，多次提高部分劳动密集型产品、机电产品及其他产品增值税出口退税率。

（十）继续推进环保立法工作

2008 年，颁布施行《中华人民共和国水污染防治法》和《中华人民共和国循环经济促进法》及其他若干环保规章；制定《规范环境行政处罚自由裁量权若干意见》，进一步促进规范环境行政处罚自由裁量权，提高环保系统依法行政的能力和水平，有效预防执法腐败；国家环境保护部根据全国人民代表大会常委会要求，对 9 部环保法律进行了清理，共清理出 7 类 45 处"不适应、不协调"的突出问题。2009 年，国家环境保护部组织修订《中华人民共和国大气污染防治法（修订草案）》、《机动车环保检验合格标志管理规定》、《进口废钢铁环境保护管理规定（试行）》、《废弃电器电子产品回收处理管理条例》、《放射性物品运输安全管理条例》、《国家级自然保护区规范化建设管理导则（试行）》等法规。《中华人民共和国大气污染防治法（修订草案）》结合当前大气污染防治的新形势以及管理的新要求，在总量控制、排污许可证管理、机动车环境管理、处罚力度上均有重大调整。

第六章

中国特色生态文明建设的内涵和基本框架

推进中国生态文明建设，关键要立足长远，明确内涵，明确战略目标，构建具有中国特色的建设道路。具体来说，要坚持中国特色社会主义道路，坚持以科学发展观为指导思想，借鉴国内外经验，从宏观和战略层面上明确生态文明建设的内涵与目标，在此基础上，谋划中国特色生态文明建设的基本框架。

第一节

中国生态文明建设道路的历史特点

一、发达国家生态文明发展道路的历史特征

如果厘清中国特色生态文明发展道路，首先要确立一个参照系。迄今为止，总体上看，发达资本主义国家生态文明化程度是较高的，我们可以将发达资本主义国家的生态文明发展道路作为确立中国特色生态文明发展道路内涵的历史参照。

资本主义是反生态的社会制度，这是因为资本逻辑与生态逻辑是冲突的[①]。但是，发达资本主义国家在推进现代化的进程中，遭遇到严重的生态约

---

① 约翰·贝拉米·福斯特：《生态危机与资本主义》，上海译文出版社 2006 年版，第 3—4 页。

束，这些约束在资本主义制度框架内难以破解的条件下，资本主义国家不得不采用环境保护和生态文明建设手段，在先发优势、资本主义主导的世界经济体系以及强大的经济与科技实力的支撑下，迅速提升生态文明化程度。由此形成了早发资本主义国家的生态文明发展道路。这一道路的历史特征在于：

（一）滞后性

工业文明首先在资本主义国家兴起并推动了资本主义国家的繁荣和发展，同时也最早在这些国家引发生态危机，这成为发达资本主义国家率先推进生态文明发展的动力。但是，从文明推进的层次来看，发达国家现代化进程中文明推进呈现出政治文明、经济文明、社会文明、生态文明的演变顺序，生态文明是最为滞后的层次。其之所以如此，有多重原因。一是现代化进程本身展开逻辑的原因。现代化进程本身具有推进层次的递进性和延展性，相对于政治危机、经济危机、社会危机而言，生态危机的形成与激化是一个相对较长期的积累过程。因此，相对于其他文明发展而言，生态文明发展紧迫性的显现相对滞后，生态文明因此成为现代化进程中相对滞后的展开层次。二是资本主义制度原因。资本主义的利润逻辑和资本强势，阻扰社会层面和实践层面及时推进生态文明建设的努力。三是资本主义世界体系原因。发达国家依托资本主义国家主导的世界体系，向欠发达和发展中国家掠夺生态资源，转移生态成本，转嫁生态危机，缓解了国内生态压力。

（二）被动性

整体上看，发达资本主义国家经历的是先发展后环保、先破坏后修复、先污染后治理，牺牲环境换取经济增长的消极性生态文明发展模式[①]。总体上看，一般都是在生态危机严重爆发，在公众和利益群体推动下政府主导而开始的。例如，最早实现工业化的英国到 20 世纪 50 年代才开始全面推进生态修复和生态保护，起因则是 1952 年 12 月伦敦出现一周内 4000 多人死于煤烟污染、1953 年伦敦的煤烟污染又导致 800 多人死亡等恶性环境事件。欧洲各国直到 20 世纪 60 年代才开始全面推进生态修复，起因则是西欧最大的河流莱茵河成为鱼类消失、生物死亡、人不能游泳的死河，瑞士森林里的树木开始枯死，北海沿岸出现红潮。日本也是在 20 世纪 60 年代出现水俣病环境危害后才开始全面启动生态建设的。至于说美国，则起步更晚，更为被动。美国直到 1960 年

---

① 参见周生贤："进一步提高可持续发展能力"，《经济日报》，2009 年 11 月 12 日，第 7 版。

才在民主党和共和党两党辩论中开始涉及资源保护问题,才开始系统制定环境保护政策。1962 年蕾切尔·卡逊在《寂静的春天》一书中揭露杀虫剂的危害之后,还遭受化学工业集团的强烈攻击,甚至于到 20 世纪 80 年代,美国政府"对环境的无知达到了顶峰"。① 因此,资本主义条件下的生态文明建设具有被动性的特点。导致这样后果的原因,一方面是因为生态自觉需要一个过程,另一方面也是更重要的原因是源于资本主义制度逻辑的钳制。只有当生态破坏导致的生态灾难引发自然的惩罚和人民的反抗,以至于导致资本的危机时,才开始实施改善生态环境的努力。

(三) 剥削性

20 世纪 60 年代以后,发达国家开始运用强大的资金和技术,建设环保产业,净化废弃物,部分缓解了生态危机,提升了自身的生态文明水平,但是这一点是建立在剥削他国生态资源、破坏他国乃至全球生态环境的基础上的。这种剥削性表现在多个方面。

1. 转嫁生态包袱

发达国家在早期都占有殖民地,殖民地成为这些国家转嫁生态包袱的场所。这种生态包袱的转嫁成为推动发达国家工业化的重要动力。② 当前,发达国家依然在向发展中国家实施污染转嫁。欧洲环境局资料显示,1995—2007年,欧洲出口的纸张、塑料制品和金属垃圾增长 10 倍。向穷国非法出口垃圾已经成为一项收益巨大和日益增长的国际业务。一些公司利用这种方式降低环境法规带来的成本。因为这些废物在欧洲必须回收或者以不污染环境的方式处理,但是在欧洲将这些垃圾经过简单处理后运往中国的成本只有前者的四分之一。③

2. 对全球生态资源的超额消耗

以能源消耗为例,1987 年,人类生态足迹第一次超出地球自我更新能力,人类消耗的能源已经超过能够重新形成的能源。这种结果主要是高收入国家超额消耗能源造成的。目前,高收入国家人均能源消耗量是发展中国家的 5 倍以

---

① 参见美国前副总统阿尔·戈尔为蕾切尔·卡逊《寂静的春天》写的序言。蕾切尔·卡逊:《寂静的春天》,吉林人民出版社 1997 年版,第 9—10 页。

② 美国学者彭慕兰认为,英国在发生工业革命之前通过殖民地和海外贸易获得了"生态缓解",即从新大陆获得大量的"土地密集"的产品,从而缓解了英国自身人口对土地的压力。"生态缓解"是英国工业革命的关键因素。参见彭慕兰:《大分流》,江苏人民出版社 2003 年版,前言部分。

③ 编辑部:"中国等发展中国家成为西方垃圾站",《经济深度分析》,2009 年 10 月 19 日,第 26 页。

上；它们的人口只占全球的 15%，却消耗全球能源（石油当量）的 51%。从污染角度看，人为造成的二氧化碳一半来自高收入国家。① 根据计算，如果人类按照美国生活方式生活，地球只能容纳 14 亿人，以欧洲标准生活，只可以容纳 21 亿人，而当今地球上已有 68 亿人，2050 年将达到 90 亿人。②

3. 巨额生态欠债

例如，根据波茨坦气候影响研究所所长汉斯—约阿希姆·舍尔恩胡伯估计的结果，与工业化初期比，世界气温升高了 3.5 摄氏度，主要是因为西方国家的温室气体排放。根据世界资源研究所统计，1850—2005 年间，发达国家人均历史累积排放 667 吨，其中英国为 1125 吨，发展中国家只有 52 吨。如果按照 2050 年全球二氧化碳减排减半计算，发达国家现有排放已经超过其应有份额。根据联合国人口基金会发布《2009 年世界人口状况报告》，占世界 7% 的发达国家人口制造了世界 50% 的温室气体，最贫困的 50% 人口仅制造 7% 的温室气体。

4. 不合理的全球生态权益体系

由于上述历史特点，发达国家在推进自身生态文明发展的同时，也延缓了整个人类生态文明发展的推进进程和水平。更重要的是，对包括中国在内的发展中国家的生态文明发展带来了深远的历史制约。一是导致生态流失。一些殖民地国家遭受严重的生态流失，背上沉重的生态包袱，以致于难以顺利推进自身的现代化进程。③ 二是生态壁垒。发达国家利用先发的经济优势和技术优势，对发展中国家的生态技术和生态产业进行各种市场限制。近期美国启动对中国的绿色环保产业的 "301 调查" 就是突出例子。三是生态遏制。发达国家通过占领生态技术制高点，依托现有不合理的国际分工格局，掌握生态话语权，以气候、生态问题为名，制约发展中国家的发展，进一步加强对发展中国家的生态遏制。④

二、中国特色生态文明发展道路的历史特点

发达资本主义国家生态文明发展道路根源于资本主义本身的剥削性质，建

---

①　世界银行：《2005 年世界发展报告》，中国财政经济出版社 2005 年版，第 126、156 页。

②　达格玛·德莫："有损他人的现代消费方式"，《参考消息》，2010 年 2 月 3 日，第 13 版。

③　参见爱德华多·加莱亚诺：《拉丁美洲被切开的血管》，人民文学出版社 2001 年版，前言部分。

④　布伦丹·奥尼尔："汽车与生态帝国主义的兴起"，《参考消息》，2009 年 3 月 25 日，第 4 版。

立基于资本主义国家主导的国际生态资源分配体系带来的生态霸权，同时也是以经济优势、技术优势、市场优势、话语权优势等先发优势为手段的。因此，对于中国来说，这种道路是不可复制的。

中国生态文明建设的特殊历史背景决定了中国的生态文明建设道路不应该是跟随式的，而应该是跨越式的。当前，中国生态环境面临双重挤压，一是来自传统发展方式的挤压，二是来自不合理国际经济体系的挤压。后者表现为资本主义国家挟持国际组织，凭借资本和科技威力，依托市场和产业链优势，转嫁危机，掠夺生态空间和资源。在这种背景下，跟随式和被动式生态文明建设道路只能导致中国的生态文明永远落后与西方国家，永远受制于西方国家。正如马克思所说的："东方社会为了喝到现代生产力的甜美酒浆，它不得不像可怕的异教神那样，用人头做酒杯"①。生态危机就是这种"人头酒杯"。要避免这种代价，必须寻求超越之路。因此，对于中国来说，要探索超越发达国家的生态文明发展道路。

要超越发达国家的道路，必须基于自身的优势。如果说发达国家具有发展生态文明的先发优势，那么中国则具有自身的后发优势。当前，中国的工业文明正在追赶发达国家工业文明，同时正在加快推进生态文明建设的步伐，文明位差在缩小，发展生态文明的后发优势正在显现。如前所述，这些优势包括制度优势、政策优势、资源优势、产业优势、科技优势、文化优势等。

以后发优势为基础，以发达国家生态文明发展道路为参照，可以探索中国特色生态文明超越式发展道路。从历史视角看，其"中国特色"应该体现在下述几个方面：

（一）系统性与同步性

首先，中国生态文明建设的特殊时代背景决定了中国生态文明发展不应该是零散的、应景式的，而应该是系统的、整体的过程。当前，人类已经进入系统的文明重建和文明转换时代，中国不应该像发达国家早期实践那样，单纯开展"头痛医头、脚痛医脚"式的生态建设，相反，要推进从单纯的环境保护、生态修复到系统推进生态文明发展的转变，实现文明形态从传统工业文明向现代生态文明的系统转变。其次，要推进生态文明发展与政治文明、物质文明、精神文明、社会文明发展的同步和协同。生态文明是中国特色社会主义的基础

---

①　马克思："不列颠在印度统治的未来结果"，《马克思恩格斯全集》第 9 卷，人民出版社 1961 年版，第 252 页。

结构，政治建设、社会建设、经济建设、文化建设是建立在此基础上的。中国不能像发达国家那样，在政治文明、物质文明、精神文明和社会文明发展到较高程度以后才开始发展生态文明，而是要实现五大文明发展的整合与联动。通过五大文明发展的整合与联动，可以推进政府和行政的绿色化、经济生活的低碳化和绿色化、社会的绿色化以及培育公民的生态文明素质，从而形成推进生态文明发展的强大合力。

（二）主动性与发展性

一方面，中国生态文明发展的特殊制度背景决定了中国的生态文明发展不应该是被动的，而应该是主动的。资本主义的资本逻辑决定了西方国家生态文明建设的滞后性，社会主义本质上是亲生态的社会制度，因此，相对于资本主义生态文明而言，社会主义与生态文明具有本质上的统一性。当前，中国已经开始从传统社会主义向中国特色社会主义的转变，为构建亲生态的社会主义奠定了坚实的制度基础。在这种社会制度基础上，可以避免"先污染后治理"，"先破坏后建设"的传统道路，推进主动的生态文明建设。另一方面，中国生态文明发展的国内背景决定了中国生态文明建设道路不应该是消极的、脱离发展的，而应该是积极的、发展型的。中国还处在发展中阶段，发展不够是中国的基本阶段性特征，发展是中国现代化进程面临的首要任务。强调生态文明，不应该否定发展。在这点上，中国的生态文明建设与西方一些思想家从神学和纯粹生物学角度主张的"零增长"、"负增长"不同，也与一些极端的生态保护主义者主张的"反增长"不同，而是承认发展，承认科学发展，推进发展，推进科学发展，承认工业文明，同时将生态文明建设作为积累绿色资产、开发绿色资源、拓展绿色空间的一种发展手段。因此，中国的生态文明应该是积极的、发展性的。

（三）互利性与内生性

中国生态文明建设的特殊国际背景决定了中国生态文明建设的道路不应该是对外掠夺和转嫁的，而应该是内生的和互利的。如前所述，西方国家依托经济霸权基础上的生态霸权，对他国进行生态掠夺、生态转嫁和生态遏制。中国没有殖民地，处在国际产业链条低端，不会也不可能对他国进行生态掠夺和生态转嫁，更不会对他国进行生态遏制，在与发展中国家的生态交流中，要努力实现互利共享。在整个世界的生态文明建设中，要承担大国应尽的责任。同时，在同发达国家的生态交流中，要力争摆脱生态掠夺、生态转嫁和生态遏制，努力维护国家的生态权益，实现国家生态进出的平衡。

中国特色生态文明发展道路的时代特征

中国生态文明发展道路的上述历史特色需要体现到现实道路中，形成中国生态文明发展道路的时代内涵。中国的生态文明是社会主义的生态文明，是科学发展观指导下的生态文明，当代中国的生态文明发展道路应该具有鲜明的时代特征。

一、传统生态环境保护道路特征

新中国成立以来，党和政府高度重视生态环境保护。中国环境保护与生态建设取得了长足进展，为生态文明建设奠定了坚实基础。但是，总体上看，环境保护赶不上环境污染的步伐，中国生态环境仍处于总体恶化状态。其所以如此，是因为传统生态环境保护道路呈现出下述特点：

（一）发展观是忽视生态环保的

前两代发展观都是以经济领域的发展为基本追求，相对忽视生态领域的发展，而且，从实际效果来看，前两代发展观指导下的经济发展是以牺牲环境和生态为代价的，由此形成的传统发展方式已经遭遇严重资源环境约束，具有生态上的不可持续性。因此，传统发展观难以指导当代中国的生态文明建设。

同时，中国传统环境保护道路是传统发展方式的内在组成部分，难以支撑生态文明建设。突出表现在，环境保护以及生态文明建设的推进与科学发展尚未有机地结合起来。

（二）环境保护实际上处于从属地位

难以实现经济发展与环境保护的内在有机结合。尽管环境保护被确立为国策，但是，由于传统经济发展方式的强势存在，环境保护实际上处于服从经济发展的从属地位。在以 GDP 为主要目标的经济发展方式的主导下，一些地方往往将环境保护和节能减排作为次要目标，而一旦节能减排目标被"硬化"后，又往往以暂时牺牲发展为代价完成目标任务。2010 年 9 月，江苏、浙江、河北、山西等一些地方为了完成节能减排指标，对企业拉闸限电，靠牺牲生产和发展完成指标。江苏常州市要求大约 7000 家公司"开九停五"，要求各公司的电力消耗同比下降 20%—30%。2010 年冬天，一些地方甚至出现为了减排停止向居民供暖的极端做法。

（三）环境保护与修复赶不上环境"折损"速度，难以形成生态文明的物质基础

应该看到，伴随国家对生态环境保护重要性认识的不断提高和经济发展的推进，生态环境保护的投入力度不断加大。例如，20 世纪 80 年代初期，全国环保治理投资每年为 25 亿元至 30 亿元；到 2007 年，全国环境污染治理投资总额达 3387 亿元，是 1981 年的 135 倍。但是，由于生态环境恶化呈现加速累积特征，诸多深度污染逐渐凸显和释放，不断加大的投入同环境污染的发展和由此造成的影响相比，仍然是杯水车薪。例如，2008 年一项调查表明，如果水土流失继续以现在的速度发展，中国西南部 1 亿人将在 35 年内丧失土地，东北部的收成将在半个世纪内下降 40%，水土流失导致每年 45 亿吨土壤流失。近 1998—2008 年十年间，每年导致直接损失 2000 亿元。[①] "十一五"时期，重金属污染开始暴露，尽管已经出台《重金属污染防治规划》，要求力争 2015 年构建完善的防治体系。但是，由于这类污染的持久性和广泛性，现有的措施难以在近期内扭转局面。国家环境保护部 2010 年 12 月发布的报告指出，由于经济发展造成的环境污染代价持续增长，中国生态环境每年"折损"近万亿元。全国连续五年的环境经济核算结果表明，尽管"十一五"期间污染减排取得进展，但是环境污染损失代价持续加大，五年间的环境退化成本从 5118 亿元提高到 8947 亿元，虚拟治理成本从 2874 亿元提高到 5043 亿元，增长 75%。[②]

（四）经济发展方式与生态文明建设统筹不够，导致污染减量赶不上排放增量

例如，一方面强调节能减排，另一方面经济结构对高碳排放的煤炭高度依

① 塔尼亚·布兰妮根："水土流失将使中国近亿人失去土地"，《参考消息》，2008 年 11 月 24 日，第 7 版。

② 安邦："中国环境污染年损失远超万亿"，《社会科学报》，2011 年 1 月 7 日，第 2 版。

赖。由于产业结构偏重，加上一次性能源中煤多油少，致使经济发展高度依赖煤炭。根据近期召开的国家能源经济形势分析会的分析，即便是到 2015 年，非化石能源比重只能达到 11% 以上，煤炭占一次能源消费比重由 2009 年的 70% 以上，降到 63% 左右。"十二五"期间，煤炭、石油等化石能源仍然是能源供应主体，特别是煤炭将继续起基础性作用。为此，未来五年，国家将推进 14 个大型煤炭基地建设，使之产量占全国的 90%，石油原油稳定在 2 亿吨。火电仍然是主要电源。中国承诺 2020 年非化石能源消费比重达到 15%，其间，"十二五"末期达到 11.4%，主要不是靠减少石化能源，而是靠发展水电、风电、太阳能、生物质能和地热能。[①] 可见，传统的环保道路与经济结构和经济发展之间仍然没有充分耦合，要发挥环境保护在推进发展方式转变中的综合作用，必须创新和完善传统环境保护道路。

（五）制度缺失

机制不活，科学性不强，尚未形成体制机制体系。例如，资源性产品价格关系不顺、价格形成机制不合理，助长了粗放型、环境破坏性增长方式。环保收费制度、污染者收费制度尚不完善，生态价值体制机制尚未形成，助长环境破坏行为。

二、中国特色生态文明建设的时代特征

与传统发展方式下的生态保护相比，当代中国生态文明建设的时代特征在于：

（一）指导思想特征：科学发展观指导下的生态文明

用科学发展观指导生态文明建设，首先意味着在理念上实现超越。无论是农业文明、传统工业文明，还是现代工业文明和当代科技文明，都是以将自然作为索取对象为基础的。在现代工业文明看来，自然财富是无限的，人的物质需求也是无止境的，人类必须不断开发自然、征服自然、改造自然。当代科技文明得益于源于古希腊的主体—客体二元并立思维方式，因此，当代科学文明也是以二元对立关系的模式来处理人和自然界的关系的，其出发点也是为了人

---

① 张国宝："太阳能将成为新能源支柱产业"，《人民日报》，2011 年 1 月 12 日，第 10 版。

的利益要去征服、改造和利用自然。这种偏颇的价值观导致了生态危机和人与自然关系的异化。正如马克思所指出的，"随着人类愈益控制自然，个人却似乎愈益成为别人的奴隶或自身的卑劣行为的奴隶。"①

当代中国的生态文明发展，首先要在理念上实现对农业文明、工业文明、科技文明的超越，一开始就运用生态文明的理念指导生态文明建设进程。生态文明理念的核心，就是人与自然的共生和谐。依据这种理念，一切发展，应该既是人的物质财富的发展，也是人的生活环境的完善，既是人的发展，也是自然的维护和延续。

确立这种理念，需要全面而深刻的文化重建和理论再创。从文化重建方面，要改变人与自然二元并立的思维方式，确立人类的生态人格，确立生态文明与经济发展协调推进的观念，最终形成人与自然和谐统一的思维方式。在理论再创方面，要在确立资源有限、生态内生观念的基础上，推进哲学、经济学、政治学、社会学、历史学等哲学社会科学理论的绿色化再创进程。

（二）制度特征：人本生态文明发展制度体系

在传统发展方式下，生态环保是物本发展的附属。人的利益特别是生态利益服从经济增长需要。实际上，社会主义生态文明是以人的根本利益为出发点的。正如马克思在描述未来社会时指出的："社会化的人，联合起来的生产者，将合理地调节他们和自然之间的物质交换，把它置于他们的共同控制之下，而不让它作为一种盲目的力量来统治自己；靠消耗最小的力量，在最无愧于和最适合于他们的人类本性的条件下来进行这种物质交换"②。

从马克思上述论断出发，在当代中国，建设生态文明，首先要打破把物质财富作为社会生产的基本目的和文明发展的核心价值的物本发展逻辑，构建确保将人的发展作为社会生产的核心价值的制度框架。其次，要适合"合理调节人类与自然之间的物质变换"的基本要求，构建确保生态文明和经济发展协调推进的制度体系。最后，要真正使发展符合"人类本性"，即确保人类代际之间的可持续发展，构建符合人类整体长远利益的可持续发展制度保障体系，最终形成保障人类持续生存和幸福生活以及人的自由全面发展的社会制度体系。

---

① 马克思："在《人民报》创刊纪念会上的演说"，《马克思恩格斯选集》（第一卷），人民出版社 1995 年版，第 775 页。

② 马克思：《资本论》（第三卷），人民出版社 2004 年版，第 928—929 页。

（三）体制机制特征：社会主义市场经济体制与对外开放条件下的生态文明

过去的生态环境保护工作，主要是在计划经济体制和国家行政手段的基础上推进的，尽管取得了一定成效，但是没有形成长效机制。当代中国的生态文明建设，一方面要充分发挥市场经济体制机制在资源节约、资源利用方面的效率优势，用市场的办法解决资源节约、节能减排、生态环境建设问题；另一方面要充分发挥政府的宏观调控职能，发挥社会主义制度具有集中力量办大事的优势，解决市场失灵的问题。因此，中国的生态文明道路是政府主导、市场化推进、全社会广泛参与生态文明建设之路。

（四）社会特征：自律性社会

传统发展方式的发展下则是以经济增长为导向的，是资源消耗型和环境破坏型的，在两种状态下，生态文明建设的推进都是他律的、外在强制的。当代中国的生态文明建设应该是在生态自觉基础上的自律性推进过程，因此，要以自律性社会为社会基础。

资源节约型和环境友好型社会建设本质上是当代中国建设自律性社会的抓手。"两型"社会的实质是依据生态文明要求，形成自觉自律的生产生活方式和社会形态，内在地规范和约束人类自身行为。因此，"两型"社会建设的要旨在于形成有利于生态文明的自律性、内生性社会结构和运行体系。具体来说，要构建三个方面的自律体系。一是通过"两型"消费社会建设，形成对过度追求物质财富和物质享受的内生约束机制，形成末端自律。二是通过"两型"产业发展和"两型"经济结构构建，形成自律性、内生性经济结构与体系，形成源头自律。三是通过发展生态技术、绿色技术，使生态产业和绿色产业在产业结构中居于主导地位，成为经济增长的重要源泉，构建经济社会绿色和生态发展体系，形成过程自律。

（五）文明基础：现代工业文明

建设生态文明不是否定工业文明，而是否定传统工业文明，强调先进的工业文明，即建立在生态文明基础上的工业文明，强调在发展工业文明的同时实现人与自然的和谐，使人民在享受现代物质文明成果的同时，又能够保持和享有良好的生态文明成果。我国还处于社会主义初级阶段，正处于工业化中期，发展生产力、解放生产力仍然是社会主义的根本任务，发展仍然是第一要务。

但是我们不可能享有发达国家实现工业化所享有的自然资源和环境容量，甚至可以说中国的发展是在历史上最脆弱、最严峻的生态环境下推进工业化的。由此决定了中国生态文明建设面临着双重任务和巨大压力：既要补上工业文明的课，丰富物质产品，又要走资源节约、环境友好之路，建设生态文明。世情、国情决定了中国的生态文明建设是一个长期的任务、艰巨的过程，需要我们坚持不懈的努力。

第三节

中国特色生态文明建设道路的基本框架

要全面推进中国生态文明建设，必须立足文明转化，立足长远，立足中国现代化整体进程，确立中国生态文明建设的目标、阶段性和重点，在此基础上，形成中国特色生态文明建设道路的基本框架。

一、中国特色生态文明建设的总体目标

立足人类文明转换、中国现代化进程的大视角来看，中国生态文明建设将伴随中国的现代化的整个进程，从这个角度看，中国生态文明建设应该达到下述三个相互递进的目标。

（一）生态良好

这是生态文明建设的基本目标，也是实现其他目标的基础。生态良好的标志是"三个适应"和"三个良性循环"，即生态环境适应生态自身的发展需求，实现生态环境自身的良性循环；适应人的生态需求，实现人与生态的良性循环；适应经济社会发展的生态需求，实现经济社会发展与生态环境的良性循环。

从当前中国实际来看，要达到生态良好，首先要求保护生态，避免进一步的破坏；其次，修复生态，逐渐恢复生态环境自身的良性循环功能；最后，构建生态环境与人的发展以及经济社会发展之间的长效协调机制。

（二） 建成生态强国

在全球化时代，生态环境问题已经全球化，一个国家的生态文明程度已经成为国家综合竞争力的重要组成部分。在这种背景下，建设生态文明就成为增强综合国力的重要组成部分，生态文明建设成为强国进程的重要抓手。因此，建成生态强国就成为生态文明建设的重要目标。

生态强国包括两重内涵：一是通过建设生态文明建设推进强国进程；二是在将中国建成经济强国、文化强国、政治强国的基础上，将中国建设成为生态文明的强国。从这个角度看，生态强国的标志在于：一是生态财富雄厚，生态财富包括生态资源、生态产品、生态链条、生态环境、生态空间等，是一国范围内拥有的生态资源、要素与价值的总和；二是生态空间巨大，生态空间包括生态存量空间、生态拓展空间、生态发展空间，是一个国家拥有的生态潜力的总和；三是生态福利丰富，生态福利包括生态产品、生态价值等生态物质福利以及生态文化、生态养生、生态旅游、生态休闲等生态文化福利，是一个国家国民生态需求满足程度的总和；四是生态竞争力强劲，生态竞争力包括生态空间竞争力、生态科技竞争力、生态产业竞争力、生态产品竞争力等，是一个国家生态综合实力的总和。

（三） 实现生态现代化

中国作为一个发展中国家，在现代化进程中，生态文明建设的最终目标是实现生态现代化。从广义上讲，生态现代化是指整个中国的现代化进程不是反生态的，而是绿色的、亲生态的，是符合生态文明要求的。从狭义上讲，是指中国的生态环境达到现代化的程度，即高度文明化的程度。

因此，生态现代化的内涵与标志可以归结为：一是将经济现代化、政治现代化、文化现代化、社会现代化纳入生态文明的轨道，实现现代化进程与生态文明建设进程的同步协调推进；二是中国的生态文明水平达到现代化程度，或者说接近发达国家的文明化程度。具体来说，在生态技术、生态产业、生态文化、生态制度等方面，接近或达到现代化的水平。

二、中国生态文明建设的推进阶段

上述目标的实现无疑是一个长期的过程，如何有步骤、分阶段地实现建设生态文明的战略目标？有些已经比较明确，有些尚需继续探讨。

（一）生态良好目标的实现阶段

1996 年，中国制定了《中国跨世纪绿色工程规划》，1998 年，制定了《全国生态环境建设规划》，提出到 2030 年，全面遏制生态环境恶化的趋势，使重要生态功能区、物种丰富区和重点资源开发区的生态环境得到有效保护，各大水系的一级支流源头区和国家重点保护湿地的生态环境得到改善；部分重要生态系统得到重建与恢复；全国 50% 的县（市、区）实现秀美山川、自然生态系统良性循环，30% 以上的城市达到生态城市和园林城市标准。到 2050 年，力争全国生态环境得到全面改善，实现城乡环境清洁和自然生态系统良性循环，全国大部分地区实现秀美山川的宏伟目标。

党的"十七大"明确提出，到 2020 年，中国要建成生态良好的国家，这一表述可以理解为中国生态文明建设到 2020 年要取得重大阶段性成就，即首先实现上述目标体系中最基本层次的目标，即生态良好的目标。

（二）生态强国的推进阶段

生态文明建设具有阶段性特征，可以分为初级阶段和高级阶段两个阶段，不同阶段具有不同的特征和重点的建设任务。生态文明的初级阶段是转变工业文明发展方式的实施阶段，是经济社会的发展与自然的冲突逐步减小的时期。初级阶段生态文明建设的重点应是自然系统的改善和安全，最基本的要求是经济和社会系统对于自然系统的利用在资源环境的承载能力范围内。初级阶段重点任务是实现经济增长和生态环境退化脱钩，经济增长和环境改善相互促进，经济发展实现绿色增长，社会制度和文化意识符合生态文明理念。但在初级阶段，为满足经济增长的目标，不可能实现二氧化碳排放总量减少，重点提高二氧化碳的排放效率。在高级阶段，人类社会与自然环境的相互关系进一步改善。经济增长和自然环境改善的同步性快速提高，历史积累的环境问题得到全面解决。低碳经济和低碳文明真正建立，二氧化碳排放总量逐渐降低，气候系统自然运行。可持续发展模式真正实现，经济和社会子系统高效运行，自然子系统人为扰动小，全面实现人与自然的和谐相处。生态文明作为一种文明形态在世界范围内得到普及。[①]

就中国而言，生态强国进程应该与新世纪的国家发展进程相适应。因此，中国的生态强国进程大体可以分为三个阶段：一是全面小康意义上的生态强国

---

① 王金南、张惠远："关于中国生态文明建设体系的探析"，《环境保护》2010 年第 4 期。

阶段，即在 2020 年全面建成小康社会的同时，实现生态小康，实现小康意义上的生态强国目标；二是民族复兴意义上的生态强国，即到 2050 年前后，在基本实现中华民族伟大复兴的同时，实现中华民族的生态复兴，形成民族复兴意义上的生态强国；三是现代化意义上的生态强国，即在基本实现现代化的基础上，建成现代化意义上的生态强国。

（三）生态现代化的推进目标

中国有可能不需要经过许多西方国家曾经经历的高消耗资源、高污染排放的过程，直接进入绿色发展阶段，也不必要等达到较高收入时再来实施绿色发展战略。21 世纪中国现代化的主题和关键词是绿色发展、科学发展，中国绿色现代化可通过"三步走"战略来实施：第一步是从 2006 年至 2020 年，为减缓二氧化碳排放、适应气候变化阶段，在"十二五"期间，大大减少排放量速度，在"十三五"期间，排放量趋于稳定且达到顶峰。第二步是从 2020 年至 2030 年，进入二氧化碳减排阶段，到 2030 年，二氧化碳排放量大幅度下降，力争达到 2005 年的水平。第三步是从 2030 年至 2050 年，二氧化碳排放继续大幅度下降，到 2050 年下降到 1990 年水平的一半，基本实现绿色现代化。中国的绿色现代化道路是一条创新之路，它将不同于英国工业革命以来经济增长与温室气体排放共同增长的传统发展模式，而是在本世纪上半叶创新一种经济增长与温室气体排放同期下降乃至脱钩的绿色发展模式。同时，绿色现代化也是中国必选之路，中国应对全球气候变化、发展绿色经济，调整产业结构、发展绿色产业，投资绿色能源、促进绿色消费，不仅不会影响中国长期经济增长率，还会大大提高经济增长质量和社会福利，实现经济发展与环境保护、生态安全、适应气候变化的"多赢"。[①]

我们赞成上述观点，但是这种分析主要是从技术层面，即节能减排角度分析中国生态现代化的推进阶段。因此，还应将生态现代化作为一个整体性、系统性推进进程，进一步丰富不同阶段的目标内涵。

三、中国生态文明建设的内涵与重点

中国生态文明建设是庞大的社会体系和系统工程，涵盖了社会生产、生活

---

① 胡鞍钢："中国绿色现代化三步走"，中国新闻网，2009 年 11 月 13 日。

的各个方面，包括先进的生态理念、文明的生态政治、发达的生态经济、完善的生态体制、合理的生态消费、良好的生态环境等，并由此构成了中国生态文明的内涵与重点。

（一）形成先进的生态理念

江泽民在第四次全国环保会议的讲话中指出："环境意识和环保质量如何，是衡量一个国家和民族的文明程度的一个重要标志。"思想是行动的指南。生态文明建设不是项目问题、技术问题、资金问题，而是核心价值观问题，是人的灵魂问题。需要转变人们以往无知无畏自然的生态价值观念，唤醒民众尊重自然等生态意识，树立人与自然和谐相处的文明观念。

中国生态文明建设最重要的是要培养先进的生态理念。只有在先进的生态理念指导下，才会有符合生态文明建设要求的生态行为方式，包括生态的生产、生态的消费以及为此而制定的政策体系和法律制度。我国有着 13 亿人口，人们生态文明意识的强弱对于建设生态文明具有重要的意义。因此，把握正确的舆论导向，唤起全民的节约意识、环境意识、文明意识，对于我国走出一条符合生态文明要求的科学发展道路具有重大的意义。

先进的生态理念是生态文明的精神依托和道德基础，它不仅是协调人与自然关系的前提，还是协调人类内部有关环境权益的纽带。联合国环境规划署等机构在发布的《保护地球——可持续生存战略》明确要求，"努力使一种新的道德标准——一种进行持续生活的道德标准得到广泛传播和深刻地支持并将其原则转化为行为"。先进的生态理念包括生态道德、生态公平、生态责任和生态文化。

生态道德是用来约束和规范人类对待自然、对待环境的生态行为准则。它与传统道德不同，传统道德是调整人与人、人与社会之间相互关系和行为规范，而生态道德具有不分地域的全球性，超民族、超阶级、超集团利益的，把道德对象范围扩展到整个生命界与生态系统，把人的价值取向调整到生态化和社会公平，规范人类对自然的行为，构建"人类对自然环境的伦理责任"，从而实现生态文明。

（二）构建文明的生态政治

环境问题也是一个政治问题。根据生态政治学的观点，一个国家的政治体制的模式及其政治功能的发挥在很大程度上并不取决于人们的主观选择，而是由一系列复杂的生态因素影响和作用的结果。政治存在于生态环境之中，与生态环境保持着动态平衡的关系。孟德斯鸠通过大量的实地考察，认为政体和法律的形成及其精神取决于一国人民生活的环境，这种环境包括气候和土壤等自然条件、技艺与贸易等生产条件、智力与道德的气质和倾向以及民族性格等。孟德斯鸠以不同的环境来说明各主要政体差异的由来，说明不同类型的政体是被强制适应这些不同环境的。当代美国政治学家 D. 伊斯顿认为，政治系统是社会功能的一个组成部分，而这一部分是由自然的、生物的、社会的、心理的环境包围着的。政治系统处在这些环境的影响之下，又反过来作用于这些环境。当今产生的"大气污染，土壤退化，全球变暖等现象均与政治现象有关，它折射出了与之相关的多种政治现象，反映的既是人与自然之间的关系，又是人与人之间的关系。"[1] 生态危机对人民群众生存与发展的严重危害，是引发社会不稳定的重要因素。全球环境问题正日益渗透到国际政治中，成为国际政治的一部分。"为了协调人类和自然生态系统的关系，人类社会进行深刻的变革，变革的起因在于生态，但变革的本身在于社会和经济，而完成变革的过程在于政治。"[2] 生态危机影响到社会公正，不同地区、阶层、代际之间对资源环境实际拥有和享用的不公正，如富裕人群的人均资源消耗量大，人均排放的污染物多，环境补偿能力强；贫困人群恰恰相反，往往是环境污染和生态破坏的更多承受者，这就迫使人们寻求一种新的政治解决途径，从而导致了环境问题的日益政治化。如 20 世纪 70 年代西方发起的"绿色政治运动"就是例子。"绿党"现象的实质就是要通过社会政治运动迫使政府和社会采取措施，以维护公民所应有的环境权。

文明的生态政治是指将人类放到自然生态系统的背景中，通过公平、正义协调人与人之间、人与社会之间的关系，从而通过民主政治实现其对社会的管理。文明的生态政治主要包括三个方面的内容：一是政府决策行为的生态化；二是社会公民的生态参与；三是良好的生态治理结构。

政府决策行为在促进生态环境持续发展过程中处于主导地位，具有举足轻重的作用。它可以把各种权利、手段有效结合起来，进步公众的环境意识、科学素质，调控人口数目和素质；通过政府实施教育工程往改变人们无节制地追求物质享受的消费观念和消费方式，培育全新的政治生态观。政府决策行为生态化就是政府通过政策、法令、规章制度、教育方式等对环境保护进行直接干

---

[1]　肖显静：《生态政治——面临环境问题的国家抉择》，山西科学技术出版社 2003 年版，第 23 页。

[2]　陈敏豪：《生态文化与文明前景》，武汉出版社 1995 年版，第 15 页。

预，同时通过对经济发展模式、公众行为的影响又间接影响生态环境的保护。首先，政府制定合理的政策来处理环境问题，解决环境与发展的矛盾。例如，2008 年北京举办"人文奥运"、"绿色奥运"，全国各地都积极响应国家的号召，改善环境、保护环境，在森林覆盖面、大气指数、水的净化等各个方面都有了显著的成绩。其次，从政治制度设计和安排着手，着重减少市场失灵和政府失灵对生态系统造成的危害，进而实现生态环境资源的有效配置，推动经济增长方式的根本转变，培育出一个全新的人与自然、人与人双重和谐的社会主义生态文明。再次，把生态文明建设的绩效纳入各级党委、政府及领导干部的政绩考核体系，建立健全监督制约机制。引导各级领导干部深刻认识发展与人口、资源、环境之间的辩证关系，了解经济活动对生态变化的影响及其变化规律，提高对生态质量变化的识别能力和解决问题的能力，增强保护和改善生态环境、建设生态文明的自觉性和主动性。最后，加强生态法制建设。运用生态环境保护法律法规来维护人民群众的生态环境权益，通过建立和实施生态环境违法违规责任追究制度，激发和强化各级领导干部、环保执法人员、环保产业单位及其从业人员和广大人民群众的生态文明建设责任意识。

文明的生态政治离不开广大人民群众积极而广泛的政治参与。公民的政治参与对于解决环境问题具有重要的作用，有助于激发公众政治参与的责任感和积极性，壮大环境保护的力量，有助于实现对政府的监督，制止政府从自身利益出发做出短期行为，制定不恰当的政策；有助于社会以和平方式解决生态环境危机，避免政治动荡和社会冲突。推进生态文明建设，必须发挥人民群众的主体作用。没有人民群众的参与热情和主体作用的发挥，生态文明建设将一事无成。

生态治理是人与自然的和谐相处的动态过程，它要求人类的经济活动必须维持在生态可承载的能力之内，同时也是人与社会的良性互动过程，它主要通过合作、协商、伙伴关系、确立认同和共同的目标等方式实施对公共事务的管理。生态治理的良性互动机制，建立在市场原则、公共利益和认同的基础之上，其权力维度是多元的、网格的，而不是单一的和等级化的。随着我国经济的发展和社会的进步，社会主体越来越多元化，利益格局越来越多样性，这就要求包括政府、非政府组织、企业、社会中介、民间组织、公民个人在追求生态利益过程中，产生良性互动，构建和谐关系。

（三）发展发达的生态经济

生态文明是发达的生态经济文明。走生态文明的发展道路并不是不要经济的发展，而恰恰相反，发展依然是第一要务，关键在于借助科学技术的力量废弃工业文明的发展模式，着力调整经济结构，转变发展方式，发展生态产业，使经济发展建立在资源节约、环境友好的基础上，建立在生态良性循环的基础上，其基本价值取向是：是否有利于可持续发展，是否有利于生态环境的保护，是否有利于人与自然的和谐相处。发达的生态经济大体上可分为绿色经济、低碳经济和循环经济三种类型。这三种类型的经济本质上都是符合可持续发展理念的生态经济发展模式，在指导思想上追求人类和自然界相互依存、相互影响，讲求经济发展要在资源环境的承载力范围内；在具体实践中追求资源的节省，利用效率的提高，进行清洁生产，倡导适度消费、物质尽可能多次利用和循环利用；在最终目标上追求促进人与自然和谐和经济社会的可持续发展。

（四）　培育完善的生态体制

体制文明是很重要的文明。体制是对人类生产生活行为作出的制度安排，建设生态文明需要有完善的体制机制作为保障，包括政治体制、经济体制和法律体制。

工业文明的政治体制的本质特征是资本专制主义，它以资本投资效益最大化为目标，以个人主义为哲学基础，社会和自然只是达到个人价值的目的和手段。以生态文明的政治体制则应该是以社会的根本利益为出发点，维护社会的根本利益的制度安排，其中特别要关注人类生存环境的保护和生态文明建设。

社会主义市场经济体制是有利于生态文明的经济体制。其优势在于，力求使资源的价格充分反映生态、资源和环境的真实成本，让污染者、资源开发和使用者承担环境和生态破坏的损失、资源耗竭的成本，从而构建合理的资源价格体系，促使市场主体减少资源的浪费和对生态环境的破坏，从事节能、环保、资源有效利用的经济活动，进而促进资源节约型社会经济体系的形成。具体表现为：（1）实行绿色GDP制度，将体现生态、自然、环保等绿色GDP要素统计进去，把环境成本从经济增长的数值中扣除，以绿色GDP作为衡量经济发展的重要指标。（2）实施绿色经济政策，运用价格、税收、财政、信贷、收费、保险等经济手段，影响市场主体行为，包括：其一，绿色市场准入，对"两高"企业实行初始准入限制和动态淘汰机制。其二，绿色价格，形成反映市场供求关系、资源稀缺程度、环境损害成本的生产要素价格机制，推进资源性产品价格和环保收费改革。其三，绿色税收。对开发、保护、使用环境资源的纳税单位和个人，按其对环境资源的开发利用、污染、破坏和保护的程度进行征收或减免税收。其四，排污权交易。提高排污收费水平，调动污染者治污的积极性在资源价格改革中充分考虑环境保护因素，以价格和收费手段推动节能减排。（3）实行资源有偿使用制度、生态环境补偿机制和严格的环境保护目标责任制。生态补偿是以保护和可持续利用生态系统服务为目的，以经济手段为主调节相关者利益关系的一种制度安排，主要包括对生态环境本身保护（恢复）或破坏的成本进行补偿，对个人或区域保护生态系统和环境的投入或放弃发展机会的损失进行补偿，以及对具有重大生态价值的区域或对象进行保护性投入。

生态文明建设不仅需要生态道德的力量来推动，也需要法律法规进行"硬约束"。法律作为以国家强制力为保障的调整社会关系的工具，在保护生态环境和资源的合理利用方面是一种非常重要的手段。从国际社会来看，国际环境法的迅速发展增强了国际环境保护措施的有效性和强制性，对各国经济和社会发展进程产生深刻影响。未来的国际社会，将通过立法来解决国际环境争端，防止冲突和发展合作关系，保证国际环境安全。在我国生态环境的法制建设还比较滞后的情况下，环境法律体系尚不完备，如缺少约束政府行为的环境法律，环境民事赔偿尚无法律依据，弱势群体受到环境损害后得不到必要补偿，处罚力度弱，缺乏强制手段，违法成本低，守法成本高、执法成本高等。因此，必须建立和完善适合中国国情的环境保护法律体系，并严格执法，为生态文明建设提供法律保障。

（五）确立合理的生态消费

人类的消费模式直接体现着人与自然的关系。在工业文明社会，高消费是经济发展的原动力，在"物质主义——经济主义——享乐主义"思想指导下，遵循"增加或消费更多的物质财富就是幸福"，"充分享受更丰富的物质即为美"的价值观，通过世界科学技术的发展，形成了大量生产大量消费的生产生活模式。生态消费是一种绿化的或生态化的消费模式，它是指既符合物质生产的发展水平，又符合生态生产的发展水平，既能满足人的消费需求，又不对生态环境造成危害的一种消费行为。这种合理性主要表现为消费是在维护自然生态环境的平衡的前提下，在满足人的基本生存和发展需要的基础上的适度的、绿色的、全面的、可持续的消费，它超越物质主义和享乐主义，最大限度地减少对能源的消耗和对环境的破坏，具有精神消费第一性的特点。

建立合理的生态消费，一是要加强消费引导，引导正确的消费观念，引导合理的消费需要，引导加强精神文化消费；二是要加强消费者教育，向消费者倡导科学、合理、文明的消费观念，教育消费者形成良好的消费习惯，努力提高消费者的素质；三是要推行可持续消费政策，促使消费者由传统的消费理念向可持续消费理念转变，促使建立与合理消费结构相适应的产业结构，积极扶持绿色消费运动。

（六）建成良好的生态环境

任何人都必须生活在一定的环境之中，优美的生态环境，使人的生态需要得到最好的满足，是人类的最大幸福；恶劣的生态环境，不仅无法满足人的享受、发展的需要，而且影响人的生存，甚至造成人类的悲剧。生态环境，是决定人类命运的头等大事，也是建设生态文明的出发点和归属。

四、中国特色生态文明建设
道路的基本框架

基于前述分析的发达国家经验与模式，中国生态文明建设的目标、阶段、重点，可以概括出中国特色生态文明建设道路的基本框架。具体来说，包括下述十个部分，这也是中国生态文明的十大支柱。

一是生态友好型发展方式。这是中国特色生态文明建设道路的总体基础，是中国生态文明的发展方式支撑。生态不文明在很大程度上说是一种发展方式现象。生态文明必须建立在生态友好的发展方式的基础上。中国现有发展方式是生态破坏型发展方式，因此，加快生态破坏型发展方式向生态友好型发展方式的转变，是中国特色生态文明建设的长远支撑和总体基础。

二是低碳产业结构。这是中国特色生态文明建设道路的现实基础，是中国生态文明的产业支撑。生态文明化程度与产业格局密切相关，产业结构的高碳化是传统生态破坏型发展方式的基础，因此，构建低碳化产业结构，推广低碳产业技术，形成低碳发展结构，是中国生态文明建设的现实基础。

三是生态制度安排。这是中国特色生态文明建设道路的制度安排，是中国生态文明的制度支撑。生态文明建设需要体制机制和制度安排的支撑。当今时代，这种体制机制的核心，是将生态环境资源化、价值化的市场机制，主要采取市场定价、市场交易的方式。以市场化为核心构建生态文明的制度框架，是中国特色生态文明建设可持续推进的制度保障。

四是生态科技创新。这是中国特色生态文明建设道路的核心支柱，是中国生态文明的技术支撑。生态问题的解决最根本的是靠技术创新，生态文明建设最根本的也是靠新的技术。因此，面向生态文明的科技创新是中国特色生态文明建设的基本内容。

五是"两型"社会。这是中国特色生态文明建设道路的社会基础。生态文明建设需要社会基础。传统经济体制下，整个社会的生产、消费以及管理行为缺乏基于环境友好和资源节约的社会约束和规范，社会运行呈现出整体的资源浪费和环境破坏特征。因此，构建资源节约型和环境友好型社会，是建设中国特色生态文明的基础工程。

六是合理的空间经济布局。这是中国特色生态文明建设道路的空间依托。不合理的国土开发与空间布局不仅拉大原燃料和动力的输送距离，导致能源损耗和污染，加剧局部地区和局部产业生态破坏，更重要的是促使地区经济结构简单重复和趋同，导致专业化分工协作效率与效益损失，导致生态效率与效益损失。因此，按照生态文明要求推进国土开发合理布局，是中国特色生态文明建设道路的空间依托。

七是开放合作格局，这是中国特色生态文明建设的开放格局，是中国生态文明的国际支撑。在全球化背景下，生态文明建设已经成为全球任务，需要各个国家协同推进，中国要推进自身的生态文明建设，需要发挥自身优势，加强国际合作，利用国际资源，才能一方面为人类生态文明建设做出自身贡献，同时提升自身的生态竞争力。

八是生态文化。这是中国特色生态文明建设的文化基础。生态文明建立在生态文化的基础上，建设生态文化，包括提高人的"生态商"，增强社会人群的生态意识，提升人的"生态人格"，是推进生态文明建设内生动力和思想基础，因此也是中国特色生态文明建设道路的文化支撑。

九是评价体系。这是中国特色生态文明建设的"指挥棒"和"风向标"。评价标准影响人的行为，传统干部绩效评价体系主要关注经济增长速度和规模，相对忽视对环境的破坏和治理。要建设生态文明，必须确立与生态文明建设要求相适应的绩效、政绩评价体系，构建中国特色生态文明建设的引导系统。

十是生态理论联盟。这是中国特色生态文明建设的理论支撑。用生态文明的视野关照现有理论，可以发现，社会科学和人文科学诸多重大领域的理论视野存在严重的生态缺失，需要通过将生态文明植入，通过理论"绿化"，形成有利于生态文明建设的人文社会科学理论联盟，构成中国特色生态文明建设的理论支持体系。

第七章

生态友好型发展方式：中国生态文明建设的总体基础

生态文明是人类经济社会发展进程中产生的一种历史现象，因此，生态文明本质上是一种发展现象，或者说是一种发展方式的派生现象。构建生态友好的发展方式，实现发展与生态的良性互动与共赢，是生态文明的总体基础。中国现有发展方式是生态破坏型发展方式，因此，加快生态破坏型发展方式向生态友好型发展方式的转变，是中国特色生态文明建设首先必须解决的问题。

建设生态文明与转变发展方式的关系

生态文明最终取决于发展方式对生态是否文明和亲和。在一定程度上说，生态文明与发展方式是一对矛盾。其中，发展方式是因，生态文明是果，生态文明程度是发展方式科学合理程度的函数，生态文明化程度与发展方式科学化程度，两者是正相关的关系，生态文明建设的推进程度与发展方式的转变程度也是正相关的关系。

一、发展方式应该包含生态文明

生态文明与发展方式两者的关系呈现比较复杂的格局。一方面，从长远逻辑包容性角度看，生态文明作为人类按照生态原则处理人、经济社会与自然发展的物质与精神成果的总和，包括发展方式的内容。另一方面，从即期现实关系角度看，发展方式决定生态文明的程度与状况，反过来，生态文明也反作用于发展方式。

（一）经济发展的过程应该也是生态文明建设的过程

经济增长是指一国（地区）在一定时期内经济总量即产品和劳务的增加，通常以国民生产总值（GNP）、国内生产总值（GDP）及其人均值或增长率来表示。经济增长着重强调经济总量的扩张、经济规模数量上的扩大。而经济发展的内涵比经济增长更广泛、深刻，它强调经济系统由小到大、由简单到复杂、由低级到高级的变化，是一个量变和质变相统一的概念。不仅包含生产要素投入变化，而且包括发展的动力、结构、质量、效率、就业、分配、消费、生态和环境等因素，涵盖生产力和生产关系、经济基础与上层建筑各个方面。

经济发展不仅重视经济规模扩大和效率提高，更强调经济系统的协调性、经济发展的可持续性和发展成果的共享性。协调性是指经济发展各种要素的作用要有机整合，供求总量和结构要平衡合理，产需衔接连贯密切；可持续性是指经济增长与资源环境承载能力相适应；共享性是指全体人民能够充分分享经济发展的物质文化成果。经济发展主要从以下几方面度量：国民经济的增长速度、经济结构的演进、生活水平的提高、收入分配状况的改善、人民群众得到实惠、人民参与发展的程度提高、生态文明化程度以及经济社会发展与环境协调程度的提高等。

因此，在经济建设过程中重视生态文明，不断提升经济社会发展与生态协调程度，本身就是经济发展的题中应有之义。

（二）经济发展方式应该包含生态文明的建设方式

经济增长方式，就是指推动经济增长的各种生产要素投入及其组合的方式，其实质是依赖什么要素，借助什么手段，通过什么途径，怎样实现经济增长。[①] 按照马克思的观点，经济增长方式可归结为扩大再生产的两种类型，即

---

①　上述定义是吴敬琏依照前苏联的政治经济学的思路提出来的。林毅夫等人则把经济增长方式定义为：某种经济在实现经济增长时生产率提高和要素积累的贡献的相对大小。两个定义没有实质上的区别，只不过是后一个定义更注重经济增长中生产率的提高和生产要素的积累各自对经济增长贡献的大小。

内涵扩大再生产和外延扩大再生产。现在经济学界结合发达国家和一些发展中国家的实践将经济增长方式大体分为两种类型：一是通过增加生产要素占用和消耗来实现经济增长的粗放型经济增长方式；二是通过提高生产要素质量，优化生产要素配置和提高利用效率来实现经济增长的集约型经济增长方式。[①]

所谓经济发展方式则是指在一定的经济发展阶段、一定的经济发展战略和经济体制下，推动经济发展的方法和路径，最终达到经济社会、人以及自然环境统一发展的方式。它不仅包含生产要素投入后更多的产出和变化，还包括产品生产和分配所依赖的技术和体制上的改变，意味着产业结构的改变以及各部门间投入分布的改变，包括发展的动力、结构、质量、效率、就业、分配、消费、生态和环境等要素和质的变化过程，涵盖自然环境、生产力和生产关系，经济基础和上层建筑各个方面，包括上述各个方面的全面的进步过程。

可见，无论是经济增长方式还是经济发展方式，都具有如何处理经济社会发展和自然环境关系的内容，不同的是，在经济发展方式中，资源、环境、自然、生态等只是作为外生的投入要素考虑的，而在经济发展方式中，资源、环境、自然、生态是作为内生的发展要素，是决定发展方式特征的内生变量。

二、生态文明化程度是发展方式
科学化程度的基本标志

经济发展方式具有不同的类型。从经济发展理论来看，发展方式可以从两个侧面进行划分，一是从需求拉动角度来划分，二是从供给推动角度来划分。[②] 从第一个角度来看，经济发展具有三个拉力，也就是通常所说的三驾马车，即消费、投资、出口。在现实经济发展中，由于拉力作用大小的差异，需求拉动型经济发展方式又可细分为以投资为主导的需求拉动型经济发展方式、以消费为主导的需求拉动型经济发展方式、内需主导型的经济发展方式、外需主导型的经济发展方式等。从第二个角度来看，经济发展具有三个方面的推动

---

① 把经济增长方式划分为粗放型的增长方式和集约型的增长方式是我国学术界目前通常的一种划分方法。而林毅夫等人把经济增长方式划分为全要素生产率增进型的经济增长、资本密集型经济增长、劳动密集型经济增长和土地（或自然资源）密集型经济增长四类，后三类统称为"要素积累型增长方式"。详细内容参见林毅夫、苏剑："论我国经济增长方式的转换"，《管理世界》2007 年第 11 期。

② 黄泰岩："中国经济学的历史转型"，《经济学动态》2007 年第 12 期。

力，即要素供给、结构供给、制度供给。要素供给是指各种生产要素的自然禀赋及其投入，包括资本、土地、劳动、管理、技术、知识等；结构供给是指经济结构的调整，主要包括产业结构、城乡结构、地区结构、收入分配结构等，结构调整的实质是通过对要素存量的重新配置，实现结构的优化升级，推动经济的发展；制度供给包括正式制度供给和非正式制度供给，它主要是通过制度的演进推动经济发展，制度供给实质上就是改革，通过改革来促进发展。[①] 在现实经济发展中，由于推动力作用大小的差异，又可将其细分为要素供给推动型经济发展方式、结构优化推动型经济发展方式和制度供给型经济发展方式。在要素供给推动型经济发展方式中又可按以什么要素为主导做进一步的细分，如以资源、劳动力为主导的供给型经济发展方式、以技术进步为主导的供给型经济发展方式等。上述分类与特征应该说是发展方式类型的规范分类，所谓的"就业优先发展方式"、"高投入、高消耗、高排放的传统发展方式"、"可持续发展方式"等表述，则是上述分类的派生说法。

如何评价不同经济发展方式？传统的经济理论认为，不同国家由于要素禀赋、发展战略、经济体制、社会环境的不同，选择不同的发展方式。不同的发展方式适应不同的发展条件，因此，发展方式本身没有优劣之分，只有是否符合国情的问题。其所以如此，是因为传统经济理论将资源环境和自然生态作为经济发展的外生变量，是可以无限供给的要素。因此，这种视角是偏狭的。

当今时代，伴随经济全球化、生态危机全球化、生态文明建设全球化进程的推进，各个国家发展方式的优劣应该有适应全球化进程的共同评价标准。从经济理论的发展来看，伴随人们逐渐意识到资源供给有限性和生态空间有限性，已经开始将生态环境和自然资源纳入经济理论体系，并提出可持续发展理论。在这种理论基础上，不同发展方式的评价就有一个共同标准，即对生态环境的友好程度。换句话说，不管哪个国家的发展方式，不管如何适合国情，但是，其优劣的最终评价标准，在于是否有利于资源节约和环境保护，是否有利于生态文明建设。

① 黄泰岩："中国经济学的历史转型"，《经济学动态》2007 年第 12 期。

第二节

中国传统发展方式具有生态不可持续性

上述标准为评价中国传统发展方式以及转变传统发展方式提供了一个新的视角。用这种视角来看，中国传统发展方式具有生态不可持续性，已经受到严重的生态约束。

一、中国传统发展方式的类型特征

加快转变发展方式已经成为中国"十二五"规划时期经济社会发展的主线。什么是转变发展方式，从原来的发展方式转向什么样的发展方式，这些问题需要探讨。

（一）从宏观角度认识传统发展方式

胡锦涛总书记在 2008 年 4 月 28 日中共中央政治局进行第五次集体学习时的讲话指出，所谓转变经济发展方式，就是要"大力推动经济增长由粗放型向集约型转变、由片面追求经济增长向全面协调可持续发展转变"①。这实际上是指出了转变发展方式的方向，关于这一问题，学术界和决策界仁者见仁、智者见智，没有一个统一的定论。王一鸣认为，转变经济发展方式，不仅要求转变经济增长方式，还要求实现经济结构优化升级，经济社会协调发展、人与自然和谐发展及人的全面发展②。郑立新认为，转变经济发展方式，就是要形成与科学发展观的要求相一致的发展方式，要求我们在继续转变经济增长方式的同时，尽可能地扩大国内消费，增强消费对经济增长的拉动作用。同时，加快农业的现代化，大力发展第三产业。要从调整需求结构、改善供给结构和提

---

① "胡锦涛强调加快转变经济发展方式"，http://news.xinhuanet.com/mrdx/2008-04/30/content_8081191.htm.

② 王一鸣："如何转变经济发展方式"，http://www.gzw.dl.gov.cn/article/2007/1101/article_12261.html.

高生产要素质量、优化生产要素结构三个方面采取综合性措施，实现经济的又好又快发展。① 张卓元认为，转变经济发展方式总的要求是，提高发展的质量，增加发展的"绿色"成分，好字当头，好中求快，实现可持续发展。与转变经济增长方式相比较，转变经济发展方式在内涵上的新扩展包括：一是改善或优化产业结构。二是扩大消费、改善民生，增强消费对经济增长的拉动作用。三是建设创新型国家，提高自主创新能力。四是节能减排、保护环境和生态。② 黄泰岩认为，转变经济发展方式，就是要在经济发展的进程中紧紧围绕以人为本这个核心，真正做到全面协调可持续发展，统筹城乡发展、区域发展、经济社会发展、人与自然和谐发展、国内发展和对外开放，使经济发展朝着有利于人和社会全面发展的目标前进。③

上述观点都是在一个较短的时段内界定转变发展方式的目标，对于转变发展方式的起点和"此岸"是什么讨论不多。我们认为，应该在一个较长的历史跨度上界定中国发展方式转变的对象。正如中国共产党十七届五中全会指出的，"加快转变发展方式是一场深刻的变革"。既然是一场是深刻的变革，其对象必然具有深厚的历史基础。

中国的传统发展方式至少具有 60 年的历史，它发源于新中国成立以后前 30 年间的计划经济体制时期，形成于改革开放 30 年间，是一个经历了计划经济体制时期、计划经济体制向市场经济体制转轨时期以及市场经济三个时代，因此具有特定的历史积淀和历史内涵，同时具有顽固性。

（二）中国传统发展方式的基本特征及其强化

按照前面所述划分发展方式的标准，中国传统发展方式属于投资拉动、要素驱动型发展方式，这是其本体特征。由于这一特征，中国传统发展方式呈现出粗放型增长的运行特征。

新中国成立以后的前 30 年间，中国形成了以高投入低产出、高消耗低收益、高速度低质量的"三高三低"为基本特征的传统经济增长方式。具体表现在，一是技术进步对经济增长的贡献率低。改革开放前，中国的综合要素生产率对经济增长的贡献率仅为 0.16%④，远低于同期世界 10% 的平均水平。二

---

① 郑立新："论'三个转变'"，《求是》2008 年第 1 期。
② "贯彻落实科学发展观，转变经济发展方式"，《光明日报》，2007 年 12 月 11 日。
③ 黄泰岩："转变经济发展方式的内涵与实现机制"，《求是》2007 年第 9 期。
④ 张军扩："'七五'期间经济效益的综合分析"，《经济研究》1991 年第 4 期。

是高速度与低效率并存，经济增长呈现出数量扩张特征。据统计，1949—1980年中国工业固定资产增长 26 倍，工农业总产值增长了 15.1 倍，但国民收入只增长 4.2 倍，全国人民平均消费水平只提高一倍①。三是经济增长呈现出明显的结构失衡特征。重工业产值占工农业总产值的比重由 1949 年的 7.9% 上升到 1978 年的 42.6%②。重工业的超前发展一方面牺牲了农业，抑制了第三产业；另一方面也造成了轻工业的滞后和基础工业的瓶颈，使产业结构严重失衡。总体说来，改革开放前 30 年的经济增长是典型的粗放型经济增长方式。这种方式到"文革"结束时已经难以为继。

改革开放 30 多年来，传统"三高三低"增长方式转变为"四高四低"的发展方式。即除了高投入低产出、高消耗低收益、高速度低质量以外，又出现了高出口依赖低内需拉动的新的特征。

一方面，这一时期转变传统增长方式的主观愿望日渐强烈。从指导思想层面，先后提出了"探索新路子"、"以效益为中心"、"实行集约经营"、"推进增长方式根本性转变"、"走新型工业化道路"、"转变发展方式"等战略思想。1981 年，第五届全国人民代表大会第四次会议要求真正从中国实际出发，走出一条速度比较实在、经济效益比较好、人民可以得到更多实惠的新路子，③这是尝试转变经济增长方式的开端。1982 年党的十二大提出，要"把全部经济工作转到以提高经济效益为中心的轨道上来"④，其实质也是转变传统经济增长方式。1987 年 10 月，党的十三大提出，要"从粗放经营为主逐步转上集约经营为主的轨道"。1995 年，《中共中央关于制定国民经济和社会发展"九五"计划和 2010 年远景目标的建议》指出，要推进两个具有全局意义的根本性转变，一是经济体制从传统计划经济体制向社会主义市场经济体制转变，二是经济增长方式从粗放型向集约型转变。2002 年 9 月，党的十六大提出要走新型工业化道路，将"新型工业化"道路正式概括为"坚持以信息化带动工业化，以工业化促进信息化，走出一条科技含量高、经济效益好、资源消耗

---

① 《中华人民共和国第五届全国人民代表大会第四次会议文件》，人民出版社 1981 年版，第 12 页。

② 《中国统计年鉴 1984》，中国统计出版社 1984 年版，第 308 页。

③ 《中华人民共和国第五届全国人民代表大会第四次会议文件》，人民出版社 1981 年版，第 12 页。

④ 中共中央文献研究室编：《新时期经济体制改革重要文献选编（上）》，中共中央文献出版社 1998 年版，第 128 页。

低、环境污染少、人力资源优势得到充分发挥的新型工业化路子"[1]。党的十七大提出科学发展观，并明确提出转变发展方式的途径，即促进经济增长由主要依靠投资、出口拉动向依靠消费、投资、出口协调拉动转变，由主要依靠第二产业带动向依靠第一、第二、第三产业协同带动转变，由主要依靠增加物质资源消耗向主要依靠科技进步、劳动者素质提高、管理创新转变。

　　另一方面，传统"三高三低"的增长方式依然存在。1979—2008 年，按照当年价格计算，国内生产总值增长 73 倍，而全社会固定资产投资增长 150 倍[2]，30 年间，能源生产弹性系数和能源消费弹性系数没有发生显著变化，其中，2000 年以来，这两个弹性系数都明显上升。[3] 从投资效率来看，中国的"增量资本—产出比"（即 ICOR，Incremental Capital – Output Ratio）自 20 世纪 90 年代中期开始出现了上升的趋势，近几年保持在 4.7—5.0 的高位，而发达国家的"增量资本—产出比"一般为 1—2。[4] 按照当年价格计算，1979—2008 年间，中国国内生产总值增长 73 倍，而居民消费水平仅增长 38 倍，其中城市居民消费水平增长 31 倍，农村居民消费水平增长 22 倍，[5] 可见，经济增长的高投入低产出、高消耗低收益、高速度低质量特征没有发生根本性变化。

　　与此同时，发展方式出现新的不合理变化，即在对外开放条件下，出现了高出口依赖低内需拉动的新特征。改革开放以来，特别是进入 21 世纪以来，中国的出口依赖度迅速上升。从 1978 年的 4.6% 上升到 2000 年的 20.8%，再上升到 2007 年的 35.2%，2008 年尽管出口市场受到严重冲击，仍然维持在 33.3% 的高位水平。[6] 由于出口依赖度的提升，净出口对国内生产总值增长的贡献率迅速提高，2005 年达到 24.1%，接近四分之一。2006 年、2007 年分别为 19.7% 和 19.3%，接近五分之一。相应地，最终消费贡献率和资本形成贡献率不断

---

　　①　江泽民："全面建设小康社会，开创中国特色社会主义事业新局面"，人民出版社 2002 年版，第 21 页。

　　②　中华人民共和国国家统计局：《中国统计年鉴 2009》，中国统计出版社 2009 年版，第 37、169 页。

　　③　中华人民共和国国家统计局：《中国统计年鉴 2009》，中国统计出版社 2009 年版，第 247 页。

　　④　李同宁："中国投资率与投资效率的国际比较及启示"，《亚太经济》，2008 年第 2 期，第 23—28 页。

　　⑤　中华人民共和国国家统计局：《中国统计年鉴 2009》，中国统计出版社 2009 年版，第 37、61 页。

　　⑥　中华人民共和国国家统计局：《中国统计年鉴 2009》，中国统计出版社 2009 年版，第 37、723 页。

下降，两种内需的加总贡献率从 2000 年的 87.5% 下降到 2005 年的 75.9%。[①]

从上面的分析可见，改革开放 30 多年来，中国发展方式转变成效甚微。相反，伴随出口依赖度的提高，在原有结构失衡的基础上，增加了动力失衡的缺陷。改革开放 30 多年的发展方式与改革开放前 30 年的发展方式没有本质区别，区别只是在于，前 30 年的发展方式是在封闭半封闭条件下形成的，具有"三高三低"的特点，后 30 多年的发展方式是在开放条件下形成的，具有"四高四低"的特点。从这个意义上说，后 30 多年的发展方式是前 30 年发展方式在新的历史条件，即开放条件下的延续和翻版。

二、中国传统发展方式具有生态不可持续性

如果说投资拉动、要素驱动是中国传统发展方式的本体特征，粗放增长是中国传统发展方式的运行特征，那么，生态不可持续性则是中国传统发展方式的重要属性。

（一）传统发展方式的生态不可持续性的表征

中国传统发展方式的要素驱动特征主要表现为资源、矿产与生态环境等要素的大量投入，粗放增长主要表现为对生态环境的粗放利用，因此，传统发展方式下的发展与生态环境形成尖锐矛盾。伴随经济发展，生态环境恶化日趋严重。生态成本已经开始抵消经济收益，表明传统经济发展方式已经显现生态不可持续性。

1. 部分污染物排放量已经超过环境承载力

环境承载力是指地球或任何一个生态系统所能承受的最大限度的影响[②]。环境污染物排放量如果突破环境承载力，生态环境就会遭到破坏，污染物也会不断累积，使生态环境持续遭受破坏。

中国环境科学研究院的研究表明，在全国能源结构、产业结构、城市布局、气象条件等没有发生重大变化以及不考虑新疆和西藏地区的前提下，全国

---

① 中华人民共和国国家统计局：《中国统计年鉴 2009》，中国统计出版社 2009 年版，第 57 页。

② 世界自然保护联盟、联合国环境规划署、世界野生生物基金会：《保护地球——可持续生存战略（1991）》，转引自中国科学院可持续发展研究组：《中国可持续发展战略报告（2002）》，科学出版社 2002 年，第 106 页。

二氧化硫排放量控制在 1200 万吨左右的情况下，全国大部分城市的二氧化硫浓度才可以达到国家二级标准。如果满足硫沉降临界负荷的要求，中国二氧化硫年排放总量水平应最终控制在 1620 万吨左右。也就是说，要使二氧化硫的排放处在生态系统所能承受的降解能力之内，全国最多能容纳 1620 万吨左右的排放量[①]。如图 7 - 1 所示，自 1981 年以来，我国二氧化硫的排放量从未低于 1200 万吨，而自 1991 年以来则从未低于 1620 万吨，且呈现出逐步扩大的趋势，2006 年二氧化硫排放量高达 2588.8 万吨[②]。而且，上述数据未包括日益增加的乡镇工业二氧化硫排放量。可见，二氧化硫排放量已经超出环境承受力。

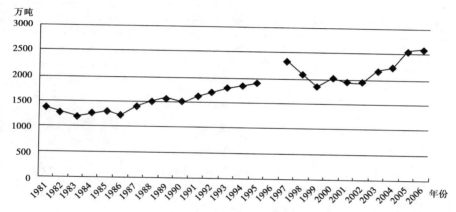

图 7 - 1　历年二氧化硫排放量

另有数据显示，2001 年 COD 排放总量为 1405 万吨，大约高于环境承受能力的 40% 左右[③]。以此为标准，1985 年 COD 排放量已经达到 726.9276 万吨，

---

① 王金南、曹东等著：《能源与环境：中国 2020》，中国环境科学出版社 2004 年版，第 68—69 页。

② 1981—1990 年数据来自国家环境保护局编：《中国环境统计资料汇编（1981—1990）》，中国环境科学出版社 1994 年版，第 46—49 页；1991—2001 年数据来自《中国环境年鉴》编辑委员会编：《中国环境年鉴（1992）》，第 121 页；《中国环境年鉴（1993）》，第 64—65 页；《中国环境年鉴（1994）》，第 84—85 页；《中国环境年鉴（1995）》，第 73—74 页；《中国环境年鉴（1996）》，第 477 页；《中国环境年鉴（1997）》，第 64—65 页；《中国环境年鉴（1998）》，第 173 页；《中国环境年鉴（1999）》，第 126 页；《中国环境年鉴（2000）》，第 211 页；《中国环境年鉴（2001）》，第 125—126 页；《中国环境年鉴（2002）》，第 219 页。其他年份数据来自历年国家环境保护部：《全国环境统计公报》。

③ 中国社会科学院环境与发展研究中心：《中国环境与发展评论（第二卷）》，社会科学文献出版社 2004 年版，第 43 页。

接近最大允许排放量，而至少自 1997 年之后，COD 排放量则从未低于 1300 万吨。也就是说，至少自 1997 年之后，COD 排放量每年至少超过环境承受能力的 30%（如图 7－2 所示）①。

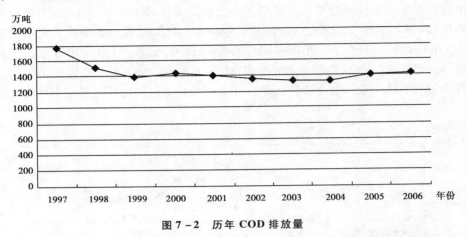

图 7－2　历年 COD 排放量

另外，从 20 世纪 90 年代初到 21 世纪初的近 10 年的氮氧化物环境质量来看，氮氧化物的环境容量也基本处于饱和状态②。

可见，一些主要污染物排放量早已突破环境承载力。长期突破环境承受力的经济发展方式和经济发展显然是难以持续的。

2. 资源的开采与消费也形成了巨大的环境压力

由于传统发展方式过度依赖资源，伴随经济发展，不断加大对资源的开采力度。资源开采与消费也已对我国环境造成巨大破坏，具体而言，主要表现在以下三个方面：

（1）矿山开采占用、破坏大量土地。全国因采矿累计占用土地约 586 万公顷，破坏土地 157 万公顷，且仍以每年 4 万公顷的速度递增（而矿区土地复耕率仅为 10%，比发达国家低 50 多个百分点）。采矿业废弃地迅速增加，大量破坏耕地，被破坏耕地面积达 26.3 万公顷。矿区采空区地表塌陷则是破坏土地资源另一重要因素。据不完全统计，我国因采矿业造成的地表塌陷面积已

---

① 1997—2001 年数据来自《中国环境年鉴》编辑委员会编：《中国环境年鉴（1998）》，第 173 页；《中国环境年鉴（1999）》，第 126 页；《中国环境年鉴（2000）》，第 211 页；《中国环境年鉴（2001）》，第 125—126 页；《中国环境年鉴（2002）》，第 219 页。其他数据来自历年国家环境保护部：《全国环境统计公报》。

② 王金南、曹东等著：《能源与环境：中国 2020》，中国环境科学出版社 2004 年版，第 69 页。

达 500 万—600 万亩，其中损坏耕地 160 万亩，倒塌、损害房屋 3800 万平方米[①]。仅仅由煤炭开采区地表塌陷造成的经济损失已经超过 500 亿元[②]。此外，矿产资源开发也对森林、草地资源造成严重破坏。全国因采矿而被破坏的森林面积已达 106 万公顷。

（2）矿产资源开采造成严重的环境污染。矿产资源开采过程中容易造成矿区及周边水系污染。以煤炭开采为例，据调查，全国平均吨煤综合耗水量约 1.6 立方米，2005 年全国产煤 21.9 亿吨，用水总量约 35 亿立方米。煤矿生产大量疏排地下水，加剧了矿区周边地区的供水紧张状况。据调查，全国 96 个国有重点矿区中，缺水矿区占 71%，其中严重缺水矿区占 40%。据统计，山西省采煤对水资源的破坏面积达 20352 平方公里，占全省国土面积的 13%[③]。煤炭疏排水及废水、废渣的排放也造成了严重水污染。2000 年，全国煤矿废、污水的排放量达到 27.5 亿吨。全国累计已有 400 多条河流受到煤矿污、废水的污染[④]。

矿产资源开采也还容易产生固体废弃物。目前矿山固体废弃物占全国工业固体废弃物的 85%。仍以煤炭开采业为例，有数据显示，中国历年煤矸石累计堆存量已近 40 亿吨，占地 1.6 万公顷，且每年仍以 200—300 公顷的速度增加。据国家煤矿安全监督局统计，中国国有煤矿目前存在矸石山 1500 座，其中长期自燃矸石山 380 多座[⑤]。煤矸石中的黄铁矿在空气中易被氧化发生自燃而释放出大量含有二氧化硫、一氧化碳、硫化氢的有毒有害气体；煤矸石风化淋滤也容易使其中的有害物质进入土壤河流，造成水土环境污染。根据国家卫生标准，居民区大气环境中有害物质的最高日均允许浓度二氧化硫为 0.15mg/立方米、硫化氢为 0.01mg/立方米。而内蒙古乌达矿务局跃进矿选煤厂矸石山燃烧区附近二氧化硫日均浓度为 10.6mg/立方米，超标 70 倍，硫化氢日均浓度为 1.5mg/立方米，超标 149 倍。煤矸石自燃及风化后，大风扬尘则可加剧大气中可吸入颗粒物的污染。如甘肃窑街煤矿区大气中总悬浮颗粒年平均浓度超过国家二级标准 9 倍，冬季严重时超标 25 倍。

（3）煤炭消费已成为我国大气污染的主要成因。数据显示，全国烟尘排

[①] 李金发、吴巧生编著：《矿产资源战略评价体系研究》，中国地质大学出版社 2006 年版，第 6—7 页。

[②] 崔民选主编：《2006 中国能源发展报告》，社会科学文献出版社 2006 年版，第 128 页。

[③] 徐华清等著：《中国能源环境发展报告》，中国环境科学出版社 2006 年版，第 28—29 页。

[④] "能源结构调整和优化"，《经济研究参考》2004 年第 84 期。

[⑤] 徐华清等著：《中国能源环境发展报告》，中国环境科学出版社 2006 年版，第 29—30 页。

放量的 70%，二氧化硫排放量的 90%，氮氧化物排放量的 67%，二氧化碳排放量的 70% 都来自于燃煤①。中国以煤为主的一次能源结构则使能源消费的二氧化碳排放密度比世界平均水平高出 26%②。二氧化硫排放是造成酸雨的主要原因。由于燃煤使用增加所导致的二氧化硫排放的增加，我国酸雨区面积不断扩大，到 20 世纪末，全国酸雨区面积已占国土面积的 40%，华中酸雨区酸雨频率高达 90% 以上。每年因酸雨和二氧化硫污染造成的损失达 1100 多亿元③。

3. 生态环境总体呈恶化趋势

首先是酸雨污染范围逐步扩大，明显的污染区域由两个发展到四个。1979 年和 1980 年，对我国重庆地区降雨的监测分析表明，pH 值已达 4.04 至 5.33，接近 1966 年欧洲酸雨的水平。1982 年，在全国性的酸雨普查所获得的 2400 多个监测雨水样本中，属酸雨的占 44.5%④。酸雨的频繁出现，使得酸雨从个别城市出现的特殊现象演变为部分区域出现的普遍现象，从而形成了四川、贵州和江西省酸雨区。此后，酸雨区面积继续扩大。到 20 世纪 90 年代中期，逐步形成了以重庆、贵阳、柳州为中心的西南地区，以南昌、长沙、黄石为中心的中南地区，以厦门、福州为中心的东南地区和以青岛为中心的山东地区等四个酸雨严重地区。酸雨区面积比 20 世纪 80 年代扩大了一百多万平方公里，年均降水 pH 值低于 5.6 的区域面积已占全国面积的 30% 左右。继欧洲和北美之后，中国已经成为世界第三大酸雨区。而且，总的来看，南方地区酸雨对大气环境安全的影响将是长期的，消除这种影响至少还要 20 年的时间⑤。2006 年，全国酸雨发生频率在 5% 以上的区域占国土面积的 32.6%，酸雨发生频率在 25% 以上区域占国土面积的 15.4%⑥。

其次是地表水污染严重，水质明显下降。1983 年排放的工业废水使全国淡水总量的四分之一受到污染。对全国 55000 公里的河段进行的调查显示，不符合饮用水和渔业用水水质标准的河段占 85.5%；不符合农田灌溉用水水质标准的河段占 23.7%。从全国的情况看，各大江河有 12.7% 的干流和 55% 的

---

① 王金南、曹东等著：《能源与环境：中国 2020》，中国环境科学出版社 2004 年版，第 3 页。
② 王庆一："中国的能源效率及国际比较（下）"，《节能与环保》2003 年第 9 期。
③ 《中国环境年鉴》编委会：《中国环境年鉴》（1999），中国环境科学出版社 1999 年版，第 103 页。
④ 余文涛、袁清林、毛文永：《中国的环境保护》，科学出版社 1987 年版，第 127 页。
⑤ 谢振华主编：《国家环境安全战略报告》，中国环境科学出版社 2005 年版，第 58 页。
⑥ 国家环境保护部：《2006 年中国环境状况公报》，国家环境保护部网站，http://www.zhb.gov.cn/plan/zkgb/06hjzkgb/200706/t20070619_105423.htm.

支流受到污染①。1991 年，接受评价的总河长 43562 公里的七大水系中，水质符合《地面水环境质量标准》Ⅰ类、Ⅱ类标准的占评价总河长的 45%；符合Ⅲ类标准的占 11%；符合Ⅳ类、Ⅴ类标准的占 44%②。2002 年，七大水系 741 个重点监测断面中，满足Ⅰ—Ⅲ类水质要求的断面只有 29.1%，属Ⅳ类、Ⅴ类水质的断面也下降到 30.0%，属劣Ⅴ类水质的断面则上升为 40.9%③。2006 年，国控网七大水系的 197 条河流 408 个监测断面中，Ⅰ—Ⅲ类、Ⅳ类、Ⅴ类和劣Ⅴ类水质的断面比例分别为 46%、28% 和 26%。2006 年，27 个国控重点湖（库）中，满足Ⅱ类水质的湖（库）2 个（占 7%），Ⅲ类水质的湖（库）6 个（占 22%），Ⅳ类水质的湖（库）1 个（占 4%），Ⅴ类水质的湖（库）5 个（占 19%），劣Ⅴ类水质的湖（库）13 个（占 48%）④。

再次是近海海域富营养化突出，赤潮发生频繁，面积有所扩大。1989 年我国从北到南相继发生大面积赤潮 7 次，是此前沿海遭受赤潮灾害较重的一年。到 1991 年赤潮发生次数已增加到 38 起，其中东海 24 起，南海 12 起，渤海 2 起。2003 年，全海域共发生赤潮 119 次，累计面积约 14550 平方公里。2006 年，中国海域共发生赤潮 93 次，累计面积约 19840 平方公里，发生 100 平方公里以上的赤潮 31 次，累计面积 18540 平方公里，分别占赤潮发生次数和累积面积的 33% 和 93%⑤。

由于环境状况的恶化，到 20 世纪 90 年代初，总体上，我国环境状况已与发达国家环境污染最严重的 60 年代相仿⑥，而中国当前的环境污染状况却又比十几年前愈加严重。更令人不安的是，在 20 世纪 60 年代，西方发达国家均已实现工业化，而当前的中国仍处于工业化中期阶段。

---

① 国家环境保护局、中央广播电台编：《警惕水污染》，海洋出版社 1985 年版，第 3 页。

② 1988 年 6 月 1 日实施的《地面水环境质量标准》规定，Ⅰ类水质主要适用于源头水、国家自然保护区；Ⅱ类水质主要适用于集中式生活饮用水水源地一级保护区、珍贵鱼类保护区及游泳区；Ⅲ类水质主要适用于集中式生活饮用水水源地二级保护区、一般鱼类保护区及游泳区；Ⅳ类水质主要适用于一般工业用水区及人体非直接接触的娱乐用水区；Ⅴ类水质主要适用于农业用水区及一般景观要求水域。劣Ⅴ类水质即失去了任何可供利用价值的水质。

③ 国家环境保护总局于 2000 年 1 月 1 日起实施了《地表水环境质量标准》以替代《地面水环境质量标准》。相对于原有的标准，新标准在基本项目标准值上变化不大，主要是增加了氨氮和硫化物两项指标，但却取消了苯并（a）芘（3）（ug/L）指标。此外，新标准增加了湖泊水库特定项目标准值和地表水Ⅰ类、Ⅱ类、Ⅲ类水域有机化学物质特定项目标准值两项更为详细的水质标准。

④ 相关年份《中国环境状况公报》。

⑤ 相关年份《中国环境状况公报》。

⑥ 语出国家环保局局长曲格平 1993 年在第二次全国工业污染防治工作会议上的讲话。见《中国环境年鉴》编委会：《中国环境年鉴》（1994），中国环境科学出版社 1994 年版，第 39 页。

最后是生态退化严重，退化趋势仍在持续。据统计，我国每年流失的土壤总量达 50 亿吨。如果按照目前的治理速度计算，要把我国水土流失初步治理一遍，东部地区需要 30 年，中部地区需要 50 年，而西部地区则需要更长时间。土地沙化面积大、分布广、发展速度快。截至 1999 年年底，全国沙化土地总面积达 174.3 万平方公里，占国土面积的 18.2%，涉及全国 30 个省（自治区、直辖市）的 841 个县（市、旗）。据动态观测，20 世纪 70 年代，我国土地沙化扩展速度为每年 1560 平方公里，20 世纪 80 年代为每年 2100 平方公里，20 世纪 90 年代前 5 年每年达 2460 平方公里，后 5 年每年则达到 3436 平方公里。草地退化严重。20 世纪 90 年代末，我国西部和青藏高原传统畜牧区 90% 的草地不同程度退化，其中中度退化以上草地面积已占半数。全国"三化"草地面积已达 1.35 亿亩，并且每年还以 200 万亩的速度增加，草地生态形势十分严峻。湿地面积减少，导致湿地功能不断下降。长江流域原有通江大湖 22 个，面积 1.7 万平方公里，20 世纪 80 年代仅剩 6605 平方公里，湖面减少近 2/3，湖泊容积减少 600 亿—700 亿立方米，调蓄能力大大降低。由于生态退化，全国水旱灾害不断加剧，受灾比例不断升高。全国水旱灾害受灾比例已从 20 世纪 50 年代的 14.11%，升高到 20 世纪 90 年代的 26.78%[①]。

4. 环境恶化已经造成了巨大健康损害、生态破坏和经济损失

1990—1998 年各类灾害造成的直接经济损失年均 1000 亿元（按 1990 年可比价计算），分别相当于同期国内生产总值和国家财政收入的 1.4% 和 29.4%。其中，1991 年、1994 年、1996 年灾情严重，直接经济损失分别为 1216 亿元、1876 亿元和 2882 亿元（当年价），分别相当于同年国内生产总值的 5.62%、4.01% 和 4.20%，相当于同年国家财政收入的 38.6%、36.0% 和 38.9%，是美国（0.78%）的数十倍。据全国各省、自治区提供的资料，20 世纪末生态灾害造成的经济损失占 GDP 总量的 4%—13%[②]。

据世界银行的估计，1990 年，中国与水污染有关的死亡人数达 13.4 万人，占中国死亡总人数的 1.5%；与大气污染有关的死亡人数为 189.9 万人，占中国死亡总人数的 21.2%[③]。2006 年，共发生环境污染与破坏事故 842 次，

---

① 国家环境保护总局编著：《全国生态现状调查与评估（综合卷）》，中国环境科学出版社 2005 年版，第 14、15、21、33、35 页。

② 国家环境保护总局编著：《全国生态现状调查与评估（综合卷）》，中国环境科学出版社 2005 年版，第 55 页。

③ 世界银行：《碧水蓝天：展望 21 世纪的中国环境》，中国财政经济出版社 1997 年版，第 19 页。

直接经济损失 13471.1 万元①。

　　为了更全面掌握中国环境损害造成的经济损失情况，一些国内外学者和研究机构还对环境损害造成的总体经济损失进行估算，取得了一些有价值的研究成果（见表 7－1）。估算的范围包括健康损失、农作物损失、森林损失、工业损失、旅游损失等十几个方面。

表 7－1　　　　　有关中国环境损害成本估算的若干代表性研究结果

研究者	数据年份	评估成果 （单位：10 亿元人民币）		损失/GDP （％）
		环境污染	生态破坏	
Liu & Wang（1998）	1980	44	26.5	16.67
过效民，张慧勤（1990）	1983	38.16	49.76	15.35
曲格平（1994）	1988	95	n. a.	6.75
Smil（1996）	1988	43.7	124.8	9.5
Smil & Yoshi（1998）	1990	98.6	242.7 a/ 38.9 b/	18.75
孙炳彦（1992）	1990	150	n. a.	8.28
孙炳彦（1996）	1992	180	n. a.	7.4
国家环境保护局夏光等	1992	98.61	n. a.	4.04
徐嵩龄（1998）	1993	96.3	239.4	9.72
郑易生	1993 1995	102.92 198.27	n. a.	3.16 3.29
World Bank（1997）	1996	24228 百万美元（d/） 53589 百万美元（c/）	n. a. 106.8e/	3.5d/ 7.7c/
国家环境保护总局	20 世纪 90 年代末			18—25
国家环境保护总局	2004	511.8		3.05

　　注：a/荒漠化。
　　　　b/荒漠化及 desertification and agro－husbandry。
　　　　c/支付意愿法。
　　　　d/人力资本法。
　　　　e/仅死亡一项。
　　统计生命值：600000 元，1990—1991 年。
　　资料来源：中国社会科学院环境与发展研究中心：《中国环境与发展评论（第二卷）》，社会科学文献出版社 2004 年版，第 55—56 页；厉以宁等著：《中国的环境与可持续发展——CCICED 环境经济工作组研究成果概要》，经济科学出版社 2004 年版，第 105 页；《中国环境年鉴 2007》，中国环境年鉴社 2007 年版，第 232 页。

――――――――――

　　①　国家环境保护部：《全国环境统计公报》（2006 年），国家环保部网站，http://www.zhb.gov.cn/plan/hjtj/qghjtjgb/200709/t20070924_109497.htm。

从表 7 - 1 来看，各种研究结果之间虽有一定的差异，但由于基础研究不够、数据缺乏和研究者掌握的信息的不完备，上述研究成果都未能全面涵盖环境损害造成的经济损失，都只反映了环境损害造成的部分经济损失①。可见，环境损害造成的经济损失是非常巨大的。而且，随着突破环境承载力的污染物的不断累积和环境污染程度的加深，自然环境消解污染物的能力将会下降，环境损害损失将会以更快的速度上升。据 2004 年核算结果显示，山西省每年仅环境污染损失大约已占到当地 GDP 的 15%，而同期新增的 GDP 只有 9% 左右②。长此以往，经济增长必然会变得得不偿失的。实际上，这种情况在局部地区已经成为现实。据专家分析，20 世纪 80 年代中后期，小造纸、小制革、小化工、小酿造是污染淮河流域的主要行业，创造的产值约为 30 亿元。但若将受污染的淮河恢复到 60—70 年代水体环境质量状况，治理投入至少需要 150 亿—200 亿元。污染环境获得的经济利益尚不到经济损失的五分之一③。而且，由于当时实行的国民经济核算体系的内在缺陷，这些损失并未被统计在经济增长之中。因此，虽然其间中国经济增长迅速，成就巨大，但如此高昂的环境代价，表明环境成本开始抵消经济收益，不能不令我们怀疑增长的真实性，并担忧中国经济增长的可持续性。

（二）传统发展方式的生态不可持续性的根源

传统发展方式之所以具有反生态属性，是因为上述生态问题源于这种发展方式的逻辑结构。具体来说：

1. 发展方式的重心在于物本发展，忽视人的生态需求

中国传统发展方式是在特定历史条件下形成和发展的，其基本功能是支撑中国的赶超式发展。因此，追求产值、速度、规模，就成为传统发展方式的基本导向，相应地，生态环境保护、社会的生态需求被相对忽视，相反，对速度、规模、总量的追求必然带来对生态环境的破坏。

从中国经济发展推进进程看，经济增长速度与环境污染速度相辅相成。例如，在"大跃进"时期，名义上经济增长速度一度很高，但是，由于过度强调"以粮为纲"，大面积推进围湖造田、垦草造田、毁林造田，导致土壤生态

---

① 中国社会科学院环境与发展研究中心：《中国环境与发展评论（第二卷）》，社会科学文献出版社 2004 年版，第 54 页。

② 张可兴："山西算出我国第一个省级绿色 GDP"，《中国环境报》，2004 年 8 月 20 日，第 1 版。

③ 谢振华主编：《国家环境安全战略报告》，中国环境科学出版社 2005 年版，第 27 页。

严重退化。到 1962 年 9 月，浙江省已经毁林种粮 200 多万亩①。1958—1962 年间，云南省全省毁林开荒达 17.4 万公顷②。1958—1959 年，广东省广宁县两年就毁林开荒 20 多万亩③。湖南省在 1958—1961 年间，毁林开荒共砍伐林木 107 万立方米。据湖北省房县、郧县、郧西、竹山和竹溪等五个县调查显示，1957—1960 年开荒 7.8 万多公顷④。大面积毁林造田，加上围湖造田、垦草造田等行为的大面积发生，中国自然生态出现严重退化。这一时期，北方地区出现严重的土地沙漠化趋势，20 世纪 80 年代初期与 70 年代相比，内蒙古、宁夏、青海的重点地区土地沙漠化面积平均增长 35%⑤。南方水蚀荒漠化和石质荒漠化也在发展。整个南方丘陵山区，由于水蚀造成的荒漠化土地从 20 世纪 50 年代占山区面积的 8.2% 扩大到 80 年代初期的 22.9%⑥。改革开放以来，中国经济高速增长，正是在这一时期，中国进入生态危机急速加剧时期。20 世纪 80 年代，中国经济高速发展，到 1991 年，中国的大气污染排放就开始超过大气空间可降解范围。研究表明，在全国能源结构、产业结构、城市布局、气象条件等没有发生重大变化的前提下，要使二氧化硫的排放处在生态系统所能承受的降解能力之内，全国最多能容纳 1620 万吨左右的年排放量。实际情况是，1991 年二氧化硫排放就突破 1620 万吨，开始超出环境承受力，近年年排放超出承载范围 40% 以上。1985 年，COD 排放量开始突破承载范围，近年年排放已经超过环境承受能力的 30%。21 世纪头十年，中国发展进一步加速，到 2010 年，成为世界经济总量第二大国，但是，中国开始进入生态环境危机加速显性化时代。

2. 发展方式过度依赖要素投入，导致巨大生态消耗

速度型、总量规模扩张型发展建立在粗放型发展模式与重型化产业结构基础之上。这两者加大资源要素的投入需求。改革开放以来，中国的产业结构经历一个短暂的轻型化阶段以后，到 2005 年，中国工业化水平综合指数已达到 50，中国已经进入了工业化中期后半阶段，即以重化工工业为主的阶段。伴随

① 浙江省林业志编纂委员会编：《浙江省林业志》，中华书局 2001 年版，第 457 页。
② 云南省林业厅编撰：《云南省志·林业志》，云南人民出版社 2003 年版，第 334 页。
③ 广东省地方志编纂委员会编：《广东省志·林业志》，广东人民出版社 1998 年版，第 277 页。
④ 《湖北林业志》编纂委员会编：《湖北林业志》，武汉出版社 1989 年版，第 174 页。
⑤ 转引自课题组：《中国荒漠化（土地退化）防治研究》，中国环境科学出版社 1998 年版，第 17 页。
⑥ 转引自课题组：《中国荒漠化（土地退化）防治研究》，中国环境科学出版社 1998 年版，第 19 页。

重化工工业阶段的到来，重工业在国民经济中所占的比重进一步提高，由于重工业本身就有高耗能、高污染的特点，重化工工业阶段的到来更加剧了节能减排、降低环境污染的难度。2007 年在规模以上工业中，重工业增加值同比增长了 19.5%，增速比轻工业快 3.1%，而占全国工业能耗和二氧化硫排放近 70% 的钢铁、有色、电力、石油石化、建材等六大行业的增加值增长了 20.1%，同比高出 3.6%。

中国传统发展是要素投入驱动型的，目前，在经济增长贡献因素中，要素贡献在 60% 以上，技术进步等效率贡献不到 40%。1997—2008 年间，在要素贡献中，土地要素对经济增长的贡献率在 20%—30% 之间，矿产资源贡献率高达 37%，环境资源贡献率 18%，能源贡献率 16%①。粗放发展与重化发展导致巨大的资源消耗。例如，中国能源消费总量持续快速增长，2006 年中国的能源消耗达到了 24.6 亿吨标准煤，钢材消耗量达到了 3.88 亿吨，资源消费增加量占世界资源消费总增加量的比例，包括煤炭、石油和钢等均居世界第一位。当年中国以占世界总量 15% 的能耗、30% 的钢材消耗、54% 的水泥消耗的巨大投入和消耗仅产出了占全球产值总量的 5.5% 的国内生产总值。

3. 体制机制逆生态化，生态保护缺乏制度支撑

在经济增长资源环境约束尚未充分显性化的条件下，中国的整体环境保护的制度建设推进缓慢；为了保证赶超型经济增长，一些制度安排存在对环境保护不力的时代烙印，更重要的是，在现实执行过程中，一些制度执行不力，所有这些，导致传统发展方式的生态环境保护体制机制的逆生态化特征。具体表现在：

（1）生态保护法律制度及其实施不健全。在法律制度体系方面，目前尚无操作性强的生态环境监督管理条例，生态环境监督管理的职责、定位和分工模糊，权利和责任脱节。以矿产资源管理制度为例，目前矿业法规以矿产资源管理为核心，矿产资源管理、保护和利用方面的规范相对较多，产业方面的立法相对偏少，有的甚至空白；有些法律法规缺乏针对性、可操作性不强；有些制度只是权宜之策，头痛医头、脚痛医脚。同时现有法规还存在有重复和矛盾的地方，使人无所适从。土地资源管理也存在类似的情况，以平抑市场为目的的、完善的土地储备制度尚未形成，土地使用权有偿获取比例高低、土地出让及土地使用权流转制度和征地补偿法规不健全，法律、法规之间相互抵触的现象时有发生。

---

① 郑秉文："中国经济需向效率驱动型转变"，《湖北日报》，2011 年 3 月 15 日，第 9 版。

在法律实施机制方面，受各种利益博弈的影响，生态环境监察执法工作还有待完善。以新修改的《中华人民共和国水污染防治法》为例，一是新法对环境监察执法机构的执法地位定位不明确，环境监察执法机构只是委托执法；环境监察执法队伍不能作为独立的法律主体对环境违法行为进行处罚。二是按日计罚制度能有效解决"违法成本低"的问题，为许多发达国家的环境立法所采纳；但按日计罚制度未能在立法中确认。三是没有授予环保部门对环境违法行为的现场强制权和对向水体排放有毒物质的行为没有规定行政拘留的处罚方式等。

在生态保护的民主化方面，公众参与环境保护的制度性渠道还只局限于《暂行办法》中规定的环境影响评价环节。事实上，公众不仅可以通过环境影响评价环节参与环境保护工作，环境信息知情权的满足、各项环境事务的参与等等都是公众参与环境保护的重要体现，都需要得到法律保障，因此，制定更广泛意义上的公众参与环境保护活动相关法规就成为必然选择。最近，专家学者已经开始着手拟定"公众参与环境保护办法"的专家意见稿，希望迈过环境影响评价环节这道门槛，将公众参与环境保护引领到更广阔的空间，让公众的环境知情权、参与权和救济权得到更全面的实现和保障。

在环保投入制度保障方面，自 1979 年《中华人民共和国环保法》颁布实施以来，承担着环境保护主导型角色的政府却没有专门的环境保护预算支出科目。政府并没有稳定可靠的环境保护资金来源来执行法律赋予的责任。虽然近年来以环境保护为目的的财政支出总量有所提高，但主要是按部门、项目分配的，往往具有应急的性质，缺少统筹规划，容易造成资金配置的不合理和不可持续性。例如国家财政重点在 2004 年转向农村财政改革后，退耕还林的财政资金投入就受到一定影响。中国环保公共财政投入比例严重失调，生态环境保护资金投入不足。

（2）资源环境保护执法不严。有法不依、执法不严、违法不究的现象比较普遍，对环境违法处罚力度不够，处罚标准过低。有的地方不执行环境标准，违法、违规批准严重污染环境的建设项目；有的对应该关闭的污染企业视而不见，放任自流；有的地方环境执法受到阻碍，使资源环境监管处于失控状态；还有的地方甚至存在地方保护主义等等。

2006 年年底，国家环境保护总局宣布成立华东、华南、西北、西南、东北五个环保督察中心。作为国家环境保护总局派出的执法监察机构，主要负责跨流域、跨行政区划的环境问题，查办重大环境污染与生态破坏案件，协调处理跨省区域和流域重大环境纠纷，督察重大、特大突发环境事件应急响应与处理。然而，督察中心成立一年以来，主要面临下面两个难题。首先，执法地位不明确。就目前督察中心的身份来说，它们是参照公务员管理的事业单位，作为国家环境保护总局监察局行政职能的延伸，它们事实上从事着环境执法的工作。但其执法行为由于缺乏高规格的法律、法规依据，而缺乏有效性。督察中心的工作原则是"一事一委托"，没有总局的授权不能轻举妄动。其次，如何定位、协调与地方环保部门的关系。由于地位模糊，环保督察中心到污染现场调查需要事先由总局与地方环保部门沟通后，才能得到地方环保部门的配合，没有地方环保部门的引领，他们很难进入事故现场和企业内部进行调查取证，给现场快速取证带来很大困难。此外，五大督察中心如何在职权范围内与地方政府协调、沟通，做好国家环境保护总局与地方政府的桥梁将是考验其是否能长期存在并发挥作用的关键要素。

（3）无偿、廉价的生态环境使用制度和外部化的污染责任制度。在现行制度体系下，企业获取排污权主要是通过申请排污许可证的方式取得。企业排污时虽然也被要求缴纳排污费，但征收标准偏低，与环境的真实使用成本或环境治理所需的资金相比差距很大。据环保部门综合测算，此标准仅相当于治污成本的20%左右。排污权无偿取得以及较低的排污费征收标准，使得生态环境资源被廉价甚至无偿使用，难以发挥生态环境制度对企业负外部性行为的约束作用。

现行税收政策虽然初步体现了保护环境、限制污染的政策导向，与环保收费、财政补贴、环保专用资金等财政手段一起，在治理或减轻污染、加强环境保护方面发挥了积极作用。但涉及环境保护的仅有资源税、消费税、城市维护建设税、城镇土地使用税和耕地占用税，而且上述税种初始并不是为了保护生态环境。以城镇土地使用税为例，2005年城镇土地使用税收入仅为137.33亿元，占税收总收入的0.44%，该税的纳税义务人不包括外商投资企业、外国企业和外国人，还有许多免税规定，因此对城镇节约土地资源和合理使用土地基本上没有经济制约手段和效果。现行税收制度缺少针对污染、破坏环境的行为或产品课征的专门性税种，即环境税。它的缺位既限制了税收对污染、破坏环境行为的调控力度，也难以形成专门用于环境保护的税收收入来源。

近年来，作为行政手段、财政政策以外的经济杠杆，"绿色信贷"等绿色金融政策日益受到政府部门的青睐，在解决环境污染问题上进行了有益尝试，强调利用信贷、保险等经济手段，来迫使企业将污染成本内部化，事前减少污染，而不是事后再进行治理。以绿色信贷为例，它不仅是银行应该履行的社会责任，同时也是银行降低和防范自身风险的有效途径。但问题是，如果获信企业因公民抗议或受环保部门查处而被施以重罚甚至停产关闭，银行将有可能血本无归。因此，在没有足够法律约束力的状况下，作为绿色信贷主体的银行并不会主动履行社会责任。要推广绿色金融制度，出台相关的约束性政策和引导措施显得极为必要。

（4）过度使用行政管理办法造成制度运行成本高，约束力偏弱。行政办法的出台相对容易，因而在实际工作中，较多的运用"增量"的办法，忽视"存量"的办法。无论是资源环境政策，还是生态环境管理制度，一味地搞"叠加"，其结果就是新政策、新制度虽然制定了不少，但效果却不理想，同时还造成管理和执法成本过高。因此，建设生态文明不仅仅是简单地作"加法"，必要的"减法"和合理的组合往往能起到意想不到的效果，如果将现有的政策和制度进行优化和调整，就可以大大增强制度的激励约束功能。如被称为"连坐"式行政惩罚手段的"区域流域限批"政策，虽然能够取得一些短期成效，却体现了现有环境法律法规的制度性缺陷。由于现有法律的缺陷，被叫停的违法违规项目往往补办环评手续后就能过关，然后用各种手法拖延或拒绝兑现环保承诺。一些企业因违法生产或者不按环保"三同时"要求投产后获利不菲，而政府和环保部门很难作出关停企业的处理决定，至多罚款 20 万元后予以补办手续。"守法成本高，违法成本低"，企业由此尝到了违法建设的甜头，形成了"先建设、后处罚、再补办手续"的怪圈。从这个意义上讲，从区域限批到流域限批，可以说在既有法律法规范围内已经把行政手段用到了极限。当务之急是在法治的框架下，建立一套运转有效的环保行政管理体制。但需要关注的是如何将这种运动式的"风暴"转变成常规性的制度。

（5）政绩考核体制机制中生态环境保护导向偏弱。中国传统发展方式以经济增长速度为基本目标，经济增长速度主要体现为 GDP 增长规模和速度，因此，GDP 成为政绩考核的基本指标。尽管节能减排等指标也成为考核指标，但是，在增长优先的指导思想下，往往存在相对弱化节能减排指标的倾向。在2008 年以来应对金融危机冲击过程中，出现了部分关停高污染和高能耗企业恢复生产的现象，就说明这一点。

4. 出口导致生态输出，生态逆差和福利流失

改革开放 30 多年间，中国发展方式除了继续保持高投入低产出、高消耗低收益、高速度低质量特征以外，又出现高出口依赖低内需拉动的特征。这种发展方式对生态环境的破坏进一步加剧，突出表现在，伴随出口的高速增长，一方面，中国发展被钳制在国际产业链的低端，导致产业结构呈现"两高一资"特点，另一方面，伴随出口依赖程度的增加，出现了严重的污染产业聚集、生态流失和国际生态逆差。

可见，中国传统发展方式是高环境损耗低生态涵养型的，是生态破坏型和生态不经济发展方式。这种特征源于这种发展方式的深层结构，是这一逻辑结构的产物，因此是其重要属性。

第三节

构建内涵生态文明的发展方式

正是由于生态不可持续性是传统发展方式的内在属性，因此，建设生态文明光靠转变发展观、确立生态文明理念，转变体制机制都是不够的，关键是要转变发展方式。

一、转变发展方式的视角

传统发展方式是工业文明的产物，如果仅仅局限于工业文明视角，是难以实现根本性转变的。要真正转变发展方式，首先必须强化发展方式转变的生态文明视角，将生态文明明确为发展方式转变的基点和指向，必须转换发展方式赖以构建的基点，即从传统工业文明转向生态文明。

20世纪80年代初期以来，党和政府多次提出转变发展方式。1981年提出"探索经济建设新路子"，1995年提出"推进经济增长方式根本性转变"，2007年提出"转变发展方式"。但是，传统发展方式不仅没有根本性转变，反而越来越强化。其所以如此，是因为在理论上将发展方式转变片面理解为要素的组合与配置问题，理解为经济结构问题，在实践上则主要关注结构调整、产业升级，较少从这种发展方式赖以构建的文明视角切入考虑问题，实际上是用传统工业文明的视野和思维方法来推进发展方式的转变，发展方式转变的实际进程因此陷入文明视角的窠臼。在实践中就出现了一方面强调推进发展方式转变，另一方面加剧环境污染和生态破坏的矛盾。例如，1995年提出"推进经济增长方式的根本性转换"，但是，在实践中则加快新一轮重工业化和出口导向进程，这两个趋向都是既强化传统发展方式，又加剧环境污染和生态破坏的。再例如，2008年下半年以来，在应对金融危机冲击的进程中，一些"两高一资"企业恢复生产，一些项目开工没有经过严格环评，一些项目开工后加剧整体节能减排压力。此外，"绿色GDP"指标体系的推广因为一些地方的抵制搁浅，也表明一些人不自觉地将发展方式转变与生态文明对立起来。

以生态文明为基点转变发展方式，核心是按照生态文明的要求转变发展方式，将生态文明作为科学发展方式的内核，作为新的发展方式的基点。关键要确立基于生态文明的发展观，包括确立生态环境资源观，构建生态内生经济理论，推进全民生态意识的觉醒，确立基于生态文明要求的发展观念体系。以此为基点，摒弃用传统工业文明推进发展方式转变的思维方式。

二、生态文明型发展方式的基本内涵与基本要求

按照生态文明的要求推进发展方式转变，就是要以生态文明型发展方式作为转变发展方式的目标模式。

生态文明型发展方式具有与传统发展方式完全不同的内涵。原有发展方式是反生态的，生态文明型发展方式是亲生态的；原有发展方式是生态耗竭型的，生态文明型发展方式是生态涵养型的；原来发展方式是生态破坏型的，生态文明型发展方式是生态友好型的；原有发展方式是生态福利流失型的，生态文明发展方式是生态福利提升型的。

构建这样的发展方式，关键要构建新的发展方式的逻辑结构，即以生态文明为逻辑起点，构建新的发展方式的逻辑结构。构成这一结构的基本要素，应该包括下述几个方面：

（一）逻辑起点：以人为本的发展导向

发展模式是特定发展价值观的具体体现。以物为本是传统发展方式的价值观，以人为本是新的发展方式的价值观。以人为本，说到底是以人类的可持续发展为本。因此，以人为本，不仅仅是指发展为了当代的人群，更重要的是为了人群的可持续发展。而维系人类可持续发展的纽带，乃是人类的生存环境，说到底是人类的生态利益。从这个维度理解以人为本，才能确定生态文明型发展方式的逻辑起点。

（二）逻辑联系：集约式发展要素组合方式

与生态文明相适应的经济发展方式，必须坚持走内涵式发展道路。粗放的

发展方式是导致生态破坏的重要因素。这是因为，一方面，粗放的发展方式导致资源的粗放利用和破坏性开采，造成了资源、环境上的"双超"，即自然资源的超常规利用，污染物的超常规排放。另一方面，粗放的发展方式导致地区之间产业结构雷同，形成巨大的资源浪费和污染排放。因此，必须构建集约式发展方式，即推进资源要素的集成、集中与集约利用，唯其如此，才能真正形成资源的节约、循环使用的发展模式，才能最大限度地节约使用资源，最大限度地减少污染和对自然的破坏。

（三）逻辑构件：完善的制度安排

关于资源节约和环境保护的制度安排，是发展方式的重要组成部分。传统发展方式之所以忽视环境保护和资源节约，根本的制度原因是将相关制度排除在发展方式之外，同时，已有的制度安排不利于资源节约和环境保护。要构建有利于生态文明的发展方式，必须将制度安排植于发展方式之中，并使之成为新的发展方式的逻辑构建。具体来说，要构建有利于资源节约和环境保护的财政、税收、信贷制度，严格的资源节约和环境保护法律体系，促进资源节约和环境保护的市场机制体系等。

（四）逻辑归属：内生型发展模式

有利于生态文明的发展方式，最终必须是内生型发展模式。内生型发展模式，首先是基于国内市场、国内资源、国内技术、国内资本的发展模式。由于主要依托国内市场，可以减少对国际市场的依赖，减少因为出口而导致的资源输出和生态输出。其次，是内生循环的经济，即建立在循环经济基础上的发展。经济发展内生循环链条越长，资源节约和集约利用程度越高，产业的两型化和低碳化程度越高。因此，构建内生型发展模式，应该成为构建新的发展方式的逻辑归属。

三、构建生态文明型发展方式的推进重点

在生态文明背景下，转变发展方式实际上就是构建生态文明型发展方式的过程，建设生态文明的过程实际上就是推进这种发展方式转变的过程。根据上述分析，构建生态文明型发展方式，要从下述领域重点着手，全面推进发展方

式的生态文明化。

第一，构建生态文明型产业体系，包括推进产业的两型化、低碳化、循环化、集约化、区域布局的合理化等，为构建生态文明型发展方式提供产业支撑。

第二，构建生态文明型发展制度框架，包括推进生态环保和资源节约制度和政策的法制化、规范化、市场化和机制化，为构建生态文明型发展方式提供制度支撑。

第三，构建有利于生态文明的国土功能区格局，为生态文明提供国土开发空间支撑。

第四，构建生态文明型社会体系，包括推进产业结构两型化、生产两型化、消费的两型化，构建两型社会，为构建生态文明型发展方式提供社会支撑。

第五，构建生态文明的技术支撑体系，包括加强绿色技术、循环技术、节能技术、环保技术的研发和应用，为构建生态文明型发展方式提供技术支撑。

第六，构建生态文化和生态人格，通过面向生态文明的文化再造，将原有基于工业文明的文化系统转换为基于生态文明的文化系统，将原有基于工业文明的"经济人"人格转换为基于生态文明的"生态人"人格，为构建生态文明型发展方式提供文化支撑。

第七，构建良好的国际互动机制，形成既有利于中国生态文明水平提升，又有利于承担生态文明国际责任的国际互动体系。

第八，构建有利于生态文明的社会经济发展评价标准体系，包括完善绿色GDP指标体系，完善地方政府与官员绩效考核体系，引入幸福指数、生态福利等全面的评价指标，推进经济社会发展评价体系的绿色化，为构建生态文明型发展方式提供绿色引导。

第九，构建有利于生态文明的理论体系。包括推进经济理论和发展理论的绿色化，推进哲学、伦理学等人文科学的绿色化，推进企业管理、区域管理、宏观管理等管理理论的绿色化，为生态文明型发展方式的构建和运行提供理论指导。

关于上述重点，在接下来的各章将详细阐述。

第八章

低碳化发展：中国生态文明建设
的产业经济基础

　　在全球应对生态危机和气候变化的形势推动下，世界范围内正在经历一场经济和社会发展方式的变革，其核心内容是：发展低碳能源技术，提高能源效率、改善能源结构，转变经济增长方式，建立低碳经济发展模式和消费模式。其实质是推进高碳发展向低碳化发展的转型，以应对全球气候危机和生态文明危机。中国政府提出，到 2010 年单位 GDP 的二氧化碳排放强度比 2005 年下降 40%—45% 的自主减排目标。其核心内容是建立以低碳排放为目标特征的产业体系和消费方式，包括加强技术节能，提高能源效率；进行产业结构的战略性调整，大力发展低碳新兴产业；积极发展新能源和可再生能源，优化能源结构等。"十二五"规划纲要提出，树立绿色、低碳发展理念，以节能减排为重点，健全激励与约束机制，加快构建资源节约、环境友好的生产方式和消费模式。这些指导思想和目标的实质是构建中国的低碳化发展模式。构建中国低碳化发展模式，是推进中国生态文明建设的经济基础。探索中国特色低碳化发展道路，是中国特色生态文明建设道路的重要组成部分。

低碳化发展的内涵与基本框架

针对大量碳排放导致的"温室效应"，国内外学者提出了"低碳经济"概念。但我们认为，"低碳经济"概念不适用于中国国情，容易使我国陷入背动局面。由此，我们提出了"低碳化发展"概念。

一、碳排放与生态危机

自工业革命以来，人类活动大量排放的二氧化碳使全球出现变暖趋势，对于全球变暖，科学家已经基本达成共识：最近50年来气温的上升主要是由于二氧化碳等温室气体增加造成的。工业革命开始前，大气中二氧化碳浓度基本维持在280ppm（1ppm为百万分之一）左右，现在已经上升到380ppm左右。二氧化碳等多种温室气体对来自太阳辐射的可见光具有高度的透过性，而对地球反射出来的长波辐射具有高度的吸收性，能强烈吸收地面辐射中的红外线，也就是常说的"温室效应"，导致全球气候变暖。

最新的一系列科学研究证实，二氧化碳等温室气体排放与全球气候变化之间存在直接关系。例如南极冰盖形成与二氧化碳浓度有关。英美两国科学家的合作研究表明，在约3350万年前南极冰盖开始形成时，地球大气中二氧化碳的浓度处于一个明显的下降期。这是首次有直接证据证实南极冰盖的形成与二氧化碳浓度的变化有关。科学家认为，这一研究确认了二氧化碳及其温室效应与全球气候变化之间的关系。

在温室效应的作用下在过去100年里，全球地面平均温度大约已升高了0.3℃—0.6℃，到2030年估计将再升高1℃—3℃。当全世界的平均温度升高1℃，巨大的变化就会产生：海平面会上升，山区冰川会后退，积雪区会缩小。由于全球气温升高，就会导致不均衡的降水，一些地区降水增加，而另一些地区降水减少。如西非的萨赫勒地区从1965年以后干旱化严重；我国华北地区从1965年起，降水连年减少，与20世纪50年代相比，现在华北地区的降水已减少了1/3，水资源减少了1/2；我国每年因干旱受灾的面积约4亿亩，正常年份全国灌区每年缺水 300 亿立方米，城市缺水 60 亿立方米。当全世界的平均温度升高 3℃，人类也已经无力挽回了，全球将会粮食吃紧。由于气温升高，在过去 100 年中全球海平面每年以 1—2 毫米的速度在上升，预计到 2050 年海平面将继续上升 30—50 厘米，这将淹没沿海大量低洼土地；此外，由于气候变化导致旱涝、低温等气候灾害加剧，造成了全世界每年约数百亿以上美元的经济损失。

二、低碳化发展的概念

一些国家和国际组织提出低碳经济的概念，最早提出低碳经济的是 2003 年英国能源白皮书《我们能源的未来：创建低碳经济》。该书指出，低碳经济是通过更少的自然资源消耗和更少的环境污染，获得更多的经济产出；是创造更高的生活标准和更好的生活质量的途径和机会，也为发展、应用和输出先进技术创造了机会，同时也能创造新的商机和更多的就业机会。其后的巴厘路线图中，低碳经济的概念被进一步肯定。2008 年世界环境日主题就定位"转变传统观念，推行低碳经济"。哥本哈根世界气候大会再次予以倡导。我国一些学者也倡导"低碳经济"的概念，如冯之浚指出，何谓低碳经济，是低碳发展、低碳产业、低碳技术、低碳生活等一类经济形态的总称。低碳经济以低能耗、低排放、低污染为基本特征，以应对碳基能源对于气候变暖影响为基本要求，以实现经济社会的可持续发展为基本目的。低碳经济的实质在于提升能效技术、节能技术、可再生能源技术和温室气体减排技术，促进产品的低碳开发和维持全球的生态平衡。这是从高碳能源时代向低碳能源时代演化的一种经济发展模式。①

低碳经济的提法源自国外，是工业化和经济发展达到较高程度才能实现的一种目标。中国目前处于现代化初级阶段以及工业化中后期阶段，难以达成绝对意义上的低碳经济。同时，对于生态文明而言，低碳固然是基础，但是，仅仅低碳是不够的，还需要节能减排和建立循环经济体系。跟随发达国家提低碳经济，不仅难以达成一致意见，反而可能造成陷入承担过重的减排责任的陷阱。正如李崇银指出的，欧洲发达国家提出的低碳经济的内容和本质在于"碳交易"或"碳排放权市场"，他们试图按照他们提出的排放方案，得到较多的排放指标，反过来控制发展中国家。按照发达国家提出的方案，发展中国

① 冯之浚等："关于推行低碳经济促进科学发展的若干思考"，《新华文摘》2009 年第 13 期。

家得不到发展所需要的足够指标，不得不向发达国家购买。[1]

有鉴于此，我们提出"低碳化发展"的概念。低碳化是一个过程，即以低能耗、低污染、低排放为基础的经济发展模式，其实质是能源高效利用、清洁能源开发、追求绿色 GDP 等问题，核心是能源技术和减排技术创新、产业结构和制度创新以及人类生存发展观念的根本性转变。本质上讲，低碳发展是指在可持续发展理念指导下，通过技术创新、制度创新、产业转型、新能源开发等多种手段，尽可能地减少煤炭石油等高碳能源消耗，减少温室气体排放，促进整个社会经济转向高能效、低能耗和低碳排放的模式，达到经济社会发展与生态环境保护双赢的一种经济发展形态或模式。

第二节

低碳化发展的基本框架

低碳化发展是一个完整的体系，其基本框架包括下述内容：

一、能源低碳化

能源低碳化就是要发展对环境、气候影响较小的低碳替代能源。低碳能源主要有两大类：一类是清洁能源，如核电、天然气等；一类是可再生能源，如风能、太阳能、生物质能等。核能作为新型能源，具有高效、无污染等特点，是一种清洁优质的能源。天然气是低碳能源，燃烧后无废渣、废水产生，具有使用安全、热值高、洁净等优势。可再生能源是可以永续利用的能源资源，对环境的污染和温室气体排放远低于化石能源，甚至可以实现零排放。特别是利用风能和太阳能发电，完全没有碳排放。利用生物质能源中的秸秆燃料发电，农作物可以重新吸收碳排放，具有"碳中和"效应。开发利用可再生新能源是保护环境、应对气候变化的重要措施。中国可再生能源资源丰富，具有大规模开发的资源条件和技术潜力。要集中力量，大力发展风能、核能、太阳能、生物能等新能源，优化能源结构，推进能源低碳化。

---

[1] 李崇银："关于应对气候变化的几个问题"，《新华文摘》2011 年 5 期。

二、技术节能化

低碳化发展从根本上讲靠技术创新。例如在中国，作为传统用能大户的钢铁行业，近几年进行了大量的技术改造，包括通过设备大型化、采用高效连铸技术、喷煤技术、连铸坯热送热装和直接轧制技术等，提高能源利用效率约10%。此外，开展专项节能降耗技术改造大幅降低了能源消耗。有色工业大型预焙槽和铝电解系列不停电技术、烟气余热利用等一批新科技成果和先进工艺装备成功应用到生产实践中，使主要有色金属产品单位能耗大幅下降，一些主要的技术经济指标接近或达到世界先进水平，产业技术进步成为有色金属行业节能减排的重大推动力。在汽车行业，电动汽车、混合动力汽车等重大项目初见成效，节油效果显著，为我国汽车业从高能耗、高污染向绿色环保转变奠定了基础。加强节能减排，必须切实加强工业设备的更新改造，加快核心、关键技术的开发推广。

三、交通低碳化

当今交通领域的能源消费比30年前翻了一倍，其排放的污染物和温室气体占到全社会排放总量的30%。面对不断恶化的气候和环境，实施交通低碳化是必然趋势。中国在实行交通低碳化中，发展新能源汽车和电气轨道交通现已成为发展交通的新亮点。积极发展新能源汽车是交通低碳化的重要途径。目前新能源汽车主要包括混合动力汽车、纯电动汽车、氢能和燃料电池汽车、乙醇燃料汽车、生物柴油汽车、天然气汽车、二甲醚汽车等类型。努力发展电气轨道交通是交通低碳化的又一重要途径。电气轨道交通是以电气为动力，以轨道为行走线路的客运交通工具，已成为理想的低碳运输方式。城市电气轨道交通分为城市电气铁道、地下铁道、单轨、导向轨、轻轨、有轨电车等多种形式。

四、建筑低碳化

目前世界各国建筑能耗中排放的二氧化碳约占全球排放总量的30%—

40%。中国作为当今世界的第一建设大国，十分重视推广太阳能建筑和节能建筑，积极推进建筑低碳化进程。太阳能建筑主要是利用太阳能代替常规能源，通过太阳能热水器和光伏阳光屋顶等途径，为建筑物和居民提供采暖、热水、空调、照明、通风、动力等一系列功能。太阳能建筑的设计思想是利用太阳能实现"零能耗"，建筑物所需的全部能源供应均来自太阳能，常规能源消耗为零。绿色设计理念对太阳能建筑来说尤为重要，建筑应该从设计开始就将太阳能系统考虑为建筑不可分割的一个组成部分，将太阳能外露部件与建筑立面进行有机结合，实现太阳能与建筑材料一体化。建筑节能是在建筑规划、设计、建造和使用过程中，通过可再生能源的应用、自然通风采光的设计、新型建筑保温材料的使用、智能控制等降低建筑能源消耗，合理、有效地利用能源的活动。建筑节能要在设计上引入低碳理念，选用隔热保温的建筑材料、合理设计通风和采光系统、选用节能型取暖和制冷系统等。

五、农业低碳化

中国一直重视农业的基础地位，在实施农业低碳化中主要强调植树造林、节水农业、有机农业等方面。植树造林是农业低碳化最简易、最有效的途径。据科学测定，一亩茂密的森林，一般每天可吸收二氧化碳 67 公斤，放出氧气 49 公斤，可供 65 人一天的需要。要大力植树造林，重视培育林地，特别是营造生物质能源林，在吸碳排污、改善生态的同时，创造更多的社会效益。节水农业是提高用水有效性的农业，也是水、土作物资源综合开发利用的系统工程，通过水资源时空调节、充分利用自然降水、高效利用灌溉水以及提高植物自身水分利用效率等诸多方面，有效提高水资源利用率和生产效益。有机农业以生态环境保护和安全农产品生产为主要目的，大幅度地减少化肥和农药使用量，减轻农业发展中的碳含量。通过使用粪肥、堆肥或有机肥替代化肥，提高土壤有机质含量；采用秸秆还田增加土壤养分，提高土壤保墒条件，提高土壤生产力；利用生物之间的相生相克关系防治病虫害，减少农药、特别是高残留农药的使用量。有机农业已成为新型农业的发展方向。

六、工业低碳化

工业低碳化是建立低碳化发展体系的核心内容，是全社会循环经济发展的重点。工业低碳化主要是发展节能工业，重视绿色制造，鼓励循环经济。节能工业包括工业结构节能、工业技术节能和工业管理节能三个方向。通过调整产业结构，促使工业结构朝着节能降碳的方向发展。着力加强管理，提高能源利用效率，减少污染排放。主攻技术节能，研发节能材料，改造和淘汰落后产能，快速有效地实现工业节能减排目标。绿色制造是综合考虑环境影响和资源效益的现代化制造模式，其目标是使产品从设计、制造、包装、运输、使用到报废处理的整个产品生命周期中，对环境的影响最小，资源利用率最高，从而使企业经济效益和社会效益协调优化。工业低碳化必须发展循环经济。工业循环经济，一要在生产过程中，物质和能量在各个生产企业和环节之间进行循环、多级利用，减少资源浪费，做到污染"零排放"。二要进行"废料"的再利用。充分利用每一个生产环节的废料，把它作为下一个生产环节的或另一部门的原料，以实现物质的循环使用和再利用。三要使产品与服务非物质化。产品与服务的非物质化是指用同样的物质或更少的物质获得更多的产品与服务，提高资源的利用率。

七、服务低碳化

绿色服务，是有利于保护生态环境，节约资源和能源的、无污、无害、无毒的、有益于人类健康的服务。绿色服务要求企业在经营管理中根据可持续发展战略的要求，充分考虑自然环境的保护和人类的身心健康，从服务流程的服务设计、服务耗材、服务产品、服务营销、服务消费等各个环节着手节约资源和能源、防污、降排和减污，以达到企业的经济效益和环保效益的有机统一。物流业是现代服务业的重要组成部分，同时也是碳排放的大户。低碳物流要实现物流业与低碳经济的互动支持，通过整合资源、优化流程、施行标准化等实现节能减排，先进的物流方式可以支持低碳经济下的生产方式，低碳经济需要现代物流的支撑。智能信息化是发展现代服务业的必然要求，同时也是有效的服务低碳化途径。通过服务智能信息化，可以降低服务过程中对有形资源的依赖，将部分有形服务产品，采用智能信息化手段转变为软件等形式，进一步减少服务对生态环境的影响。研究表明，旅游业（包括旅游业与旅游业相关的运输业）碳排放占世界总量的5%，其中运输业占2%，纯旅游业占3%。2009年5月的世界经济论坛"走向低碳的旅行及旅游业"正式提出低碳旅游概念，即借用低碳经济的理念，以低能耗、低污染为基础的绿色旅游。它不仅对旅游资源的绿色开发提出新的要求，而且对旅游者全过程提出明确要求，通过食住行游购娱的每一个环节来体现节约能源、降低污染以行动来诠释生态文明。[①]

八、消费低碳化

低碳化是一种全新的经济发展模式，同时也是一种新型的生活消费方式，它要求人们消费低碳化。消费低碳化要从绿色消费、绿色包装、回收再利用三个方面进行消费引导。绿色消费也称可持续消费，是一种以适度节制消费，避免或减少对环境的破坏，崇尚自然和保护生态等为特征的新型消费行为和过程。要通过绿色消费引导，使消费者形成良好的消费习惯，接受消费低碳化，支持循环消费，倡导节约消费，实现消费方式的转型与可持续发展。绿色包装是能够循环再生再利用或者能够在自然环境中降解的适度的包装。绿色包装要求包装材料和包装产品在整个生产和使用的过程中对人类和环境不产生危害，主要包括：适度包装，在不影响性能的情况下所用材料最少；易于回收和再循环；包装废弃物的处理不对环境和人类造成危害。消费环节必须注重回收利用。在消费过程中应当选用可回收、可再利用、对环境友好的产品，包括可降解塑料、再生纸以及采用循环使用零部件的机器等。对消费使用过可回收利用的产品，如汽车、家用电器等，要修旧利废，重复使用和再生利用。

九、经济循环化

循环经济即物质闭环流动型经济，是指在人、自然资源和科学技术的大系统内，在资源投入、企业生产、产品消费及其废弃的全过程中，把传统的依赖

---

① 郭胜："简论低碳旅游的实现路径"，《光明日报》，2010年12月27日，第9版。

资源消耗的线形增长的经济，转变为依靠生态型资源循环来发展的经济。循环经济，它按照自然生态系统物质循环和能量流动规律重构经济系统，使经济系统和谐地纳入自然生态系统的物质循环的过程中，建立起一种新形态的经济。循环经济在本质上就是一种生态经济，要求运用生态学规律来指导人类社会的经济活动。循环经济是在可持续发展的思想指导下，按照清洁生产的方式，对能源及其废弃物实行综合利用的生产活动过程。它要求把经济活动组成一个"资源——产品——再生资源"的反馈式流程，其特征是低开采、高利用、低排放。传统经济是"资源——产品——废弃物"的单向直线过程，创造的财富越多，消耗的资源和产生的废弃物就越多，对环境资源的负面影响也就越大。循环经济则以尽可能小的资源消耗和环境成本，获得尽可能大的经济和社会效益，从而使经济系统与自然生态系统的物质循环过程相互和谐，促进资源永续利用。因此，循环经济是对"大量生产、大量消费、大量废弃"的传统经济模式的根本变革。其基本特征是：在资源开采环节，要大力提高资源综合开发和回收利用率；在资源消耗环节，要大力提高资源利用效率；在废弃物产生环节，要大力开展资源综合利用；在再生资源产生环节，要大力回收和循环利用各种废旧资源；在社会消费环节，要大力提倡绿色消费。

第三节

低碳化发展是中国生态文明建设的必然选择

2009 年 9 月，胡锦涛主席在联合国气候变化峰会上承诺，"中国将进一步把应对气候变化纳入经济社会发展规划，并继续采取强有力的措施。一是加强节能、提高能效工作，争取到 2020 年单位国内生产总值二氧化碳排放量比 2005 年有显著下降。二是大力发展可再生能源和核能，争取到 2020 年非化石能源占一次能源消费比重达到 15% 左右。三是大力增加森林碳汇，争取到 2020 年森林面积比 2005 年增加 4000 万公顷，森林蓄积量比 2005 年增加 13 亿立方米。四是大力发展绿色经济，积极发展低碳经济和循环经济，研发和推广气候友好技术。"因此，低碳经济化将成为中国建设生态文明的经济基础和重要突破口。

在全球应对气候变化形势的推动下，世界范围内正在经历一场经济和社会发展方式的巨大变革：发展低碳能源技术，建立低碳经济发展模式和低碳社会消费模式，并将其作为协调经济发展和保护气候之间关系的基本途径。这也是世界主要国家应对气候变化的战略重点所在。在这一大背景下，我们必须明确应对气候变化在中国现代化进程和和平发展道路中的战略定位，统筹协调对外争取发展空间、对内向低碳化发展转型的国际国内两个大局。

一、国情与阶段特征要求推进低碳化发展

我国人口数量众多、人均能源资源拥有量低、经济增长快速、能源消耗巨大、自主创新能力不足，来自于能源、环境的压力十分巨大。在先天不足的情况下再加上后天的粗放利用，客观上要求我们发展低碳经济。2007 年我国消费煤炭约 23 亿吨，碳基燃料共排放出二氧化碳（CO_2）达到 54.3 亿吨，居全球第二。在 2007 年，我国每建成 1 平方米的房屋，约释放出 0.8 吨 CO_2；每生产 1 度电，要释放 1 公斤 CO_2；每燃烧 1 升汽油，要释放出 2.2 公斤 CO_2。这些数字表明，中国的能源消耗处于"高碳消耗"状态，加上中国的化石能源占总能源数量的 92%，其中煤炭要占 68%，电力生产中的 78% 依赖燃煤发电，而能源、汽车、钢铁、交通、化工、建材等六大高耗能产业的加速发展，就使得中国成为"高碳经济"的典型代表。按照联合国通用的公式计算，碳排放总量实际上是 4 个因素的乘积：人口数量、人均 GDP、单位 GDP 的能耗量（能源强度）、单位能耗产生的碳排放（碳强度）。我国人口众多，经济增长快速，能源消耗巨大，碳排放总量不可避免地逐年增大，其中还包含着出口产品的大量"内涵能源"。我们靠高碳路径生产廉价产品出口，却背上了碳排放总量大的"黑锅"。在一些发达国家将气候变化当作一个政治问题之后，更容易产生一系列政治、经济、外交、生态等严重后果。这种严峻的挑战，使得我国低碳化发展意义尤为重大。

二、低碳竞争将成为世界经济的主流竞争方式

当以二氧化碳为代表的温室气体排放越来越多，世界气候逐渐恶化成为人类生存和发展最严重的挑战之时，低碳化发展是人类可持续发展的必然要求。20 世纪 80 年代以来，可持续发展的观念深入人心，各国政府在制定和实施经济社会发展战略时，都将可持续发展的思想融入其中。要做到人类社会永恒发

展，就必须首先保护发展的基本条件和人类的唯一家园——地球。在世界气候逐渐恶化的情况下，推行低碳发展，被认为是避免气候发生灾难性变化和实现能源利用高效能的有效方法之一。这就要求人类必须走经济社会的低碳化道路，开展合理适度的低碳竞争。随着生活水平的不断提高，人们对生存环境提出了更高的要求。人们的消费需求也更多地要体现人与自然的和谐共处。从这个角度看，迎合人们的这一需求，把消费需求的变化作为生产导向，低碳经济将成为经济发展的潮流，进而低碳竞争也将成为未来竞争的主流方式。

三、低碳化发展是我国经济发展的新动力

低碳发展是以减少温室气体排放为前提来谋求最大产出的经济发展理念和发展形式。"低碳"强调的是一种区别于传统的高能耗、多污染为代价的新发展思路。"发展"则强调了这种新理念根本上不排斥发展。因此，广义上，"低碳"可以被视为经济发展在环境保护、节能降耗等方面新的约束条件。但是这类条件并非一味消极地限制和约束发展，而是可以通过与新约束条件相匹配的技术和制度，创造和扩大市场规模，激发人的创造性和盈利能力，从而促进发展。目前，由于经济危机的冲击，全球经济增速放缓。在这种局面下，我们调整产业结构的成本是最低的时候，所以我们更应该大力发展低碳经济，优化产业结构，实现经济由高能耗、高排放、高污染向低能耗、低排放、低污染转变。而且此时发展低碳经济不仅不会放慢经济增长，反而会成为新的经济增长点，促进经济的新一轮高增长。发展节能技术、碳捕获和储存技术，开发利用风能、太阳能等可再生能源，提高电力设施效率等，都可以创造就业机会，带动经济增长。当前，全球不少企业已经尝到了低碳经济带来的甜头。日本在光伏发电技术领域居世界领先，是全球最大的光伏设备出口国，仅夏普公司的光伏发电设备就占世界的1/3。可以预见，低碳化是我国经济发展新的重要动力。

四、承担减少碳排放国际责任的需要

发达国家历史上人均千余吨的二氧化碳排放量，大大挤压了发展中国家当今的排放空间。如果实现《气候变化框架公约》中稳定大气中温室气体浓度

的最终目标，将极大压缩未来全球的碳排放空间。全球有限的大气容量资源已被发达国家历史上、当前和今后相当长时期的高人均排放所严重挤占，发展中国家实现现代化所必需的排放空间已严重不足，这对我国未来经济发展和能源需求也将带来新的制约。我国已不能沿袭发达国家走以高能耗和高碳排放为支撑的发展道路，必须探索新型的低碳发展之路。在中近期内大幅度提高能源效益，提高单位碳排放产生的经济效益，长期要控制甚至减少二氧化碳排放总量，建立并形成以新能源和可再生能源为主体的可持续能源体系，实现经济发展与二氧化碳排放脱钩，实现经济、社会与资源、环境相协调的可持续发展。我们完全有理由根据"共同但有区别的责任"原则，要求发达国家履行公约规定的义务，率先减排。2006 年，我国的人均用电量为 2060 度，低于世界平均水平，只有经合组织国家的 1/4 左右，不到美国的 1/6。但一次性能源用量占世界的 16% 以上，二氧化碳排放总量超过了世界的 20%，同世界人均排放量相等。这表明，我国在工业化和城市化进程中，碳排放强度偏高，而能源用量还将继续增长，碳排放空间不会很大，应该积极推进低碳化发展。

五、规避绿色壁垒增强竞争力的需要

　　WTO 在《技术性贸易壁垒协议》的前言中规定，"不能阻止任何成员方按其认为合适的水平采取诸如保护人类和动植物的生命与健康以及保护环境所必需的措施"。因此，发达国家采取的严格的绿色贸易壁垒措施，是无可争辩的。而近年来，我国也频频遭遇国际绿色贸易壁垒的围堵。有专家指出，绿色贸易壁垒已经成为了汇率之后影响外贸的第二大因素。绿色贸易壁垒有别于关税壁垒，是把双刃剑。虽然绿色贸易壁垒具有隐蔽性、歧视性的特点，并将对以加工制造为主的中国企业造成很大的影响，但在一定程度上也将推动企业加强产业升级改造，推动企业科技研发上的投入，这也是企业参与国际竞争的必然趋势。随着世界范围内低碳概念的提出，不符合绿色低碳理念的产品必然要遭到淘汰。据联合国统计，目前世界"绿色消费"总量已达 6000 亿美元以上，到 2012 年将至少增加到 1 万亿美元。2009 年，我国商品销售总额超过 7 万亿元人民币，但能达到世界环境标志产品标准的产品还不足 1 万亿元。在发达国家，消费者对绿色产品的认同率很高，大多数人在选购商品时，会优先考虑绿色产品，虽然绿色商品的售价，比普通商品高出 30%—200%。英国 14 家最大的绿色公司，平均税前利润达 31%，远高于非绿色企业的水平。从统计数据看，我国的确可以称得上是"超级制造大国"。然而，在高产销量的背后，我国绝大多数企业的现状却是"大而不强"，对能源的消耗浪费，超量污染排放已经达到了一个前所未有的程度。许多"高投入、高消耗、高排放、难循环、低效率"的粗放型产业，大量高耗能、高排放、高污染的"三高"企业，已进入高成本经营时代。尤其以对外贸易为主的企业，面临被强势外企裹挟、吞并的危险。在盈亏生死考验中，在激烈的竞争环境中，在他国绿色壁垒的限制下，一批国内企业已经败下阵来。所以，我国应该大力推进低碳发展，这样才能在将来的国际贸易中不受其他国家的绿色壁垒的影响。

第四节

中国特色低碳化发展道路

中国特色生态文明建设道路决定了中国特色低碳发展道路，中国特色低碳化发展道路是中国特色生态文明建设道路的重要组成部分。

一、近年来中国推进低碳化发展的探索

近年来，中国政府明确了推进经济低碳化发展的指导思想和战略，全面启动了低碳化发展的探索。

（一）确定基本战略思想和目标

温家宝总理在 2010 年《政府工作报告》中明确提出，要努力建设以低碳排放为特征的产业体系和消费方式，阐明了我国在可持续发展框架下应对气候变化、减缓碳排放的基本指导思想，其核心内涵就是在保障国民经济又好又快发展的前提下，以低能耗、低排放、低污染和较高的自然资源利用率，实现较高的经济社会发展水平和较高的生活水平和质量。2009 年底哥本哈根会议前，中国宣布了推进低碳化发展的中期目标，即到 2020 年，GDP 的二氧化碳排放强度下降 40%—45%。

（二）探索城市低碳化发展

城市是碳排放的重点区域，推进低碳化城市发展，是推进低碳化发展的重点。2010 年全国政协委员的提案中，"低碳城市"占 10%，将"低碳城市"敲入搜索引擎，在 0.004 秒内可以出现 3600 万个搜索结果。截至 2010 年年底，全国已经 100 个城市打出"低碳城市"的口号。[①] 上海利用举行世博会的契机，率先在国内探索城市低碳化发展道路。2008 年，上海人均 GDP 已经超过 8000 美元。在此基础上，上海提出率先实现低碳化发展的目标，目前形成的具体思路，一是促进产业结构高度化，优先发展高新技术等，淘汰"两高一资"产业；二是促进能源结构清洁化、低碳化，分步推进可再生能源，引导企业向园区集中，提高能源效率；三是加大碳技术研发和应用力度，节能节水循环利用，节能减排技术研发，探索碳捕捉和碳封存技术；四是加快低碳城市试验区建设，包括低碳社区、低碳园区、低碳校区、低碳港区、低碳农业等，其中主体是推进崇明生态岛和临港新区。2008 年以来，上海利用临港形成建立若干低碳社区、低碳产业园区等低碳发展试验区，大力发展高端制造业、港口服务业等低碳产业发展，促进低碳技术集成应用，为建设低碳城市探索道路。初步形成了以新型制造业和现代服务业、海洋科技和清洁能源为主体的产业结构，低碳工业化道路 + 低碳社会发展模式 + 低碳管理模式（包括智能化管理、生态管理、节能建筑、智能交通、低碳社区等），探索新型城市化道路。在低碳消费方面，2007 年 12 月，在上海市中心设立中国首家碳中性酒店，该酒店不给地球增加额外温室气体排放负担。员工将坐车上下班以及酒店和客人产生的二氧化碳排放量折算成同等数量的碳配额，通过出钱购买方式进行补偿，从而在总量上做到"碳零排放"，英国伦敦的国际温室气体排放权交易商"环保桥"负责为该酒店计算和销售碳积分。在低碳社区方面，卢湾区五里桥街道 2008 年 5 月推出一项"绿色社区"行动，希望每个家庭关注自己家里的二氧化碳排放。这里的家庭每个月将消耗的水、电、天然气、汽油，根据国家发展和改革委员会能源研究所提供的数据约减计算成每家当月排放的二氧化碳，每个季度由绿色志愿者上门收集家庭能耗计算卡，节能减排合格家庭予以奖励。[②]

---

① 郭嘉："政协委员的视线"，《人民日报》，2010 年 12 月 29 日，第 20 版。
② 参见《经济日报》，2009 年 1 月 31 日。

（三）启动低碳化发展试点

2010 年，国家发展和改革委员会启动低碳省和低碳城市试点工作，广东、辽宁、湖北、陕西、云南 5 省和天津、重庆、深圳、厦门、杭州、南昌、贵阳、保定 8 市。要逐步探索中国特色低碳化发展道路。试点地区要发挥应对气候变化与节能环保、新能源发展、生态建设等方面的协同效应，积极探索有利于节能减排和低碳产业发展的体制机制，实行控制温室气体排放目标责任制，探索有效的政府引导和经济激励政策，研究运用市场机制推动控制温室气体排放目标的落实；密切跟踪低碳领域技术引进消化吸收再创新或与国外的联合研发。2011 年 3 月，国家发展和改革委员会要求试点省和试点城市将低碳化发展纳入本地"十二五"规划，确保在"十二五"时期全面推进并取得试点成效。

（四）推进传统产业的低碳化发展

传统产业是能耗和排放的主要产业。近年来，国家实施节能优先战略，通过"上大压小"、推广先进节能技术，使高能耗的传统产业能源单位消耗持续下降，2007 年与 2000 年比，火电发电能耗下降 9.2%，炼钢可比能耗下降 14.8%，水泥综合能耗下降 12.8%，合成氨综合能耗下降 8.6%，建筑、交通部门能源利用率较大幅度提高。"十一五"期间，进一步加大节能降耗力度，2006—2009 年淘汰落后炼铁产能 8000 万吨，炼钢产能 6000 万吨，水泥产能 2.1 亿吨，淘汰小火电机组 6000 多万千瓦。节能减排工作统计、监督和考核机制基本形成，"十大节能工程"、"千家企业节能行动"取得显著成效。我国能源转换和利用效率与发达国家的差距明显缩小。[①]

（五）大力发展低碳能源

提高核能、水电、太阳能等新能源和可再生能源在一次能源构成中的比重，可以在保障能源供应的同时，减少二氧化碳排放。近年来，我国可再生能源、核能迅速发展，比重持续提高。"十一五"期间，采取强有力措施，扶持和激励可再生能源的发展，对风电装机和太阳能发电装机分别给予每千瓦 600 元和每峰瓦 20 元的补贴，实行上网价格优惠等，同时，及时修改了《中华人

---

① 国家发展和改革委员会能源所课题组：《中国 2050 年低碳发展之路》，中国科学出版社 2009 年版，第 490—491 页。

民共和国可再生能源法》，为新能源企业的发展提供了良好的政策法律环境。2005—2009 年，新能源和可再生能源供应量增长 50%，占一次能源的比重从 6.8% 提高到 7.8%，可再生能源增长速度和增长量均位居世界前列。

此外，国家层面开始强力推动发展战略性新兴产业的进程，战略性新兴产业被确定为节能环保、新一代信息技术、生物、高端装备制造、新能源、新材料、新能源汽车，这些产业都是低碳产业，发展这些产业，有利于从高端推进低碳发展举措。一些部门和行业结合行业特点探索低碳运行方法。如南方航空公司探索绿色飞行方法，包括内部建立节油评估系统，选择最佳滑行路线，减少地面空耗，安装机翼间小翼等。通过这些方法的采用，2004—2008 年间，南方航空公司共减少油耗 13.6 万吨，减少二氧化碳等废气排放 40 万吨，相当于 2500 辆小汽车一年的排放量。

二、进一步探索中国特色低碳化发展道路

发达国家是在工业化和城市化已经全面完成的时候推进低碳发展的，中国则是在经济社会处于发展中阶段、工业化处于中后期阶段、城市化处于加快推进阶段的特殊背景下探索低碳发展道路的。在这种背景下探索低碳化发展，在世界历史上具有独创性质。

低碳化模式是指以低能耗、低排放、低污染为基础，以技术创新和制度创新为核心，以提高利用效率和创建清洁结构为目标的经济发展模式。这种发展模式是人类社会工业文明之后的又一进步，是涉及生产模式、生活方式、价值观念和国家权益的一场深刻变革，是科学发展的必然选择。就制度层面而言，低碳经济的发展需要政府、企业、各类社会组织及公民个人的参与，其中，政府主导十分关键。基于应对气候变化的国家责任和中国发展的阶段性特征，中国特色低碳化发展道路应该以下述几个方面为重点：

（一）科学制定国家低碳化发展战略

发挥国家的积极主导作用，结合我国建设资源节约型、环境友好型社会和节能减排的工作需求，尽快开始研究制定国家低碳经济发展战略，具体说来，中国特色低碳道路的战略取向应包括以下几个方面：一是要在可持续发展的框架下，把"低碳化"作为国家社会经济发展的战略目标之一，并把相关目标整合到各项规划和政策中去；二是要权衡经济发展与气候保护的近期和远期目

标，处理好利用战略机遇以实现重工业化阶段的跨越与低碳转型的关系，同时充分考虑碳减排、安全、环境保护的协同效应，有效降低减排成本；三是要加强部门、地区间的合作，吸引各利益相关方的广泛参与，发挥社会各方面的积极性，特别是通过新的国际合作模式和体制创新，共同促进生产模式、消费模式和全球资源资产配置方式的转变；四是积极参与国际气候体制谈判和低碳规则的制定，为我国的工业化进程争取更大的发展空间。

（二）以相对减排为目标统筹国内发展与应对气候变化

当前，中国面临着推进国民经济可持续发展和应对气候变化双重任务。一方面，中国处于工业化和城镇化加快推进阶段，节能减排工作难度巨大。由于中国处于发展中阶段，GDP 快速增长，能源消耗和二氧化碳排放总量大、增长快的趋势短期内难以改变。1990—2009 年，我国单位 GDP 的二氧化碳排放强度下降 55%，下降速度居世界前列。但同期 GDP 增长 6.6 倍，排放总量增长 3 倍，人均二氧化碳排放量 1990 年为 2 吨，为世界平均水平的一半，目前为 5 吨，已经超过世界平均水平。2005—2009 年间，单位 GDP 能源强度下降 15.32%，能源消费总量则增长 30%，年二氧化碳排放增长量占世界增长量的 40% 以上。[①] 另一方面，中国作为一个发展中大国，在全球应对气候变化的进程中具有举足轻重的地位，应该肩负起自己的大国责任。

正是基于这一点，中国提出自主减排，并且提出有别于发达国家的总量减排的相对减排目标，这是符合中国国情和阶段性特征要求的，也符合《联合国气候变化框架公约》中关于"共同但有区别的责任"原则的要求。

（三）以构建低碳产业体系为基础推进结构减排

结构性节能减排是中国推进低碳化发展的基本方向和重点。工业化加速推进阶段的产业结构，是造成我国单位 GDP 能耗高于发达国家的重要原因。近年来，我国三次产业结构一直处于"三二一"格局。第二产业比重接近 50%，第三产业仅为 40% 左右，而发达国家第二产业比重小于 30%，第三产业比重高达 70% 左右。就能耗和排放而言，第二产业高于第三产业 3—4 倍。更重要的是，第二产业中，高能耗的重工业比重居高不下。"十一五"期间，国家加大推行技术进步力度，也更加重视产业结构调整升级，GDP 能耗强度呈现下降趋势。但是 2009 年下半年以来，由于高能耗产能扩张，单位 GDP 能耗又开

---

① 中国统计局：《中国统计摘要》，中国统计出版社 2010 年版，第 22 页。

始反弹。经过努力，基本实现了"十一五"期间 GDP 能源强度下降 20% 左右的目标。可见，在重化工业发展阶段，保持 GDP 能源强度持续稳定下降态势是一个相当艰巨的任务。

因此，推进结构调整升级是推进低碳化发展的重点。根据测算，第二产业每下降一个百分点，GDP 能耗强度的下降可能超过一个百分点。[①] 因此，要加大力度推进产业结构的调整与升级，重点是限制高能耗产能的扩张，限制"两高一资"产品的出口，降低高能耗产业在国民经济中的比重。同时，要加快推进传统产业的升级，提高产品增加值率。要优先发展现代服务业、高新技术产业，大力发展战略性新兴产业，形成支撑低碳发展的现代产业体系。

（四）以科技创新为抓手推进技术性节能减排

科学技术是解决日益严重的环境和能源问题的根本出路。20 世纪 70 年代，信息技术革命将世界经济增长带入繁荣阶段，但 2001 年纳斯达克指数暴跌则暗示着信息技术已经难以支撑经济持续增长，长周期的繁荣阶段出现了向衰退阶段的转变。世界必须依靠重大技术创新的形成，催生集群式产业发展，方能走出经济衰退的困局。目前，生命科学、生物技术不断取得重大突破，相关的新产品、新产业快速发展，可再生能源、绿色能源正处在替代化石能源的前期，循环经济、低碳发展方兴未艾，在未来一段时期内，这些领域的技术将成为推动全球经济发展的新的动力。目前，美国、欧盟、日本以及很多发展中国家都在对低碳技术进行重点开发，以期在低碳经济上占领技术制高点，这些低碳技术广泛涉及石油、化工、电力、交通、建筑、冶金等多个领域，包括煤的清洁高效利用、油气资源和煤层气的高附加值转化、可再生能源和新能源开发、传统技术的节能改造、碳捕获与封存技术等。

当前，全球经济社会正在向低碳化方向转型，尤其是在以下领域：超低能耗建筑。新能源与电动汽车、余热利用、清洁煤利用技术、风电和光伏发电技术、生物燃料、先进核能、氢能技术等。根据联合国环境规划署测算，按照欧盟倡导的到 2050 年全球温室气体排放减半的长期减排目标，世界 2005—2050 年低碳技术投资将是基准情景的 10 倍，年均将达到 1.2 万亿美元。

在这种背景下，中国必须把推进低碳技术创新与发展作为重要战略任务。一方面，中国具备相关基础和优势。我国 2009 年水电和风电新投产机组占总新增电力装机容量的 32%，在建核电装机 2067 万千瓦，占世界的 30%，新能

---

① 何建坤等："全球应对气候变化对我国的挑战与对策"，《清华大学学报》2007 年 5 期。

源和可再生能源呈现强劲发展势头。从长远看，新能源和可再生能源将成为我国能源体系中主导型能源。我们要抓住国际能源与低碳技术快速发展的机遇，将政策激励与企业自主创新发展动力结合起来，顺应世界经济、技术变革的潮流，提升国家自主创新和低碳竞争力。另一方面，一些国家正在酝酿征收"碳关税"等单边贸易保护主义措施和制定严格的行业能效和环保标准，既向发展中国家施加压力，又打压新兴国家竞争力，从而锁定、扩大其与新兴发展中国家的发展差距。这些发达国家对其根据《联合国气候公约》规定应尽的向发展中国家无偿或优惠提供先进环境技术的义务至今没有实质性的履行。因此，中国必须加强自主创新，打造自身优势，积极应对全球低碳技术竞争格局。

当前，关键要依托现有最佳实用技术，淘汰落后技术，推动产业升级，在一些重点领域率先实现技术进步与效率改善。加大研究开发力度，提升技术创新能力。在碳捕获和碳封存技术、替代技术、减量化技术、再利用技术、资源化技术、能源利用技术、生物技术、新材料技术、绿色消费技术、生态恢复技术等方面，通过理论、原理、方法、评价指标等创新，寻求技术突破，以更大限度提高资源生产率和能源利用率。在应用层面，研发和推广洁净煤技术，可再生能源与非化石能源技术，热电联产、热电冷联产、热电煤气多联供中的关键技术，小型分散式能源系统技术，大型锅炉启动节油技术，运行参数优化设计与调整控制技术，热能、电能的储存技术，电力电子节能技术，建筑、交通节能技术，车用醇类混合燃料燃烧与控制技术，车用生物油制备与混合燃料技术等。着力抓好节约和替代石油、燃煤锅炉改造、热电联产、电机节能、余热利用、能量系统优化、建筑节能、绿色照明、政府机构节能以及节能监测和服务体系建设等十项重点节能工程，开展重点行业与重要区域节能减排共性技术和关键技术的科技专项攻关、重大技术装备产业化示范项目和循环经济高新技术产业化的科技专项攻关，突破当前节能减排的重大技术瓶颈。通过完善循环经济政策大力研发循环经济技术，包括共伴生矿产资源和尾矿综合利用技术、能源节约和替代技术、能量梯级利用技术、废物综合利用技术、循环经济发展中延长产业链和相关产业链接技术、"零排放"技术、有毒有害原材料替代技术、可回收利用材料和回收处理技术、绿色再制造技术以及新能源和可再生能源开发利用技术等，提高循环经济技术支撑能力和创新能力。同时，也要利用广阔的国内市场，引进国外的先进理念、技术和资金，加强与发达国家交流合作，推动发达国家和发展中国家之间在全球气候变化领域的技术开发与转让，共同构筑全球能源资源和生态环境的技术合作平台，形成互利共赢、技术共享、资源集成的局面。

（五）优化能源结构，大力发展低碳能源

我国是世界上规模最大、发展速度最快的经济体之一，同时也是全球能源消费增长最快的国家之一。如按人均能源消费量来衡量，我国的能源消费仅相当于发达经济体能源消费的很小一部分。但是，与其他新兴经济体一样，我国的能源效率（定义为经济从消费的能源中所能达到的产出水平）与发达经济体水平相比仍然明显偏低。如果我国能够优化能源结构，提升能源效率，就能更容易地满足不断增长的能源需求，并且降低经济持续快速增长的环境成本，同时增强能源安全。

当前，中国一次性能源中，煤炭、石油等不可再生能源占的比重过大，特别是对煤炭依赖程度高。中国煤炭储量占全球14%，消费量占47%，过去10年，煤炭需求每年增长10%。"十二五"期间，煤炭、石油等化石能源仍然是能源供应主体，特别是煤炭将继续起基础性作用。未来五年，国家将推进14个大型煤炭基地建设，使之产量占全国的90%，石油原油稳定在2亿吨，火电仍然是主要电源，在此基础上，中国承诺2020年非化石能源消费比重达到15%，"十二五"末达到11.4%。[①]

在现阶段，要充分发挥科学技术的支撑和引领作用，完善财税优惠政策，从以下几个方面着手，加快低碳能源的利用和推广：一是在妥善处理好水电开发与环境保护、生物资源养护及移民安置工作的前提下，因地制宜开发水电资源。二是逐步提高核电占一次能源供应比重，加快沿海地区核电建设，稳步推进中部缺煤省份核电建设，构建核电自主创新体系，推进现代核电工业体系建设。三是加快风电发展，逐步建立国内较为完备的风电产业体系。四是推进生物质能发展，加快推进秸秆肥料化、饲料化、新型能源化等综合利用，在生物质资源丰富地区因地制宜建设以秸秆为燃料的发电厂和中小型锅炉。加快农村沼气建设力度，加快推进养殖小区、规模化养殖场沼气建设。在经济发达、土地资源稀缺地区建设垃圾焚烧发电厂。五是积极推进太阳能发电和热利用，在偏远地区推广户用光伏发电系统或建设小型光伏电站，在城市推广太阳能一体化建筑、太阳能集中供热水工程、建设太阳能采暖和制冷示范工程，在农村和小城镇推广户用太阳能热水器、太阳房和太阳灶。六是积极推进地热能和浅层地温能开发利用，推广满足环境和水资源保护要求的地热供暖、供热水和地源

---

① 张国宝："太阳能将成为新能源支柱产业"，《人民日报》，2011年1月12日，第10版。

热泵技术。

（六）改变消费行为，推行低碳消费模式

公众消费理念和消费方式是对企业生产行为的导向，也是实现向低碳化发展转变的社会基础。2000—2008 年，我国居民消费用能在全国总能耗中的比重一直稳定在 10%—11%。当前，居民消费处在以住房、汽车为标志的消费升级阶段，人民生活水平提高较快，生活用能也将以较快速度提高。要通过消费观念的创新和消费方式的转变，努力使居民消费用能增长速度低于全国一次能源总量增长速度，控制居民生活用能在能源需求中的比例，从而对 GDP 能源强度的下降起积极推进作用。

（七）建立适合我国发展低碳化发展的政策法规体系

法规体系是政策措施的体现，也是社会行为准则的规范。发展低碳经济，建立有利于低碳经济发展的政策法规体系和市场环境必不可少。就我国目前的情况而言，建立政策法规体系应重点推进以下三方面的工作：一是政策支持。近年来，我国政府提出了加快建设资源节约型、环境友好型社会的重大战略构想，不断强化应对气候变化的措施，先后制定了一系列促进节能减排的政策，在客观上为低碳经济的发展起到了推进作用。二是立法保障。近年来，我国先后制定了《中华人民共和国节约能源法》、《中华人民共和国清洁生产促进法》、《中华人民共和国可再生法》、《中华人民共和国循环经济促进法》以及《气候变化国家评估报告》等法律法规，这些法规总结了国内外发展循环经济的有益经验，以"减量化、再利用、资源化"为主线，为促进循环经济发展作出了一系列制度安排。这对促进我国循环经济的发展，保护和改善环境，实现可持续发展，增强全社会环境意识，推进资源节约型、环境友好型社会建设，都将发挥积极作用。三是加强法律的实施。如何保证法律能够得到有效实施是推进低碳经济政策法规体系建设的重要环节。从政府的角度看，一方面是要综合采取激励性和约束性的手段，引导、支持企业在低碳经济领域积极投资，参与开发清洁能源；同时加强监督检查，完善准入制度，对名录中需要淘汰的落后企业和技术坚决取缔，维护法律的权威；另一方面是要积极稳妥地推进资源价格改革，形成能够反映资源稀缺程度、市场供求关系和污染治理成本的价格形成机制。从企业来说，一方面是要注重研发先进技术，创造有竞争优势的产品，大力提高常规、新型和可再生开发利用技术的自主创新能力；另一方面是要及时掌握和善于利用法律政策中的激励措施，灵活运用金融、税收、

投资倾斜、项目扶持等优惠措施抢占先机。总体而言，推进低碳经济的相关政策法规应该逐步纳入国家的规划和政策体系中，循序渐进，使基础设施的正常更新能够承受，避免对经济带来较大的冲击。

（八）建立发展低碳经济的长效机制

建立发展低碳经济的长效机制和科学的制度安排，是推动社会经济朝着低碳方向转型的必然要求。具体而言，主要应从以下方面入手：一是建立低碳领域的技术创新机制。伴随《京都议定书》的执行，相应的减排技术产业及其市场将逐步形成。清洁技术和高效技术将逐渐成为这一市场上最具竞争力的技术，谁在这个领域的技术创新中取得突破，谁就能够抢先占领这一市场，谁就能在激烈的国际竞争中占据优势。因此，注重低碳技术创新机制建设和清洁发展机制的整体战略部署，不仅是国内低碳发展的迫切需要，也是与国际低碳技术合作的要求。二是从制度上为企业节能减排创造条件。企业是节能减排与发展低碳经济的主体，如果仅凭市场运作，没有政策机制对其节能的设备投资、技术进步、减排成本以及管理机制改进等方面进行鼓励和现金补助，企业在大规模应用减排手段上将缺乏长期的积极性。因此，政府在为企业提供完整的碳排放信息和稳定的减排支持环境的同时，还应建立税收优惠、融资优惠等激励机制刺激和引导企业增加对低碳技术的研究和开发投入，或者通过对研发资金的重新分配，来推动低碳技术的发展。三是建立具有中国特色的碳交易制度。为实现低碳制度创新，中国应建立全国范围的以碳基金、生态补偿基金为主要内容的碳平衡交易制度。碳平衡交易制度应以区域公平为原则，按照比例付出或获取相应的碳基金，用于生态补偿和生态建设。即碳排放量高的生态受益区在享受生态效益的同时，拿出一部分经济效益，对生态保护区（削除碳的省份）进行补偿。这实际上是将碳源排放空间作为一种稀缺资源，将碳汇吸收能力作为一种收益手段，利用我国区域间碳源和碳汇拥有量的差异，通过有效的交换形式，形成合理交易价格，使生态服务从无偿走向有偿。建立碳平衡交易制度，更重要的是要考虑中国自身的情况和经济发展水平，要充分考虑东部沿海地区对西部内陆地区的带动作用，因此，我国应成立碳平衡交易领导小组，负责碳交易的战略和规划工作、低碳经济发展的立项和管理工作、碳交易的执行规划，以及协调各省（自治区、直辖市）在碳交易过程中的组织、管理、仲裁和督察，确保碳交易工作的有序运转。

（九）以三个统筹推进低碳化发展和可持续发展的结合

中国特色低碳化发展，关键要实现可持续发展和应对气候变化的有机统一，做到这一统一，关键要从中国实际出发，做好区域、动力以及国内外三个方面的统筹。一是区域之间的统筹。中西部地区经济社会发展相对滞后，特别是在广大农村地区，农民生活用能主要是来自生物质的直接燃烧，造成一定程度的生态破坏，因此，一方面要引导发达地区的排放，另一方面要加大对中西部地区商品能源的供应，改善其基本生存状态。二是统筹投资和消费。我国能源消费的二氧化碳排放 70% 左右发生在工业生产领域，而发达国家三分之二左右发生在建筑、交通等公共和私人消费领域。在消费的排放中，我国用于固定资产投资的产品的二氧化碳排放占 50% 以上，美国则有 80% 用于最终消费。为了发展的需要，一方面要推进投资与生产领域的低碳化发展，另一方面要引导和规范消费领域的低碳化进程。三是国内与国外的关系。我国出口产品生产消费能源的二氧化碳排放约占全国总排放的四分之一，承担了发达国家的"转移排放"，就国内基于生产的排放而言，我国与美国相当，但是中国生产的产品大量被国外消费，承接了大量的转移排放，仅 2005 年一年就达 8 亿吨，而同年美国进口产品的内涵二氧化碳排放约 7 亿吨，相当于转移出 7 亿吨的排放。① 因此，中国一方面要积极引导调控现代化进程中的发展排放，另一方面要控制和减少对外贸易中的转移排放。

---

① 顾阿伦等："中国进出口贸易中的内涵能源及转移排放分析"，《清华大学学报》2010 年第 9 期。

第九章

制度创新：中国生态文明建设的制度基石

人是社会与经济活动中最活跃的因素，人类行为模式决定经济社会发展方向与人类文明走势。有效的制度安排能降低市场中的不确定性、抑制人的机会主义行为倾向，从而降低交易成本；产权等制度还可以为人们将外部性较大地内在化提供激励，从而减少诸如环境污染、生态破坏等市场失灵问题。当前中国经济社会发展过程中，生态问题日趋严重，由国家主导，主动进行相关的强制性制度变迁在边际上依然有效，制度创新理应成为生态文明建设的制度基石。政府作为制度（尤其是正式制度）的主要供给者，在建设生态文明的过程中，必须大胆进行制度创新，推动现行制度朝着有利于生态保护的方向变迁。

第一节

现行制度不能适应生态文明建设的总体要求

制度创新与变迁是中国生态文明建设的制度基石。改革开放以来，尽管国家出台了一系列关于生态文明的制度安排，但是总体上看，现行制度不适应生态文明建设的基本要求。

一、生态文明建设与制度创新的耦合性

在人类文明不断进步和经济社会不断发展的历史长河里，自然资源与生态环境经历了由"富余"到"稀缺"，性质由"公共物品"和"生存资源"向"准公共物品甚至私人物品"和"战略资源"转换的过程，在这一过程中形成了环境污染、生态恶化等现象。制度的缺失或失效及对行为的不当激励是其重要原因之一。

在生产力诸要素中，人是最活跃的因素。美国著名经济学家舒尔茨认为，"空间、能源和耕地并不能决定人类的前途，人类的前途将由人类的才智的进化来决定"，人与资源环境协调是实现资源生态可持续发展的基本条件[①]。但是，受有限理性和机会主义行为倾向的影响，人类行为无论在主观还是客观上都存在这样或那样的偏差。历史也已证明，人类文明在从原始文明、农业文明向工业文明演化过程中，人的因素大于自然因素。环境污染、生态破坏归根到底是人的有限理性（不能平衡短期利益与长期利益，从而牺牲生态环境追求短期经济增长；不能对防止生态破坏的法律执行情况实时监控，从而难以将生态保护法律法规落到实处等）和机会主义行为倾向（企业以损人利己方式生产，消费者以损人利己方式生活，自己受益，别人买单）等人性弱点造成的。而制度具有拓展有限理性和将外部性内在化等功能，"没有规矩，无以成方圆"。人类行为的合理与否直接影响着生态文明建设的成败，这就有必要为人们提供一个科学合理的制度框架。通过规定哪些可以做、哪些不可以做、违反游戏规则的代价是什么等等，给人们以明确的预期，激励或约束人类行为，引导人类行为朝着制度的预定目标发展。

实践证明，在决定一个国家经济增长和社会发展方面，制度具有决定性的作用。技术的革新固然为经济增长注入了活力，但人们如果没有制度创新和制度变迁的冲动，并通过一系列制度创新把技术创新的成果巩固下来，那么人类社会的长期经济增长和社会发展是不可设想的。人类社会从工业文明走向生态文明是历史的必然选择，严峻的资源环境与生态问题内生了对制度变迁的需求，制度创新与变迁是中国生态文明建设的制度基石。

[①] 王国玲："人口与资源、环境的相互协调是实现可持续发展的基本条件"，中国人口网，2004年6月24日。

二、现行制度的历史沿革

进入 21 世纪以来，中国初步形成了生态文明建设的基本制度框架。

在指导思想方面，2007 年党的十七大报告提出，"要建设生态文明，基本形成节约能源资源和保护生态环境的产业结构、增长方式、消费模式。"将"建设生态文明"作为全面建设小康社会的新要求，明确提出要使主要污染物排放得到有效控制，生态环境质量明显改善，生态文明观念在全社会牢固树立。与长期以来所提倡的环境保护、污染防治、清洁生产等概念相比，生态文明概念具有更深刻、更丰富的内涵，对物质文明、精神文明和政治文明建设的重塑具有更鲜明、更广泛的导向性。通过变革经济领域的生产、消费、贸易方式，转变精神领域人的世界观、价值观，创新政治领域权力运作方式，生态文明将多层次、多角度地指引中国实现发展方式的历史性转变，推动和谐社会的建设，促进全面建设小康社会目标的实现。

在生态环境保护的总体政策方面，自 1981 年以来，国务院共发布了《国务院关于在国民经济调整时期加强环境保护工作的决定》（1981 年 2 月 24 日）、《国务院关于环境保护工作的决定》（1984 年 5 月 8 日）、《国务院关于进一步加强环境保护工作的决定》（1990 年 12 月 5 日）、《国务院关于环境保护若干问题的决定》（1996 年 8 月 3 日）和《国务院关于落实科学发展观加强环境保护的决定》（2005 年 12 月 3 日）五个"决定"。其中，《国务院关于落实科学发展观加强环境保护的决定》明确指出："对超过污染物总量控制指标、生态破坏严重或者尚未完成生态恢复任务的地区，暂停审批新增污染物排放总量和对生态有较大影响的建设项目。"此外，"十一五"规划和"十二五"规划都将环境保护、生态文明建设作为衡量国民经济和社会发展的具有法律效力的约束性"硬指标"。

在具体工作方面，2006 年下半年，国务院印发《加强节能工作的决定》，正式启动全国范围内的节能减排工作；同年底，国家环境保护总局成立华东、华南、西北、西南、东北五个环保督察中心，以强化国家环境监察能力、加强区域环境执法监察。2007 年 5 月，国家发展和改革委员会会同有关部门制定《节能减排综合性工作方案》，国务院下发《关于印发节能减排综合性工作方案的通知》，要求各部门、各级地方政府严格实施节能减排的各项政策。2007年 1 月 10 日，国家环境保护总局首次启用"区域限批"这一行政惩罚手段，对严重违反环评和"三同时"制度的唐山市、吕梁市、六盘水市、莱芜市四个行政区域和大唐国际、华能、华电、国电四大电力集团的除循环经济类项目外的所有建设项目停止审批。同年7月，国家环境保护总局对长江、黄河、淮河、海河四大流域部分水污染严重、环境违法问题突出的6市2县5个工业园区实行"流域限批"；同月，国家环境保护总局、中国人民银行、中国银监会联合出台《关于落实环境保护政策法规　防范信贷风险的意见》，规定对不符合产业政策和环境违法的企业和项目进行信贷控制。2008年2月28日，新的《中华人民共和国水污染防治法》颁布实施。2008年8月29日，全国人民代表大会常委会通过《中华人民共和国循环经济促进法》，自2009年1月1日起施行。2009年4月，《重点流域水污染防治专项规划实施情况考核暂行办法》出台。该办法规定，国家对省一级政府执行规划的情况进行考核，考核重点包括水质和规划项目的落实情况两个部分，其中水质的比重要占三分之二。

三、现行制度存在的问题

上述生态环境管理制度有着显著的变化，经历了一个由被动向主动、单项建设向体系建设转变的过程，并开始从计划管理、数量管理向标准管理和质量管理转变。按照新制度经济学的分析框架，中国经济总量与结构的变化带来了生态环境承载力的变化，后者造成利用资源环境的相对价格上涨，从而使有利于资源环境保护的制度变迁的边际收益大于边际成本，最终导致了强制性的生态环境制度变迁。

现行生态环境保护制度，特别是"十五"、"十一五"期间制定的一系列政策法规及措施，对促进生态环境保护、加快生态文明建设发挥了积极作用。生态文明建设在污染减排、环境基础设施建设、重点流域污染防治、环保基础能力提升、环境经济政策、三大基础性战略性工程等方面都取得了积极成效，生态环境保护历史性转变迈出了坚实的步伐。

随着经济社会发展对资源环境需求的迅速增加，必须清醒地看到，生态环境压力越来越大，经济社会不断发展与生态环境约束加大的矛盾日益突出，形势十分严峻。"十五"、"十一五"时期，我国经济发展的各项指标大多超额完成，但部分生态环境保护的指标没有完成。天然草原退化，生物多样性减少；主要污染物排放量超过环境承载能力，水、大气、土壤等污染日益严重，固体废物、汽车尾气、持久性有机物等污染持续增加。长期积累的环境问题尚未解决，新的环境问题又在不断产生，一些地区环境污染和生态恶化已经到了相当严重的程度，并造成了巨大的经济损失，给人民生活和健康带来严重威胁。

（一）法律制度不健全

在法律制度体系方面，目前尚无操作性强的生态环境监督管理条例，生态环境监督管理的职责、定位和分工模糊，权利和责任脱节。以矿产资源管理制度为例，目前矿业法规以矿产资源管理为核心，矿产资源管理、保护和利用方面的规范相对较多，产业方面的立法相对偏少，有的甚至空白；有些法律法规缺乏针对性、可操作性不强；有些制度只是权宜之策，头痛医头、脚痛医脚。同时现有法规还存在重复和矛盾的地方，使人无所适从。土地资源管理也存在类似的情况，以平抑市场为目的的、完善的土地储备制度尚未形成，土地使用权有偿获取比例较低、土地出让及土地使用权流转制度和征地补偿法规不健全，法律、法规之间相互抵触的现象时有发生。

在实施机制方面，受各种利益博弈的影响，生态环境监察执法工作还有待完善。以新修改的《中华人民共和国水污染防治法》为例，一是新法对环境监察执法机构的执法地位定位不明确，环境监察执法机构只是委托执法；环境监察执法队伍不能作为独立的法律主体对环境违法行为进行处罚。二是按日计罚制度能有效解决"违法成本低"问题，为许多发达国家的环境立法所采纳，但按日计罚制度未能在立法中确认。三是没有授予环保部门对环境违法行为的现场强制权，也没有规定行政拘留向水体排放有毒物质的行为主体的处罚方式等。

在生态保护的民主化方面，公众参与环境保护的制度性渠道还只局限于《暂行办法》中规定的环境影响评价环节。事实上，公众不仅可以通过环境影响评价环节参与环境保护工作，环境信息知情权的满足、各项环境事务的参与等等都是公众参与环境保护的重要体现，都需要得到法律保障，因此，制定更广泛意义上的公众参与环境保护活动相关法规就成为必然选择。最近，专家学者已经开始着手拟定"公众参与环境保护办法"的专家意见稿，希望迈过环境影响评价环节这道门槛，将公众参与环境保护引领到更广阔的空间，让公众的环境知情权、参与权和救济权得到更全面的实现和保障。

另外，与经济发展速度相比，中国环保公共财政投入比例严重失调，生态环境保护资金投入不足。自1979年《中华人民共和国环境保护法》颁布实施以来，承担着环境保护主导型角色的政府却没有专门的环境保护预算支出科目。政府并没有稳定可靠的环境保护资金来源来执行法律赋予的责任。虽然近年来以环境保护为目的的财政支出总量有所提高，但主要是按部门、项目分配的，往往具有应急的性质，缺少统筹规划，容易造成资金配置的不合理和不可持续性。例如国家财政重点在2004年转向农村财政改革后，退耕还林的财政资金投入就受到一定影响。

（二）制度运行成本高，约束力偏弱

行政办法的出台相对容易，因而在实际工作中，较多的运用"增量"的办法，忽视"存量"的办法。无论是资源环境政策，还是生态环境管理制度，一味地搞"叠加"，其结果就是新政策、新制度虽然制定了不少，但效果却不理想，同时还造成管理和执法成本过高。因此，建设生态文明不仅仅是简单地作"加法"，必要的"减法"和合理的组合往往能起到意想不到的效果，如果将现有的政策和制度进行优化和调整，就可以大大增强制度的激励约束功能。如被称为"连坐"式行政惩罚手段的"区域流域限批"政策，虽然能够取得一些短期成效，却体现了现有环境法律法规的制度性缺陷。由于现有法律的缺陷，被叫停的违法违规项目往往补办环评手续后就能过关，然后用各种手法拖延或拒绝兑现环保承诺。一些企业因违法生产或者不按环保"三同时"要求投产后获利不菲，而政府和环保部门很难作出关停企业的处理决定，至多罚款20万元后予以补办手续。"守法成本高，违法成本低"。企业由此尝到了违法建设的甜头，形成了"先建设、后处罚、再补办手续"的怪圈。从这个意义上讲，从区域限批到流域限批，可以说在既有法律法规范围内已经把行政手段用到了极限。当务之急是在法治的框架下，建立一套运转有效的环保行政管理体制。但需要关注的是如何将这种运动式的"风暴"转变成常规性的制度。

（三）无偿、廉价的生态环境使用制度

在现行制度体系下，企业获取排污权主要是通过申请排污许可证的方式取得。企业排污时虽然也被要求缴纳排污费，但征收标准偏低，与环境的真实使用成本或环境治理所需的资金相比差距很大。据环保部门综合测算，此标准仅相当于治污成本的20%左右。排污权无偿取得以及较低的排污费征收标准，使得生态环境资源被廉价甚至无偿使用，难以发挥生态环境制度对企业负外部性行为的约束作用。

现行税收政策虽然初步体现了保护环境、限制污染的政策导向，与环保收费、财政补贴、环保专用资金等财政手段一起，在治理或减轻污染、加强环境保护方面发挥了积极作用。但涉及环境保护的仅有资源税、消费税、城市维护

建设税、城镇土地使用税和耕地占用税；而且上述税种初始并不是为了保护生态环境。以城镇土地使用税为例，2005 年城镇土地使用税收入仅为 137.33 亿元，占税收总收入的 0.44%，该税的纳税义务人不包括外商投资企业、外国企业和外国人，还有许多免税规定，因此对城镇节约土地资源和合理使用土地基本上没有经济制约手段和效果。现行税收制度缺少针对污染、破坏环境的行为或产品课征的专门性税种，即环境税，它的缺位既限制了税收对污染、破坏环境行为的调控力度，也难以形成专门用于环境保护的税收收入来源。

近年来，作为行政手段、财政政策以外的经济杠杆，"绿色信贷"等绿色金融政策日益受到政府部门的青睐，并在解决环境污染问题上以此进行了有益尝试，强调利用信贷、保险等经济手段，来迫使企业将污染成本内部化，事前减少污染，而不是事后再进行治理。以绿色信贷为例，它不仅是银行应该履行的社会责任，同时也是银行降低和防范自身风险的有效途径。但问题是，如果获信企业因公民抗议或受环保部门查处而被施以重罚甚至停产关闭，银行将有可能血本无归。因此，在没有足够法律约束力的状况下，作为绿色信贷主体的银行并不会主动履行社会责任。要推广绿色金融制度，出台相关的约束性政策和引导措施显得极为必要。

（四）资源环境保护执法不严

在我国，资源环境保护中有法不依、执法不严、违法不究的现象比较普遍，对环境违法处罚力度不够，处罚标准过低。有的地方不执行环境标准，违法、违规批准严重污染环境的建设项目；有的对应该关闭的污染企业视而不见，放任自流；有的地方环境执法受到阻碍，使资源环境监管处于失控状态；还有的地方甚至存在地方保护主义等等。

2006 年年底，国家环境保护总局宣布成立华东、华南、西北、西南、东北五个环保督察中心。其作为国家环境保护总局派出的执法监察机构，主要负责跨流域、跨行政区划的环境问题，查办重大环境污染与生态破坏案件，协调处理跨省区域和流域重大环境纠纷，督察重大、特大突发环境事件应急响应与处理。然而，督察中心成立以来，面临着两大难题。首先，执法地位不明确。就目前督察中心的身份来说，它们是参照公务员管理的事业单位，作为国家环境保护总局监察局行政职能的延伸，它们事实上从事着环境执法的工作。但其执法行为由于缺乏高规格的法律、法规依据，而缺乏有效性。督察中心的工作原则是"一事一委托"，没有总局的授权不能轻举妄动。其次，如何定位、协调与地方环保部门的关系。由于地位模糊，环保督察中心到污染现场调查需要事先由总局与地方环保部门沟通后，才能得到地方环保部门的配合，没有地方环保部门的引领，它们很难进入事故现场和企业内部进行调查取证，给现场快速取证带来很大困难。此外，五大督察中心如何在职权范围内与地方政府协调、沟通，做好国家环境保护总局与地方政府的桥梁，将是考验其能否长期存在并发挥作用的关键要素。

第二节

生态制度创新的基本原则和应避免的问题

制度创新不能任意而为，应有所依循。制度创新更应注重实效，应能实现理论与实践的有机统一。

一、生态制度创新的基本原则

生态文明制度创新与变迁应遵循政府主导与全民参与、技术创新优先、立法与执法并重三个基本原则。

（一）政府主导与全民参与原则

生态文明建设是一项长期、艰巨而复杂的系统工程，包含生态经济建设、生态环境建设、生态人居建设、生态文化建设、组织保障、政策引导、科技支撑等方面。它是一项涉及社会各方力量的公众事业，需要政府、市场、公众等各方力量的全面参与和共同治理。

政府是拥有公共权力、管理公共事务、代表公共利益、承担公共责任的特殊社会组织，作为一种公共权威，它体现社会的公共利益、整体利益和长远利益。政府作为生态化制度创新与变迁的领导者、组织者、管理者、服务者，由于其地位的特殊性，对生态文明建设的作用是其他任何社会组织都无法替代的，必须要求政府在全社会生态文明建设中居于主导地位，强化生态文明建设在政府职能中的地位和作用，提高政府生态文明建设的效率，以满足人民根本利益的迫切要求。

全民参与是生态文明建设的重要基础。没有广大群众的积极参与，仅仅依靠政府主导，唱独角戏，社会主义生态文明将是镜中月、雾中花。全民参与的生态化制度变迁，一是要求在全社会树立生态环保意识，使"生态文明观念在全社会牢固树立"；二是要求全社会主动、全程参与生态化制度体系的建设、监督与执行。

全民参与需要政府大力培养公众的生态环境保护和建设的自治能力，并监督和鞭策政府生态文明建设职能的实现。因而，必须加强能源资源和生态环境国情宣传教育力度，树立人与自然和谐相处的价值观念，把节约文化、环境道德纳入社会运行的公序良俗，把资源承载能力、生态环境容量作为经济活动的重要条件，进而改变人们的生产生活方式和行为模式。在企业、机关、学校、社区、军营等开展广泛深入的生态文明建设活动，普及生态环保知识和方法，推介节能新技术、新产品，倡导绿色消费、适度消费理念，引导社会公众自觉选择节约、环保、低碳排放的消费模式。促进公众对生态文明建设的自觉参与，把建设资源节约型、环境友好型社会落实到社会的每一个成员身上，落实到人们息息相关的生活中。

（二）技术创新优先原则

技术创新是一个从产生新产品或新工艺的设想到市场应用的完整过程。现代意义上的技术创新不是纯粹的科技概念，也不是一般意义上的科学发现和发明，而是一种全新的经济发展观。通过技术创新，把科学技术转变为产业竞争力，转变为整个国民经济的竞争力，是区域与城市经济发展的重要战略举措[①]。

技术创新与进步在人类文明演变过程中发挥了不可替代的作用。当人类社会跨入知识经济时代，技术发挥作用的范围更加广泛，影响更加深远；没有一定的技术支撑，再好的制度也难以有效发挥激励约束功能。技术创新是形成生产力的直接因素，但技术创新需要一系列诱导机制，这些诱导力量来自于制度创新。技术创新和制度创新互相影响、互相促进；构建生态文明离不开技术进步，而技术进步则要依靠相关制度创新予以保障[②]。第二次世界大战以来的实践证明，建立在技术创新支撑的实业基础上的经济繁荣比过去由金融创新催生的繁荣更加稳定持久。许多发达国家科技进步对经济增长的贡献率已经超过了其他生产要素贡献率的总和，国家和地区的发展比以往任何时候都更加依赖于

---

① 邱成利："新环境、技术创新与新产业发展"，景德镇科技网，www.jdzkj.gov.cn，2009 年 8 月 29 日。

② 卢现祥、朱巧玲：《新制度经济学》，北京大学出版社 2007 年版，第 511—513 页。

技术创新和知识的应用，社会主义生态文明的构建也不能例外。

科技创新不仅是构建生态文明的强大武器，也是经济持久繁荣的不竭动力。面对新的机遇和挑战，世界主要国家都在抢占科技发展的制高点。我们必须因势利导，奋起直追，在世界新科技革命的浪潮中走在前面，坚持技术创新优先原则，推动我国生态文明建设尽快走上创新驱动、内生增长的轨道①。

技术创新原则是生态化制度创新与变迁的基本原则之一。坚持技术创新原则，就是要在技术创新过程中全面引入生态学思想，考虑技术创新对环境、生态的影响和作用，追求经济效益、生态效益、社会效益和人的生存与发展效益的有机统一。要用科技的力量推动经济发展方式转变。大力发展战略性新兴产业，要把新能源、新材料、节能环保、生物医药等作为重点，选择其中若干重点领域作为突破口，使战略性新兴产业尽快成为国民经济的先导产业和支柱产业②。在能源资源方面，利用新技术降低消耗，提高能源资源利用效率，节约资源和保护生态环境，增强资源与生态环境对经济社会发展的持续支撑能力，促进经济社会发展并实现人与自然的和谐，实现人类的可持续发展。

（三）立法与执法并重原则

立法与执法是一个事物的两个方面，辩证统一，相互依存，紧密联系，缺一不可。高质量的立法为执法提供法律依据，良好的执法效果能使立法成效达到最大化。

立法和执法，作为权利、义务的制度安排和具体落实，各种利益之间的博弈是贯穿始终的。从目前的司法实践看，有重立法轻执法的现象。改革开放以来，中国不断加强法制建设，过去法律不完善、无法可依的状况已发生根本性转变，立法所取得的成就有目共睹。然而有法不依的现象也使不少法律形同虚设，一些法律执行不力、落实不到位等问题仍相当普遍。行政执法部门，对已有法定程序往往进行随意解释，或者另外制定"补充规定"，"法外解释"、"法外立法"现象普遍存在；不履行法定送审、报批程序，关关设卡，各行其是，造成局部行政执法严重混乱等，致使出现立法与执法脱节，立法与执法出现"两张皮"的现象。一些法律法规本身制定得很好，但由于受到地方保护等干扰，导致执行不下去或者是执行不好；另外确有个别法律法规由于追求立

---

①　新华社："温家宝在 2009 年度国家科学技术奖励大会上的讲话"，中央政府门户网站，2010 年 1 月 11 日。

②　温家宝："关于发展社会事业和改善民生的几个问题"，中央政府门户网站，2010 年 4 月 1 日。

法规模和速度，脱离当前的国情，因而在实际执行中效果大打折扣[①]。

首先，污染产业聚集，"污染者天堂"[②]效应明显显现。近年来，由于片面实施出口导向战略，加上产业层次长期处于国际制造业产业低端，导致大量污染产业聚集。例如，2000—2004 年间，占中国出口贸易额前十位的产业分别是机械电器电子设备制造业、纺织原料及纺织制品、金属制造业、化学原料及化学品制造业、黑色金属及制品、采掘业、皮革皮毛羽绒及制品、塑料及制品、食品烟草饮料制造业、造纸及纸制品业，这些产业出口占全国同行业出口比重的 80% 左右，而废气排放量却占全国工业废气排放总量的比重依次为 63.7%、57.8%、57.6%、58.3%、59.3%、58.8%、57.6%、59.2% 等。[③]

其次，生态输出迅速增加，生态赤字急剧扩大。根据中国社会科学院城市发展与环境中心的估计，2002 年中国净出口内涵能源 2.4 亿吨标煤，占当年一次能源消费的比例高达 16%；而 2006 年，内涵能源净出口高达 6.3 亿吨标煤，占当年一次能源消费的 25.7%。2006 年，中国出口内涵能源的排放约为 18.46 亿吨二氧化碳，进口内涵能源的排放约为 8 亿吨二氧化碳，净出口内涵能源的排放值超过 10 亿吨。英国廷德尔气候变化中心（Tyndall Center）对中国出口产品和服务中二氧化碳排放的初步评估结果表明，在 2004 年，中国净出口产品所排放的二氧化碳约为 11 亿吨，约占中国排放量的 23%。这一数值只略低于同年日本的排放量，相当于德国和澳大利亚排放量的总和，是英国排放量的两倍多。[④] 由于中国出口产品生产过程中的平均污染强度大，而进口产品生产过程的平均污染程度小，中国出口结构中污染强度大的产品多，进口结构中污染强度小的产品多，加上日趋扩大的贸易顺差，生态逆差日趋扩大。国务院发展研究中心地区司牵头的课题组计算结果表明，如果不考虑生产结构与贸易结构的差异性，"十五"期间 SO_2 污染物排放量中，我国每年对外贸易造

---

① 张菲菲、刘翔霄："立法与执法存'落差'依法治国需提高执行力"，中国新闻网，2007 年 5 月 24 日。

② 即 pollution havens，发展中国家在发展的初期阶段，为了增加出口和吸引外资，倾向于放松环境管制标准，吸引发达国家污染产业转移，由此导致污染产业聚集。参见布莱恩·科普兰等：《贸易与环境——理论与实证》，格致出版社 2009 年版，第 5 页。

③ 参见邓柏盛："中国对外贸易与环境质量的理论与经验研究"，华中科技大学博士学位论文，2008 年，第 107—108 页。

④ 李虎军："出口商品隐含能源消耗，谁该对碳排放增长负责"，中国经济网，2007 年 12 月 11 日，http://www.ce.cn/cysc/hb/gdxw/200712/11/t20071211_13880996.shtml。

成的 SO_2 "逆差" 约为 150 万吨，占我国每年 SO_2 排放总量的近 6%。[①] 在 "十五" 期间，我国 SO_2 高、中污染行业产品的出口约占总出口额的 40%，而 COD 高、中污染行业产品的出口占总出口额的 44%。

构建社会主义生态文明，应坚持立法与执法并重原则。从立法看，我国的生态资源环境立法应遵循以下原则：可持续发展；因地制宜、因时制宜、分阶段推进、分类补偿；先行试点，逐步推开；生态环境污染和生态破坏源头控制；污染防治、生态保护和核安全三大领域协调发展；维护群众环境权益、国际环境履约和环保基础工作。同时处理好中央与地方、政府与市场、生态补偿与扶贫、"造血" 补偿与 "输血" 补偿、新账与旧账、综合平台与部门平台的生态补偿关系。通过 5—10 年努力，形成覆盖生态环保工作各个方面，门类齐全、功能完备、措施有力的环境法规标准体系，从根本上解决 "无法可依、有法不依、执法不严" 的问题，建立权威、高效、规范的长效管理机制，把生态环境保护与资源可持续利用纳入法制化、规范化、制度化、科学化轨道。

同时，加强执法建设，加大执法力度。法学界专家指出，法制的健全和完备固然十分重要，但最关键的还是执行要到位，两者缺一不可。如果法律制定很多、很好，但没有执行力，其结果就是再好的法律条文只能成为一纸空文，形同虚设。立法者和执法者都应该充分尊重社会利益主体对立法和执法的需要，在立法和执法中，加强监督制约机制的建设，把执法机关和执法人员的执法权限限制在一个合理而严格的框架里。避免出现过于积极的职权主义，造成立法无法执行以及执法中存在乱执法的现象。只有坚持有法必依、违法必究、执法必严，才能真正达到构建社会主义生态文明的目标。

二、生态制度创新中应注意
避免的几个问题

在环保制度设计与实践过程中，尚存在重立法轻执法，重集中轻民主、重形式轻实效等问题。在未来的生态制度创新过程中，应努力弥补这些不足，实现生态制度创新理论与实践的统一。

---

① 王世玲："外贸新变量：环保部启动贸易环境逆差核算"，新浪网，2008 年 8 月 28 日，http://finance.sina.com.cn/roll/20080828/23482398229.shtml.

（一）重立法轻执法

"徒法不足以自行"；"天下之事，不难于立法，而难于法之必行"。仅有规则，没有执行机制，制度是不完整的。执法是依法保护生态环境的重要手段，是生态文明能否实现的关键。

目前我国生态环境保护行政执法主要有行政检查、监督，行政许可和行政审批，行政处罚以及行政强制执行四种方式。但是这些方式在执法过程中，还存在程序不规范、不完备和不适应构建社会主义生态文明的要求等问题。具体表现在执法行为的偏误及其损害后果往往难被追究责任、监督检查的结果往往无人负责处理、对监督者自身的违法失职行为缺乏监督；执法程序不规范甚至违法；滥用自由裁量权；适用法律不准确、适用法律错误或者没有法律依据等。这些问题不能不说是行政法制的一个缺陷，值得我们进行深刻的反思。

因为缺乏制度约束力，国内一些上市公司未能实现早先制定的环保整改承诺。国家环境保护部在近期对 2007—2008 年通过国家环境保护部环保核查的上市公司进行了后督察，督察内容为这些公司承诺整改环保问题的完成情况。国内 11 家上市公司因为存在严重环保问题尚未按期整改，存在较大环境风险被通报批评。这 11 家公司的主要环保问题包括未依法执行环评审批或"三同时"验收制度，未能按期完成淘汰落后产能任务，未能按期完成总量减排配套工程项目，未依法处置危险废物，污染物超标排放，拖欠巨额排污费，环保设施不完善或未安装在线监测系统，没有完成防护距离内居民搬迁等问题。其中，新疆一家上市公司，截至检查时，累计拖欠的排污费甚至高达 1.35 亿元。通报指出，这些公司环保守法意识淡漠，存在应付心态和侥幸心理，导致其所做的环保整改承诺成为一纸空文。从国家环境保护部的通报可以发现，正是制度约束力的缺乏促使这些上市公司公然违背环保整改承诺。公司毕竟以盈利作为最终目的，即使做了环保承诺，如果缺乏足够的监管压力和惩治措施，企业在环保支出方面自然是能省则省。既然上市企业没有实现当初的环保承诺，国家环境保护部就应该联合中国证券监督管理委员会，对这些企业实行惩治性措施。但事实上，国家环境保护部在下发的限改通知中仅是提出意见，"对于整改仍无进展的公司，我部将视具体情况约谈公司负责人，依法进行处罚。"这可能意味着，即使企业没有实现环保承诺，只要态度端正、积极参与后期整改，做环保部心目中的"好企业"，同样可以平安无事。这也是国内 11 家上市企业甘冒道德风险的主要原因。

改变重立法轻执法的现象，解决当前环境执法过程中存在的一些问题，需要多管齐下。一是增强环境保护多项制度的可操作性。赋予环境保护行政部门必要的强制执法手段，如查封、扣押、没收等，落实对违法排污企业"停产整顿"和出现严重环境违法行为的地方政府"停批停建项目"权等。二是完善和强化执法手段。对环境法律法规中义务性条款均要设置相应的法律责任和处罚条款；建立健全市场经济条件下的"双罚"制度；逐步开展环境监察内部稽查和环境保护行政稽查，切实加大对环境行政不作为行为的查处力度。三是充实行政执法与监督队伍，加强行政执法和执法监督部门队伍建设，保质保量充实行政执法队伍，保持行政管理和调控能力；同时，进一步严格整顿行政执法队伍，坚决禁止行政执法机关随意授权给不具备执法资格的组织和临时人员从事行政执法活动。四是健全环境执法机制，完善执法程序。完善充实环境执法的各项规章制度，如执法工作程序、环境执法责任制度、环境执法考核办法、行政执法监督检查制度等，使执法行为规范化、程序化、制度化，减少执法的随意性和人为性。五是严格实行行政执法和执法监督工作责任制。在法律上明确地方各级人民政府及经济、工商、供水、供电、监察和司法等有关部门的环境监管责任，建立并完善环境保护行政责任追究制。

（二）重集中轻民主

目前，在我国生态环境保护、构建社会主义生态文明决策过程中，经常会出现一些重集中轻民主的现象。在生态环境问题决策上重集中轻民主，有关环境污染与治理的知情权、决策权高度集中，企业与个人的参与权、监督权无法落实，造成"一言堂"，群众民主意愿得不到体现，致使重大生态环境决策失误事件频频发生，导致近十几年来自然资源浪费严重，生态环境不断恶化。

政府主导与全民参与构成生态文明建设的"两条腿"，缺一不可。同时，由于生态资源具有流动性、分散性等自然特性，客观上加大了生态化制度创新的难度。一方面，在健全现行生态环境制度体系时，哪些法律法规与现实相背离和脱节，哪些法律法规存在空白，哪些法律条文亟待补充实施细则等等，其科学决策都离不开对现行资源环境、生态情况的真实反映。中国生态资源品种多样化，分布跨区化，丰寡不一，脆弱程度也存在很大差别。不依靠群众的广泛参与，上述信息的收集很可能是以偏概全，建立在这样的基础上的法律法规体系不仅对社会主义生态文明建设无济于事，反而容易对微观个体造成不当激励，从而形成新的生态欠账。另一方面，一旦法律法规出台，其执行情况如何直接关系到生态化制度创新的绩效，在我国普遍存在重立法轻执法现象的情况下，有关生态环境保护的法律法规是否严格执行显得尤为重要。以水资源为例，政府对节水和防污等正式制度的执行情况进行监管时难度很大，有时监管成本太高，致使一些法律法规成为一纸空文。加之政府作为国有资源的代理者，由于有限理性和所追求目标的双重性，主观上难免出现"管制俘虏"和"政府失败"现象，大大削弱了生态化制度的激励约束功能，使制度创新的绩效大打折扣。

基于此，在进行生态化制度创新时，除了强调各级政府集中管理生态资源及其立法工作外，还必须十分重视民主化。民主化既符合生态资源国有的产权特性——国家代表的是全民利益，按照自己的事情自己做主的原则，全体公民理应参与生态环境决策，又能有效破解生态化制度变迁中的政府失效问题——只有每一个公民真正意识到生态问题的严峻性，改变传统观念，并积极投身到生态环境的可持续利用中来，加快生态化诱致性制度变迁与创新，社会主义生态文明才能最终实现。概而言之，生态资源制度创新的民主化主要包括全民生态观念变化等非正式制度创新以及形成民主化的生态问题决策机制两个方面的内容。

（三）重形式轻实效

目前，一些地方和部门、单位仍然严重存在片面地注重形式而不注重实际效果的工作作风，或只看重事物的现象而不屑于分析其本质。在生态环境领域，主要表现在相关法律法规的决策上，民主集中制形同虚设，"专家论证会"只作陪衬，主要领导个人说了算；在法律法规执行情况的监督管理上，对下监督易，却不能及时到位；对上监督难，监督者普遍受制于被监督者；文山会海，全靠开会发文件指导工作，使领导工作停留在一般号召上，缺乏具体指导和督促检查；弄虚作假，虚张声势，追求表面功夫，生态工作没做多少，总结起来头头是道，实际效果不尽人意；急功近利，哗众取宠，考虑问题不是从实际效果出发，而是立足于树"政绩"、"个人形象"，搞"面子工程"，制造"轰动效果"，往往造成严重的后果，劳民又伤财。

遏制重形式轻实效的工作作风，要有针对性，做到有的放矢。采取切实可行的措施，加强领导干部反对形式主义的教育，大力宣传形式主义的危害，结合本单位、本地区、本部门的实际，排查形式主义的表现和特点，分析形式主义的原因，提高反对形式主义的自觉性。对容易出形式主义的问题，要制定严格的规定，加以规范和限制。对热衷于搞形式主义且造成严重后果的，加大查处力度，给予严肃处理，把生态文明建设的各项政策措施都落到实处，做到形式与实效的有机结合。

第三节

生态化生产制度创新

生产企业节能减排，进行绿色生产是建设生态文明的关键环节。构建生态化的生产必须重点抓好节能减排制度、生态补偿制度、产权交易制度、清洁能源生产与推广制度、绿色流通制度以及全民监督等制度的创新工作。

一、节能减排制度

从 2006 年提出节能减排制度至今，国家出台一系列法律法规和措施，对我国的节能减排工作起到很大的促进作用。虽然如此，但实现节能减排目标面临的形势依然十分严峻。要在推进技术创新、市场化、法制化和民主化四个方面，积极推动节能减排制度创新。

（一）节能减排技术化制度安排

节能作为"第五大能源"，不仅可以提高传统产业的利润率，而且节能技术产业前景也非常广阔。充分利用制度作为"游戏规则"对行为主体所具有的激励约束功能，推进节能减排技术化，瞄准国际先进水平，加大科技投入和技术攻关力度，形成一批拥有自主知识产权的核心技术，力争在电力、钢铁和有色金属冶炼等重点节能减排领域的技术研发、技术改造和技术推广等方面能够取得新的重大突破①。具体而言，一是通过重大专项制度的实施突出发展和攻关一批重点技术。如洁净煤技术，可再生能源与非化石能源技术，热电联产、热电冷联产、热电煤气多联供系统的关键技术，小型分散式能源系统技术，大型锅炉启动节油技术，运行参数优化设计与调整控制技术，热能、电能的储存技术，电力电子节能技术，建筑、交通节能技术，车用醇类混合燃料燃烧与控制技术，车用生物油制备与混合燃料技术等。二是通过产业政策的引导加快产业结构转型与升级，特别是在信息、纳米材料、分子生物、先进制造等

---

① 刘菊花、马俊："国资委：中央企业节能减排工作有五大重点"，新华网，2007 年 8 月 29 日。

领域取得原创性科技突破，开辟具有低碳经济特征的新兴产业群、高新技术产业群、现代服务产业群①。三是通过完善循环经济政策大力研发循环经济技术，包括共伴生矿产资源和尾矿综合利用技术、能源节约和替代技术、能量梯级利用技术、废物综合利用技术、循环经济发展中延长产业链和相关产业链接技术、"零排放"技术、有毒有害原材料替代技术、可回收利用材料和回收处理技术、绿色再制造技术以及新能源和可再生能源开发利用技术等，提高循环经济技术支撑能力和创新能力。

（二）节能减排市场化制度

节能减排市场化制度建设就是要通过一定的制度安排，一方面将能源浪费和污染等负外部性行为内在化，通过污染价格的指引作用引导企业自觉约束能源使用和污染物排放行为；另一方面要通过能源使用权和污染排放权的可分割、可交易促进稀缺资源（上述各项权能）的流动性，提高节能减排的效率。

节能减排市场化制度建设的重点是排污权有偿取得和交易制度。排污权有偿取得的目的在于引入市场机制，督促企业将环境成本纳入企业生产成本并计入产品或服务价格，实现资源环境外部成本内部化、社会成本企业化。排污权可交易则可以借助市场机制实现个体之间资源（排污权）的优化配置，使排污权从行权效率低（排污成本低）的个体流向效率高（排污成本高）的个体。

排污权有偿取得和交易制度建设，其基本前提是要建立污染物排放总量控制制度。根据每一时期经济发展和水环境容量现状，合理制订排污总量指标，使之成为所有污染物排放管理的基本原则。将经济发展水平、产业结构调整潜力、环境质量状况、污染防治能力与污染削减指标分配相统一，通过严格污染物排放总量控制，促进产业结构、区域结构的优化。要改变排污许可证的行政授予方式，采取招标、拍卖或政府定价等方式有偿出让，形成在一级市场出售排污权。要加快排污权交易市场的建立和完善，允许在一级市场获得排污权的个体有偿出让排污权，有效制止滥用和非法转让排污权，确保排污权交易（二级）市场能够正常交易。组建专业的排污权中介机构，建立相关的信息网络系统，为交易各方提供供求信息，提高交易的透明度，降低排污权交易费用，提高企业参与排污权二级市场的积极性。建立相应的激励机制，对积极减少排放、积极出售排污权的企业，从资金、税收等方面予以扶

① 湖北省发展和改革委员会课题组："湖北节能降耗工作思路"，《决策与信息》2007 年第 4 期。

持；对超过污染物排放总量控制指标、生态破坏严重或者尚未完成生态恢复任务的地区，暂停审批新增污染物排放总量和对生态有较大影响的建设项目；企业破产或被兼并时，政府应该鼓励排污权作为企业资产进入破产或兼并程序。

此外，还应利用市场机制的价格引导功能，通过一系列的制度安排，引导社会资金投资节能减排项目，推动民间资本向节能减排产业流动，为节能减排目标的顺利实现提供资金来源。完善和出台污水处理收费制度、城市生活垃圾处理收费制度以及《垃圾焚烧发电价格和运行管理暂行办法》等，研究制定改进二氧化硫排污费征收方式、加大征收力度的相关办法，同时按照补偿治理成本的原则，提高排污收费标准。同时建立政府引导、企业为主和社会参与的节能减排投入机制。以污水和垃圾处理为例，必须大力推进城市污水和垃圾处理厂的企业化、市场化、产业化进程，按照"谁开发谁保护、谁破坏谁恢复、谁受益谁补偿、谁排污谁付费"的原则，鼓励各类所有制经济投资和经营污水处理厂、垃圾处理厂、危险废物处理厂，包括独资、合资、合作、BOT等多种形式，逐步实现投资主体多元化，融资渠道多样化，运营主体企业化，运行管理市场化。

从实践层面看，中国已经设立多个碳排放交易所，如北京的环境交易所、上海环境能源交易所、天津排放权交易所以及深圳排放权交易所。北京环境交易所还主导制定了专为中国市场设立的自愿减排"熊猫标准"。中国将积极探索和建立碳排放交易市场。中国的碳交易市场正在渐行渐近。

（三）节能减排法制化

正式制度的根本是立法。节能减排技术化和市场化，都离不开法律保障，法制化是节能减排战略目标实现的根本。节能减排法制化制度建设的目标是通过5—10年努力，力图形成门类齐全、功能完备、措施有力的节能减排法规标准体系，从根本上解决"无法可依、有法不依、执法不严"的问题，把节能减排纳入法治化轨道。

一是进一步健全和完善节能减排相关法律法规。制定节能、节水、资源综合利用等促进资源有效利用以及废旧家电、电子产品、废旧轮胎、建筑废物、包装废物、农业废物等资源化利用的法规和规章；加强节能、节水等资源节约标准化工作。建立和完善强制性产品能效标识、再利用品标识、节能建筑标识和环境标志制度，开展节能、节水、环保产品认证以及环境管理体系认证。研究建立生产者责任延伸制度、资源节约管理制度，依法加强对矿产资源集约利用、节能、节水、资源综合利用、再生资源回收利用的监督管理工作。出台固定资产投资项目节能评估和审查管理办法，抓紧完成城镇排水与污水处理条例的审查修改，做好《中华人民共和国大气污染防治法》的修订工作以及"节约用水条例"、"生态补偿条例"的研究起草工作。研究制定重点用能单位节能管理办法、能源计量监督管理办法、节能产品认证管理办法、主要污染物排放许可证管理办法等。完善单位产品能耗限额标准、用能产品能效标准、建筑能耗标准等①。

二是落实污染物排放总量控制制度。尽快制定和落实《固定污染源在线自动监控系统建设安装技术规范》、《固定污染源在线自动监控系统质量管理技术规范》、《污染源自动监控系统管理办法》、《工业企业排污口规范化管理办法》等正式规则，使污染物排放总量控制有章可循、有法可依。

三是完善产业布局与产业政策，加快推进循环经济发展。进一步制定循环经济技术政策和促进循环经济的标准体系，研究制定发展循环经济的技术政策、技术导向目录以及国家鼓励发展的节能、节水、环保装备目录；加快制定高耗能、高耗水及高污染行业市场准入标准和合格评定制度，制定重点行业清洁生产评价指标体系和涉及循环经济的有关污染控制标准。落实限制"两高"产品的各项政策，加大淘汰落后产能力度。同时，大力发展能源需求量相对较小、污染相对较轻的现代服务业②。

四是完善经济政策，有效运用价格、财政、金融等经济杠杆，促进节能减排工作顺利进行。利用价格杠杆，积极稳妥推进资源性产品价格改革。调整资源性产品与最终产品的比价关系，理顺自然资源价格，逐步建立能够反映资源性产品供求关系的价格机制。积极调整水、热、电、天然气等价格政策，促进资源合理开发、节约使用、高效利用和有效保护。对能源消耗超过已有国家和地方单位产品能耗（电耗）限额标准的，实行惩罚性价格政策，对超过限额标准一倍以上的，比照淘汰类电价加价标准执行。严格执行国务院颁布的《排污费征收使用管理条例》及财政部、国家发展和改革委员会、国家环境保护总局等有关部委制定的《排污费资金收缴使用管理办法》、《排污费征收标准管理办法》、《关于环保部门实行收支两条线管理经费安排的实施办法》等配套规章，进一步加强排污费"收支两条线"管理，严格执行规范排污费的征收、使用和管理。健全扶持机制，采用财政补助、税收减免、行政奖励等方

---

① 中新网："国务院：各地可大幅提高差别电价加价标准"，中国新闻网，2010 年 5 月 5 日。
② 党的十七大报告解读："发展现代产业体系"，新华社，2007 年 11 月 29 日。

式，支持节能减排。

此外，要建立和强化节能减排目标考核和责任追究制度，这是落实政府节能环保责任的重要保障。

（四）节能减排民主化

任何一项正式制度的执行效果在很大程度上取决于这项制度是否与现存的社会观念、文化道德、意识形态、行为习惯等非正式制度相容以及相容的程度如何等等。由于非正式制度固有的路径依赖特性，一旦社会已然形成浪费资源能源、不爱惜环境的文化氛围，那么以国家为主导推进的强制性节能减排制度创新与变迁将很难取得预期的制度变迁收益，各项节能减排制度的效果将大打折扣。只有走民主化的道路，依赖最广泛的人民群众，动员所有社会成员全程参与节能减排制度建设及其监督检查，引导社会树立生态道德，培养"资源环境宝贵，节约光荣，浪费可耻"的观念，节能减排政策才能收到事半功倍之效。因此，节能减排制度建设还必须将技术化、市场化、法制化和民主化有机地结合起来，以期从正式制度和非正式制度两个方面对全社会形成制度约束合力，推进节能减排目标的顺利实现。

二、生态补偿制度

生态补偿（Eco – compensation）是以保护生态环境、促进人与自然和谐发展为目的，根据生态系统服务价值、生态保护成本、发展机会成本，运用政府和市场手段，调节生态保护利益相关者之间利益关系的公共制度。它包括以下几方面主要内容：一是对生态系统本身保护（恢复）或破坏的成本进行补偿；二是通过经济手段将经济效益的外部性内部化；三是对个人或区域保护生态系统和环境的投入或放弃发展机会的损失的经济补偿；四是对具有重大生态价值的区域或对象进行保护性投入①。

---

① 中国环境与发展国际合作委员会："生态补偿机制课题组报告"，中国环境与发展国际合作委员会官网，2008 年 2 月 26 日，http://www.china.com.cn/tech/zhuanti/wyh/2008 – 02/26/content_10728024.htm。

（一）生态补偿制度建设的现状与问题

20 世纪 70 年代，我国开始实施推进森林资源生态补偿的"退耕还林"机制，标志着中国在跨区域生态补偿方面迈出了重要一步。2000 年，国务院颁布《生态环境保护纲要》。该纲要提出，"坚持谁开发谁保护，谁破坏谁恢复，谁使用谁付费制度。要明确生态环境保护的权、责、利，充分运用法律、经济、行政和技术手段保护生态环境"，由此初步确立了生态补偿的基本原则。目前，国内生态补偿机制主要集中在森林与自然保护区、流域和矿产资源开发的生态补偿等方面。

一是森林与自然保护区生态补偿制度建设。1992 年，国务院提出"建立林价制度和森林生态效益补偿制度，实行森林资源有偿使用"；1993 年提出"改革造林绿化资金投入机制，逐步实行征收生态效益补偿费制度"；1998 年修订的《中华人民共和国森林法》第六条规定，"国家设立森林生态效益补偿基金，用于提供生态效益的防护林和特种用途林的森林资源、林木的营造、抚育、保护和管理"。2002 年，国务院出台《退耕还林条例》，对退耕还林的资金和粮食补助等作出明确规定；2004 年《中央森林生态效益补偿基金管理办法》颁布；2005 年中央财政正式设立森林生态效益补偿基金，目前已累计投入资金 200 多亿元，将 7 亿亩重点生态公益林纳入补偿范围，标志着我国森林生态效益补偿基金制度从实质上已经建立。

二是流域水资源生态补偿制度建设。2007 年 8 月，国家环保总局出台《关于开展生态补偿试点工作的指导意见》，决定在自然保护区、重要生态功能区、矿产资源开发区、流域水环境保护区 4 个区域开展生态补偿试点。《中华人民共和国水污染防治法》（2008 年修订）首次以法律形式，对水环境生态保护补偿机制作出明确规定。2009 年，温家宝总理在政府工作报告中更明确提出要加快我国生态补偿制度建设。近年来，中央财政结合主体功能区建设，加大对三江源、南水北调、天然林保护等生态功能区的转移支付力度，建立完善生态功能区转移支付制度。加强重金属污染治理，加大"三河三湖"及松花江等重点流域环境保护力度，开展跨省流域水环境生态补偿试点。例如 2011 年 3 月，财政部、环境保护部启动实施新安江流域水环境补偿试点工作。2011 年安排补偿资金 3 亿元，其中中央财政安排 2 亿元，浙江省安排 1 亿元，主要由安徽省使用，用于新安江上游水质保护。①

① 李丽辉："新安江试点水环境补偿"，《人民日报》，2011 年 3 月 29 日，第 2 版。

　　地方政府也开展了大量工作和进行一些有益的尝试，如北京市与河北省境内水源地之间的水资源保护协作、广东省对境内东江等流域上游的生态补偿、浙江省对境内新安江流域的生态补偿等。在河北省，子牙河曾经是全省污染最严重的水系，它贯穿全省 5 市 49 个县（市、区）。2008 年 3 月，河北省政府印发《关于在子牙河水系主要河流实行跨市断面水质目标责任考核并试行扣缴生态补偿金政策的通知》，规定子牙河水系各市出境断面水质 COD 超过 200 毫克/升的标准一倍，扣缴该市 50 万元生态补偿金；超标两倍以上扣缴 150 万元，水质每月监测，超一次罚一次，连续 4 个月超标将被区域限批。从实施效果来看十分显著，子牙河 29 个断面监测结果表明，达到或好于Ⅲ类的水质断面的有 3 个，占监测断面总数的 10.3%，比 2007 年同期上升 3.6%；劣Ⅴ类断面的有 19 个，占监测断面总数的 65.6%，比 2007 年同期下降 4.4%①。

　　在利用市场机制进行生态补偿方面，金华市设立"金磐扶贫经济开发区"作为该市水源涵养区磐安县的生产用地，在政策与基础设施方面给予支持，弥补上游经济发展的损失，以避免流域上游地区发展工业造成严重污染问题。宁夏回族自治区、内蒙古自治区上游灌溉区通过节水改造，将多余水资源卖给下游水电站使用。负责给广州、深圳和香港供水的东江流域，建立了流域上下游区际生态效益补偿机制，广东省每年支付给上游江西省寻乌、安远和定南三县 1.5 亿元，用于东江源区生态环境保护。

　　三是矿产资源生态补偿制度建设。1986 年通过《中华人民共和国矿产资源法》，从法律上规定了我国的矿业权主体。1987 年颁布《中华人民共和国矿产资源监督管理暂行办法》，1994 年出台《矿产资源补偿费征收管理规定》，发布《矿产资源法实施细则》，规定"矿产资源补偿费纳入国家预算，实行专项管理，主要用于矿产资源勘查"。1996 年颁布新修订的《中华人民共和国矿产资源法》、《国务院关于环境保护若干问题的决定》，建立并完善有偿使用自然资源和恢复生态环境的经济补偿机制；同年制定了《全国矿产资源规划》、《矿产资源规划管理暂行办法》及有关技术标准与规范，确定了矿产资源勘查、开采的相应程序。1998 年 2 月，国务院发布《矿产资源勘查区块登记管理办法》、《矿产资源开采登记管理办法》和《探矿权采矿权转让管理办法》三个配套法规，主要包括矿业权人资质认证制度、矿业权审批登记制度、矿业权有偿取得制度和矿业权依法转让制度等几个方面的内容。2005 年 8 月，《国务院关于全面整顿和规范矿产资源开发秩序的通知》提出探索建立矿山生态

---

①　董智永："生态补偿机制促进子牙河水质改善"，人民网，2008 年 11 月 27 日。

环境恢复机制。对废弃矿山和老矿山的生态环境恢复与治理，按照"谁投资、谁受益"原则，积极探索通过市场机制多渠道融资方式，加快治理与恢复的进程。① 这些法律法规的制定和实施，确立了我国的矿业权法律及生态补偿制度。

总体上看，生态补偿制度建设推进快，框架初步形成，但是存在着政策精细度不够、可操作性不强等问题，由于受多方面因素的影响和制约，森林与自然保护区生态补偿机制还存在一些不尽如人意的地方：生态补偿概念不清、覆盖面不全、补助标准偏低、资金来源单一、缺乏长效的补偿机制等，需进一步完善。如我国西南部分贫困山区"退耕还林"的农民担心 8 年补偿期满之后失去林地，导致生活来源没有着落而不愿意变更土地使用权证。浙江省临安市天目山自然保护区243 名村民，状告当地政府不作为，要求给予"生态补偿"一案，引起社会各界的广泛关注，产生很大的社会反响，成为我国第一起"生态补偿"纠纷案件。

（二）完善生态补偿制度创新的重点

生态补偿制度是依法保护生态资源环境，推进生态文明建设的重要制度。当前，要按照生态文明建设的需要，重点抓住以下四个方面进行创新。

1. **建立健全生态补偿立法**

我国在生态环境补偿政策体系方面已经迈出重要步伐，政策体系也不断完善。今后应继续加大生态建设和环境保护力度，制定生态补偿机制标准；扩大生态补偿机制试点范围，按照破坏者付费、使用者付费、受益者付费、保护者得到补偿的生态补偿原则，建立一个具有战略性、全局性和前瞻性的总体框架，包括流域补偿、生态系统服务功能补偿、资源开发补偿和重要生态功能区补偿等几个方面，将补偿范围、对象、方式、标准等以法律形式确立下来。尽快出台"生态补偿条例"，此条例应明确实施生态环境补偿的基本原则、主要领域、补偿办法，确定相关利益主体间的权利、义务和保障措施，并以此为依据，进一步细化流域、森林、草原、湿地、矿产资源等各领域的实施细则。中国环境与发展国际合作委员会首席顾问沈国舫院士指出，"生态补偿条例"如果能够颁布实施，"将对我国生态补偿机制建设起到积极促进作用"②。同时可考虑通过人民代表大会立法设置"生态税"，并以该税收收入补贴受侵害者。

---

① 薛惠锋："我国矿产资源开发的生态补偿机制研究"，中国人大网，2006 年 10 月 25 日。
② 张年亮、舒方静、骆盈盈："生态补偿机制建设获新进展"，《人民日报》（海外版），2009 年10 月 26 日，第 4 版。

这一点，国外主要发达国家"生态税"制度安排值得我们借鉴：一是对污染排放物进行课税，主要税种有二氧化碳税、二氧化硫税、水污染税、固体废物税、垃圾税等；二是对有污染环境后果和资源消耗较大产品征税，主要税种有润滑油税、旧轮胎税、饮料容器税等；三是对造成其他社会公害的行为征税，如根据噪声水平和噪声特征征收噪音税及为缓和城市交通压力，改善市区环境开征的拥挤税。

2. 完善生态补偿财政、税收政策体系

加大生态补偿财政转移支付力度，在财政转移支付中增加生态环境影响因子权重，增加对生态脆弱和生态保护重点地区的支持力度，按照平等的公共服务原则，增加对中西部地区的财政转移支付，对重要的生态区域（如自然保护区）或生态要素（国家生态公益林）实施国家购买等。对大面积森林、湿地、草地等重要生态功能区和国家级自然保护区等生态系统服务的补偿由中央政府重点解决；对矿产资源开发和跨界中型流域的生态补偿机制应由政府和利益相关者共同解决。中央财政要进一步通过提高环境保护支出标准和转移支付系数等办法，加大对青海三江源、南水北调中线水源区以及部分天然林保护区等中央生态补偿机制试点的财政转移支付力度。同时强化地方政府对生态补偿的支持与合作。地方政府应重点建立好城市水源地和本辖区内小流域的生态补偿机制，配合中央政府建立跨界中型流域补偿机制。

在税收政策方面，建立健全国有"资源性资产管理体制"，推行国有资源性资产经营预算制度，改变国有资源型企业利润倾斜内部的做法；对使用国有资源的企业，要有合理的利益界限，将合理比例的利润上缴给所有者，并用于公众福利。深化资源税的改革，相应提高资源税税率，在征收方式上将"从量计征"改为"从价计征"，以充分获取价格上涨所带来的收益。针对企业凭借国有资源"垄断性经营"获得巨额利润，将"特别收益金"改为制度化的"超额利润税"，将垄断利润收归公共所有，服务于公共利益的需要①。

3. 建立多渠道融资机制

研究制定中的"生态补偿条例"将引导商业银行资金和社会资本投向生态环保领域和生态功能区项目建设。这一举措将为增加资金投入，扩大资金来源提供重要渠道。在这个制度安排下，加大拉动人们对生态服务的需求，抓住公众的支付意愿；加大对私人企业激励，采取积极鼓励政策；加强同财政金融部门的联系，寻求相关专家的帮助和技术支持；建立基金，寻求国外非政府组

---

① 田如柱："常修泽：资源产权制度改革正当时"，《经济参考报》，2009 年 4 月 15 日。

织的赠与支持等，促使补偿主体多元化，补偿方式多样化①。

4. 扎实推进生态补偿试点工作，建立生态补偿整体框架

2007 年，国家环保总局重点在自然保护区、重要生态功能区、矿产资源开发区、流域水环境保护区 4 个区域，按照"谁开发、谁保护；谁破坏、谁恢复；谁受益、谁补偿"的原则开展生态补偿试点。此后，许多省（区）、市都建立了生态补偿机制试点，在生态补偿机制方面进行了有益的探索。2009 年，国家环境保护部确定河北省为全国省级全流域生态补偿唯一试点；同年 8 月份，西藏自治区建立草原生态保护奖励机制，首批 5 县试点正式启动。此外，浙江、江苏、山西、河北、山东、上海等地的生态补偿机制试点工作也在稳步推进。在此基础上，各部门应不断加强理论研究，总结经验，汲取教训，进一步稳步、扎实推进生态补偿机制试点工作，促进生态补偿机制的建立和相关政策措施的完善。

三、产权交易制度

产权及产权交易内涵广泛，按照通常的分类，国有资产分为经营类企业国有资产、金融类企业国有资产和资源类国有资产三大类，其中资源类国有资产包括林权、矿产、土地等多个领域。与生态文明紧密相关的资源类国有资产，主要是水资源、矿产资源和林业资源产权交易。

（一）水资源市场交易制度

水权交易是水资源使用权、产品水物权或者取水权的交易，水资源市场（以下简称水市场）就是通过出售水、购买水，用经济杠杆推动和促进水资源优化配置的交易场所。在水的使用权、收益权（以下简称水权）确定以后，对水权进行交易和转让，就形成了水市场。经济学家早已发现，低收益区和高收益区间的水交易可最大限度地提高经济效益。1993 年国务院颁布的《取水许可制度实施办法》规定：取水许可证不得转让。转让取水许可证的，由水行政主管部门或者其授权发放取水许可证的部门吊销取水许可证，没收非法所得。但法律对水资源使用权、收益权是否可以交易并没有明确的规定，这为中

---

①　中国环境与发展国际合作委员会："生态补偿机制课题组报告"，中国环境与发展国际合作委员会官网，2008 年 2 月 26 日，http：//www. china. com. cn/tech/zhuanti/wyh/2008 - 02/26/content_10728024. htm。

国水资源市场制度变迁的可行性留下了法律空间①。

中国水商品市场已经发展多年，但水权市场起步较晚，水资源市场制度发育缓慢，大致经历了从许可取水到许可用水，再到交易用水的发展过程。1993年，国务院颁布《取水许可制度实施办法》，水利部制定《取水许可申请审批程序规定》、《授予各流域机构取水许可管理权限的通知》等，实施地表水、地下水统一发放取水许可证制度。目前，全国已有 24 个省（市、区）分别制定了《取水许可制度实施管理办法细则》。水资源的分配主要通过行政手段，只需主管水资源的政府部门批准就可取得国有水资源的使用权。如江、河、湖泊，冰川雪原，陆上地下水；土地所有者或使用者修建或所属的人工河、湖、水库、水塘、水池、水渠等人工水体；国有自来水厂、用水企业和农灌区管理局取用江、河、湖泊和地下水体中的水。1994 年，第八届全国人民代表大会常委会将水法的修订工作纳入立法规划，就水资源权属、水资源使用权依法转让、用水许可与有偿使用等方面进行修订。

取水许可制度下水的使用权大多属于无偿获得，从而造成水资源的利用效率低下，水资源未能达到最优配置。与此同时，市场却存在着水权交易需求，这以经济发达地区为甚。如浙江舟山由于本岛水资源紧缺，每到干旱季节不得不向大陆跨海引水；温州乐清等地的水库供水区，一些商户为了获取效益好的养殖业的更大收益，自发地从从事种植业的农民手中高价购买水权；绍兴河网也多次从萧山有偿引钱塘江水等。由经济发展推动的水资源短缺矛盾加剧，后者增加了水资源的经济价值和相对价格，诱致性的水资源市场制度变迁的潜在收益推动了这些地区水权市场的形成。

1999 年 3 月 30 日，时任水利部部长汪恕诚在中国水利学会第七次全国代表大会上首次提出"实现由工程水利到资源水利的转变"的观点，并引发了一场"中国水利如何面向 21 世纪"的大讨论。《国民经济和社会发展第十个五年计划纲要》强调，要在国家监管和调控之下，实行水权转让，允许用水户将节约的水资源通过水权交易有偿转让获得收益。

2000 年年底，浙江省东阳市和义乌市签订有偿转让用水权协议，前者将横锦水库 5000 万立方米水资源的永久使用权通过市场交易机制，有偿转让给下游义乌市，被誉为我国首例城市间的水权交易，它打破了运用行政手段垄断水权再分配的传统，也从实践上证明了市场机制是水资源配置的有效手段。此事件被有关专家、学者视为水权市场正式建立的标志。但从严格意义上来讲，

---

① 黄锡生、黄金平："水权交易理论研究"，《重庆大学学报》（社科版）2005 年第 11 卷第 1 期。

并不能就此证明中国的水权市场得以建立、水权已进入了"买卖的交易"时代。东阳和义乌的交易并不是真正意义上的水权交易，因为作为交易标的的水资源的权属界限不明，就本质而言，其交易的是行政财产，交易的结果是以行政契约方式协调政府或地方冲突和利益。真正的水权交易是私人投资的诱致性交易，不是政府之间的强制性交易①。但在水资源以行政手段配置为主的背景下，东阳—义乌案例仍不失为我国水资源市场制度变迁的一次创举。这之后，其他的一些地方也开始了水权交易的运作。2001年，海河委员会漳河上游管理局与长治市水利局签订调水协议书，分别与林州市、安阳县、涉县签订有偿供水合同，使上下游、左右岸晋、冀、豫三省有关政府及水利部门就跨省有偿调水达成共识。

2002年3月，水利部确定张掖市为全国首家节水型社会建设试点，这是我国首次开展的一项区域性综合节水示范项目。张掖市引入市场机制，推行水票制度。根据水资源配置方案分配的水权总量，核定各农户耕地和水权，核发水权证。由用水户持水权证向管水单位购买每灌溉轮次水票，管水单位凭票供水，水票作为水权、水量、水价的综合载体，使用水户的使用权、经营权、交易权得以确立和充分体现。放开生产经营用水交易，放开交易水价，禁止生态用水交易，对于未实现交易的结余水量，由管水单位按照基本水价的120%回购。水市场的萌芽，极大地激发了公众的节水意识。少用多得利，多用少获利，大家都自觉约束水浪费行为，水权市场制度对经济个体的激励作用得到体现。

水资源排污权交易是指在一定区域内，在污染物排放总量不超过允许排放量的前提下，内部各污染源之间通过货币交换的方式相互调剂排污量，从而达到减少排污量、保护环境的目的。排污权分为公民排污权和企业排污权。公民排污权是环境使用权，是人权的一种，不能进行交易；企业排污权是国家授予的权利，可以进行交易，因而排污权交易的主体主要是企业。在我国只有大气污染、水污染和无严重危害的固体废物污染（主要是垃圾）才可以成为排污权交易对象。水污染中的排污权交易主要适用于同一水域内同种污染物之间的交易，排污权的交易标的是企业合法取得的富余排污权②。同水权市场相类似，中国的水资源排污权市场制度起步较晚。受传统计划经济体制的影响，中国的环境保护主要依靠政府管制，市场机制在污染控制中的作用不大。

1973年，中国政府制定《工业三废排放试行标准》，这是中国第一个环境

---

① 肖国兴："论中国水权交易及其制度变迁"，《管理世界》2004年第4期。
② 杜卓、甘永峰、林燕新："探索排污权交易"，《产权导刊》2007年第11期。

标准，可以将其视作中国排污权制度建设的开始；1979 年，颁布《中华人民共和国环境保护法（试行）》，要求排放单位遵守国家制定的环境标准。20 世纪 80 年代中期，开始制定行业水污染物排放标准；80 年代末，国家环保总局制定《污水综合排放标准》，根据水域功能确定分级排放限值，并强调区域综合治理，提出排入城市下水道的排放限值，对行业排放标准进行调整，统一制定水质浓度指标和水量指标，实行水质和排污总量双重控制。1982 年，实施《征收排污费暂行办法》，明确排污费的征收。1988 年，国家环境保护局在上海、北京、徐州、常州等 18 个大、中城市进行水污染物排放许可证试点①；在推行排污许可证制度的同时，国家选择包头、平顶山、开远、上海等 10 个城市进行排污权交易试点。这标志着我国在水资源保护中开始引入市场机制，排污权市场制度变迁就此拉开序幕。上海市闵行区建立的黄浦江流域 COD 排污权交易体系，取得显著的治污效果；江苏省南通市的 SO_2 排污权交易体系也开始运转。

1991 年，国家重新修订《污水综合排放标准》，制定行业性限制排放标准。与此相对应，北京、上海、广东、四川、厦门等省、市制定了地方水污染物排放标准，逐步形成综合和行业两类、国家和地方两级的水污染物排放标准。1992 年，国家环保局颁布《排放污染物申报登记管理规定》，申报登记的内容主要是污染物排放标准所确定的内容，对其他没有被确定的项目也相应作出规定，便于环保部门掌握本地区的环境污染状况及变化情况，为排污收费提供基本依据。1996 年，新修订的《中华人民共和国水污染防治法》颁布实施，对水污染防治规划的编制与批准、排污项目管理、单位排污申报、排污费的缴纳、排污总量控制、重要流域水质标准确定、城市污水处理、饮用水水源保护及应急措施、企业生产工艺减污规定、化学企业排污治理与检查等方面作出具体规定，制定超标排污收费和排污收费制度。2001 年，国家环保总局发布《淮河和太湖流域排放重点水污染物许可证管理办法（试行）》；2002 年，《排污费征收使用管理条例》颁布实施。

随着现代市场体系的逐步建立，市场机制在资源配置中的作用得到重视。排污权市场制度创新的呼声日益高涨，各地在水污染权交易中纷纷进行了有益的探索和实践。这方面，湖北省走在前面。2007 年，湖北省在造纸等重点排污行业开展试点。按照省政府计划，全省列入小造纸专项治理计划的 119 家小

---

① 1994 年，国家环保总局在全国所有城市全面推广排放水污染物许可证制度，至 1996 年全国地级以上城市普遍实行了排放水污染物许可证制度。

造纸企业关闭后，每年将减少排放 2.59 万吨化学需氧量，占减排总量的 3%—4%。这 2.59 万吨的排污权属省环保局所有；以后新上建设项目，可向省环保局购买这些排污权[①]。2008 年，《湖北省主要污染物排污权交易试行办法》颁发；2009 年，《湖北省主要污染物排污权交易办法实施细则（试行）》、《湖北省主要污染物排污权交易规则（试行）》、《湖北省主要污染物排污权电子竞价交易规则（试行）》、《湖北省主要污染物排污权交易相关文书》相继出台，在排污权分配管理、交易机构认定审核、交易主体资质审查、交易方式及流程、监督管理和罚则等方面都作出了明确规定。

但应该清醒地看到，排污权市场交易制度是舶来品，比较适合市场经济高度发达的西方工业化国家。由于文化传统和经济体制的差异，排污权市场交易在中国的推广和运行相对较难，水污染的控制主要还是依靠行政和法律手段，市场机制的作用尚未充分发挥。作为一种市场导向的环境经济政策，排污权交易必须在相应的法律保障下，才具有合法性和权威性。参考国外和我国试点城市的经验，必须根据中国特有和不断变化的立法和司法要求，从法律上确认排污权、保障排污权的市场主体、规定排污权市场规则和管理机构，为排污权交易的推行奠定法律基础[②]。

（二）矿产资源产权交易制度

矿产资源产权主要包括所有权与使用权，我国矿产资源属国家所有，使用权是指探矿权和采矿权。

长期以来，我国实行的是矿产资源无偿取得制度，矿产资源依照行政权力方式配置。1986 年，《中华人民共和国矿产资源法》颁布实施，明确规定国务院代表国家行使矿产资源所有权，建立矿产资源有偿开采制度和矿业权制度，但探矿权、采矿权不能进行流转。1994 年，国家对采矿权人征收矿产资源补偿费，结束了矿产资源无偿开采的历史；矿产资源配置机制由单纯计划安排转变为以计划为主，市场调节为辅。

1997 年修订后的《中华人民共和国矿产资源法》正式施行。该法明确规定，国家实行探矿权、采矿权有偿取得制度，探矿权、采矿权凡能采用招标拍卖方式的，一律不得用行政审批方式授予。新法赋予探矿权、采矿权的排他性

---

① 李飞、彭岚："湖北拟定排污权交易办法 造纸等排污行业成试点"，《中国环境报》，2007 年 8 月 7 日。

② 魏琦、刘亚卓："我国实施排污权交易制度的障碍及对策"，《商业时代》2006 年第 24 期。

产权性质，确立了探矿权、采矿权有偿取得和依法流转制度，标志着我国矿产资源产权交易市场逐步开始建立。

1998年，国务院先后颁布实行《矿产资源勘查区块登记管理办法》、《矿产资源开采登记管理办法》、《探矿权、采矿权转让管理办法》，规定从1998年2月起，对探矿权人、采矿权人征收探矿权使用费、采矿权使用费；申请国家出资探明矿产地的探矿权、采矿权，还应缴纳探矿权价款、采矿权价款。全国各地积极探索和实践探矿权、采矿权有偿出让的各种方式和操作规程。

2006年9月，国务院批复同意财政部、国土资源部、发展和改革委员会制定的《关于深化煤炭资源有偿使用制度改革试点的实施方案》。该方案规定，此前经财政部、国土资源部批准已将探矿权、采矿权价款部分或全部转增国家资本金的，企业应当向国家补缴价款，也可以将已转增的国家资本金划归中央地质勘查基金（周转金）持有；企业无偿占有属于国家出资探明的煤炭探矿权和无偿取得的采矿权也要进行清理，在严格依据国家有关规定对剩余资源储量评估作价后，缴纳探矿权、采矿权价款；对一次性缴纳探矿权、采矿权价款确有困难的，经批准可在探矿权、采矿权有效期内分期缴纳。此后新设的煤炭资源探矿权、采矿权，其价款一律不再转增国家资本金，或以持股形式上缴。适当调整煤炭资源探矿权、采矿权使用费收费标准，建立和完善探矿权、采矿权使用费的动态调整机制。同时从煤炭行业开始，选取山西等8个煤炭主产省（区）进行煤炭资源有偿使用制度改革试点。

经过10多年的法律制度建设，矿业权逐步得到理顺，矿产资源产权交易市场也逐步发展，先后建立了青岛天智矿权矿产品市场、四川省国投产权交易中心矿业资产交易市场、贵州省矿权储备交易局、新疆国源土地矿产资源交易中心、乐山土地矿权交易市场等矿业市场。我国矿产资源在市场配置、矿业权招标、拍卖等方面取得一系列的效果，并发挥越来越重要的作用。2005年，全国有20个省（区、市）开展探矿权招标拍卖挂牌出让工作，共计出让探矿权554个，出让价款10.43亿元；28个省（区、市）开展采矿权招标拍卖挂牌出让工作，共计出让采矿权13227个，出让价款39.49亿元。2006年，共有27个省（区、市）开展探矿权招标拍卖挂牌出让工作，全国共计出让探矿权2953个，出让价款39.7亿元；30个省（区、市）开展采矿权招标拍卖挂牌出让工作，全国共计出让采矿权35425个，出让价106.04亿元[①]。2007年，

①　田春华："数字增减看形势——简析〈2006年中国国土资源公报〉"，国土资源网，2007年7月2日。

全国招标拍卖挂牌出让探矿权 541 个，出让价款 17.98 亿元[1]；招标拍卖挂牌出让采矿权 9965 个，出让价款 32.85 亿元[1]。2008 年，"招拍挂"出让探矿权 542 个，出让价款 63.19 亿元；采矿权"招拍挂"出让 7696 个，出让价款 40.34 亿元[2]。2009 年，全国招标拍卖挂牌出让探矿权 580 个，出让价款 19.13 亿元；全国招标拍卖挂牌出让采矿权 955 个，出让价款 38.22 亿元[3]。

但同时也应该看到，随着矿产资源产权市场的进一步壮大，在交易制度、交易规则、矿权标准化、矿权评估、矿业权转移备案、风险控制、政府部门公共政策的定位与作用、信息披露等方面，还存在一些不尽如人意和不完善的地方，需大力加速推进矿产资源产权交易市场的规范化建设。

（三）林业资源产权交易制度

1981 年 3 月，中共中央、国务院发布《关于保护森林发展林业若干问题的决定》，对集体林区实施稳定林权、划定自留山、确定林业生产责任制的林业"三定"政策，实行"均山到户"。1984 年，"林业三定"集体林权改革在全国正式启动；同年，福建省三明市作为试点，开始进行集体林区改革，93 个改革试点按照"分股不分山、分利不分林、折股经营、经营承包"的原则，选择集体山林折股经营，山林联系面积、联系产量的"双联"计酬承包管护方法，实现林地所有权和使用权分离，成立村林业股东大会、村林业合作社委员会或林业股份公司。至 1984 年年底，全国 95% 的集体林场完成了山权和林权的划定工作。但"均山到户"后，一度引起集体林区农户对森林资源的乱砍滥伐，导致集体林区蓄积量在 300 万立方米的林业重点市由 20 世纪 50 年代的 158 个减到不足 100 个，能提供商品材的县由 297 个减到 172 个，集体林权改革被迫紧急刹车。

1988 年，国务院批复福建省三明市林改试验区设计方案，将其列入国家级农村改革试验区序列，该方案强调产权清晰化，推进山权、林权、活立木的市场化交易，通过建立林区产权市场来促进资源向资本的转化；随后湖南、山西、陕西等集体林区也纷纷效仿。1995 年 8 月，原国家体制改革委员会和林业部联合下发《林业经济体制改革总体纲要》，将推进林权市场化以政策的形式固定下来。该纲要明确指出，要以多种方式有偿流转宜林"四荒地使用

---

①　国土资源部："2007 年国土资源公报"，中央政府门户网站，2008 年 4 月 17 日。
②　国土资源部："2008 年国土资源公报"，中央政府门户网站，2009 年 3 月 31 日。
③　国土资源部："2009 年国土资源公报"，中央政府门户网站，2010 年 4 月 12 日。

权"，要"开辟人工林活立木市场，允许通过招标、拍卖、租赁、抵押、委托经营等形式，使森林资产变现"。林权市场化运作趋势明显，由最初的"四荒"资源拍卖、中幼林及成熟林转让、发展到林地使用权流转等。

2003 年，《中共中央、国务院关于加快林业发展的决定》颁布，推动以产权制度为核心的林业各项改革。紧接着三个"中央一号文件"都将集体林权制度改革确定为深化农村改革的重要内容。2006 年，《中共中央国务院关于推进社会主义新农村建设的若干意见》明确提出，"加快集体林权制度改革，促进林业健康发展"。《中华人民共和国国民经济和社会发展第十一个五年规划纲要》建议"稳步推进集体林权改革"①。2008 年，出台的《关于全面推进集体林权制度改革的意见》，指出加快林地、林木流转制度建设，建立健全产权交易平台；通过流转实现森林资源资产变现，促进林地向经营能力强、生产效率高的经营者流动，实现规模经营，优化配置资源，解放和发展林业生产力②。

2009 年以来，国家林权制度改革步伐明显加快："中央一号文件"要求全面完成林权发证到户，同步推进林权、山权交易和其他配套改革；6 月，首届中央林业工作会议召开；10 月，国家林业局出台《关于切实加强集体林权流转管理工作的意见》，依法管理和规范流转行为；11 月 7 日，国内第一家投入运营的林权交易机构——南方林业产权交易所在南昌揭牌成立；11 月 23 日，中国林业产权交易所在北京正式揭牌运营。

中国林业产权交易所是国务院批准成立的全国性林权及森林资源市场交易平台，由国家林业局联合北京市人民政府共建，采用国有控股公司制的组织形式，注册资金为 1 亿元人民币。交易所由林业要素交易中心、林权交易托管登记中心、森林资源资产评估中心、大宗林业商品综合交易中心等部门组成。作为国内唯一从事全国林业要素与资源的综合性交易和服务机构，通过建立"公开、公正、公平"的交易管理机制，统一交易规则、交易凭证、交易平台、信息披露和交易监管，为客户提供全国范围林木、林地交易托管及信息查询、林权证抵押融资、森林资源资产评估、大宗林业商品交易等服务，并对外公开发布林权流转交易、林权证抵押融资、林木交易市场行情等相关信息；开展碳汇交易、国际林业资源交易等业务。中国林业产权交易所与全国各县市地区林业局紧密合作，各地林业局将自己地区的林地进行整合，再打包到中国林业产权交易所挂牌，最大限度地拓展林地的目标市场范围。目前除国内林地资

---

①　温铁军："我国集体林权制度三次改革解读"，中国园林网，2009 年 11 月 18 日。
②　林艳兴、刘晨："集体林权制度改革的'产权突破'"，新华网，2008 年 7 月 20 日。

源外，中国林业产权交易所还募集到来自世界范围内的林地资源，如南美洲、非洲地区的林地资源，将有望在中国林业产权交易所挂牌交易①。

可以说，在中国，林权是最早发生产权交易制度创新与变迁的领域，其制度体系相对也比较完备，这与制度变迁的潜在收益与边际成本的比较密不可分。与形态各异、时空分布不均、极具流动性的水资源相比，森林资源的质和量相对比较稳定，容易形成标准产权单位。从开采和开发的技术与成本方面看，又比煤炭等矿产资源相对更容易和更低，微观个体容易形成对可分割、可交易林权的需求，参与林权交易的积极性也比较高。中央政府主导的诱致性制度变迁推动了各地以追求经济利益为目的的林权自发性制度变迁，政府为林权交易提供交易标准、交易规则、交易场所和交易信息，并主导解决相关技术难题，这为我国确立和完善其他领域的产权交易制度提供了宝贵的经验。

四、清洁能源生产与推广制度

清洁能源是指不排放污染物的能源，包括核能和可再生能源。可再生能源是指原材料可以再生的能源，如水力发电、风力发电、太阳能、生物能（沼气）、海潮能等。

中国的清洁能源产业随着世界能源革命的发展而发展。20 世纪 80 年代以来，在"联合国共同宣言"推动之下，我国政府把新能源、可再生能源纳入国家能源政策和科技计划体系之中，制定因地制宜、多能互补、综合利用、讲究效率的发展方针。在技术进步推动下，能源消费结构趋向全面多元化，一次能源消费结构稳健地实现了从"以煤为主"向"煤油气并重"的转变，同时新能源、可再生能源比例也有较大幅度提升②。此外，振兴核电也成为新能源多元化发展的重点之一。温家宝在 2009 年《中国政府工作报告》中提出，要积极发展核电、风电、水电和太阳能发电等清洁能源。自 2010 年 4 月 1 日起

---

① 郭晋晖："中国林业体制改革迈出重要一步　林权可进场交易"，第一财经网，2009 年 11 月 23 日。

② 截至 2008 年，一次能源消费总量中，煤炭比重从 95% 下降到 68.7%，石油和天然气消费占比为 21.8%，水电、核电和风电等清洁及可再生能源的比重已接近 10%。在已初步实现产业化的新能源及可再生能源中，太阳能和光伏能源发展迅速。截至 2008 年年底，中国太阳能电池产量达 1000MW，居世界首位，成为太阳能电池生产大国；2009 年，太阳能电池产量达 2800MW，且发展和利用空间仍然巨大。

开始施行的新《中华人民共和国可再生能源法》规定，国家实行可再生能源发电全额保障性收购制度；国家财政设立可再生能源发展基金，资金来源包括国家财政年度安排的专项资金和依法征收的可再生能源电价附加收入等。在哥本哈根会议之后不到十天，中国就通过了修改可再生能源法的决定，充分体现了中国政府在发展可再生能源、应对气候变化方面的决心和信心①。《国家能源发展"十二五"规划》要求在"十二五"规划期内，将新能源占能源消费总量比重从目前水平提高到12%—13%左右，到2020年新能源在能源结构中的比例将达到15%，单位GDP能耗降低40%—45%。对风能发电、太阳能发电和核能发电的装机目标进行大幅调整，提高具有优势的风电和光伏发电等发展目标，到2020年可再生能源总投资按新规划将超过当前规划的3万亿元人民币②。

中国新能源市场潜力巨大，需要相关政策、法律制度的颁布与实施，促进其发展驶入快行道。从创新型国家战略出发，借鉴国外、特别是发达国家的经验教训，并与中国的具体实际相结合，构建中国清洁能源生产与推广制度，有着十分重要的意义。

构建以《中华人民共和国可再生能源法》为基础、以各类专项能源法和地方立法为主干、以其他立法为补充的清洁能源法律体系，从清洁能源产业的垄断规制、价格改革、法律服务，到能源的清洁利用、环境安全监管、国际环境合作，建立完备的法律规则体系。强化能源法中的科技创新制度，制定绿色能源采购法，扩展绿色能源采购的范围和程序，在货物、服务和工程方面实施统一的绿色采购政策。完善太阳能利用法律制度体系和可操作的具体制度，正确处理政府干预与市场规律的关系，注重经济激励制度的运用，提高自主创新能力。制定覆盖电力、供热、燃料消费三大领域的可再生能源配额制度、扩大可再生能源义务主体并细化义务规则、完善可再生能源经济激励制度。建立海洋石油、天然气等不可再生能源储备法律制度，确立海洋可再生能源科研机构的法律地位，以促进海洋可再生能源高新技术研发。

当前存在的主要问题是，中国能源领域现行的国家能源局、国家发展和改革委员会、中国电力监督管理委员会共存的管理模式，使得政策制定与监管职责交叉重叠、机构职责与法律地位脱节。因此在监管制度改革的过渡阶段，既

---

① 周兆军、应妮："可再生能源法修改 为应对气候变化提供法律支持"，中国新闻网，2009年12月26日。

② 张胜男："中国要通过补贴支持新能源和节能减排"，路透中文网，2009年5月21日，http://cn.reuters.com/article/CNEnvNews/idCNChina-4561220090521。

要依赖法制权威，又要重视其他社会治理手段的作用。作为能源产业市场化改革后的产物，能源监管机构的设置不仅需要根据政监分离和专业监管的要求在横向上处理好能源监管机构与能源政策制定部门、环境监管机构等相关机构的关系，而且还要划清纵向权力配置的界限，并适应能源产业监管的需要不断微调。同时，能源环境问题和市场失灵的存在决定了能源领域政府监管的不可或缺性。进行制度创新、放宽能源领域民间投资的准入门槛、细化和强化民间资本投资能源领域的支持性制度，被认为是打破中国能源行政垄断的基本举措。中国的煤炭环境问题、能源结构及可再生能源发展的技术水平、自然条件、经济成本的约束共同决定了煤炭清洁利用的紧迫性，政府无法忽视煤炭清洁利用及其应承担的法律义务；在煤炭清洁利用制度推进中，需要建立独立、高效的能源环境安全监管机构，其模式选择主要依赖于中国能源监管机构的制度设计①。

五、绿色物流制度

绿色物流是指利用先进物流技术进行规划、实施运输、储存、包装、装卸、流通加工等的物流活动，包括各个单项的绿色物流作业（如绿色运输、绿色包装、绿色流通加工等）和为实现资源再利用而进行的废弃物循环物流。其行为主体为专业物流企业和与其相关的生产企业和消费者，它与绿色生产、绿色消费共同构成节约资源、保护生态环境的绿色经济循环系统。我国的绿色物流起步较晚，绿色物流刚刚兴起，针对物流行业的政策和法规不是很多，大有发展潜力。下一步的努力重点是：

（一）加强绿色物流的规划工作

建立和完善物流绿色化的政策和理论体系，对物流系统目标、物流设施设备和物流活动组织等进行改进与调整，实现物流系统的整体最优化和对环境的最低损害。制定控制污染发生源、限制交通量和控制交通流的相关政策和法规，对现有物流体制强化管理，打破地区、部门和行业局限，按大流通、绿色化的思路进行全国物流规划整体设计，构筑绿色物流建立与发展框架。以现有

---

① 中国法学会能源法研究会："能源变革与法律制度创新"，中国能源法律网，2009 年 9 月 24 日。

物流企业为基础，逐步发展大型物流中心，与区域性配送中心相结合，建立多功能、信息化、服务优质的配送体系。

（二） 加强控制物流污染发生源的法律制度建设

物流活动的日益增加、配送服务的发展，引起在途运输的车辆增加，导致大气污染加重。政府应采取有效措施，制定相应的环境法规，对废气排放量及车种进行限制；采取措施促进、鼓励使用清洁能源汽车，普及使用低排放车辆，对车辆产生的噪音进行限制，治理车辆废气排放，限制城区货车行驶路线等。如北京市对新车制定严格的排污标准，对在用车辆进行治理改造；同时采取限制行驶路线、增加车辆检测频次、按排污量收取排污费等措施，污染物排放量大为降低。

（三） 限制交通量

通过政府指导作用，促进企业选择合适的运输方式，发展共同配送，政府统筹物流中心及现代化物流管理信息网络的建设等，最终通过有限的交通量来提高物流效率，特别是提高中小企业的物流效率。

（四） 控制交通流

政府投入相应的资金，建立都市中心部环状道路；通过道路与铁路的立体交叉发展、制定道路停车规则以及实现交通管制系统的现代化等措施，减少交通阻塞，提高配送效率。

六、全民监督制度

污染物排放和能源节约行为，由于其具有点多面广的特点，如果没有公众的参与，仅靠政府环境监察部门人员的抽查，显然不能满足节能减排的要求。政府还可建立全覆盖的实时监控系统，但建设和使用的成本高昂，既冲抵了制度创新的收益，又不符合生态文明的要求。而全民监督则可以以较低的成本推动绿色生产与绿色流通。

全民监督是指全体公民依据宪法和法律赋予的广泛政治权利，以批评、建议、检举、申诉、控告等方式对各种政治权力主体进行的一种自下而上的监督，直接体现了国家的一切权力属于人民和人民当家做主的原则。在生态文明的建设过程中，要使全民监督制度落到实处并发挥作用，必须做到以下几点：

（一）加强信息披露

扩大公众知情权与参与权。各级各部门要通过设置完善的公众参与内容、形式和程序，公开信息，公开政务，保障公众的环境监督权、知情权；要利用各种形式让群众参与政府环境政策和环境规划的编制，参与地方环境立法，参与工程建设项目环境影响评价工作；要开辟各种渠道让群众对政府及其环境保护部门的工作提建议。完善资源信息政府网站，公示资源保护政策法规、项目审批、案件处理等政务信息；公开发布资源能源与环境制度执行情况、资源能源与环境质与量的动态变化等信息；对资源环境保护政策执行不力的地区予以通报批评，对污染企业予以曝光，要求严重违法的排污企业的法人代表在媒体上公开道歉；对"两型"家庭、"两型"社区、"两型"城市予以表彰，通过各种渠道大力宣扬节能减排典型，加大道德约束力量的作用；依法推进企业环境信息公开，开展上市公司的环境绩效评估和水环境信息公告。同时，还应加强网络互动，开通"投诉与建议"电子邮箱，接受广大群众的批评和建议，完善现有的规章制度，对即将出台的节能减排正式规则征求群众的意见。

（二）建立民主协商机制

资源、能源与环境属于广大群众所有，有关资源、能源与环境的政策决策以及执行理应由全体民众共同参与。民主化的生态环境制度建设不仅是生态文明目标实现的关键，同时也是社会主义民主的重要体现。政府宏观调控、市场调节、民主协商三者结合是构建生态文明的有效途径。建立民主协商和利益保障机制，实行民主决策，完善公众参与的规则和程序，听取公众意见，接受群众监督，同时发挥"看不见的手"和"看得见的手"两个机制的作用。

民主协商实际上是一种谈判和投票机制，地方利益主体通过广泛参与反映地方利益，实行地方投票、民主集中，在一定游戏规则下达成合约，其结果不一定是谈判各方的最优解，但却是较优解或妥协解，这将带来整体效益的提高。通过政治协商实现部分多样化资源市场化配置，其约束机制主要是合约约束，由于合约在其他利益主体约束条件下最大限度地反映自身利益，合约规定了违约受惩罚的规则，违约的成本必然很高，这就大大减少了违约的风险。民主协商为在公共资源配置中如何处理不同地区、不同产业、不同社会阶层之间的利益关系，实现公平与效率的有机统一提供了新的思路。解决这一问题，既不能延续过去的行政指令性分配，也不能仅仅依靠市场的自我调节。资源的配置方案不仅仅需要技术上、经济上的可行性，更重要的是制度上的可行性。

（三）建立公众参与环境执法机制与制度

充分发挥执法机构的执法职能、公众的外部监督、企业的内部监督作用，形成相互制衡的"三元环境执法监督体系"。重点以社区为单位，组织开展群众环保行动，推行公众参与监督机制。发挥社区引导和服务群众的独特作用，通过组织开展纵横结合的各类环保行动，唤起公众的环境主体意识，建立公众参与、监督环保工作的机制与渠道，增加环境与发展的决策透明度，促进生态环境领域决策和管理的科学化和民主化。

第四节

生态化分配制度创新

生态化分配制度的创新强调从财税、金融、外贸制度三个方面，对有利于生态文明建设的行为进行倾斜和激励，对造成环境污染、生态破坏的个体进行约束和惩罚，通过有差别的分配制度体系，促使"经济人"在进行经济决策时自觉地将对生态的外部性影响纳入成本—收益分析框架。

一、财政税收制度

1998 年，国家开始实施积极财政政策，并将生态环境保护纳入国债项目重点投资领域。"十五"、"十一五"以来，生态环境财税政策的制定和实施取得进一步进展，资源节约和环境保护价格政策进一步深化，生态环境保护财政政策逐步完善，生态环境税费改革取得重要进展。

（一）生态环境保护财政支出政策逐步完善

2004 年，国家财政设立中央环境保护专项资金，用于支持污染防治项目；2005 年 12 月，国务院将环境保护纳入预算科目，从编制 2007 年预算时予以全面实施；2007 年，设立主要污染物减排专项资金和城镇污水处理设施配套管网"以奖代补"资金，同年 12 月财政部会同有关部门发布《三河三湖及松花江流域水污染防治专项资金管理暂行办法》；2008 年，中央财政首次设立农村环保专项资金，采用"以奖促治、以奖代补"形式，两年共安排专项资金15 亿元，支持近 2000 个村镇开展环境综合整治和生态示范建设。2009 年 5月，财政部在全国财政与节能减排工作会议上提出大力支持风电规模化发展；采取财政补贴方式，加快启动国内光伏发电市场；开展节能与新能源汽车示范推广试点，鼓励北京、上海等 13 个城市在公交、出租车等领域推广使用节能与新能源汽车；支持企业节能技术改造等十项公共财政政策。2010 年，财政部门将继续大力支持十大重点节能工程建设，推进重点行业和企业节能减排、清洁生产，发展循环经济；加大高效照明产品推广力度，重点向农村倾斜；扩大节能产品惠民工程实施范围；进一步实施促进节能减排的政府采购政策；增加农村环境保护资金投入，加大"以奖促治"政策实施力度；充分利用中国清洁发展机制基金，支持实施《应对气候变化国家方案》，创新市场减排机制，推动低碳发展[①]。

（二）资源节约和生态环境保护价格政策进一步深化

2004 年 4 月开始，京津塘地区试行上网脱硫电价；2005 年 4 月，国家发展和改革委员会发布东北、华中、华东、华北、西北、南方等电网执行脱硫电价政策；2007 年年初，国家发展和改革委员会拟定《关于深化价格改革促进资源节约和环境保护的意见》，将环境治理成本和资源枯竭后的退出成本计入石油、天然气、水、电、煤炭和土地等产品的定价中，提高排污费、污水处理费和垃圾处理费的征收标准；2009 年 5 月，国务院批转发展和改革委员会起草的《关于 2009 年深化经济体制改革工作意见的通知》，提出大力推进资源性产品价格和节能环保体制改革，努力转变发展方式。

（三）环境税费改革取得重要进展

国务院在 2009 年 5 月批转的《关于 2009 年深化经济体制改革工作意见的通知》中，提出"研究制订并择机出台资源税改革方案；加快理顺环境税费制度，研究开征环境税"。目前国家已经对内蒙古、山东、河南、广东等地开展了环境税的调研，《财政部、国家税务总局会同国家环保总局等单位联合开展开征环境税研究工作方案》已形成并上报国务院；湖北、湖南也在继续进行排污税由地税代收的试点；稀有金属的资源开采和环境税，水泥、造纸等落

---

① 财政部："调整收入分配　推进财税制度改革"，财政部网站，2010 年 4 月 7 日。

后工艺的产品税也在研究中。2009 年 10 月，财政部财政科学研究所发布《中国开征碳税问题研究》报告，建议在资源税改革后的 1—3 年期间择机开征碳税，预计为 2012—2013 年[1]。2010 年年初，备受争议的机动车环境税方案在取得了环境保护部等相关部委的同意后，上报国务院，进入立法程序。2010 年 8 月，财政部、国家税务总局和环境保护部向国务院提交环境税开征及试点的请示。湖北、湖南、江西、甘肃 4 省有望试点开征环境税。据国家环境规划院有关人士介绍，目前的环境税税制设计方案是充分考虑我国排污企业实际情况和税收征管实际的，比较务实，且具有前瞻性[2]。

同时也应该清醒地看到，现行财税制度还存在一些不尽如人意的地方，主要表现在中西部地区地方财政投入不足、生态环境保护资金投入有限、以增加地方财力为主要目标的经济发展和投入方式给生态环境保护带来的巨大压力。同时，资源环境成本没有得到完全体现，资源环境价格偏低，税制的绿色程度较低，没有专门的环境税税种，转移支付制度未作为重要因素考虑等。生态环境保护是改善民生的重点领域，国家应充分发挥财政、税收政策作用，通过财税政策和制度性安排，对环境污染和浪费资源征收污染税或环境税，对保护环境和节约资源实行税收优惠以及财政补贴等支持性政策。具体而言，应重点建设生态环境公共财政支出、绿色税收和生态资源环境产品定价三大制度。[3]

建立生态环境公共财政支出制度，应合理划分生态环境保护事权财权，优化调整预算科目，确定预算支出的定额标准，优化环保专项资金的使用范围和方式，将生态环境和主体功能区等因素纳入中央一般性财政转移支付制度。加大公用设施、能源、交通、农业以及治理大江大河和治理污染等有关国计民生产业和领域的财政支持，财政投资应采用直接投资方式进行；对于市场机制发挥作用有限，收益率较低的生态保护项目，采取财政补贴方式，使其收益率能够有利于调动投资者参与生态保护项目的积极性。可用直接补贴方式支付给投资于生态保护和生态维护的项目或投资者，也可用财政贴息方式提供补贴，或采取以奖代补的方式提供补贴[4]。

建立和完善资源环境产品定价制度，应充分发挥价格杠杆对资源节约和环境保护的促进作用，资源价格低估将严重扭曲经济激励，阻碍生态文明的演进

---

① 伍雨石："环境税酝酿开征　专家青睐税种整合"，新浪网，2010 年 2 月 3 日，http：//finance. sina. com. cn/g/20100202/04347350368. shtml。

② 夏命群："4 省有望试点开征环境税"，《京华时报》，2010 年 8 月 6 日。

③ 逯元堂："稳步推行环境公共财税政策"，《中国环境报》，2009 年 12 月 24 日。

④ 王金霞："生态补偿财税政策探析"，《税务与经济》2009 年第 2 期。

历程。目前，水资源、电、天然气等生产要素价格过低，资源水平已经难以支撑。一方面，要素价格受到政府管制而过低；另一方面，由于社会性管制的缺失，许多企业在生态环保、社会保障、生产安全等方面投入少，多数企业投入未达到国家标准，规避了应该承担的社会成本。通过这两个途径，企业至少不合理地增加了 20%—40% 的利润①。生态资源环境产品的定价要综合反映生态资源环境的治理成本、资源的稀缺程度和资源枯竭后的退出成本，深化资源环境价格改革，综合反映或通过资源税等手段在资源开采环节间接影响资源价格，同时加强垄断行业的价格监管，实现资源节约和优化配置。

全面构建生态环境税收制度及征收管理体系，深化环境税收体系改革，优化征税税率水平，扩大征税范围。提高汽油和柴油消费税率，对能耗不同的交通工具实行差别税率等。对污水处理企业处理污水取得的收入给予适当增值税优惠，减轻企业生产和销售再生水取得收入的增值税税负；对企业购置污染治理设备、节能节水等专用设备的投资额，可以按一定比例实行税额抵免；对研究开发和使用符合规定条件的节能、环保设备的企业，可以允许其固定资产和无形资产加速折旧；落实并加大国家资源综合利用税收倾斜政策，激励清洁产品、绿色产业、循环经济以及可再生能源等方面的生产和消费。提高煤炭、石油、天然气等资源税率，增加水资源税和森林（原木）资源税，尽快出台环境税法。

开征环境税为我国碳税的征收埋下伏笔。作为新生事物，碳税已在世界一些国家实施；《京都议定书》有关各国采取了包括征收碳税、化石能源替代技术、生物碳化及碳埋藏技术等相应措施。我国碳税实施方式可以通过改造现有税种，包括能耗税、消费税等；或将碳税列为环境税的一个税目；或单独搞一个碳税。实施碳税制度，根据煤炭、天然气和成品油的消耗量来征收；征收对象为能源产业上游大企业，税率根据自身减排目标和经济发展动态调节②。如把所有与能源相关的税收全部归纳为碳税，在开始征收时，每吨二氧化碳排放征税 10 元；征收年限可设定在 2012 年，到 2020 年税率可提高到 40 元/吨。国家环境保护部规划院副院长王金南课题组则建议，每吨二氧化碳排放征税 20 元，到 2020 年征收 50 元/吨。具体而言，煤炭每吨 11 元、石油每吨 17 元、

---

① 李京文："破解资源价格改革"，《新华文摘》2009 年第 13 期。
② 谈尧："中国实行怎样的碳税制度"，《中国财经报》，2009 年 10 月 27 日。

天然气每立方米征收 12 元的碳税①。

二、金　融　制　度

随着人类文明向生态文明演化，生态道德、环境责任日益成为决定企业竞争力的重要因素，将它们纳入银行的授信评估体系，开展绿色信贷业务，不仅体现银行的社会和环境责任，也是银行降低信贷风险的需要。环境标准和社会责任标准进入银行决策核心，是全球银行业可持续发展的必然选择。

2007—2008 年，国家环境保护总局联合中国人民银行、中国银监会陆续推出一系列以绿色信贷、绿色保险、绿色证券为代表的绿色金融政策，利用市场机制和金融手段促进中国经济可持续发展和生态文明建设。

（一）绿色信贷

绿色信贷是绿色金融的重要组成部分。2007 年 7 月 30 日，国家环境保护总局、中国人民银行、中国银监会出台《关于落实环境保护政策法规防范信贷风险的意见》，旨在完善金融工具，构建新的金融体系，重点突出生态保护、生态建设和绿色产业方面的融资。这一全新信贷政策被称为"绿色信贷"（green – credit policy）。该意见提出对不符合产业政策和环境违法企业、项目进行信贷控制，要求各商业银行将企业环境保护守法情况作为审批贷款的必备条件之一；规定各级环保部门要依法向金融机构通报企业环境信息，金融机构要依据环保通报情况，严格贷款审批、发放和监督管理，对未通过环评审批或者环保设施验收的新建项目，金融机构不得新增任何形式的授信支持。对于各级环保部门查处的超标排污、未取得许可证排污或未完成限期治理任务的已建项目，金融机构在审查所属企业流动资金贷款申请时，应严格控制贷款②。

2008 年 2 月，环境保护总局与世界银行国际金融公司签署合作协议，共同制定符合中国实际的《绿色信贷指南》，使金融机构在执行绿色信贷时有章可循，为我国推行绿色借贷标准建设迈出重要一步。

---

① 肖明、朱亚梅："资源税费改革步伐加快　环境税上马碳税或 2012 年开征"，《21 世纪经济报道》，2009 年 12 月 12 日。
② 朱莉、卓昕："中国可持续投资市场正在萌芽"，中国报道网，2010 年 4 月 24 日。

　　2008 年 10 月 31 日，兴业银行承诺采纳"赤道原则"①，将社会责任、环境责任和可持续金融融入银行发展战略、经营理念和营运模式；制定《环境和社会风险管理政策》、《信用业务准入标准》及信用审批制度；设立可持续金融室，专人负责环境和社会风险的管理，成为中国第一家"赤道银行"。

　　2009 年 7 月，国务院副总理李克强在出席环境宏观战略座谈会时强调，要从战略上进一步加强环境保护，把生态环保作为保持经济平稳较快发展的重要举措，努力实现清洁发展、节约发展、安全发展和可持续发展。环境保护部副部长潘岳表示，要将已经启动的环境经济政策研究工作做深做实，继续推动绿色信贷、证券、保险等政策手段，结合国家产业结构调整和振兴规划，推进国家传统产业的绿色化、生态化，推动中国生态环境保护新进展。②

　　2010 年 1 月，环境保护部环境经济与政策研究中心与渣打银行（中国）有限公司签署合作备忘录，双方将本着双赢原则，借助各自在环境保护政策研究和可持续金融服务领域的经验，加强绿色信贷方面的能力合作和信息交流，包括合作开展绿色信贷管理与环境风险评估培训活动，共同推动金融创新、开发绿色金融产品等。双方将力求共同搭建一个分享国内、国际银行和金融机构环境政策与实践经验平台，进一步推动绿色信贷在中国的长期健康发展。③

　　绿色信贷在中国开了一个好头，取得了阶段性、局部性成果。但必须清醒地看到，我国绿色信贷管理建设工作、绿色信贷环保指南制定刚刚起步，相关行业环保标准、产业指导目录尚未制定，信息公开机制仍不畅通，绿色信贷与预期目标相比有不小距离，大面积推进还面临着不少制度性和技术性困难。因此，完善绿色信贷管理体系显得十分必要。一是应加快制定符合中国国情的绿色信贷管理指南；二是行业准入标准的制订，要与绿色信贷环保指南相结合；

---

　　①　赤道原则（the Equator Principles，简称 EPs），即 2002 年 10 月世界银行下属国际金融公司和荷兰银行提出的一项企业贷款准则。它是由世界主要金融机构根据国际金融公司和世界银行的政策和指南建立的旨在判断、评估和管理项目融资中环境与社会风险的金融行业基准。赤道原则现已成为国际项目融资的新标准，包括花旗、渣打、汇丰在内的 40 余家大型跨国银行已明确实行赤道原则，在贷款和项目资助中强调企业的环境和社会责任。原则列举了赤道银行（实行赤道原则的金融机构）作出融资决定时需依据的特别条款和条件，共有 9 条。在实践中，赤道原则虽不具备法律条文效力，但却成为金融机构不得不遵守的行业准则。目前全球已有超过 60 家金融机构宣布采纳赤道原则，项目融资额约占全球融资总额的 85%。

　　②　中新社："潘岳：要继续推进环境税费、绿色信贷等经济政策"，中国新闻网，2009 年 7 月 29 日。

　　③　班健："潘岳致信中国绿色信贷与经济结构调整论坛指出要发挥信贷杠杆调节效应时间"，环保部官网，2010 年 1 月 28 日。

三是发挥行业组织和协会作用，建立一套基于环保要求的产业指导名录，如对各行业的产品、加工工艺、使用原料、污染程度、如何排污等加以界定，银行的贷款额度可以根据企业的环保先进水平来确定；四是金融与环保部门加强合作，加快绿色信贷信息建设，建立良好的信息沟通渠道；五是金融机构要加强自身建设，并根据人员的专业能力和经验，限制审批权限。此外，要完善相关激励制度，采取利率下浮、发放优惠贷款的办法，支持对环境有益的项目。从现有经济利益角度考量，绿色信贷所支持的项目，有一些是经济效益并不太好的项目，如风电、垃圾发电等，在一定程度上将减少银行盈利，要有配套的免税收、财政贴息等财政政策，确保银行开展绿色信贷业务的积极性[1]。

（二）绿色保险

绿色保险又称环境责任保险，属于责任保险的范畴，是指以被保险人因自身原因致使环境受到污染或破坏，并因而对他人人身权、财产权、环境权益造成损害，而应当承担的以赔偿或治理责任为标的的责任保险。在实际操作中，保险公司只对突然的、意外的污染事故承担保险责任，而将故意的、恶意的污染视为除外责任。

环境污染责任保险制度源于 20 世纪 60 年代欧美工业化国家，后迅速发展推广到发展中国家，成为解决环境损害赔偿责任问题的重要机制之一。目前此制度在西方发达国家正日趋成熟和完善，已经建立绿色保险制度和开展保险业务的国家有美国、德国、英国、法国、瑞典、印度、巴西等国。德国采取的是强制责任保险与财务保证或担保相结合的环境责任保险制度；美国、瑞典在立法中采取强制责任保险制度；英国、法国等国家采用"自愿保险为主、强制保险为辅"的方式。其共同特点是法律明确规定，对重污染型且污染事故多发企业，实行强制环境污染责任保险，承担因其污染造成受害人的人身损害的赔偿责任。对轻污染型企业，以自愿投保为主，强制投保为辅的原则。数据表明，目前全球环境污染责任保险总保费已超过 20 亿美元。[2]

我国环境保险制度起步较晚，环境保险主要是各种商业保险附加条款，如地震保险、油污处理保险、远洋污染保险等；责任保险所占的保险比例本就不高，而环境责任保险所占比例更是偏低。2007 年年末，华泰保险公司两款保险产品"场所污染责任保险"、"场所污染责任保险（突发及意外保障）"通

---

① 社论："绿色信贷：环保部门和银行共担其责"，新京报网，2008 年 2 月 14 日。

② 刘国成、黄绳纪："推行绿色保险利在社会惠及百姓"，《珠江环境报》，2009 年 9 月 30 日。

过中国保险监督管理委员会备案批准正式推向市场，成为首家开展环境污染责任保险的内资保险公司。2007 年 12 月，国家环境保护总局下发《关于环境污染责任保险工作的指导意见》，在环境保护部、中国保险监督管理委员会大力推动下，我国环境污染责任保险开始正式起步并在部分地区开展试点，保险企业也积极参与并进行多样化的探索和实践。除了积极开发推动低碳经济发展的保险产品，保险机构还积极稳妥地在投资领域施展拳脚，如投资环保产业、成立绿色产业投资基金等。

2008 年，中国平安推出环境污染责任险，该险种是以企业发生污染事故对第三者造成的损害依法应承担的赔偿责任为标的的保险，即如果企业发生污染事件，那么将由保险公司给受污染的群众进行赔偿。中国人寿保险公司加强与各地环保部门、经纪公司、再保公司的协作，本着"政府支持、政策引导、市场运作"原则，在湖北、辽宁、重庆、湖南、江苏、云南等地开展环境污染责任保险试点工作①。

2008 年年初，湖南省为化工、有色、钢铁等 18 家重点企业推出保险产品，目前已有 73 家企业参加环境保护责任保险试点，总计缴纳保险经费达 300 万元，有 8 家企业获得环境保护责任保险理赔。2008 年 8 月，江苏省推出船舶污染责任保险，由人保、平安、太平洋和永安四家保险公司组成共保体，承保 2008 年度至 2009 年度江苏省船舶污染责任保险项目。2008 年 9 月 28 日，湖南株洲昊华公司发生氯化氢泄露，对附近村民菜田造成污染。由于此前该公司购买了中国平安保险公司的"污染事故"保险，事故发生后，经平安保险湖南分公司确定企业对污染事件应负责任和保险公司的保险责任，附近 120 多户村民最终获得 1.1 万元赔款；该事件为中国首例环境污染责任险获赔案例。

2009 年 1 月 1 日，沈阳市实施《沈阳市危险废物污染环境防治条例》，明确规定："支持和鼓励保险企业设立危险废物污染损害责任险种；支持和鼓励生产、收集、贮存、运输、利用和处置危险废物的单位投保危险废物污染损害责任险种。"环境污染责任保险率先在地方立法上实现突破②。

2009 年 8 月 23 日，长沙市环保局发布《环境风险企业管理若干规定》，将环境风险企业分为一类、二类和三类。一类包括生产过程中涉及剧毒、危险化学品的黑色金属、有色金属以及涉及重金属采选和冶炼的排污企业；二类包

---

① 殷楠："'绿色保险'助力低碳经济发展"，《经济日报》，2010 年 3 月 26 日。
② 张瑞丹："中国'绿色保险'已取得阶段性进步"，财经网，2009 年 1 月 7 日。

括电镀、制革、医疗、有色冶金等危险废物综合利用及处置的排污企业；三类包括使用放射性物质的，仓储有毒、有害及化学危险品的排污企业。要求一类、二类环境风险企业必须购买环境风险责任保险，三类企业可以根据自身情况酌情购买环境风险责任保险。同年 12 月，长沙市环保局在长沙高新开发区举行全市环境污染责任保险签约仪式，该市上百家企业购买环境污染责任保险，参保企业一旦发生属于责任内的环境风险事故，将由保险公司负责赔偿。①

2009 年 10 月，重庆、宁波、湖南三地保监局和人保财险公司联合向中国保监会上交《我国环境污染责任保险开展情况、问题和建议》，建议在环境保护的相关法律中明确规定环境污染责任保险制度，对石油、化工、造纸等环境风险较大的行业实行强制保险；对其他污染相对较轻行业，可实施政府引导下的自愿保险。同月，云南省昆明市正式施行《昆明市人民政府关于推行环境污染责任保险的实施意见》，包括化工在内的全市 25 个主要污染行业共 396 家主要排污企业全部纳入投保范围，其中应当参与环境污染责任保险的有 340 家、鼓励参与环境污染责任保险的有 56 家；此前，一些地方保险与环保部门共同出台具体方案，正式启动化工类环境污染责任保险试点工作：重庆市在 7 类行业中各选择 5 个具有行业代表性的企业参加试点，其中包括化工类（石油、天然气、煤化工企业）；危化品类，重点是生产、储存、运输、使用危化品的单位；危险废物运输、处置单位等。宁波市在镇海、北仑和大榭 3 个主要化工区推动试点工作，以危化品企业、石油化工企业、危险废物处置企业和行业为主。深圳市首批选定 13 家危险废物经营单位为试点单位。所有这些，意味着我国全面探索建立环境污染风险防范和化解机制工作渐成气候。②

2009 年 11 月，国内第一家专业汽车保险公司和碳中和企业——天平保险公司通过与自身保险主业相结合，研发绿色车险产品。该险种根据行车里程和区域设计产品，给予行车里程少、行车区域固定的客户更多保费优惠，鼓励多乘公交，引导客户绿色出行等。此外，为减少中间环节，最大限度地节约成本和资源，降低碳排放量，该公司开展电话车险业务，客户足不出户，在网上便可获得产品报价、在线投保及支付保费等。中国平安保险公司也积极开发车险

---

①　赵文明："推动'绿色保险'亟须法律保障　让污染受害者不再为索赔奔波"，《法制日报》，2009 年 12 月 31 日。

②　"化工行业纳入'绿色保险'投保重点"，《中国化工报》，2009 年 10 月 29 日。

费率与环保指标联动的绿色车险产品①。

由于绿色保险属于新生事物，还面临着认识不到位、相关法律不健全、实施的相关标准缺乏、企业的承受能力有限等诸多问题。国外环境责任立法都不同程度地确定环境污染责任保险的强制性，我国缺乏针对环境污染责任保险的系统规定，可援引的条款散见于《中华人民共和国民法通则》、《中华人民共和国环境保护法》等多部法律法规中。这些规定对于具体推行这项工作而言，原则性过强，缺乏可操作性。

《关于环境污染责任保险的指导意见》被视为正式确立了我国"绿色保险"制度的路线图，但由于该指导意见并不具备法律强制约束力，只能对环境污染责任保险工作的推进起指导性作用，因此，推动"绿色保险"亟需法律法规的创新及相关措施的出台加以保障。一是完善环境相关法律法规，明确责任保险索赔的时效性。西方国家经常在保险单中使用"日落条款"，即在保险合同中约定，自保险单失效之日起30年为被保险人向保险人索赔的最长期限。为平衡受害人和保险人利益，我国对环境侵权责任保险也应规定相应的索赔时限。二是加强灾害统计工作，增强环境损害的预见性。三是合理界定保险责任范围和保险费率。费率的制定必须兼顾保险人和企业的利益诉求，并结合国家的环境保险政策，做到公平、合理与适当。四是实行政府强制投保方式和政策性差异化保费补贴。世界上大多数经济发达国家如美国、瑞典、德国、法国等，都采取强制环境责任保险方式，通过政府干预和各种经济政策手段，来促进环境责任保险市场发展。采取财政差异化补贴政策，对积极治污企业给予2/3保费补贴，一般企业补贴1/3保费，以提高污染企业的投保和治污积极性，解决污染企业难以承受高额保费的问题。②

环境责任保险主要是保障公众利益，企业在购买之前更多会出于成本考虑，只靠保险公司推行比较困难。如果政府不加大支持力度，环境责任保险制度的推行就会遭遇发展瓶颈。对此，国家环境保护部副部长潘岳提出了四点要求：一是本着"政府支持、政策引导、市场运作、立法推动"的基本原则，突出重点、先易后难、先行试点、逐步扩大；二是提出试点工作方案，并抓紧研究污染损害的赔偿标准，开发符合实际需要的产品；三是在易发生污染事故的企业、储存运输危险化学品的企业、危险废物处置的企业、垃圾填埋场、污

---

① 陈天翔："'绿色车险'将面市　财险公司开打'低碳'牌"，《第一财经日报》，2010年4月27日。

② 王颖、聂莹、何宏飞："绿色保险遭遇发展瓶颈"，《半月谈》2008年第23期。

水处理厂和各类工业园区等领域开展试点；四是国家和地方各级环保部门要积极研究制定相关保障措施。继续推动相关立法，在国家和地方相关立法中写进环境责任保险的条款；研究提出对投保企业给予税收等方面的优惠政策，减轻企业负担；研究对开展环境污染责任保险业务的保险公司给予税收优惠支持政策。按照这一政策设计，通过基本完善环境污染责任保险制度，到2015年建立起从风险评估、损失评估、责任认定到事故处理、资金赔付等各项机制。①

从实践层面看，2009年，国家环境保护部确定了环境污染责任保险试点城市。其中，无锡市2010年参保企业达185家，2011年2月开始全面实施"绿色保险"机制。"十二五"期间，无锡市2000家存在环境污染风险的企业将纳入责任保险范围。企业可以按照生产经营规模和环境污染风险选择相应赔偿限额。②

（三）绿色证券

绿色证券是指环保和证券监督部门制定的一套针对高污染、高能耗企业证券市场环保准入审核标准和环境绩效评估方法。即上市公司在上市融资和再融资过程中，必须要经由环保和证券监督部门进行环保审核，从整体上构建一个包括以绿色市场准入制度、绿色增发和配股制度、生态环境绩效披露制度为主要内容的绿色证券制度体系，从资金源头上遏制住这些企业的无序扩张。它是继绿色信贷、绿色保险之后的第三项生态环境金融政策。

绿色证券政策出台建立在近年的试点基础之上，其实施更离不开制度的保障。如《国务院关于落实科学发展观加强环境保护的决定》（国发〔2005〕39号）、《国务院关于印发节能减排综合性工作方案的通知》（国发〔2007〕15号）、《环境信息公开办法（试行）》、《关于对申请上市的企业和申请再融资的上市企业进行环境保护核查的通知》（环发〔2003〕101号）、《关于进一步规范重污染行业生产经营公司申请上市或再融资环境保护核查工作的通知》（环办〔2007〕105号）、《上市公司信息披露管理办法》（中国证券监督管理委员会令第40号）、《关于重污染行业生产经营公司IPO申请申报文件的通知》（中国证券监督管理委员会发行监管函〔2008〕6号）、《上市公司证券发行管理办法》等，引导上市公司积极履行保护环境的社会责任，争做资源节约型和环境友好型的企业表率。

---

① 张瑞丹："中国'绿色保险'已取得阶段性进步"，财经网，2009年1月7日。
② 顾烨："无锡推环境污染责任保险"，《人民日报》，2011年2月14日，第10版。

2008 年 2 月 25 日，国家环境保护总局发布《关于加强上市公司环境保护监管工作的指导意见》，标志着我国绿色证券制度建设的正式启动。该意见以上市公司环境保护核查制度和环境信息披露制度为核心，对火电、钢铁、水泥、电解铝行业及跨省经营"双高"行业（13 类重污染行业）的公司申请首发上市或再融资的，必须根据环境保护总局的规定进行环境保护核查。未取得环境保护核查意见的，中国证监会不得通过其上市申请；环境保护核查意见将作为中国证监会受理申请的必备条件之一。2008 年 7 月 7 日，环境保护部在其网站对外公布《上市公司环境保护核查行业分类管理名录》，明确在火电、钢铁等 14 个行业中，不能通过环境保护核查的企业将不得申请再融资，也不得申请上市。2008 年 9 月，上市公司广州浪奇（000523）和 *ST 宝硕（600155）由于增发方案未能及时获得环境保护审查而失效，成为该意见实施以来首次出现的再融资"卡壳"案例①。

其实，早在 2001 年国家环境保护总局就开始了对上市企业的环境保护核查工作。2003 年 6 月 17 日，国家环境保护总局发出对申请上市的企业和申请再融资的企业进行环境保护核查的通知。2007 年 9 月 28 日，国家环境保护总局又制定了《首次申请上市或再融资的上市公司环境保护核查工作指南》，对申请上市的公司以及申请再融资的上市公司，都将连续核查 36 个月的时间。2007 年下半年，《关于进一步规范重污染行业生产经营公司申请上市或再融资环境保护核查工作的通知》发布以来，国家环境保护总局完成对 37 家公司的上市环境保护核查，对其中 10 家存在严重违反环境评估和"三同时"制度、发生过重大污染事件、主要污染物不能稳定达标排放以及核查过程中弄虚作假的公司，作出不予通过或暂缓通过上市核查的决定，阻止环境保护不达标企业通过股市募集资金数百亿元以上。

在已上市公司的信息披露制度方面，数据显示，2006 年上市公司年报中，仅有 50% 的上市公司进行了环境信息披露，且绝大多数披露都是定性描述，有用信息量较小，一些受到环境行政处罚的公司也未及时披露。对此环境保护部副部长潘岳表示，要重点推进已上市公司的环境信息披露，加大公司上市后的环境监管；按照《环境信息公开办法》，定期向中国证监会通报上市公司环境信息以及未按规定披露环境信息的上市公司名单，相关信息也会向公众公布。同时选择"双高"产业板块开展上市公司环境绩效评估试点，发布上市公司年度环境绩效指数及排名情况，以便广大股民对上市公司的环境表现进行

---

① ""绿色证券'门槛首次绊倒两公司"，《金融界》，2008 年 9 月 22 日。

有效的甄别监督。随着环境信息公开制度的发展，公众可以直观地知道企业经营中的环境风险，直接影响企业股票价格、资信及市场竞争力，间接刺激企业从事低污染、低风险生产。[1]

可见，目前绿色证券制度虽然已然搭好核心框架，但是尚不完整。由于上市公司经济总量及其对环境影响越来越大，绿色证券制度能否促使社会筹集资金投向绿色企业，广大股民绿色选择的经济权益能否得到保障，上市公司能否履行环保责任，将决定着能否把资本市场变成推动绿色中国的经济杠杆，决定着整个绿色金融体系建设的进度。对此，环境保护部副部长潘岳表示，将与中国证监会共同协商，并就相关工作与范围进行深入研究，《上市公司环境绩效评估试点方案》及包括绿色信披、绿色评级等内容的绿色证券实施细则正在协商过程中，有望尽快出台，争取绿色证券政策更加成熟与完善。[2] 此外，针对核查制度，环境保护部提出几项措施：一是细化"双高"行业的分类，对目前13个重污染行业进一步细化，使每一家上市公司都能找到产业方向；二是完善专家评议机制，保证客观的公正、实效，建立一支稳定的专业队伍；三是建立完善上市公司保荐机构约束机制，防止弄虚作假；四是制订出台有关激励办法，对环境表现良好，在节能减排方面作出突出贡献的企业，给予政策优惠。[3]

在绿色金融的三项制度中，"绿色信贷"重在源头把关，对重污染企业釜底抽薪，限制其扩大生产规模的资金间接来源；"绿色保险"通过强制高风险企业购买保险，旨在革除污染事故发生后"企业获利、政府买单、群众受害"的积弊；绿色证券对图谋上市融资的企业设置环境准入门槛，通过调控社会募集资金投向来遏制企业过度扩张，并利用环境绩效评估及环境信息披露，加强对上市公司经营行为进行监管。绿色信贷、绿色保险和绿色证券共同构成绿色金融体系的初步核心框架。

三、外　贸　制　度

党的十一届三中全会以来，伴随着经济体制改革的进程，从放权、让利、

---

　①　吴晶晶："环保总局发布《关于加强上市公司环保监管工作的指导意见》"，新华社，2008年2月25日电。

　②　李雁争："潘岳：绿色证券细则正在制定过程中"，《上海证券报》，2008年7月9日。

　③　朱小雯："'绿色证券'正细化'双高'行业分类"，《每日经济新闻》，2008年11月26日。

分散到推行外贸承包制和放开经营，我国外贸体制改革陆续展开：1978—1986年，实行简政放权、政企分开。1987—1990年，推行外贸承包、财政包干；通过建立和完善以汇率、税收等为主要杠杆的经济调节体系，推动外贸企业实现自负盈亏。1991—1993年，外贸进行以取消出口补贴、统一外汇留成的新一轮体制改革。这一轮改革使得外贸领域的计划经济色彩进一步减弱，市场调节作用加强，对外贸易迅速发展。

1994年1月，国务院颁发《关于进一步深化对外贸易体制改革的决定》，提出建立适应国际经济通行规则的新运行机制；同年，第一部《中华人民共和国对外贸易法》出台，开始了系统地对外经贸领域法律法规的改革与完善。以国际规范为目标，在货物贸易、外资、知识产权、反倾销等各个领域出台一系列法律法规，对外贸易实现制度性飞跃。2004年7月1日《中华人民共和国对外贸易法》开始实施。2007年以后中国进一步放开外贸经营权，逐步形成一个由市场调剂、与国际接轨、自由贸易的外贸体制。①

随着全球贸易自由化和经济一体化的发展，生态环境问题日益受到关注。将环保措施纳入国际贸易的规则和目标，是生态环境保护发展的大趋势；合理利用环境资源、控制和减少环境污染成为各国经济可持续发展要考虑的主要问题之一。关贸总协定（GATT）多边贸易谈判使得各类关税大幅度削减，许多常规非关税壁垒被撤除。此时，绿色壁垒作为贸易保护主义的一种新形式应运而生。

绿色壁垒，即绿色贸易壁垒（Green Trade Barrier），又称环境壁垒（Environment Barrier），是指在国际贸易领域，一些发达国家凭借科技优势，以保护生态环境、自然资源和人类健康为目的，通过立法或制订严格的强制性技术法规，对国外商品，特别是环保技术落后的发展中国家产品进口进行准入限制的贸易壁垒。包括环境进口附加税、绿色技术标准、绿色环境标准、绿色市场准入制度、绿色包装制度、绿色卫生检疫制度、绿色补贴、消费者绿色消费意识等内容。绿色贸易壁垒因其拥有其他非关税壁垒所不具备的合理性、广泛性、隐蔽性和歧视性特征，从而成为国际贸易谈判中讨价还价的重要筹码，成为主要发达国家的新宠②。

绿色壁垒对我国对外贸易影响巨大。我国产品出口市场主要集中在欧美等发达国家和新兴工业化国家和地区，出口份额约占我国外贸出口总额的4/5。

---

① 韩玉军、周亚敏："我国外贸体制改革的演进"，《人民论坛》2009年第30期。
② 吴荣娟："绿色壁垒对我国外贸的影响及对策"，《中国教育创新》2009年第21期。

在这些国家和地区中，美国、日本、欧盟、澳大利亚、加拿大等国家和地区均为世贸组织中"贸易与环境委员会"重要成员，环保技术先进，公众环保意识强，目前已从环保立法进入环保执法阶段。资料表明，美国、日本和欧盟的10项环境措施对 APEC 成员24类出口产品的影响统计中，来自环境标准和法规的影响占第一位，24类产品中有21类受到影响。发达国家凭借其经济和技术条件的垄断优势，以保护资源和环境为由，提高其国内市场产品的环境标准，对进口商品设置形形色色的壁垒，以抵消由于劳动力价格、运输和原材料价格等其他国际贸易竞争因素给其产品带来的不利影响。如欧盟对机电产品制定"技术协调和标准方案"，实行 CE 标志认证制度，规定其成员国有权拒绝未贴 CE 标志的产品入关；澳大利亚、美国、加拿大和德国也相继对电子、机械和电器产品实行认证制度，对我国电视机、收音机、灯具等出口造成了极大困难。

乌拉圭回合谈判最后签署的文件包括工业品贸易、农产品贸易、服务贸易、知识产权和投资等方面的环境保护问题。我国不少出口产品如机电、纺织、建材、清洁、油漆、涂料、陶瓷、皮革等，在短期内很难达到发达国家严格的环境质量标准，如果发达国家在新的多边自由贸易体制中肆意推进环境壁垒，以保护本国市场为由进一步提高产品环境标准，对实现我国出口将产生较大负面影响。①

价格优势曾是我国出口产品参与国际市场竞争的有利因素之一。而环境壁垒的制定实施，要求将环境科学、生态科学的原理运用到产品的生产、加工、储藏、运输和销售等过程中去，形成完整的无公害、无污染的环境管理体系。因此，产品在流通过程中，制造商为了达到进口国的环境标准，不得不增加有关环境保护的检验、测试、认证和签订等手续并产生相关费用；产品外观装潢、出口标签和商品广告等各种费用及附加费用相应增加，出口产品生产成本水涨船高，价格优势将不复存在。此外，一部分海外投资者为获取高额经济利益和逃避本国污染处罚，利用我国较为宽松的环境标准，投资兴建污染密集型企业（化工、印染、电镀、农药等行业），进一步加剧我国生态环境状况的恶化，影响我国对外贸易。

投资、内需和出口被誉为拉动我国经济增长的"三驾马车"。对外贸易为我国经济的高速发展作出了很大贡献，今后还会发挥越来越重要的作用。新形

---

① 李秀娟、温亚利："环境标志制度对我国对外贸易的影响分析"，《集团经济研究》2007 年第92 期。

势下纷繁复杂的外贸环境对我国进出口贸易既提出了严峻挑战，也提供了更多机遇。它给我国的产品出口绿色化施加了外部压力，从长远看，既有利于出口企业未来竞争力的提升，也有利于我国生态文明的建设。化解绿色贸易壁垒等贸易手段对我国出口的负面影响，在进一步扩大出口贸易的同时，推动我国外贸产品的绿色生产与流通，是外贸制度创新与改革所面临的重要课题。

（一）加强绿色贸易立法和制度建设

进一步建立和完善环境标志制度，积极实施 ISO14000 和环境标志认证。ISO14000 包括环境体系、环境审核、环境标志、生命评估、环境行为评价等方面，是将环境管理贯穿于企业原材料、能源、工艺设备、生产、安全、审计等各项目管理之中的自愿性环境管理标准。环境标志认证制度可以使产品从原料生产到回收利用全过程对环境的影响最小化，是企业突破绿色壁垒，走向国际市场的有效手段。推行环境标准制度，尽快完善并实施"国内绿色标志"。①鼓励企业积极发展无污染高科技产品出口，对符合绿色出口标准的企业给予财税和信贷优惠，严格限制、禁止高污染、高能耗产品的生产出口。加快绿色指标体系的研究和制定，增加国际贸易活动中与贸易伙伴谈判的筹码。外贸部门应在环保和技术监督检验检疫部门配合下，组织建立我国绿色贸易技术指标体系。可以在国际贸易市场有重要影响的领域，先制定一些绿色贸易技术指标，然后再逐步完善和扩展到其他产品领域，构筑起符合国际规则的绿色屏障。要借鉴国外经验，突破法律层面的限制，建立环境保护公益诉讼制度，赋予环保组织代表社会公众利益进行公益诉讼的权利。

（二）积极推进绿色产业发展，将生态环境保护纳入外贸发展战略

绿色产业是以防治环境污染和改善环境质量为目标的新兴朝阳产业，其产品在国际贸易中具有很强的竞争力。转变高耗能、高耗资源、高污染的传统发展模式，推行生态环境为中心的绿色增长方式，发展绿色市场，开发绿色产品，开展绿色营销。要着重发展与我国产业发展密切相关的绿色技术项目，如生物灾害控制技术，集约化养殖技术，无公害优质清洁农业技术，动植物品

---

① 作为我国政府绿色采购的重要技术支撑，环境标志认证工作目前已建立了相对完善的标准体系、认证体系、质量保证体系等，已经有 65 个认证产品种类、1500 多家企业的 30000 多个型号的产品通过环境标志认证。中国环境标志已与德国、北欧、日本、韩国、澳大利亚、新西兰、泰国等国家和地区签订合作互助协议。

种、品质改良技术，农产品精深加工技术，酶工程技术，生物降解技术，与保持天然资源高效利用有关的环境保护技术等。通过必要的政策扶持，促进绿色技术创新及其产业化，提高我国产品和相关技术的国际市场竞争力。

（三）拓展国际市场，实现出口贸易伙伴多元化

目前我国主要出口贸易伙伴国美国、欧盟和日本均是绿色壁垒的主要发源国家和地区，其环境保护标准远远高于发达国家的平均水平。在现阶段，拓展国际市场，扩大对发展中国家的出口，既可以避开苛刻的贸易壁垒，延长产品的生命周期，又可以减缓来自发达国家的市场压力，降低风险，逐步实现我国出口商品从高污染型向环保型转变。

（四）实行严格的环境贸易政策，禁止国外污染严重产业和不合标准产品向我国转移

加强进口商品的管理、审查、检测，坚决杜绝危险、有毒废旧物资进口，保护我国居民的身体健康和生态环境免遭损害。同时禁止外资在我国兴建高污染、难治理的农药、化工、印染、造纸、电镀等企业。对于现有外贸企业的污染问题要限期治理，必须达到我国现有环境标准。

第五节

生态化消费制度创新

如果说生产和流通领域生态文明建设的主体是企业和政府，公民主要发挥监督作用的话，那么消费领域的生态文明则不仅依赖于广大群众的自觉行为，还依赖于其相互监督。当一个生态社会所必须具备的生态价值观和环境理念尚未建立时，通过一系列的制度创新，在全社会培育生态道德观，引导居民绿色消费则尤为重要。

一、生态环境教育制度

20 世纪 70 年代以来，美国、英国、法国、日本等发达国家相继兴起生态

环境教育热潮。20 世纪 90 年代，我国开始注重生态环境及教育问题。近年来，对环境教育重要性的认识进一步提高，把环境教育放在全面建设小康社会中的重要地位，作为生态文明和可持续发展战略的重要内容，其重要性不言而喻。

开展生态环境教育，加强生态文明建设，首先应从孩子抓起。孩子是祖国的未来，对他们进行环保教育，增强环境保护意识，使其从小就开始直视和参与环境保护活动，提高环境保护的自觉性。幼儿园要针对幼儿的生理和心理特点，组织生动活泼、寓教于乐的环境教育活动，注重培养他们热爱大自然、热爱家园、热爱生活的环境情感和良好的环境行为习惯。

中小学生生态环保教育，主要通过学科渗透教育、综合实践活动结合教育和环境熏陶教育途径来实施。在中小学新课程的实施过程中，各学校应根据实际情况，通过学科渗透、研究型学习、综合实践、社区和家庭环保实践活动等全方位、多层面的教育途径，采用适合中小学生身心和智能发展特点的方法，进行有效的环境教育活动。中小学要充分利用和挖掘现行课程和教材中的环境教育因素，切实开展学科渗透教育和综合实践活动，如节水、节电、节约纸张和实行垃圾分类及资源循环利用等，激励学生自觉增强环保意识，从小培养环保习惯；在高中开设环境教育选修课，主要内容为可持续发展基础理论和相应的环境科学知识及相关环境与社会实践活动。

高等学校要高度重视和创新生态环境教育。在教育内容、教育方法、人才培养目标等方面，应与社会生态环境可持续发展目标相一致。生态环境教育要以培养生态环境研究型为核心，以培养维护和保护生态环境的实践者为基础，结合实际制定生态环境教育的短、中、长期培养方案，将生态环境教育思想、教育内容、教育理念贯穿整个教育过程，融合在相关学科之中。此外，高校还应为学生提供生态环境知识教育和参与环境实践训练机会，增加生态环境等方面选修课或专题报告，为学生提供全球气候变化、生物多样化保护、全球环境污染、水土流失和荒漠化、缺水问题、人口问题等等方面的影视资料和图片展。积极开展第二生态课堂教育活动，如生态环境知识讲座、竞赛、演讲、展览、调查、考察等，积极引导学生投身于环境公益活动，开展社会生态环境教育活动和环境知识讲座，大力宣传环保知识，倡导环保行为，宣传"绿色产品"，揭示农药残留、生态破坏、环境污染和化学肥料污染等对人类的影响，进一步增强大学生生态环境保护意识，提高其保护生态环境与资源的知识和能力。

开展生态环境教育，还要抓好企业、广大干部和群众的教育。使企业在生产经营活动中自觉兼顾经济效益、社会效益和环境效益，消除、减少产品与服务对生态环境的不良影响。优化企业生产经营目标，使企业由单一的利润最大化目标向生态与经济并重的复合目标转化，确立绿色营销理念。加强对干部的环境教育，提高其生态环境意识，树立科学发展观和政绩观，使生态建设和环境保护成为各级政府决策和领导者的自觉行动。农民是我国的主要群体，对农民进行环境教育，是生态环境教育的重点和难点之一，必须给予高度重视。进一步加强广大干部、群众环境教育立法和生态环境保护的法规教育，提高人们保护生态环境的法律意识，增强遵守环境保护法律法规的自觉性，在全社会形成有法必依、执法必严、违法必究的生态环境保护氛围。进一步培育公众的生态意识和保护生态的行为规范，激励公众保护生态的积极性和自觉性，在全社会形成提倡节约、爱护生态环境的社会价值观念、可持续的生活方式和绿色消费行为①。

上述每一个环节和方面的生态环境教育，都需要政策支持（甚至是立法规定），使绿色教育成为一项贯穿于公民整个受教育过程的基本制度，防止运动化。

二、绿色消费激励制度

绿色消费又称可持续消费。1994 年联合国环境署《可持续消费的政策因素》报告对可持续消费的界定为："提供服务以及相关的产品以满足人类的基本需求，提高生活质量，同时使自然资源和有毒材料的使用量最少，使服务或产品的生命周期中所产生的废物和污染物最小，从而不危及后代的需要"。

绿色消费源于英国。20 世纪 80 年代末，"绿色消费者运动"首先在英国兴起，随后迅速在欧美漫延，成为消费者追求的新时尚。绿色食品、绿色服装、绿色用品大量涌现，如瑞士、西班牙的"生态环保服装"，美国的"绿色电脑"，法国的"环保电视机"等。此外，绿色家具、绿色化妆品、绿色汽车、绿色建筑也纷纷出现。绿色消费已渗透到消费的各个领域，在生活消费中占据越来越重要的地位。②

---

① 韦启光："加强生态环境教育"，《贵州政协报》，2006 年 6 月 2 日。
② 据有关民意测验统计，66% 的英国人愿意花更多的钱购买绿色产品；美国 77% 的消费者表示企业和产品的绿色形象会影响他们的购买欲望；94% 的德国消费者在超市购物时，会考虑环保问题；瑞典 85% 的消费者愿意为环境清洁而付较高的价格；加拿大 80% 的消费者宁愿多付 10% 的钱购买对环境有益的产品；日本消费者对普通的饮用水和空气以"绿色"为选择标准；中国约有 79% —84% 的消费者愿意主动购买绿色食品。

　　我国绿色消费市场起步较晚，但在国家政策的扶持下，发展形势良好。1999 年，国家环境保护总局等 6 部门启动以开辟绿色通道、培育绿色市场、提倡绿色消费为主要内容的"三绿工程"。2001 年，中国消费者协会把当年定为"绿色消费主题年"。2004 年，财政部、国家发展和改革委员会出台节能产品政府采购政策。2005 年，国务院《关于落实科学发展观加强环境保护的决定》提出，在消费环节要大力倡导环境友好的消费方式，实行环境标识、环境认证和政府绿色采购制度。2006 年，财政部、国家环境保护总局制定《环境标志产品政府采购实施意见》，公布环境标志产品政府采购清单，要求政府采购优先购买节能产品和环境标志产品。2007 年国务院决定对节约能源产品实行强制采购政策。2008 年 1 月，国务院办公厅下发《关于限制生产销售使用塑料购物袋的通知》，决定自 2008 年 6 月 1 日起，在所有超市、商场、集贸市场等商品零售场所实行塑料购物袋有偿使用制度，一律不得免费提供塑料购物袋。2008 年 7 月，国务院常务会议研究部署加强节油、节电工作和开展全民节能行动，审议并原则通过《公共机构节能条例（草案）》和《民用建筑节能条例（草案）》。

　　虽然我国绿色消费发展情况良好，但也存在一些问题。主要表现在企业、消费者对生态环境负责任的绿色消费意识、观念需要进一步增强，绿色管理机制尚不够健全和完善等。绿色消费是一种对制度力量依赖性很高的消费方式，必须通过法律制度创新和管理体系建设来加以调控，建立健全绿色消费机制，为绿色消费创造一个适宜的法律环境，引导公众选择绿色的消费方式。

　　这要求加强绿色消费立法和绿色标准制定工作，强化消费市场环境的基础建设，真正为消费者、经营者提供公平的市场环境。提倡和鼓励绿色消费，并纳入法制轨道，建立绿色消费基本规范、评价标准、绿色消费监督管理制度等。构建综合调控社会、经济、环境的管理协调、决策、社会监督和舆论监督、信息反馈及公众参与机制，在涉及国家经济安全的核心资源领域大力推进适度消费、公平消费和绿色消费，建立规范的绿色消费市场秩序。

　　建立节约资源、约束消费的政策体系。我国现行生态环境保护法律中，鼓励、提倡消费者实行绿色消费，但无需承担生态环境保护义务。绿色消费是以人类社会的可持续发展为理念，以实现环境、生态的公益性为宗旨，绿色消费立法的性质属于社会性立法，权利、义务并不强调绝对的一致性，应以新的理念重新安排。在绿色消费立法中对绿色消费主体应进行明确界定，适当规定消费者在消费过程中所承担的回收利用义务，强调消费过程中的社会责任，遏制过度消费，鼓励和提倡购买（大量）散装物品、可循环使用的产品、能量利用率高的用品、简洁日光灯，少购买一次性产品等绿色消费方式，在消费环节促进废物减量化、再利用、资源化和无害化。在这方面，一些发达国家的立法实践值得借鉴。如德国《循环经济和废物处置法》规定废物产生者、拥有者和处置者的义务；日本《循环基本法》第 12 条规定了公众使用、协助回收、拟制废物产生中的责任；法国立法规定，1993 年及以后的上市消费品，50%的包装物必须回收利用。①

三、节能产品国家推广制度

高效节能产品的推广，不仅可以促进绿色消费，还可以增加投资、稳定出口、调整结构和提高产品国际竞争力。"十一五"规划以来，我国节能产品推广步伐加快，节能产品的产业规模、产品结构、技术水平和市场化程度大幅度提升。

节能产品的推广具有很强的外部性。作为国际上潜力最大的新兴节能环保产业市场，我国节能产品的生产与推广、市场的发展与壮大，无不需要政府进行有效的政策引导，通过法律法规和标准来规范市场主体的行为。同时充分发挥市场配置资源的基础性作用，调动市场主体购买节能产品的积极性，逐步构筑和完善节能产品推广的政策体系。

（一）完善立法体系，继续实施财税与金融优惠政策

国内外实践证明，实施积极的财政税收政策，可以有效消除高效节能产品初始投资大价格偏高、市场不规范、社会认知度低等市场障碍。② 2008 年 4 月 1 日，修订后的《中华人民共和国节约能源法》正式施行。该法规定中央财政和省级地方财政要安排节能专项资金支持节能工作，对生产、使用列入推广目录需要支持的节能技术和产品实行税收优惠、财政补贴、信贷支持。2008 年 8 月，国家发展和改革委员会、财政部、国家税务总局公布节能专用设备企业所得税优惠目录。这一目录共有 13 类产品，包括中小型三相电动机、空调、水

---

① 剧宇红：“绿色消费有关法律问题的探讨”，武汉大学环境法研究所网站，2010 年 4 月 21 日，http：//www. riel. whu. edu. cn/article. asp？id＝28368.

② 美国对获得能源之星产品给予资金补助，如加州对节能洗衣机补贴 75 美元/台、电冰箱补贴 75—125 美元/台。韩国、澳大利亚等采取财政补贴方式推广高效节能产品。中国 2008 年财政补贴 2.8 亿元，推广节能灯 6200 万只，直接拉动社会消费 6.5 亿元，年节电 32 亿千瓦时。

泵、工业锅炉等一批量大、面广的耗能产品。2009 年 5 月，国家发展和改革委员会、财政部印发《高效节能产品推广财政补助资金管理暂行办法》，启动"节能产品惠民工程"①，联合下达 2009 年财政补贴高效照明产品推广任务，对能效等级 1 级或 2 级以上空调，冰箱等 10 类高效节能产品进行推广；同时中央财政将安排 6 亿元左右资金，推广高效照明产品 1.2 亿只。通过一年多的探索实践，财政补贴制度对节能产品的推广起到了非常好的效果。数据显示，高效节能产品销量大幅攀升，市场份额持续提高，产品均价不断下降。下一步应继续加大财政、税收的补贴力度，促进节能灯的推广，东中部地区和有条件的西部地区城市道路照明、公共场所、公共机构要全部淘汰低效照明产品；同时继续实施"节能产品惠民工程"，在加大高效节能空调推广的基础上，全面推广节能家电、节能电机等产品，继续做好新能源汽车的示范推广工作。

（二）强化政府绿色采购政策

落实政府优先和强制采购节能产品制度，完善节能产品政府采购清单动态管理制度。2004 年，财政部、国家发展和改革委员会出台《节能产品政府采购实施意见》、《节能产品政府采购清单》，着手建立节能产品政府优先采购制度，启动节能产品政府采购工作。2007 年，国务院办公厅下发《建立政府强制采购节能产品制度的通知》，要求对部分使用量大、节能效果显著的产品实行强制性政府采购；国家发展和改革委员会、财政部按照国务院要求，及时公布和调整《节能产品政府采购清单》，对 9 类节能产品实行强制采购政策。同年 5 月，国务院机关事务管理局向中央国家机关各部门、各单位印发《关于进一步加强中央国家机关节能减排工作的通知》。要求突出重点，更换空调系统高能耗设备，加装变频器等节电装置；开展"绿色照明"活动，完成所有非节能灯（包括 T8、T12 直管型荧光灯和白炽灯）更换工作；开展太阳能灯、无极灯等先进照明技术试点；推广使用节电软件；采用无齿轮电梯等新型节能电梯；在办公区推广使用新型节能开水器（如太阳能开水器、空气源热泵开水器等）；优先选购节能环保型车辆；在新建和改造项目中推广使用节水器具

---

①　节能产品惠民工程是指在此后 3 年，对能效等级在 1 级或 2 级以上的空调、冰箱、洗衣机、平板电视、微波炉、电饭煲、电磁灶、热水器、电脑显示器、电机等 10 类产品进行推广。补贴对象为购买高效节能产品的消费者和用户。补贴标准根据产品能效等级不同，对 1 级或 2 级节能产品给予不同的补贴。如《高效节能房间空调器推广实施细则》规定，对能效等级 2 级的空调给予 300—650 元/台（套）的补贴，对能效等级 1 级的空调给予 500—850 元/台（套）的补贴。

和设备等。① 实践证明，政府采购节能产品可以大量降低政府机构能源费用支出，有利于加快推动节能技术创新，效果十分明显，节能产品市场占有率不断提升。

（三）进一步完善能效标识和节能产品认证制度，扩大能效标识实施范围

2004 年 11 月、2006 年 11 月、2008 年 1 月和 2008 年 10 月国家发展和改革委员会会同有关部门先后发布四批能效标识实施产品目录以及具体产品的实施规则。房间空调器、家用电冰箱、电动洗衣机、单元式空调、冷水机组、燃气热水器、自镇流荧光灯、高压钠灯、中小型三相异步电动机、多联式空调、转速可控型空调、电热水器、家用电磁灶、计算机显示器、复印机等 15 类产品已实施能效标识制度。能效标识制度的实施，使部分能源效率低的高耗能产品被强制淘汰，推动了高效节能产品的消费和生产，产品总体能效水平提高，节能成效明显。产品能效问题是未来影响产品出口的重要技术壁垒。加强节能产品认证工作，有利于企业改进生产技术，也是防止利用能效问题制造产品出口技术壁垒的重要手段。国家节能产品认证工作自 1998 年推行以来，节能产品认证领域不断扩大：从民用扩展到工业、电力、机械、建筑、新能源等；产品认证范围增加到近 60 类；认证企业已经超过 600 家，获证型号超过 1 万个；标准确定更加科学化，从关注直接节能到间接节能、运行能耗到待机能耗、周期能耗到阶段能耗；节能产品在全社会影响力明显提高②。

四、生活垃圾绿色处理制度

人类消费行为不可避免伴随着垃圾的产生。只有将日常生活中产生的废弃物迅速清除，进行无害化处理，并加以合理利用，使整个消费链都符合生态文明的要求，绿色消费制度创新与变迁才是完整的。目前垃圾处理方法主要有焚烧、高温堆肥、卫生填埋和综合利用等方式，其目标是无害化、资源化和减量化。

中国垃圾处理市场起步晚，但通过近年来的发展，垃圾处理产业已初具规

---

① "中央国家机关加强节能减排　将强制采购节能产品"，新华网，2007 年 5 月 25 日。
② 金明红："加快节能产品推广的政策与措施"，中国五金制品协会秘书处网站，2009 年 10 月 12 日。

模，垃圾处理市场容量有了显著增加，市场渗透率迅速提高，进入环卫行业的企业逐步增加。目前，垃圾处理市场已经从导入期进入成长期，并正向成熟期迈进。与此同时，随着中国城市化进程加快，人民消费能力日益增长，加上当前消费品的过度包装等，垃圾量正以每年8%到10%的速度增长。

2004年12月29日，第十届全国人民代表大会常委会第十三次会议修订通过《中华人民共和国固体废物污染环境防治法》，自2005年4月1日起施行。该法明确规定对生活垃圾的倾倒、清扫、收集、回收利用和处置的基本要求。

2007年6月，《节能减排综合性工作方案》公布。方案中将促进垃圾资源化利用作为创新模式、加快发展循环经济的重要内容之一，明确指出，"县级以上城市（含县城）要建立健全垃圾收集系统，全面推进城市生活垃圾分类体系建设，充分回收垃圾中的废旧资源，鼓励垃圾焚烧发电和供热、填埋气体发电，积极推进城乡垃圾无害化处理，实现垃圾减量化、资源化和无害化"。

2007年8月，国家发展和改革委员会、建设部、国家环境保护总局联合印发《全国城市生活垃圾无害化处理设施建设"十一五"规划》。提出"十一五"期间全国要新增生活垃圾无害化处理能力32万吨/日；到"十一五"末，全国城市生活垃圾无害化处理率要达到60%，其中设市城市生活垃圾无害化处理率达到70%，实现城市生活垃圾无害化、减量化、资源化。国家主导的强制性制度变迁大大推动了生活垃圾的绿色处理工作。目前，国内城市垃圾处理运行机制正逐步由政府投资向市场化、产业化运作方向变革，垃圾处理正成为投资人眼中的新兴朝阳产业，中国也将成为世界最大垃圾处理市场①。

我国垃圾绿色处理产业的发展一靠技术，二靠制度。目前在制度方面还存在一些不尽如人意的地方，如垃圾处理产业立法工作进展缓慢，需要加快出台步伐，并予以完善。以电子垃圾为例，它对环境和生态的影响具有双重性。一方面，由于电子垃圾含有多种有毒、有害物质或元素，具有不可降解性，属于持久性污染物，采用填埋或焚烧方式都会产生严重的污染问题。据国外资料报导，垃圾填埋物中总含铅量的40%来自电子废弃物，填埋渗滤液也会污染地下水；焚烧则会排放包括二恶英在内的大气污染物。另一方面，据丹麦技术大学的研究结果，1吨随意搜集的电子板卡中含有大约272千克塑料、130千克铜、0.45千克黄金、41千克铁、29千克铅、20千克锡、18千克镍、10千克锑。对电子垃圾进行无害化处理和循环利用，将起到保护环境和资源再造的双

---

① 杨速炎："外资'盯上'中国垃圾"，网易探索（广州），2009年7月29日。

重作用。2004 年开始，我国全面进入家电等电子产品报废淘汰高峰期，每年淘汰电视机 600 万台，冰箱 400 万台、洗衣机 500 万台、200 万台电脑、千万部手机，且每年以 5%—10% 的速度增长。而大量的电子垃圾回收主要靠个体，工艺则是火烧和水洗，给生态环境带来严重破坏。得益于有效的制度安排，美国的电子垃圾已经实现专业化处理，回收再利用率达到 97%，不到 3% 被埋掉，德国也达 90% 以上。2004 年 10 月，国家发展和改革委员会向社会公布《废旧家电及电子产品回收处理管理条例》征求意见稿，此前信产部、国家环境保护总局、商务部也出台了相关部门政策或通知。但到目前为止，关于这方面的立法依然没有实质性进展，我国废旧家电回收利用管理目前还处于无法可依的状态。没有明确的法规激励，就得不到制造企业的支持，国内企业难以产生"投身电子垃圾回收"的动力；其他垃圾的情况大抵如此。因此，我国应尽快出台相关法律或行政法规。

在垃圾绿色处理的经济政策方面，征收垃圾处理费、填埋处理费，对包装产品生产者收费，制定优惠的废旧物质回收利用政策，利用合理的经济手段来促进垃圾的减量化、资源化无害化处理。

在城市垃圾管理体系方面，目前中国城市垃圾处理大都由政府包干，采取非营利性收费，导致垃圾处理费用连年攀高，许多地方政府不堪重负。这方面，发达国家主要采取政府招标方式，改"政府行为"为"企业行为"的成功经验值得借鉴。由于价格体制完善，垃圾处理设施的建设投资和运行费用有保证，发达国家的垃圾处理设施建设，往往可以通过不同的渠道进行融资，建成后由企业进行运营，政府通过税收或垃圾处理收费来保证建设投资的回收和企业的运营收入。改变垃圾处理政企合一的管理体制，实行环境保护部门监督、环卫部门管理、专业公司提供社会化服务的管理模式。将垃圾清运处置单位从政府部门中独立出去，由事业单位管理体制转变为企业管理体制，并采取入股、兼并、合资等多种形式建立垃圾处理公司，形成垃圾处理产业化。逐步建立城市垃圾经营许可证制度，鼓励各类公司参与城市垃圾治理，由具有垃圾经营资格的单位负责垃圾的清扫、收集、运输、处理和处置，形成市场竞争机制。

第十章

技术创新：中国生态文明的
技术支撑体系

马克思指出，"手推磨产生的是封建主为首的社会，蒸汽机产生的是工业资本家为首的社会"。推动社会文明进步的终极动力是生产力，特别是先进生产力，而在生产力结构中，劳动资料是表明社会经济发展阶段的标志。各种经济时代的区别，不在于生产什么，而在于怎样生产，用什么劳动资料生产。换句话说，社会经济形态演进的直接动力来自社会技术结构的变化升级。建设生态文明，关键要建设支撑生态文明大厦的技术支撑体系。

第一节

生态文明技术支撑体系的基本内容

农业文明时代有自身的技术体系，例如休耕技术、轮作技术、育种技术、套种技术等。工业文明有自身的技术体系，包括机械技术、材料技术、化工技术、信息技术等。生态文明也具有自身的技术体系。支撑一种文明的技术，是一个内容广泛的技术体系。这些技术涉及经济社会发展特别是生产的各种要素、方法和各个环节。

生态文明技术体系是建立在传统农业文明技术体系、工业文明技术体系基础上，以生态文明为价值和导向，深入运用现代科学成果，按照生态学的基本原理，遵循生态优先原则，对现有农业、工业、信息技术体系的全面创新。其基本特点是贯穿绿色、生态、节能、环境保护、低碳、精细、循环等生态文明理念。根据经济社会发展的环节和要素，这一技术体系包括下述内涵。

一、智能化制造技术

工业文明的科技体系主要是为采掘冶炼各种天然化学物质以加工制造成各种工业品服务的，高度发达的是机器体系的生产制造技术，即使信息技术也主要是为了提高生产制造的自动化。而生态文明的主导科技和标志性生产力首先是智能化的微制造科学技术。智能化微制造技术，不仅将渗透到社会生产的方方面面，也将渗透到社会生活的方方面面，它对于"采掘和利用天然化学物质"的工业文明向生态文明的转型，将发挥先导作用。其中，直接支撑生态文明建设的方向包括下述几个方面：

（一）信息化制造技术

信息化制造技术，即信息技术和制造技术结合形成的技术。信息和能源、材料是人类社会发展的三大基本资源。信息技术是信息资源开发与利用的基础，近半个世纪以来发挥了经济增长倍增器、发展方式转换器和产业升级助推器的独特作用，是提升生产力的关键要素。信息技术加快了各类技术相互融合渗透的步伐，提高生产工具数字化、智能化水平，提高工业产品信息化比重，改变产业和产品结构，大力促进了生产力的提升和生产方式转变。数据分析表明，信息技术对经济增长的贡献从 20 世纪 90 年代中期以来一直呈增长态势。1980 年到 2004 年期间，美国劳动生产力全部增长的约 35% 是由以信息技术为主的科技变革所贡献，2000 年以后以信息技术为中心的技术复苏是日本经济生产率增长的重要原因。

信息化制造业技术为生态文明建设提供综合性、高端性技术支持。信息技术是节能减排的技术先导。信息技术是绿色经济发展的主要动因，提供了解决能源约束和环境挑战的基本手段，至少通过直接性、推动性和系统性影响三种方式发挥作用。信息在经济社会发展中的巨大作用直接减少了对能源和材料的使用；信息技术（传感技术等）、信息系统（智能交通系统、智能电网系统等）和信息产品（机床电子、汽车电子等）的广泛深度应用提高了资源利用效率，拓宽了再生资源的综合利用范围；更重要的是，信息技术正在系统性地推动人类社会朝着更加绿色的方向发展，促使经济社会发展摆脱对资源的依赖，减少环境约束，推动更可持续的增长。因此，"绿色"信息技术的研发、生产和部署以及更高效、更清洁的"智能"应用是国际金融危机之后创造就业岗位的重要来源，成为政府推动的"绿色增长"刺激方案。

（二）再制造技术

再制造是指将机电产品运用高科技进行专业化修复或升级改造，使其恢复到像新品一样或优于新品的批量化制造过程。再制造主要指以机电产品及其配件等废旧工业制成品为原料，在基本不改变产品形状和材质的情况下，进行专业化、批量化修复和改造，使该产品在技术性能和安全质量等方面能够达到满足再次使用的标准要求。

再制造技术是一种典型的生态化制造技术，其突出特点就是旧的零部件不用回炉，经过先进的技术、化学进行处理，然后达到原来的标准，直接进入到消费市场，节能达到60%，节约材料达到70%。与传统制造业相比，再制造业使用的几乎都是免费材料。而且改革开放以来，我国仅进口设备就达到万亿元。由于设备维护技术的差距，国外的机械设备可以使用40年，我国可能只能使用20年。这些设备近年已陆续进入报废期，如果这些设备能通过再制造工程修复，将是一个巨大的市场。同时，随着石油、金属、矿产等资源越来越紧缺，这种商业模式的吸引力将会越来越强。例如，生产1万台再制造发动机，回收附加值接近3.6亿元，可节电1450万度，减少二氧化碳排放600吨。与回炉制造新品相比，再制造可节能60%，降低大气污染物排放80%。可见，再制造是一种典型的低碳经济，符合科学发展观的要求，符合资源节约型和环境友好型社会的发展方向。

（三）精细制造技术

制造技术的深度创新也直接支撑和推进生态文明。例如，美国汽车发动机制造企业辉门集团致力于发动机零部件的深度创新和精细制造，该公司研发的新型活塞技术将发动机寿命延长4—7倍。

此外，也是最直接的，是通过智能化生产方式直接节能减排的节能技术和减排技术。当前，除了传统制造业领域的节能减排技术以外，新的技术增长点主要在建筑节能技术。中国建筑建造、运营能耗已经达到全社会终端能耗的40%以上，每年新增20亿立方米，80%为高能耗建筑。现有的400亿平方米建筑中，95%以上是高耗建筑。单位建筑面积能耗是发达国家2—3倍以上。建筑业节能技术是集设计冷暖、采光、通风、热水供应、智能控制等技术集中与整合。其中的关键是形成绿色建筑技术体系，加快技术集成和系统化。①

二、生态化农业技术

生态文明社会仍然离不开农业。这里的农业是指大农业，即包括种植业、畜牧业、林业等在内的农业体系。生态农业技术在种植业范围内包括发展基因工程技术、栽培技术、机械技术、无害化肥料生产技术、无害化农药生产技术、病虫害防治技术、水利工程技术和农产品加工与保鲜技术等。在畜牧业范围内包括种畜培育与改良技术、疫病防治技术、科学饲养技术、畜产品加工技术和畜产品保鲜与包装技术等。在农业基础设施领域包括农业机械与计算机、卫星遥感等技术组合，新型材料、节水设备和自动化设备应用。在农业生产方式领域包括农田水利化、农地园艺化、农业设备化以及交通运输、能源运输、信息通讯等的网络化、现代化技术等。

这些技术一方面有利于推进农业的节能减排，另一方面有利于提高农业的投入产出效率，更重要的是在加快农业发展的同时，有利于保护和涵养生态环境。例如，一些地方探索的新能源站技术，有利于强化农业的生态属性。新农村能源站即把生活污水处理、生活垃圾处理、农产品加工废弃物和废水处理、水利灌溉、有机肥生产和施肥、能源站建设和供应等多种设施合为一体，以生物质为原料，包括农村生活污水、生活垃圾和农业废弃物，如秸秆、畜禽粪便、农产品加工废水等，不但简化了生活污水和垃圾处理设施，避免了资源浪费和环境污染，而且还提供了"三农"用水、用肥（有机肥）和用能的产品或生产资料，促进了循环农业和低碳经济的发展。大大降低了投资和运行管理成本，实现了经济、社会、环境效益的多赢。更重要的是，新能源站增强了农业的生态属性。长期以来，农业发展的根本目的，是为了获得更多物美价廉的果实，有关工作主要是围绕增加品种提高产量和质量进行的，如杂交水稻等。目前已利用植物的果实只占植物生物量的30%左右，几乎70%未能得到很好的利用，即便少部分用来造纸，但用后纸的纤维又丢掉了。未利用的70%和利用的30%的转化物都是生物质，也就是新能源站的原料。农业综合能源站将引发农业生产方式的转变。这种转变主要体现在三个方面：生产目的将由获

---

① 韩启德："发展绿色建筑是落实节能减排的重要切入点"，《人民日报》，2011年1月12日，第20版。

取果实为主变成获取生物质和果实，生产内容将由生产果实为主变成生产生物质和果实，产业结构将由向工业和服务业的单向升级变成产业间的循序渐进。新能源站用的原料是各种有机质或有机物，基于此的农业不但要关注果实，还要关注秸秆和加工利用过程中丢掉的废弃物以及人与动物利用的部分，包括有机体及其消化后排泄出来的粪便。即农作物的所有部分，包括其被利用后的转化物，都是新能源站这个生物质能产业关注的重点。

三、绿色服务技术

伴随服务业日益成为国民经济的主导产业，服务业的节能减排开始成为建设生态文明的重要内容，绿色服务技术因此成为生态文明技术支撑体系的重要组成部分。当前，服务业领域面向生态文明的技术进步主要表现在下述几个重要方面：

（一）绿色物流技术

伴随随着越来越多公司开始关注环境保护，"绿色"形象已被视为一种竞争优势和社会贡献，同时对资源的高效运用也有助于节省成本。对气候恶化的持续关注使环境保护技术出口激增，正如德国最大的物流集团德国物流协会（Bundesvereinigung Logistik）董事会主席英格·雷蒙德·克林克纳（Ing. Raimund Klinkner）最近指出的："环境保护型物流技术已经成为国际竞争的一个方面，同时也是对网络协作的一种驱动，这在当今的全球化经济中非常重要。"近年来，环境保护在德国企业中（包括中小企业）已成为一种发展趋势。据韦斯曼（Weissmann）咨询公司对德国全国 500 家中小企业的一项调查显示，近 90% 的被访公司将环境保护技术视作其重要发展目标，三分之二的企业主认为环保产品和流程将有助于他们在市场中获得更大成功。随着因能源价格上涨而导致的成本压力日益加大，许多物流和运输公司正在积极寻求提高能源和资源利用效率的方法。其中，许多运输公司已经开始转向使用低油耗车辆，同时培训他们的驾驶员以更节油的方式驾驶并尽量避免空载。据专家预测，混合动力或更轻重量车型一旦成熟面市，将被迅速采用。同时，不少公司已经开始借助软件进行智能化物流调度，从而更有效地利用既有运输能力和发挥中心枢纽的作用。此外，许多企业也在努力创建整合型的运输系统，以便使各个运输公司更好地相互协作。而通过利用现代信息处理技术，铁路的运输能力也将得到进一步提升。

（二）物联网技术

物联网，The Internet of things（简称 IOT），在我国也称为传感网。通俗地讲，物联网就是"物物相连的互联网"，是将各种信息传感设备通过互联网把物品与物品结合起来而形成的一个巨大网络。其中内涵两层意思，第一，物联网是互联网的延伸和扩展，其核心和基础仍然是互联网；第二，其用户端不仅仅是个人，还包括任何物品。"物联网技术"的核心和基础仍然是"互联网技术"，是在互联网技术基础上的延伸和扩展的一种网络技术；其用户端延伸和扩展到了任何物品和物品之间，进行信息交换和通讯。因此，物联网技术的定义是：通过射频识别（RFID）、红外感应器、全球定位系统、激光扫描器等信息传感设备，按约定的协议，将任何物品与互联网相连接，进行信息交换和通讯，以实现智能化识别、定位、追踪、监控和管理的一种网络技术叫做物联网技术。

物联网是基于互联网的网络技术，互联网是一种低能耗、低污染的绿色技术，物联网技术是一种绿色的对经济社会生活产生深刻影响的网络技术。物联网正在成为继互联网之后全球信息产业的又一次科技与经济浪潮，许多国家正加快物联网发展步伐，目前，国内各个城市都在力图抢占这一领域，例如，上海建立物联网中心，力图打造物联网创新基地；2010 年，杭州市政府拿出1000 万元扶持物联网，重庆致力于打造技术和应用示范高地，成都拟建国内首个中心城市物联网，广东则计划利用物联网在珠三角基本形成随时随地随需的无线网络。

此外，在绿色服务业技术方面，还包括绿色旅游技术、绿色营销技术等。

四、生物工程技术

生物技术涉及的范围十分广泛，人们常把基因工程、细胞工程、酶工程和发酵工程看成是构成生物技术主体的四大先进技术。随着生物技术的开发及产业化发展，生化工程、生物电子工程也会随之迅速崛起。生物技术革命是人类技术思想的巨大飞跃。生物技术的实用转化将形成一大批新兴产业群，包括新生物化学和材料产业、新生物能源产业、新生物信息产业、新生物农牧业、新生物机械产业、新生物医药产业、新生物食品产业、新生物环保产业等。可见，生物技术是渗透于生态农业、生态工业和人类健康和环境保护各个方面的技术体系，是支撑生态文明的核心技术体系。

五、循环经济技术

包括洁净生产技术和资源循环利用技术。不同的生产技术，产生的废弃物的种类与数量不同。具有环保指向的先进生产技术，产生的废弃物种类与数量都较少，而忽视生态效益的落后的生产加工技术，产生的废弃物种类纷繁复杂并且数量也较多。传统的线性经济发展方式的核心就是以高消耗、高能耗、高污染为特征的落后的生产加工技术，这些生产技术使企业沿着"资源－产品－污染排放"的路径形成物资单向流动经济。更为重要的是，洁净生产技术的普及与推广，不仅缩小了生产者所承担的成本与他们实际上所造成的成本之间的差距，而且还减轻了末端治理的负担，因而从源头上提高了社会效益和生态效益。

六、清洁化的新能源技术

具体来说，就是以洁净的自然能源（光能、风能、水能、生物质能）技术替代化石能源技术，以低污染的化石能源（如天然气、石油）技术替代高污染的化石能源（如煤炭）技术，以加工形态的煤炭能源（如发电、洁净煤等）技术替代初级形态的煤炭能源技术。在这里，只有自然能源技术不对环境产生污染，而化石能源技术与煤炭能源技术均对周围环境产生不同程度的污染。

从某种意义上讲，清洁化能源技术是所有国家的奋斗目标。美国一所大学已经实现水变油的实验，尽管离商业化还有距离，但是开始显示出新的绿色能源前景。2011年日本核危机发生之后，德国宣布加快风能、太阳能、水能和生物质能发电，力争到2050年实现完全的"绿色发电"。号称"绿色银行"的德意志银行支持的纯太阳能飞机已经开始试飞。中国研发的煤气化技术将煤转化为可用于气化联合循环发电系统的合成气，与传统煤粉发电相比，可以减少60%的氮氧化物和颗粒物排放，汞排放减少50%，二氧化硫排放减少90%。

七、新材料技术

　　新材料是科学技术发展不可缺少的物质基础。没有新材料的发展，很多高新技术都不能转化为现实的生产力。新材料技术包括以半导体材料、信息记录材料、传感器敏感材料、光导纤维等为代表的信息材料技术，以超导材料为代表的能源新材料技术，新型金属材料技术，高分子有机合成技术、纳米技术等等。

八、低　碳　技　术

　　低碳技术是一个非常宽泛的概念，它泛指以减少与能源生产与消费相关的碳排放量为主要目的的技术。显然，与普通主要着眼于经济效益的技术创新不同，低碳技术直接着眼于碳排放量的减少，直接服务于低碳发展，因而是低碳发展的主要技术支撑。从低碳技术的应用领域来看，低碳经济要求生产与生活都要尽可能减少碳排量，因而低碳技术就必然涉及经济生活的每个领域，尤其是建立在化石能源大规模使用基础上的生产部门。其中，能源、电力、交通、建筑、冶金、化工、石化等能源密集型部门，是重点开发和应用低碳技术的领域，也是碳减排潜力最大的领域。①

　　根据减碳思路的不同，低碳技术大致可以分为减碳技术、无碳技术和去碳技术三类。减碳技术是指能减少消费能源过程中的碳排放量的技术。比如，使用天然气替代煤炭消费，尽管会排放甲烷，但可以减少二氧化碳的排放量，实现减碳的目的。再如油气煤的清洁利用技术，也可以减少能源在生产、运输过程中的碳排放量。无碳技术是指利用零排放或是接近零排放的能源的技术。如

---

　　① 根据联合国政府间气候变化专门委员会（IPCC）的报告，2004 年，在全球温室气体排放总量中，能源供应占 25.9%、交通 13.1%、工业 19.4%、建筑 7.9%、农业 13.5%、林业 17.4% 和废弃物为 2.8%。转引自黄东风："关于发展低碳能源技术的探讨"，《资源与发展》2010 年第 1 期。麦肯锡 2009 年的报告显示，到 2030 年，电力部门的减排潜力最大（100 亿 t CO_2e/a），除了森林和农业，其次是建筑和交通，石油天然气、水泥、钢铁、化工、其他工业和废弃物处理等。麦肯锡："通向低碳经济之路——全球温室气体减排成本曲线"（2.0 版），2007 年，《麦肯锡季刊》，http://china.mckinseyquarterly.com/Pathways_ to_ a_ Low – Carbon – Economy_ 2470#。

核能、太阳能、风能、生物质能、潮汐能、地热能、氧能等可再生能源技术。去碳技术是指除去已经排放的碳的技术。如碳捕获与封存技术（CCS）、温室气体的资源化利用技术等。[①]

九、绿色管理技术

生态文明建设需要管理技术的支撑，其中特别是中观管理层次的绿色技术，对于生态文明建设具有重大意义。目前，比较成型的管理技术主要包括下述几个层次：

（一）能源集成

例如前述新农村能源站实际上是农村能源集成供应的一种新型技术。这种集中供应模式能够满足"三农"用能需求，农民用能包括做饭、取暖、家电、汽车等，农村用能包括小学、医院、饭店、商场、物业等，农业用能包括耕种、施肥、喷洒、收割、加工等的需要。能源站以集中供气为主，也可转化成电，也可以同太阳能、风能、地热能等可再生能源一起，满足农村的这些用能需要。这种用能方式，其生产资料可实现就地取材、就地利用、就地还田，可促进循环农业和经济的持续发展，同时还可做到"三农"不与工业和城市争能源。通过这种方式，可将几乎100%的生物质利用起来，其创造的GDP将大幅度增加，若单独从利用的生物质量上看将增加2倍，并通过带动关联产业如设备制造业、供气运营服务业等，促进工业和服务业的进一步升级，将废弃的原材料充分利用起来，做成有机肥或其他环境友好物回归自然，由此可促进物质的循环利用和人类社会的持续发展。

（二）合同能源管理

合同能源管理（ENERGY MANAGEMENT CONTRACT，简称EMC）是20世纪70年代在西方发达国家开始发展起来一种基于市场运作的全新的节能新机制和能源管理技术。合同能源管理不是推销产品或技术，而是推销一种减少能源成本的财务管理方法。节能服务公司与用户签订能源管理合同，为用户提

[①] 余仲飞："低碳经济和低碳技术"，《浙江经济》2010年第3期；王震："低碳技术包括减碳技术、零碳化技术、去碳化技术"，人民网，http://energy.people.com.cn/GB/12237329.html。

供节能诊断、融资、改造等服务，并通过分享节能效益方式，回收投资并获得合理利润。本质上是 EMC 公司通过与客户签订节能服务合同，并从客户进行节能改造后获得的节能效益中收回投资和取得利润的一种商业运作模式。这种管理模式节能效率高，项目的节能率一般在 10%—40%，最高可达 50%。1997 年，合同能源管理模式登陆中国。相关部门同世界银行、全球环境基金在北京、辽宁、山东成立了示范性能源管理公司。运行几年来，3 个示范合同能源管理公司项目的内部收益率都在 30% 以上，获得了较大的节能效果、温室气体 CO_2 减排效果和其他环境效益。鉴于此，国家发展和改革委员会与世界银行共同决定启动项目二期。2003 年 11 月 13 日，项目二期正式启动。

（三）绿色金融

随着人类文明向生态文明演化，生态道德、环境责任日益成为决定企业竞争力的重要因素，将它们纳入银行的授信评估体系，开展绿色信贷业务，不仅体现银行的社会和环境责任，也是银行降低信贷风险的需要。环境标准和社会责任标准进入银行决策核心，是全球银行业可持续发展的必然选择。例如韩国推出绿色信用卡制度。韩国自愿计划到 2020 年使碳排放量比 2005 年下降 4%，比听之任之少 30%。韩国将在 2011 年发动节能和减少碳排放全面运动，其中，为购买环保产品或遵循低碳生活方式的人提供绿色信用卡。基本办法是把绿色芯片植入信用卡，持卡人在使用公共交通或购买经过认证的绿色产品以及骑自行车和去咖啡馆自带杯子时就能记录低碳积分，鼓励人们在日常生活中节能。奖励包括返还现金、赠送礼品券和免费垃圾袋。为此环保部门将扩大环保产品的论证范围，增加绿色商品出售数量。此外，韩国还将为电动汽车和低碳交通工具提供税收上的好处，使电动汽车到 2020 年增加到 100 万辆。[①]

（四）绿色信贷

绿色信贷是绿色金融的重要组成部分。2007—2008 年，国家环保总局联合中国人民银行、中国银监会陆续推出一系列以绿色信贷、绿色保险、绿色证券为代表的绿色金融政策，利用市场机制和金融手段促进中国经济可持续发展和生态文明建设。2007 年 7 月 30 日，国家环境保护总局、中国人民银行、中国银监会出台《关于落实环境保护政策法规防范信贷风险的意见》，旨在完善金融工具，构建新的金融体系，重点突出生态保护、生态建设和绿色产业方面

---

① 韩联社："韩国推出绿色信用卡"，《参考消息》，2010 年 12 月 28 日，第 6 版。

融资。2008 年 2 月，国家环境保护总局与世界银行国际金融公司签署合作协议，共同制订符合中国实际的《绿色信贷环保指南》，使金融机构在执行绿色信贷时有章可循，我国推行绿色借贷标准建设迈出重要一步。目前，绿色信贷在中国取得了阶段性、局部性成果。但必须清醒地看到，我国绿色信贷管理建设工作、绿色信贷环保指南制订刚刚起步，相关行业环保标准、产业指导目录尚未制订，信息公开机制仍不畅通，绿色信贷与预期目标相比有不小距离，大面积推进还面临着不少制度性和技术性困难。因此，完善绿色信贷管理体系显得十分必要。

第二节

中国生态文明技术体系的优势与不足

无论是从经济社会发展角度看还是从生态文明建设角度看，中国都是一个后发的追赶型国家，可以利用后发优势，加快建立生态文明技术支撑体系。同时，中国也存在一些制约生态文明技术进步的约束因素。

一、中国生态文明技术进步的优势

当前，国际社会普遍认识到，中国在加快生态文明技术进步方面已经开始走在国际社会前列。其所以如此，除了中国现有生态产业投资规模、产业规模走在世界前列以外，还因为，中国具有多个方面的综合优势、后发优势和潜在优势：

（一）物质基础优势

生态文明技术创新必须建立在发达的工业文明和经济基础上。经济总量规模的扩大为生态文明技术创新提供了建设的物质基础。2010 年，中国人均 GDP 越过 4000 美元台阶，按照世界银行标准，已经突破了下中等收入国家和上中等收入国家之间的分界线，全面进入中等收入国家行列，已经具备加快建设生态文明的物质基础。从 2009 年 8 月发布的全国第一份省市区生态文明水平排名来看，排在前十位的除重庆和广西以外，都是经济发达的东部沿海省份，① 可见，生态文明水平与经济发展开始呈现正相关关系。当前，总体上看，中国工业化率超过 50%，已经成为半工业化国家，已经开始进入工业化中后期阶段，沿海省份开始进入工业化后期后半阶段。现代工业体系基本建成，已经建成的工业包括 39 个大类，191 个中类，525 个小类，联合国产业分类中所列全部工业门类我国都已经建成。更重要的是，中国开始进入信息化加速推进时期，根据 2010 年《信息化蓝皮书》的数据，中国的信息化水平已经超过世界平均水平，基本上达到世界中等发达国家的水平，工业化特别是工业化与信息化的整合为生态文明技术进步和推广奠定综合物质基础。

（二）科技基础优势

近年来，中国注重加大节能减排、低碳产业、循环经济以及新能源等方面的科技投入，开始形成明显的生态文明科技基础优势。

一是总体技术进步与科技创新水平的快速提高为生态文明技术进步奠定科技基础。中国开始成为全球主要创新国家。2007 年，中国专利申请量超过欧洲和韩国，排名世界第三，2003—2009 年，中国专利申请量年均增幅 26.1%，大大超过美国 5.5%，日本 1% 的速度。"十一五"时期，中国内地 PCT 国际专利申请 3.6 万件，是"十五"时期的 2 倍。"十一五"时期，企业申请专利162 万件，比"十五"时期翻两番。前沿科技领域发明专利申请增长 5 倍，石油化工、通信领域的一批知识产权优势企业已经形成核心技术的专利突破。2010 年中国内地年专利申请量超过 39.1 万件，位居世界第二。②

二是中国开始抢占生态文明技术进步的制高点。近年来，中国开始在一些新能源和低碳技术领域抢占制高点。在新能源汽车方面，2008 年 12 月 28 日，北京以首汽为依托，成立中国第一个新能源汽车设计制造产业基地，集成力量，总投资 50 亿元，年产各类新能源和替代能源客车 5000 辆，已经建成混合动力、纯电力、氢燃料电池和高效节能发动机四大核心设计制造工程中心。2009 年 3 月，北汽福田又成立了中国第一个新能源汽车产业联盟，整合新能源产业链上的研发、设计、制造、零部件供应和终端用户等资源，加强产学研用的有效衔接，打造具有国际竞争力的新能源汽车产业链。整合了国内新能源

---

① 王红茹："中国首份省市区生态文明水平排名出炉"，《中国经济周刊》，2009 年 8 月 17 日。
② 蒋建科："我国内地发明专利授权量前十位省份出炉"，《人民日报》，2011 年 3 月 29 日，第 1 版。

领域的优势资源，包括国内外 300 多家联盟理事单位。在新型能源方面，我国在青海省祁连山南缘永久冻土带成功钻获天然气水合物实物样品，首次发现可燃冰，储量达到 350 亿吨油当量，是继加拿大、美国之后第三个发现可燃冰的国家。[①] 近期，我国又在我国南海北部神狐海域钻探目标区内圈定 11 个可燃冰矿体，预测储量约为 194 亿立方米，获得可燃冰的三个钻位的饱和度最高值分别为 25.5%、46% 和 43%，是目前世界上已经发现的可燃冰地区饱和度最高的地方。在风能方面，中国可开发风能储量为 10 亿千瓦。在地热开发方面，中国可开采利用地热资源每年 67 亿立方米，相当于 3283 万吨标准煤。年实际利用地热 4.45 亿立方米，位居世界第一，且每年递增 10%。在太阳能方面，太阳能理论储量每年 17000 亿吨标准煤。在生物质能方面，广西成立了国内首家非粮生物质能源工程研究中心，主要研究木薯、甘蔗和北方甜高粱。打造非粮生物质能源技术研发基地，成果孵化基地，成果工程化基地。在具体技术方面，中国也在一些领域获得优势，例如 2010 年 7 月 21 日，中国核工业集团公司宣布由中国自主研发的中国第一座快中子反应堆——中国试验快堆（CEFR）21 日达到首次临界。这标志着中国掌握了快堆技术，成为继美、英、法等国后第八个拥有快堆技术的国家。[②] 2011 年 1 月，中国华能集团公司宣布，建成运营的北京热电厂和上海石洞口二厂二氧化碳（CO_2）捕捉系统技术达到国际领先水平，该技术被认为是短期内应对全球气候变暖的最重要技术之一，是节能减排的新生力量。[③] 国家电网公司 2011 年 1 月建成投产 110 千伏四川北川和 220 千伏青岛等 7 座智能变电站，这是中国坚强智能电网建设实现的重大突破，也是中国智能变电站核心技术研发、关键设备研制和产品制造等领域实现的重大突破。这一突破使我国占据了智能变电站技术的际领先地位，成为世界智能变电站技术的引领者。坚强智能电网是指以特高压为骨干的智能电网。由于我国一次性能源分布与生产力布局不平衡，三分之二的能源在西部，三分之二的消费在中东部，需要远距离传输，智能电网是其保障，该电网可以提升系统的清洁能源接纳能力，可以降低输电损耗，提高传输效率，可以帮助用户调整用电模式，提高用电效率，达到智能互动和绿色节能的目的。智能变电站是实现风能、太阳能等新能源接入的重要支撑。国家电网出台的《坚强智能电

---

① 可燃冰是水和天然气在高压低温条件下混合而成的一种固态物质，具有燃烧值高、清洁无污染的特点，是地球上尚未开发的最大新型能源，被誉为 21 世纪最有希望的战略资源，是今后替代石油、煤炭等传统能源的首选。

② 新华社："中国绿色核能获重大突破"，《湖北日报》，2010 年 7 月 22 日，第 11 版。

③ 郭丽君："二氧化碳捕捉技术国际领先"，《光明日报》，2011 年 1 月 17 日，第 10 版。

网技术标准体系规划》，是世界上首个引导智能电网技术的纲领性标准。①

在低碳技术方面，近年来，中国低碳技术发展势头迅猛，研发与应用均取得了令人瞩目的成就。据统计，2005 年以来，中国低碳技术专利申请量呈现爆发式的快速增长。2004 年申请量尚不足 1000 件，2006 年超过 3000 件，2008 年超过 6000 件。② 国家知识产权局发布的《全球低碳技术专利发展态势报告》显示，中国在建筑、工业节能技术领域的低碳技术专利申请量和授权量已占全球专利文献量的 42%。③ 这充分显示了中国低碳技术的迅猛发展势头。在某些重要低碳技术领域，中国已经具备了较高的技术水平和低碳设备与产品的制造能力。譬如，在清洁能源技术领域，中国已初步掌握整体煤气化联合循环技术（IGCC）、超超临界机组技术（USC）和热电多联产技术；已拥有 1.5MW 以下风力发电机的整机制造技术，并初步形成了规模化生产能力；氢能技术已达到世界先进水平，并成为仅次于美国的世界第二大氢气生产国；中国已成为全球第一大光伏电池生产国和世界最大的太阳能光伏组件出口国；中国公司约持有全球 95% 的太阳能热水器的核心技术。

在某些低碳技术的应用上，中国也走在了世界的前列。如当前广受重视并被视为未来减碳的重要技术依托的 CCS 技术，在其应用上，中国已处于先进国家行列。2010 年 8 月 27 日，中国第一个、也是全球最大的二氧化碳捕捉封存全流程工业化示范项目在鄂尔多斯开工建设。该项目运用了自主研发的防腐蚀水泥浆体系等一系列拥有自主知识产权的创新技术，并运用石油钻井新技术、新工艺提高钻井速度，从整体上降低了 CCS 技术的应用成本，而且，在选择二氧化碳储层点时，还进行了充分的地址研究与风险评估。该项目一期工程总造价约 2.1 亿元，计划在 2010 年年底开始进行二氧化碳试注入，预计每年可减少 10 万吨二氧化碳，相当于 4150 亩森林吸收的二氧化碳量。④ 该项目的启动，标志着中国已成为应用 CCS 技术的先进国家。此前中国已经在应用 CCS 技术，而且不仅取得了生态效益，还实现了相当的经济效益。譬如在石油开采上，中国的大庆油田已采用二氧化碳驱油。这既降低了碳排放，节省了水资源，同时也提高了生产力。此外，中国优良的地质封存条件，也使得该技术

---

① 冉永平：“中国变电站‘智商’引先世界”，《人民日报》，2011 年 1 月 14 日，第 1 版。

② 田力普：“低碳技术专利申请增长迅速，仍有不足”，《创新科技》2010 年第 5 期。

③ “我国低碳技术专利发展态势良好”，国家知识产权局网站，http://www.sipo.gov.cn/sipo2008/mtjj/2010/201005/t20100528_520334.html。

④ “中国启动二氧化碳捕获与封存全流程项目”，新华网，http://news.xinhuanet.com/2010-08/27/c_12492740.htm。

在中国具有巨大应用前景，有望使该技术成为中国未来减碳的重要手段。中国学者根据国外学者提供的二氧化碳地质储存的容量计算方法，对中国主要潜在地质"封存箱"（油气藏、煤层、深部咸水层等）的二氧化碳存储容量进行了初步估算。估算结果显示：中国二氧化碳地质封存总容量为 14548 亿吨。[①] 若按 2006 年中国二氧化碳总排放量的 1/3——20 亿吨计算，中国地下空间容量可供二氧化碳地质埋存使用 700 年以上。

（三）制度与政策支撑优势

与传统社会主义不同，中国特色社会主义是以人为本的社会主义，是强调人与自然协调发展的社会主义，这为生态文明建设的推进提供制度基础。同时，中国生态文明建设是政府主导和推进的，具有明显的政策力度优势。自从中国党和政府提出建设生态文明以来，采取政府和国家行为主导生态文明建设的道路，已经密集出台开展两型社会、可持续发展试验，发展循环经济、低碳经济、生态经济、绿色能源等一系列生态文明建设战略性举措和具体推进政策，已经呈现出跨越式推进生态文明建设的态势。正如美国劳伦斯伯克利国家实验室中国能源项目部主任马克·利文博士指出的，中国在节能降耗政策制定和实施方面已经走在世界前列，特别是风能、太阳能等可再生能源的增长速度连续数年位居全球前列。[②] 美国皮尤慈善信托基金会在一份研究报告指出，中国在绿能产业的总投资额已经超过美国。2009 年美国投资于绿色能源的总额为 186 亿美元，中国为 346 亿美元。5 年前，中国只有 25 亿美元。中国在太阳能电池制造、风力发电机产能方面也超过美国。[③] 在制度创新方面，近期中国为应对气候问题和节能减排，推出了一系列重大制度创新，如 2010 年 8 月 31 日，全国首家绿色碳汇基金会成立，旨在致力于推动以应对气候变化为目的的植树造林、森林经营、减少毁林和其他相关的增汇减排活动，为企业和公众搭建了通过林业措施吸收二氧化碳、抵消温室气体排放、实践低碳生产和低碳生

---

① 张洪涛、文冬光、李义连、张家强、卢进才："中国二氧化碳地质埋存条件分析及有关建议"，《地质通报》2005 年第 12 期；李小春、刘延锋、白冰、方志明："中国深部咸水含水层二氧化碳储存优先区域选择"，《岩石力学与工程学报》2006 年第 5 期；刘延锋、李小春、方志明、白冰："中国天然气田二氧化碳储存容量初步评估"，《岩土力学》2006 年第 12 期；刘延锋、李小春、白冰："中国二氧化碳煤层储存容量初步评价"，《岩石力学与工程学报》2005 年第 16 期。

② 于青："外国专家喜看中国生态文明建设"，《人民日报》，2010 年 3 月 11 日。

③ "中国绿色能源投资全球居首"，《参考消息》，2010 年 3 月 2 日，第 2 版。

活、展示捐资方社会责任形象的专业性平台。①

（四）产业支撑优势

技术进步要以产业化为依托。近年来，中国环保产业进入快速增长期。进入"十一五"时期以来，中国环保产业产值以 12%—15% 速度增长，预计"十一五"末期年产值过万亿元。2008 年环境保护产业的产品数量达到 3000 多种，产值达到 7900 亿元，环保企业达到 3.5 万家，从业人数达到 300 万人。新型能源产业进入快速发展期。2008 年，风电装备实现国产化，太阳能集热真空管生产和保有量世界第一，太阳能光伏发电方面，2008 年太阳能电池产量超过 2570 兆瓦，占世界的 37%，成为世界第一生产大国。水电装机全球第一，2009 年，风电装机容量超过德国，成为世界第二，2010 年，中国全年风电新增装机达到 1600 万千瓦，累积装机容量达到 4182.7 万千瓦，首次超过美国，跃居世界第一。在风机生产方面，已经有 4 家企业进入世界风机装备制造业 10 强，并开始出口海外。中国可望成为世界可再生能源大国。② 太阳能产业包括太阳能热利用和太阳能光伏两个产业。太阳能热利用产业，太阳能热水器使用量和年产量均占世界一半以上。太阳能光伏电池产量超过日本和德国，世界第一。光伏电池占全球的比重由 2002 年的 1.07% 上升到 2008 年的 15%。太阳能热水器集中热能面积和年产能全球第一。核电是世界上在建规模最大的国家。能源结构开始进入优化期，1952—2008 年，煤炭在能源消费总量中的比重从 95% 下降到 68.7%，水、核电、风电、天然气提高 11.7 个百分点。

（五）对外开放优势

中国在全球新能源发展格局中最大的优势是市场潜力，这就决定了中国在全球新能源发展具有举足轻重的地位。中国新能源领域庞大的市场前景正在被发达国家所看好。美国商务部部长骆家辉领衔的庞大"推销团"访问中国时，就明确了他此行的目的就是针对清洁新能源科技与中方交换意见。科技部副部长曹建林在中美战略对话第二场会间记者会上也介绍说，中美两国在清洁能源方面的合作是目前中美两国科技交流与合作的重点。根据中美签订的新协定，中美同意共同投资，建立联合实验室，共同支持研发活动，双方研发活动主要集中在新能源的新能源汽车、建筑技能技术和清洁煤三个领域。除了美国，以

---

① 刘惠兰："中国绿色碳汇基金会成立"，《经济日报》，2010 年 9 月 1 日，第 3 版。

② 李俊峰："中国风电规模跃居世界第一"，《京华时报》，2011 年 1 月 13 日，第 12 版。

德国为代表的欧盟国家也正在积极寻求向中国市场输入清洁能源技术，在2010年3月，中国采购团在德国、瑞士、西班牙和英国一共签下约130亿美元的协议。中国要完成既定的节能减排任务，并持续推进国内的低碳社会建设目标，对新能源技术需求巨大，而这正是中国目前的短板，也是欧美国家和地区觊觎中国新能源市场的最大资本。正因为如此，2007年联合国根据《京都议定书》认证的碳排放额度项目中，中国占73%，中国在风力发电等低碳技术领域吸引大量外商投资，成为《京都议定书》最大受益者。

二、中国生态文明技术体系的不足

尽管近年来中国生态文明技术支持体系发展迅猛，成就显著，但总体上看，与建设生态文明的要求相比，与世界先进水平相比，还存在诸多不足：

首先，在专利申请总量方面，尽管近年来中国专利申请总量增长迅速，且在建筑、工业节能技术领域的低碳技术专利申请量和授权量占比较大，但诸多重要低碳技术领域的申请量仍较小。如在先进交通工具领域（主要是电动汽车），中国专利只占全球的5%，在碳捕捉与碳存储技术领域，中国专利只占全球的8%。[①]

其次，核心技术掌握少。根据联合国开发计划署发布的《中国人类发展报告（2009）：迈向低碳经济和社会的可持续未来》确定的技术路线图框架，中国如果想实现未来低碳经济目标，需要62种关键技术的支撑，但其中的43种，中国尚未掌握其核心技术。[②] 就诸多具体技术而言，中国在大型风力发电设备、太阳能光伏电池技术、燃料电池技术、生物质能技术等新能源技术，汽车的燃油经济性问题、混合动力汽车、新能源汽车等的相关技术，冶金、化工等领域的节能、提效和系统控制技术，建筑领域的建筑设计节能技术等方面仍落后于发达国家。[③] 譬如，中国风机装机容量虽然高速增长，但尚未突破兆瓦级风力发电机的轴承、变流器、控制系统、齿轮箱等核心零部件的关键生产技术，相关技术专利仍掌握在外国企业及其在华子公司手中。而且，中国首次实

---

① 田力普："低碳技术专利申请增长迅速，仍有不足"，《创新科技》2010年第5期。

② 联合国开发计划署编：《中国人类发展报告.2009/10：迈向低碳经济和社会的可持续未来》，中国对外翻译出版公司2010年版，第13页。

③ "我国低碳技术差距有哪些？"，国土资源部网站，http://www.mlr.gov.cn/tdzt/zdxc/dqr/41earthday/dtsh/dtjs/201003/t20100329_143259.htm。

现批量生产 750KW、1.5MW、2.0MW 和 3.0MW 风机的时间，均比世界水平落后了 7 年。中国光伏电池产量虽然全球第一，但多晶硅太阳能电池的硅材料制造技术落后，平均能耗为世界先进水平的 1.5—2 倍。[①]

再次，一些关键技术进步的路径有待于完善。例如，在电网建设方面，国外正在推进超高压智能电网建设，中国则在推进特高压输电网建设。这两者处在不同的层次，不可同日而语。特高压电网是传统输电体系，基本优势在于远距离输送电力，在节能和推动整体技术进步方面优势不够明显。后者则是集成 IT 产业、能源产业、超导纳米等新材料产业和社会发展等资源的新技术革命。因此，在中国电网建设的整体思路有待于进一步调整和完善。

最后，生态文明技术产业支撑体系有待于完善。生态文明技术体系需要完善的产业体系支撑，目前，产业发展存在的链条不够完整、产业配套不够齐备的问题制约了生态文明产业技术的全面进步。例如，在光伏发电技术方面，多晶硅产业比较发达，但太阳能电池组件、太阳能发电机组等环节的研发和制造相对滞后。再例如，中国风能、生物质能、太阳能发电潜力巨大，但是，清洁电力上网的技术支撑不足，加上政策约束因素较多，限制了清洁能源技术的全面推广。

第三节

构建中国生态文明技术支撑体系的对策

要构建中国生态文明技术支撑体系，关键要瞄准生态文明技术制高点，整体推进自主创新战略，集成整合科技资源，促进科技与产业的有效对接。

一、将生态文明技术进步放在突出重要的战略地位

人类社会不同文明时代具有不同的战略技术领域。工业文明时期的战略技

---

① 张擎：“低碳路上的‘取’与‘舍’——选择中国特色低碳道路”，《前沿》2010 年第 7 期；联合国开发计划署编：《中国人类发展报告 2009/10：迈向低碳经济和社会的可持续未来》，中国对外翻译出版公司 2010 年版，第 37、52 页。

术，先后经历了蒸汽技术、电气技术、电子技术三个时代，不断将工业文明的技术体系推向新的台阶。生态文明时代，技术进步依靠战略技术引领和带动。中国要构建生态文明技术体系，关键要将生态文明技术放在突出的战略位置，抢占生态技术的制高点。

从国外来看，2008 年金融危机以来，发达国家不约而同地将有关生态文明的技术放在战略位置。例如，美国和欧盟都将智能电网作为战略技术领域。2008 年，美国科罗拉多州的波尔得成为美国第一个智能电网城市，目前开始建设的有 10 个州。GE、IBM、西门子、GOOGLE、INTEL 等信息产业龙头纷纷向智能电网投入业务。如 GOOGLE 与通用电气合作开发清洁能源。GOOGLE 与太平洋煤气和电力公司进行测试合作。从整体上看，美国智能电网技术正在向整合电信、电网、电视网的路径发展。过去美国通过信息产业技术制高点的占领控制全球化的生产体系，今天则试图以智能电网等能源产业技术制高点的占领，控制全球新能源产业体系。2006 年，欧盟理事会的能源绿皮书《欧洲可持续发展、竞争和安全电能策略》强调，欧洲已经进入新能源时代，新能源时代的突出标志，除了大力提升清洁能源的比重以外，就是能源供应的智能化。欧洲电网是分布于发电与交互式供电的模式，适合于建立智能电网。2001 年，意大利安装和改造了 3000 万台智能电表。

新能源技术是第四次技术革命突破口。人类社会前三次技术革命都是发生在生产工具层面，第四次是发生在能源层面。在众多的新能源技术中，智能电网技术是一种战略性技术。其所以如此，这是一种降低成本、提供平台、拉动增长的技术。智能电网，旨在实现双向互动的智能传输数据，实行动态浮动电价制度，利用传感器对发电、输电、配电、供电等关键设备的运转状况进行实时监控和数据整合，供电高峰期可以在不同区域及时调度，平衡电力供应缺口，有效地将风电、生物质能发电、太阳能发电等新能源介入，实行分布式能源管理；智能电表可以作为互联网路由器，推动电力部门以其终端用户为基础，进行通信、运行宽带业务或传输电视信号。可以提高供电效率、减少能量损耗，改善供电质量，加强流量平衡控制，解决电网商业化运转，大大降低电力供应成本。此外，根据测算，互动电网改造技术每年可以拉升经济增长 1—2 个百分点。

因此，当代中国要将生态文明技术创新和推广放在战略位置，这不仅是建设生态文明的要求，更是抢占新一轮技术革命制高点的要求。

二、选择合适的自主创新技术路线

　　要满足建设生态文明的技术要求，要么大量从发达国家进口技术，要么着力提高自身的技术创新能力。对于前者，由于发达国家都将生态文明技术水平作为未来国家核心竞争力来看待，故很难从发达国家大规模进口技术，尤其是关键技术，即便能进口，也代价高昂。这意味着，作为未来国际科技竞争的重要领域，中国生态文明技术的进步和发展必须走以自主创新为主、应用性创新为主的道路。

　　当前，要根据国情国力、发展战略目标以及核心发展诉求选择合适的技术创新路线。首先，中国核心发展诉求是以人为本，改善民生。发展和应用生态文明技术，长期来看，显然是符合这一核心诉求的，短期内也可以创造一些新的就业机会，但在较短的时期内，其对相关产业发展及就业也会产生潜在和现实冲击。这就需要选择合适的技术路线，统筹兼顾，趋利避害。其次，中国仍是一个处于工业化中期阶段的发展中国家、中国一次能源消费中煤炭消费量仍高达 60%、中国科技水平与国际先进水平仍有相当大的差距等等现实，决定了中国必须优先发展急需应用领域的技术，力图形成合力，重点突破。再次，中国的技术路线应能够与中国仍在实施的"三步走"战略目标和全面建设小康社会的目标相契合。中国很难像美国那样全面发展，齐头并进，即便像英国、法国、德国、意大利、日本等发达国家也只是有所侧重的选择发展方向。这也意味着，发展生态文明技术也应该像建设生态文明一样，分阶段、分步骤推进，应该在不同发展阶段选择不同的技术路线。

　　具体来讲，中国可以根据自身的能源结构特点，侧重从煤炭、石油等常规能源的清洁化、节能化等领域寻求应用性的技术突破，以在现有能源结构框架内实现能效提升和减排。同时，在核电、风能、生物质能等清洁能源技术方面，发挥自身优势，抢占技术创新制高点。

　　推进符合中国国情的技术创新路线，重要的是建立相关技术标准。国家工业和信息化部发布的 2010 年的汽车产业技术进步和技术改造投资方向时，从中国国情出发，适度降低部分技术门槛。例如，在利用现有能力生产纯电动汽车改造项目或动力模块建设项目中，以往规定最高时速不低于 100 公里，现调低到 80 公里，车载充电时间从不多于 5 小时，调高到 7 小时，另外新增每公里电量消耗不高于 0.16 千瓦时的要求。门槛调整的还有插电式混合动力汽车。

乘用车在纯电模式下，行驶续驶里程从以前要求的不少于 100 公里，降低到 70 公里。应该说，在国内的电动车还存在不少技术困难，短时间之内难以普及的情况下，适度降低电动车技术指标，可以为国内电动车的商业化之路扫清不少障碍。

具体到每一种具体技术，也需要根据技术创新和产业化规律，完善技术创新路线。以 LED 技术和产业为例，除了 LED 芯片、封底材料技术、衬底剥离工艺技术、新型白光照明技术核心技术研发以外，还需要集中开发灯具设计、光学设计、驱动电源（LED 背光、LED 汽车照明）、通用照明等下游应用以及器件封存、新型封装结构、散热设计等中游技术和产品，形成一个完整的技术进步和产业化链条。

三、充分发挥政府主导作用

生态文明技术在很大程度上属于公共产品，需要政府主导。在缺少足以使企业自发发展生态文明技术的经济内驱力和外部制度环境的条件下，需要政府为技术创新的推进施加最初的推动力。因而，政府的主导作用，一方面表现在政府的大规模投资上；另一方面，更为重要的是需要政府制定有助于生态文明技术发展的法律和政策，为技术创新创造有利的制度环境。近年来中国生态文明技术的迅速发展，很大程度上得益于中国政府的重视和大力推动，尤其是政府投资的推动。美国智库皮尤研究中心的一份报告显示，2009 年，中国在清洁能源经济方面投资超过 346 亿美元，成为全球第一大清洁能源投资国，投资额比位居第二的美国多了 160 多亿美元。[①] 未来，随着中国经济实力的增强和二氧化碳排放量的增加，除了要继续增加财政支持力度外，还应着力改善政府投资结构。一是要将投资重点转向技术创新上。比如，中国虽然已成为清洁能源投资大国，但大部分资金投向了清洁能源的减排项目建设而非研发创新上，这显然不利于中国突破和掌握清洁能源的关键技术以及提升技术水平。未来的政府投资应改变这种低水平投资状况，加强对技术创新的投资，力争研发出具有自主知识产权的核心技术。二是要根据未来中国的低碳技术路线，有重点、有选择的投资，力图能够重点突破。

---

① 《中国 70% 减排核心技术需"进口"实现低碳成本》，中国新闻网，2010 年 5 月 17 日，ht-tp：//www.chinanews.com/ny/news/2010/05 – 17/2285161. shtml。

四、完善法律保障体系

从长期来看，生态文明技术的发展应主要依靠企业的主动性和积极性，而条件是形成有利于技术发展的制度环境。因为，好的制度环境既可以为市场主体发展技术提供强制性推力，也可以提供激励性动力。而且，好的制度环境不仅有助于技术的发展，还有助于一国真正走上生态文明发展道路。

强调政府的主导地位，并非主张政府包办代替，更非以政府行为简单替代市场机制，而是在当前市场机制尚不足以为技术发展提供原动力的情况下，政府采取各种手段，包括一定程度上利用市场机制，为之提供第一推动力，其最终目的则是创造能使市场机制自发推动技术发展的制度环境，并使市场机制成为主要动力。

在相关立法方面，中国已经颁布实施的《中华人民共和国煤炭法》（1996年）、《中华人民共和国电力法》（1996年）、《中华人民共和国清洁生产促进法》（2003年）、《中华人民共和国可再生能源法》（2006年）、《中华人民共和国节约能源法》（2008年）和《中华人民共和国循环经济促进法》（2009年）等法律，尤其是进入21世纪以来颁布实施的四项法律，对技术的发展提供了基本法律激励和保障。2009年年底修订的《中华人民共和国可再生能源法》，又确定了可再生能源的发展目标、电网全额保障性收购政策，力图在立法上强制性推动可再生能源入网，进一步促进了清洁能源技术的发展。2008年10月1日开始施行的《民用建筑节能条例》，则为建筑低碳技术的发展提供了重要法律激励。中国已经初步形成生态文明技术法规保障体系。

当然，我们也应该看到，中国尚无一部针对生态文明技术发展而制定的专项法规，这是难以满足未来生态文明技术发展的需要的。为生态文明技术甚至某些具体的技术的发展专门立法，是中国进一步完善生态文明技术法律保障体系的重要任务。

五、完善技术政策支持体系

中国政府一贯重视新能源技术和节能技术的发展，进入21世纪以来，中国政府先后颁布了一系列生态文明技术发展的政策，包括《2000—2015年新能源和可再生能源产业发展规划要点》（2000 年）、《节能中长期规划》（2004 年）、《新能源与可再生能源产业发展"十五"规划》（2006 年）、《可再生能源中长期发展规划》（2007 年）、《核电中长期发展规划》（2007 年）、《中国应对气候变化科技专项行动》（2007 年）、《节能减排综合性工作方案》（2007 年）、《节能减排全民行动实施方案》（2007 年）、《能源发展"十一五"规划》（2007 年）、《中国应对气候变化的政策与行动》（2008 年）、《汽车产业调整和振兴规划》（2009 年）、《国务院关于加快培养和发展战略性新兴产业的决定》（2010 年）、《节能环保产业发展规划》（2010 年）等。① 近期，国家发展和改革委员会等六部门联合发布《中国资源利用技术政策大纲》，试图在五个方面发挥引导作用。一是引导关键、共性重点综合利用技术的研发；二是引导推进高新技术产业化；三是引导成熟的、先进的综合利用技术与工艺的推广应用；四是引导推动淘汰落后的生产技术、工艺和设备；五是为各地区、各行业编制资源综合利用规划提供技术支援。在中央政府的带动下，一些部委和地方政府也开始制定并颁布了自己的生态文明技术发展规划。2010 年 6 月 22 日，安徽省出台了全国首个《低碳技术发展规划纲要》，提出到 2015 年，新能源产业力争实现年主营业务收入超 1000 亿元，初步建立合肥、芜湖、蚌埠、滁州四大各具特色的低碳技术创新基地。

政府还加大了为生态文明技术发展提供财政补贴的力度。如为了促进可再生能源产业的发展，2006 年和 2007 年，国家发展和改革委员会先后颁布施行了《可再生能源发电价格和费用分摊管理试行办法》和《可再生能源电价附加收入调配暂行办法》，要求为可再生能源发电与上网电价给予财政补贴。此外，政府大力推动生态文明技术产品应用的示范工作。如 2008 年年底，科技部和财政部正式启动了"十城万盏"示范工作，计划到 2010 年在 10—20 个城市推广 30 万盏以上 LED 市政照明灯具。

但是，纵观中国现有的生态文明技术支持政策，主要存在两大问题：一是至今尚无一个全国性生态文明技术发展规划，不利于从全国统筹发展生态文明技术。二是缺少系统性的开发推广生态文明技术的财政和金融支持政策。具体而言，至今中国尚未出台二氧化碳排放税，缺少针对生态文明技术的发展制定具有一般性的财政政策，缺少相应的价格激励政策，也没有鼓励生态文明技术创新的风险投资激励政策和优惠利率政策。因而，未来完善生态文明技术政策

---

① 其中，《国务院关于加快培养和发展战略性新兴产业的决定》，将节能环保、新一代信息技术、生物、高端设备制作、新能源、新材料和新能源汽车七个产业作为重点培养的战略性新兴产业。

支持体系的主要着眼点，需要在弥补现有技术支持政策的不足上下工夫。

六、完善生态文明技术创新体系

中国生态文明技术创新水平不高和掌握的核心技术少的重要原因，是缺少一个合理的技术创新体系。中国的生态文明技术创新主要是在少数具体技术上有所突破，多属于具体技术环节的创新，不仅生态文明技术创新整体上缺少系统性，即便一些具体技术领域的创新也缺少系统性。这是非常不利于中国低碳技术水平的提升的。因此，未来应该从生态文明技术应用的相关诸层面以及应用低碳技术的产业与其他产业的前后向联系等方面入手，系统谋划生态文明技术的研发，同时整合相关科研力量，最终力争形成系统性的生态文明技术创新体系。

构建这一体系，首先要打造生态文明技术创新推广的公共技术平台。其次，要继续推进面向生态文明的重大科技攻关项目。再次，要通过生态文明技术创新联盟，整合科技资源。技术创新联盟由相关产业、技术、创新、战略、联盟组成。其中，发展生态产业是最终目标，发展生态技术创新是支撑，创新则是生态文明建设的基本特征，战略则是生态文明建设的高层次谋划、顶层设计，通过上述各类要素的联盟，形成风险共担、利益共享的共同体。最后，尽快制订相关低碳标准。制订明确的低碳标准，既可以为低碳技术的研发和应用提供基本参照系，也有助于人们鉴别和购买低碳商品，进而有利于低碳商品的生产与销售，并最终有利于低碳技术的创新与应用。2010 年 12 月，国家环境保护部发布了全国第一个有关家电产品的低碳标准，也是首批中国环境标志低碳认证标准，而且是一个比欧盟的 ROHS 指令还苛刻的标准。这标志着中国在低碳标准的制定上已经迈出了重要的第一步。在此基础上，中国应该加紧制订其他产品与技术领域的低碳标准，为低碳技术和低碳经济的发展提供重要标尺。

第十一章

"两型社会"：中国生态文明
建设的社会载体

　　以铁器工具为标志的农耕社会支撑了农业文明，以蒸汽机、电力、核动力为标志的工业社会铸造了工业文明。农业文明产生的生态问题为大自然所包容，而工业文明产生的生态环境问题大大超出了自然的承载力。为了促进人与自然的和谐、实现人类社会的可持续发展、建设更科学的后工业文明——生态文明成为时代所驱，成为人类社会必然的选择，这种高级文明形态要求以高于农业社会和工业社会的社会结构为载体。未来的15—20年，中国将处在工业化和城镇化加速发展阶段，资源消耗强度将进一步增大。而我国目前的增长方式基本上还属于粗放型，资源消耗高、浪费大、污染重的问题还没有从根本上改变。在这种人口不断增长，环境压力不断加大的情况下建设生态文明，一方面要达到西方先行工业文明的先进生产力水平，另一方面要达到后工业文明的生态要求。中国的特殊国情决定了中国的生态文明建设必须以资源节约型、环境友好型社会为支撑。

第一节

"两型社会" 是中国生态文明的社会载体

　　党的"十七大"强调指出，建设生态文明的实质是要建设以资源环境承载力为基础、以自然规律为准则、以可持续发展为目标的资源节约型、环境友好型社会。"两型社会"，即资源节约型社会和环境友好型社会，其中，资源节约型是生态文明建设的前端，环境友好型则是生态文明建设的末端，两者结合，共同构成生态文明的社会载体。

一、"两型社会"的内涵

"两型"即资源节约型与环境友好型。资源节约型社会是指在社会生产、流通、消费的各个领域，通过采取综合性措施，提高资源利用效率，以最少的资源消耗获得最大的经济和社会效益。其核心目标是降低资源消耗强度、提高资源利用效率，减少自然资源系统进入社会经济系统的物质流、能量流强度，实现社会经济发展与资源消耗的物质解耦或减量化，同时发展循环经济以保障资源的最大化利用。环境友好型社会是指以实现人与自然和谐为中心，以实现人与人和谐为目标，在环境资源承载力范围内遵循自然规律，采取有利于环境保护的生产方式、生活方式、消费方式，建立人与自然环境、社会环境的友好发展的一种社会状态。建设资源节约型社会和环境友好型社会各有侧重，互为补充，两者完整地涵盖了社会经济系统中物质量、能量流、废物流等物质代谢的全过程。

"两型社会"是在对传统经济发展模式反思的基础上建立的、用以解决资源与环境问题的一种有利于资源节约和环境友好的新型经济社会发展模式。它要求经济社会发展的各方面要符合生态规律，向着有利于资源节约和循环使用、维护良好生态环境的方向发展。"两型社会"遵循可持续发展的基本内涵，是可持续发展的具体表现形式。所谓的可持续发展，一般来讲就是对于两大主线的认知。第一主线要求处理好人和资源、环境之间的关系。第二条主线就是要协调人与人之间的关系。人与人之间表现为人际关系、代际关系和区际关系以及利益集团之间的关系等等。这些关系处于一种什么样的状态呢是互相损害、尔虞我诈还是互利和谐、共建共享？是你死我活的"零和博弈"还是通过协调达到"双赢、多赢或共赢"？这些均可从生态文明中得到借鉴。

二、生态文明建设包含"两型社会"的要求

无论从哪个角度来理解生态文明，其作为人类文明的一种高级形态，都以把握自然规律、尊重和维护自然为前提，以人与自然、人与人、人与社会和

谐共生为宗旨，以资源环境承载力为基础，以建立可持续的产业结构、生产方式、消费模式以及增强可持续发展能力为着眼点，具有以下三个鲜明的特征：

一是人类对自然的索取必须与人类向自然的回馈相平衡。"索取"包括自然给我们提供的整体环境，包括土地资源、生物资源、水资源、气候资源、能源和矿产资源，也包括在实现人类进步过程中的生态服务与生态演进。人类在自己的生存和发展过程中大量索取了自然的各类财富，人类对自然本身回馈的水平和强度能否抵消这种持续的索取，是生态文明中一个非常关键的问题。如果我们实现不了"索取"与"回馈"的平衡，最终我们必然会受到自然加倍的惩罚。

二是在实践途径上，生态文明体现为自觉自律的生产生活方式。生态文明追求经济与生态之间的良性互动，坚持经济运行生态化，改变高投入、高污染的生产方式，以生态技术为基础实现社会物质生产系统的良性循环，使绿色产业和环境友好型产业在产业结构中居于主导地位，成为经济增长的重要源泉。生态文明倡导人类克制对物质财富的过度追求和享受，选择既满足自身需要又不损害自然环境的生活方式。

三是在社会关系上，生态文明推动社会走向和谐。人与自然和谐的前提是人与人、人与社会的和谐。一般而言，人与社会和谐有助于实现人与自然的和谐，反之，人与自然关系紧张也会对社会带来消极影响。随着环境污染侵害事件和投诉事件的逐年上升，人与自然之间的关系问题已成为影响社会和谐的一个重要制约因素。建设生态文明，有利于将生态理念渗入经济社会发展和管理的各个方面，实现代际、群体之间的环境公平与正义，推动人与自然、人与社会的和谐。

三、"两型社会"与生态文明内涵的一致性

资源节约型社会把整个社会经济建立在节约资源的基础之上，在生产、流通、消费等环节中，通过健全机制、调整结构等手段，采取市场、行政等措施提高资源的利用效率，以最少的资源消耗获取最大的经济和社会效益。环境友好型社会以实现人与自然和谐为中心，以实现人与人和谐为目标，在环境资源承载力范围内遵循自然规律，采取有利于环境保护的生产方式、生活方式、消费方式，建立人与环境良性互动的关系的一种社会状态。无论是"资源节约

型"还是"环境友好型",都是建立在人与自然友好相处的基础之上,都是生态文明的重要标志。

生态文明是一种以人与自然、人与人、人与社会和谐共生、良性循环、全面发展、持续繁荣为基本宗旨的文化伦理形态。包括人与自然和谐的文化价值观;生态系统可持续前提下的生产观;满足自身需要又不损害自然的消费观。生态文明是人们遵循自然生态系统的规律、在维护生态系统结构与平衡的前提下,选择生产方式开展的生产实践活动。可见,生态文明与生态文明建设内在地包含了节约能源资源和保护环境的内容。

四、"两型社会"与生态文明目标的一致性

生态文明与"两型社会"建设有着共同的目标和追求——人与自然和谐共生。资源节约型、环境友好型社会作为一种人与自然和谐共生的社会形态,目的是通过人与自然的和谐来促进人与人、人与社会的和谐,实现人类的生产和消费活动与自然生态系统协调可持续发展。它要求在全社会形成有利于环境的生产方式、生活方式和消费方式,建立人与自然的良性互动关系,构建经济社会环境协调发展的社会体系。

"大量生产——大量消费——大量废弃"的生产和生活方式,必然带来资源的掠夺性使用和生态环境的破坏。要实现人与自然关系的协调,需要对传统的生产方式以及为推进这种生产方式而采取的制度和体制进行变革。人类需要且必须以一种新的文明形态来延续人类的生存,这就要求人类树立新的观念,主动节约和保护自然资源与生态环境,改善人类与自然的关系,促进人、自然、社会的和谐发展,在这种观念下所形成的文明就是生态文明。生态文明的根本目标是实现人类社会可持续发展,按照自然生态系统运转的客观规律建设有序的生态运行机制和良好的生态环境,实现人与自然、经济社会和谐协调与可持续发展的社会文明形态,致力于构造一个以环境资源承载力为基础、以自然规律为准则、以可持续社会经济文化政策为手段的资源节约、环境友好的社会。因此,生态文明和"两型社会"建设的目标和追求具有一致性。

第二节

"两型社会"建设与生态文明建设的互动

"两型社会"建设是生态文明的社会支撑，生态文明是"两型社会"建设的终极归宿。应通过两者的互动来推进生态文明建设。

一、以生态文明为目标推进"两型社会"建设

党的十七大将生态文明与物质文明、精神文明、政治文明并列提出，彰显了它在社会文明发展中的地位和作用。生态文明是物质文明、精神文明、政治文明的基础和前提，没有良好的生态环境，人类就不可能有高度的物质享受、政治享受和精神享受。没有生态安全，人类就会陷入生态危机。社会的全面进步和发展依赖于生态文明与物质文明、精神文明、政治文明的共同发展，没有生态文明就不会有"两型社会"的进步和发展。

"两型社会"的建设需要生态文明建设。建设"两型社会"是科学发展观的重要体现，也是马克思主义生态自然观的体现。它强调可持续发展战略，社会发展要有潜力、有后劲、有可持续发展的能力，要立足现实、面向未来，具有深远的前瞻性。我国是一个人口大国，人均资源占有量大大低于世界平均水平，加上近年来依靠拼资源而获得的发展，人口、资源、环境的压力越来越大。因此，我国顺应世界发展潮流，建设"两型社会"意义重大。"两型社会"主张经济的增长应维持在自然生态系统整体平衡和稳定的限度之内，不能超出自然的自我修复能力，要将人的行为建立在尊重自然生态发展规律的基础上，使人与自然协调发展，即社会生产力与自然生产力相和谐、经济系统与生态系统相和谐、人化自然与自在自然相和谐，在自然界更新能力允许的范围内，实现人类经济社会的健康发展，一代接一代地使发展永续下去。"两型社会"从生态整体的视角，强调自然资源的可持续利用对社会发展的重要意义，主张良好的生态环境、丰富的自然资源、健全的生命维持系统，不但是社会发展的基础，更是人类健康生活、全面发展的自然基础。

社会主义生态文明坚持"以人为本"，秉承"发展是第一要义"的可持续

发展的核心理念，在物质生产和精神生产中充分发挥人的主观能动性，按照自然生态系统运转的客观规律，建设有序的生态运行机制和良好的生态环境。既包括以人为本，整体、全面、协调、可持续的发展观念，也包括自然生态系统与社会生态系统协调发展、良性运行的机制和体制。社会主义生态文明建设强调重塑人们的生态意识和生态道德观念，通过整体、协调的原则和机制重新调节社会的生产关系、生活方式和生态秩序。它遵循的是一条从对立型到和睦型、从征服型到协调型、从污染型到恢复型、从破坏型到建设型转变的"资源节约、环境友好"的社会建设轨迹。

二、以"两型社会"建设支撑生态文明建设

"要实行人与自然关系的协调，仅仅认识是不够的。这还需要对我们迄今存在过的生产方式以及和这种生产方式在一起的我们今天整个社会制度的完全的变革"。生态文明的建设需要两型社会的支撑，"两型社会"建设是实现生态文明的重要途径。

建设环境友好型社会既包括广大人民群众保护环境和生态安全的意识、法律、制度、政策，又包括维护生态平衡和可持续发展的科学技术、组织机构以及实际行动；既包括逐步形成保护生态环境的产业结构，又包括逐步转变经济发展方式、增长方式和消费模式。强调社会物质生产的技术、能源形式、生产方式、生活方式等都朝生态保护、生态协调的方向发展。发展生态农业、生态工业、生态旅游业等生态产业的理念和实践是生态文化的核心内涵，而生态农业、生态工业、生态旅游的实现，都有赖于绿色消费的参与和推动。培养消费大众的绿色消费意识，在追求生活舒适的同时，注重环保和节约，实现可持续消费和经济结构的绿色化转型，是生态文明建设的内在驱动力。

建设资源节约型社会，就是要建立一种能源资源高效率利用的生产模式，并在全社会倡导节约型的健康生活消费方式。建设环境友好型社会，就是要以人和自然和谐发展为目标，以环境承载力为基础，以遵循自然规律为核心，以绿色科技为动力，推进生态化生产，以此促进经济、社会、环境协调发展。建设"两型社会"的过程，也就是建设生态文明的过程。如果"两型社会"建设取得了成功，那么，生态文明的实现也就不再遥远了。

面向生态文明的"两型社会"的基本结构

从本质上讲，"两型社会"不是一种新的社会形态，它是在生态文明要求下，针对当前社会形态的一种调整和转型，是一种优于农业社会和传统工业社会的社会形态。这种社会结构转型主要体现在社会组织结构、消费结构、地域空间结构、城乡结构的转型上。

一、社会组织结构

从狭义方面讲，建设"两型社会"的社会组织包括政府、企业、社会团体等三类。对于政府来说，建设资源节约、环境友好型社会就是力争用同样多的资源为社会提供更多、更好的物资产品，要求政府职能向生态文明的要求转变。具体而言，政府职能应从经济管理型政府向服务型政府转变，由全能型政府向有限型政府转变。政府的经济职能应该是为市场机制创造好的宏微观环境，减少直接干预，增强宏观调控，维护市场秩序，弥补市场不足。政府的行政管理职能应是降低行政成本，提高行政透明度，从尊重政府权力走向尊重公民权利，从弱监管走向强监管。政府的社会管理职能应主要体现在完善社会保障体系，加强对各种社会组织的监管。政府的服务职能应主要体现在充分发挥其生态服务责任，在推动生态文明的理念的确立，消费方式的绿化，生态文化的形成，生态法制的建立，循环经济发展模式的确立以及政府生态治理的有效实施等方面发挥主导作用。

对于企业，建设资源节约、环境友好型社会就是力争用同样多的资源生产更多、更优的产品，满足社会更大的物质要求。企业是最重要的微观市场主体，在"两型社会"建设中处于核心地位。"两型社会"中企业的应然状态是：其经济目标由片面的利润最大化转向利润和社会责任兼顾；企业以绿色产业为导向，以先进装备制造、高新技术产业、生产性服务业、文化产业为主导；其增长方式由粗放向集约转变，走循环经济道路，延伸生态产业链，发展环境友好型技术，完善管理结构，提高资源利用率。

社会团体如学校、专业协会、社区组织等非营利性组织是"两型社会"建设的非政府非市场力量。这类组织有其公益性、专业性和灵活性，能够弥补政府和市场失灵，对于形成完备的社会体制机制，形成节约资源，崇尚环保，人与人、人与自然协调发展的社会风尚和文化氛围具有重要意义。

二、消费结构

面对资源、环境、人口爆炸的压力，"两型社会"必须改变消费结构。在消费观上倡导绿色消费、适度消费和层次消费，倡导一种人与自然协调的理性消费——生态消费。生态消费下的消费水平是以自然生态正常演化为限度，消费方式和内容符合生态系统的要求，既满足人的消费需求，又不对生态环境造成危害。它所倡导的消费观念、消费结构和消费模式不仅有利于环境保护和资源的合理利用，而且体现了人们科学的道德观、价值观和人生观，显示出高层次的精神文化内涵。

生态消费是优于可持续消费的消费模式。可持续消费的功利色彩依然明显。可持续消费的主体是人类社会，目的也是为了满足人类的需要，其核心依然是关注各种物质经济资源在人类代内或者代际之间的平衡而已，只考虑到环境资源保护与满足人类需求间的关系，这种消费观过于强调人的需求，没有克服人类对生态环境的控制，并未从根本上脱离人类中心主义思想。它所要求的环境资源保护仅仅是着眼于人类利益的保护，没有体现消费者在消费活动中所应当承担的社会责任，没有将自然作为一个系统整体来对待，未将人类作为自然整体的一个部分来考虑。生态消费是基于人类社会在发展过程中造成的资源浪费、环境污染、生态平衡严重失调等问题的出现而提出的一种全新的生活理念和消费方式，它要求消费既要符合物质生产的发展水平，又要符合生态生产的发展水平，它把人类的消费纳入生态系统之中，接受生态系统对人类消费的约束，使之与生态系统协调统一。生态消费比可持续消费具有更高的科学性和合理性。

当然，引导正确的消费方式，追求理性消费，并不是一味减少消费。从消费角度来看，"两型社会"建设的重点在于改进生产和提高居民消费质量。因为追求消费水平的提高，是社会发展的重要动力，如果从消费入手只要求居民减少各种产品的消费，无异于是在提倡"清心寡欲"的生活，这与人们追求美好生活的愿望是矛盾的，难以得到广大人民群众的支持，也不符合我们要建设现代化国家的目标。相反，生态消费是指消费高质量、高品质的环保商品，这必须建立在更高的生产力水平和集约型的生产方式之上。

三、区 域 结 构

地域性是中国社会最大的特点之一。建设"两型社会"，要求形成区域综合发展模式创新。一方面要提升核心城市的功能，发挥空间集聚效应，推动城市群发展。改善民生、完善城市基础设施，突出中心城市的服务和辐射功能。构建统一的城市群地理空间框架，地理信息全覆盖，提高地理信息含量，建立信息共享机制，打破行政壁垒，优化区域内土地、能源等资源的配置，提高资源利用率。另一方面要因地制宜发挥区域生态优势，走区域生态发展之路。

四、城 乡 结 构

中国是一个农业大国，广大农村具有良好的生态资源，但是长期以来，农村的生态资源或是没有被开发并转化为农村的经济资源，或是遭遇不合理的开发，导致生态环境的破坏。"两型社会"应该是一个城乡统筹的社会，发展生态产业、特色生态产业，为合理科学开发利用农村生态资源，实现城乡一体化提供了契机。具体的措施就是发展生态农业、生态产业。

第四节

以建设"两型社会"为抓手
推动生态文明建设

作为生态文明建设的社会载体，"两型社会"建设的实验与实践，既为生态文明建设提供了可资借鉴的宝贵经验，也是生态文明建设的初步实践。因此，应以"两型社会"建设为抓手，系统推进生态文明建设。

一、将全民参与作为根本推动力量

人民群众是历史的创造者，是"两型社会"与生态文明建设的主体和最终受益者。全民参与是建设"两型社会"的根本依托。为此，应在全社会大力宣传和提倡生态文明观念，应站在深入贯彻落实科学发展观的高度，运用马克思主义自然观和发展观，让生态文明观念渗透到一切工作和生活之中，增强全体社会成员的资源忧患、环境保护意识和节约资源的责任感，反对大肆铺张浪费的思想观念。应调动广大基层公民环境保护的积极性，唤起公民对环保政策的热情，使其更好地参与国家和社会事务、经济和文化事业的管理。应培育有利于生态文明观念树立的文化氛围，通过教育、文学、艺术和科学技术等支持和协助树立尊重自然的价值观和道德观，使"生态文明观念在全社会牢固树立"，推动"两型社会"建设。

二、以循环经济为产业支撑

循环经济本质上是生态经济，是经济活动的生态化过程和生态化体现。循环经济要求在生产和消费过程中贯彻"5R"原则，即再思考（Rethink）、减量化（Reduce）、再利用（Reuse）、再循环（Recycle）、再修复（Repair）。循环经济是以先进的生产技术、替代技术、减量技术和共生链技术以及废旧资源利用技术、"零排放"技术等支撑的经济，而不是传统的低水平物质循环利用方式下的经济。

循环经济的生产观念充分考虑到自然生态系统的承载能力。从生产的源头和全过程充分利用资源，使每个企业在生产过程中少投入、少排放、高利用，达到废物最少化、资源化、无害化。上游企业的废物成为下游企业的原料，实现区域或企业群的资源最有效利用。同时，用生态链条把工业与农业、生产与消费、城区与郊区、行业与行业有机结合起来，实现可持续生产和消费，逐步建成循环型社会。这就要求企业在进行生产时，最大限度地利用可循环再生的资源替代不可再生的资源。例如，更多地利用太阳能和风能；尽可能多地利用科学技术手段，对不可再生资源进行综合开发利用；用知识投入来替代物质资源投入，努力使生产建立在自然资源生态良性循环的基础之上。

"两型社会"下发展循环经济，要围绕主体建立不同层次而又有序衔接的循环经济体系。一是以居民家庭为单元的微循环，即从每一个家庭做起，从日常生活的一点一滴做起，节约每一滴水、每一度电、每一粒米、每一张纸，每一个日常家庭生活用品，树立厉行节约的绿色风尚；二是企业层面上的小循环，即企业按照清洁生产的要求，采用新的设计和技术，将单位产品的各项消耗和污染物的排放量限定在先进标准许可的范围之内；三是区域层面上的中循环，即工业园区按照生态产业链发展的要求，将一系列彼此关联的生态产业链组合在一起，通过企业或产业间的废物交换、循环利用和清洁生产，减少或杜绝废弃物的排放；四是国家层面上的大循环，即整个社会按照循环经济的要求，制定相关法律、规则，促进清洁生产、干净消费、资源循环、环境净化。

三、以科技创新为技术保障

自熊彼特的创新理论提出以来，技术创新已经成为推动生产力发展的重要因素。社会主义生态文明的实现，要求技术创新建立在理性思考现代科学技术与生态环境之间严重失衡的基础上，以科学技术哲学和生态哲学为理论视角，考虑技术在创新中对生态环境的影响和作用。既要保证技术的创新性、实用性、生态性，又要确保生态平衡和人类生存环境不被污染，在实现经济效益的同时，又创造生态价值，将生态化的可持续发展思想融入新的技术创新理论体系之中。实现技术创新生态化，是对当前生态文明建设的积极回应。

技术创新生态化有别于传统的技术创新，它以当今人类面临的社会生态危机为出发点，是自然技术创新、社会技术创新的有机统一。传统的技术创新具体体现为在工业文明时代，发挥技术创造更大的物质财富。这种技术价值观都是以盲目的、无偿性消耗自然资源，无视生态环境破坏，以谋取巨额经济利益为目标，因而都背离了自然的生态价值标准。其外部效应是导致环境污染与生态恶化以及社会发展失衡的直接诱因之一。技术创新生态化则是在传统的技术创新的基础上，为了实现经济增长与自然生态环境平衡发展的一种新的技术手段，更多考虑的是技术的生态价值影响。技术创新生态化是一种新的技术价值观，旨在逐步消除传统技术创新的不利影响，从而从技术层面实现经济增长与生态的平衡。技术创新生态化符合生态文明建设的内在要求，是一种科学的技术创新观。

技术创新生态化将技术创新概念纳入生态化的概念中。其目标是要实现人、社会与自然的全面、协调发展，实现经济效益、生态效益、社会效益和人类生存发展的本质要求统一起来，最终使整个社会经济生态系统达到平衡。实施技术创新生态化应遵循以下三个原则：

一是以人为本原则。"以人为本"即以人的自由和全面发展作为终极目的和终极评价标准。技术创新生态化是一种新的技术创新观。它基于人文精神，追求自然与社会的和谐，实现人的生态化。以人为本的原则要求技术创新必须以人的全面发展为本，注重提高人的综合素质。"以人为本"原则，反映了社会主义生态文明建设的内在要求。

二是生态原则。技术作为一种社会进步所必需的工具，它的价值不仅体现在其对人类需要的满足和人类福祉的促进，而且也有利于增进整个生态系统的平衡。生态化的技术创新对生态文明建设有着巨大的推动作用，其生态原则要求技术创新以生态价值为核心，实现技术应用的生态化，以顺利度过当下的生态危机而达到新的生态和谐。

三是多目标可持续发展原则。可持续发展理论是技术创新生态化思想的基础，它要求经济效益、生态效益、社会效益和人的生存发展效益相统一，在既满足当代人利益，又不损害后代人利益的前提下实现发展。技术创新的生态化转向，正是看到了技术与环境、经济与生态之间的辩证关系。

四、构建完备法治化保障体系

法律制度是文明的产物，它标志文明进步的程度，其作用在于用刚性的制度惩恶扬善，协调利益分配，激励文明行为，约束或惩罚人类的不文明行为。健全的生态法律制度不仅是生态文明的标志，而且是生态保护的最后屏障，是"两型社会"建设的重要保障。近些年来，我国已经基本上形成了以宪法为核心，以环境保护法为基本法，与环境、资源保护的有关的法律、法规为主要内容的比较完备的生态环境、资源保护法律体系。但是由于生态环境问题包括人与自然的关系，其立法、执法过程有其复杂性和特殊性，要尽快走上生态文明法治道路，还需要不断探索和研究。

"两型社会"法治化道路上的障碍主要体现在以下四个方面：一是生态环境立法滞后性和不可逆性。人与自然的关系在被破坏损毁之后，再颁行相关法律虽然可以防止类似行为的发生，但是之前的行为造成的生态破坏和灾难很难在短时间内修复。二是现行法律中的许多环境标准不适于经济社会发展的水平。有些环境立法缺乏标准或标准不够细化，不易操作，有些已有的环境标准已经明显陈旧过时。这就使得许多工厂企业在排污方面虽然已经符合法律规定，但仍然会造成严重的环境问题，从而使法律流于形式。三是环境法规规定的许多惩罚措施不具威慑力，罪、责、刑不一致。随着经济增长带来的环境问题的日益严峻，必须在法律上对破坏环境的行为进行严格规定。四是环境法律执行中存在重大的缺陷。环保部门执法不力，给出的限期整改的治理决策，在很大程度上流于形式，整改行为不能使环境状况取得实质性改善。有些群众反映大的污染企业被迫关闭，但污染企业仍然迁移到另外的地区重新开张，继续生产和继续污染，造成对土地、环境、生态以及人民健康循环式的轮流破坏。建设法治化"两型社会"必须严格按照有法可依、有法必依、执法必严、违法必究的要求，在公民、企业以及全社会形成环境保护的责任感和法律意识，对环境违法问题的发展进行有效遏制。

有法可依是法治社会的前提，生态环境补偿法和主体功能区划法是急需制定的法律。制定生态环境补偿法，统一协调生态环境资源开发与管理、生态建设、资金投入与补偿的方针、政策、制度和措施，明确生态环境补偿资金征收、使用、管理制度，科学确定生态环境补偿标准、补偿方式和补偿对象，合理界定生态环境资源开发利用过程中不同利益主体之间的关系，将生态环境补偿纳入规范化、法制化轨道。目前主体功能区规划虽有中央政府的政策支撑，但尚未列入规划体系的范畴，规划的法律地位不明确。应及时从法律上明确主体功能区规划的定位，以便处理好与经济社会发展、城镇建设等规划的关系。

五、构建"两型社会"制度支撑

任何文明的实现都要有一个相对稳定的社会制度结构。要在制度层面实现生态文明的转向，就要求有完善的体制和较高的环境管理效率。要改变社会制度中不利于环境保护的体制和规范，建立自觉保护环境的机制，并按照公平原则平等地分配自然资源和环境责任，逐步建立有利于人与自然和谐共存的社会秩序。要改变当前社会中存在的重城市、轻农村的观念，从制度层面上向农村倾斜。在当今中国社会中，尽管政府部门在城市环境治理和保护方面取得了不错的成绩，但农村的环境问题似乎并没有获得政府部门的足够重视，农村环境监管基本处于盲区和半盲区状态，既缺乏配套的法律法规，又缺乏必要的资金投入和环保常识教育与宣传。

　　具体而言,建立健全生态文明建设的体制机制包括以下两个方面:一是建立决策咨询体制。建议党中央、国务院设立国家战略咨询委员会,把精力充沛、从政经验丰富的部分领导干部、著名专家学者组织起来,履行为党中央、国务院就国家发展的战略进行系统咨询、研究和设计的职能,协调国家各种规划之间的关系。二是建立以财政转移为主要手段的生态、资源、环境三大补偿机制。我国目前在很大程度上缺乏融合自然的经济政策,使用生态资源获益方不必承担生态环境恶化的责任,环境保护者没有必要的经济激励。生态、资源、环境三大补偿机制是重新调整各利益相关者生态、经济成本与收益的必要措施,按照破坏者付费、使用者付费、受益方付费等原则,率先在森林、矿产资源开发、国家重点保护的野生动植物栖息地、自然保护区、重点流域及区域生态功能区等关键领域建立补偿机制。积极推行市场化生态补偿,在政府的引导下实现生态保护者与生态受益者之间自愿协商的补偿机制,积极探索资源使用权、排污权交易等市场化的补偿模式;着重培育资源市场、开放生产要素市场,使资源资本化、生态资本化,促使环境要素的价格能真正反映其稀缺程度。

　　完善社会环境管理制度。建立完善的环境战略评估制度,对各项经济活动进行生态保护、资源利用方面的战略评估和预测,防止破坏生态环境行为的发生,使社会中的各项经济活动沿着有利于人与自然和谐的方向发展。对环境执法人员进行的必要监督,防止行使权力的不作为现象,为生态文明的实现提供有力的法制环境和监督机制;建立资源性产品的价格形成机制,按照谁开发谁保护、谁受益谁补偿的原则,建立生态补偿机制;对排污单位实行排污许可制度,严格控制污染物排放总量;健全资源有偿使用制度,积极稳妥地推进资源性产品价格改革,根据资源稀缺程度和市场供求的价格形成机制;出台资源税改革方案,改进资源税的征收管理办法,推进资源综合利用。

第十二章

国土开发空间布局：中国生态
文明建设的空间基础

生态危机本质上是一个区域发展超过生态承载能力或生态阈值的结果。生态承载能力或生态阈值，即环境容量，是指某一环境区域内对人类活动造成影响的最大容纳量。大气、土地、动植物等都有承受污染物的最高限度，就环境污染而言，污染物存在的数量超过最大容纳量，这一环境的生态平衡和正常功能就会遭到破坏。环境的净化能力和承载力是有限的，一旦社会经济发展超越了生态阈值，就可能产生灾难性的后果，而且这个后果是不可逆的。因此，生态文明建设与国土开发空间布局高度相关。生态文明的提出要求我们在区域发展中充分考虑生态环境的承载能力。发达国家在遇到生态环境空间制约之后，可以靠产业链条和国际分工的作用，向别的国家转嫁生态负担，中国只能依靠自身的空间合理布局。按照环境承载能力合力配置国土开发空间布局，是建设生态文明的空间支撑。

第一节

国土开发与区域经济不合理
是生态破坏的空间原因

生态文明在很大程度上讲是一个国土开发的空间结构问题。工业化以来，虽然人类的技术手段越来越先进，但大自然自身的规律是无法改变的。即使拥有了现代技术手段，地形和水分条件的地理格局依然是约束人类活动地理分布的基本因素，因此，区域性的地理环境在某种程度上可以限定一个地区的人口和产业发展的规模。当各个地区的开发程度与当地资源、生态、环境匹配时，人与自然可以达成和谐。反之就会出现失衡。当代中国的生态问题与国土开发布局的失衡具有直接的关系。

一、区域非均衡发展与生态问题

　　生产力区域布局关乎生态环境。这是因为，地理环境因素是影响一个地区经济社会发展的重要因素，在一定条件下甚至起着决定性作用。中国是个地理环境条件呈多样性的国家，有三分之二的地区是高原、山脉和丘陵。海拔500米以下的地区不到25.2%；海拔3000米以上的地区占全国总面积的25.9%，地形特征是西高东低。东部地区以冲积平原为主，地势平坦，且多属湿润地区，降水充沛，土壤肥沃，水土资源匹配较好。而西部地区多为山地、丘陵和沙漠，非耕地资源约占土地总面积的96%，其中西南地区主体为青藏高原、云贵高原、横断山区所占据；西北地区多属干旱、半干旱地区，荒漠和半荒漠广布其中。除东部及偏东南一隅面临海洋，能享受船舶往来、发展海外贸易的优势条件外，其余西、南、北三面环山，与内陆邻国接壤，海拔都是二三千米，甚至四五千米。在漫长的历史演进过程中，这种地理环境的多样性造成了中国区域经济发展的非均衡性。可以这样说，中国区域经济发展在空间分布上的非均衡性，基本上是与中国地理环境条件呈现的多样性相吻合的。

　　中国古老的农业文明几乎同时起源于黄河和长江流域，但是随着人口的不断增长，经济中心逐渐向南迁移。其根本原因，是气候变暖（干）使北方的水分条件恶化，限制了该地区的农作物产量，从而限制了北部中国的人口规模的增长。青藏高原和西部地区严酷的自然环境，则将该地区少数民族的人口，长期限制在很低的数量级上。明清以后，由于美洲高产作物（玉米、薯类）的引入，中国东部的人口迅速增加，但是在自然灾害年份，东部的国土承载力仍然无法支持相对增加的人口规模，于是又产生了"下南洋"、"闯关东"、"走西口"等的近代人口流动。传统农业继续向中国所有适宜于农业垦殖的地区扩散，同时也使东北、西北和西南等地区的原生自然环境受到不断的破坏。农业文明的地理扩散至此基本宣告结束，这个在自然地理环境的规定下所形成的农业文明的地理格局也奠定了以后中国工业化和城市化的基本格局。

　　新中国成立以来，伴随中国工业化战略的推进，区域开发战略总体上经历了从均衡开发、非均衡开发到协调开发的演进过程。前两个阶段都存在忽视环境承载力的问题，都带来了长远的生态环境成本。

首先，欠发达地区生态环境持续恶化。新中国成立后到 20 世纪末期，特别是改革开放以来的 20 年，西部地区与东部发达地区差距不断拉大。1979—1999 年间，西部地区生产总值年均增长速度比东北地区低 1.4 个百分点。1999 年，东部地区人均地区生产总值达到 10276 元，西部地区只有 4171 元。东部地区城镇居民家庭人均年可支配收入为 7523 元，西部地区为 5284 元，东部地区农民居民家庭人均全年纯收入为 2995 元，西部地区为 1634 元。全国 3400 万农村贫困人口中，60% 在西部地区。由于经济社会发展落后，环境保护相对滞后。西部地区开发之前，生态环境总体恶化趋势明显，全国生态流失面积 367 平方公里，西部地区约占 80%。全国每年新增荒漠化面积 2400 多平方公里，大多数在西部。西部地区草地沙化、退化、碱化面积逐年增加，很多城市污染严重。西部地区 25 度以上坡耕地面积占全国的 70% 以上，常年因上游生态流失进入长江、黄河的泥沙量达 20 多亿吨，导致中下游江河湖泊和水库不断淤积抬高。根据世界卫生组织 1998 年度监测评价，贵阳、重庆、兰州被列入世界十大污染城市。[①]

其次，发达地区生态环境快速恶化。东部沿海地区尽管经济社会发展较快，但是，生态环境破坏也在加快。以东南沿海地区为例，根据中国科学院地学部咨询组在题为《东南沿海经济快速发展地区环境污染状况及其治理对策建议》咨询报告，但是由于重经济发展，轻环境保护，投入不够，措施不力；在产业结构上存在过重的严重缺陷，加上城市规划、工业布局不合理、地区间、部门间缺乏合作与协调等原因，东南沿海经济快速发展地区的环境污染状况日趋严重。一是水体污染严重。地表水体普遍受到严重污染；近海海域水体活性磷酸盐和无机氮超标；持久性微量毒害污染物已成为新的、越来越严重的、具有潜在健康危害的区域性水环境问题；饮用水的安全已经难以保障。例如，从 2004 年开始，珠江咸潮发展成为几十年来最为严重的灾害，2005 年到 2006 年年初珠江流域下游珠江三角洲地区遭遇了两次大咸潮的袭击，造成了巨大的社会影响和经济损失。二是酸雨未获缓解，城市光化学烟雾污染日益加重。大气污染类型由煤烟型向汽车尾气型逐渐演变，氮氧化物已成为空气中首要污染物；大气中有害气体、细粒子和痕量有毒污染物形成复合污染；大气细粒子污染也已出现。三是农田及菜地土壤污染突出，严重影响了农产品安全质

---

① 曾培炎：《西部大开发决策回顾》，中共党史出版社 2010 年版，第 123 页。

量。沿海大部分地区的耕地土壤中持久性毒害物质大量积累，农田、菜地农药残留和重金属污染突出，严重影响了农产品品质。四是食物安全和生态系统状况令人担忧。水体生物物种显著减少乃至消失，渔业资源严重破坏，水生生态系统功能衰退；围海造地使沿海红树林、芦苇等湿地减少。

再次，中部地区环境污染加速。伴随着经济的快速发展和人口的迅速增长，我国中部地区的环境污染正从点源污染扩展到面源污染；从工业污染扩展到农业和生活领域的污染；从城市污染扩展到乡镇地区的污染，而且各种污染复合叠加，增加了环境治理的难度和成本，对生态系统、食品安全和人体健康构成了日益严重的威胁。总体上看，中部地区面临的环境形势依然很严峻，生态环境脆弱、环境污染严重的状况尚未得到有效遏制，可持续发展的能力较低。由于上游生态环境的破坏，长江、黄河的水体里面含有大量的泥沙，水质不断恶化。长江、黄河流域两岸许多中小型企业排放的含有汞、镉、铅、锌、砷等有毒物质的工业废水，进一步恶化了水质，使水资源的利用成本大大提高。另外，中部地区的主要能源是煤，煤的燃烧造成二氧化硫等有害气体散溢于空气中，引起了气候变化、臭氧层破坏等严重后果。中部地区是我国自然灾害发生最频繁的地区，经常发生洪涝灾害和旱灾。20 世纪 50 年代以来，我国自然灾害的发生频率和受灾面积均显著增加。据统计，2002 年中部地区受灾面积达 1208.89 万公顷，占全国受灾面积的 25.7%。其中旱灾占全国的 16.83%，洪涝灾害占全国的 43.26%，农作物受灾面积 535.49 万公顷，占全国的 43.26%，受灾人口 5702.5 万人，占全国的 37.5%，直接经济损失 274.71 亿元，占全国的 32.8%。自然灾害的频繁发生对农业生产造成了危害，引起粮食的减产和农民收入的减少。到 20 世纪 90 年代，我国的粮食生产因为灾害减产大约已经达到了 2300 万吨，远远高于 80 年代，大约占粮食总产量的 5%，标准差也由原来的 0.8% 提高到 1.9%。根据测算，自然灾害给我国带来的损失大概占 GDP 的 2%—5%。中部地区作为自然灾害的重灾区和频发区更是深受其害，自然灾害已经构成了对中部崛起和可持续发展的巨大威胁。

最后，东北地区环境约束加强。部分工农业资源频临衰竭。东部地区的许多煤矿，已经或频临衰竭。可采森林资源枯竭，林分质量下降，森林生态功能严重衰退。很多地方的草地资源退化、沙化和盐碱化。耕地资源的开发已经饱和，有的地方已经过度开发，珍贵的黑土资源侵蚀严重，土地质量下降。辽河流域的水资源已经过度开发，松花江流域的霍林河流域的水资源也呈过度开发态势。

工矿城市遗留了严重的矿山环境问题。一些资源型城市，由于不合理的开采方式和治理滞后，诱发了一系列矿山环境问题，而且有逐年加重的趋势。主要包括：开采地的地面沉陷、矿山固体废弃物的占地、污染和边坡不稳定以及矿山排水的出路问题。例如抚顺市已形成一个大的沉陷区，面积 18.41 平方公里，最大沉陷量 16.4 米。环境受到严重损害。一是水质严重污染。污染物排放总量大大超过环境自净能力，使河流和部分湖泊、水库受到污染，进而影响地下水，甚至一些地方影响到土壤以及近海海域。广大农村的面源污染也日趋严重。二是土地荒漠化发展。荒漠化的类型包括沙漠化、盐碱化和水土流失。西部的科尔沁、松嫩和呼伦贝尔三大沙地总面积约 8 万平方公里，松嫩平原盐碱化土地面积约 3.7 万平方公里，全区水土流失面积约 28 万平方公里，严重威胁东北农业的可持续发展。

河流干涸，地下水超采，湿地大量减少。辽河水系的断流发生在西辽河、东辽河和辽河干流区。地下水的超采主要发生在城市区，特别是在一些大城市，引起不同程度的地质环境问题。沼泽湿地面积由 20 世纪 50 年代的 11.4 万平方公里减少到 6.57 万平方公里。中国工程院发布的"东北地区有关水土资源配置、生态与环境保护和可持续发展的若干战略问题研究"报告显示，水环境污染已成为当前东北地区面临的最大环境问题，如再不加紧治理，东北地区将来可能陷于无水可用的困境。由于东北地区历史形成的以重化工为主的工业结构、薄弱的城市环保基础设施以及脆弱的自然环境，污染物排放总量大大超过环境自净能力，使松花江和辽河的干支流和部分湖泊水库受到严重污染，水生态系统破坏，严重影响城市居民集中饮用水源的质量，进而影响河流两岸的地下水，甚至一些流域的土壤以及近海海域也已受到污染，广大农村的面源污染日趋严重。[①]

二、生产力纵向布局与生态问题

新中国成立以来，基于国土面貌、资源禀赋和地理特征，以及推进工业化、国防和改革开放的考虑，国家对生产力的布局采取纵向布局的战略。"一五"时期，国家按照沿海和内地两个纵向地带配置生产力。三线建设时期，国家将国土纵向分为三线，重点加快三线地区的发展。改革开放以来，将国土

---

① 吴晶晶："中国工程院报告显示水污染成为东部地区最大环境问题"，《云南日报》，2006 年 3 月 1 日。

分为东部、中部和西部三条纵向经济带。进入21世纪又单列出东北地区,成为四条纵向开发片区。

纵向配置生产力,有利于利用东部沿海地区的工业基础,有利于强化不同地区之间的合作关系,有利于沿海地区率先发展,先富起来。但是,这种生产力配置模式不仅带来了区域之间差距的拉大,形成了不同地区之间的经济社会发展日趋拉大的差距和矛盾,更重要的是,导致了一系列加剧生态问题的后果。

首先,生产力纵向布局导致先进生产力偏离资源和区位,造成远距离大规模原燃料输送,导致原燃料产区的大规模无序的资源开发,加剧环境污染。我国的能源主要分布在西部,如山西、鄂尔多斯盆地、蒙东、西南、新疆五个区域的煤炭、油气、水力资源占全国的70%以上,而制造业和消费主要集中在东部,由此形成了长距离、大规模北煤南运、西电东送、北油南运、西气东输的能源运输基本格局。这种格局导致宏观上的高排放、高能耗、高损耗。更重要的是,促使资源产区矿山的无序开发。

其次,隔断流域经济关系,制约大江大河环境治理。中国的大江大河是自西向东横向布局的。按照流域经济规律,生产力的布局主要应该采取横向布局的战略。由于采取了纵向布局的方式,人为隔断了流域经济关系。例如,长江流域八个省市,目前分别属于长江三角洲、中部地区和西部地区三个区段,长江沿江经济带则被分为长江三角洲、皖江经济带、环鄱阳湖城市群、湖北长江经济带、川江经济带五个区段。一条珠江贯穿西部和东部两个大区。

隔断流域经济关系的直接后果是约束了江河上中下游的全面治理。2011年6月,环境保护部指出,2010年,我国部分环境质量指标持续好转,但总体形势依然十分严峻。其中一个重要方面,是长江、黄河、珠江、松花江、淮河、海河和辽河等七大水系总体为轻度污染。[①] 国家水文局2006年2月份的监测资料显示,长江流域一、二类水体的比例已只占31%,三类水占34%,其余都是四类、五类和劣五类水。长江两岸现已形成以重庆、武汉、南京、上海等城市为中心的总长达600多公里的多个沿江污染带,其中重庆市检出的可能致癌、致畸和致突变的"三致"有机化合物就多达100余种。近年来,珠江频繁发生"咸潮",即海水倒灌,同时,根据《2008年广东省海洋环境质量公报》显示,珠江口近几年来一直是广东污染最严重的海域,并成为继渤海

---

① 孙秀艳:"我国七大水系轻度污染　中东部旱区湖泊水质明显下降",《人民日报》,2011年6月4日。

湾后全国第二个污染最严重的海域，荒漠化趋势在扩大和蔓延。其所以如此，除了珠江三角洲快速发展引发的污染没有得到有效治理以外，很重要的是珠江中上游生态环境恶化，削弱了涵养水源的能力。珠江流域中上游地区的广西、云南、贵州等省区森林覆盖率偏低，水土流失严重，森林涵养水源功能不强，导致 2002 年以来珠江水流量日益减少，海水倒灌。

　　由于地方利益的驱使，上游地区一般缺乏治理的积极性，而决定江河水质的关键是上游地区，由于流域之间缺乏整合，加上污染治理投入机制和补偿机制的缺失，致使江河水质日趋下降。例如，最近几年，国家在长江的污染治理上虽然投入了大量资金，沿江建成的城市生活污水处理厂就有 170 多个，但效果并不明显，主要原因，一是长江治污国家虽然很重视，但责任没有落实，各地在具体治污中，治污不力也没有相关的责任追究制度，二是整个流域缺乏一个统一协调的治污机制，处在上游的省市，往往没有治污积极性，国家的治污投入也有重下游、轻上游的倾向。在这种大环境影响下，尽管沿江一些省市也担心长江污染会带来严重的生态灾难，但各省市为了保证自己 GDP 的高增长，还是在努力上项目，尤其是那些高污染、高耗水，需要大宗运输的重化工项目，几乎都是无一例外地摆在江边。中下游地区已经建成的沿江密布的特大型重化工业及船舶制造、造纸、炼钢等一些排污大户，在个别地方领导有意无意地纵容下，偷排行为也是屡禁不止。有的企业甚至准备了两套污水处理设备，一套专门用来应付检查，一套用来偷排。京杭运河澜溪塘段，一边是浙江嘉兴市，一边是江苏两个市，嘉兴农民饱受来自江苏的工业污染。2005 年，江苏一个酒精厂违规排放，嘉兴水源地和养殖场污染，大批水生物死亡。其所以如此，是因为上游地区项目的环评只管对自身的影响，无视下游 300 米即嘉兴水源地的保护。

　　最后，为污染转移留下空间。改革开放以来，东部地区承接了 3 次大的产业转移，以较大的优势领先于中西部地区。历次的产业转移实践证明，凡是能耗大、污染重的企业和产品，都是急于转移的重点。较为丰富的劳动力资源，加上对发展的强烈渴望，很可能使中西部乐于承接东部转移出来的劳动密集型和高消耗、高排放型产业。然而，东部地区同时也承接了污染转移，资源环境约束强化。近期，特别是国际金融危机冲击之后，在转变发展方式的压力之下，又开始新一轮产业转移。"两高一资"产业成为转移重点。2010 年，根据江西省工信委相关材料显示，江西承接的外来产业转移主要集中在纺织、服装、塑料、鞋类为代表的劳动密集型产业。湖北省 2010 年纺织行业主营业收入突破 1300 亿元，发展速度和效益水平为近 20 年来最好的一年。这一成绩主要得益于承接沿海产业转移。甚至有中西部地区专门组团到东部，紧盯当地列入关停并转目录的产业和企业，以招商引资的名义引进这些被淘汰的产能。浙江省长兴县整治铅酸蓄电池企业过程中，江西、湖北、安徽、江苏、山东、云南等地的相关部门便闻风而来，竞相抛出优惠政策。桂东承接产业转移示范区规划承接转移的六大产业中，轻纺化工赫然在列。重庆沿江承接产业转移示范区规划承接的六大产业中，化工行业也占了较大的比重，污染转移隐患凸显。皖江城市带一些工业园区和部分县市多家引进企业违反环境保护法律法规，影响群众健康的重大环境污染事件屡屡发生。2011 年 2 月 17 日，环境保护部对安徽省皖江城市带承接产业转移示范区存在的环境问题提出整改要求。中西部地区诸多造成环境危害的项目都是从沿海地区引进的，例如，污染甘肃天水水源地的奔马啤酒厂也是由东部地区搬迁到当地的，造成安徽怀宁铅污染的博瑞电源有限公司、造成湖南嘉禾铅污染的腾达公司都是当地招商引进的项目①。

之所以出现这种污染平行移动，在很大程度上是由于国土开发的纵向布局。由于纵向布局，造成横向之间的产业梯级差距，形成产业转移的吸力和拉力。同时，由于转移在相邻地区沿江推进，特别是在承接转移发生竞争，转移门槛竞相降低的情况下，转移成本低，所获收益高。

三、城乡二元割裂与生态问题

新中国成立以来，我国形成城乡二元发展体制和空间布局。改革开放以来，这种体制和格局发生一些改变，但总体上没有发生根本变化。城乡二元发展的空间布局发展到当前，出现了城乡生态二元格局。一方面，农村污染治理相对滞后；另一方面，城市污染加速向农村转移。

首先，农村环境污染问题加剧，治理相对滞后。环境保护部生态司统计数据表明，我国有近 70 万个村庄、9 亿个农民；农村有近 3 亿人喝不上干净的水；全国农村每年产生生活污水约 80 多亿吨，生活垃圾约 1.2 亿吨，大部分得不到有效处理；全国猪、牛、鸡三大类畜禽粪便总排放量达 27 亿多吨，其COD 排放量是工业和生活污水 COD 排放量的 5 倍以上。统计数据显示，四川省乡镇生活垃圾无害化处理率仅为 5.05%；河南省淮河流域及南水北调沿线区域的 15 个市农村生活垃圾处理率不足 40%，生活污水处理率不到 20%；即

---

① 岳跃国："产业大转移　环境挑战咋应对？"，《中国环境报》，2011 年 2 月 25 日。

使在经济较发达的江苏，苏中、苏北地区建设垃圾转运站的乡镇也不足一半。全国因固体废弃物堆存而被占用和毁损的农田面积已超过 200 万亩。一些新型的环境问题，如持久性有机污染物（POPs）污染、农业生态系统的外来有害物种入侵、农村地区深层地下水污染、农村水、土、气复合污染、农村快速城镇化引发的系列问题，都直接影响着农村环境。① "十二五"期间，农村的污染排放已经占到了全国的"半壁江山"。中央财政总共投入了 40 亿元，带动地方的社会资金超过了 80 亿元，一共整治了 6600 多个村庄，大概有 2400 万名农民直接受益，通过这项政策确实解决了一批群众反映比较强烈、直接关系到农民群众健康的突出环境问题。但是，农村的环境问题还很多。主要体现在三个方面：一是农村环境污染很重；二是农村的环境基础设施建设严重滞后；三是农村环境管理的基础也很薄弱，法规标准很不完善，监管能力严重不足。②

其次，在日益严峻的农村环境污染中，工业污染成为主要因素之一，工业及城市污染向农村转移大有加剧之势。而长期以来，我国的环境保护都是以城市为中心，农村相当薄弱，无论是环保观念、环保设施还是相应的环保技术支撑体系等都很欠缺。农村环境问题日益突出，形势十分严峻。突出表现为农村生活污染治理基础薄弱，污染日益加重，农村工矿污染凸显，城市污染向农村转移有加速趋势，农村生态退化尚未有效遏制。③ 同时，散布于农村的工业企业产生的点源污染也呈上升趋势，使农村地区面源污染与点源污染互相交织。中国环境规划院的调查结果表明，城市垃圾日益危害农村环境，工矿污染与城市污染向农村转移的趋势也在加剧。④

四、区域非均衡发展导致区域
之间生态福利不均

纵向布局背景下，区域经济社会的快速发展加大了对自然生态系统的压力，不同区域环境污染治理程度不一，加上区域之间的污染转移，导致区域之

① 冯永峰："警惕工矿污染与城市污染向农村转移"，《光明日报》，2009 年 6 月 10 日。
② 李干杰："农村污染占'半壁江山'将按照'12345'整治"，《人民日报》，2011 年 6 月 3 日。
③ 环保部："城市污染向农村转移有加速趋势"，《中国经济网》，2010 年 6 月 4 日。
④ 冯永峰："警惕工矿污染与城市污染向农村转移"，《光明日报》，2009 年 6 月 10 日。

间的生态福利配置失衡。

运用生态足迹作为生态压力的表征指标，在测算各省区典型年份生态压力的基础上，对 1980 年以来不同发展水平区域生态压力的动态变化、空间溢出及空间均衡特征进行分析，可以发现，各区域人均生态压力因发展水平不同而存在明显梯度，高水平区域的即期生态压力较大，低水平区域生态压力增长幅度较大，生态压力空间溢出效应因发展水平不同而存在较大差距，随发展水平的提高而增大，低水平区域的生态空间处于"被掠夺"的境地；区域发展与生态压力之间的空间关联特征明显，总体上处于"高度均衡"与"相对均衡"状态，但生态基尼系数有明显上升趋势，由区域发展差异引致的生态占用不公平倾向令人担忧。文章提示，高水平区域应该从资金、技术、人才等方面对中低水平区域（或资源输出区）进行合理的补偿，以降低各区域在生态空间占用方面存在的不均等性。[①]

第二节

推进生态文明建设的空间战略对策

生态文明建设是一场深刻变革，这种变革涉及诸多方面，包括发展观的变革、发展方式的变革、结构的变革，体制机制的变革。其中最重要的是结构变革，在结构变革中，一个重要的方面，就是空间开发格局的调整。顺应生态文明建设的要求，在空间战略上，要采取推进主体功能区战略、经济区战略、横向开发战略和区域协同发展战略等。

一、推进主体功能区布局，构建符合生态 文明要求的国土空间开发格局

党的十七大根据建设生态文明的要求，明确提出到 2020 年基本形成主体功能区布局。国家"十一五"规划纲要要求编制全国主体功能区规划，明确将我国国土空间进行主体功能区分类：优化开发、重点开发、限制开发和禁止

---

① 杨振："中国区域发展与生态压力时空差异分析"，《中国人口资源与环境》2011 年第 4 期。

开发四类主体功能区，按照主体功能定位实行分类管理的区域政策，在财政政策、投资政策、产业政策、土地政策和人口、人口管理政策以及绩效评价和政绩考核等方面有所区别，制定不同的发展方向，从而规范空间开发秩序，形成合理的空间开发结构。

国务院 2010 年 12 月发布的《全国主体功能区规划》明确指出，推进形成主体功能区，就是要根据不同区域的资源环境承载力、现有开发强度和发展潜力，统筹谋划人口分布、经济布局、国土利用和城镇化格局，确定不同区域的主体功能，并据此明确开发方向，完善开发政策，控制开发强渡，规范开发秩序，逐步形成人口、经济、资源环境相协调的国土空间开发格局，因此，主体功能区是以生态可持续为前提的，是支撑生态文明的空间结构支撑。

首先，中国生态容量偏小，需要构建符合生态文明要求的空间开发布局。中国国土辽阔，但是，相对于巨大的人口来说，国土的生态阈值、环境容量是偏小的。具体表现在，一是陆地国土空间辽阔，但适宜开发的面积小。我国陆地国土面积位居世界第三位，但山地多，平地少，60% 的陆地是山地和高原。适宜工业化和城镇化开发的面积只有 180 余万平方公里，但扣除必须保护的耕地和已有建设用地，可以用于工业化和城镇化开发及其他方面的建设的面积只有 28 万平方公里左右，约占陆地面积的 3%。二是水资源总量丰富，但空间分布不均。我国水资源总量为 2.8 万亿立方米，位居世界第六位，但人均拥有量只有世界的 28%。水资源空间分布不均，水资源与土地资源、经济布局不相匹配，根据 2005 年全国水资源理论储藏量复查，64.7% 的水资源集中在四川、云南和西藏。南方地区水资源占全国的 81%，北方只占 19%，北方地区水资源供应紧张，水资源开发利用程度达到了 48%。水体污染、水生态环境恶化问题突出，南方一些水资源充裕的地区出现水质型缺水。三是能源和矿产资源丰富，但总体上相对短缺。主要化石能源和重要矿产资源的人均占有量大大低于世界平均水平，难以满足现代化建设需要。能源和矿产资源主要分布在生态脆弱或生态功能重要地区，并与主要消费地呈逆向分布。2008 年全国查明矿产资源储量中，77% 的煤炭资源集中在山西、内蒙古、陕西和新疆，75.9% 的铁矿资源集中在辽宁、四川、河北、安徽、山西、云南、山东和内蒙古，62.4% 的铜矿资源集中在江西、西藏、云南、内蒙古和山西。四是生态类型多样，但生态环境脆弱。生态脆弱区域占全国陆地国土空间的 55%，其中极度脆弱区域占 9.7%，重度脆弱区域占 19.8%，中度脆弱区域占 25.5%。

其次，近年来国土空间开发利用中存在着进一步缩小生态空间的问题，必须通过空间布局加以解决。一是耕地减少过多过快，保障粮食安全压力加大。

全国耕地面积从 1996 年的 19.51 亿亩减少到 2008 年的 18.26 亿亩，人均耕地从 1.59 亩减少到 1.37 亩。逼近保障我国农产品供给安全的"红线"。二是生态损害严重，生态系统功能退化。全球气候变化以及一些地方不顾资源环境承载能力的肆意开发，导致部分地区森林破坏、湿地萎缩、河湖干涸、水土流失、沙漠化、石漠化和草原退化，近岸海域生态系统恶化，气象灾害、地质灾害和海洋灾害频发。三是资源开发强度加大，环境问题凸显。一些地方粗放式、无节制的过度开发，导致水资源短缺、能源不足等问题越来越突出，大规模长距离调水、运煤、送电、输气的压力越来越大，也带来交通拥挤、地面沉降、绿色生态空间锐减等问题。四是空间结构不合理，空间利用效率低。绿色生态空间减少过多，工矿建设占用空间偏多，开发区占地面积较多且过于分散。城市建设空间和工矿建设空间单位面积的产出较低，城市和建制镇建成区空间利用效率不高。五是城乡和区域发展不协调，公共服务和生活条件差距大。人口分布与经济布局失衡，劳动人口与赡养人口异地居住，城乡之间和不同区域之间的公共服务及人民生活水平差距过大。

再次，伴随中国进入全面建设小康社会和推进现代化的关键阶段，经济社会发展对绿色空间的需求量越来越大，需要通过国土开发的合理布局加以满足。一是人民生活水平不断提高，居民绿色空间需求越来越大，包括绿色居住空间、绿色休闲空间、绿色农产品生产空间等。二是伴随水资源供求矛盾日益突出，满足水源涵养的绿色空间需求越来越大，我国将面临长期缺水的严重局面，随着全球气候变化和用水需求增加，水资源短缺将更趋严重，生活、生产、生态用水都将面临加大压力。满足用水需求，需要恢复和扩大河流、湖波、湿地、草原和森林等水源涵养绿色空间。三是全球气候变化影响不断加剧，保护和扩大生态空间的需求越来越大。控制温室气体排放已经成为全球共识，我国仍然是发展中国家，一方面要进一步发展经济，另一方面又要为应对气候变化作出不懈努力和积极贡献，这就需要改变原有国土开发模式，尽可能少地改变土地的自然状况，扩大绿色生态空间。

根据国务院发布的《全国主体功能区规划》，推进主体功能区形成的指导思想是，树立新的开发理念，调整开发内容，创新开发方式，规范开发秩序，提高开发效率，构建高效、协调、可持续的国土空间开发格局，建设中华民族美好家园。

依据上述指导思想，要确立全新的国土生态开发理念。一是根据自然条件适宜性开发的理念。不同的国土空间，自然状况不同。海拔很高、地形复杂、气候恶劣以及其他生态脆弱或生态功能重要的区域，不适宜大规模高强度的工业化城镇化开发，有的区域甚至不适合高强度的农牧业开发。否则，将对生态系统造成破坏，对提供生态产品的能力造成损害。因此，必须尊重自然、顺应自然，根据不同国土空间的自然属性确定不同的开发内容。二是区分主体功能的理念。一定国土空间具有多种功能，但必有一种主体功能。在关系全局生态安全的区域，应该把提供生态产品作为主体功能，把提供农产品和服务产品及加工品作为从属功能，否则，就可能削弱生态产品的生产能力。三是根据资源环境承载能力开发的理念。不同国土空间的主体功能不同，因而聚集人口和经济的规模不同。生态功能区和农产品主产区由于不适合或不应该进行大规模高强度的工业化城镇化开发，因而难以承载较多消费人口。在工业化城镇化过程中，必然会有一部分人口主动转移到就业机会多的城市化地区。同时，人口和经济的过度集聚以及不合理的产业结构也会给资源环境、交通等带来难以承受的压力。因此，必须根据资源环境中的短板因素确定可承载的人口规模、经济规模以及适宜的产业结构。四是控制开发强度的理念。我国不适宜工业化城镇化开发的国土面积占很大比重，平原以及其他自然条件较好的国土空间尽管适宜工业化城镇化开发，但更加适宜发展农业，为保障农产品供给安全，不能过度占用耕地推进工业化城镇化。由于决定了我国可用来推进工业化城镇化的国土空间并不宽裕，即使是城市化地区，也要保持必要的耕地和绿色生态空间，在一定程度上满足当地人口对农产品和生态产品的需求。因此，各类主体功能区都要有节制地开发，适当控制开发强度。五是调整空间结构的理念。空间结构是城市空间、农业空间和生态空间等不同类型空间在国土空间开发中的反映，是经济结构和社会结构的空间载体。空间结构的变化在一定程度上决定着经济发展方式及资源配置效率。从总量上看，目前我国的城市建成区、建制镇建成区、独立工矿区、农村居民点和各类开发区的总面积已经相当大，但空间结构不合理，空间利用效率不高。因此，必须把调整空间结构纳入经济结构调整的内涵中，把国土空间开发的着力点从占用土地为主转到调整和优化空间结构、提高空间的利用效率上来。六是提供生态产品的理念。所谓生态产品，是指维系生态安全、保障生态调节功能、提供良好人居环境的生态要素，包括清新的空气、清洁的水源和宜人的气候等。要把提供生态产品作为发展的重要内容，把增强生态产品生产能力作为国土开发的重要内容。

根据上述指导思想和开发理念，我国国土空间分为下述功能区。按照开发方式，分为优化开发区域、重点开发区域、限制开发区域和禁止开发区域；按照开发内容，分为城市化区域、农产品主产区和重点生态功能区域；按照层级，分为国家和省级两个层次。

按照党的十七大提出的到 2020 年基本形成主体功能区布局的要求，推进形成主体功能区的主要目标是，形成清晰的空间开发格局，空间结构得到优化，空间利用效率提高，区域发展协调性增强，最终达到可持续发展能力提升，即生态系统稳定性增强，生态退化面积减少，主要污染物排放减少，环境质量明显改善。生物多样性得到切实保护，森林覆盖率提高到 23%，森林蓄积量达到 150 亿立方米以上。草原植被覆盖度明显提高，主要江河湖库水功能区水质达标率提高到 80% 左右。自然灾害防御水平提升，应对气候变化能力明显增强。

按照上述指导思想、原则和功能布局，到 2020 年，我国将形成支撑生态文明的空间布局。首先，环境污染将得到有效防治。通过主体功能区规划的实施，一定空间单元聚集的人口规模和经济规模控制在环境容量允许的范围之内，先污染后治理的模式得以扭转。其次，生态空间扩大。随着主体功能定位的逐步落实，绝大部分国土空间成为农业空间和生态空间，不符合主体功能定位的开发活动大幅度减少，工业和生活污染排放得到有效控制，相对于小规模分散式布局，经济的集中布局和人口的集中居住将大大有利于污染减少和治理水平的提高。再次，生态系统将趋向稳定。通过主体功能区规划的实施，重点生态功能区承载人口、创造税收以及工业化的压力大度减轻，而涵养水源、防沙固沙、保持水土、维护生物多样性、保护自然资源等生态功能大幅度提升，森林、水系、草原、湿地、荒漠、农田等生态系统的稳定性增强，近海海域生态环境得到改善。城市化地区的开发强度得到有效控制，绿色生态空间保持合理规模。农产品主产区开发强度得到控制，生态效能大幅度提升。

当前的当务之急是落实《全国主体功能区规划》。首先，在省市自治区层面，编制省级规划；其次，各个部门根据该规划的要求，调整完善财政、投资、产业、土地、农业、人口、环境等方面的政策；最后，在"十二五"和"十三五"的相关规划中落实该规划的具体要求。

二、加强国土开发横向布局，形成
横向为主的空间开发结构

如前所述，纵向布局的国土开发布局隔断流域经济关系，不利于生态文明建设，因此，当务之急是要加快推进国土开发的横向布局。

根据《全国主体功能区规划》，我国将构建"两横三纵"为主体的城市化战略格局、"七区二十三带"为主体的农业战略格局，"两屏三带"为主体的生态安全战略格局。其中，在"两横三纵"布局中，特别强调了长江经济带的横轴地位。同时，值得注意的是，在"七区二十三带"农业布局中，东北平原、黄淮海平原、长江流域、汾渭平原、河套灌区、华南和新疆等农产品主产区都是沿江沿河横向布局的。而"两屏三带"生态安全带，包括青藏高原生态屏障、黄土高原—川滇生态屏障、东北森林带等也多是横向布局。可见，从国土开发布局而言，形成横向开发格局是具有物质基础的。

当前，按照生态文明建设的要求，推进国土开发横向布局，关键要加快长江经济带的开发。这是因为长江经济带中国经济发展横向主轴。首先，长江经济带是目前中国最大的流域经济带。2008年，长江经济带6省2市（上海市、江苏省、安徽省、江西省、湖北省、湖南省、重庆市、四川省）土地面积138万平方公里，占全国的14.4%；常住人口4.32亿人，占全国的32.5%；实现地区生产总值99455亿元，占全国的33.1%；完成的地方财政一般预算收入9356亿元，占全国的32.7%；金融机构存贷款余额均占30%左右；固定资产投资、社会消费品零售总额、海关出口分别为46008亿元、35198亿元和4651亿美元，分别占全国的31.1%、32.4%和32.6%；货运量和货物周转量分别占全国的32.9%和33.0%。其次，长江经济带是目前中国生态资源优势最为明显的经济带。农业优势明显。长江经济带处于北亚热带和南亚热带的过渡地带，气候四季分明，光热水充足。土质优良，兼有南北农业之利，适宜粮、棉、油等多种亚热带经济作物的栽培，是我国农业生产条件最好的地区之一。长江经济带上有"天府粮仓"的成都平原，中有"两湖熟天下足"的江汉平原、洞庭湖平原和鄱阳湖平原，下有鱼米之乡的太湖平原和三角洲水网地带，是我国最主要的农业区和商品农业基地，以占全国1/4的耕地面积，提供占全国32.8%的农业产值，33.3%的粮食，22.9%的棉花，39.9%的油料，34.5%的肉类，29.3%的水产品。其优越的农业条件，发达的农业基础，不仅强有力地支撑了长江经济带自身的经济发展，为其工业化、产业结构的升级换代和社会经济稳定可持续发展提供了坚强的后盾，而且也对全国经济的稳定发展产生着巨大的影响。水及水能资源的富集，是长江经济带最具优势的资源之一。水是人类赖以生存和发展的生命性和战略性资源，而长江是全国最大的富水区，其水资源占全国的34%，水域面积占全国的40%，地表水总径流量占全国的57%，水能蕴藏量达2.68亿千瓦，可供开发量占全国的53.4%，居全国七大水系之首，总水量相当于黄河的20倍。长江拥有鄱阳湖、洞庭湖、太湖、巢湖、洪湖五大淡水湖泊，盛产众多的鱼类及水产品。长江不仅支撑了区域内占全国 1/3 人口的生产和生活，而且还具备了向干旱缺水的北方提供淡水的条件，具有全国性的战略价值，是中华民族赖以生存和发展的生命之源，南水北调工程即为最好例证。长江不仅具有航运、灌溉、水产、旅游等功能，更重要的是为沿江产业带建设，尤其是高耗水、高耗能、高运输量的重化工业走廊建设提供了稳定的水资源保证。长江经济带 8 省市拥有河道通航里程 7.24 万公里，占全国内河通航里程的 58.6%；水路货运量 14.9 万吨，占全国的 50.5%；货物周转量 22017.8 亿吨公里，占全国的 43.8%。长江经济带既是沟通西南、华中和沿海的极重要的运输大动脉，也是我国最发达最重要的内河运输系统。长江沿岸港口码头众多，有京九、京广、京沪、焦柳等 10 多余条铁路与之交汇，还有众多航空、管道运输体，公路也密如蛛网，它们共同构成了流域内水、陆、空结合的强大立体运输网。区域内大中小城市邮电通讯业快速发展，已形成相当程度的现代化立体通讯网络。因此，长江经济带无论从现有基础看还是从生态支撑能力看，都应该成为未来中国经济主轴。

三、推进政区经济向区域经济的转变

改革开放以来，虽然社会主义市场经济体制已经基本形成，但是经济区划没有发生根本性变化，计划经济条件下形成的政区经济格局延续下来，与资源环境、自然禀赋和市场联系关联的经济区尚未完全形成。这种政区经济格局导致流域经济关系的割裂，生态环境保护责任的含混，自然资源的浪费，不利于生态文明建设。

可持续发展不仅包括经济发展和社会发展，也包括保持良好的生态环境。生态环境是区域可持续发展的物质基础。内部"高效和谐、循环再生、协调有序、运行平稳"是区域可持续发展的理想状态。由于先天自然地理因素和后天人为发展因素的影响，流域区际在自然地理、资源禀赋和发展水平等方面存在明显差异，非均衡性是区域内部最显著的结构特征。生态系统具有开放性、流动性和再生性，能够通过物质能量的有序流转在流域区际保持系统的相对平衡状态，只要整个生态系统没有遭到不可逆转的消耗和破坏，这种相对平衡状态就不会被打破。但是，在财政分灶吃饭、环境分区负责体制下，流域内各地区均以经济增长为首要目标，长期忽视生态环境的保护，如果缺乏健全有效的横向生态补偿机制，区域生态系统这种相对平衡状态很难维系，区域可持续发展目标也很难实现。

　　要建设生态文明，必须改变现有的单纯的政区经济格局，推进经济区格局，形成若干与自然资源禀赋与生态环境相协调的经济区域。目前，在东部沿海地区，目前已经出现了一些跨行政区的、具有很多"增长极"的城市带（圈）。例如珠江三角洲地区，其"龙头"是香港，四周有深圳、广州、佛山、南海、东莞等"增长极"。又如长江三角洲地区，其"龙头"是上海，周围有宁波、杭州、苏州、无锡、常州等"增长极"。这些地区的主要特征是：在"国际大循环"的带动下，出现了一批以市场为纽带、上下游一体化、技术联系紧密的城市产业群体，吸收了大量的国内外资金，以及各种水平的外来劳动力。它们的产品销售网络和原材料、劳动力供应链，一直延伸到中西部地区和海外。这些地区现代产业的蓬勃发展，不仅迅速提高了本地区的城市化水平，同时也带动了周边地区的经济发展。

　　这些经济区是在产业发展与市场整合基础上出现的。我们认为，从建设生态文明角度出发，当代中国迫切需要推进基于生态环境保护和可持续发展的区域经济体系。这种经济区是以生态补偿机制为纽带，以区域可持续发展为目标，以环境与经济社会协调发展为内容的经济区。通过打破行政区界限，建立生态补偿机制，才能实现区域范围内环境保护的整体推进，实现经济社会发展与环境保护的协调推进。

第三节

以重大生态项目推进生态屏障建设

　　构建中国发展生态屏障，是国土空间开发格局优化的重要内容，也是生态文明空间支撑的基本内容。因此，要优化国土空间开发格局的过程中，要加快推进重大生态项目建设，加快构建生态屏障。

一、构建"两屏三带"为主体的国土生态安全战略格局

　　当前，首先要依据"全国主体功能区规划"，加快构建"两屏三带"为主体的生态安全战略格局。构建以青藏高原生态屏障、黄土高原—川滇生态屏

障、东北森林带、北方防沙带和南方丘陵山地带以及大江大河水系为骨架，以其他国家重点生态功能区为重要支撑，以点状分布的国家禁止开发区域为重点组成的生态安全战略格局。青藏高原生态屏障，要重点保护好多样性、独特的生态系统，发挥涵养大江大河水源和调节气候的作用；黄土高原—川滇生态屏障，要重点加强生态流失防治和天然植被保护，发挥保障长江、黄河中下游地区生态安全的作用，东北森林带要重点保护好森林资源和生物多样性，发挥东北平原生态安全屏障的作用；北方防沙带要重点加强防护林建设，草原保护和防风固沙，对暂不具备治理条件的沙化土地实行封禁保护，发挥三北地区生态安全屏障作用；南方丘陵山地带要重点加强植被修复和水土流失防治，发挥华南和西南地区生态安全屏障作用。

2011 年，国务院颁发《青藏高原区域生态建设与环境保护规划（2011—2030年)》，该规划提出青藏高原生态屏障建设的近期目标（2011—2015 年)、中期目标（2016—2010 年）和远期目标（2021—2020 年)，要求到 2030 年，青藏高原达到自然生态系统趋于良性循环，城乡环境清洁优美，人与自然和谐相处，形成国家生态安全屏障。这是继《全国主体功能区规划》出台后，第一个生态屏障构建规划。可以预料，"两屏三带"中的其他区域也将出台相关规划。在这些规划实施中，国家生态安全屏障将逐步形成。

二、推进生态经济区建设

建设生态文明，还要将经济发展与生态建设有机结合起来。在区域层面，体现这种结合的最好方式，是建设生态经济区，以生态经济区作为实现经济发展和生态文明良性互动的载体。在这方面，黄河三角洲生态经济区是一个例子。国家"十五"计划纲要将发展黄河三角洲高效生态经济区首度列入规划。当时提出，在这一生态完整、资源密集、基础条件成熟、行政独立的典型地区，集中力量、重点突破、取得经验、快出效益，进而辐射带动整个黄河三角洲地区的建设和发展。以"高效生态经济区"定位黄河三角洲地区开发，是在科学发展观指导下探索一种全新的经济增长模式。何谓"高效生态经济区"，就是在区域内微观生产环节，从原料获取、生产全过程到产品回收，体现环境友好型特征；宏观组织结构上，形成由清洁生产的企业组成的循环经济产业链；产业发展布局上，发育为若干生态园区组成的生态产业群落。即综合考虑自然资源组合特点、生态和经济条件、区域经济增长等，实现高效开发与生态保护双重目标。

目前，黄河三角洲高效生态经济区已经形成具体规划，即产业布局为"四点、四区、一带"。即围绕东营、滨州、潍坊、莱州四个港口，规划建设四大临港产业区，形成我省北部沿海经济带。黄河三角洲地区西起大口河河口，东至莱州虎头崖，连接莱州湾和渤海湾，滩平岸直，适宜集中联片规模化开发。按照集中集约用海构想，到2020年，该区域将投资5200亿元，建设四处用海区域：即在莱州湾东南岸的莱州岸段，重点发展盐及盐化工、海上风能产业，成为黄河三角洲新能源基地；莱州湾西南岸的潍坊岸段，重点发展临港先进制造业、海洋化工业、绿色能源产业、房地产业、海上机场等，建成黄河三角洲的海上新城；莱州湾西海岸的东营岸段，重点发展海洋石油开发配套产业、商务贸易业，将东营城区建设成为黄河三角洲真正的滨海石油城；渤海湾南岸的滨州岸段，重点发展海洋化工、海上风电产业、中小船舶制造业、物流产业，形成济南都市圈最近出海口和渤海湾海洋化工产业基地。现代产业体系是黄河三角洲开发的核心支撑。围绕"高效、生态、规模、创新"总体要求，农业方面，重点加快以中低产田改造为重点的农业综合开发和以沼气为主的农村新能源开发，打造优质粮棉高效生产基地、绿色果品蔬菜生产基地和绿色生态畜牧基地。工业方面优先发展高新技术产业，优化发展石油化工、盐化工、煤化工业，提升发展纺织、造纸等传统产业，大力发展循环型产业。以现代物流、生态旅游和金融保险业为重点，黄河三角洲服务业发展面向京津冀、环渤海和东北亚。到2020年，黄河三角洲地区将建设19个现代物流园区；共推"神奇黄河口、生态大湿地、梦幻石油城、武圣故里、世界风筝之都、循环经济典范和黄金海岸"旅游主题；组建黄河三角洲开发银行，打造东营、滨州两大区域金融中心。渔业是黄河三角洲地区的重要支柱产业。在现代渔业发展上，从2009年到2020年，投资300亿元实施渔业资源修复和标准化生态鱼塘治理工程，建设6000公顷以上健康养殖示范区10处，发展对虾、海参、梭子蟹、鲆鲽鱼、贝类等特色品种，培育渔业龙头企业20家，使渔业总产值达到1100亿元。以环境容量优化区域布局，到2020年，黄河三角洲地区单位GDP能耗和主要污染物排放总量均比2010年累积下降30%，生态系统多样化得到有效保护和提升，建成国际知名的湿地自然保护区。国家联合调研组认为，在发展目标指向上，黄河三角洲将建成山东省最重要的农业经济区、现代物流区、高新技术创新示范区和全国最重要的高效生态经济区。

三、加强森林资源保护，加大植树造林力度

加强森林资源保护和加大植树造林力度，是构建生态屏障，保护改善生态的重大措施之一。我国有 43 亿亩林地，还有 3 亿亩可治理的沙地。森林有涵养水源、固土、保肥、固碳、释氧、滞尘等六项生态服务功能。森林是大地之衣，没有植被遮蔽的土地必然是有雨则泥沙俱下，遇风则沙尘肆虐。森林对减少水土流失和泥石流及沙尘暴等自然灾害具有重要的作用。据有关方面测定，在年降雨量 300—400 毫米的地方，有林地的土壤冲刷量仅为 60 公斤/公顷，而裸地则高达 6750 公斤/公顷，两者之比是 1：110。森林通过光合作用可以吸收二氧化碳，放出氧气，这就是森林的碳汇功能。每增加 1 立方米的森林蓄积量，就相当于固定了 1.83 吨二氧化碳，释放出 1.62 吨氧气，可见森林对净化空气、减缓温室效应有着重要的作用。2009 年，胡锦涛总书记在联合国气候变化峰会上提出，中国要大力增加森林碳汇，争取到 2020 年森林面积比 2005 年增加 4000 万公顷，森林蓄积量比 2005 年增加 13 亿立方米。这是我国对国际社会的庄严承诺，也是经济社会长远发展的内在要求。应当看到，实现这个宏伟目标必须付出艰巨的努力。目前，关键要尽快实施一批重大的植树造林工程。森林不仅有重要的生态功能，也是一个重要的产业，有着巨大的经济效益。2009 年，我国林业总产值达 1.58 万亿元，还带动森林旅游业产值 1500 亿元，带动林区其他社会产值 4000 亿元以上。另外，竹子在我国分布很广，竹子的碳汇功能比树木还要高，而且有很好的经济效益。

四、保护和发展草原、湿地

草原的第一功能就是生态功能，一亩人工草地的生产力相当于 10—20 亩天然草地。我国是世界第二草原大国，天然草地有 60 亿亩，其中北方 50 亿亩，南方 10 亿亩。解决草原保护利用和生态建设一个很重要的思路就是发展人工种草。大力推广人工草地，实施舍饲圈养就可以使 90% 以上的天然草地得以完全退牧，不出三五年其生态功能便可得到全面恢复。一亩人工草地每年能产几吨牧草，而天然草地只产几十公斤。内蒙古呼伦贝尔草原面积 25 万平方公里，相当于山东、江苏两个省面积的总和。伊敏河全长 3000 公里，从不

断流，如能在两岸发展人工草场，就可以承担现在绝大部分草地的畜载量，使大部分草原完全退牧。锡林郭勒盟在 10% 的土地上打井种植人工牧草，既解决了畜牧业的问题，又很好地发挥了 90% 天然牧场的生态功能。宁夏已率先在全国以省为单位实行全境封育禁牧，累计治理水土流失面积 825 万亩，有效扭转了南部山区一些小流域水土流失的局面，取得了明显的生态效益和经济效益。

湿地的碳汇功能、蓄水功能以及其他生态功能都非常重要。从生态服务价值来看，如果说森林是地球之肺，那么湿地便是地球之肾，生物多样性是地球的免疫系统。我国有近 6 亿亩湿地，过去，我国乃至于世界上不少湿地遭到比较严重的破坏。近几年许多地方都提高了保护湿地的自觉性。例如，北京市在延庆县的一大片湿地就保护得很好，北京市还决定从延庆到官厅水库这一线要建设连片的大型湿地。杭州市与西湖毗邻的西溪湿地面积 11 平方公里，经过精心整治、保护性开发，不仅成为旅游的精品，还对全市的气候调节发挥了重要作用。据了解，当年红军长征所经过的草地就是四川松潘的若尔盖湿地，面积 1800 平方公里，这是黄河上游重要水源补给地之一。在"文革"期间，由于过度开垦遭到了严重破坏。虽然至今尚未完全恢复，但已成立了四川若尔盖湿地自然保护区，这里水草丰茂，栖息着各种野生动物。希望各地方对湿地的保护和建设都要引起高度重视。

五、合理开发和利用海洋资源，切实加强海洋生态文明建设

海洋系统是全球生态系统的重要组成部分。海洋生态的变化对气候的影响十分重大，如厄尔尼诺、拉尼娜现象等，威力巨大无比。我国是海洋大国，有 1.8 万公里的海岸线，超过 1 平方公里的沿海岛屿有 6500 多个。加快发展海洋经济、保护和建设好海洋生态环境，对加快转变经济发展方式、加强生态文明建设，对保卫海洋国土、维护海洋权益，都具有十分重大的战略意义。《中共中央关于制定国民经济和社会发展第十二个五年规划的建议》中，对发展海洋经济作了专门的论述，提出了具体的要求。海洋拥有丰富的能源资源，发展海洋经济具有巨大的潜力。2009 年，我国海洋生产总值 31964 亿元，占国内生产总值的 9.53%，全国涉海就业人员 3270 万人。2001—2009 年海洋生产总值以年均 16.3% 的速度增长，远高出同期国内生产总值的增长速度。我们

要切实增强海洋意识，拓宽海洋经济发展思路，科学开发海洋资源，积极提升传统海洋产业，大力发展战略性新型海洋产业，使我国尽快进入海洋经济发达国家的行列。海洋还有极为重要的碳汇功能，海洋吸收和释放温室气体的数量变化是影响温室效应的关键因素之一。据有关资料，当前人类每年排放的温室气体大致 300 亿吨，其中 75 亿吨被森林、草原、湿地等陆域生态系统吸收，大约 75 亿吨被海洋生态系统吸收，其他 150 亿吨成为大气层中的温室气体。海洋植物具有极强的碳捕获能力，每生产 1 吨海带、紫菜等大型海藻，固碳量达到 0.3 吨，折合二氧化碳当量为 1.1 吨。要充分发挥海洋的碳汇功能，加强海洋碳汇技术的研究和应用，大力发展以浅近海贝藻养殖为主的碳汇渔业，开展滨海湿地固碳示范区建设，不断提高海洋的碳固定和碳中和能力。在加快开发海洋资源的同时，更要注意切实保护海洋生态环境。目前，我国海洋生态环境面临巨大压力，形势相当严峻。近岸受污染海域达 15 万平方公里左右，87% 的入海排污口超标排放，大部分海湾、河口、滨海湿地等生态系统仍处于亚健康或不健康状态。某些水域富氧化严重，赤潮频繁发生。我们必须进一步加大海洋生态环境的保护和建设力度，积极调整沿海产业布局，严格控制海域和陆域的污染源，全面开展海洋资源与生态修复工作。要在科学探海、用海、治海、管海、养海上全面下工夫，探测摸清我国海域的海洋水文、环境、生态、资源分布与变化特征，提高海洋生态环境保护的科学化水平，加快建设强大的"蓝色生态屏障"。

第十三章

参与国际互动：中国生态文明
建设的外部支撑体系

当下，生态环境问题的负外部性和环保的正外部性均日具国际效应，这要求一国必须通过国际合作，在国际互动中共同应对生态环境问题。因此，中国必须积极推进生态文明建设的国际互动，不断完善对外开放的基本框架和方略，构建生态文明建设的外部支撑体系。

第一节

国际社会推进全球生态文明建设的
努力与中国的积极行动

1972 年联合国第一次人类环境会议召开以来，国际社会在推进全球环境合作、联合应对全球环境问题上，付出了不懈努力。自第一次人类环境会议始，中国一直是国际环境会议与合作事宜的积极参与者，为推进国际环境合作事业作出了重要贡献。

一、国际社会的努力：从《地球宪章》
到哥本哈根大会

全球工业化发展带来的无节制物质财富创造和粗放式生产模式，排放大量温室气体，使得大气中二氧化碳浓度在过去百年当中上升三分之一，严重破坏了地球臭氧层。随之而来的后果就是全球气候逐渐变暖、农作物减产、水资源短缺、海平面上升、物种灭绝等，严重威胁到人类的生存和可持续发展。在此背景下，生态环境问题成为国际社会共同关注的重大课题。

1972 年 6 月 16 日，联合国在瑞典首都斯德哥尔摩召开了首次"人类与环境会议"，提出"只有一个地球"的口号。1987 年，世界环境与发展会议首次向国际社会提出"可持续发展"的呼吁。1992 年 6 月 14 日，联合国里约热内卢会议通过《里约环境与发展宣言》（又称《地球宪章》）。该宣言包括 27 条指导环境政策的无约束声明，在重申了第一次联合国人类与环境会议精神的同时，强调各国有责任确保在本国境内开展的所有活动不会损害别国的环境，发展中国家、特别是最穷国家和环境方面最薄弱国家的需要应得到重视。该宣言正式明确提出可持续发展是当代人类发展的主题，强调和平、发展和保护环境是互相依存、不可分割的，主张世界各国应在环境与发展领域加强国际合作，为"建立一种新的、公平的全球伙伴关系"而共同努力。

1997 年 12 月，《联合国气候变化框架公约》缔约方第三次会议（又名"防止变暖京都会议"）在日本京都召开，150 多个国家和地区的代表与会。会议通过《联合国气候变化框架公约的京都议定书》）（简称《京都议定书》），为各国的二氧化碳排放量规定了标准，即在 2008 年至 2012 年间，全球主要工业国家的工业二氧化碳排放量比 1990 年的排放量平均要低 5.2%。其目标是"将大气中的温室气体含量稳定在一个适当的水平，进而防止剧烈的气候改变对人类造成伤害"。《京都议定书》（Kyoto Protocol）是人类历史上第一部限制各国温室气体（主要二氧化碳）排放的国际法案。有经济分析认为，京都议定书比由此减缓全球变暖而得到的好处更昂贵。但"哥本哈根舆论"项目分析发现，尽管比不上理想化的二氧化碳税，议定书还是有好处的。协议的支持者们认为，不管这次温室气体能削减排放多少，它都为未来更大规模的削减排放设置了一个成功的政治先例，他们寄希望于"预防机制"。

2009 年 12 月 7—18 日，《联合国气候变化框架公约》缔约方第 15 次会议在丹麦首都哥本哈根召开，192 个国家的环境部长和其他政府官员与会。会议根据 2007 年在印尼巴厘岛举行的第 13 次缔约方会议通过的《巴厘路线图》的规定，商讨《京都议定书》一期承诺到期后的后续方案，并就未来应对气候变化的全球行动签署新的协议，即《哥本哈根议定书》，以代替 2012 年到期的《京都议定书》。会议的焦点主要集中在"责任共担"。根据 UNFCCC 秘书长德波尔的表述，此次会议国际社会需就以下四点达成协议：（1）工业化国家的温室气体减排额是多少？（2）像中国、印度这样的主要发展中国家应如何控制温室气体的排放？（3）如何资助发展中国家减少温室气体排放、适应气候变化带来的影响？（4）如何管理这笔资金？气候科学家们表示全球必须停止增加温室气体排放，并且在 2015 年到 2020 年间开始减少排放；科学家们预计要想防止全球平均气温再上升 $2℃$，到 2050 年，全球的温室气体减排量需达到 1990 年水平的 80%。但具体到哪些国家应该减少排放、减排多少、责任如何承担等问题上，以美国为代表的发达国家和以中国、印度为代表的发展中国家意见不一。美国总统奥巴马和中国国家主席胡锦涛多次就此话题表态，中美两国对气候变化议题的态度一直都是全球媒体的关注重点。美国主张并坚持发展中国家是造成全球环境破坏的主要群体，应承担更多的责任；提出自己的减排目标是，到 2020 年温室气体排放量在 2005 年基础上减少 17%，仅相当于在 1990 年基础上减少 40%，而要求发展中国家削减 40% 以上，且不附加条件。

中国政府认为，从道义上讲，中国有权利发展经济、继续增长，增加碳排放将不可避免。而且工业化国家将碳排放"外包"给了发展中国家——中国替西方购买者进行着大量碳密集型的生产制造。作为消费者的国家应该对制造产品过程中产生的碳排放负责，而不是出口这些产品的国家。虽然经济高速增长的中国最近已经超过美国成为最大的二氧化碳排放国，但在历史上，美国排放的温室气体最多，远超过中国；中国的人均排放量仅为美国的四分之一左右。而且，中国政府在减少排放上做出巨大努力，取得了显著成效。数据显示，1952—2002 年，中国人均二氧化碳排放量位居世界第 92 位；据国际能源机构统计，2004 年中国人均二氧化碳排放量为 3.65 吨，是世界平均水平的87%，仅为 OECD 国家的 33%；1990—2004 年，单位 GDP 每增长 1%，世界平均二氧化碳增长 0.6 个百分点，中国仅为 0.38 个百分点；1990—2005 年，中国每万元 GDP 能耗下降 47%，等于节约了 8 亿吨标准煤，相当于减少二氧化碳排放 18 亿吨。

虽然存在较大分歧，但考虑到协议的实施操作环节所耗费的时间，如果《哥本哈根议定书》不能在此次缔约方会议上达成共识并获得通过，那么在 2012 年《京都议定书》第一承诺期到期之后，全球将没有一个共同文件来约束温室气体的排放，这将妨碍人类遏制全球变暖的行动。正因为这个原因，哥本哈根气候大会通过《哥本哈根议定书》，并被喻为"拯救人类的最后一次机会"的会议。它是继《京都议定书》后又一具有划时代意义的全球气候协议书，将对地球今后的气候变化走向产生深远影响。

二、中国的努力：大国环境责任的承诺与行动

作为世界上最大的发展中国家和负责任大国，中国在生态环境问题上，对内狠抓内功，对外积极参与国际社会环境保护与合作，以实际行动践行一个大国对环境责任的承诺。

党中央、国务院历来高度重视生态环境保护。1955年，毛泽东同志向全国人民发出"绿化祖国"、"实行大地园林化"的号召。1973年8月，国务院召开第一次全国环保工作会议，审议通过了"全面规划、合理布局、综合利用、化害为利、依靠群众、大家动手、保护环境、造福人民"的环境保护工作32字方针，成为我国环保事业的第一个里程碑。1978年12月，中共中央批准国务院环境保护领导小组《环境保护工作汇报要点》，指出"消除污染，保护环境，是进行社会主义建设、实现四个现代化的一个重要组成部分"。1978年，修订后的《中华人民共和国宪法》颁布，第一次将环境保护纳入国家根本大法，为中国的环境立法奠定了宪法基础。1979年9月，《中华人民共和国环境保护法（试行）》颁布，表明中国环境保护事业开始进入法制轨道。1981年，在邓小平同志倡导下，第五届全国人民代表大会第四次会议作出《关于开展全民义务植树运动的决定》。1983年召开的第二次全国环保会议将环境保护确立为基本国策。随后，《中华人民共和国海洋环境保护法》、《中华人民共和国大气污染防治法》、《中华人民共和国森林法》、《中华人民共和国矿产资源法》等一系列法律法规相继颁布实施。1979年以来，中国逐步形成"预防为主、防治结合"，"谁污染谁治理"和"强化环境管理"三大环境管理政策。

进入21世纪，党和国家对生态建设与环境保护更加重视。2005年，通过第一部《中华人民共和国可再生能源利用法》。2006年，第六次全国环保大会召开，提出"三个历史性转变"，把环保工作推向以保护环境、优化经济增长的新阶段。2007年6月，发布《中国应对气候变化国家方案》，明确提出到2010年应对气候变化的具体目标、基本原则、重点领域和政策措施。这是中国第一部应对气候变化的政策性文件，也是发展中国家第一部相关国家方案。2007年10月，党的十七大首次提出"生态文明"概念，明确提出将建设生态文明作为一项战略任务和全面建设小康社会的目标。2008年9月，胡锦涛将生态文明建设提到与经济建设、政治建设、文化建设、社会建设并列的战略高

度，作为中国特色社会主义建设总体布局的有机组成部分。

在积极参与国际社会环境保护与合作方面，1992 年 6 月，时任国务院李鹏总理在联合国环境与发展大会上代表中国政府签署《气候变化框架公约》。1998 年 5 月，签署《京都议定书》，并于 2002 年 8 月对其进行核准。2009 年 11 月，在哥本哈根气候变化大会上，中国宣布到 2020 年单位 GDP 二氧化碳排放要比 2005 年下降 40%—45%，非化石能源占一次能源消费比重达到 15% 的目标，并承担《京都议定书》提出的"共同但有差别的责任"。

2009 年 9 月，环保部部长周生贤在"全球环境合作高层论坛"上表示，面对当前依然严峻的全球环境保护形势，加强国际环境合作成为有效克服金融危机的重要领域。中国政府高度重视国际环境合作，坚持共同但有区别的责任原则，承担与自己发展水平相当的责任与义务。中国出台了一系列发展绿色经济和绿色产业的措施，积极发展低碳经济，开发利用新能源和可再生能源，为世界各国在传统和新兴领域加强国际环境合作带来了难得的机遇[1]。目前，中国已加入涉及臭氧层保护、生物多样性保护等方面的 30 多项国际环境公约，建立了约占陆地国土面积 15% 的自然保护区，在发展中国家中率先制定了《应对气候变化国家方案》，为应对气候变化不懈努力。

中国政府在生态环境治理的不懈努力使生态文明建设取得阶段性成效。1980—2005 年，通过植树造林，净吸收 50 亿吨二氧化碳。

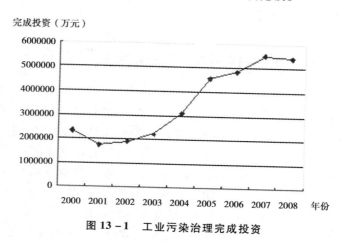

图 13-1　工业污染治理完成投资

---

[1]　常昕："环保部官员：中国愿与国际社会携手应对环境挑战"，《国际在线》，2009 年 9 月 14 日。

从工业污染治理完成投资来看，以 2000—2008 年，投资额从 234.79 亿元上升到 542.64 亿元（见图 13 - 1）；环境污染治理投资总额占当年国内生产总值的百分比从 1.13% 提高到 1.49%（见表 13 - 1）。1995—2008 年，国内生产总值扩大 3.37 倍，但同期二氧化硫等主要污染物排放量仅增长 1.2 倍。

表 13 - 1　　　　环境污染治理投资总额占当年国内生产总值比重　　　　单位：%

2000 年	2001 年	2002 年	2003 年	2004 年	2005 年	2006 年	2007 年	2008 年
1.13	1.14	1.3	1.39	1.19	1.30	1.22	1.36	1.49

数据来源：《中国统计年鉴 2004》、《中国统计年鉴 2009》。

第二节

中国传统开放模式带来了严重的生态环境后果

对外开放为近三十余年来中国经济的高速增长作出了巨大贡献。但作为中国传统发展方式的一个重要组成部分，近三十年来逐渐形成的开放模式也使中国付出了巨大生态环境代价。

一、外资利用与"污染天堂"效应

中国 GDP 的增长主要依靠投资来拉动。1978—2000 年平均投资率为 37.3%；2000 年以后，投资率进一步攀升，2006 年达到 52.5% 的历史最高水平。亚洲金融危机以来，资本形成对经济增长的年均贡献率超过 40%。在投资拉动 GDP 增长过程中，外商投资占有较高比重。改革开放以来，特别是 1995 年以来，中国利用外资（FDI）金额呈现明显上升趋势（如图 13 - 2）。其中，2008 年实际利用外资达 923.95 亿美元。数据显示，中国引进外资规模连续多年居发展中国家首位，占发展中国家吸收外资总额的四分之一，是世界上对外商投资最具吸引力的地区之一[①]。

---

① 中国 21 世纪议程管理中心：《发展的外部影响》，社会科学文献出版社 2009 年版，第 286 页。

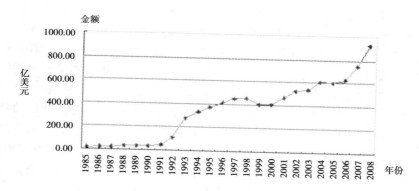

图 13 - 2　我国历年实际利用 FDI

　　大规模利用外资给中国带来经济建设所需资金和技术，并创造了大量的就业机会。与此同时，一些负面效应逐渐凸显，突出表现在引进大量外资对生态环境的破坏。发达国家向发展中国家以转移污染产业方式进行投资具有普遍性，在华外资企业中有许多属于污染密集型产业。据统计，1991 年外商在华设立的生产企业中，污染密集型企业占总数的 29.12%，占投资总额的 36.80%。1995 年来华投资的 3.2 万家企业中，高污染企业高达 39%①。这些污染密集型企业进一步加剧了中国生态环境的恶化，对人民身体健康和生命安全造成威胁。

　　"污染天堂"（hypothesis of pollution haven）是指一个国家制定严格的环境政策之后，会迫使该国污染严重的产业向环境管制宽松的国家转移，发展中国家因而成为"污染天堂"。国内部分学者从定性和定量两方面对 FDI 与环境污染的关系进行了研究，如熊美珍、郭丹（2009）利用省际面板数据对 FDI 与环境污染进行计量测度，沙文兵、石涛（2006）利用中国 30 个省（直辖市、自治区）1999—2004 年度面板数据对 FDI 的环境效应进行计量分析，结果显示 FDI 与环境污染存在正相关关系，外商直接投资对中国的生态环境具有显著的负面效应。就全国总体而言，三资工业企业总资产每增加 1%，工业废气排放量增加 0.358%。随着外资的大量进入，对外贸易规模不断扩大，中国逐渐成为发达国家的"污染天堂"。FDI 流入导致生态环境恶化的原因大致可归结为以下几方面：

　　首先，大量 FDI 流入源于发达国家产业转移需要，通过污染输出转嫁自身

---

①　夏有富："外商转移污染密集产业的对策研究"，《管理世界》1995 年第 2 期。

生态环境污染。发达国家工业化早于发展中国家，技术创新多源于发达国家。技术进步使得许多末端技术和劳动、资源密集型产业从发达国家转移至发展中国家成为必然，发达国家纷纷通过污染输出、生态输入来转移对本国的污染。据有关统计显示，20世纪60年代以来，日本将60%以上的高污染产业转移到东南亚和拉美国家，美国将39%以上的高污染、高消耗产业转移到其他国家。在发展中国家所引进的外资中，有近70%的外资企业引进的是中低档的技术和设备，这种技术和设备所承载的大多是发达国家"夕阳产业"，多属于高能耗、高污染产业。1991年，外商在我国设立的生产企业主要分布在橡胶塑料、化工、化纤、能源等"两高"行业。其中，橡胶塑料行业分别占污染企业和投资额的28.39%和21.78%，化工行业分别占17.60%和13.10%①。

　　其次，发展中国家需要从发达国家引入大量资金、技术开展经济建设。由于经济和技术落后，发展中国家需要利用发达国家更多的资金及技术来发展本国经济。为吸引外资，纷纷出台各种优惠政策措施，甚至不惜牺牲生态环境，允许廉价开发和使用本国资源，降低生产制造的环境标准，这与发达国家寻求产业转移和降低生产成本的愿望一拍即合。外资企业在中国进行加工制造的环境成本内部化程度不断降低，那些在发达国家因为高环境标准而必须提高生产成本从而受到发展限制的某些产业，找到了生产转移的理想目的地。中国用生态环境的沉重代价换来发展所需的外资、技术和就业机会，而生态环境污染的成本却往往被忽视，没有作为实际数据纳入产品的成本核算中，其生态环境承载了巨大的隐性成本。

　　再次，外资对华投资结构失衡。中国加工贸易高速增长的主要力量来自外资企业，外资企业通过对华投资，带来大量的资金流入和技术、设备的进口。同时加工产品出口额不断扩大，进口贸易总额稳步提升（见表13-2）。以2003年为例，外商投资企业加工贸易进出口3220亿美元，占全国加工贸易的79.6%②。

表13-2　　　　　2000—2006年外商在华FDI与中国对外贸易

年份	外商在华实际投资	出口			进口		
		外商投资企业	总额	占比%	外商投资企业	总额	占比%
2000	407.15	1194.41	2492.00	47.93	1172.73	2250.90	52.10
2001	468.78	1332.35	2660.98	50.07	1258.63	2435.53	51.68

① 曾凡银、郭羽诞："绿色壁垒与污染产业转移成因及对策研究"，《财经研究》2004年第4期。
② 张鸿：《中国对外贸易战略的调整》，上海交通大学出版社2006年版，第58页。

续表

年份	外商在华实际投资	出口			进口		
		外商投资企业	总额	占比%	外商投资企业	总额	占比%
2002	527.43	1699.36	3255.96	52.19	1602.72	2951.70	54.30
2003	535.05	2403.38	4382.28	54.84	2319.14	4127.60	56.19
2004	606.30	3386.06	5933.59	57.07	3245.57	5613.81	57.81
2005	603.25	4442.10	7619.50	58.30	3875.10	6599.50	58.72
2006	694.70	5638.00	9691.00	58.18	4726.00	7916.00	59.70

资料来源：转引自杨德才：《中国经济史新论》（下册），经济科学出版社 2009 年版，第 775 页。

　　在外资投资行业中，制造业是其重点，而制造业是高能耗、高污染行业；其他行业特别是农业、林业、文化教育、服务等行业利用外资所占比重极少。如 2007 年，实际利用外资 747.68 亿美元，其中制造业 408.65 亿美元，占利用外资总额的 54.7%（见图 13－3），超过其他行业利用外资总和。从行业能源消耗量看，2007 年总体能源消耗量为 265582.91 万吨，其中制造业能源消耗量达到 156218.8 万吨，占比 58.8%（见图 13－4）。

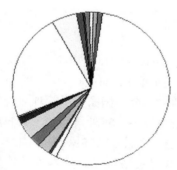

> □ 农、林、牧、渔业
> ■ 采矿业
> □ 制造业
> □ 电力、燃气及水的生产和供应业
> ■ 建筑业
> □ 交通运输、仓储和邮政业
> □ 信息传输、计算机服务和软件业
> □ 批发和零售业
> ■ 住宿和餐饮业
> □ 金融业
> □ 房地产业
> □ 租赁和商务服务业
> ■ 科学研究、技术服务和地质勘查业
> ■ 水利、环境和公共设施管理业
> □ 居民服务和其他服务业
> ■ 教育
> □ 卫生、社会保障和社会福利业
> □ 文化、体育和娱乐业
> □ 公共管理和社会组织

2007年各行业实际利用外商直接投资比例分布

图 13－3　中国利用外资行业比例

　　以上数据表明，外资投资行业"两头在外"现象明显，投资结构呈现严重失衡局面。"两头在外"即拥有高技术含量、具有独立知识产权的产品设计

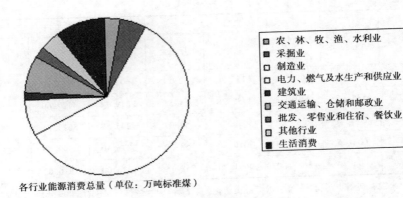

农、林、牧、渔、水利业
采掘业
制造业
电力、燃气及水生产和供应业
建筑业
交通运输、仓储和邮政业
批发、零售业及住宿、餐饮业
其他行业
生活消费

各行业能源消费总量（单位：万吨标准煤）

图 13 - 4　中国各行业能源消耗总量结构

和零部件由国外进口，中国境内仅仅对所进口的零部件进行加工、制造和装配，其产成品又出口到国外。在整个国际生产环节中，中间环节即加工制造环节附加值低，且高耗能、高污染、高排放，而这部分制造活动正好在中国境内进行，其环境损耗必然由中国买单。

二、中国传统外贸模式与生态赤字

（一）中国传统贸易模式

我国对外贸易总体经历了两个阶段：1949—1978 年为第一阶段，即进口替代战略阶段；1979 年至今为第二阶段，即出口导向战略阶段。

在第一阶段，贸易从属于计划经济的一部分，国家集中管理对外贸易，此时进出口额在整个国民生产总值中所占份额极少，对外贸易的主要目的就是互通有无、调剂余缺（见表 13 - 3）。进口替代的主要目标是为了满足本国工业化发展的需要，替代行业基本集中于资本密集型行业，且未遵循比较优势原则，这与当时国情、国力不相匹配。其结果造成国内劳动密集型行业发展严重不足，如轻工业产品的极度短缺。同时，过分强调重工业发展造成资源的大量使用和严重浪费，粗放型生产模式导致生产效率低下。

表 13 - 3　改革开放前部分年份中国对外贸易总额占世界贸易总额比重

年份	中国外贸总额（单位：亿美元）	占世界贸易总额比重（％）
1953	23.7	1.5
1957	31.1	1.4
1959	43.8	1.9
1962	26.6	0.9
1970	45.9	0.7
1975	47.5	0.8
1977	148.0	0.6
1978	206.4	0.9

数据来源：转引自 Nicholas R Lardy：*China in the World Economy*，1994，第 2 页。

第二阶段，出口导向战略逐步取代进口替代成为对外贸易的主要战略。特别是从 20 世纪 90 年代至今，出口贸易呈现快速发展趋势，2008 年中国进出口总额达到 2.5 万亿美元（见表 13 - 4）。贸易依存度从 2004 年开始一直不低于60%，高于美国、日本等发达国家和巴西、印度等发展中国家（见图 13 - 5）。

表 13 - 4　　　　　　　　改革开放后中国历年货物进出口额　　　　　（单位：亿美元）

年份	进出口总额	出口总额	进口总额	差额
1978	206.4	97.5	108.9	-11.4
1980	381.4	181.2	200.2	-19.0
1985	696.0	273.5	422.5	-149.0
1990	1154.4	620.9	533.5	87.4
1991	1357.0	719.1	637.9	81.2
1992	1655.3	849.4	805.9	43.5
1993	1957.0	917.4	1039.6	-122.2
1994	2366.2	1210.1	1156.1	54.0
1995	2808.6	1487.8	1320.8	167.0
1996	2898.8	1510.5	1388.3	122.2
1997	3251.6	1827.9	1423.7	404.2
1998	3239.5	1837.1	1402.4	434.7
1999	3606.3	1949.3	1657.0	292.3

续表

年份	进出口总额	出口总额	进口总额	差额
2000	4742. 9	2492. 0	2250. 9	241. 1
2001	5096. 5	2661. 0	2435. 5	225. 5
2002	6207. 7	3256. 0	2951. 7	304. 3
2003	8509. 9	4382. 3	4127. 6	254. 7
2004	11545. 5	5933. 2	5612. 3	320. 9
2005	14219. 1	7619. 5	6599. 5	1020. 0
2006	17604. 0	9689. 4	7914. 6	1774. 8
2007	21737. 3	12177. 8	9559. 5	2618. 3
2008	25632. 6	14306. 9	11325. 6	2981. 3

数据来源：《中国统计年鉴2009》，中国统计出版社2009年版。

　　这一阶段对外贸易已经成为国民经济的重要组成部分和经济增长的强力助推器。中国充分利用自身资源和劳动力优势，大力推进对外贸易，形成以加工贸易为主要贸易方式、劳动密集型产品为主要出口产品的外贸格局。1979年，中国加工贸易出口仅有2.35亿美元，占当年出口总额的2.4%。2008年，加工贸易出口总额高达6751.14亿美元，占当年出口总额的47.2%，美国、欧盟和东亚成为中国的主要贸易市场。

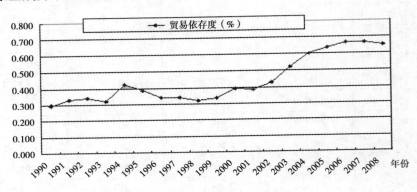

图 13 - 5　对外贸易依存度

（二）　生态赤字的表现

　　改革开放后，在传统贸易方式作用下，我国对外贸易势头良好，总体上长期保持着贸易顺差。然而，在其背后一些不可忽视的问题逐步显现，对外贸易带来的对生态环境的破坏就是其中重要问题之一。具体表现在以下三个方面：

1. 出口的快速增加加速了能源和资源的消耗

改革开放30多年来，我国进出口贸易额全球排名从1978年的第29位上升至2008年的第3位。伴随着进出口贸易地位提升的是能源和资源的过度消耗，中国出口商品中隐含大量资源和能源消耗，发达国家对"中国制造"的出口商品的大量需求，进一步加快了中国能源消耗的快速增长。根据美国国家大气研究中心研究表明，1997年至2003年间，中国约有7%—14%的二氧化碳排放量是为美国消费者生产出口商品。中国社会科学院课题组研究结果显示，2002年中国净出口内涵能源2.4亿吨标煤[①]，占当年一次能源消费的比例高达16%。2006年，内涵能源净出口高达6.3亿吨标煤，占当年一次能源消费的25.7%。中国已成为内涵能源的净出口大国。

2. 粗放的生产模式导致生态环境的恶化

中国出口贸易主要集中于劳动密集型的加工制造行业，高能耗、高污染的生产方式在带来贸易顺差的同时也造成了生态逆差。从2000年至2008年，高能耗、高污染产品出口总额占当年出口总量的较高比例，虽然该比重随年份呈现递减趋势，但截至2008年，依然占到了36%。2006年，中国出口内涵能源的排放约为18.46亿吨二氧化碳，进口内涵能源的排放约为8亿吨二氧化碳，净出口内涵能源的排放值超过10亿吨。国务院发展研究中心DRC—CGE模型计算结果表明，"十五"期间二氧化硫污染物排放量中，如果忽略生产结构与贸易结构的差异性，每年对外贸易造成的二氧化硫"逆差"约为150万吨，占每年二氧化硫排放总量的近6%；如果考虑生产结构与贸易结构的差异性，由于贸易增速远高于生产增速，由外贸拉动的二氧化硫"逆差"将更高。英国廷德尔气候变化中心也得出了类似的研究结论。2004年10月，廷德尔中心发布对中国出口产品和服务中二氧化碳排放的初步评估结果：2004年中国净出口产品所排放的二氧化碳约为11亿吨，约占中国排放量的23%。这一数值只略低于同年日本的排放量，相当于德国和澳大利亚排放量的总和，是英国排放量的两倍多（表13-5）。

---

① 内涵能源（embodied energy）亦称"隐含能源"，指产品上游加工、制造、运输等全过程所消耗的总能源。

表 13－5　　2000—2008 年我国资源消耗型和污染密集型产品出口额　　单位：亿美元

年份 类别	2000	2001	2002	2003	2004	2005	2006	2007	2008
植物产品	52.02	49.20	58.61	75.79	66.05	82.82	88.97	112.65	115.45
矿产品	92.01	98.54	98.39	127.3	165.7	209.2	213.9	235.88	364.86
化工产品	116.3	127.95	146.1	185.2	245.8	318.5	377.5	510.85	688.74
塑料、橡胶及其制品	79.49	83.22	100.2	125.3	169.0	232.8	296.3	365.13	413.86
皮革及其制品	75.05	83.90	93.33	115.7	136.6	156.0	153.8	163.64	182.73
木及其制品	45.32	48.84	59.05	73.89	98.61	126.8	168.0	113.90	114.65
纺织原料及其制品	493.7	498.36	578.4	733.4	887.6	1076	1380	1658.02	1797.34
贱金属及其制品	166.0	161.00	189.0	251.2	437.4	570.8	853.0	1155.30	1440.15
总出口额	2492	2661.0	3256	4382	5933	7619	9689	12177.8	14306.9
占当年总出口量比重	45%	43%	41%	39%	37%	36%	36%	35%	36%

数据来源：历年《中国统计年鉴》。

3. 进口"洋垃圾"的污染

进口"洋垃圾"是指通过走私、偷运等非法手段进口的国外固体废物或者未经许可擅自进口属于限制进口的固体废物。"洋垃圾"中带有大量细菌、毒素、化学污染物等，蕴含着较高的环境破坏因素，这种非正常进口行为往往披着"捐赠"、"援助"的外衣而不易辨别。据国际绿色和平组织的调查报告显示，发达国家正在以每年 5000 万吨的规模向发展中国家转运危险废物。这些物品流入发展中国家后若没有得到正确、科学、及时的处理而随意遗弃，就会造成土壤、水资源的污染，甚至会威胁到国家和人民的生命财产安全。一段时期以来，国内一些团体和个人为追求蝇头小利，无视国家利益，大肆进口"洋垃圾"，造成严重的生态环境污染。1990 年，中国进口"洋垃圾"99 万吨，进口额 2.6 亿美元。1993 年，猛增至 828.5 万吨，15.75 亿美元。1997 年，废物进口量创历史新高，达到 1078 万吨，进口额 29.5 亿美元[①]。

---

① 中国 21 世纪议程管理中心：《发展的外部影响》，社会科学文献出版社 2009 年版，第 280 页。

　　近年来，"洋垃圾"依然屡见不鲜。2005年11月，在美国LDS基金会向中华慈善总会捐赠的医疗器械中，发现夹带浅红色污染（疑为血液）的旧被子、使用过的重传染病的污物箱、结满蜘蛛网的拐杖、使用过的纱布、绷带、创可贴等；而美国AGAPE基金会向湖北捐赠的医疗器材则大部分产品已经过期。据2009年央视报道，广东碣石镇大量进口、加工"洋垃圾"，全镇约有1万户从事"洋垃圾"的进口和加工，平均每天都有一个集装箱的"洋垃圾"进口。每个集装箱大概可以装1000大包的服装，每包重100公斤左右；假设每件衣服重0.5公斤，单个集装箱可装约20万件，365个集装箱便可装7300万件。据有关专家介绍，医疗垃圾不能掩埋，必须用焚烧的方式处理，成本很高，比转移所需的运费高出很多倍。而垃圾服装埋到地底下很难腐化，若燃烧处理则会污染空气，这对重视环保的发达国家来说是个沉重的负担。于是发达国家就采用"倒贴钱"方式通过某些公司或个人进行处理，将之转销给中国这样的发展中国家，实现两头获利，给发展中国家的生态环境造成极大的破坏。

（三）传统贸易方式导致生态赤字的原因

　　1. 认识不足是导致生态环境恶化的根本原因

　　思想决定行动，对国情和生态环境保护的重要性认识不足，决定了以粗放经营为主的经济增长模式，在发展经济和生态环境保护二者之间长期呈现"一边倒"。1949—1978年的进口替代战略阶段，生产力水平低下导致生产效率低下、生产资料浪费严重，大量资源开采和简单粗放的生产方式对生态环境的破坏较为严重。改革开放后，中国逐步融入国际社会。这一时期，中国政府认识到发展才是硬道理，必须以经济建设为中心，抓住机遇大力发展经济，尽快增强国力，提高人民生活水平。在此阶段，经济增长摆在重要位置，一切为经济发展让路，甚至不惜以牺牲生态环境为代价来保证经济顺利、快速发展。加之生态环境破坏的后果往往在短期内表现不明显，不会对经济发展和人民生活造成直接危害。同时，生态环境破坏的责任不明确、赏罚不分明、惩治不严厉，生态环境保护就很容易被忽视。

　　2. 以贸易转移生态环境成本是发达国家的贸易目的之一

　　不同经济发展水平对生态环境的要求有所不同，污染产业的转移，很大程度上是由于发达国家与发展中国家经济发展水平、环境意识差异和对经济增长的不同追求造成的。发达国家的环境标准制定得越来越严格，企业环境成本内部化程度较高，企业的污染处理费用越来越大，产品成本越来越高，产品竞争力就会下降。根据比较优势理论，与发展中国家相比，从某种程度上说，发达国家在这些产业上处于比较劣势。库兹涅茨曲线原理认为，在经济起飞初期，人们对于经济增长的渴望会大大超过对环境恶化的厌恶，以至于环境的恶化在很大程度上被忽略，从而降低对环境保护的要求。发展中国家与发达国家相比，其环境标准较低，同是高污染产业，在发展中国家，企业将环境污染的成本内部化的代价较小，产品的总成本就会下降，在与国外同类产品竞争中占有优势。为了降低成本，追逐高额利润，发达国家的高污染产业就会寻机外移。这样既能从发展中国家进口到低价的产品，增加公司的利润，又可以不对环境污染负责，减少环保方面的支出。

3. 中国劳动力比较优势决定了贸易形式以加工贸易为主

中国的贸易战略在改革开放后逐步由进口替代转化为出口导向，在提高经济水平大方向的指导下，在自身劳动力、资源比较优势条件下，对外贸易逐步呈现出以加工贸易为主的格局。根据比较优势理论，中国应主要生产和出口劳动密集型产品。但是，这种劳动力比较优势同时也意味着中国在国际产业分工体系中必然处于产业链的低端，出口贸易的一半以上来自附加值较低而环境污染大、能耗高的加工贸易。尤其是 20 世纪 90 年代之后，中国利用劳动力和资源优势大力发展加工贸易，加工贸易所占比重从 20 世纪 80 年代初期不足 10% 上升到 20 世纪 90 年代的近 60%。2001 年加入 WTO 之后，贸易增长更为迅猛，加工贸易也呈现出比一般贸易更快速的上升趋势，不论速度还是绝对值都超过了一般贸易（如图 13 - 6）。具体到产品种类来看，资源和能源密集型产品出口占较大比例，出口产品中隐含大量的能源消耗。即使进口产品中同样隐含能源消耗，但由于进出口商品的结构不同，以及巨额的贸易顺差，中国仍有数量巨大的内涵能源出口净值。利用比较优势发展对外贸易的格局在一段时间之内估计还很难改变，甚至会使一些国家陷入"比较优势陷阱"①。

国际贸易发展的现实表明，长期的、固化的使用比较优势战略无法改变发展中国家经济落后面貌，也改变不了国际贸易利益分配中不公平现象。比较优势战略由于过分地强调静态的贸易利益，而忽略了贸易的动态利益，即对外贸易对一国产业结构的演进、技术的进步以及制度创新的推动作用。长期执行单

---

① "比较优势陷阱"是指一国（尤其是发展中国家）完全按照比较优势，生产并出口初级产品和劳动密集型产品，则在与技术和资本密集型产品出口为主的经济发达国家的国际贸易中，虽然能获得利益，但贸易结构不稳定，总是处于不利地位，从而落入"比较利益陷阱"。

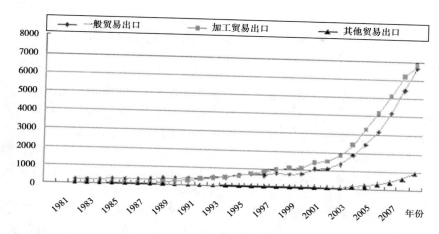

图 13-6 按货物方式分出口贸易总额

纯的比较优势战略会造成一国的产业结构得不到升级，而且由于具有固化的产业分工，就会使发展中国家处在国际分工的不利地位。

第三节

提升对外开放水平：实现中国生态文明与国际良性互动的途径

如前文所述，对外开放固然给中国经济的发展带来了前所未有的机遇，但传统的开放模式下，建立在劳动力和资源比较优势基础上以加工贸易为主的出口贸易模式，以及只计数量不计质量地引进国际直接投资对我国生态环境的影响显然是不利的。为了实现经济的快速赶超，中国所付出的环境代价已经太高，很多情况下，生态环境的不可逆性使我们在加强经济建设的同时也承受着巨大环境压力。中国正处在经济转型的关键时期，党和政府已经提出建设生态文明的战略目标，在发展经济的同时加大环境保护力度已成为广泛共识，如何使经济又好又快发展是摆在全体中国人面前的新任务。

一、提升产业层次　完善外贸结构

对外贸易对生态环境的影响机理就是通过影响一个国家的产业结构和优势的发挥，进而影响该国的生态环境状况。按照比较优势理论固然可以提高全球的经济效率，但是全球经济效率的提高并不代表着每一国经济效率的提高。如果考虑到环境成本，则单纯地依靠比较优势在经济水平可能得到增长的同时会导致一系列负面后果。这种后果若计入成本，就会降低所取得的总体经济效益。所以，与比较优势有所区别的"竞争优势"更值得关注和强调。

所谓竞争优势是指一国或一企业在向顾客提供有价值的商品或劳务时所创造的独特而持久的属性，这种属性可能来自于产品或劳务的本身固有的属性，也可能来自于生产方法等。随着全球化进程加快，资本、劳动力、资源等基本生产要素可以在国际间流动，加上技术进步和对人力资本投资增加，在一定程度上推动了资本对劳动力的替代、新材料对资源的替代以及劳动力素质的提高对劳动力数量不足的弥补，使得大部分发展中国家所具有的自然资源和劳动力比较优势在国际竞争中不再具有垄断性。虽然根据一国拥有的比较优势来参与国际分工可以获得一定的贸易利益，但却不能缩小与发达国家的经济差距。所以，我们应该逐步从比较优势的思路中解放出来，重视产品竞争优势的提升，不断提升国内产业层次。

在完善产业结构方面，应该做到巩固和稳定第一产业，稳步发展第二产业，大力推进第三产业。第一产业生产水平、生产效率和产品质量还有待提高，以应对出口方面越来越多的"绿色壁垒"。第二产业是污染最为集中的产业，也是我国加工贸易最为集中的产业，政府应该加大对污染产业的技术改造，控制污染源头，促进环保产业的发展，使第二产业在效益水平上更上一个台阶。第三产业发展较晚，属于薄弱产业，在外向型经济中体现为出口服务贸易、技术贸易占总出口贸易份额较少。第三产业在总体上具有高产出、高就业、低能耗、低污染的特点，符合新型经济发展模式的需要，需大力推进。

在进出口商品结构方面，应倡导建立可持续的商品进出口结构，提高附加值高的商品出口比重，提高资本密集型、技术密集型、知识密集型产品进出口份额，减少和限制高污染、高能耗产品的进出口量。具体来说，应给生产企业制定一系列环境标准，如 ISO14000 认证体系等，对高污染、高能耗的产品譬如橡胶制品、化工制品等要尽可能少出口、多进口，甚至可以鼓励国内有能力、有条件的企业到资源丰富的国家进行投资，就地开发、就地生产，然后再进口为我所用，以减少国内能耗和环境污染。限制或减少造成自然资源破坏和附加值小的初级产品的出口，大幅度提高资源密集型产品出口关税税率。同时，要构建国家竞争优势，在参与国际竞争的过程中，从全局出发，根据一国范围内可以调度的资源，以最终在国际市场上确立本国产品市场占有率为目的，培育国际竞争能力。国际竞争力的形成不仅仅是企业行为，还需要国家集结各方力量才能完成。要在环境保护大趋势下构建和提高竞争优势，一个重要的突破口就是以环保为契机，培育本国新型产品、产业，提升企业开拓、占领国外市场并获得利润的能力，从而以符合发达国家环保标准的产品扩大出口贸易，形成可持续的出口能力。

二、科学引导国际直接投资

政府引进国际直接投资不应该只看重数量而不重视质量。各级政府除了要关注引资对经济发展的正效应，还要更多关注引进资本可能带来的负效应。如前文所述，这些负效应集中表现在引进外资行业分布不均上，投资行业主要集中在加工制造业等第二产业，而这些行业多是高污染、高能耗的生产行业，甚至是国外发达国家的淘汰产业，是造成环境污染和生态破坏的主要来源。所以，政府部门在引进外资时首先应该树立一个正确的导向和观念，应该以可持续发展理论为指导，积极引导和调整外商直接投资的产业结构，健全和强化对外商直接投资企业的监督管理，杜绝一味出于政绩考虑而盲目引资的行为，坚决制止只求数量、不求质量的引资原则。

首先，提高外商直接投资的环境准入门槛，扩大外商投资的禁止和限制类范围。国家应制定相应的审查机制和评价指标体系，对环境污染严重的、能耗超标的投资项目不予审批，对外商直接投资中潜在环境风险较大的项目，应从严审批或责令整改后审批。在投资项目建设过程中要做到实时监督、强化环境管理，防止某些企业和个人出现违背环境保护承诺的不端行为。

其次，国家应出台一系列标准化的投资评价体系，环保部门应尽快制定一系列评价指标，充分利用环保部门的环境影响评价的有利工具，让那些希望来华投资的外资企业有章可循、有据可依，通过标准化尺度来改善投资企业状况，提高企业经营效率。

再次，国家应从宏观层面调整外商直接投资行业结构与区域分布，从根本上减少外商直接投资带来的环境问题。国家应注意引导外资流向,从降低投资成本的角度入手,多鼓励外商到中西部地区投资,减少东西部差距。另一方面,还应该鼓励外商投资于第一产业和第三产业,这将有利于促进我国产业结构进一步优化,并进一步提高我国比较优势的利用水平。此外,国家应改变传统的以数量为主的评价指标,制定更为有效的引资绩效评价体系,借以提高引进外资的质量和效率,充分发挥外资利用的资金优势、溢出效应和联动效应。

三、环境成本内在化

我国生产的大量产品特别是出口产品,其成本核算中往往忽略环境成本,而环境成本是真实存在的,只不过由于其隐性特征,往往需要一定的时间或者在特定条件成熟时才会显现。我国出口的大量产品中,很多是依靠价格优势参与国际竞争的,但这种价格优势除了来自规模生产和劳动力优势之外,很大程度上也是由于环境成本并未内在化导致的。

全球贸易意味着一个国家的"碳足迹"① 是跨国界的,各个国家应该既关心其本国国内的污染排放,同时也应该对其消费的产品和服务的排放负责,特别是发达国家。中国出口产品带来的排放规模以及对国际运输中产生的排放,应计入生产成本中并在一定程度上由消费群体承担。所以,发达国家不仅对全球碳排放的总量绝大部分负有历史责任,而且对近年来发展中国家的碳排放量增加也负有不可推卸的部分责任。因此,发展中国家应该要求发达国家扩大自身的技术援助和资金扶持力度,帮助发展中国家减少经济增长过程中的碳排放。

产品出口贸易的内涵能源问题应予以足够重视。国家应出台进一步限制高耗能产品出口的外贸政策,综合运用产品出口关税、市场准入与准出、投资等手段,加强环境管理,以环境保护优化贸易增长,减少净出口内涵能源及其带来的温室气体排放,尝试以适当牺牲贸易利益换取环境利益。另外,国家应该要求将贸易的环境管理效果通过市场价格机制传递到生产与消费环节,改变目前不可持续的生产与消费模式,并最终实现全方位转变经济增长方式。

---

① "碳足迹"(Carbon Footprint),是指一个人的能源意识和行为对自然界产生的影响,表现为个人或企业"碳耗用量"。

四、完善相关法律、法规

中国政府应该针对目前外向型经济中环境污染问题的严重性，进一步制定相关政策和法规，通过法律途径来维护本国利益并规范市场行为，使中国经济能在一个稳定、有序的环境中更好地发展。

（一）扩大出口关税征收范围

在目前征收出口关税商品目录基础上，有针对性地对高污染行业如纺织、化工、造纸、食品加工等高污染产品加征出口环境关税。在征收出口关税时，改变从价计税方式，采用从量计税，即以出口货物的数量和重量为单位来计征关税，其目的就是要对价低量多的出口产品加以限制。这样既能扭转我国对外贸易发展中长期以来难以摆脱的以量取胜的不利局面，抑制环境污染严重、产能过剩和贸易摩擦比较多的商品出口，减少环境"逆差"，又能进一步推动产品结构优化和国内产业升级。

（二）加征高污染产品出口环境关税

可借鉴国家纺织企业专项基金的做法和经验，以征收出口环节环境关税的税金设立环境保护专项基金，用于相关行业环境设施建设和企业技术改进，全面提升产业综合竞争力。同时，对外资企业可设立外贸企业环境治理和保护专项基金，对环境行为良好的外资企业给予一定的奖励或补贴，对国内环保企业给予政策、资金和技术支持，鼓励环保型企业更多、更快地发展。

（三）设计和实施以环境保护为目的的市场准入和准出制度

强化资源环境保护政策手段的运用，进一步完善进口废物贸易政策，预防政策漏洞，有效防范废物进口造成的环境风险。切实把握环境保护工作历史性转变的关键时期，加强进口废物环境政策法规建设，强化进口废物处理、处置环境管理，提高监管能力；完善进口废物环境管理部际协调会机制，强化环保、海关等相关部门政策的协调；环保部门要加大相关法规、政策的建立健全，并强化执法能力；有关部门应将进口废物贸易列入当地环境影响评价的内容，评价不合格的，一律不予审批；对可能对环境造成影响的废物进口预征排污费，排污费由进口商承担，此举是要将环境损失的补偿列入成本，以期减少污染物进口数量；要加强从进口、流通、再加工利用等多方面环境监控力度，严格执法，确保进口废物流向具备加工利用能力的企业，有效实施进口废物全过程环境管理；应加强相关国际法、国际公约的研究，运用法律手段，维护我国在进口废物中的环境安全，充分利用《巴塞尔公约》等国际公约控制非法废物贸易。

五、加强生态文明建设的国际互动

生态文明建设需要全球努力和全球互动。从长远看，中国生态文明建设需要国际空间和国际互动。因此，在推进生态文明建设的进程中，要大力推动和参与国际互动。

一是通过自身努力推动国际互动。中国作为一个经济大国，同时也是一个人口大国和生态大国，要承担自己的大国责任。目前，承担责任的主要方式是加快推进生态文明建设，率先履行承诺，在保护生态等方面走在世界前列，以此发挥示范带动作用。2010 年，中国清洁能源技术方面的投入 544 亿美元，位居全球首位，比位居第三的美国高出 40%。英国《卫报》称赞中国具有尝试所有手段的意愿来兑现哥本哈根承诺。[①] 在中国的示范作用下，生态文明国际互动已经开始从被动性、不平等性向各个国家主动参与性和公平性转变。

二是推动发达国家承担历史责任。公平问题是气候变化谈判的核心，中国政府参加国际气候谈判的主要目标是建立公平合理的应对气候变化的国际制度。发达国家在哥本哈根会议上提出以 1990 年为基础，到 2050 年全球减排50%，发达国家减排 80% 的方案，对发展中国家不公平。如果实现这个目标，届时全球人均碳排放将只有一两吨的水平，而以美国为例，现在其人均排放为20 吨，如果到 2050 年减排 80%，人均还有 4 吨。这就意味着，过去、现在和将来，美国人均碳排放水平将永远高于发展中国家。温室气体排放是基本人权问题，发达国家不仅要承担历史责任，也要承担现实和未来责任。

三是大力推进生态文明建设的国际合作。首先是引进来国外资金、技术与先进理念。例如，武汉市通过与法国波尔多市合作，引进法国资源能源管理署的"碳值测量法"，科学计算一个城市的二氧化碳排放量，以及确定如何减排。同时引进了加龙河流域水务署在污水控制和水质监测方面的先进方法以及

---

① 王方："中国理念丰富世界"，《人民日报》，2011 年 4 月 25 日，第 3 版。

垃圾处理等城市管理方法。通过引进先进技术，可以利用技术上的后发优势，减少探索进程。生态文明技术是当前科技创新的前沿领域，资金投入大，研发风险高；降低碳排放量，也是嘉惠全球的行为；由于历史和现实需要等原因，一些国家已经在某些具体技术方面形成了各自的比较优势。上述三个主要因素决定了生态文明技术的快速发展需要各国发挥各自的比较优势，取长补短，通力合作。正因此，即便像美国这样依恃其雄厚的综合国力选择了全面发展的低碳技术路线的国家，也在积极开展相关国际合作，欧盟国家则更是这方面的典范。中国新能源领域庞大的市场前景正在被发达国家所看好。中美两国在清洁能源方面的合作开始成为中美两国科技交流与合作的重点。根据中美签订的有关协定，中美同意共同投资，建立联合实验室，共同支持研发活动，双方研发活动主要集中在新能源的新能源汽车、建筑技能技术和清洁煤三个领域。中国在全球新能源发展格局中最大的优势是市场潜力，这就决定了中国在全球新能源发展具有举足轻重的地位，这也是美国政府和企业最看重的利益。事实上，除了美国，以德国为代表的欧盟国家也正在积极寻求向中国市场输入清洁能源技术。2010 年 3 月，中国采购团在德国、瑞士、西班牙和英国一共签下约 130 亿美元的协议。中国要完成既定的节能减排任务，并持续推进国内的低碳社会建设目标，对新能源技术需求巨大，而这正是中国目前的短板，也是欧美国家觊觎中国新能源市场的最大资本。在引进来的同时，也要发挥技术优势走出去。2010 年 12 月，中国南车集团与通用公司就在美国设立合营公司问题达成协议，旨在竞标美国佛罗里达州和加利福尼亚州高铁项目。

此外，中国作为最大的发展中国家和生态大国，在推进生态文明国际互动的进程中，要积极主动参与有关国际规则的制订，在国际生态博弈中掌握主动。

第十四章

生态文化：中国生态文明建设的
思想文化基础

　　生态文明必须建立在一定的思想文化基础之上，由此必需形成一种与生态文明相契合的生态文化。古今中外的生态思想为生态文化的构建准备了重要思想养分。我们应该积极汲取这些思想养分，取其精华，去其糟粕，结合生态文明的内在要求与特征，构建新型生态文化。

第一节

吸取中国古代生态思想文化中的
合理因素

　　中国古代文化源远流长，对中国的现代文明仍有着巨大影响。中国古代文化中的生态思想，也必然会影响到当代中国的生态文明建设。其中的合理因素大致可归纳为两个方面。

一、世界是相互依存的客观存在

　　在中国古代，重视世界的相互依存性的，主要有天人合一说、阴阳五行说、元气说等。

（一）天人合一说

这一学说主要以汉代的董仲舒为代表。董仲舒思想中虽然有很多宿命论糟粕，但他对天人关系的见解还是有很多合理的成分。他认为，人类是宇宙不可或缺的基本组成部分，人与天、地、阴、阳、木、火、土、金、水共同构成大"天"；同时，人与天有密切的联系，人的形体、血气、德行、好恶、喜怒分别来自天数、天志、天理及天之暖清寒暑；他还认为，人虽然受到天即自然的影响和制约，但天地所生万物莫贵于人，人能"绝于物而参天地"，是天之骄子。不过他倾向于认为人应当顺天之命，更多地强调天人关系中"合"的一面。董仲舒天人关系思想中的合理成分，是中国古代的一种重要生态文化。

（二）阴阳五行说

这一学说主要传承自中国传统的道家思想，在西周至春秋时代的思想家以及吕才、刘禹锡、王安石等人的唯物主义思想中均占有重要地位。西周至春秋时代的唯物主义思想，多出现在战国时代的作品《左传》、《国语》之中。殷代有四方而无五方观念，当然不会有五行学说。西周至春秋时期，唯物论者没有公开否定神和宗法制度，而是用五行说攻击神和宗法制度，认为万物系金木水火土五行杂合而成，而不是神创造或赐给的。唐初的科学家、哲学家吕才批判了《阴阳书》中的宗教迷信，对阴阳学说加以改造，认为阴阳规律存在于天地刚柔昼夜男女光气之中。唐末的刘禹锡把山川五行看做天地之本，阴阳导致万物生息，"阳而艺树，阴而收敛"、"阳而阜生"。北宋的王安石肯定物质是第一性的，认为天地万物由金木水火土构成，"五行，天所以命万物者也"、"五行也者，成变化而行鬼神，往来乎天地之间而不穷者也"、"五行之为物，其时，其位，其材，其气，其性，其形，其事，其情，其色，其声，其臭，其味，皆各有耦。"五行与阴阳结合起来推动事物的发展变化。阴阳五行学说在当代是不合时宜的，但在中国古代，它承认世界万物的相互依存和客观实在，对建设当代生态文明具有一定的参考价值。

（三）元气说

唐代柳宗元很重视"元气"，他的世界观是一种元气一元论。柳宗元所说的"元气"，是一种"浑然而中处者"，不论世界如何变化，元气总是存在的。在《天对》中，柳宗元指出，"对曰：本始之初，诞者传焉。鸿灵幽纷，曷可言焉？智黑晰眇，往来屯屯；庞昧革化，惟元气存"，把这种元气看做是世界上唯一的客观实在。他认为这种元气是自动自流的，在《非国语上》中他指出，"阴与阳者，气而游乎其天地间者也，自动、自休、自峙、自流"、"辟启以通，兹气之元"，从而否定了鬼、神对世界的支配、主宰权。柳宗元的元气说事实上是一种大生态说，是大生态自主发展说。

二、人类应当认识和改造世界

中国古代生态文化中的道器说、名实说、数理说、通几质测说、形知说、功利说、天人相用说、人道说等，主张认识和改造世界，是一种积极的生态文化。

（一）道器说

明末清初的王夫之认为，道是一种普通道理，道不离器，"据器而道存，离器则道毁"，"尽器则道在其中"，"尽器则道无不贯，尽道所以审器"。同时代的顾炎武倡导依据实际作"当世之务"，认为"形而上者谓之道，形而下者谓之器。非器则道无所寓"，主张道是一种可以被认知的法则，它总是存在于各种物质实在之中，而不是离开"器"的东西。章学诚认为，"道者，万事万物之所以然，而非万事万物之当然也"，"宣夜、周髀、浑天诸家，……安天之论、谈天之说，或正或奇，条而列之，辩明识职，所谓道也"，他认为道不能离器，应当"即器以明道"。与王夫之、顾炎武的理解有区别的是，他所说的器不是物质实在，而是指的六经，他认为六经仅仅是一种器、一种工具，而不是载道之书，要通过六经这种器去探求事物发展变化之道；如果"舍天下事物人伦日用，而守六籍以言道"，是不可以与之谈论道这个问题的。道器说的实质是要求人们去探求客观世界的发展规律。

（二）名实说

持此论的主要有墨子、王夫子。墨子生活于国民地位已经很高而旧传统束缚行将终结的时代，极力主张"原察百姓耳目之实"，因为"天下所以察有与无之道者，必以众之耳目之实知有与亡（无）为仪者也。请（诚）或闻之见之，则必以为有，莫闻莫见，则必以为无"。仁之名必取仁之实，而"不在古服古言"；义之名必取义之实，要"有力以劳人，有财以分人"；忠之名必取忠之实，对上要"匡其邪而人其善，尚同而无下比"。王夫之较多地接触到自然科学知识，主张"名从实起，次随建转，即今以顺古，非变古而立今"，反对空谈性命义理，反对"琐琐壬遁星命之流……饰其邪说"。就是要求人们多了解客观世界，而不能满足于概念或文字游戏。显然，这为建立生态文化提供了重要方法。

（三）数理说

在数和理的关系上，清代的焦循认为"理主其数"，万事万物的变化，都因于"理之一"和"数之约"。在《加减乘除释》卷八中，他明确提出"九章之术，方田、少广、商功、勾股，其原出于自乘；粟米、均输、盈不足、方程，其原皆出于差分……盖有共数，有分数，有差数。由共而分，由分而差。以乘来者，以除而复；以分来者，以合而复。其理本一，其数本约。析之以至于鯨，变之以成其异。得其理之一，自仍归于数之约也。故隐其中等，而举其分数及差数以问其共数，则为盈朒（盈不足）；隐其乘得之数而举其共数及差数以问其分数，则为差分；和其等数而举其差数以问其共数，则为双套之盈朒；和其等数而举其共数以问差数，则为贵贱之差分。"他要求用数理说取代易学，因为"绘勾股割圆者，以甲乙丙丁等字，指识其比例之状。按而求之，一一不爽。……读《易》者当如学算者之求其法于甲乙丙丁。……夫甲乙丙丁指识其法也"，并自称"学《易》十许年，悟得比例引申之妙"，把事物之间的关系归结为一种数字、比例关系。数理说有助于古人定量认识世界上各种事物之间的关系。

（四）通几质测说

持此论的主要是方以智。方以智所说的通几即哲学，质测即自然科学。他认为，通几寓于质测之中，质测之中有通几，在《物理小识编录缘起》中他指出，"寂感之蕴，深究其所自来，是曰'通几'"，"物有其故，实考究之，大而元会，小而草木蠢蠕，类其性情，征其好恶，推其常变，是曰'质测'。'质测'即藏'通几'者也"。他很重视通几，批评西方"详于'质测'而拙于言'通几'"，而实际上"彼之'质测'犹末备也"，甚至于"通几末举"，要求"通几护质测之穷"。通几和质测应当并重，在《物理小识》总论中，他指出"通神明之德，类万物之情……或质测或通几，不相坏也"，既不可以质测废通几，也不可以通几废质测。方以智主张寓通几于质测的目的，在于探求事物发展的规律。

（五）天人相用说

刘禹锡认为，"天与人交相胜、还相用"。他认为，在天人关系上有两种观点。一种认为"天与人实影响，祸必以罪降，福必以善徕，穷厄而呼必可闻，隐痛而祈必可答。如有物的然以宰者"，此为阴骘之学；一种认为"天与人实相异，霆震于畜木，末尝在罪；春滋乎堇荼，末尝择善；跖、蹻焉而遂，孔、颜焉而厄。是茫乎无有宰者"，此为自然之说。刘禹锡持自然之说，认为天人之间，有时天即自然的力量占上风，有时人的力量占上风，但要发挥人的力量去克服天的不利影响，人定胜天，譬如"舟行乎潍、淄、伊、洛者，疾徐存乎人，次舍存乎人。……适有逆而安，亦人也；适有复而胶，亦人也。"刘禹锡将人胜天的原因归结为法，他说，"法大行，则其人曰：'天何预人事耶？我蹈道而已。'法大弛，则其人曰：'道竟何为邪？任人而已。'法小弛，则天人之论駮矣。""法大驰，则是非易位；赏恒在佞，而罚恒在直；义不足以制其疆，刑不足以胜是非；人之能胜天之实，尽丧矣"，"法小弛，则是非駮"。人是天人关系中的主导力量，因为人类"为智最大，能执人理，与天交胜。用天之利，立人之纪，纲纪或坏，复归其始"。胜和用要结合起来，"交相胜"与"还相用"是世间的普遍规律，"万物之所以为无穷者，交相胜而已矣，还相用而已矣"。实质上是要求积极地改造自然。

（六）形知说

持此论的主要是后期墨家。他们提出"生，刑（形）与知处也"的观点，把人类的生产实践活动归结为"形"和"知"的相互作用。"形"是事物，是有形的、可以感知的东西，是客观的，"知"是人类认识世界、事物的活动，是对客观有形世界的认识，是主观的东西，人类生产实践活动就是对客观有形的东西的认识过程和运用这种认识去进一步认知、改造客观有形事物的过程的统一，是主观与客观相互影响、不断统一的过程。

（七）功利说

持此论的有陈亮、叶适、王廷相、吕坤、朱之瑜、颜元、唐甄、龚自珍等人。陈亮、叶适在哲学上倾向于功利主义，一反当时道学家主张空谈心性的学风。其中陈亮主张"王霸并用，义利双行"，要求"除天下之患，安天下之民"。叶适主张"务实而不务虚"，要谋利计功。他明确指出"仁人正谊不谋利，明道不计功"的说法"初看极好，细看全疏阔"。反对老子、庄子及宋儒空谈"理"，反对王守仁"致良知"说，要求"讲"与"行"、"行"与"知"结合起来。吕坤是朱熹的批判者，他反对道学"瞑目端坐，见性明心"，认为只有建立事功才是真学问。朱之瑜反对烦琐理学，着力研究历史文物流变、国家治安大计、学术兴替关键、道德文章修养、地理工程工业设计等问题，主张"学贵有用"、"学贵不阿"、"经邦弘化、康济艰难"。唐甄主张"四德无功必其才不充"，反对宋儒离功言性，要求"破其隘识，乃见性功"，君子之实功是"彼我同乐，彼我同戚"。颜元认为真人物必有功业。他以《易》中谈及利的地方颇多为据要求善于谋利。他反对"正其谊不谋其利"的说法，认为"正其谊以谋其利，明其道而计其功"、义理与功利合一，才是正确的。龚自珍主张自由的商业资本活动，力主平银价、禁鸦片、重兵防御，并提出要移民西北、强化西北边防，把"内地无产之民"变为"西北有产之民、以耕以牧"。功利说的实质是要求人们积极地征服和改造世界，因此在对待生态问题上比较注重改造和利用的一面。

（八）人道说

中国古代人道说的代表之一荀子认为，道是人之道，"道者，非天之道，非地之道，人之所以道也，君子之所道也"；他还认为人性恶，"人之性恶，其善者伪（人为）也"，人的善是靠人们后天改造后实现的，如果"从人之性，顺人之情，必出于争夺，合于犯分乱理而归于暴。故必将有师法之化，礼义之道，然后出于辞让，合于文理，而归于治"。王安石认为，应当重视人的力量，所谓"有阴有阳，新故相除者，天也。有处有辨，新故相除者，人也"，"五事，人所以继天道而成性者也"，"人道极，则至于天道矣"；他还把道作了区分，认为"道有本有末。本者，万物之所以生也。末者，万物之所以成也。本者，出之自然，故不假乎人之力，而万物以生也。末者，涉乎形器，故待人力而后万物之成也"，把人的力量看得十分重要。王廷相要求重视人的作用，因为"如出于心之爱为仁，出于心之宜为义，出于心之敬为礼，出于心之知为智，皆人之知觉运动为之而后成也。苟无人焉，则无心矣，无心则仁义礼智出于何所乎？"王夫之反对灭人欲之说，提出"人欲之各得，则天理之大同"、"人欲之大公，则天理之至正矣"的观点，同时也强调"天地之产皆有所用，饮食男女皆有所贞。君子敬天地之产而秩以其分，重饮食男女之辨而协以其安"，要"于天理人情上絜着个均平方正之矩"，而不能无所节制。黄宗羲提出要重视人民的作用，因为"天下之大，非一人之所能治，而分治之以群工，故我之出而仕也，为天下，非为君也，为万民，非为一姓也"，

"天下之治乱，不在一姓之兴亡，而在万民之忧乐"。唐甄主张处决帝王，认为"自秦以来，凡为帝王者皆贼也……有天下者无故而杀人，虽百其身不足以抵其杀一人之罪"、"帝室富贵，生习骄恣，岂能成贤？""懦君蓄乱，辟君生乱，闇君召乱，暴君激乱"、"天子之尊，非天帝大神也，皆人也……人君唯能下，故天下之善归之，是乃所以为尊也"，要求重视人民的作用；他反对王学，认为"天生人，道在人，而不在天"，要求用人道取代天道、神道。章学诚认为，"人之生也，自有其道"，肯定人道是客观存在的。他还认为，人道必须遵守，因为人类"或各司其事，或番易其班，所谓不得不然之势也"，"均平秩序之义"正反映了这种人道要求。龚自珍要求承认商业资本的"自私心"的合理性，因而极力反对封建社会的遏欲和大公无私理论，认为"私"是人类的天性，"天有私也……地有私也……日月有私也……忠臣……孝子……贞妇……乃私自贞私自葆也……今曰大公无私，则人耶，则禽耶"；他指出善恶都是后起的，而不是与人生俱来的，只有"私"才是与人生俱来的，要求发展商业资本。人道说要求人们重视人类及其发展规律、人民群众、人的利益和要求，反对在自然面前无所作为。

可见，中国古代文化中具有很多很有益的有关尊重、认识、改造生态的思想，是建设生态文明的文化基础之一。

第二节

马克思主义生态思想文化

马克思主义是我们立党立国之本，也是建设生态文明的重要理论基础。马克思主义的主要代表人物马克思、恩格斯、列宁、斯大林、毛泽东同志等在思考社会主义革命和建设问题时，也认真思考了人类与自然之间的关系，提出了许多关于生态建设的思想，这对我们建设生态文明是极为有益的。

一、马克思主义哲学中的生态文化思想

马克思主义中不仅有十分丰富的关于物质文明、政治文明、精神文明、社会文明建设的思想，也有十分丰富的生态文明思想。马克思、恩格斯、列宁、

毛泽东同志对马克思主义生态思想的创立和发展作出了重要贡献。

（一）马克思生态文化思想

在《1844 年经济学哲学手稿》这部马克思在世时没有公开发表的著作中，马克思就很重视处理好人与自然之间的关系，形成了马克思主义关于生态文明的最初思想。马克思是在谈到对象化时论及生态文明问题的。马克思认为，对象化是人的本质力量的对象化，人始终是对象化的主体。他指出，"随着对象性的现实在社会中对人说来到处成为人的本质力量的现实，成为属人的现实，因而成为人自己的本质力量的现实，一切对象也对他说来成为他自身的对象化，成为确证和实现他的个性的对象，成为他的对象，而这就等于说，对象成了他本身。"[①] 马克思把对象化看做是人类不断认识世界、改造世界、使世界成为符合人的本质的对象化世界的过程，一个人与自然本质和谐统一的过程。马克思明确地指出，"一方面为了使人之感觉变成人的感觉，而另一方面为了创造与人的本质和自然本质的全部丰富性相适应的人的感觉，无论从理论方面来说还是从实践方面来说，人的本质力量的对象化都是必要的。"[②] 可见，人的本质和自然本质的和谐统一是对象化的重要内容。同时，在马克思看来，人本身是一种高级"自然"，即最高物质。马克思所说的"自然"，不仅指光、电、水、空气等自然物，也指人，而且是能动的具有对象化力量的人。马克思指出，"自然界就它本身不是人的身体而言，是人的无机的身体，人靠自然界来生活。这就是说，自然界是人为了不致死亡而必须与之形影不离的身体。说人的物质生活和精神生活同自然界不可分离，这就等于说，自然界同自己不可分离，因为人是自然界的一部分。"[③] 他还说，"历史本身是自然史的一个现实的部分，是自然界生成为人这一过程的一个现实的部分。"[④] "历史是人的真正的自然史。"[⑤] 这就是说，人本身也是一种自然，人与自然是一体的、不可分的，只不过人是一种高级自然、最高物质而已。因而人与自然的对立就是人们自己给自己制造对立面。

---

①　《1844 年经济学哲学手稿》，人民出版社 1979 年版，第 78—79 页。
②　《1844 年经济学哲学手稿》，人民出版社 1979 年版，第 80 页。
③　《1844 年经济学哲学手稿》，人民出版社 1979 年版，第 49 页。
④　《1844 年经济学哲学手稿》，人民出版社 1979 年版，第 82 页。
⑤　《1844 年经济学哲学手稿》，人民出版社 1979 年版，第 122 页。

（二）恩格斯生态文化思想

恩格斯也有十分深刻的关于生态文明的思想。他在《反杜林论》中指出，"当我们深思熟虑地考察自然界或人类历史或我们自己的精神活动的时候，首先呈现在我们眼前的，是一幅由种种联系和相互作用无穷无尽地交织起来的画面"，"为了认识这些细节，我们不得不把它们从自然的或历史的联系中抽出来，从它们的特性、它们的特殊的原因和结果等等方面来逐个地加以研究。"①"原因和结果这两个观念，只有在应用于个别场合时才有其本来的意义；可是只要我们把这种个别场合放在它和世界整体的总联系中来考察，这两个观念就汇合在一起，融化在普遍相互作用的观念中，在这种相互作用中，原因和结果经常交换位置；在此时或此地是结果，在彼时或彼地就成了原因，反之亦然。"② 也就是说，我们在研究人类历史、社会问题时，要把人类社会同自然界看做一个相互联系、相互促进的整体，而不能加以割裂、肢解。同时，要特别重视研究自然规律，研究自然规律的必然性。恩格斯在《路德维希·费尔巴哈和德国古典哲学的终结》中认为，关于外部世界和人类思维的运动的规律在本质上是同一的，但在表现上是不同的，"人的头脑可以自觉地应用这些规律，而在自然界中这些规律是不自觉地、以外部必然性的形式、在无穷无尽的表面的偶然性中为自己开辟道路的"③，因此要尊重自然规律的客观性、必然性，因果性。

（三）列宁生态文化思想

列宁作为世界上第一个社会主义国家的缔造者，虽然在当时的历史条件下生态问题没有上升到突出位置，但他已经提出了十分深刻的生态文明思想。在《唯物主义和经验批判主义》中，列宁明确地谈到了自然界中的因果性和必然性。列宁认为，费尔巴哈承认自然界的客观必然性，承认被人类的秩序、规律等等观念仅仅近似正确地反映着的客观因果性，是"彻底的唯物主义观点"④；恩格斯则不仅仅说明了自然界的客观规律性、因果性、必然性，同时着重指出了人类对这个规律性所作的近似的反映所具有的相对性；狄慈根虽然是一位不

---

① 《马克思恩格斯选集》（第三卷），人民出版社 1972 年版，第 62 页。
② 《马克思恩格斯选集》（第三卷），人民出版社 1972 年版，第 62 页。
③ 《马克思恩格斯选集》（第四卷），人民出版社 1972 年版，第 239 页。
④ 《列宁选集》（第二卷），人民出版社 1960 年版，第 156 页。

彻底的哲学家，但他所阐述的唯物主义世界观是承认"物本身中"含有"因果依存性"的。因此，列宁要求我们承认自然规律、外部自然界的必然性，承认有尚未被认识的必然性和盲目的必然性。同时他指出，"活生生的人类实践是深入到认识论本身之中的，它提供真理的客观标准。当我们不知道自然规律的时候，自然规律是在我们的认识之外独立地存在着并起着作用，使我们成为'盲目的必然性'的奴隶。一经我们认识了这种不依赖于我们的意志和我们的意识而起着作用的（马克思把这点重述了千百次）规律，我们就成为自然界的主人。"① 但人类对自然界的统治只能是自然现象和自然过程在人脑中客观正确的反映的结果，这个反映应当是经过证明了的客观的、绝对的、永恒的真理。这说明，对自然界的利用不能是随心所欲的，而必须建立在对自然规律的正确反映、充分尊重基础之上。列宁比较重视思想理论在解决自然问题方面的作用，在《关于拉·巴·培里〈现代哲学倾向〉的书评的札记》中，他认为席勒关于"如果不靠信仰来解决'独立存在的环境'问题，那么，这里除了思想和它的'环境'之间的相互关系，什么东西也不能得到证明"的观点是"本色"。②

（四）毛泽东生态思想

毛泽东同志作为伟大的马克思主义理论家，在生态文明方面也有十分丰富的思想。毛泽东同志首先阐明了人与自然的关系。他认为，人与自然是相互作用的关系，人类同时是自然界和社会的奴隶，又是它们的主人。最初，"人类还只是自然物。后来，生产发达，才加上社会性"；人们"改变外界，同时又改变自己。人与自然的关系表现为"人与自然的矛盾"；从原始辩证法的角度来看，"自然与人类互相转变"是人与自然关系的重要方面。其次，毛泽东同志说明了改造自然的重要性。他认为，"生产力与生产关系的矛盾即社会内部的矛盾，给予决定的影响于社会与自然的矛盾，即所谓人定胜天。从有劳动工具之产生以来，就是如此的。"③ 人类应当"自觉的〈地〉对自然斗争"，生产过程可以"改变对自然斗争的方法，同时改变了生活方法。于是有了剩余生产物，改良了技术，人类对自然的支配就增大了……这是人类最初企图认识自然，成为自觉地对自然斗争的开端。"针对"自然生长论"他认为，"可能

---

① 《列宁选集》（第二卷），人民出版社 1960 年版，第 191—192 页。
② 列宁：《哲学笔记》，中共中央党校出版社 1990 年版，第 428 页。
③ 《毛泽东哲学批注集》，中央文献出版社 1988 年版，第 354、17、85、212、105、106 页。

性到现实性的转变是必然的过程，既然是必然的过程，它就是自然生长的东西，就不需要什么条件，也不需要人们的努力。如同月蚀是预见了的必然，人们当然没有组织月蚀促进会的必要；劳动阶级的解放也是历史的必然，人们当然也没有组织要求解放的党派的必要"。毛泽东同志指出，"自然生长，就在自然界也不对"，要求积极地改造自然，"同自然斗争"，使自然界服从我们人类的管理。正是物质生产的发展，使人与自然的自然联结逐渐废弃；只有社会的、物质的、实践的活动，即劳动，才是人类和自然之间的物质的统一的真正的基础。毛泽东同志要求从发展的观点来看待人与自然之间的关系，指出，"在生产斗争和科学实验范围内，人类总是不断发展的，自然界也总是不断发展的，永远不会停止在一个水平上。因此，人类总得不断地总结经验，有所发现，有所发明，有所创造，有所前进。停止的论点，悲观的论点，无所作为和骄傲自满的论点，都是错误的。"①

二、马克思主义哲学生态思想的核心：
系统、动态、辩证、可持续观念

从上面的论述可以看出，马克思主义哲学中具有很多很有益的生态思想。而马克思主义哲学中生态思想的核心，则是系统、动态、辩证、可持续的观念。这为认识和了解马克思主义生态思想提供了重要方法。

（一）系统观念

系统观念与普遍联系的观点是直接相关的。马克思主义认为，普遍联系的观点，是唯物辩证法的一个根本观点；物质世界之间的普遍联系是物质世界固有的一个根本属性，是物质世界的一种重要存在方式。承认物质世界的普遍联系，是唯物辩证法的一个基本的原则。由于物质世界是普遍联系着的，任何事物不仅同其周围的事物相互联系、相互作用着，而且其内部各个要素也处于相互联系、相互作用之中。正是这种事物之间及事物内部各要素的相互联系、相互作用，构成了一个个大大小小的系统。由于系统之间及系统内部各要素的相互联系、相互作用，使系统具有整体性、结构性、层次性、开放性的特点。

系统的整体性主要表现为整体和部分之间的辩证关系，系统的各个部分按

---

① 《毛泽东哲学批注集》，中央文献出版社 1988 年版，第 212—213、263—264、310、354 页。

照系统整体的统一要求和一定秩序发挥各自的性能或功能，在相互作用、协同动作的基础上，共同形成系统整体的性能或功能；系统整体不但对系统的性能或功能起着主要的决定的作用，而且规定和支配着各个要素的性能或功能。

系统的结构性主要表现为系统内部各个要素之间合乎规律的、相对稳定的相互联系、相互作用方式，包括结构和要素之间的相互联系、结构和要素同系统整体性能或功能的关系及结构对系统存在和发展的作用；认为系统的结构和要素是相互依存、相互渗透的，要素是结构存在的基础，结构是系统各要素的结合方式；认为系统的要素是结构的基础，但结构对系统整体性能起着主要的、决定的作用并规定着各个要素的性能；认为系统的结构具有相对稳定性，是系统存在和发展的必要条件。

系统的层次性反映的是系统和要素（子系统）之间的地位、等级和相互关系，认为任何系统都是由若干不同层次的子系统组成的复合体。

系统的开放性反映的是系统同周围环境即其他系统的相互联系、相互作用，认为任何系统都同周围环境相互联系、相互作用，进行着不同程度的物质、能量或信息的交换和转换。

系统的观点要求我们观察和处理问题时必须识大体、顾大局，学会统筹兼顾、全面安排。在社会主义发展问题上要坚持以人为本，从人民群众的生存和发展要求出发，统筹城乡发展、区域发展、经济社会发展、人与自然和谐发展、国内发展和对外开放，坚持物质文明、政治文明、精神文明、社会文明、生态文明的全面发展以及全国人民的共同发展，把生态文明建设放在社会主义现代化建设的全局中加以认识。

（二）动态观念

动态观念与物质世界永恒发展的观点紧密联系着。物质世界永恒发展的观点，是马克思主义唯物辩证法的另一个重要观点；物质世界的永恒发展是物质世界又一个固有属性。由于物质世界是永恒发展的，因此任何事物总是作为一种发展过程而动态地存在着。

马克思曾经指出，"辩证法在对现存事物的肯定的理解中同时包含对现存事物的否定的理解，即对现存事物的必然灭亡的理解；辩证法对每一种既成的形式都是从不断的运动中，因而也是从它的暂时性方面去理解；辩证法不崇拜任何东西，按其本质来说，它是批判的和革命的。"[①] 恩格斯也指出，"辩证哲

---

① 《马克思恩格斯选集》（第二卷），人民出版社1972年版，第218页。

学推翻了一切关于最终的绝对真理和与之相应的人类绝对状态的想法。在它面前，不存在任何最终的、绝对的、神圣的东西；它指出所有一切事物的暂时性；在它面前，除了发生和消灭、无止境地由低级上升到高级的不断的过程，什么都不存在。"① 恩格斯还指出，"世界不是一成不变的事物的集合体，而是过程的集合体，其中各个似乎稳定的事物以及它们在我们头脑中的思想映象即概念，都处在生成和灭亡的不断变化中"②。可见，不论是马克思还是恩格斯，都认为事物处在发生、发展和灭亡的过程中，而不论其具体的发展运动过程的长短；具体发展过程是有限的，而发展运动是普遍的、无限的。因为某一发展运动过程终将被另一运动过程取代，即使暂时没有发生根本变化，也会发生量的或部分质的变化。

马克思主义关于物质世界是运动的动态的发展的观点，要求我们把经济社会发展看做一个运动着的自然历史过程。而把经济社会的发展看做一个动态的自然历史过程的可靠依据，正如列宁所说，是要"把社会关系归结于生产关系，把生产关系归结于生产力的高度"③。要从运动的动态的观点出发，根据不同阶段、不同层次的生产力的发展要求去调整完善我们的发展思路和生态文明建设思路。在我国社会进入全面建设小康社会的历史时期，要更多地考虑人的全面发展问题、全国人民的共同发展问题、自然与经济社会资源的循环利用和可持续发展问题。胡锦涛同志在《在中央人口资源环境工作座谈会上的讲话》中指出，"必须着力提高经济增长的质量和效益，努力实现速度和结构、质量、效益相统一，经济发展和人口、资源、环境相协调，不断保护和增强发展的可持续性"，反映的正是我国经济社会发展到一个新的历史阶段后的生产力发展要求在生态文明建设方面的反映。

（三）辩证观念

马克思主义的辩证观念是客观辩证法和主观辩证法的统一，是对客观物质世界发展规律和认识发展规律的正确反映。恩格斯指出，"所谓客观辩证法是支配着整个自然界的，而所谓主观辩证法，即辩证的思维，不过是自然界中到处盛行的对立中的运动的反映而已"④。自然界和社会的运动决定着概念的运

---

① 《马克思恩格斯选集》（第四卷），人民出版社 1972 年版，第 213 页。
② 《马克思恩格斯选集》（第四卷），人民出版社 1972 年版，第 240 页。
③ 《列宁选集》（第一卷），人民出版社 1972 年版，第 8 页。
④ 《马克思恩格斯选集》（第三卷），人民出版社 1972 年版，第 534 页。

动，思维运动的规律必须与物质世界的运动规律达到同一。物质世界的一切事物都处在普遍联系和变化发展之中，世界的运动和发展由它本身内在的矛盾引起，人们只有在物质世界中，在事物的内在矛盾性中揭示这种动力，把物质的运动和发展看作它的自己运动和自己发展，才能达到思维内容的客观性，达到对客观世界的真理性的认识；客观辩证法是以必然性的形式，在无穷无尽的表面的偶然性中为自己开辟道路，而思维中的辩证法则要与人的自觉的实践活动相联系，采取主观的逻辑的形式，去努力反映客观世界的辩证法。

辩证观念要求我们在观察事物时，要从对象的相互联系、运动、变化和发展中，从对象内在的固有的矛盾中去考察对象，努力客观全面地看问题，对具体事物作具体分析，发现其中的主导因素、可能前途、现实可能。我们在观察社会主义发展问题特别是生态文明建设问题时，也必须做到客观、全面、具体、准确，要努力把握社会主义的客观发展规律和生态建设规律，把经济社会全面协调可持续发展问题摆到突出位置，尽量化解现实生活中存在的各种矛盾和问题，为建设生态文明提供良好政治保证、理论支撑、现实条件。

（四）可持续观念

可持续观念在马克思主义哲学中通常被称为连续性观念或不间断性观念。马克思主义认为，间断性是事物运动中的相对静止和阶段、范围的限制即质的相对稳定性，而不间断性是指事物运动的无限的连续性即对阶段、范围限制的超越。由于客观世界是一个无限连续的运动过程，它的一个个间断的范围是有限的，每个有限范围中包含着的连续的因素则是无限的，因此不间断性是绝对的。同时这种不间断性是以间断性作为前提的，只有保持一定阶段事物的相对稳定性，才可能实现事物的质的飞跃。

这种可持续观或不间断性观念，要求我们在社会主义发展问题上既要把握特定阶段的发展目标又要努力考察潜在的及长远的发展目标，努力实现经济社会发展的可持续性和不间断性。科学发展观强调以人为本、全面协调可持续发展，实现城乡之间、人与自然之间、经济与社会之间、区域之间、国内发展和对外开放之间的"五个统筹"，是在深刻总结我国经济社会发展处于粗放型时期的经验教训的基础上，结合我国未来的长远的发展目标提出来的。特别是可持续发展问题，显然是考虑到了 20 世纪八九十年代我国经济社会发展中片面强调经济增长所带来的环境污染问题、人口质量问题、社会风气恶化问题、贫富差别扩大问题等问题后提出来的，是一种既考虑到了经济与环境的可持续发展问题又考虑到了社会的可持续发展问题的全面协调可持续发展观。

三、马克思主义经济学中的生态文化思想

马克思主义生态思想不仅在哲学中有诸多体现，在经济学中也有很多论述。在《资本论》这一划时代的著作中，马克思在论及社会生产的条件时，认为社会生产的顺利进行，不仅取决于农业这一重要基础，而且依托于其他各种条件，如流通的扩大、分工的发展、科技的进步、环境的保护、探索和创新等等。其中环境保护是确保社会生产得以顺利进行的一个重要条件。马克思把劳动过程看做是人与自然之间的物质变换过程，"劳动作为使用价值的创造者，作为有用劳动，是不以一切社会形式为转移的人类生存条件，是人和自然之间的物质变换即人类生活得以实现的永恒的自然必然性。"但"劳动首先是人和自然之间的过程，是人以自身的活动来引起、调整和控制人和自然之间的物质变换的过程。"在社会生产中，人类必须合理地调节人与自然之间的物质变换过程，这种物质变换过程应当在"消耗最小的力量，在最无愧于和最适合于他们的人类本性的条件下来进行"①。

在写作《资本论》的过程中，马克思也深受生态思想的影响。马克思曾同恩格斯谈到，"德国的新农业化学，特别是李比希和申拜因，对这件事情比所有经济学家加起来还更重要"。李比希是 19 世纪德国著名的农业化学家，他把英国资本主义农业说成是吸血鬼，不断地把土地中的营养物质吸走，并在城市中制造污染。为了使农业获得健康发展，他提出了归还定律，即农民从他的田地里拿走多少，最终还得归还多少。李比希的这一思想给马克思留下了深刻印象。因此马克思所说的物质变换，不仅指商品——货币——商品之间的变换过程，也指人与自然之间的变换过程。但资本主义生产在聚集着社会的历史动力的时候，"又破坏着人和土地之间的物质变换，也就是使人以衣食形式消费掉的土地的组成部分不能回到土地，从而破坏土地持久肥力的永恒的自然条件。这样，它同时就破坏城市工人的身体健康和农村工人的精神生活。"马克思把希望寄托在未来社会上，在这个社会里，"社会化的人，联合起来的生产者，将合理地调节他们和自然之间的物质变换，把它置于他们的共同控制之下，而不让它作为盲目的力量来统治自己；靠消耗最小的力量，在最无愧于和

---

① 《资本论》（第一卷），人民出版社 2004 年版，第 56、201—202、552 页。

最适合于他们的人类本性的条件下来进行这种物质变换。"① 在这个必然王国的彼岸，作为目的本身的人类能力的发展，真正的自由王国，就开始了，这个自由王国是建立在合理调节人与自然关系的必然王国的基础之上的。

事实上，马克思主义经济学经过发展创新，生态经济理论已经成为马克思主义经济学理论的一条主线。马克思恩格斯的生态学思想与生态经济理论结合在一起形成了生态马克思主义经济学形态。马克思创立的唯物主义的人与自然统一学说，奠定了马克思生态经济思想的哲学基础；社会历史理论与自然环境论的内在联系与辩证统一，是其生态经济思想的社会实践和社会历史特征的社会学基础。马克思生态经济思想虽然分散在哲学、经济、社会、政治、自然理论之中，但马克思生态经济学说有一个完整的理论体系，是由自然生态环境及内因论、生态经济价值论、生态经济可持续发展论、全面发展论、生态经济二重性理论、物质变换理论、全面发展生产理论、广义生产力理论、物质循环理论等等构成的一个理论体系。马克思经济学说中自然、社会和思维发展的规律性就是自然、人与社会的有机统一，是自然、人、社会有机地整体地发展的理论。马克思经济学说是关于人的解放与全面发展和自然的解放与高度发展相统一的学说。马克思关于自然生态环境是人类物质生产实践活动的内在要素的思想，是生态经济理论的主线，是生态马克思主义经济学的核心理念。

同时，可持续发展成为马克思经济学的又一条主线。早在一百多年前，马克思、恩格斯在其经济学和哲学著作中就深刻阐明了人与自然的关系，以及人类活动对于自然环境的影响，并且明确指出了环境问题的经济根源与解决途径。马克思在《资本论》中论述了自然再生产过程与经济再生产过程的辩证关系。恩格斯在《英国工人阶级状况》一书中淋漓尽致地描绘了英国工业城市曼彻斯特的严重污染状况，敏锐地指出了环境问题产生的两个根源：一是人们对自然规律认识不足；二是现有的生产方式忽视了比较远的自然和社会影响。同时他们又指明了解决环境问题的两条基本途径：一是学会正确理解和运用自然规律，学会认识人对自然界正常行程的干涉所引起的影响；二是合理地调节人和自然之间的物质变换，有计划地进行生产和分配。马克思和恩格斯关于人与环境关系的论述，为开展人口、资源与环境经济学研究提供了一个重要理论依据。我们应当以马克思的理论为指导，以"生态人"假设作为人口、资源与环境经济学研究的逻辑起点，构筑人口、资源与环境经济学的理论体系。

---

① 《马克思恩格斯〈资本论〉书信集》，人民出版社 1976 年版，第 200 页。

总之，马克思主义理论中包含有很多很宝贵的生态思想，这已经获得了广泛的认同。

第三节

中国当代生态思想文化

中国特色社会主义理论是建设生态文明的重要理论基础，其中所包含的生态思想，为建设生态文明提供了十分直接的理论基础。建立循环经济的观念，也为生态文明建设提供了重要的文化基础。这两方面，构成了中国当代生态文化。

一、中国特色社会主义理论体系中的生态文化思想

中国特色社会主义理论体系是由邓小平理论、"三个代表"重要思想、科学发展观等重大战略思想组成的科学体系，是马克思主义中国化的最新成果。其中所包含的生态思想，是我们建设生态文明的最直接的思想文化基础。

（一）邓小平生态思想

党的十一届三中全会以后，邓小平同志领导制定了改革开放的系列决策，确定了以经济建设为中心的基本路线，反复强调要解放生产力、发展生产力、实现人民共同富裕。由于当时环境保护问题还不是很突出，因此，邓小平同志当时的注意力主要放在经济建设等问题上。但他也具体地论及可持续发展方面的问题。在谈到我国现代化建设战略时他反复讲，人多是我国最大的难题，人口问题是个战略问题，要很好地控制。同时要努力提高人口素质。1982 年 11 月他为全军植树造林总结经验表彰先进大会题词："植树造林，绿化祖国，造福后代"。同年 12 月，他在林业部关于开展全民义务植树运动情况报告上批示，要求把植树造林这件事"坚持二十年，一年比一年好，一年比一年扎实。"1990 年 12 月他在同几位中央负责同志谈话时强调，"核电站我们还是要

发展，油气田开发、铁路公路建设、自然环境保护等，都很重要。"① 要求认真重视可持续发展和自然环境保护问题。

（二）江泽民生态思想

1991 年以后，以江泽民同志为核心的第三代中央领导集体十分重视对可持续发展问题的研究和具体落实，形成了较为完整、比较具体、可以操作的生态文明思想。

1. 江泽民同志论述了实施可持续发展战略的必要性。他认为，实现可持续发展，越来越成为各国推进经济社会发展的战略选择。我国人口众多，资源相对不足，在发展进程中面临的人口、资源、环境压力越来越大。因此，我们既要保持经济持续快速健康发展的良好势头，又要抓紧解决人口、资源、环境工作面临的突出问题，确保实现可持续发展的目标。可持续发展的思想最早源于环境保护，现在已经成为世界许多国家指导经济社会发展的总体战略。经济发展必须与人口、资源、环境统筹考虑，为未来的发展创造更好的条件，决不能走浪费资源和先污染后治理的路子。

2. 江泽民同志论述了实施可持续发展战略的核心问题。江泽民同志认为，实现可持续发展，核心的问题是实现经济、社会和人口、资源、环境协调发展。因此，我们要高度重视并切实解决经济增长方式转变问题，按照可持续发展的要求，正确处理经济发展同人口、资源、环境的关系，促进人和自然的协调与和谐，努力开创生产发展、生活富裕、生态良好的文明发展道路。

3. 江泽民同志论述了实现可持续发展战略的主要内容。他认为，从我国实际出发，在实施可持续发展战略中，我们要努力做好以下几方面的工作：一是坚持节水、节地、节能、节材、节粮以及节约其他各种资源，农业要高产、优质、高效、低耗，工业要讲质量、讲低耗、讲效益，第三产业与第一、第二产业要协调发展；二是继续控制人口增长，全面提高人口素质；三是消费结构要合理，消费方式要有利于环境和资源保护，决不能搞脱离生产力发展水平、浪费资源的高消费；四是加强环境保护的宣传教育；五是坚决遏制和扭转一些地方资源受到破坏、生态环境恶化的趋势。其中，人口问题是制约可持续发展的首要问题，是影响经济社会发展的关键因素。主要是在稳定低生育水平、提高出生人口素质的同时，高度重视劳动人口就业、人口老龄化、人口流动和迁移、出生人口性别比等问题。国土资源工作，是实现可持续发展的保障。要对

---

① 《邓小平文选》（第三卷），人民出版社 1994 年版，第 21、363 页。

国土资源进行规划编制、调查评价、地质灾害防治、耕地保护、信息化和网络化建设。环境保护工作是实现经济社会可持续发展的基础。要控制污染物排放总量，改善重点地区环境质量，推进清洁生产，推广清洁能源，推广生态农业和有机农业，控制境外污染进入。湿地具有调蓄洪水、调节气候、净化水体、保护生物多样性等生态功能，湿地保护是世界许多国家进行环境保护的重点，要控制湿地资源开发、建立一批湿地保护区、管护好已经建立的湿地保护区。水是基础性自然资源和战略性经济资源，水资源的可持续利用是经济社会可持续发展极为重要的保证，要着重解决洪涝灾害、水资源不足、水污染问题。

4. 江泽民同志论述了可持续发展战略在一些具体领域的实施问题。关于西部大开发中的可持续发展问题，江泽民同志指出，陕西一带历来"山林川谷美，天材之利多"，盛唐时期陕、甘"闾阎相望，桑麻翳野，天下称富庶者无如陇右"。但后来由于战乱、自然灾害、滥砍滥伐，使生态环境受到极大破坏，我们要大抓植树造林、绿化荒漠、建设生态农业去加以根本改观。在古代，西部地区的自然环境比较好，唐代诗人王维写的"渭城朝雨浥轻尘，客舍青青柳色新"就描绘了当时西北的自然风光。但西部地区水资源短缺，水土流失严重，生态环境越来越恶劣，因此，改善生态环境是西部地区开发建设必须首先解决的一个重大课题，要搞水、种草、栽树、修路，使西部呈现出一派生机盎然的景象。西部大开发要努力提高经济效益，同时高度重视社会效益和生态效益。搞好西部地区特别是长江、黄河源头和上游重点区域的生态建设，对于改善全国生态环境、实施可持续发展战略具有重要作用。要实施天然林资源保护工程，绿化荒山荒地，对坡耕地有计划有步骤地退耕还林还草。[①]

关于三峡工程建设中的可持续发展问题，江泽民同志指出，在三峡工程建设中，保护好流域的生态环境极为重要，库区两岸、特别是长江上游地区，一定要大力植树造林，加强综合治理，不断改善生态环境，防止水土流失。关于黄河治理中的可持续发展问题，江泽民同志指出，生态环境建设是关系黄河流域经济社会可持续发展的重大问题，必须把水土保持作为改善农业生产条件、改善生态环境和治理黄河的一项根本措施，重点解决对黄河防洪、水资源利用、生态环境建设有重大影响的关键科技问题，注重全河统筹，坚持依法治水。[②] 实施可持续发展战略问题最终在党的十六大政治报告中被作为全面建设小康社会的目标之一提出，即在 21 世纪头 20 年，可持续发展能力不断增强，

① 《江泽民文选》（第三卷），人民出版社 2006 年版，第 60 页。
② 《江泽民文选》（第二卷），人民出版社 2006 年版，第 69、355、356 页。

生态环境得到改善，资源利用效率显著提高，促进人与自然的和谐，推动整个社会走上生产发展、生活富裕、生态良好的文明发展道路。走新型工业化道路，也必须实施科教兴国战略和可持续发展战略，保证科技含量高、经济效益好、资源消耗低、环境污染少、人力资源优势得到充分发挥。①

（三）胡锦涛生态思想

党的十六大以后，以胡锦涛同志为总书记的党中央以马克思主义生态文明思想为指导，反复论及生态文明建设问题，并第一次代表党中央明确提出了生态文明的概念，对马克思主义生态文明观做出了新的丰富和发展。他强调，"经济增长不能以浪费资源、破坏环境和牺牲子孙后代利益为代价。在发展过程中不仅要尊重经济规律，还要尊重自然规律，充分考虑资源、环境的承载能力，加强对土地、水、森林、矿产等自然资源的合理开发利用，保护生态环境，促进人与自然相和谐，实现可持续发展。"②"可持续发展，就是要促进人与自然的和谐，实现经济发展和人口、资源、环境相协调，坚持走生产发展、生活富裕、生态良好的文明发展道路，保证一代接一代地永续发展。"③ 发展必须是可持续的，这样我们才能保证实现我国发展的长期奋斗目标。这就要求我们在推进发展中充分考虑资源和环境的承受力，统筹考虑当前发展和未来发展的需要，既积极实现当前发展的目标，又为未来的发展创造有利条件，积极发展循环经济，实现自然生态系统和社会经济系统的良性循环，为子孙后代留下充足的发展条件和发展空间。④ 他强调，要牢固树立保护环境的观念。良好的生态环境是社会生产力持续发展和人们生存质量不断提高的重要基础。要彻底改变以牺牲环境、破坏资源为代价的粗放型增长方式，不能以牺牲环境为代价去换取一时的经济增长，不能以眼前发展损害长远利益，不能用局部发展损害全局利益。⑤ 他特别指出，虽然我国环境保护和生态建设取得了不小成绩，但生态总体恶化的趋势尚未根本扭转，环境治理的任务相当艰巨。环境恶化严

---

① 《江泽民文选》（第三卷），人民出版社 2006 年版，第 544—545 页。
② 胡锦涛：《在中央经济工作会议上的讲话》，2003 年 11 月 27 日。
③ 胡锦涛："在中央人口资源环境工作座谈会上的讲话"，《十六大以来重要文献选编》（上），中央文献出版社 2005 年版，第 850 页。
④ 胡锦涛："在中央人口资源环境工作座谈会上的讲话"，《十六大以来重要文献选编》（上），中央文献出版社 2005 年版，第 851—852 页。
⑤ 胡锦涛："在中央人口资源环境工作座谈会上的讲话"，《十六大以来重要文献选编》（上），中央文献出版社 2005 年版，第 853 页。

重影响经济社会发展，危害人民群众的身体健康，损害我国产品在国际上的声誉。如果不从根本上转变经济增长方式，能源资源将难以为继，生态环境将不堪重负。那样，我们不仅无法向人民交代，也无法向历史、向子孙后代交代。① 可见，胡锦涛同志在论述科学发展观、全面建设小康社会新要求、国民经济发展新目标等问题时，处处都包含了生态文明建设的要求，对马克思主义生态文明思想做出了新发展。

二、发展循环经济的思想观念

发展循环经济的思想，是当代生态文化的一个重要内容。循环经济既不同于以往的以大量消耗、大量生产、大量废弃为特征的传统线性经济，也不同于一味反对国民生产总值的环境经济主义。它以废弃物少、变废为宝、废弃物资源化为原则，以实现对自然资源的循环利用。因此，它是对传统线性经济的革命，是一种新的经济发展方式和经济增长方式，一种开放型物质能量循环的网状经济，一种资源循环利用、经营管理科学、低开采高利用的经济，一种废弃物零排放或低排放、对环境友好的经济，一种经济、环境与社会发展利益兼顾的经济，一种内涵型发展的经济，一种以预防为主、全过程控制的经济，一种建立在绿色核算体系上的经济。发展循环经济的思想，是建设生态文明的重要文化基础。

（一）循环经济的层次性观念

发展循环经济主要应解决三个层次的问题。

一是企业层次。要求在企业内部抓清洁生产、绿色管理，实施物料闭路循环和能量多级利用，使一种产品产生的废弃物成为另一个产品形成的原料。为了实现清洁生产，必须抓好清洁生产审计、环境管理体系建设、产品生态审计、生命周期评价、环境标志建设、环境财会管理等工作。其中清洁生产审计是企业实施清洁生产的前提和核心。

二是区域层次。要求在企业间建立企业共生或产业共生的生态工业网络，实现一定区域范围内相关企业间废弃物的相互交换利用。生态工业园区是在区

---

① 胡锦涛："做好当前党和国家的各项工作"，《十六大以来重要文献选编》（中），中央文献出版社 2006 年版，第 312—313 页。

域层次上实现生态工业和循环经济发展的重要载体和途径，主要是通过对工业园区内物流和能源的正确设计，形成与自然生态系统相似的企业共生网络，使一个企业所排放的废弃物成为另一个相关企业的生产原料，从而实现对物质能量利用的最大化和废弃物排放的最小化，形成一个个较为封闭的能量循环链和环保产业链，在提高能源利用率的同时减少对环境的污染。

三是国家层次。要求建立若干大的全国性的生态循环体系，如治理"三河"、"三湖"、退耕还林还草、治沙治碱工程、优化能源结构工程、发展生态农业等。这是一种主要由政府主导的层次。政府可以通过政策、技术、财政支持或约束以及完整、配套的法律法规体系，科学的指标体系和规划体系，强有力的监督机制，促进对这些全国性的生态工程的建设。同时也要加强企业之间的协调，建立由政府主导的企业联合体，实现企业联合体内企业内部、企业之间、企业与社会相互联系、相互制约、相互促进的利益关系链条和责任关系纽带。

（二）与发展循环经济相适应的八种观念

发展循环经济的观念认为，要发展循环经济，应当具备八种观念。这些观念是建立生态文明的重要观念前提。

一是以人为本、员工利益与企业整体利益共融的观念。主张在经济社会活动中以较少的资源消耗、较小的环境污染实现较高的经济增长，开发和提供具有节能、节水、节材、节约空间性质的产品和服务。要坚持以人为本、注重提高企业员工的整体素质、养成健康的人格，使企业获得持久的发展动力。企业要关心人、尊重人，不断改善员工的待遇和工作环境；同时要培养企业员工的企业精神、价值观念、团队精神、道德意识，加强科学发展观特别是马克思主义生态文明思想教育，牢固树立起与发展循环经济相适应的思想观念和行为方式，为经济社会的可持续发展提供思想观念基础。

二是投资者利益、相关者利益、企业发展整体利益共赢的观念。要求转变只强调股东和投资者利益的观念，培养为利益相关者服务的观念。该观念认为，企业的可持续发展离不开整个社会、经济的可持续发展，只有实现投资者利益、相关者利益、企业发展整体利益的互利共赢，做到当前发展与可持续发展并重、股东利益与职工利益并重，才能保证企业获得健康发展。所谓利益相关者，包括企业的股东、债权人、雇员、消费者、供应商、政府部门、本地居民、本地社区、媒体以及自然环境、人类后代等与企业生存发展密切相关的主客体。企业在发展中必须考虑这些利益相关者的利益、接受他们的监督制约、实现互利共赢和可持续发展。

三是兼顾短期利益、长远利益、整体利益的观念。发展循环经济的目的在于实现经济发展与环境效益的和谐统一，追求的是人类发展的整体利益和长远利益。因此，在发展循环经济中既要注重短期利益，又要考虑长远利益和整体利益。要通过提高材料和能源利用率提高企业效益，通过对废弃物的充分利用而降低生产成本，通过废物管理、环保培训、环境信息处理等基本服务实现利益共享。要以节能、降耗、减污、增效为目的，提高资源生产利用率。坚决制止一些企业为实现赢利而对社会和企业资源资产进行透支式利用、不惜破坏生态污染环境、在发展模式上重短期产出而轻长期投入的做法。因为这种短期行为容易造成对资源的过度开采利用和基础资源稀缺，从而导致经济社会发展的失调。

四是依托科技创新推行清洁生产的观念。清洁生产是实现企业可持续发展的基础，企业必须抓好污染防治源头，从产品设计、原材料选用、改革和优化生产工艺、技术装备、物料循环和废弃物利用等环节入手，通过采用无害或低害新工艺技术，实现少投入、高产出、低污染。清洁生产实质上是一种技术性生产。要把推动企业科技创新看做是清洁生产的重要环节。发展清洁生产的技术支撑体系主要由五类技术构成，即替代技术、减量技术、再利用技术、资源化技术、系统化技术。其中，替代技术是旨在通过开发和使用新资源、新材料、新产品、新工艺替代原来所用的资源、材料、产品和工艺以提高资源利用率的技术。减量技术是用较少的物质和能源消耗来达到既定生产目的、在源头上节约资源和减少污染的技术。再利用技术是通过延长原料或产品的使用周期以及多次反复利用而实现资源消耗减少的技术。资源化技术是将废弃物回收利用的技术。系统化技术是运用系统方法构建合理的产品组合、产业组合、技术组合而实现物质、能量、资金、技术优化使用的技术。这五个方面的技术，是当前实现清洁生产中的技术创新的主要内容。

五是环境效益、社会效益与企业利益并重的观念。一个企业不仅要重视自身经济利益，还要重视环境效益和社会效益。自然资源和生态环境是人类生存和发展的基石，但自然资源并不是取之不尽、用之不竭的，生态环境对人类废弃物的吸纳和净化也是有限的，因此对一个企业来说，环境效益也就是社会效益。对我们这个处于工业化和城市化加速、人均资源占有不足、环境恶化趋势未得到根本性扭转阶段的国家来说，保护生态环境成为企业义不容辞的社会责任。此外，企业还要承担对相关利益方如消费者、员工、社会和环境等的社会责任，模范地遵守商业道德，承担生产安全、保护环境、节约资源、公众安全等社会责任。

　　六是共存共荣、互利共赢的观念。该观念认为，一个生态圈是由不同的物种构成的，不同物种间只有相互合作、共存共荣、互利共赢，才能给自身发展带来巨大空间。任何企业都不过是一个个生态圈中的一根链条，要想使这根链条在生态圈中发挥出应有的作用，就应当与整体生态圈的发展要求相协调。

　　七是信息共享的观念。主要是认为企业或产业作为社会这个大生态圈中的一个个要素、链条、环节，必须保证各个企业在信息方面实现共享。同时，为了保证企业之间对废弃物的充分交换、利用，也应当加强企业之间信息的相互开放和交流，实现企业之间原材料、能源、信息、技术、人员或资本的交换、共享。这种交换、共享应当是真诚和求实的。

　　八是可持续消费观念。不同的消费观念可以塑造不同的生产方式和生产内容，影响社会生产及其产品的质量和社会效益。要引导企业着力生产那些品质高、无污染、废物少、有益人民群众身心健康的产品，引导消费者从对低品质商品的需求向有益于环境、有益于身心健康的产品的需求转变，从对物质消费的需求向更高层次的精神文化需求转变，坚决摒弃那些有害于环境、有害于群众身心健康的产品，从而促使企业积极主动地发展绿色环保产品、推行清洁生产、搞好绿色产品研发技术开发和科技创新。

　　可见，中国特色社会主义理论中的生态思想、循环经济的层次性观念及与发展循环经济相关的八种观念，为建设生态文明提供了更直接的思想条件。

第四节

当代中国生态文化的缺失与重建对策

　　尽管中国古代曾拥有丰富的生态思想，近代以来在吸收马克思主义生态哲学思想的基础上形成了具有中国特色的生态思想与理论，但总体而言，当代中国生态文化仍存在诸多缺失之处，难以满足当下建设生态文明的需要。弥补缺失，构建完备的生态文化，是建设生态文明的重要任务。

一、当代中国生态文化的缺失

　　尽管古今中外各种生态文化为我们建设生态文明提供了重要文化基础，但在当代中国，仍然面临着生态文化严重缺失的问题。

（一） 生态价值缺失

生态价值缺失根源于西方价值的潜入。尽管人类历史上出现过各种价值形态，有其自身的凝聚力和号召力，但却无法阻挡西方价值的入侵。西方价值主要建立在物质取向和线性发展范式上。西方物质主义和消费主义的文化意识形态成了大多数人奉行的一种价值，利润也成了所有社会评定企业效益乃至于一切经济活动的主要标准。我国在一个长时期里片面追求 GDP 本身就说明了这一点。以西方理性主义、物质主义、人类中心主义和个人主义为核心的整个现代价值体系已经在当代中国人心目中留下深深印记。传统价值强调的仁慈、诚实、顺从、虔诚、安分、斯文、同情、怜悯、怀旧、敬畏、感恩、孝顺、谦卑、勤俭、礼让、忍耐等都受到现代价值的排斥。这种价值观不仅使人类生存陷入一种深刻的恶性循环，也在严重破坏我国的生态环境。它使哲学、政治、经济和文化理论都成了市场和技术的奴婢，都在为利益鼓噪，为灾难辩解。可以说，人与自然关系的恶化，在很大程度上是西方价值造成的，是由西方价值引导的生产方式和生活方式造成的。这是生态价值缺失的重要原因。片面发展观在本质上也是生态价值缺失造成的。

（二） 生态道德缺失

"崇尚自然、珍爱生命"，是人类一贯崇奉的生态道德。但在当代，这种生态道德却完全丧失了。正是生态道德的缺失，成了环境危机的重要原因。长期以来，我们在处理人与自然关系方面，未能建立起系统的行为规范和生态道德，相关法律建设也严重滞后，因而对大自然进行了无情的掠夺，特别是无视其他生命的权利，任意倾泻垃圾，造成了严重的环境污染、资源枯竭、生态失衡，受到了大自然的严厉惩罚。我们急需建立对于自然、环境应具有的行为规范，以调节人与自然之间的关系，消解环境危机，建设人与自然的和谐。但生态道德在全社会的树立是十分艰难的，很多人认为建立生态道德是无所谓的事情，因此缺失了对自然的感恩，缺失了对其他生命的尊重。人类对自然缺失了道德，自然也给人类以惩罚。古人说不打有孕之兽，但每年要进行一次宏伟生育大迁徙的藏羚羊、给人类带来福祉的麝、山野中呼唤爱的黑麂……，都无一例外地遭到了厄运。它们生存的空间，正被人类蚕食、掠夺。近些年来，我国城乡居民的生态意识、环保观念日益增强，参与生态治理、环境保护的积极性明显提高。但是，生态道德尚未普遍植根于广大群众心中。相当多的人生态道德低下，处于"文盲、半文盲"状态。有些公务人员的生态道德、环境意识差得惊人。生态道德缺失还表现在消费领域追求奢华、过度消费甚至挥霍浪费等方面。事实说明，在广大群众尤其是在公职人员中间，强化生态道德教育，"补生态道德课"，亟为迫切和重要。

（三）系统思维缺失

思维是人脑对客观事物间接的和概括的反映，是主体能动地、连续地获取各种环境信息，由特定的组织或组织体系对获得的环境信息和之前的运算结果信息进行一系列的运算，得出应对环境变化的方案的运动。系统思维则是根据创新对象的系统特征，从系统整体出发，着眼于系统的整体与部分、部分与部分、系统与环境的相互联系和相互作用关系，以系统论为思维基本模式的思维形态，能极大地简化人们对事物的认知，给我们带来整体观，因此也可以称为整体观、全局观。系统思维是中华民族，特别是汉民族文化的特质，它贯穿于哲学、军事、管理、农业、医学、艺术等各个领域之中，并不断积淀为心理结构和再生出新的文化形态，具有强固的凝聚力量和融合功能，在中华民族的生存发展行程中起到了巨大作用。但当代许多生态建设方案在实践的过程中却不重视系统思维，导致很多地方的生产生活根本不考虑生态问题，或者即使考虑了，也只是做些表面文章，应付一下检查而已，根本就没有把生态建设作为发展全局中的一个重要方面，没有把生态建设当做一个系统工程，以致于经济发展无生态，生态建设搞污染，生态文明建设长期见不到实效。

（四）生态意识缺失

树立生态意识，本质上是要处理好人类与非人类的关系。人类与非人类的关系这种生态伦理问题大多对应着人类对非人类生命的态度。但"非人类"这个概念本身指的是动物或野生动物，本身就隐含了"人类中心"意识。例如在迪斯尼半个世纪的历史中，以动物为主角的40部影片约占其作品总数的50%，在这类动画片中，动物只是其中的一个道具，故事讲述的仍然是关于人类的故事。由于仅仅局限于人与人之间问题的叙述，因此反映的是一种"发展至上"、"人类中心主义"意识的泛滥，是生态意识缺失的重要表现。这些影片在我国得到了广泛传播，对我国的青少年包括一些成年人的生态意识造成了深刻影响，民众对非人类生命的主体性缺少关注，而是更多地把它们当做玩偶。因此难以使我们从统治自然转向与自然和谐相处，大肆捕杀野生动物、大肆破坏自然环境、工业污染物及生活垃圾随处排放，成了人们习以为常的事情。

（五）　生态批评缺失

在生态批评方面，我国有的学者作了一定的研究，确定了生态批评的范畴和方法。范畴主要有"和谐"、"自然"、"终极关怀"、"悲慨"等。所谓"和谐"，强调的是人与自然的和谐、人与社会的和谐、人与人的和谐、人与自身的和谐。所谓"自然"，是要处理好"社会生态"和"精神生态"、"内部自然"与"外部自然"关系，引导人们正确对待和处理自然生态和社会生态问题，从更深的层次上探讨精神生态的问题，引导人们重视向"内部自然"的回归，要求人们"敬畏自然"。所谓"终极关怀"，是要解决"我是谁"、"我在何处"、"路在何方"、"存在何为"这些关乎人类命运的问题，是正确处理人与自然关系的基础性问题，也是实现"和谐"目标必须要解决的问题。所谓"悲慨"，即悲壮慷慨，意为生态文学、生态批评应该是一种阳刚的批评，一种充溢着浩然正气的批评。生态批评的方法主要从文化学方法、女性学方法、阐释学方法、心理学方法、系统论方法等常见的文艺学方法中汲取营养，丰富自己的批评路径。强调中国的生态批评研究要以本土话语为根基，以西方话语为催化剂，力求构建出具备本土特色的生态批评话语。但事实上，这种批评还处于理论探讨阶段，还没有转化成为大多数理论家、艺术家的共识和创作实践。因此生态环境的恶化得不到有效的批评，环境污染行为不能受到社会公众的批评和鞭挞。

（六）　生态信息缺失

随着信息技术的发展，现代社会的媒介越来越多，覆盖面越来越广，也贮存和传播了很丰富有用的生态信息。但现有的媒介技术仍不足以完整地记录全部文化代码，难免会造成大量生态信息缺失。因为作为工业社会的衍生品，大众传播难以摆脱其受政治和资本制约的宿命，对生态信息的传承和传播难免是选择性的、碎片式的。同时，生态信息的传播需要一定的物质手段，生态信息的呈现要求特定的物质载体。但由于大众媒介技术手段的限制，并不能完整地保存生态方面的全部信息，现有的大众媒介传播技术还不足以向受众传递气味等信息，必然会出现生态信息的遗漏和缺失。另外，大众传媒在面对不同的受众时，其个体差异性也会对生态信息的理解产生不同的影响。大众传媒在"保护、传承生态信息"的同时，会利用政策、资金、技术、传播渠道、话语权等方面的优势，对生态信息实施"垄断"或"裁定"，这就难免造成生态信息的被隐匿、不完整，使人民群众对生态保护问题不了解或了解得不全面，不仅不能监督、制止破坏生态的行为，反而会参与到对生态的破坏之中。

（七）生态传统缺失

要实现农业的可持续发展，保障农产品质量安全，必须树立和落实科学发展观，借鉴和吸纳中国传统农业生产的精华，遵循自然规律，重视生态环境的保护，逐步减小化学品的投入，发展生态高效农业，注重增长速度与质量安全的协调，追求生产、生态、生活的和谐。中国传统农业中许多好的东西，是当时劳动人民依据自然资源和物种间的关系，运用本土的、独特的、独创的耕作技术和实践经验，经过世代不懈的努力形成并传承下来的生态平衡系统和农耕文化。但在现在的农业生产中，抛弃农家肥、有机肥，大量使用化肥和农药，忽视农作物的倒茬轮作，人畜粪便随意排放，生产生活垃圾任意丢弃，以及毁林垦荒等不理智行为，使生态环境遭到严重污染和破坏，不仅维系自然生态平衡的生物链、害虫的天敌遭到灭顶之灾，而且危害到人类自身的生活和健康。许多几千年来哺育中华民族繁衍生息的民间用具、民俗用品、传统农具、传统技艺，以及我国农业的许多优良传统和理念正走向衰落和消失。农业本身具有的调节生态、观光休闲和文化传承的多种功能被忽视。

（八）生态消费缺失

中国人一向喜欢讲排场、过尽量奢侈的生活。这一不良传习与西方的消费主义思潮结合在一起，在我国市场经济的特定环境中得以迅猛发展，形成了当代中国人异化的消费观和以物质消费为中心的生活方式。这种"高物质消耗"的生活方式虽然在客观上推动了经济在短时期内的快速发展，但庞大的消费需要超出了自然资源的可承受力，给生态环境带来了诸多负面影响。倡导自然、简朴的生活方式以及环境友好型的消费行为，注意节约并选择消费可循环使用的产品和对环境无影响的绿色产品，反而成了许多追求时尚者嘲笑的对象。

二、构建生态文化，为生态文明
建设提供思想文化支撑

（一）当代中国构建生态文化的重点

1. 关键是推进全面生态意识的觉醒

意识是文化的深层因素。构建生态文化，关键是推进全民生态意识的真正

觉醒，确立现代全民生态意识。全民生态意识，首先包括人与自然的和谐意识。正如胡锦涛指出的："要牢固树立人与自然相和谐的观念。自然界是包括人类在内的一切生物的摇篮，是人类赖以生存和发展的基本条件。保护自然就是保护人类，建设自然就是造福人类。要倍加爱护和保护自然，尊重自然规律。对自然界不能只讲索取不讲投入、只讲利用不讲建设。发展经济要充分考虑自然的承载能力和承受能力，坚决禁止过度放牧、掠夺性采矿、毁灭性砍伐等掠夺自然、破坏自然的做法。要研究绿色国民经济核算方法，探索将发展过程中的资源消耗、环境损失和环境效益纳入经济发展水平的评价体系，建立和维护人与自然相对平衡的关系。"① 其次，要确立民族可持续发展意识。"可持续发展战略事关中华民族的长远发展，事关子孙后代的福祉，具有全局性、根本性、长期性。实施可持续发展战略，促进人与自然的和谐，实现经济发展和人口、资源、环境相协调，坚持走生产发展、生活富裕、生态良好的文明发展道路，这既是全面建设小康社会的必然要求，也是贯彻落实科学发展观的重要实践。各地区在推进发展的过程中，必须充分考虑资源和环境的承受力，统筹考虑当前发展和未来发展的需要，既重视经济增长指标、又重视资源环境指标，既积极实现当前发展的目标、又为未来发展创造有利条件。② 最后，要确立代际公平意识，"我们在抓发展的过程中，一定要高度重视人文自然环境的保护和优化，努力使我们今天所做的一切，只能给后人留下赞叹，而不给后人造成遗憾。"③

2. 重点是提高全民"生态商"

当代中国，发展意识强，生态意识弱，财富意识强，环境意识弱。为此，必须大力提高全民"生态商"。"生态商"是"情商"之父，哈佛大学心理学博士丹尼尔·戈尔曼最近在《10个改变世界的想法》一书中提出的概念。建设生态文明，关键要改变人的思维方式。问题的症结在于，"随着工业革命的推进，人类和大自然之间产生了隔绝"，导致"生态无知"。如何抵制"生态无知"，"假如人们能够认识到消费的真正成本，就会改变自己的行为，要进行一场生态革命，即传播"生态商"概念。在他看来，提高"生态商"，关键

---

① 胡锦涛："在中央人口资源环境工作座谈会上的讲话"，《十六大以来重要文献选编》（上），中央文献出版社2005年版，第853页。

② 胡锦涛："把科学发展观贯穿于发展的整个过程"，《十六大以来重要文献选编》（中），中央文献出版社2006年版，第69—70页。

③ 胡锦涛："把科学发展观贯穿于发展的整个过程"，《十六大以来重要文献选编》（中），中央文献出版社2006年版，第71页。

在于计算"碳足迹"，即对产品在生产、运输、使用和废气过程中的环境污染进行计算。确定产品的生态价格，促进企业在降低生态价格方面进行竞争，同时，需要消费者具有高的生态商。[①]

3. 基础是确立基于生态文明的思维方式

文化说到底是思维方式。按照生态文明的要求改变思维方式，是生态文化建设的深层基础。具体来说，一是要确立科学的垃圾观。根据生态文明理念，垃圾实为放错位置的资源。根据国外的实践，如果对垃圾进行科学分类（国外垃圾构成分为玻璃、塑胶、金属、有机可降解废物、纸张等），82%的垃圾可以回收利用。国外垃圾利用率普遍较高。美国垃圾处理中，50%卫生填埋、30%焚烧发电，其余回收和堆肥。在欧洲则是40%卫生填埋，40%焚烧发电，20%回收和堆肥。但是，在中国，35%卫生填埋，20%焚烧发电，45%没有纳入回收利用和污染控制范围。二是要确立科学的工程观。传统的工程观是将生态环境作为工程决策、工程运行和工程评估的外在约束条件，没有把生态规律与人的社会活动规律作为工程活动的内在因素。当代工程观要求不当是以改造自然为目的，而是要遵循生态活动的规律，不仅是外生变量也是内在因素。工程活动不仅受生态环境影响，也是按照生态规律重塑生态活动的方式。工程活动是生态循环系统之中的生态社会现象。三是要确立新的节约观。传统节约观认为，节约就是少花钱，不花钱。基于生态文明的节约观认为，节约就是以最小投入换取最大回报，实现效率和效益最大化。因此，对于资源，关键是提高使用效率和效能。

（二）构建生态文化的举措

面对当代中国生态文化严重缺失的状况，根据上述重点，可以从以下几个方面加以重建。

1. 加强宣传教育

一是加强马克思主义生态思想教育，用马克思主义生态思想特别是中国特色社会主义生态思想教育广大干部群众，并大力宣传中国传统生态文化及国外有益的生态思想，使广大干部群众了解生态文化，善于运用生态文化去规范自己的生产经营及生活消费活动。二是加强马克思主义世界观、人生观、价值观教育。马克思主义世界观认为世界是物质的客观实在，物质世界是运动的，物质世界的运动是有规律的。因此我们应当尊重自然规律，在建设生态文明时也

① 《参考消息》，2009年4月7日。

要善于利用自然规律，以防止生态建设出现偏差和失误。马克思主义人生观和价值观认为人生在世，应当有所索取也要有所奉献，要多做于他人和后代有益的事情。这就要求我们在生态建设时不要做断子孙后代路的事情，而应当多做一些泽被后世的事。三是加强马克思主义思想方法教育。全面、系统、动态、辩证地看问题，是马克思主义重要的思想方法，也是我们建设生态文化的重要方法。要把全面、系统、动态、辩证地看问题作为一种重要的生态思维，要求广大干部群众在生产生活中不能只看到眼前利益、短期利益、个人利益和经济利益，而要多思考长远利益、他人利益、社会效益和生态效益。

2. 开展创建活动

要积极吸收文明城市、文明村镇创建中的好做法、好经验，积极开展生态文化实践活动。这项实践活动既可以参照文明城市、文明村镇创建的做法、经验另外成立一个班子进行组织领导，也可以和文明城市、文明村镇合为一体，把生态文化创建作为其中一项重点内容加以组织落实。同时，要坚决防止把生态文化创建搞成新的劳民伤财工程，要尽力节简，不要扰民。

3. 发展生态文化产业

生态文化产业化是重建生态文化的可行路径。要在动画制作、文学创作、报刊杂志、广播影视等精神产品中加入生态文化的内容，使生态文化既能很好地融入读者、观众的心里，又能产生良好的经济效益，不致于使生态文化的培养陷入缺乏经济来源而半途而废的尴尬境地，从而达到社会效益、经济效益双丰收的目标。

4. 建立健全培育生态文化的体制机制

生态文化的培育，不可能是自然而然的事情，也不是一年半载就能见成效的。因此，在加强生态文化、马克思主义世界观人生观价值观、马克思主义思想方法教育、开展生态文化创建活动、发展生态产业的同时，还要有监督机制和组织保证。要充分发挥各种媒体如网络、电视、报纸的透视作用以及人民群众的监督作用，对有利于生态文化养成的好人好事给予宣传表彰，对违背生态文化的不良习气则要加以讨伐、鞭挞。各级党委政府要成立工作专班，把生态文化培育纳入重要议事日程，时时检讨、校正、规范政府行为。既要防止打疲劳战，又要克服松劲厌战情绪。

第十五章

生态文明评价体系：中国生态
文明建设的引导体系

建设生态文明是一个长期的系统工程。为了评价生态文明建设的进程及存在的问题，就需要构建一套有效的生态文明建设评价指标体系。本章将在评述国内外主要生态指标体系的基础上，借鉴这些指标体系的构建经验，结合中国特色生态文明的内在要求，提出具有中国特色的生态文明评价指标体系。

第一节

国内外主要生态指标体系

为了测度和评价社会经济发展的可持续性，国内外学者从各个方面入手提出了众多生态指标。生态文明建设任务被提出之后，国内学者也构建了若干相关指标。这些指标为我们建构中国特色生态文明指标体系提供了有益的方法和经验。

一、国内外可持续发展指标体系

（一）国外可持续发展指标体系

1992 年里约热内卢联合国环境发展大会召开以来，许多国际机构（如联合国可持续发展委员会、世界银行、亚太经社理事会等）、非政府组织（环境问题科学委员会、世界自然资源保护同盟等）以及一些国家（英国、荷兰、北欧、加拿大等）纷纷开展可持续发展指标体系研究工作，提出了各自的指标体系。表 15－1 中列举了一些比较有代表性的指标体系。

表 15－1　　几种具有代表性的国外可持续发展指标体系

指标名称	主要内容	主要缺陷
联合国可持续发展委员会（UNCSD）的指标体系	该指标体系最初是从影响可持续发展的经济、社会、环境和制度四个主要方面着手构建，所有指标又分别根据"驱动力（Driving Force）——状态（State）——响应（Response）"模型（即DSR模型）分为驱动力指标、状态指标和响应指标，共 134 个指标。后经 1996--1999 年在 22 个国家测试后，UNCSD 对该指标框架进行了改革。改革后的 CSD 新框架包括了 15 项 39 个子项，同测试中所用的"驱动力——状态——响应"框架有所不同。其特点是：（1）强调了面向政策的主题，以服务于决策需要；（2）保留了可持续发展的社会、经济、环境与制度四个重要方面；（3）未严格按照《21 世纪议程》中的章节来组织，但也有一定的对应关系；（4）取消了对"驱动力——状态——响应"的对应分类，尽管最终所选指标仍代表了对其的综合。	体系庞杂；"压力"和"状态"不容易界定；可操作性较差；较使用于环境问题，但不太适用于经济、社会和体制问题
联合国统计局的可持续发展指标体系 FISD（Framework for Indicator of Sustainable Development）	该指标体系以《21 世纪议程》中的主题章节作为可持续发展指标的主要分类标准，将指标分为社会经济活动和事件、影响和效果、对影响的响应以及储量、存量和背景条件四大方面。这四大方面也基本对应了驱动力、状态和相应三个方面。	体系庞杂；可操作性较差；适用于环境问题，但不太适用于经济和社会问题
环境问题科学委员会（the Scientific Committee on Problems of Environment，缩写 SCOPE）和 UNEP 合作，提出的可持续发展指标体系	该指标体系是一个只包括 25 个指标的高度简洁的指标体系，非常注重人类活动和环境之间的相互作用。指标分为经济、社会和环境三大方面。	对持续性和协调性的研究不足，社会发展指标较少
世界银行的可持续发展指标体系	该指标体系的特点是，首次用"财富"（wealth）而非"收入"（income）作为制定指标的出发点，即首次用存量（财富）概念而非流量（收入）概念衡量可持续发展能力。而且其财富概念也超越了一般的货币资本的范畴，包括生产资本、自然资本、人力资源和社会资本四大方面。	忽视了财富积累的历史性和空间分布的不均衡性

续表

指标名称	主要内容	主要缺陷
苏格兰可持续发展指标（SISD）	该指标体系包含 5 种指数：环境近似调整后的国民生产净值（AEANNP）、弱可持续性测量法（PAM）、净初级生产力和承载力（NPP/K）、适当的承载力和生态立足域（EF/ACC）和可持续经济福利指数（ISEW）。	缺少社会发展指标，指数未整合为单一指标
美国耶鲁大学和哥伦比亚大学合作开发的环境可持续性指标（ESI，Environmental Sustainability Index）	该指标体系包括 22 个核心指标，每个指标结合了 2—6 个变量，共 67 个基础变量。主要衡量环境可持续发展。	缺少经济和社会发展指标

　　总体来看，这些指标体系比较明显的特点是综合性较强，指标体系涵盖面较广，较好地体现了实现可持续发展的系统性和科学性要求。但它们也存在以下四方面问题：（1）指标体系庞杂，指标多直接相加，整合程度低；（2）部分指标难以量化或货币化，可操作性较差；（3）主要关注并适用于环境问题，对经济和社会的可持续发展关注不够，也不太适用于这两大方面；（4）经济社会发展与环境之间的相互关系不太明晰。这些指标体系的特点与存在的问题，为中国构建具有中国特色的可持续发展指标体系提供了重要借鉴。尤其值得注意的是，这些指标体系主要是发达国家及其机构制定的，因而对环境方面关注明显多于社会和经济方面。对于正在谋求科学发展的中国而言，在制定可持续发展指标的时候，应同时关注环境、经济和社会的可持续发展，应制定足以反映三者协调发展的指标体系。

（二）国内可持续发展指标体系

　　在可持续发展战略被提出和实施后，中国一些政府部门和研究机构根据国外既有可持续发展指标和《中国 21 世纪议程》要求，在研究设计中国可持续发展指标体系方面，取得了一些成果。表 15 - 2 列举了国内几种具有代表性的可持续发展指标体系。

表 15 - 2　　　　　　　　　具有代表性的国内可持续发展指标体系

指标名称	主要内容	主要缺陷
国家环保总局《可持续发展指标体系》课题组曹凤中等提出的指标体系	该指标体系由经济发展指标、社会发展指标体系、环境与资源指标体系和域外影响与可持续发展指标体系四大方面指标构成，按照压力——状态——响应框架，从描述性环境指标展开，通过环境、资源等描述性指标的货币化，建立一组综合环境经济学指标，最终综合成为可持续发展政策指标——真实储蓄率。	社会指标难以量化和货币化。
中国科学院可持续发展战略研究组牛文元等提出的指标体系	该指标体系分为总体层、系统层、状态层、变量层和要素层五个等级。系统层将可持续发展总系统解析为五大子系统：生存支持系统、发展支持系统、环境支持系统、社会支持系统、智力支持系统。变量层共采用 45 个"指数"加以代表，要素层采用了 219 个"指标"，全面系统地对于 45 个指数进行了定量描述。	指标数量过于庞大，选定指标的主观性较大，部分指标相关性较大，存在指标重复计算的情况。
北京大学环境科学中心叶文虎、唐剑武等提出的指标体系	该指标体系将物质流、能量流、信息流归一为价值流单一指标，通过资源系统、经济系统与环境系统的价值来描述三大系统的发展状态。另外他们还提出了个新的国民生产总值概念。新国民生产总值 = 原有的国民生产总值 + 资源总价值的变化量 + 环境承载力价值的变化量。该指标体系通过指数化相关指标得到协调度指数，来反映可持续发展能力的变化。	没有给出衡量区域可持续发展的具体指标。
国家统计局和中国 21 世纪管理中心合作提出的指标体系	该指标体系包括经济、社会、人口、资源、环境和科教六大部分，分为描述性指标和评价性指标两类。描述性指标具体反映某种现象的状况，评价性指标反映可持续发展各个领域、各层次以及总体的趋势变化动态。描述性指标共有 196 个，其中经济 38 个，资源 51 个，环境 48 个，社会 32 个，人口 13 个，科教 14 个。评价性指标共有 100 个，其中经济 19 个，资源 20 个，环境 28 个，社会 17 个，人口 8 个，科教 8 个。	指标过多，可操作性不强，存在指标重复和交叉的情况，数量指标过多，质量指标相对较少。
北京大学环境科学中心张世秋提出的指标体系	该指标体系由社会发展、经济、资源与环境、制度问题四大类指标组成，每大类指标又分别划分为压力指标、状态指标和响应指标，总共包含 169 个指标。	指标过多，指标之间的关系不明晰，部分指标相关性过高，对非环境问题的适用性较低。

综观这些指标体系，它们大多具备了上述国外代表性可持续发展指标体系的优缺点，毕竟有些指标体系是模仿国外的指标体系构建起来的。除此之外，国内的这些指标体系还存在着具体指标难以获得统计资料支撑；过于注重可持续发展水平的评价，轻视或忽视可持续发展能力的评价；数量指标过多，质量指标较少；缺少对可持续发展阶段性的划分；指标体系的实践基础比较薄弱；某些指标的设定较难跟国际接轨等问题。

二、生 态 足 迹[①]

生态足迹分析方法最早由加拿大英属哥伦比亚大学的 William Rees 教授和 Mathis Wackernagel 教授于 1996 年在其合著的《我们的生态足迹》（Our Ecological Footprint）中提出的。1997 年，他们又发表了 "Ecological Footprint of Nations"。该成果计算了涵盖全球 80% 人口的 52 个国家的生态足迹。1997 年后，WWF 将生态足迹的研究扩展到全球所有的国家，2000 年 WWF 公布了 1996 年全球所有国家的生态足迹。至今，至少已有 20 多个国家进行了本国生态足迹研究。

生态足迹（ecological footprint）也称"生态占用"，是指能够持续地提供资源或消纳废物的、具有生物生产力的地域空间（biologically productive areas），其含义就是要维持一个人、地区、国家或者全球的生存所需要的或者能够吸纳人类所排放的废物的、具有生物生产力的地域面积。生态足迹将每个人消耗的资源折合成为全球统一的、具有生产力的地域面积——全球性公顷（global hectare），通过计算具体区域生态足迹总供求之间的差值——生态赤字或生态盈余，来反映不同区域的可持续发展能力及其对全球生态环境现状的影响。这是一种建基于"生态承载力"概念基础上的、用面积概念来定量评价某一区域可持续发展能力的方法。这种方法揭示了一个基本事实：人类的存续必须建立在对资源的消耗和获得生态环境的支撑的基础之上。它使用标准单位"gha"（global hectare）来衡量某一人群存续对生态环境的压力，使得不同区域的生态足迹有了可比性，便于进行国际比较。

生态用地被划分为能源用地、农用地、林地、建筑用地、近海生域和草地

[①] 本部分内容主要参考了陶在朴：《生态包袱与生态足迹——可持续发展的重量和面积观念》，经济科学出版社 2003 年版。

六大类型。在计算时，将这生产力不同的六种生态用地折算为统一的 gha，然后加总，即得到相应的区域生态足迹和生态承载力。这六种生态用地生产力最高的是农用地。与能源相关的土地使用，不仅包括能源生产占用的地表面积，还包括吸收二氧化碳的林业用地。

生态足迹主要有两种计算方法——综合法和成分法。综合法是自上而下利用国家级数据归纳计算生态足迹的方法，主要用于国家级生态足迹计算。成分法则是自下而上计算生态足迹的方法，主要用于计算区域（省、市）、行业、公司、学校、家庭、个人的生态足迹。成分法与综合法的不同之处是以人类的衣食住行活动为出发点。

生态足迹的计算步骤如下：

1. 计算各种消费用地 S_i

$$S_i = C_i / Y_i = (P_i + I_i - E_i) / Y_i$$

其中，C_i 为 i 项消费总量；Y 为 i 的土地生产力；P_i 为 i 的当地生产量；I_i 为 i 项消费的进口量；E_i 为 i 项消费的出口量。

2. 计算总土地占用

$$\sum S_i = S_1 + S_2 + S_3 + S_4 + S_5 + S_6$$

其中 S_1 为农用地；S_2 为草地；S_3 为建筑用地；S_4 为森林；S_5 为近海；S_6 为能源用地。

3. 折算为生态足迹 EF

$$EF = \sum S_i \times f_i / P$$

其中 f_i 为各类土地的等量因子；P 为人口。

表 15 - 3 是 2002 年 WWF 公布的 1999 年的全球性生态足迹数据。从该表可见，1999 年全球人均的生态足迹为 2.33gha，而当年全球可提供的人均生产力面积只有 1.91gha，生态足迹赤字为人均 0.42gha。为容纳 1999 年的全球人口，当年需要 1.2 个地球。2002 年，WWF 同时公布了其根据综合法计算的 1996 年的中国生态足迹。结果显示，1996 年中国生态赤字为 0.9 公顷/人。东北大学资源与土木工程学院的生态足迹研究组的研究结果显示，2001 年的中国生态赤字为 1.2313 公顷/人。从 1996 年到 2001 年，中国人均生态赤字增加了 0.3313 公顷/人。

表 15 - 3　　　　　　　　　　全球生态足迹（1999 年）

面积	等量因子 gha/ha	全球需求/每人		全球可提供的生产力面积/每人	
		总和需求（每人公顷）	标准化后的每人 gha	全球面积（每人公顷）	标准化后的每人 gha
农用地	2.1	0.25	0.53	0.25	0.53
草地	0.5	0.21	0.10	0.58	0.27
伐木地	1.3	0.22	0.29	0.65	0.87
渔域	0.4	0.40	0.14	0.39	0.14
建筑用地	2.2	0.05	0.10	0.05	0.10
能源	1.3	0.86	1.16	0.00	0.00
合计			2.33	1.91	1.91

资料来源：Wackernagel et al.：Tracking the ecological overshoot of the human economy，PNAS 2002. 转引自陶在朴：《生态包袱与生态足迹——可持续发展的重量和面积观念》，经济科学出版社 2003 年版，第 166 页。

　　生态足迹分析方法使用面积概念衡量区域可持续发展能力，是构造可持续发展指标的全新理念。其优点是显而易见的，但同时学术界也指出了生态足迹分析 7 个方面的不足：（1）人类的福祉是多维度的，不宜用单一的、过于简化的指标表示；（2）生态足迹缺乏透明度；（3）生态足迹体现的是一种"解决二氧化碳便解决一切"的思想，吸收二氧化碳排放的能源间接用地在生态足迹构成中超过 50%，因而该分析法没有考虑二氧化碳之外的其他温室气体；（4）生态足迹忽略了海洋吸收二氧化碳的功能；（5）生态足迹的计算只注意土地的量而忽视土地的质，各种土地的折算标准（等量因子）未统一；（6）成分法是一种"撒网"的方法，网越大包括的成分就越多，生态足迹便越大，如果没有重复计算，成分法的计算结果往往是低估的；（7）敏感性分析与重复计算的检查没有规范。当前，生态足迹分析法仍在不断完善过程中。

三、绿色 GDP

　　绿色 GDP 是绿色经济 GDP 的简称，也称可持续发展 GDP，它是从传统 GDP 中扣除自然资源耗减价值与环境污染损失价值后剩余的国内生产总值。
　　传统 GDP 没有核算资源的消耗和环境损害。随着人类面临日益严峻的资源耗竭威胁和环境污染损害，传统 GDP 越来越难以真实反映经济增长的实绩。为此，从 20 世纪 70 年代起，一些科研组织和政府机构即开始探索构建新的指标体系和核算体系。1971 年，美国麻省理工学院的学者首先提出"生态需求指标"（ERI），试图利用该指标定量测算与反映经济增长对资源环境的压力。1972 年，美国经济学家托宾和诺德豪斯提出净经济福利指标。在该指标中，他们主张应该从 GDP 中扣除城市污染等经济行为所产生的社会成本。1973 年，日本政府提出的净国民福利指标也主张应考虑环境污染因素。1974 年，挪威成立自然资源部，开发和推行自然资源核算和预算系统。20 世纪 80 年代，挪威统计局采用实物指标首次编制了自然资源核算账户，包括能源、矿产、森林、渔业和土地使用等。1989 年，卢佩托等人提出的净国内生产指标则重点考虑了自然资源的消耗与经济增长之间的关系。1993 年，联合国经济和社会事务部在修订的《国民经济核算体系 1993》中提出了国内生产净值的概念。国内生产净值即传统 GDP 扣减资源耗减成本、环境降级成本和固定资产折旧。绿色 GDP 的概念逐渐形成。

从 1998 年起，西欧和日本开始执行环境核算制度；绿色 GDP 概念开始从理论探索阶段转入实践阶段。中国则从 1995 年起密切关注国外绿色国民经济核算体系的进展，为编制中国绿色 GDP 做准备。2004 年，中国政府正式尝试编制绿色国民经济核算体系，并将 2004 年为核算标准年。经过两年多的探索，2006 年 9 月，国家环保总局和国家统计局联合发布了《中国绿色国民经济核算研究报告 2004》。报告表明，2004 年全国因环境污染造成的经济损失为 5118 亿元，占当年 GDP 的 3.05%。虚拟治理成本为 2874 亿元，占当年 GDP 的 1.80%。由于部门和技术局限，2004 年中国绿色 GDP 并未包括资源核算，上述环境损失只是实际环境成本的一部分。

绿色 GDP 的核算方法，即扣减自然资源损耗和环境污染损失的方法多种多样。如中国科学院可持续发展课题研究组提出的绿色 GDP 概念认为，应从传统 GDP 中扣减自然部分的虚数和人文部分的虚数两大方面内容。自然部分的虚数从下列因素中扣除：（1）环境污染所造成的环境质量下降；（2）自然资源的退化与配比的不均衡；（3）长期生态质量退化所造成的损失；（4）自然灾害所引起的经济损失；（5）资源稀缺性所引发的成本；（6）物质、能量的不合理利用所导致的损失。人文部分的虚数从下列因素中扣除：（1）由于疾病和公共卫生条件所导致的支出；（2）由于失业所造成的损失；（3）由于犯罪所造成的损失；（4）由于教育水平低下和文盲状况导致的损失；（5）由于人口数量失控所导致的损失；（6）由于管理不善（包括决策失误）所造成

的损失。显然，这是一个可操作性不是很强的核算方法。在具体操作中，中国
2004 年绿色 GDP 中对环境损失的核算主要有两种方法：用治理成本法核算虚
拟治理成本和用污染损失法核算环境退化成本。虚拟治理成本是指核算期排放
到环境中的污染物按照现行的治理技术和水平全部治理所需的支出。从数值
上看，虚拟治理成本是环境退化价值的一种下限核算。环境退化成本是指环境
污染所带来的各种损害，如对农产品产量、人体健康、生态服务功能等的损
害。与治理成本法相比，给予环境损害的污染损失法更合理，更能体现污染造
成的环境退化成本。

可见，绿色 GDP 能较好的反映经济发展水平，更好的体现经济增长与生
态环境的和谐程度。绿色 GDP 占 GDP 比重越高，表明国民经济增长对自然的
负面效应越低，经济增长与自然环境和谐度越高。类似于可持续发展指标，绿
色 GDP 核算有利于真实衡量和评价经济增长活动的现实效果，克服片面追求
经济增长速度的倾向和促进经济增长方式的转变，从根本上改变 GDP 至上的
政绩观，增强公众的资源环境保护意识。当然，我们也应该看到，绿色 GDP 主要
着眼于衡量经济增长与资源环境的协调性，没有涉及经济增长过程中存在的收入分
配不公等社会问题。就此而言，绿色 GDP 的内涵比可持续发展指标要狭窄一些。

四、绿色城市指标

现代社会是高度城市化的社会，城市逐渐成为人类的主要生活空间，城市
环境对人类福祉的影响也越来越大。如何评价和提高城市环境的宜居度和可持
续发展能力，便成为人们极为关注的问题。为此，学者们提出了"绿色城市"
（或生态城市、环保模范城市、科学发展城市）的概念。

绿色城市的建设目标类似于可持续发展指标的目标，即在城市中实现经
济、社会和环境的协调可持续发展。除此之外，建设绿色城市还强调通过完善
基础设施提高城市的宜居度。国内诸多学者和研究机构就构建绿色城市评价指
标体系进行了积极的理论探索，取得了丰硕的成果（见表 15 - 4）。

从内容来看，这些指标体系、指标结构与上文述及的可持续发展指标体系
非常相似。由此可见，绿色城市指标的设计明显受到可持续发展指标体系的影
响。这意味着，一方面，现有的绿色城市指标体系存在着与可持续发展指标体
系类似的问题，如指标庞杂、可操作性差等问题；另一方面，这些指标体系仍
然缺少针对性，未能充分体现城市环境的特殊性，尽管一些指标体系中包含了

城市基础设施状况和城市人均绿地面积等指标。

表 15 – 4　　　　　　　　　国内主要绿色城市指标体系

类型	提出者	主要内容
可持续发展城市	上海市	指标体系由四级、30 个指标构成。最后所有指标整合为单一的综合指标——城市可持续发展综合指数，或称城市生态综合指数。
	山东省	指标体系分为经济支持系统、城市环境支持系统、基础设施支持系统和社会发展支持系统四大方面，共计 31 个指标。
	昆明市	指标体系包括发展度、承载力、环境容量三大层面，共计 18 个指标。
	清华大学、中国人民大学	包括资源支持、经济发展能力、社会支持系统、环境支持、体制和管理等五大系统，共 37 个指标。
	张灵莹	由可持续发展综合实力、社会与经济发展的协调性、资源利用的可持续性、生态环境状况等四大层面构成，共计 14 个指标。
生态城市	国家环保总局	《生态县、生态市、生态省建设指标》。该指标体系包括经济发展、社会进步和环境保护三大层面，其中，生态县 38 个指标，生态市 30 个指标。
	黄光宇	该指标体系包括文明的社会生态、高效的经济生态和和谐的自然生态三个方面，共计 64 个指标。
	欧阳志云等	由环境治理投资、废弃物综合利用、城市绿化、废水处理、生活垃圾处理、高效用水和空气质量等 7 各方面，12 个指标构成。
	广州市计划委员会	该指标体系由生态城市规划指标体系和生态城市评价指标体系构成。其中，生态城市评价指标体系由和谐性指数、高效性指数、持续性指数、均衡性指数和区域性指数等 5 个指标构成。
	李锋、刘旭升、胡聃、王如松	该指标体系以江苏大丰市为例，包括经济发展、生态建设、环境保护和社会进步 4 类 58 项指标，最后采用全排列多边形综合图示法评价生态市在各个不同时段的建设成效。该指标体系的最大特点是使用了全排列多边形综合图示法计算和评价生态城市建设成效。与传统简单加权法相比，该方法改传统加法为多维乘法，既反映了整体大于或小于部分之和的系统整合原理，也增强了评价的客观性

续表

类型	提出者	主要内容
环保模范城市	国家环境保护局	《国家环保模范城市考核指标》，包括 3 项基本条件，24 项考核指标（社会经济 5 项、环境质量 5 项、环境建设 10 项、环境管理 4 项）。
		《全国环境优美乡镇考核验收规定》，包括 26 项考核指标，其中，社会经济发展 6 项，城镇建成区环境 11 项，乡镇辖区生态环境 9 项。
科学发展城市（科学发展转变经济发展方式典范城市、科学发展转变经济发展方式示范城市）	中国城市发展研究院、中国房地产研究会	评价体系采取定量评价和定性评价相结合、体系构造和体系平衡相结合、总结成绩和发现问题相结合的评价方式，以最低的指标作为评价基础，将城市发展分为城市经济发展水平、城市社会发展水平、城市人居生活水平三个系统。评价体系的定量分析系统由三个母系统组合构成，每个母系统组合分别包括四个子系统，每个子系统又包含 2—4 个单项指标。定量系统合计共 12 个子系统、38 个单项指标。

五、生态文明指标

2007 年党的十七大提出建设生态文明的要求之后，学者们开始积极构建反映生态文明建设进程的指标体系。表 15-5 列举了部分国内学者提出的生态文明指标体系。这些指标体系基本上涵盖了环境及与环境相关的社会经济领域的指标，比较好的体现了建设生态文明的系统性特征。但其中的大部分指标体系主要集中于环境、经济和社会三大领域，对制度和文化的关注不够。在具体指标选取上，有些指标也并不能很好的契合评价目标。这些指标体系还有一个共同的缺陷，即缺少动态性，没有设定生态文明建设的阶段，并据以设计指标体系。

表 15 - 5　　　　　　　　　　　**国内部分生态文明指标体系**

提出者	主要内容
宋马林、杨杰、赵淼	该指标体系主要包括经济发展效率、金融生态环境、科技教育水平、人力资源利用、生态产业聚集、环境保护状况、区域节能降耗和社会秩序稳定等 8 个层面，28 个指标。同时该指标体系运用层次分析法为每一种指标赋予了权重。
杜宇、刘俊昌	该指标体系主要分为资源节约环境友好、经济又好又快的发展、社会和谐有序、绿色政治制度和生态文化的发展及普及等 5 项内容，共计 34 个指标。
梁文森	该指标体系包括大气环境质量、水环境质量、噪声环境质量、辐射环境质量、生活环境质量、生态环境质量、土壤环境质量和经济环境质量等 8 个层面，共计 36 个指标。
关琰珠、郑建华、庄世坚	该指标体系将生态文明划分为资源节约系统、环境友好系统、生态安全系统和社会保障系统，相应的用可持续发展度（7 个指标）、环境状况（12 个指标）、生态平衡状况（4 个指标）和文明程度（9 个指标）来分别描述上述四个系统的状态，共计 32 个指标。
蒋小平	分别从生态环境保护、经济发展和社会进步三个层面来构建指标，共计 20 个指标。最后将所有指标加权整合为单一指标——生态文明度指标。
戴波	基于生态价值量化方法构建了环境友好型社会评价能值指标体系，共计 37 个能值指标，涵盖了经济、社会和环境三大方面，以环境能值指标为主。
北京林业大学生态文明研究中心 ECCI 课题组	该指标体系主要用于评价省级生态文明建设进程。该指标体系将生态文明建设评价总指标分为生态活力、环境质量、社会发展和协调程度四个二级指标，每个二级指标下又分为若干三级指标，其中，生态活力指标 3 个，环境质量指标 4 个，社会发展指标 6 个，协调程度指标 9 个，共 22 个三级指标。总指标的计算则根据每省每个指标大小排序赋值，然后将所有指标加权相加后得到。该指标体系的突出特点在于：一是强调对权威性的客观指标进行定量测评，在此基础上对各省进行排名并做深度分析；二是对生态和环境进行了区分，突出生态系统活力在生态文明建设中的基础性地位；三是把协调程度作为评价指标的一个重要方面，包括生态环境与废弃物之间的协调以及生态、资源、环境与经济之间的协调。

续表

提出者	主要内容
王晓欢、王晓峰、秦慧杰	经济发展、环境保护和社会进步三个子系统，其中，经济发展子系统7个指标，环境保护子系统6个指标，社会进步子系统12个指标，共25个指标。首先通过对各个指标的进行标准化得出生态文明各指标的评定系数，然后用加权求和法计算生态文明建设指数。

第二节

中国特色生态文明评价指标体系框架

构建中国特色生态文明评价指标体系，必须以科学发展观为指导，充分考虑中国国情，实现科学性，规范性和历史性的统一。

一、制定中国特色生态文明评价指标体系的指导思想

科学发展观既是建设生态文明的指导思想，也是制定生态文明评价指标体系的指导思想。生态文明评价指标体系必须充分反映科学发展观的要求。

（一）必须能充分体现以人为本的理念

科学发展观的灵魂是以人为本。生态文明评价指标体系的制定也必须能充分体现以人为本的理念，必须包含足以反映人的生存状况和生理状况改善的指标。生存状况的改善主要是指物质福利水平的提高、社会经济环境的改善和生态环境的改善三大方面；生理状况的改善主要是指人类拥有更健康的身体和更长寿的生命。

（二）必须能充分体现人与自然和谐发展

建设生态文明的终极目标是实现人与自然和谐可持续发展，必须围绕这一

核心目标来设计评价指标体系。当然，生态文明比一般意义上的可持续发展具有更高的层次和要求，它不仅要求物质和技术上的改进，更强调文化层面的发展。

（三） 必须突出经济发展

发展是科学发展观的第一要义，其中，实现经济发展不仅是贯彻科学发展观和建设生态文明的基础，也是中华民族实现伟大复兴的历史要求和现阶段中国共产党的历史任务。生态文明评价指标体系必须充分反映这一历史要求和历史任务，必须能突出反映现阶段经济发展中存在的问题，必须符合当前转变经济发展方式具体要求。这意味着，生态文明评价指标体系应该具有阶段性特征，应该在建设生态文明的终极目标下，体现具体历史阶段的历史任务。当前，实现经济健康平稳发展和国家工业化是首要的历史任务，这就需要设计出能够体现这一历史任务的指标，并赋予其较高的权重。在此历史任务基本完成之后，再根据新的历史任务对指标构成及其权重作相应调整。

（四） 必须包含相当比重的社会维度指标

谋求社会发展是科学发展观的重要内容，而建设两型社会则是建设生态文明的中心，因而社会维度的指标应该是生态文明评价指标体系的重要组成部分。从建设生态文明的要求来看，社会维度的指标不仅包含社会发展指标，还应包含反映社会环保机制建构状况的指标，比如，公众环保意识的提高、公众参与环保的机制的构建、环保 NGO 的发展、消费模式的转变等方面的指标。

（五） 必须重视生态文明制度保障体系的构建与完善

建设生态文明必须构建有利于人与自然和谐相处的制度环境，必须以构建相应的、完善的制度体系作保障。这些制度的内涵比较宽泛，它包括建立有利于资源节约和环境保护的法律体系，有利于环境保护的政绩考核体系，有利于社会环保机制建构的制度体系，以及完善的市场经济法律体系和完善的市场体系等。可见，在某种意义上，生态文明建设也可被视为生态文明制度建设。

二、 制定生态文明评价指标体系的原则

生态文明评价指标体系的制定应遵循系统性与针对性相结合原则、科学性

原则、可操作性原则、定量指标与定性指标相结合原则、指标相对独立性原则、动态性和稳定性相结合原则。

（一）系统性与针对性相结合原则

建设生态文明是一个复杂的系统工程，必须将生态环境条件、自然资源禀赋、人口状况、经济发展水平、社会进步程度、政治发展水平和文化发展水平视为一个有机整体，运用系统论的方法，全方位综合分析和评价生态文明建设状况。因而，该指标体系必然是一个指标众多的指标体系，指标之间也应关系密切，应能反映系统内部的相互作用。而在具体区域的生态文明程度评价上，可以制定更具针对性、更适合具体区域的指标体系。比如，可根据具体区域的生态环境特征或社会经济发展水平的不同，选择具体指标及其权重。当然，区域性生态文明指标体系的制定应具有一定开放性，应能体现区域之间的相互影响。

（二）科学性原则

生态文明评价指标体系中每个指标的界定、数据收集及计算方法都应有科学依据，应能准确、合理、客观地反映系统内部每一部分的状况及贯彻评价目标；只有坚持科学性原则，才能保证生态文明评价指标体系的有效性。

（三）可操作性原则

在指标选择上，尽量选择有统计数据支撑、最直接、最简洁的指标；在综合评价指标的计算方法上，则应尽量选取计算方法简单、参数易获得的方法，以避免因指标体系过于臃肿或指标难以计算，而无法实施评价。

（四）定量指标与定性指标相结合原则

所选指标应尽可能量化，以便于综合计算最终评价指标。但生态文明涉及的方面很广，有些内容很重要但很难量化，比如文化的进步、制度的完善等等，这就只能设计一些定性指标来描述相关内容。在计算最终评价指标时，采用人为赋值等方法将这些指标数量化。

（五）指标相对独立性原则

各指标之间应尽可能相互独立，避免出现交叉或相关性太强现象的出现，以免在计算和信息上出现重复。

（六）动态性和稳定性相结合原则

建设生态文明是一个动态变化过程，在指标设计上应能反映这种动态过程，尤其是突出建设生态文明的阶段性。如前文所述，应能根据不同历史阶段的历史任务和建设重点，设计较有针对性的指标，并随历史任务和建设重点的变化而适时调整指标结构和权重。同时，指标体系也应具有相对稳定性，不能因一些无关大局的因素的变化而随意变动，以便于纵向比较和评价生态文明建设进程。

三、中国特色生态文明评价指标体系框架

根据中国特色生态文明的内涵与基本特征，借鉴既有生态指标体系和相关理论，我们从结构上将评价指标体系分为 3 层。其中，一级指标层为综合体现生态文明建设进程的生态文明度指标，二级指标层由环境友好、资源节约、经济发展、社会发展、制度发展和文化发展 6 个子系统构成，每个子系统分解为若干指标形成三级指标层，共 56 个指标（见表 15 - 6）。

表 15 - 6　　　　中国特色生态文明评价指标体系框架

一级指标	二级指标	序号	三级指标
生态文明度	环境友好	1	工业废水达标率
		2	工业废气消烟除尘率
		3	工业固体废物综合利用率
		4	万元 GDP 二氧化碳排放量
		5	万元 GDP 氮氧化物排放量
		6	万元 GDP 二氧化硫排放量
		7	二氧化碳排放量
		8	二氧化硫排放量
		9	氮氧化物排放量
		10	废水排放量
		11	工业固体废物堆存量
		12	城市人均公共绿地面积
		13	城市空气质量综合指数

续表

一级指标	二级指标	序号	三级指标
生态文明度	环境友好	14	城市河流水质综合指数
		15	城市湖泊水质综合指数
		16	城市垃圾无害化处理率
		17	七大水系水质综合指数
		18	森林覆盖率
		19	全国酸雨区面积
		20	近海赤潮面积
		21	水土流失土地治理率
		22	环保投资占 GDP 的比重
		23	通过环境标志认证企业占企业总数的比重
		24	化肥施用强度
		25	农药施用强度
		26	生态足迹盈余或赤字
	资源节约	27	单位 GDP 耗水量
		28	万元 GDP 能耗
		29	工业用水重复利用率
		30	工业固体废物综合利用率
	经济发展	31	人均 GDP
		32	GDP 增长率
		33	人均绿色 GDP
		34	恩格尔系数
		35	城市化率
		36	全要素生产率
		37	出口商品中污染密集型产品所占比重
		38	第三产业比重
		39	市场化指数
		40	内需占总需求的比重
		41	安全事故发生率
		42	研发费用（R&D）占 GDP 的比重

续表

一级指标	二级指标	序号	三级指标
生态文明度	社会发展	43	基尼系数
		44	参加社会保障人数所占比重
		45	犯罪率
		46	失业率
		47	环保 NGO 参与环保的人次
		48	居民平均预期寿命
	制度发展	49	生态环境指标纳入官员政绩评价体系的程度
		50	政府绿色采购率
		51	政府决策的公众参与率
		52	政府信息公开程度
	文化发展	53	居民环境意识
		54	教育投资占 GDP 的比重
		55	平均受教育年限
		56	成人识字率

环境友好系统由 26 个指标构成,综合反映环境状况、环境压力状况和环境保护状况,是生态文明评价指标体系的主体。其中,有 5 项指标专门用来反映城市环境友好状况。资源节约系统由单位 GDP 耗水量、万元 GDP 能耗、工业用水重复利用率和工业固体废物综合利用率等 4 个指标构成,综合反映生产领域的资源节约状况。资源节约系统中还应包括消费领域的资源节约指标,但此类指标难以设计和操作,故暂缺。经济发展系统由 12 个指标构成,综合反映经济发展状况,尤其是经济发展方式转变状况和市场经济体制完善状况。社会发展系统由基尼系数、参加社会保障人数所占比重、犯罪率、失业率、环保 NGO 参与环保的人次和居民平均预期寿命 6 个指标构成,综合反映社会发展状况。制度发展系统由生态环境指标纳入官员政绩评价体系的程度、政府绿色采购率、政府决策的公众参与率和政府信息公开程度等 4 个指标构成,综合反映制度环境状况,特别是制度绿化状况。文化发展系统由居民环境意识、教育投资占 GDP 的比重、平均受教育年限和成人识字率 4 个指标构成,综合反映文化发展状况。

该指标体系中的指标大部分为单项指标,少量为综合性指标,如绿色GDP、生态足迹赤字或盈余、市场化指数等。经济发展系统、社会发展系统、制度发展系统和文化发展系统中均包含了与环境相关的指标，意在凸显这些系统与环境友好系统和资源节约系统的联系。此外，为了使该指标体系具有动态性，我们将生态文明建设分为两大阶段，即 2050 年前初级生态文明建设阶段和 2050 年后的高级生态文明建设阶段。2050 年是"三步走"战略的终止年份，在此之前，中国发展的核心目标仍然是实现国家工业化；2020 年则是全面建设小康社会的目标年份。因此，在第一个阶段，只能在保障经济社会发展的基础上建设初级生态文明，经济发展指标和社会发展指标的权重可相对较高一些。在第二个阶段，为了建设高级生态文明，就应提高环境友好和资源节约指标的权重，相对降低其他指标的权重或增加与资源环境相关性更强的指标。

第十六章

生态文明理论联盟：中国生态
文明建设的理论支撑

　　生态文明作为一种新的文明形态，需要新的理论支撑。总体上看，传统的哲学社会科学理论是建立在工业文明基础上的，是现代化的理论映射，都存在忽视生态文明的问题。生态文明是一个后现代问题，基于工业化、现代化的社会科学理论体系如果不经过生态化改造，难以支撑生态文明建设。因此，建设生态文明，除了前述经济发展方式、两型社会、低碳发展等一系列物质支撑以外，还需要按照生态文明的要求重构现有哲学社会科学学科，构建全新的生态文明理论支撑体系。

第一节

生态危机与哲学社会科学
理论重建的背景

　　20 世纪 20 年代，俄国著名思想家别尔嘉耶夫（1874—1948）说过："世界历史上特定时刻里特别剧烈的历史灾难和骤变，总会引起历史哲学领域的普遍思考，人们试图了解某一历史过程的意义，构筑这种或那种历史哲学。①"伴随人类进入生态危机时代，人们开始构筑新的历史哲学，而其起点，则是生态危机开始改变人类的通行的认知方式，开始反思现有哲学社会科学理论

---

① 别尔嘉耶夫：《历史的意义》，学林出版社 2002 年版，第 1 页。

的缺陷。

一、生态危机时代人类自身定位的变化

人类进入生态危机时代之前，人类与自然的关系总体上是和谐的。尽管在一些重大自然灾害和自然现象面前，人类显得无能为力，显示出对自然的恐惧与敬畏，但是，总体上看，人类是自然的征服者、是生物圈和生态系统的主人，是自然的所有者，是自然的开发者。正是这种单向的定位，推动了人类社会生产力的高度发达。但是，这种单向的关系也埋下了人与自然关系扭曲的"伏笔"。当生态危机时代来临，这种单向定位开始发生转变。

（一）人类从环境征服者转变为环境成分

人类社会进步是以改造自然能力的增强为前提的，人类自农业社会以来一直追求对环境的征服和改造。但是，生态危机表明，生态环境不仅仅是一个被人类改造的对象，而且是与人类互动的一个过程和平台。因此，人类在征服自然的同时也使得自然失去自我发展的能力。人们不得不调整定位，将自己从生态环境的征服者转变为参与者。

在这点上，生态学已经走在哲学社会科学前面。19世纪中期，随着资源开发和生产的需要以及相关学科的发展，生态学作为一门研究生物有机体与生活环境之间关系的学科出现在科学舞台。初期，生态学以研究人类之外的动植物个体、种群与周围环境的相互关系为目标。20世纪初期，生态学发展成四个彼此独立的分支：植物生态学、动物生态学、海洋生态学、湖沼生态学，为农、林、牧、渔开发与保护提供依据。20世纪30—40年代，形成生态系统概念。20世纪60年代以来，人口、资源、环境等全球问题突出，生态学发挥固有的非线性思维模式、系统观念、整体性理论等优势，逐渐摆脱学科局限和传统的研究范围，开始构建整体生态学。整体生态学就是指包括人类及其活动在内的生态学。在这种生态学的视野中，人类已经成为生态系统的一个环节。通过这种转型，生态学开始参与全球问题的研究和解决。

（二）从地球主人转变为地球客人

长期以来，人类将自己定位于地球唯一主人，占有和开发地球资源，当这种开发已经危及地球之后，人类开始认识到，人类只是地球上的客人。"在浩瀚宇宙中，在悠久历史里，人类只是匆匆的过客，迟早都要离开。在亿万年岁月的地球面前，我们只不过是暂居的客人，从来都不是地球的主人。却有不少人认为自己是地球的主人，宣示主权，为所欲为，破坏糟蹋地球生态环境，贪婪掠夺地球资源，肆意践踏污染，无度挥霍。不尊敬地球的主人地位，反客为主，还把主人当敌人侵犯，因此种下祸因，必遭地球反扑。身为主人，就应该有待客之道，热情招待，让客人感觉宾至如归，而非排斥；地球主人，像母亲般奉献，滋养人类。作客之道，贵在尊重，和谐相处，心怀感激，有了地球主人默默付出，无怨无私孕育和庇护，人类才有客居之地，栖息之所，安居乐业，世代繁衍。"①

（三）从生态剥削者变为生态呵护者

自然主义历史观认为，人类历史是被自然条件决定的。恩格斯批判这一观点时指出："自然主义的历史观是片面的，它认为只是自然界作用于人，只是自然条件到处决定人的历史发展，它忘记了人也反作用于自然界，改变自然界，为自己创造新的生存条件。"② 他强调人在环境面前具有主动性，人对自然环境有积极的能动作用。但是，他同时也强调指出了人类的这种主观能动性的发挥是以自然规律为前提，受到客观条件的制约，具有受动性。人类不能过于自负，盲目地以为自己是"宇宙之精华，万物之灵长"，而滥用人的实践能力。恩格斯早就警告过人类，"我们不要过分陶醉于我们对自然界的胜利。对于每一次这样的胜利，自然界都报复了我们。每一次胜利，在第一步都确实取得了我们预期的结果，但是在第二步和第三步却有了完全不同的、出乎预料的影响，常常把第一个结果又取消了。"③ 应该看到，恩格斯警告过的情景的确发生了。其所以如此，是因为人类仅仅以开发者、剥削者的身份出现在自然面前。当前，伴随地球生态的恶化，人们已经开始将自己的身份从单纯的开发者转向地球的保护者。这也是一个人类身份的重大变化。

1960 年美国著名海洋生态学家雷切尔·卡逊出版的《寂静的春天》，可以说是推动人类身份转化的一个重要的里程碑。她以严谨的科学态度和诗人般的炽热情感，生动揭露和深入分析了滥用农药带来的生态破坏。她呼吁人类不要残酷地对待自然，要恢复理性，倡导一种生态的、合理的文明，生态环境问题

---

① 吴德英："我们都是客家人"，（马来西亚）《中国报》，2008 年 12 月 31 日。
② 《马克思恩格斯全集》（第 3 卷），人民出版社 1960 年版，第 384 页。
③ 恩格斯：《自然辩证法》，人民出版社 1971 年版，第 159 页。

如不解决，人类将生活在"幸福的坟墓"之中。该书一问世就产生了轰动，引发了一场持续数年之久的生态论战，带来了全球生态环保意识的觉醒，因而被公认为宣传维护生态平衡、推动环境保护的划时代经典之作。1972 年，罗马俱乐部发表了《增长的极限》·的报告，再次震动了世界。该报告认为，人口增长、粮食生产、工业发展、资源消耗、环境污染这五项基本因素的运行方式呈指数增长，如果这种快速增长模式继续下去，地球的支撑力将会达到极限，世界将会面临一场灾难性的崩溃。由于该报告高举生态保护大旗，后来被奉为"绿色生态运动的圣经"。著名环境伦理学家罗尔斯顿指出："大自然启示给人类的最重要的教训就是：只有适应地球，才能分享地球上的一切。只有最适应地球的人，才能其乐融融地生存于其环境中。但这不是以不自然或不近人情的方式屈服于自然；它实际上是为了获得爱和自由——对自己的栖息环境的爱以及存在于这个环境中的自由——所作的冒险。从终极的意义上说，这就是生命的进化史诗所包含的、现在又被环境伦理学高度概括了的主题：生存就是一种冒险——为实现对生命的爱并获得更多的自由；这种爱和自由都与生物共同体密不可分。这样一个世界，或许就是所有各种可能的世界中最好的世界。"①

二、传统哲学社会科学理论的生态批判：以哲学和经济学为例

上述人类自身定位特别是人类与自然关系的定位，导致了人类思维方式的重大变革，这种思维方式的变革又推动哲学社会科学理论的变革。当前，诸多社会科学领域都开始绿色转向，但是，总体上看，各个学科参差不齐，而且深度不一。我们认为，关键要对各门哲学社会科学进行生态批判。只有通过生态批判，才能达到学科的生态自觉，实现学科的绿色转向。

（一）对现有哲学的生态批判

从现代西方哲学理论来看，长期以来占支配地位的思维方式的思想方法是两分法。这种方法是基于牛顿力学和笛卡尔的哲学观，特点是将人与自然对立起来。这种思想方法有力促进了人类对自然的探讨，对规律的研究、掌握和利

---

① 罗尔斯顿：《环境伦理学》，中国社会科学出版社 2000 年版，第 484 页。

用，但是，这种思想方法也强化了"人类中心主义"，促成了对自然权利的忽视。按照这种思想方法，自然只是人类活动的对象和外生变量。当然，西方哲学界也较早出现了"自然中心主义"、"环境伦理"等学术流派，但是，从整体上看，正如下文将要分析的，这种将人与自然二元设置的理念已经渗透到人学、伦理学、经济学、法学等几乎哲学社会科学各个领域。

从马克思主义哲学来看，主要由于对经典马克思主义哲学理论构建的片面性，导致马克思主义哲学的现行形态存在忽视生态的问题。首先必须看到，马克思主义经典作家从哲学角度提出了人类与自然关系的科学解释。

1. 人是自然界的一部分

经典作家认为，人是自然界发展到一定阶段的产物，自然界是人类生存与发展的基础。"人本身是自然界的产物，是在他们的环境中并且和这个环境一起发展起来的。"在马克思恩格斯看来，人与自然是不可分离地联系在一起的。人是靠自然界来生活的，离开自然，人就失去了获得物质生活资料的可能性，从而无法生存下去。而作为自然界中的一员，人必定具有自然的属性。马克思指出："人直接地是自然存在物。……人作为自然的、肉体的、感性的、对象性的存在物，和动植物一样，是受动的、受约束的和受限制的存在物。"① 恩格斯也指出："我们连同我们的肉、血和头脑都是属于自然界的，存在于自然界的。"② 可见，马克思恩格斯都把人类看做是自然界的一员，而非外来的征服者，把自然界看作是人类生存和发展的环境，而非单纯的改造对象。

2. 劳动是连结人与自然的纽带

自然是人类实践活动的对象，人通过劳动改造自然。马克思恩格斯认为，作为自然存在物的人是通过劳动和人周围的自然发生关系的。人类要生存和发展就必须进行劳动，人类区别于动物就在于有意识的劳动。恩格斯指出："动物仅仅利用外部自然界，单纯地以自己的存在来使自然界改变，而人则通过它所做出的改变来使自然界为自己的目的服务，来支配自然界。这便是人同其他动物的最终的本质的差别，而造成这一差别的又是劳动。"③ 马克思也指出："劳动作为使用价值的创造者，作为有用的劳动，是不以一切社会形式为转移的人类生存条件，是人与自然之间的物质变换，即人类生活得以实现的永恒的

---

① 《马克思恩格斯全集》（第42卷），人民出版社1979年版，第167—168页。
② 《马克思恩格斯全集》（第3卷），人民出版社1972年版，第318页。
③ 《马克思恩格斯全集》（第3卷），人民出版社1972年版，第216—217页。

自然必然性。"① "劳动首先是人和自然之间的过程，是人的自身的活动来引起、调整和控制人和自然之间的物质变换的过程。"② 这种生产劳动，"哪怕只停顿一年"，人类就会丧失自己的全部的生存基础。他还说："动物只是按照它所属的那个种的尺度和需要来建造，而人却懂得按照任何一个种的尺度来进行生产，并且懂得怎样处处都把内在的尺度运用到对象上去。因此，人也按照美的规律来建造。"③ 这些都阐明了人通过劳动有意识地改造和美化自然界，把自然界变成人化的自然。

3. 人与自然的相互协调是人类生存与发展的重要保证

人尽管具有通过劳动改造自然的特性，但是人无论如何也不可能脱离自然、超越自然。人类与自然界的关系应该是休戚相关、生死与共、互利共生、和谐共存的有机整体，所以人只能与自然平等和谐相处。恩格斯指出："我们对自然界的全部统治力量，就在于我们比其他一切动物强，能够认识和正确运用自然规律。"④ 自然界的生机勃勃有利于人类的发展，自然界是人类的生命之源、衣食之源，人类任何时候也不可能脱离自然界提供的生存环境和生产、生活资料而存活下去。因此，人类在运用工具改造自然界的劳动过程中，必须正确地认识和尊重自然规律，如果过分地榨取自然，必将遭受自然界的惩罚，面临生存环境的危机。

4. 人对自然界的作用取决于社会关系

人在生产与生活实践中结成了人与人之间的社会关系。人类对自然界的改造、改变都是在一定的社会关系中进行的。马克思恩格斯认为，人与人之间的社会关系一旦发展起来，就立即对人与自然的关系发生巨大反作用。在阶级社会中，人类已不再是也不可能是作为一个统一的整体使其成员平等地与外部自然界发生关系了，这特别表现于资本主义制度所引发的人群（利益集团）与自然界的不平等关系。在资本主义条件下，生产无限扩大使得人对自然的作用也以空前的规模扩大，给人和自然都带来了严重的灾难，引发生态危机。而生态危机包含着社会危机，生态平衡的破坏、自然环境的污染等大量的问题并不简单地是发生在人与自然之间，其中尖锐的冲突发生在人与人之间，人群（利益集团）与人群（利益集团）之间，是人们涉及自然的利益之争。因此，

① 《马克思恩格斯全集》（第 23 卷），人民出版社 1972 年版，第 56 页。
② 《马克思恩格斯全集》（第 23 卷），人民出版社 1972 年版，第 201—202 页。
③ 《马克思恩格斯全集》（第 42 卷），人民出版社 1979 年版，第 96—97 页。
④ 《马克思恩格斯选集》（第 3 卷），人民出版社 1995 年版，第 518 页。

在马克思恩格斯设想的共产主义社会里，社会化的人，联合起来的生产者，将合理地调节他们和自然之间的物质变换，把它置于他们的共同控制之下，而不让它作为盲目的力量来统治自己，靠消耗最小的力量，在最无愧于和最适合于他们的人类本性的条件下来进行这种物质变换。这样的生产方式和消费方式才能遏制资本主义追求超额利润所必然导致的过度生产和过度消费，从而从根本上解决生态环境污染问题，实现"人类同自然的和解以及人类本身的和解。"马克思指出："共产主义，作为完成了的自然主义，等于人道主义；而作为完成了的人道主义，等于自然主义。它是人和自然界之间、人和人之间的矛盾的真正解决，是存在和本质、对象化和自我确证、自由和必然、个体和人类之间的斗争的真正解决。"① 可见，马克思主义把实现"人类同自然的和解以及人类本身的和解"确立为人类社会在发展过程中正确处理人与自然、社会三者关系的最高价值目标。只有在共产主义社会，人类才能真正地脱离动物界，人与自然、人与人之间才能真正地实现和谐相处，共存共荣。马克思主义是对资本主义的超越，包含着对工业文明的反思，从而使生态文明成为马克思主义的内在要求和社会主义的根本属性。

　　但是，现行马克思主义哲学的理论体系是后人总结、提炼而成的。这一体系蕴含两个降低自然和生态在哲学中地位的环节。首先，对人的主观能动性的过度强调。尽管教科书式的马克思主义强调存在决定意识，自然界是一种存在，但是，由于强调人类在自然界面前的主观能动性，助长了人类为了自身的利益急速推进自然改造的实践。同时，随着人类生产活动规模的不断扩大和生产手段的进步，人影响和改善自然界的力量也不断加强，把人的目的性因素和人的要求注入自然界的因果链条之中，结果反而使自然界变成遭受严重破坏的世界。其次，对自然规律探索的相对缺失。马克思恩格斯高度重视自然规律的探索，他们实际上是将经济规律等社会规律的探究建立在自然规律探索的基础上。后来的马克思主义哲学则较少探究自然规律，而是主要就经济规律等社会规律进行推导演绎，导致对经济规律等社会规律的总结脱离了自然规律的基础，这是传统社会主义经济体制下出现严重违背自然规律现象的深层哲学原因。

（二）对现行经济学的生态批判

　　迄今为止，经济学除了其中的个别学科分支，如环境经济学、生态经济学

---

① 《马克思恩格斯全集》（第42卷），人民出版社1979年版，第120页。

以外，几乎没有纳入生态因素。其所以如此，在方法论上，要么运用的抽象法将生态等因素抽象掉，要么把生态、自然作为既定的外生变量予以排除。因此，经济学是哲学社会科学忽视生态因素的典型例子。

1. "经济人"假设忽视了人的"生态人"内涵

"经济人"假定是古典经济学的研究基础，也是新古典微观经济学的核心，是经济学的公理之一。在数百年的发展过程中得到不断的完善和充实，在西方经济学占据主流位置。当然，"经济人"假定条件也被不断的修改和拓展[①]，例如，西蒙认为"经济人"的计算能力是"有限"的，行为者无法在多种可能的选择中做出最终选择。贝克尔拓展了"经济人"假设，认为个人效用函数中应具有利他主义的因素。鲍莫尔主张用"最大销售收益来代替利润最大化的目标函数"。公共选择学派认为"经济人"在追求个人利益最大化时，并不能得出集体利益最优的结论。新制度主义对"经济人"假设的修改则更为宽泛，认为人除了物质经济利益以外，人还有追求安全、自尊、情感、地位等社会性的需要。所有这些修改和完善，都没有深度考虑到人是"生态人"，忽视人的生物性和环境性。人是一种复合存在，我们可以就一个人的主观能动来看这个人。商品、金钱、幸福是有价值的，是主观能动能力所造成的结果，它们是评价的内容，而获取这些东西的人的生物性和环境性也是有价值的，它们也应该是评价的内容。从上述意义来说，现代经济学在唯一"自利"人性假设下无视人的复合存在，无视"非自利"因素对于经济和社会发展的重大作用，因此越来越走向绝路。关于人的复合性的规定是今后经济学革命的最充分的理由，一方面经济学需要人的自利的假设，以追求最大化的目标来描述，解释和预测经济生活，同时，必须加入人的生物性，环境性（包括道德意识，社会成就意识，同情心等）内容，具体认定人类行为动机和方式的多样化，以求得到对经济和社会发展最真实的理解。

2. "稀缺"概念对生态的忽视

"稀缺性"假设是经济学的公理之一。稀缺规律是整个经济学体系大厦的基础，在被奉为西方经济学圣经的萨缪尔森所著《经济学》中，明确提出"由于没有足够的资源生产出人们想要消费的所有物品，因此物品是稀缺的。由于资源是稀缺的，我们才需要研究社会如何从各种可能的物品和劳务之中进行选择，不同的物品如何生产和定价，谁最终消费社会所生产的物品。"同时为了形象地解释稀缺物品（经济物品）的含义，萨氏提出在无法实现的乌托

---

① 　郑秉文："20 世纪西方经济学发展历程回眸"，《中国社会科学》2001 年第 3 期。

邦状态中："在一个丰裕的伊甸园里，不存在经济物品。没有必要节制消费"。所有的物品都是免费的，就像沙特沙漠中的沙粒或像海滩边上的水一样①。如同人们潜意识中的观念一样，很少有物品极其丰富，不用支付任何东西都能得到，但空气、水是为数不多的例外。正是在这种潜意识支撑下，人们把光、热、水、空气等看做是取之不尽、用之不竭的资源，稀缺仅仅对现有生产要素，产品劳务而言的，而对环境来说不存在稀缺。在稀缺概念的缺失中，人们对环境的开发必然是毫无节制的，对废弃物的排放也必然是无所顾忌的，把环境的容量看做是无限的，任何人可以任意地使用环境资源以达到自身效用的最大化，任何人可以随意把自己不需要的一切东西抛向大自然。因此，作为经济学体系核心的稀缺规律将自然资源和环境排除在稀缺性之外，因此没有纳入经济学的研究对象。

3. 经济学的四个基本问题基本没有涉及与环境的联系

经济学标榜要解决的四个基本问题：一是生产什么物品？二是生产多少物品？三是如何生产物品？四是为谁生产物品？但是，在现行经济学中，这四个基本问题的解决是通过价格与市场机制来完成的，而当存在资源的无效使用时，经济学是用"公用地"的悲剧来解决的，即对公共资源的使用常表现出很强的外部不经济，但外部不经济因为两个原因无法很好地解决：一是追求利润最大化的个人与企业对公共资源没有兴趣，因而无人索取和征收恰当的租金；二是监督使用公共资源的租金的代价太大，政府与企业无法承受。因此，在经济学要解决的四个问题中，凡是属于需要考虑生态和环境的地方，经济学都将其作为外部性，用非市场的方法解决。

第二节

构建基于生态文明的哲学社会科学理论：
以经济学为例

经济学是最严重忽视生态环境的学科，由此引发的实际后果也是最为典型的。因此，构建基于生态文明的经济学理论，将经济学理论全面绿化，是经济学家的时代使命。在这方面，已经有经济学家开始进行探索，一部分经济学家

---

① 萨缪尔森：《经济学》（第十四版），北京经济学院出版社1994年版。

开辟生态经济学、环境经济学、可持续经济学、绿色经济学等。还有一部分经济学家则试图运用生态理念整体改造经济学。如吴季松试图基于生态经济、循环经济、绿色经济、可持续发展经济等新的经济理念，构建新经济理论系统。① 这些探索为经济学的生态重建奠定了基础。

一、顺应生态文明建设要求，
构建生态内生型经济学

经济学发展的历史，就是一部不断将发展要素内生化的历史。迄今为止，经济理论的发展经过多次内生化的过程，在这个过程中，生态一直作为外生变量，那么现在应该把生态内生化了。

纵观每次经济学的革命，一个共同点都在基本模型假定中将不同变量不断内生化。在早期经济学理论中，最先内生化的要素是劳动、土地和资本，随后马歇尔引入一个新的重要因素，即企业家才能；制度分析者将制度内生化则产生了重要的制度主义流派；而 20 世纪 70 年代卢卡斯、萨金特等人把"理性预期"引入经济学，引起 20 世纪西方经济学的预期革命，不仅作为一种宏观分析变量被广泛采用，而且在股票、债券、外汇市场的运行分析中也得到了广泛的应用。1988 年被授予诺贝尔经济学奖的布坎南搭建的公共选择理论则将国家和政府视为一种"政治市场"纳入经济分析中。同样 20 世纪 70—80 年代流行的企业理论中将企业进一步视为合约或契约，这种契约的存在与结构又是一种新的内生变量。2001 年获得诺奖的斯蒂格利茨则是把"不完全信息市场"纳入其宏观分析框架中。再以当前取得重大进展的发展经济学为例，20 世纪 40 年代末，以哈罗德—多马模型为代表的资本积累论，以资本为内生变量在经济思想史上带来了古典增长理论的兴起，20 世纪 60 年代，索罗、斯旺等人提出的技术进步论，将外生技术变化作为解释各国经济增长水平差距的重要因素，但是，这些模式无法摆脱一个内在矛盾，即长期增长离不开收益递增，而当时新古典增长模式的稳定均衡是以收益递减为基本前提的。于是在 20 世纪 80 年代中期，以罗默、卢卡斯、杨小凯、格罗斯曼、克鲁格曼等人为代表的一批经济学家，提出一组内生技术变化的文章，强调经济增长不是外生技术变化，而是经济体系的内生技术变化作用的产物，如从知识外溢、人力资本、劳

---

① 参见吴季松："新经济学理论系统及其实践体系"，《科技日报》，2009 年 10 月 11 日。

动分工与专业化、边干边学、开放经济等角度分别予以阐释，其结果是资本收益率可以不变或递增，人均产出可以无限增长，并且增长率在长期内可能单独递增，而且各国经济增长不会"趋同"。然而，令新增长理论者本人都不满意的是，尽管理论上取得突破，但各国的经验却有力支持新古典模式中的有条件趋同，而且这些理论与各种经济体系间的相对增长率的决定毫无关联。

从上述经济学要素内生化进程的分析表明，经济理论框架本身是开放的，具有与时俱进的理论品格。但是，已经完成的内生化进程，包括劳动、土地、资本、技术、制度的内生化，主要是基于农业文明和工业文明的要求。现有经济理论在思想方法上把生态系统作为无限供给的既定条件，而不是具有稀缺性和自身价值的内生变量；在研究重心上主要关注人的需求和发展，相对忽视生态系统的演进；在人的需求上主要关注人的物质需求，而相对忽视人的生态需求；在政策主张上主要强调发展优先、末端治理，相对忽视积极的生态保护和生态建设。因此，现有的经济理论同它所服务的对象即工业文明一样，是"灰色"的甚至是"黑色"的。

当今时代，人类开始步入生态危机时代，需要应对的急切问题是建设生态文明。在这个时期，将生态作为经济发展的外生变量，显然已经落后于时代的要求。因此，需要将生态系统内生化到经济学分析框架之中，实现经济理论的绿色化。

另一方面，现有经济理论的发展已经为将生态内生化奠定了基础。例如，可以在现有一般生产函数的基础上，加以拓展，就可以将生态纳入经济学理论框架。现有的一般生产函数为：$Q = f(L, K)$，其中，Q 为产出，L 为劳动，K 为资本。将技术、制度、生态系统内生化以后扩大的生产函数为：$Q = f(L, K, T, I, E)$。其中，T 为技术，I 为制度，E 为生态系统。由于土地和自然资源包含在生态系统中，因此无需单列。当然，要全面将生态内生化，还需要开展生态价值及其计量研究，这是当今时代经济学家的重要使命。

二、生态内生型经济理论的基本理念

（一）人类中心向生态中心的价值转移是环境内生型经济理论的理论基础

在经济学理论的指引下，人们从个人的利益的角度来判定一切资源和产品的价值。认为人类取得每一种进步都是征服自然的结果，而资源短缺、土地退化，生物多样性锐减等是自然付出的必需代价。在这种情况下，人类行为的评介标准是一种典型的以人为中心的人本主义（当然在人类社会早期，人类对自然还经历了从恐惧到崇拜的神本主义）。以人为中心的价值观点认为生态与环境是用之不竭的，任何人都可以任意地、无偿地使用资源，因为这是自然对人的"恩赐"。这种价值观念随着全球环境危机的日趋严重，弊端凸现。

有鉴于此，实现人类行为评价标准的价值转型，就是实现从人类中心向生态中心的转型，人类与环境之间是一种和睦的、平等的、协调发展的关系。正如迈克尔·麦克洛斯基指出的，"在我们的价值观，世界观和经济组织方面，真正需要一切革命，因为我们面临的困境的根源在于追求经济与技术发展时忽视了生态的发展，而另一场革命——正在变质的工业革命——需要用有关经济增长、商品、空间和生物的新观念的革命来取代。"①

生态中心观是对传统人类中心观的反思，它的根本点就是要求人类重建与自然和谐与统一的关系，人类作为地球上的智慧生物，应该超越自身物种的局限性，不但要保护和爱护环境，同时还应为自然生态的自身进化和达到新的环境生态平衡创造并提供更有利的条件。作为一种必然结果，人类的价值观念将回到对自然丰富而具体的多样性，由自身所确定的自由，其特性的深度复杂性的认识上去。换句话说，经济学在过去上百年间一直失去的，但现在又相互关联的景象才得以复兴。环境的各个不同部分如同一个生物机体内部一样是如此紧密地相互依赖，以致没有哪部分能够独立出来而不改变其整体特征。经济社会的发展与环境从本质上融为一体，如同人身体内各部分一样，只有实现人与生态融合的价值转型，经济学才能恢复其本原。

（二）"生态经济人"是环境内生型经济理论的逻辑起点

"人"的概念具有不可分的"多元性"（传统经济学中的"经济人"将人追求自身利益最大化的特性"最大化"，从而掩盖了人受环境约束的特性）。我们可以就一个人的主观能动方面来看这个人，认识和关注他建立目标、承担义务、实现价值等的能力；也可以就福利方面来看这个人。一个人获得有价值的东西，并不等同于这些物品本身（如商品、金钱、幸福、福利等），也应当包括获取这些东西的能力。对于人与环境的融合这一目标而言，主观能动的能力不单是一种手段，不单是一种达到福利或幸福的有价值的工具，它本身具有内在价值，这种内在价值建立在自觉维护环境自然整体的价值和促进环境自然

---

① 转引自唐纳德·沃斯特：《自然的经济体系》，商务印书馆1999年版，第21页。

进化的基础上。个人在促进环境的完整的同时来实现自己的福利目标，个人在整个系统中目标的实现依赖于对环境自然有机整体的维护，依赖于同环境自然保持一种和睦相处的关系。为了实现上述目标，个人不光追求自己福利的满足，同时要融合到环境自然的普遍进化中去。

"生态经济人"与传统的经济人概念相比，在行为方式上有显著的区别：（1）不再是追求效用最大化或利润最大化，而是在尊重自然和社会的基础上高效利用资源技术。（2）行动和消费的方式不再是追求个人的成就或物质精神上的享受，也不是预先迎合别人以相似方式作行动和消费的选择，而是出于冷静计算资源的供给和环境负荷能力。（3）不再是市场经济下"爱怎么活就怎么活"的信条，而是负责任地规则："以所有其他人均能照此生活的方式生活。"（4）如果把企业也看做一种环境经济人，在目前的条件下，当企业的生产能力达到最大时，利润也达到最大化，这是规模经济的结果。但是未来的范式则是通过制造易生产的设备使成本最小化，企业不仅出售产品，而且出售产品的服务，对产品本身保持所有权（即长期契约关系或长期责任）。在没有政府干预的情况下，企业实行完全产品的内在化，简言之，企业在计算固定资产净值时考虑未来责任。

（三）生态是经济增长的内生变量：一个基本的理论框架与模型

在承认前面的理论分析的基础上，我们所提出的环境内生型经济理论主要包括以下框架：

1. 宏观经济总量具有最优生产边界（OPM）

在微观经济学中，企业有最优生产边界，不论科斯的交易费用理论还是威廉姆斯的企业理论都把企业的最优规模建立在边际成本等于边际收益一点上。而在宏观总量里，没有一国或全球经济的最优生产边界。由发展经济学家所强调的"有质量的发展"在一定程度上有这样的含义：在追求经济总量增长的同时社会福利也同步提高。我们所强调的环境内生型经济理论不仅追求经济的增长，同时认为宏观总量与企业一样具有最优边界，用严格的定义说就是边际环境损耗与人均资源使用量（即规模）的边际收益相等的一点。其中包含两层含义：一是实现包括环境、资本在内的所有要素利用效率的提高；二是经济增长与环境的"双赢"，实现经济持续增长的同时，环境成为有利可图的资本。

在下文的模型中，由于环境的产权是生态占有，强调以生态为中心，强调生物的多样性，不仅个人利益的最大化在这里不现实，而且社会利益的最大化也不现实，因此，总量模型有其优化目标——最优生产边界。

2. 企业以完全产品内生化为目标

完全产品不仅包括产品本身，而且包括产品衍生的服务。企业不是将产品卖给消费者，相反，企业出售的是产品的服务，企业对消费者将长期保存因出售产品而承担服务的契约责任。这种规则在今天已经被有些企业所认识：例如生产者以环境无法接受的方式生产农作物，而这些农作物被食品加工商加工，将来的共同起诉会因此而控告加工商违反契约责任。当前人们广泛接受的观念是，如果消费者被伪劣商品伤害，甚至是产品运输、使用说明不当而引起的伤害，企业必须予以赔偿。当然，目前的产品责任对企业而言仅仅是一种威慑，企业并没有把它转化为一种内在的激励。毫无疑问，这种转化是必要的。

3. 以贴现的市场价格纠正"市场失灵"

市场价格的配置机制在环境要素下已经"失灵"，怎样让它发挥作用？当市场交易使第三方蒙受损失时，受到损失的一方应该从交易获利方获得补偿，采取贴现的方式是让受损者得到补偿的一种途径。在模型中，采用目标函数中的"时间偏好"或贴现率，我们对市场价格进行贴现，并且把社会贴现率与自然资源贴现率的差额定为环境贴现率。

因此目标函数可以表示为：

$$\max \int_0^\infty \left[\int_0^{y(t)} p(q)\,dq - c(x(t))y(t) \right] e^{-rt}\,dt$$

有以下约束条件：

（1）环境贴现率 $x(t) = \dfrac{1}{(1+r)^{y(t)}} - y(t)$；

（2）$dc(x)/dx \leqslant 0$　表明产品边际成本 c 随 x 的下降而上升；

（3）$P(y(t)) \leqslant \overline{P}$　表明环境损耗的边际成本上升；

给积分上限无穷大的模型的完整解目前还很难找到。因此在这里我们局限于讨论在零增长情况下的"稳态解"，可得：

$$P(t) = rR - f(x)\frac{dc}{dx} - R\frac{df}{dx}$$

此公式的经济含义是，在人与生态的均衡下出售边际单位资源所获得的收入 R 的利益收入 rR，应当与该资源的各项成本之和相等。这些成本是：（1）该单位资源在下一期的价格 P；（2）该资源在当期的损耗而减少的未来增长的价格 $R\dfrac{df}{dx}$；（3）由于资源在当期的损耗，使下一期持有成本上升所带

来的损失 $f(x)\ \dfrac{dc}{dx}$。

如果把生态环境内生化，我们有足够的理由认定这样会给经济学带来理论上的革命。同样，将环境作为人类经济活动的基本经济范畴，21 世纪将是环境经济的世纪。虽然生态环境内生化的难度也可能最大，因为单个国家无法解决经济全球代所带来的全球环境恶化问题，但是，可以相信，在环境内生化的基础上可以建立一种有效的激励、伦理、人文约束机制来鼓励全球生态文明观的形成。现实表明经济理论的滞后，但也激发了经济学家进行理论创新的冲动。

第三节

全面推进哲学社会科学生态化改造，构建生态文明理论联盟

全面推进哲学社会科学的绿色化和生态化，是生态文明时代哲学社会科学的时代使命和历史责任。每个学科的学者都有责任推进本学科的生态改造。顺应生态文明的时代要求对学科进行改造，也是学科发展新的基点和新的生命力之源。同时，生态文明的全面实践也将彻底改变人的思维方式，改变人认识世界改造世界的方式方法。这种改变反映在理论上，就是开始出现哲学社会科学的生态转向。

一、推进哲学的生态化改造

（一）调整主体客体分析视角

哲学作为世界观和方法论，是帮助人们认识自身方位的学问。西方哲学发源于寻求知识，中国哲学则是探寻人的方位。所谓"自知者哲，知人者明"。主体与客体的关系，在人类社会不同时代的关系状态是不同的，在人类社会早期，由于自然客体的充裕性，人类主体性膨胀没有遇到客体的制约，因此得到张扬，也需要张扬。但是，在人类进入生态文明危机时期以后，自然客体主体

性的客观制约性增强。在这种情况下，要改变主体客体二元对立的思维方式，更多强调主体和客体的统一性。人不是自然的对立物，主体不是客体的对立物，而是自然和客体的一个部分。主体对客体的改造，人类对自然的改造，是在这个前提下发生的。人的主观能动性是在这个前提下发生的。

（二）辩证人与自然的关系

在调整人与自然和主体客体认识的视角的基础上，构建正确的生态哲学，并作为哲学处理人与自然关系的基础。生态哲学即关于人与自然关系的认识。① 从生态哲学的角度看，人是自然的一部分，同时，人改造自然，"人化自然"。人为了更好生存，不断改造自然，否定自然界的自然状态。反过来，自然竭力否定人，恢复自然状态。人与自然的关系否定与反否定，决定与反决定，改变与反改变。这是迄今为止人与自然关系的主线。这一互动过程的当代结果是自然因为人类的行为而失衡。失衡的原因在于人的一方。具体来说，一是由于人类认识自然的能力有限；二是人类对技术的控制能力不够；三是人类功利主义思想的影响，特别是片面的国家利益、民族利益、地区利益、集体利益以及个人利益代替了人与自然的整体利益和长远利益。四是价值偏见，只注意眼前自然资源的使用价值，忽视自然永存的内在价值，为满足眼前的局部利益，对自然资源进行掠夺性开采。因此，要辩证人与自然的关系，首先必须确立人在自然中的一体化的大自然观。其次，消除人类中心主义，人只是生物的一种，人不是万物的尺度。最后，要全方位探讨自然的价值，不仅利用，而且保护。确立大价值观，不仅考虑经济价值，而且考虑生态价值，不仅考虑眼前价值，而且考虑长远价值；不仅考虑取自自然，而且要考虑回报自然。这种人与自然的共生关系才是人与自然的应然关系。

（三）拓展人学的生态维度

现有的人学都在不同程度上存在就人论人的问题。马克思主义人学比较关注人的社会维度，西方人学比较关注人的个人维度。两者都存在将人作为独立于自然的孤立存在谈论人性的问题。因此，现有人学对人的认识是不全面的，至少，对人的自然限度、自然约束、自然影响认识不足。当今时代，人类进入生态危机时代，环境问题触发人们反省与思考，为人类的自我理解与自我认知

---

① 王清泉："论人与自然关系的辩证法"，《光明日报》，2004 年 10 月 26 日，第 3 版。

提供丰富的思想资源。① 我们可以从生态危机及其对人类的冲击中获得诸多有关人学的启示。首先，生态危机展现人类生存的多重压力。生态危机勾勒了人类生存的自然限度。自然已经由母亲变为需要救助的对象。为人类设置了限度。其次，生态危机反衬了人类的脆弱性。体质人类学和生理医学研究表明，由于人类与自然关系紧张程度的加深、生活紧张感的增强，人类各种生理和心理疾病的出现速率与形式越来越频繁，自杀增多。再次，生态危机昭示我们社会面临的风险，人类被异化的风险。

如何拓展人学的生态维度？首先，要将生态环境纳入人学。以前，环境是人类的外在生活条件，被排斥在人学之外。实际上，环境是人的内在生活条件，生态环境是人学的内生变量。其次，以对人的生态关照推进人的自我发展和自我革命。生态危机彰显了"无关"之物对人的内在意义。一方面，通过环境变化的影响，可以发现背景性因素的作用，发现了不在场因素的在场效应以及人对环境的内在依赖性；另一方面，透过环境我们看到人的有限性，看到了自己的不足与不完善，尤其是看到了人类行为的自反性特征，加深了对人的内在特征和实践后果的认识。这对人类今后设计自己的发展道路是非常重要的。这是人的又一次自我发展和自我革命。再次，以对人的生态关照强化人对他者的重要责任。环境危机与其说是人与自然的关系的危机，不如说是人与人关系的危机。在人类行为中，要确立他者的价值和地位。最后，通过对人的生态关照充实人学的研究方法。一是要从整体思维的角度重新理解人类生存。人是一个整体的存在，他只有在整体的境遇中才有生存的可能性和生存的价值，而且人的本质就在于他与周围事务的关系。同时，生态危机告诉我们，世界作为一个整体不存在明确的中心和非中心之别。中心的概念是相对的。要超越中心论，用一体化的整体思维方式来理解人。二是要确立深层次发展观，即确立自然在发展中的主体意义。发展既是人的发展，也是自然的发展。这样的发展观，要求从时间观念而言，确立后代生存发展权的当代合法性，就空间观念而言，走向整体的发展观，将人类整体利益被放置在所有问题之上，就发展的内涵而言，要放弃单纯把自然当作客体从而获得财富来改善人类切近的生存条件的思维，转换到追求人类自我和人性的内在提升上；就发展方式而言，要抛弃片面追求人的发展，转向讲究人与自然的协同进化，确立自然在发展中的主体意义。从这个意义上看，发展，既不是目的，也不是价值，既不是方法，更不是策略，而是人之为人的基本方式。

---

① 刘啸霆："环境问题的人学价值"，《光明日报》，2004 年 6 月 8 日，第 3 版。

这样一种人学才能真正引导人关注生态、关注他者、关注公共事务、参与公共事务，因重新审视自己的文化和文明，提升人的境界，推动真正的人性自觉，惟其如此，才能真正引导人的发展和人性的完善。

（四）构建真正的生态伦理学和生态美学

现有的伦理学较少关注代际伦理，较少关注后代人的生存权利。因此，实际上将生态环境排斥在伦理学之外。现有的生态伦理学研究也多是孤立谈论生态中的伦理学构成或生态思想，较少联系人的行为和动机与生态所构成的伦理关系。

构建真正的生态伦理学，首先要将生态环境本身的价值纳入伦理学的范畴，要敬畏生态，敬畏生命，敬畏自然。要像德国伦理学者阿尔伯特·施韦泽那样，强调"敬畏生命"，强调"善是保存生命，促进生命，使可发展的生命实现其最高价值。"这是必然的、普遍的、绝对的伦理原则。"[1] 施韦泽所说的"生命"，包括人、动物、植物在内的一切生命现象。敬畏生命不仅意味着敬畏人的生命，而且要敬畏动物和植物的生命。敬畏生命的伦理否认高级和低级、富有价值和缺少价值的生命之间的区分。人应该尽量摆脱以其他生命为代价保存自己的必然性。其次，要将生态伦理和生态价值纳入伦理学，生态伦理学主要要思考人与自然之间的道德关系，不同于传统的人与社会的道德关系。[2]

在构建真正的生态美学方面，以前的生态美学主要孤立谈论生态中的美学构成或生态思想，没有确立生态美学的生态价值基础。实际上，生态审美世界是以生态伦理为依据而形成的一种宏大的、整体的、体现出人文内涵的精神境界，要它通过自然哲学和人生哲学体现出来。当前，要构建真正的生态美学，必须摈弃主客体二元对立的认识论，运用生态学整体主义观点，反对"人类中心主义"哲学。从人类中心主义转向生态整体论。使面对自然的审美态度得以确立。在美学观上，从自然美是人化的自然转到人与自然共生上来；在审美观的性质上，从人对自然的审美态度的单纯审美观，转化为一种人生观和价值观。构建新的生态审美基础。[3]

---

①　阿尔伯特·施韦泽：《敬畏生命》（中译本），上海社会科学出版社 2003 年版，第 2 页。
②　张胜冰："中国传统文化中的生态伦理观念"，《中国美学研究》2004 年夏季号。
③　曾繁仁：《生态美学导论》，商务印书馆 2010 年版。

二、推进历史学的生态化改造

　　现有历史学主要关注人类活动的历史、人的历史、社会的历史，除了生态史、环境史等专门史以外，都较少关注生态环境的历史以及人类活动与生态环境互动的历史。总体上看，现有历史学科也是将生态、环境作为人类历史的外生变量的，因而是将生态环境排除在外的。

　　这种历史在人类社会发展没有遇到生态环境根本性约束时是可以接受的。但是，当生态危机时代已经到来，生态环境已经成为人类发展的总体约束时代，这种历史观显然已经不适合时代的要求。当前，需要将生态环境内生化，推进历史学科的生态化改造。

　　目前，一些领域的学者已经开始用生态视角关照人类历史，当然主要是专门领域的历史。例如，关于工业革命为什么最先发生在英国，传统的理论主要从技术积累、市场扩大、殖民地剥削、制度刺激等角度寻找原因。已经有经济学家对生态作用对工业革命时期英国经济增长的作用从数量上进行了定量分析。但在他们的模型中采取的是间接的方式。保罗·贝罗奇（Paul Bairoch），克拉夫特（N. Craft）等学者计算了殖民剥削所获得的利润对英国经济增长的贡献份额：1688 年占国民收入的比重为 0.37%，占总投资的 13.0%；1730 年占国民收入的 0.12%，占总投资的 2.4%；1770 年分别是 0.54% 和 7.8%[①]。显然，资本原始积累对英国经济增长的作用从数量上看是很小的。美国学者彭慕兰更进一步指出生态缓解是英国从海外贸易中获得的最大收益。生态缓解在其解释中指英国从新大陆获得大量的"土地密集"的产品，从而缓解了英国自身人口对土地的压力。为了更充分的讨论这一点，彭慕兰考察了技术变革对于英国以纺织业为先导的工业化的作用，发现在没有生态缓解的情况下这种作用是很有限的。因为马尔萨斯的四项必需品——食品、燃料、纤维、建筑材料均要占用土地来生产，当纺织的技术革新增加了对纤维的需求时，食品和燃料价格上升，甚至于高出了工资，这时纺织业的技术变革也无法解决问题，此时更多的土地和人力必须投入四项必需品的生产中，可见孤立的纺织业技术变革无法形成持续的工业革命，美洲大陆所提供的"生态缓解"才是英国工业革命的关键因素。[②]

---

　　① 参见崔之元："生态缓解，奴隶制与英国工业革命"，《读书》2001 年第 11 期。

　　② 彭慕兰：《大分流》，江苏教育出版社 2003 年版，引言部分和第三部分的论述。

　　再例如，关于帝国主义与殖民主义研究，过去主要从政治、经济、社会角度研究，主要研究其社会经济政治根源与后果。近年来，已经开始形成一个生态视角。例如，关于殖民主义的发生，学术界开始揭示早期帝国主义国家对外扩张以转移人口压力、资源压力和生态压力的动机。关于殖民体系的形成过程，美国惠蒂尔学院罗伯特·B. 马克斯教授则将全球经济体系的形成归结为一个生态过程。[1] 关于殖民主义的后果，除了关注其经济社会政治后果外，开始关注生态后果，包括殖民国家的生态缓解和殖民地国家的生态恶化。

　　又例如，关于当代中国生态问题的发生，过去主要从政策失误、工业化模式等角度研究。实际上可以从人与自然关系的视角构建一个通过制度、模式、生态三者互动的模式，探寻出一个基于生态的分析框架，即基于生态变迁的三阶段历史模式。

　　在当代中国，人类历史上出现的各种生态破坏形态都已经出现，包括农业文明时代的水土流失、土壤沙质荒漠化、石质荒漠化等，以及工业文明时代的大气污染、水污染、农业面源污染，甚至出现了严重的信息化时代的电子污染、重金属污染。为什么会出现这样的结果？

　　首先是新中国成立前帝国主义对中国的生态掠夺。例如，日本侵略中国时期，对中国的生态资源大举掠夺。一是掠夺土地资源。早在 1915 年 5 月，日本就通过"二十一条"攫取了所谓的"南满洲土地商租权"和"东部内蒙古的农业合作权"。所谓的"东部内蒙古的农业合作权"，就是以农业投资的形式进行土地资源掠夺。从 1913 年到 1922 年，日本人在内蒙古东部设立的所谓合办公司达 10 余处，攫取农场、林地和矿业占地约 1029 万亩之多。二是掠夺农畜产品。第一次世界大战期间，日本"满铁"以期雄厚的资本直接参与了号称"奉西三大工业"的南满制糖、满蒙毛织、满蒙纤维等三大会社的创立，以加强对内蒙古东部地区农畜产品的掠夺性开发。日本为了掠夺东北丰富的畜产资源，对畜牧业实行了"统制"政策，加强了对东北地区畜产资源的掠夺。三是掠夺牧草资源。滨洲铁路沿线所产的牧草（主要是羊草）大量被日军征用。据"满铁"统计，由土尔赤哈（龙江）、小蒿子（泰康）、宋站、满沟（肇东）火车站，发出的羊草 1932 年为 1.93 万吨。此后逐年增加，到了 1939年为 2.52 万吨。伪满在肇东成立了肇东羊草组合，以肇东县为中心，于满沟站（今肇东站）、宋站、尚家、姜家设四个分区，1940 年征购羊草 2.23 万吨，

---

　　[1]　参见罗伯特·B. 马克斯：《现代世界的起源——全球的、生态的述说》，商务印书馆 2006 年版，第 131—166 页。

1941 年征购 3.87 万吨。在日伪政权的畜产"统制"和"出荷"的殖民掠夺下，东北的畜牧业迅速衰退。东北原来是我国重要的畜产出口基地，但到伪满末期畜产品的出口贸易基本上停止了。东北牛的出口量，1937 年为 24435 头，1940 年仅剩 100 头；马骡驴的出口量，1937 年为 5998 匹，而 1943 年仅剩 161 匹，同期羊的出口量也由 132897 只猛降为 90 只。与此同时，东北畜产加工品的出口也急遽下降。东北仔绵羊皮及仔山羊皮的输出量，1937 年为 204411 张，1943 年仅剩 5 张；绵羊皮及山羊皮的输出量，同期也由 390123 张猛降为 11663 张。东北绵羊毛的输出量 1937 年为 2884574 公斤，1940 年急遽减少为 398934 公斤。①

其次是计划经济时期传统发展方式导致的生态破坏。计划经济时期，中国的发展方式主要呈现高投入低产出、高消耗低收益、高速度低质量等"三高三低"特征。这种发展方式对生态带来直接破坏，给中国生态环境造成严重影响。一是工业化和城市化的无序推进导致城市人居生态环境污染。在工业化推进中，强调变消费城市为生产城市，大量工业企业建在大中城市的居民区、文教区、水源地甚至名胜游览区，加上强调先生产、后生活，致使城市基础设施与生活保障严重脱节。到"文革"结束时，城市的污染到了非常严重的程度。二是片面强调"以粮为纲"的农业生产方式加剧自然生态破坏。过度强调"以粮为纲"，大面积推进围湖造田、垦草造田、毁林造田，导致土壤生态严重退化。以"大跃进"时期为例，由于过度强调"以粮为纲"，导致了大范围毁林种粮现象。大面积毁林造田，加上围湖造田、垦草造田等行为的大面积发生，中国自然生态出现严重退化。这一时期，北方地区出现严重的土地沙漠化趋势，20 世纪 80 年代初期与 70 年代相比，内蒙古、宁夏、青海的重点地区土地沙漠化面积平均增长 35%。南方水蚀荒漠化和石质荒漠化也在发展。整个南方丘陵山区，由于水蚀造成的荒漠化土地从 50 年代占山区面积的 8.2% 扩大到 80 年代初期的 22.9%。由于生态系统与生态功能退化，生态灾害和损失上升。四川省 50 年代平均 2—3 年发生一次春旱，到 70 年代就发展到十年九旱。1950 年到 1958 年，全国受灾面积不到 3 亿亩，到 1978 年，受灾面积达到 5.08 亿亩。②

再次是改革开放时期的生态赤字。改革开放 30 年间，中国发展方式出现了高出口依赖低内需拉动的特征，伴随出口依赖程度的增加，出现了严重的生态流失和国际生态逆差。由于片面实施出口导向战略，加上产业层次长期处于

---

① 衣保中：《中国东北农业史》，吉林文史出版社 1993 年版，第 609—611 页。
② 国家统计局：《中国统计年鉴 2010》，中国统计出版社 2010 年版，第 479 页。

国际制造业产业低端，导致大量污染产业聚集。例如，机械电器电子设备制造业、纺织原料及纺织制品、金属制造业、化学原料及化学品制造业、黑色金属及制品等十大产业占中国出口贸易额前十位，这十大产业的废气排放量占全国工业废气排放总量的比重一直在 60% 以上。同时生态赤字急剧扩大。由于中国出口产品生产过程中的平均污染强度大，而进口产品生产过程的平均污染程度小，中国出口结构中污染强度大的产品多，进口结构中污染强度小的产品多，加上日趋扩大的贸易顺差，生态逆差日趋扩大。国务院发展研究中心地区司牵头的课题组计算结果表明，如果不考虑生产结构与贸易结构的差异性，"十五"期间二氧化硫（SO_2）污染物排放量中，我国每年对外贸易造成的 SO_2 "逆差"约为 150 万吨，占我国每年 SO_2 排放总量的近 6%。[1]

可见，构建一个基于生态的历史分析模式，可以站在人类社会发展的高度解释历史运动的真谛。这是历史学生态改造的价值所在。当前人类社会急切需要这种历史观。一方面，人类社会发展与生态变迁从来就是一个问题的两个方面，人类社会发展与生态变迁是一个"孪生"的过程；另一方面，迄今为止的人类社会发展过程，实际上都是建立在生态破坏、环境掠取的基础上的，全球气候变暖、各种生态灾难频发表明，人类在发展进程中，已经形成了日趋增大的"生态赤字"。因此，未来人类的发展进程，本质上将是一个与生态和环境调适的过程，现代化将从经济现代化、社会现代化、文化现代化推进到生态现代化的新阶段。

同时，历史的学科特征也决定了它关注环境问题的学科优势。其一，环境问题实际上是人类行为的结果，而历史关注的正是人类的行为及其后果。其二，现实中的环境问题都是历史累积的结果，而历史关注人类社会发展史的累积过程。因此，历史完全可以以生态的视角，将目光投向历史的深处，拂去厚重的历史尘土，揭示环境问题的历史形成轨迹，总结经验教训，从历史中寻求指向未来的可能路径。

三、推进社会学的生态化改造

现有的社会学同样存在将生态环境外生化的问题。社会学关注的社会内部

---

[1]　王世玲："外贸新变量：环保部启动贸易环境逆差核算"，人民网天津视窗·财经频道 2008 年 8 月 9 日，http//www.022net.com。

的结构，社会内部的动力、社会内部的平衡、社会内部的和谐。可以说，在这些方面，社会学的理论建构是完善的。但是，由于将生态环境外生化，一旦社会与自然解除，社会内部的平衡与和谐就将打破，社会内部的和谐就将消失。换句话说，社会内部的结构与和谐并不是像传统意义上的社会学理论揭示的那样，是单纯依靠社会内部的因素就可以维系的。社会和谐与自然环境之间有着深层次的互动关系。依据这种互动关系，可以确定推进社会学生态化改造的方向与路径。

（一）　在社会利益导向方面，确立非物质利益中心主义

以物质利益为中心的社会，必然是个体主义价值观与资本强势主体的价值观主导的社会，这种社会不仅社会内部难以达成和谐，而且，伴随资本和个人利益的过度主张而侵害自然，导致社会与自然之间的失衡。非物质利益中心主义价值观则强调以人为本，强调以多数人生活幸福为目标的价值理念。这样的社会利益导向不仅可以确保社会和谐，而且可以保证社会与自然的和谐。

（二）　在社会发展边界方面，确立自然可能性边界

以物质利益为中心的社会，由于资本处于强势地位，必然以资本的欲望为社会发展的可能性边界，因此，必然打破自然的可能性边界，导致社会难以可持续发展。只有将社会发展建立在自然可能性边界的基础上，才可能维系社会的可持续发展。

（三）　在社会心理基础方面，确立"生态商"在社会心理中的核心地位

伴随人类社会的发展，人类情商、智商越来越高，改造自然和社会的能力越来越强，但是，如果人类陷入生态无知，人类的智商和情商都将是破坏人类生存基础的力量。"情商"之父，哈佛大学心理学博士丹尼尔·戈尔曼最近在《10个改变世界的想法》一书中提出"生态商"概念，其要义就在于此。在他看来，"随着工业革命的推进，人类和大自然之间产生了隔绝"，导致"生态无知"，即生态商低下。要扭转社会的"生态无知"，必须提高社会的生态商。提高生态商的关键，是计算人类生产、消费等行为的"碳足迹"，确定产品的生态价格，促使人类能够认识到生产和消费的真实成本，促使人从单纯的"经济人"、"智慧人"、"情感人"向"生态人"的转变，构建生态友好型社

会的社会人格基础。①

（四）在社会和谐基础方面，确立生态和谐是社会和谐内生基础的理念

当前，人们在谈论社会和谐时强调多的是政治和谐、经济和谐、文化和谐、社会和谐，较少强调生态和谐。实际上，生态和谐是社会和谐的基础。一方面，伴随社会发展和人民生活水平的提高，人们对生态环境质量的要求日益提高；另一方面，生态环境的恶化加剧了人们的生态权益意识。生态需要是人的基本需要，生态福利是人的基本福利，和谐社会建设要坚持以人与自然的和谐即生态和谐为基本方向。

四、推进管理学的生态化改造

在所有学科中，管理学的生态化改造的空间是最大的。这是因为，一方面，人类与生态的关系在很大程度上是通过管理行为体现出来的；另一方面，长期以来，人类的各类管理行为恰恰忽视生态的约束性。因此，通过管理学的生态化改造，才能从根本上改进人类的管理行为。

传统的基于"经济人"和"道德人"的管理理论都是将"效率"特别是经济效率放在第一位，主要采取科学管理的原则。但是，对环境、生态以及可持续发展较少关照。推进管理学的生态化改造，就是要摒弃单纯的"效率"目标，将生态保护和可持续发展放在突出重要位置。世界许多著名企业顺应绿色潮流，重新修订企业发展战略，配之以全新的管理思维，绿色管理应运而生。可以说，在生态文明建设时代，谁能率先实施绿色管理，谁就掌握了竞争的主动权。

所谓绿色管理，是指企业在生产过程中降低消除污染、节约资源，并推出能被新型消费者接受的绿色产品及服务，同时扩大绿色市场份额，树立绿色公司形象，生产"绿色"、出售"绿色"，给自己留下更广阔的发展空间。绿色管理诞生后，受到了企业家的注目，越来越多的企业纷纷实施绿色管理。美国有500多家大企业成立了专门的绿色管理机构，全面实施绿色管理。IBM公司成立环保意识产品设计中心，并推出新一代"绿色微机"，得到了市场的广泛好评，取得了极大的商业成功。德国是世界上第一个建立绿色标志制度的国

---

① 《参考消息》，2009 年 4 月 7 日。

家，其绿色产品数量已有 5000 多种，占全部产品总量的 30%。美国有近 1/3 的家用产品是在"绿色旗帜"下推出的。1997 年，国际绿色产品市场交易额为 4260 亿美元，每年以近 10% 的速度增长，大大高于同期世界经济的增长，许多国家绿色产品市场消费量年增长率达 20%—30%，甚至 50%。高速增长的绿色市场表明：绿色市场将成为世纪之交最热点的市场，绿色消费将成为 21 世纪的主流消费。

相对来说，管理学理论滞后于管理的绿色化进程。当前，管理学的生态化改造要从下述几个方面加快推进。

首先，确定管理学生态化改造的基点。生态文明应该成为管理学确立的内生基点，绿色环保应该成为管理学的基本原则，生态人应该成为管理学的基本理论预设。

其次，构建绿色管理的理论体系。可概括为"5R"原则：研究（Research），将环保纳入企业的决策要素中，重视研究企业的环境对策；消减（Reduce），采用新技术、新工艺，减少或消除有害废弃物的排放；再开发（Reuse），变传统产品为环保产品，积极采用"绿色标志"；循环（Recycle），对废旧产品进行回收处理，循环利用；保护（Rescue），积极参与社区内的环境整治活动，对员工和公众进行绿色宣传，树立绿色企业形象。

最后，构建全面绿色管理推进体系。管理是一个系统，管理学的生态化是一个系统，生态化的管理学理论体系应该涵盖管理的各个方面，因此，要构建全面绿色管理体系。这一理论体系包括：（1）绿色设计。绿色设计包括材料选购、生产工艺设计、使用乃至废弃后的回收、重用及处理等内容，即进行产品的全寿命周期设计，要实现从根本上防止污染、节约资源和能源。在设计过程中考虑到产品及工艺对环境产生的副作用，并将其控制在最小的范围之内或最终消除。（2）绿色采购，产品原材料的选择应尽可能地不破坏生态环境，选用可再生原料和利用废弃的材料，并且在采购过程中减少对环境的破坏，采用合理的运输方式，减少不必要的包装物等。（3）绿色技术，绿色技术贯穿于绿色生产的始终，是绿色生产的关键所在。企业应最大限度地研究并应用节约资源和能源，减少环境污染，有利于人类生存而使用的各种现代技术和工艺方法。（4）清洁生产，清洁生产是绿色设计，绿色技术的综合实施过程，也是绿色管理的重点。（5）绿色营销，是企业绿色管理的一种综合表现，是一个复杂的系统工程，包括绿色产品、绿色价格、绿色渠道、绿色促销等。（6）绿色投资，企业应抓住机遇，投入绿色环保项目，发展绿色产业，进一步提高企业的绿化程度。企业的发展不能仅局限于现有规模，应适当的开发新项目，增强企业实力，绿色投资可以作为企业绿色管理中的一个突破点。（7）绿色会计，企业进行会计成本核算过程中，除了包括自然资源消耗成本外，还应包括环境污染成本，企业的资源利用率及产生的社会环境代价评估，以便全面监督反映企业绿色管理的经济利益、社会利益和环境利益。（8）绿色审计。绿色审计对企业现行的运作经营，从绿色管理角度进行系统完整的评估，发现其中的薄弱环节，为开展绿色管理决策提供依据。这样即可降低潜在危险，又能比较准确判断绿色管理的投入，更重要的是有助于企业发现市场中的新机会。

五、推进其他学科的生态化改造

除了上述几个主要学科以外，其他哲学社会科学也存在生态化改造的任务。

首先是法学。在生态文明建设时代，法学除了研究人与人社会关系的调整以外，也要研究调整人与自然的关系，人与自然的关系实际上是人类生态权益关系的调整，是人类的代际利益关系的调整，实际上也是社会关系。

其次是行政学。生态文明建设时代，行政学理论除了关注政府效率，公共产品效率以外，要关注公共行政过程的生态化，公共政策的绿色化，将生态文明纳入公共行政视角。推进绿色行政。

再次是文学。文学作为反映客观世界的艺术，必须真实反映人与自然的关系，特别是当今人与自然的紧张关系，激发人类对自己进行生态解读，唤醒人类的生态家园意识。在这方面已经有比较丰富的思想资源和学科资源。如18世纪维科提出的"原始诗性论"，桑塔耶纳倡导的"自然主义"，杜威提出的"活的生物"命题，车尔尼雪夫斯基构建的"生活—自然"美学，海德格尔提出的"人在世界之中"的生态整体论，大地作为人的生存根据的观念、人与自然平等游戏的"家园意识"，以及中国《周易》的生生不息与道家"天钧"思想等。①

最后是统计学。统计学要超越社会经济统计的范畴，探讨符合生态文明建设要求的统计体系。包括完善绿色 GDP 核算体系，环境友好型社会指标体系、政府官员绿色政绩评价体系等。

---

① 张语和："生态文学向我们走来"，《人民日报》，2011 年 1 月 18 日。

六、构建生态文明理论联盟

要推进哲学社会科学学科的生态化改造，关键要实现学科自身的生态自觉。在此基础上，运用生态文明理念，解构传统工业化思维方法、基础理念、概念体系，将生态纳入学科研究的内生变量，将人、社会、自然整合起来，形成新的符合生态文明的思维方法、基础理念和概念体系。

当今社会，任何科学都面临这一转变的任务。马克思曾经界定现代历史运动的使命之一在于，"发展人的生产力，把物质生产变成对自然力的科学统治"①。伴随这一历史运动的理论发展，要重点指导人类如何科学地运用自然力。从这个意义上说，任何学科都必须"绿化"，即以自然和生态为基点推进理论发展。

学科生态化改造的任务几乎涵盖哲学社会科学所有学科，生态文明的伟大实践需要的不是单个学科的支撑，而是需要所有社会科学参与。因此，要在各个学科生态化改造的基础上实现所有学科的知识融合，形成知识融合的生态文明理论体系。根据美国科学哲学家库恩在《科学革命的结构》提出的理论，每一个学科的问题都是一个矩阵，矩阵由各种符号规则的因素共同构成，每一个因素都需要进一步研究。因此，每个学科都应该是一个学科群组成的学科矩阵，是具有共同追求、共同信仰、价值和技术手段的不同学科构成的共同体。当代哲学社会科学面临的任务，是构建这样一个基于生态文明的学科矩阵，形成支撑生态文明的理论联盟。

---

① 《马克思恩格斯选集》（第 1 卷），人民出版社 1972 年版，第 773 页。

第十七章

发达国家生态发展：中国生态
文明建设的借鉴

英、美、日、法、德等先进工业化国家，在其发展过程中，都无一例外地经历了"先污染后治理"的过程而成为环保先进国家，建立了比较完备而又各具特色的环保体系。比较与借鉴这些国家在协调人地关系上的成功历史经验，将有裨于中国的生态文明建设。

第一节

欧盟的环保壁垒型生态发展道路

西欧是工业革命的发祥地，也是由近代工业化所导致的生态环境问题最早凸显的地区，由此也成了最早开展环境法治的地区。

一、工业革命引发的生态危机

18 世纪从英国发起的技术革命是技术发展史上的一次巨大变革，纺纱机、蒸汽机等一系列技术革命使工厂制代替了手工工场，机器代替了手工劳动，大大提高了社会生产力，人类迅速进入机器化大生产时代。这既是一次技术改革，更是一场深刻的社会变革。这一次技术革命和与之相关的社会关系的变革，被称为第一次工业革命或者产业革命。工业革命从纺织工业开始，到建立煤炭、钢铁、采矿、化工等重工业而告完成。作为第一个爆发工业革命的国家，英国成为当时的"世界工厂"和经济最发达的国家。欧洲和整个世界经济在工业革命推动下也发生了巨大变化。马克思在《共产党宣言》中指出："资产阶级在它的不到一百年的阶级统治中所创造的生产力，比过去一切世代创造的全部生产力还要多，还要大"。①

　　工业革命带来的以工厂制为基础的大机器工业，改变了社会的经济结构，使人类开始突破传统农业生产方式，由农业文明向工业文明迈进，这是人类文明的一大进步。但与此同时，机器化大生产所带来的废气、废水、废渣以惊人的速度排放到环境中，使环境遭到前所未有的污染和破坏。机器化大生产对劳动者的大量需求，使城市人口急剧膨胀，进一步加剧生态环境的恶化。例如，伦敦在16世纪只有25万居民，到17世纪就成为超过百万人口的大城市，到产业革命完成后的19世纪中叶，人口已增加到900万人。欧洲10万人以上人口的城市到19世纪增加了6倍②。

　　由煤烟尘、二氧化硫造成的大气污染和冶炼、制碱造成的水质污染成为工业革命期间环境污染的主要形式。煤炭作为这一时期的主要能源为工业的发展作出了重大贡献，但烟囱林立、城市上空处处弥漫着的黑烟也给环境造成极大的污染，给人类健康造成极大伤害。最早开始和最早完成工业革命的英国，其环境污染出现最早，环境污染程度也最严重。1873年，伦敦在煤烟的毒害下，支气管炎死亡人数较前一年多260人。1880年、1892年又夺走了1000多人的生命。随后在英国的格拉斯哥、曼彻斯特等城市也发生过类似的事件，造成1000多人死亡③。

　　18世纪下半叶，比利时、法国、德国等欧洲其他国家也先后开始了工业化进程。在工业化的进程中，各国经济飞速发展，也都不可避免地出现了较严重的环境污染。19世纪末20世纪初，德国工业中心的上空长期为灰黄色的烟幕所笼罩，严重的煤烟造成植物枯死，晾晒的衣服变黑，即使白昼也需要人工照明。德累斯顿附近的穆格利兹河，因玻璃制造厂所排放污水的污染而变成"红河"。哈茨地区的另一条河流则因铅氧化物的污染毒死了所有的鱼类，饮

---

① 马克思、恩格斯：《共产党宣言》，人民出版社1995年版。
② 贾灵、李建会著：《全球环境的变化——人类面临的共同挑战》，湖北教育出版社1997年版，第32页。
③ 贾灵、李建会：《全球环境变化——人类面临的共同挑战》，湖北教育出版社1997年版，第34，43页。

用该河水的陆上动物亦中毒死亡①。1930年，比利时发生马斯河谷事件，在狭窄的河谷里，因气温逆转、无风而使工业排放的烟雾大量滞留，引起6000人呼吸道疾病，并有63人死亡②。19世纪人们曾在莱茵河下游大量捕捞鲟鱼制造鱼子酱，而到19世纪末和20世纪初，那些对污水特别敏感的鱼类在一些河流中几乎绝迹。"由于数量的减少，明显地受到限制，到1920年就完全禁止了捕鲟鱼"③。

大量植物枯死、大量动物中毒死亡、部分生物绝迹，触目惊心的环境污染引发了生态危机，严重影响人类的健康。随着越来越多的环境公害事件的发生和曝光，政府和民众逐步认识到加强污染治理、保护生态环境的重要性和迫切性。

二、限制性措施的出台和环境保护法规的颁布

在严峻的生态环境面前，欧洲各国政府选择制定严格的、强制性的环境法律和环保标准等限制性措施来治理环境污染。以英国和德国为例，1863年，英国成立第一个环境监察机构，随后颁布多部环境法律；如《公共健康法》（1875）、《河流法》（1876）、《有毒废物处置法》（1972）、《污染控制法》（1974）、《野生动物和乡村法案》（1981）、《环境保护法案》等。德国环境法制建设发展较快，从20世纪60年代末开始，先后制定《废弃物处置法》、《联邦水管理法》、《大气污染控制法》、《能源节约法》、《化学品法》、《原子能控制法》和《废水纳税法》等法律，其中有关化学工业的法令就多达2000余种，对减少化学工业的污染，无疑起了强劲的抑制作用④。

欧共体及此后的欧盟成立后，频繁出台一系列环境法律和环境行政计划，以促进欧洲地区的生态环境治理。1967年出台《有关危险品的分类、包装和标签的67/548指令》，1970年《有关机动车允许噪声声级和排气系统的70/157指

---

① 梅雪芹："工业革命以来西方主要国家环境污染与治理的历史考察"，《世界历史》2000年第6期。

② 贾灵、李建会：《全球环境的变化——人类面临的共同挑战》，湖北教育出版社1997年版，第42页。

③ G. 费伦贝格：《环境研究——环境污染问题导论》，人民卫生出版社1986年版，第3页。

④ 王豪："德国致力于发展环保产业"，《现代化工》1998年第3期。

令》①。1972 年，欧共体在巴黎召开首脑峰会，提出在共同体内部建立共同环境保护政策框架，制定《欧洲共同体环境法》。1973 年，欧共体通过第一环境行动计划，提出要减少和防止污染及其有害物，改善环境和生活质量。1977年，通过第二个环境行动计划，强调加强欧共体环境政策中的预防政策。1983年，通过第三个行动计划，明确提出要采用在源头削减污染物排放的原则。1986 年，通过《欧洲单一法令》，为环境问题增设一章，强调污染付费原则和源头控制，将环境标准与共同体经济政策统一起来。1987 年，通过第四个环境行动计划，指出对待污染的各种方法，如从原材料着眼的方法、直接针对污染源的方法。1993 年，欧盟批准第五个题为《走向可持续发展》的合作行动计划，实际上该行动计划就是一个所有欧洲联盟成员国都应该遵守的环境政策框架。2001 年，欧盟通过《环境 2010，我们的未来，我们的选择》第六个环境行动计划，重点关注需采取紧急行政的领域等。

在一系列限制性措施和强制性环境法律的作用下，20 世纪 80 年代前后欧洲各国环境污染问题得到基本控制，其中英国最具有代表性。1952 年 12 月5—8 日，伦敦发生严重的"雾都烟雾事件"，导致 4000 多人死亡；甚至在烟雾事件之后的两个月内，还有 8000 多人病死；1956 年、1957 年和 1963 年又连续发生多次烟雾事件②。而到了 1981 年，英国城市上空烟尘的年平均浓度只有 20 年前的 1/8，因污染严重而绝迹多年的 100 多种小鸟，重新飞翔在伦敦的天空。1980 年，全英河流总长的 90.8% 已无重大污染。1982 年 8 月，人们在离伦敦 24 公里的一个堰附近捕捉到 20 尾绝迹 100 多年的大马哈鱼，大马哈鱼回游是第二次世界大战结束后开始的反污染工作的一个单程碑"③。

三、增加环保投资、发展环保产业

在采用限制性措施和环境法律治理环境取得一定成效之后，欧洲各国为进一步改善生态环境，从根本上解决环境污染给经济发展带来的损失，开始进一步探索解决生态危机的根本途径，增加环保投资、发展环保产业逐步成为欧洲

---

① 蔡守秋主编：《欧盟环境政策法律研究》，武汉大学出版社 2002 年版，第 73 页。
② 贾灵、李建会：《全球环境的变化——人类面临的共同挑战》，湖北教育出版社 1997 年版，第34、43 页。
③ 杨朝飞：《环境保护与环境文化》，中国政法大学出版社 1994 年版，第 391 页。

各国的共同选择。

与日本和美国相比，欧盟各成员国政府对于治理环境污染的投入略小一些，企业的投入略大一些，各国之间的差别不是很大。以 1985 年的法国、德国和荷兰政府为例，法国政府与公益组织用于减污与控污方面的投资占全社会减污与控污投资的 67%，1990 年为 64%，企业所对应的分别为 33% 和 36%。德国政府与公益组织用于减污与控污方面的投资占全社会减污与控污投资的 54%，1990 年为 60%，企业所对应的分别为 46% 和 40%。荷兰政府与公益组织用于减污与控污方面的投资占全社会减污与控污投资的 69%，1990 年为 42%，企业所对应的分别是 31% 和 57%[①]。在对环保产业的投入方面，政府和私营企业基本相等，分别占 48% 和 46%，家庭投入占 6%。私营企业在空气污染控制中占主导地位，提供 76% 的费用。政府更多地参与污水处理和废物管理[②]。

德国在欧盟所有成员国中环境治理效果是最好的，英国则在清洁技术、水处理、空气和土地污染控制、海洋污染控制、噪音和震动控制等领域保持环保产业上的优势。德国在加强环保资金投入上，采取国家投资、企业集资和提高环保收费的方法，使政府、企业在污染治理过程中的作用发挥到最大化。在国家投资方面，仅 1986 年政府用于治理环境污染的费用就高达 1036 亿马克；在企业集资和提高环保收费方面，要求化工企业实行自我责任监督，即国有化学工业新产品的投资，必须拿出 5% 的资金用于环保设施。以萨克森州埃尔斯特伯格（Elsterberg）化纤厂为例，1993 年该厂总投资为 1.6 亿马克，其中 9000 万马克用于生产装置的整顿和现代化建设，6000 万马克用于厂房和污水管道维修[③]。环保投入的增加，使企业环保设施得以改善，生态环境状况显著好转，并成为世界第一大环保技术出口国。1975—1995 年，德国社会总产值增长 60%，但二氧化碳的排放量却减少 75%；由于节能技术不断改进，2002 年新车油耗量比 1990 年平均减少 20% 以上[④]。在废旧物品再利用技术方面，2000 年德国 50% 的生活垃圾得到再利用，包装纸和废旧纸的回收率为 60%，建筑废物回收率为 90%，冶金行业产生的 95% 的矿渣、70% 以上的粉尘和矿泥得到重新利用，2005 年废旧汽车再利用率超过 80%[⑤]。至 2004 年年底，英

①　徐嵩龄："世界环保产业发展透视"，《管理世界》1997 年第 4 期。
②　金川相："欧盟国家的环保产业"，《全球科技经济瞭望》1999 年第 1 期。
③　王豪："德国致力于发展环保产业"，《现代化工》1998 年第 3 期。
④　"德国'节能'高招取得显著成效"，《中国电力报》，2004 年 7 月 13 日。
⑤　谢光华："德国循环经济发展现状及对我国的启示"，《江苏商论》2007 年第 1 期。

国在环境技术领域有各类企业 1.7 万家，就业人数 40 万人，年营业额 250 亿英镑。到 2005 年，英国已建成 370 多座生物质能发电站，装机容量达 848 兆瓦[①]。

污染治理和环保投入的增加，使欧盟环保产业得以快速发展。1994 年，欧盟环保产业市场约 900 亿欧元，占欧盟 GDP 的 1.4%，人均 240 欧元。产业地区分布基本反映了成员国经济实力，德国 320 亿欧元，占欧盟市场的 1/3；法国、英国、意大利、荷兰和奥地利分别占 19%、12%、10%、8% 和 4%[②]。

四、构筑环境壁垒

随着欧盟经济一体化程度的加深，欧盟区域内贸易大幅增加，从区域外进口大幅下降。欧盟借口进一步保护区域内各成员国经济利益和生态环境及人类健康，频繁出台环境壁垒政策，构筑环境贸易壁垒。

1996 年，欧盟实施绿色认证标签，禁止进口"非绿色产品"价值达 200 亿美元（其中由发展中国家提供的产品占 90%），涉及商品多达数千种[③]。2001 年，欧盟以中国动物源产品抗生素残留超标为由，全面禁止中国蜂蜜进入欧盟市场。2002 年 9 月，欧盟通过 2002/61/EC 指令，禁止使用在还原条件下分解会产生 22 种致癌芳香胺的偶氮染料。2003 年 1 月 27 日，欧盟通过《关于在电子电气设备中限制使用某种危险物的指令》（RoHS 指令）和《关于报废电子电气设备指令》（WEEE 指令）。2005 年 7 月 6 日，欧洲议会和理事会正式公布《用能产品生态设计指令》（EuP 指令）。根据 WEEE 指令，自2005 年 8 月 13 日起，欧盟市场上流通的电子电气设备生产商必须在法律意义上承担起支付自己报废产品回收费用的责任。根据 RoHS 指令，自 2006 年 7月 1 日起，所有在欧盟市场上出售的电子电气设备必须禁止使用铅、汞、镉、六价铬等重金属，以及聚溴二苯醚（PBDE）和聚溴联苯（PBB）等阴燃剂。根据 EuP 指令，欧盟各成员国最迟在 2007 年 8 月 11 日前制定本国法规，要求在产品设计、制造、使用、维护、回收、后期处理这一周期内，全方位监控产

---

① 《2009—2012 年中国环保产业投资分析及前景预测报告》，第 28 页。

② 金川相："欧盟国家的环保产业"，《全球科技经济瞭望》1999 年第 1 期。

③ 曾凡银、冯宗宪："贸易、环境与发展中国家的经济发展研究"，《人大复印资料—世界经济》2000 年第 10 期。

品对环境的影响，减少对环境的破坏。2006 年，制定《EC1881/2006 号条例》，对各类进口食品的质量安全提出更高、更全面的要求，水产品、动物产品、蔬菜、水果、粮食制品、罐头食品、酒类、调味品等各类农产品和食品几乎全部纳入该法规监控范围。2007 年 6 月 1 日，欧盟《REACH 法规》生效，法规要求凡进口和在欧洲境内生产的化学品必须通过注册、评估、授权和限制等综合程序，以更好、更简单地识别化学品的成分来达到确保环境和人体安全的目的。

这一系列环境壁垒法规、措施的实施，大大抬高了发展中国家商品进入欧洲市场的门槛，对发展中国家出口市场造成极大影响。以中国为例，2005 年 8 月 13 日欧盟 WEEE 指令实施后，广东省对欧盟出口部分主要机电产品出现明显下降。据广东海关统计，8 月份广东机电产品对欧盟出口 22 亿美元，比 2004 年同期增长 17.1%，环比增幅回落 5.8%；9 月份出口 22.5 亿美元，增幅进一步回落至 14.6%。其中，空调 8 月、9 月分别对欧盟出口 7 万台和 3 万台，降幅各达 79.5% 和 80.2%[①]。

构筑环境壁垒已成为欧盟解决环境问题、保护自然生态的重要手段之一。客观来说，环境壁垒有利于保护欧盟成员国的生态环境，也有利于推动发展中国家提高环保技术水平。但是，欧盟出口到发展中国家的许多产品却超过了他所制定的标准，欧盟成员国在发展中国家所设立的企业经常因污染问题而被曝光。比如，德国诺尔起重设备有限公司投资的招商局福建漳州开发区诺尔起重设备（中国）有限公司，因未建污染治理设施便擅自投入生产，对饮用水造成严重污染等。这些现象说明，欧盟通过不断提高环境壁垒和对发展中国家的直接投资来进行污染转嫁，其生态发展是建立在发展中国家的生态破坏基础上的。

第二节

美国的环保政治型、环保外交型
生态发展道路

工业革命之后，美国借助于自身经济的快速发展和两次世界大战所带来的

---

① 黄志宁、汪晓萍、张家炎："欧盟环保双指令对我国机电产业及其供应链的影响与对策"，《物流科技》2007 年第 1 期。

有利时机，迅速成长为世界第一大经济强国，美国政府日益展现出一种世界领导者、主导者的姿态。正如美国政府在世界各个领域所表现出来的强势参与一样，为解决生态危机的各类环保政策也逐步被其作为政治手段和外交手段来实现其继续称霸世界、主宰世界的目标。

一、西进运动和工业化引发的生态恶化

1607 年，英国人在北美东部沿海建立第一个殖民点起，随后美国人开始向西部移动。早期移民者和美国人为获得更大生存空间和财富，开始向北美大陆的中部和西部进行小规模、零散的推进和发展。独立战争结束后，美国开始大规模西进运动，并一直持续到 1890 年。土地、畜牧业和矿业是对西部地区进行大规模经济开发的三大重心。

向西部地区推进和对西部地区的开发是美国历史中的重要事件。特纳教授在 1893 年说，"直到我们的今天，美国历史在很大程度上仍然是一部向大西方殖民的历史。一大片自由土地的存在，人们的不断移入以及美洲殖民地的向西推进，说明了美洲发展的原因"①。在西进运动过程中，官方政策和法律鼓励人们对自然资源进行无情的剥夺，造成土地、森林、草原的过度开采、砍伐和放养，矿产的不合理开发和工业化的影响使大平原沃土变成沟壑纵横的劣地，严重的生态问题接踵而来。

19 世纪 80 年代，密执安、威斯康星和明尼苏达地区一半面积为森林覆盖，但几十年内惨遭破坏，木材砍伐量为生长量的 35 倍②。1875 年，加利福尼亚州马里斯维尔镇由于郁巴河决堤而被河水带来的淘金泥浆所淹没③；1885—1886 年严重灾害使牧场主们遭受近似毁灭性打击，"每个沟壑中堆着牛的尸体，冻僵的蹄子支撑着瘦骨嶙峋的躯体摇摇晃晃，沿着栅栏的许多死牛，被啃光树皮的树木……这些就是牧场主不顾一切的贪婪所留下的标记"④；到 20 世纪 20 年代，美国只有 1/5 的原始森林幸存。20 世纪 30 年代美国出现大规模沙漠化和黑风暴：1934 年春，一阵从中部大平原刮来的狂风，带着 2200

① 福克纳：《美国经济史》（上卷），商务印书馆 1964 年版，第 120 页。
② 雷·艾伦、比林顿：《向西部扩张：美国边疆史》（下），商务印书馆 1991 年版，第 367 页。
③ 王曦：《美国环境法概论》，武汉大学出版社 1992 年版，第 4 页。
④ 拉尔夫·亨、布朗：《美国历史地理》，商务印书馆 1973 年版，第 74 页。

万吨尘土，吹到了东部，落到白宫的房顶上，甚至落到停泊在海中的轮船上。此前，1932 年、1913 年，甚至上溯到 1894 年、1886 年，中部平原地区都曾发生过尘暴，但都局限于本地，没有一次像 30 年代的那么严重①。1936 年，大平原调查委员会向总统富兰克林·罗斯福提交一份调查报告，报告指出尘暴完全是一种人为的灾害，是由于"人们输入了一种大草原不能适应的农业系统"而造成的"②。

　　与大规模西进运动几乎同时开始的工业化既带动美国经济地位快速上升，又使生态环境遭受更严重的污染和破坏，严重威胁到人类的健康和生存。工业化开始以前，美国 90% 以上的人口从事农业，生产英国以及欧洲所需要的粮食和其他农业原料。独立战争以后，工业化成为美国政府关注的重要问题。1791 年，美国财政部长汉密尔顿提出著名的《制造业报告》。1807 年禁运法案和 1812—1814 年英美战争成为美国工业化开始的契机。到 19 世纪上半叶，美国近代工业迅速建立，棉纺织业、炼铁业、食品加工业等近代工业相继发展起来。但各地区发展很不平衡，近代化工业主要集中在北部，南部仍盛行种植园奴隶制。

　　1861 年，美国南北战争爆发，战争消灭了南方奴隶制度，恢复和巩固了联邦的统一，扫除了阻碍工业化发展的最大障碍。南北战争到第一次世界大战是美国工业化突飞猛进和最终完成时期，基本完成了主要工业品的替代进口，工业总产值迅速增加，经济地位也迅速上升。1860 年，美国的工业总产值还不到英国的 1/2，到 1890 年，已居世界首位，几乎占世界总产值的 1/3。制造业产值指数在 1860 年到 1899 年间增长 5 倍，国民经济工农业的比重也开始发生变化，1884 年工业比重首次超过农业③。

　　第一次世界大战结束后，美国经济在经历 1920—1923 年短暂危机后，又出现了一段繁荣。到 1929 年，美国工业总产值占整个西方世界的一半，国民收入达 840 亿美元，70% 工业生产实现电气化，农业机械化程度也大大提高，大农场占全部耕地面积从 1920 年的 23% 提高到 1930 年的 28%④。20 世纪 60 年代，美国全面实现农业机械化，70 年代初，实现农业电气化。20 世纪 40 年代以后，美国经济进入持续发展时期。1940 年国民生产总值为 966 亿美元，

　　① 侯文蕙：《征服的挽歌：美国环境意识的变迁》，东方出版社 1995 年版，第 103 页。
　　② 侯文蕙：《征服的挽歌：美国环境意识的变迁》，东方出版社 1995 年版，第 108 页。
　　③ 侯文蕙：《征服的挽歌：美国环境意识的变迁》，东方出版社 1995 年版，第 51 页。
　　④ 侯文蕙：《征服的挽歌：美国环境意识的变迁》，东方出版社 1995 年版，第 101 页。

1950 年达 2660 亿美元，1960 年达 5060 亿美元，1970 年达 9900 亿美元，1980 年达 10550 亿美元。美国已成为世界上最富有的国家，人民生活水平不断提高。1950 年，美国约有 59% 的家庭拥有小汽车，其中拥有两辆或两辆以上的家庭占 7%；1969 年，有汽车的家庭比例上升到 79%，其中拥有超过一辆汽车的家庭占 27%[①]。

　　然而，经济繁荣和生活富裕是以环境质量的下降为代价的。工业化过程中所产生的废气、废水等废物和农业机械化过程中农药的大量使用，对生态环境造成巨大的、严重污染和破坏。据统计，1951—1976 年，化肥生产增加近 9 倍，化学农药（杀虫剂、除草剂等）在 1949—1969 年期间的使用量提高了两倍多[②]，1943 年以来，洛杉矶每年 5—10 月间经常出现烟雾几天不散的严重污染，到 20 世纪 50 年代人们才搞清楚洛杉矶烟雾是由汽车排放物造成的。1955 年 9 月，由于大气污染和高温，使烟雾的浓度高达 0.65ppm，在两天中 65 岁以上的老人死亡 400 余人，为平时的 3 倍多，许多人眼痛、头疼、呼吸困难。1955—1970 年，洛杉矶曾发出光化学烟雾的一级警报 80 次，每年平均 6 次，其中 1970 年高达 9 次。光化学烟雾不仅毒害居民的健康，而且对植物的危害也很严重。洛杉矶发生烟雾期间，郊区生长的蔬菜全部由绿色变成褐色，谁也不愿吃，以致无法销售，大批树木落叶枯萎，其中包括松树等常绿树种，面积为 6.5 万公顷的松林，62% 受害，其中 29% 干枯致死[③]。

二、公众环保运动和政府控制型环保政策

　　西进运动和工业革命给美国生态环境带来严重污染和破坏，西部大片森林、草原逐渐消失、土地板结和沙化，给人们生活和健康带来巨大影响和伤害。在认识到资源的稀缺性和环境污染的严重性后，美国在不同时期先后出现了三次环保运动。环保运动对推动美国环保政策的出台和环保产业的发展，唤醒人类环保意识，发挥了积极的作用。

　　第一次环保运动是由美国总统西奥多·罗斯福和科学家吉福德·平肖等人

---

①　王曦：《美国环境法概论》，武汉大学出版社 1992 年版，第 25 页。
②　侯文蕙：《征服的挽歌：美国环境意识的变迁》，东方出版社 1995 年版，第 153 页。
③　贾灵、李建会著：《全球环境的变化——人类面临的共同挑战》，湖北教育出版社 1997 年版，第 39 页。

自上而下推动的、以功利主义为主要信条的资源保护运动，它始于 19 世纪末，到 20 世纪初达到高峰，其主题就是自然保护，主要内容为开辟国家公园和自然保护区，综合治理水利和矿业。1902 年 6 月，国会通过"联邦土地开垦法"，此法旨在加速西部大平原地区土地的开垦、缓解林区土地开垦的压力。1905 年 2 月，国会通过立法，在农业部下设林业局，负责森林管辖。西奥多·罗斯福把将近 1.5 亿英亩尚未出售的政府林地划作国有森林保留地，收回被公众侵犯的 8500 余万英亩林地，建立 5 个新的国家森林公园、4 个猎物保留地和 50 多处野生鸟类保护地①。

第二次环境保护运动出现于富兰克林·罗斯福总统任期内，其主题为资源保护。1930 年代，美国遭受干旱、尘暴和洪灾等自然灾害的不断侵蚀，富兰克林·罗斯福上任后，把资源保护作为新政的主要内容之一，采取一系列措施来保护美国自然资源和改善环境，其中首要措施就是成立民间资源保护队，从事自然资源保护工作。1933 年春到 1942 年夏，民间资源保护队先后动员和征募大约 300 万青年在遍布全国的约 5000 个野营工作站从事森林、土地资源保护和国家公园浏览设施建设等巨大工程，先后完成工程项目计一万多个，成为新政期间承担资源保护工作的主要力量，谱写了美国资源保护历史上的壮美篇章②。

1970 年 4 月 22 日，首次地球日纪念活动在全国范围内爆发，这次运动是"人类历史上规范最大的、有组织的示威游行"③（这一天后来被联合国定为"世界地球日"）。当天有大约 2000 万美国人走上街头，举行声势浩大的游行示威和抗议活动，借以表达他们对环境现状的不满和关注。这个活动标示着以公众为主体的第三次群众性环境保护运动正式开始。

第三次环境保护运动的出现有其深刻的社会背景。1962 年，蕾切尔·卡逊《寂静的春天》一书出版，该书通过大量翔实、强有力的数据，将 DDT 等化学农药制剂对人类和自然环境所造成的危害清晰的展现在大众面前。该书迅速在美国公众中引起广泛影响，触目惊心的污染现状激发了人们的环境保护意识。1969 年 1 月 28 日，加利福尼亚州圣·巴巴拉海峡一座海上油井发生严重井喷，大量海鸟被加州附近海岸上覆盖的原油粘住并死亡。6 月 22 日，克利

---

①　塞缪尔·埃利奥特·莫里森：《美利坚共和国的成长》，天津人民出版社 1991 年版，第 401、403 页。

②　田海花、刘相、朱健："论以人为本，全面、协调、可持续的发展观"，《山东师范大学学报》2004 年第 2 期。

③　羽仪："20 世纪 60—70 年代美国环保运动史述评"，《湖南社会科学》2009 年第 1 期。

夫兰市的一条河因严重污染而起火。这一系列环境事件更进一步引发了人们对早已觉察的环境问题的关注，使人们对环境问题的担忧日益强烈，关心环境问题的公民自发组织起各种各样的环境保护组织①，并酝酿一场新的保护环境运动。第三次环境保护运动就势形成。

在法规制度建设方面，美国政府实现控制型环境保护政策。富兰克林·罗斯福总统任职期间通过了一些环境法律和制度，如《田纳西河流域工程法》、《泰勒放牧法》、《土地保护法》、《土壤保护制度》、《全国森林制度》和《国家公园体制》等，这些环境立法和制度建设使第二次环境保护运动发挥了更大作用。20世纪60年代后期和20世纪70年代初期，美国行政、立法、司法三大部门对环境问题作出更加强烈的反应。在行政方面，1969年尼克松就任总统后，对行政机构进行改组，成立国家环境保护局，建立环保局统一行使环保职能，其他部门协助的环保体制。在立法方面，1969年年底通过《国家环境政策法》，1970年对《清洁空气法》作了重大修订，大大加强了联邦政府对空气污染的控制权，1972年修订《联邦水污染控制法》，加强联邦政府对水污染的控制，1972年制定《噪声控制法》、《水生哺乳动物保护法》、《海洋管理法》和《联邦杀虫剂、杀真菌剂和杀鼠剂法》，1974年制定《安全饮用水法》，1976年制定《资源保护和回收法》、《有毒物质控制法》、《联邦土地和管理法》和《国家森林法》，1977年对《清洁空气和水法》进行修订等。在司法方面，主要是加强对行政行为的监督、审查和对环境法的司法解释，为环境污染的受害者提供法律救助。

公众环境保护运动的开展和政府控制型环保政策的实施，使美国环境状况有了较大改善。1970年到1995年，二氧化硫排放量减少30%，一氧化碳减少了24%，挥发性有机化合物下降24%，铅排放减少98%；处于国家环保系统严格监控下的河流总长度也增加10倍，达到1亿英里，水污染程度超过标准的河流从1972年的64%减少到现在的38%，向河流中排放的有毒化学物质减少43%；野生动物保护区面积比25年前增加10倍，达到近1亿英亩②。1970—1997年，美国机动车辆行程增长幅度127%，GDP增长幅度114%，人口增长31%；与此同时，6种空气污染物（臭氧、一氧化碳、空中颗粒物、

---

① 据美国《会社大全》记载，到1983年止，美国共有100个全国性的、具有常设办事机构的公民环保团体。其中，从20世纪60年代初到1983年的23年间，美国共诞生并保持85个全国性常设公民环保团体。参见王曦：《美国环境法概论》，武汉大学出版社1992年版，第37、48页。

② 侯文蕙：《征服的挽歌：美国环境意识的变迁》，东方出版社1995年版，第187页。

二氧化硫、氮氧化物等）和铅的排放量却下降了 31%[①]。

三、环保政策中市场环保机制的运用

20 世纪 70 年代是美国在环境保护方面取得巨大进展的十年，政府频繁出台的各项指令性环保政策得到较好的贯彻实施。但是，环境治理上的巨额投资和缺乏经济性的环保政策，直接影响了美国经济的快速发展。从 70 年代开始，美国用于环境保护的开支约占国民生产总值的 1%—2%[②]。哈佛大学经济研究特别基金管理委员会研究资料表明，由于环境治理占用大笔资金，从而使环境法的实施减缓了国家的经济发展速度，用于环境治理的投资使得国民生产总值以每年千分之二的速度递减[③]。因此，进入 80 年代以后，环保政策就逐渐从指令管制型向市场环保机制型转变，经过里根、布什和克林顿三位总统的努力，美国的环保政策中市场环保机制被更多地运用。

（一）市场环保机制思想的形成

鉴于美国经济的低迷，罗纳德·里根在其竞选总统过程中，对 20 世纪 70 年代的福利计划、能源保护、环保政策等进行攻击："这些社会管制的例子，造成了对我国经济的不必要的负担，将最终损害我国的国际竞争力和世界领导地位"；宣称如他当选，将"对政治管制宣战"，"对管制政策进行成本—收益分析"，"环境保护绝不能成为不增长政策和低迷经济的遮羞布"[④]。里根当选总统后，进行一系列改革计划，恢复经济的快速发展成为其任期内主要目标。在制定环保政策时采用"成本—收益分析"法来判断环境管制是否可行，采用自由市场体制分配资源。1981 年 2 月，里根政府颁布 12291 号行政命令，废除那些社会管制成本高于收益的法令，新的管制法令必须满足收益最大化的目标，"潜在获益必须超过投入"；同时还要兼顾对国家经济的影响和特定行

① 张东华："美国的环保政策"，《中国审计报》，2001 年 3 月 21 日。
② 梅雪芹：《环境史学与环境问题》，人民出版社 2004 年版，第 188 页。
③ 沙别可夫著，周律等译：《滚滚绿色浪潮》，中国环境科学出版社 1997 年版，第 121 页。
④ Norman J. Vig, Michael E. Kraft, ed., *Environmental Policy in the* 1990*s*, CQ Press, 1997, p. 5. p. 35.

业的利益①。这些环保主张强调在进行环境保护的同时要注重经济发展，从某种程度上说，里根政府的环保政策是消极的。因此，在其任期内环保法律的修订、环保方面的投资都比 20 世纪 70 年代有大幅度的下降，致使污染问题在一定程度上又有所上升。

1988 年，美国出现罕见干旱天气，某些大城市出现创纪录的空气污染，黄石公园出现有纪录以来最大的森林大火等，环境恶化使环境问题再次成为民众关注的焦点。形势的变化随即影响到美国总统的大选，布什在竞选过程中表现出对环保问题的高度重视。在其当选后首先做出一系列支持环保的动作，如接见环保组织代表、与两党环保专家团会晤等；其次，布什政府继承了里根政府利用市场环保机制进行环境保护的做法。1989 年，布什会同国会一起对清洁空气法案进行修正，最具革新性的措施是通过可交易计划减少二氧化硫的排放，这是市场机制在清洁空气法案中的实际运用②。这项新举措得到了污染企业和部分环境保护主义者的支持，也为美国在环保政策中进一步运用市场环保机制打下了基础。

1992 年，民主党和共和党在总统竞选中都表现出极大的环保热情。民主党候选人比尔·克林顿尤为积极，他的竞选搭档参议员阿尔·戈尔因其著作《地球的平衡》而受到环境保护主义者欢迎。克林顿上台以后，在环保政策中强调实现经济目标、社会目标、生态目标的平衡，呼吁国家注意可持续发展，强调环境和经济目标不可分割的联系。1994 年，美国国家科学技术委员会发表《为持续未来的技术》报告。1995 年，白宫出台《可持续发展的能源战略——为竞争经济提供清洁和安全的能源》报告。1996 年，美国总统持续发展委员会发表《可持续发展的美国——争取未来的繁荣、机会和健康环境的新共识》。克林顿政府在环保政策方面的主张使美国的环保在 20 世纪 90 年代有了突破性发展，越来越多的市场环保工具出现在美国的环保政策中，在一定程度上解决了环保和经济发展间的矛盾。

（二）基于市场的环保政策工具

20 世纪 70 年代，美国在环保治理中采用控制型环保政策，绝大多数环保

---

① Norman J. Vig, Michael E. Kraft, ed., *Environmental Policy in the 1990s*, CQ Press, 1997, p. 138.

② Michael E. Kraft, Brent S. Steel, ed., *Environmental Policy and Politics*, 1960's - 1990's, Pennsylvania State University Publisher, 2000, p. 100.

政策具有强制性、命令型和管制型特征。从里根政府开始，市场环保机制逐渐被政府在环保政策中加以运用。

　　1974 年，美国引入国际贸易中的许可证贸易理论。即在一定区域内制定一个最大的总体污染排放，通过排污许可证方式将污染总量在不同厂商间进行分配，未用完的厂商可将剩余的许可证出售给其他厂商或者用来抵消本厂其他设备的过度排放，还可将获取的排污信用存入银行以供以后使用。1979 年 12 月，制定"气泡政策"，该政策以单个工厂作为一个气泡，在气泡内工厂可自行调节各种污染排放量，只要总量不超标即可①。1980 年，环境保护署出台新的地区性气泡政策——"补偿政策"，其原理是排污许可证交易和"气泡政策"相结合，在整个地区限定污染总量，厂商可以通过污染控制银行，将排污权以"信用卡"方式出售给别的厂商，而对于整个区域污染量超标则必须由等量污染物的减少来补偿。1982 年 4 月，环境保护署在各州建立排污交易系统，并在肯塔基、旧金山湾区和普吉特海峡这三个大气控制区建立污染银行，实行污染贮存政策。1986 年 12 月，环境保护署正式用排污交易市场政策取代"气泡"政策，排污交易市场基本建立。1990 年，修订《清洁空气法案》，污染物排放许可证交易市场正式建立。

　　进入 20 世纪 90 年代，以市场为导向的环保政策工具又新增了绿色税收。据 1995 年统计，各州颁布各种环保税收 250 多条②。这些环保税收主要分为两类：一是对有害化学物质、造成污染的企业等污染者征税；二是对购买污染控制设备和清洁技术开发等给予税收优惠。市场环保机制的效用非常明显，在市场环保机制作用下，通过开发环保技术，采用环保工艺，自发地减少污染，达到成本最小化、利润最大化的目的，从而摆脱在环保上同政府相对立的局面。

四、环保产业的发展和转嫁环境成本

　　经过以治为主的环保阶段后，生态环境质量得到较大改善。为避免在经济发展过程中再次出现环境污染、生态恶化的现象，美国政府在引入市场环保机

---

　　①　到 1981 年 12 月止，实行此项政策的 70 个厂家利润平均增加 200 万美元，特别钢铁、电子和化学工业，防污染费分别节省 5.15% 和 33%。参见梁锡崴："美国环保机制的演变"，《改革与战略》1999 年第 1 期。
　　②　宋秀杰、王绍堂、丁庭华、张漫："美国的环保政策及对环保产业发展的影响"，《城市环境与城市生态》2000 年第 10 期。

制引导企业清洁生产、发展环保产业的同时，将高污染、高能耗产业的生产及大量工业垃圾转移到发展中国家，通过环境成本的转嫁来解决环境问题。

美国环保产业兴起于 20 世纪 70 年代，包括环境工程、有害废物管理、污染物的即时处理、固体废弃物管理、水污染治理和设备、大气污染治理、清洁生产和污染预防技术等类别。20 世纪 70—80 年代，环保产业主要侧重于环保服务、污染治理设备等领域的发展。1992 年 6 月，"联合国环境发展大会"在里约热内卢召开，会议确立《联合国气候变化框架公约》。公约针对全球范围内的温室效应，要求 2000 年的温室气体排放量不超过 1990 年的水平。此次会议后，美国进一步大力发展环保技术和环保产品，环保产业得到空前发展。如 20 世纪 90 年代初，为研究人类在与世隔绝的密闭生物圈中获得足够食物和空气的可能性，耗资 3000 万美元建造了一个密闭的生物圈；福特汽车公司推出两种排放污染物极少的汽车；洛斯阿拉莫斯国家实验室推出一种不用氟利昂的新型冰箱；佛罗里达州皮尔斯堡的臭氧技术公司研制成一种不用洗涤剂的臭氧洗衣机等①。数据显示，1970 年美国环保产业总产值仅为 390 亿美元，2003 年则达到 3010 亿美元，30 年间增长近 8 倍，年均增长率近 7%；而同期美国 GDP 年均增长率在 2%—3% 之间②。

美国早就开始了将高污染、高能耗产业向外转移的过程；20 世纪 60 年代以来，将 39% 以上的高污染、高消耗产业转移到其他国家。进入 70 年代以来，在发展环保产业的同时，加快了向其他发展中国家转嫁环境成本的进程。如 1984 年 12 月，美国联合碳化物公司在印度博帕尔的农药厂发生毒气泄漏事故，导致 50 万人中毒，20 万人受到严重伤害，2500 多人死亡③。作为世界上最大的电子产品生产国和消费国，同时也是电子灾害和电子污染的最大制造国，美国不顾《巴塞尔公约》的规定，把这些高度危险的电子垃圾输往亚洲国家，其中 80% 偷运到了印度、中国和巴基斯坦④。

发展环保产业和转嫁环境成本成为美国在新时期改善环境质量的重要手段，环境质量得到较大改善。据统计，从 20 世纪 90 年代到 21 世纪初，美国大城市空气中雾尘含量显著下降，一氧化碳含量降低 30%，二氧化硫降低

---

① 谷文艳："美国环保产业发展及其推动因素"，《国际资料信息》2000 年第 5 期。

② 深圳市科技图书馆：《环保产业》，http://lib.utsz.edu.cn/news/2007 - 05 - 10/4274_1179633751537.shtml。

③ 曾凡银、冯宗宪："贸易、环境与发展中国家的经济发展研究"，《人大复印资料—世界经济》2000 年第 10 期。

④ "美国是电子垃圾最大制造国"，人民网，http://www.people.com.cn/GB/huanbao/2350491.html。

20%，含铅量降低了89%①。

五、环保外交化和奥巴马的"绿色新政"

作为世界上第一大军事和经济强国，美国长期以来一直以世界领导者姿态自居，频繁参与各项国际事务，多次试图干涉他国内政，环境政策也无一例外地成为其重要的外交手段。

1972年，联合国人类环境大会在斯德哥尔摩召开，大会在"只有一个地球"的口号下一致通过《人类环境宣言》。借此机会，美国积极参与到国际环保事务中，支持创设国际环保机构，促进环保条约的签署，主动向国际组织及外国政府提供环境援助等。

里根和布什政府由于更多的关注经济发展，放松对环境污染的强制性管制，削减对外环境援助，抵制影响自身经济利益的国际环保条约。此时的美国成为国际环保合作的主要阻碍力量。1982年，美国对联合国环境署的资金援助减少了80%。1992年，联合国环境大会在里约热内卢召开，美国以保护其生物技术为由，反对响应其他发达国家提出的削减二氧化碳排放的倡议，对大会确认的向发展中国家提供财政援助的机制表示异议，并拒绝在《生物多样性公约》上签字。

克林顿就任美国总统后，对环保政策上进行调整，在国际环保事务中表现出积极的态度。1993年，他作了题为《重申美国保护全球环境的承诺》的演讲，同意签署《生物多样性公约》，并承诺到2000年把温室气体排放量减至1990年水平。1997年，美国国务院发布首份名为《环境外交》的年度报告，表示将在多个方面努力来应对全球环保问题。同年，在国外开设环境中心，帮助解决所在地区的环境问题等。

2001年，小布什就任总统，宣布美国将不批准《京都议定书》。他认为《京都议定书》的相关条款不利于经济的发展，处在议定书之外的中、印等温室气体排放大国不受约束对其他国家而言不公平。2004年，小布什在总统竞选时又一次发表《京都议定书》将损害美国经济的主张。到2008年年底，小布什政府仍拒绝签署该认定书——美国环保外交政策又退回到消极漠视的状态下。

① 冯星辰："感情美国的生态保护"，《生态经济》2003年第1期。

2008 年 11 月 18 日，候任总统奥巴马在洛杉矶全球环境高峰会上就环保政策发表讲话，提出将启动"总量控制和碳排放交易"系统，在控制温室气体排放上每年要制订目标，最终在 2020 年前将温室气体排放降低到 1990 年水平，并到 2050 年再减少 80%。此外每年还将在清洁能源上投资 150 亿美元，发展安全核能和清洁煤炭技术，并呼吁世界各国共同努力应对气候变化的挑战。这一讲话意味着新一届美国政府环境和能源政策将发生重大转变。2009年 1 月，奥巴马就任美国总统后随即签署了两份有关限制温室气体排放的备忘录，指示交通部为汽车制造者在 2011 年所产汽车确定更高的油效标准。同年 2 月，奥巴马签署经济刺激新计划，在 7870 亿美元的经济刺激计划中，与开发新能源相关的投资总额超过 400 亿美元。6 月，通过《美国清洁能源安全法案》，增加"征收特别关税"条款，即"碳关税"。这一系列有关能源、环保的政策法规和措施被称为"绿色新政"。"绿色新政"还对竞选公约中的气候战略进行了调整，如将 1990 年的基准年调整为 2005 年，明确中期目标为到2020 年实现减排 17%，相当于在 1990 年基础上减排 4%；设定美国温室气体排放总量上限，引进市场交易机制，通过"额度拍卖"对排放额度进行分配等。

综上所述，美国历任总统在对待环保问题上存在较大的差异。里根、大小布什政府对待环保较为消极，在他们的任期内环保让位于经济增长。克林顿、奥巴马政府对待环保较为积极，在其任期内大力推动环保政策的出台和实施，积极参与国际环保事务。然而，这几任总统所采用的环保政策在某种程度上又是一致的，那就是环保只是其参与总统竞选的一种手段，是为推行其经济发展政策服务的，只是因其所处经济环境和国际背景的不同而表现出差异。"绿色新政"进一步验证了美国政府的一贯做法：在 2009 年 12 月联合国哥本哈根气候会议上，奥巴马政府出于自身利益考虑，只是宣布了一项总额为 3.5 亿美元的应对气候变化计划，在减排目标上却未做出任何让步，致使《哥本哈根协议》草案未获通过，仅仅达成不具法律约束力的《哥本哈根协议》。其"上限交易制"直接与欧盟主导的排放权交易体制（ETS）挂钩，意在推动欧美交易体制对接，为伺机构建交易货币的美元化铺路，也为美国在国际环保事务中占据主导性地位，夺取国际环保谈判主导权奠定市场制度基础。

第三节

日本的环保产业型生态发展道路

由于战后经济高速发展对生态环境的破坏，生态环境问题一度成为日本政府和民众关注的首要问题。在日本政府强硬手段的治理和全民参与环保的努力下，日本的环境问题得到较好的解决。

一、第二次世界大战后经济高速增长引发的生态污染

日本作为第二次世界大战发起国和战败国之一，在给中国等亚洲国家造成深重苦难的同时，其国民经济遭受重创。以 1935 年国家总财富做对比，其直接和间接的损失率为：船舶 80.6%、工业机械工具 34.2%、建筑物 24.6%，其他包括一般的资产损失率，共占国家财富的 25.4%①。

第二次世界大战结束后，日本经济在 1945—1955 年很快完成了恢复性建设。从 20 世纪 50 年代末开始，日本经济出现高速增长，国民生产总值和工业总值增长率远高于经济合作与发展组织的其他成员国（见表 17 - 1）。1958 年日本国民收入分别仅占美国、英国、联邦德国、法国的 7%、51%、60%、70%，到 1967 年一跃成为仅次于美国的第二大经济大国，1971 年达到美国的 21%。1960—1971年，日本国民收入增长 507.1%，而联邦德国、法国、美国和英国则分别为 295.0%、241.0%、204.9%、188.2%②。

日本经济以新兴重化学工业为核心，钢铁、电力、水泥、纸浆、食品以及化学品等污染型产业的高速增长，在日本工业发展乃至经济发展中起到了显著的作用。但与此同时，也使其生态环境付出高昂的代价，仅 1970 年环境污染造成的经济损失就高达 64700 亿日元（折合 320 亿美元），占国民净福利费用的 13.8%③。

---

① 高桥龟吉：《战后日本经济跃进的根本原因》，辽宁人民出版社 1984 年版，第 67 页。
② 高桥龟吉：《战后日本经济跃进的根本原因》，辽宁人民出版社 1984 年版，第 342、343 页。
③ 余惕君：《经济发展与环境保护》，上海交通大学出版社 1987 年版，第 47 页。

生态环境恶化不仅造成高额的经济损失，而且对人身健康造成极大的伤害。1959年，水俣数百居民因吃了被当地化工厂排放到水俣湾的汞所污染了的鱼而引起水俣病，致150多人死亡。1965年，在日本海一侧的阿贺野川流域的居民中间也发现了水俣病。1968年，许多人因吃了被PCBs所污染的米糠油而严重中毒，有的因此而死亡①。1969年，在对东京地区21个地点进行的取样调查中发现，有17例溶解氧值不到5ppm、8例低于2ppm，要找到浓度在0.04ppm以下的地区，就必须远离市中心②。1972年，四日市石油化学工业燃烧重油产生废气污染，导致该市气喘病患者约510余人，死亡36人。废气在数十个城市蔓延，患者达6376人。从1955年开始，日本富山县居民因为饮用水受到污染，在体内积累了过量的镉，引起浑身骨痛以至骨折死亡。到1972年3月，骨痛病患者超过280人，死亡34人；此外，100多人出现可疑症状③。

表17-1　1960—1970年日本和经济合作与发展组织主要成员国的增长率　　单位：%

	国民生产总值	工业总值	能源消耗	使用中的汽车辆数
日本	10.8	14.8	11.6	25.3
美国	4.2	4.8	4.5	3.7
英国	2.7	2.8	2.3	6.6
法国	5.6	5.9	5.3	8.2
意大利	5.5	7.0	8.9	24.1
瑞典	4.6	6.1	5.0	6.4
荷兰	5.3	7.3	8.4	15.7
经济合作与发展组织	5.0	5.9	3.0	6.2

数据来源：（日）环境厅国际课主编：《日本的经验——环境政策成功了吗?》，北京工业出版社1980年版，第3页。

---

① （日）环境厅国际课主编：《日本的经验——环境政策成功了吗?》，北京工业出版社1980年版，第9，10页。

② （日）环境厅国际课主编：《日本的经验——环境政策成功了吗?》，北京工业出版社1980年版，第6，7页。

③ 贾灵、李建会：《全球环境的变化——人类面临的共同挑战》，湖北教育出版社1997年版，第44页。

二、采用强制性手段治理污染

大量公害问题的涌现和环境质量的恶化，促使民众开始高度重视环境污染问题。他们迅速成立了许多团体，对一些可能引发严重污染和公害现象的经济计划进行抵制，以防止未来可能发生的公害，同时则不断向政府部门和一些社会团体提交申诉，申诉件数在 1960 年还几乎是零，1966 年就增加到 2 万件左右，到 1970 年则超过 6 万件①。民众甚至以示威游行和告状打官司等手段来禁止和减少公害的发生。环境污染的严峻现状和民众的态度给日本政府带来巨大的政治压力，促使日本政府在战后一切以经济增长为先的政策发生较大的变化。环境问题成为政府在实施各项经济发展计划时的重要因素，日本政府和各地方政府采取多种措施来治理环境污染。

（一）建立统一的环境管理体制

1971 年前，日本环境采取分散管理体制，中央一级有大藏省、厚生省、农林省、通产省、运输省和建设省行使环保管理权；这种分散的环境管理体制使日本的环境管理一直处于混乱和软弱的局面。为改变这一局面，建立统一的环境管理体制，1971 年日本成立环境厅，其主要职责为：资源保护和污染防治；负责环保政策、规划、法规的制定与实施；全面协调与环保相关的各部门的关系；指导和推动各省及地方政府的环保工作；每年发表一本《环境白皮书》，以指导国家环境保护工作的有效展开。环境厅厅长由国务大臣担任，直接参与内阁决策。随着环境厅的设立，各地方政府也设立了相应的环境保护机构，到 1971 年年底，有 46 个地方政府设立了环境局②。各地方环境局根据环境厅制定的公害对策和环境标准，在中央政策的指导下，制定了比国家标准更为严格的地方标准，对区域内的企业进行严格管理。至此从中央到地方较为统一完善的环境管理体制形成。

---

① （日）环境厅国际课主编：《日本的经验——环境政策成功了吗?》，北京工业出版社 1980 年版，第 11 页。
② 徐世刚、王琦：“论日本政府在环境保护中的作用及其对我国的启示”，《当代经济研究》2006 年第 7 期。

（二）　频繁出台各种环保法律

20 世纪 50 年代末至 60 年代，日本出台了《工厂排水规制法》（1958年）、《自然环境保护法》（1962 年）、《煤烟控制法》（1962 年）、《公害对策基本法》（1967 年）、《空气污染控制法》（1968 年）等 10 余部公害防治法令。这些法令通过严格限定企业对废水、废气等废物的排放数量，直接控制公害的蔓延和扩大，收到立竿见影的效果。但由于这些法令在制定时依据的是大自然对这些废物的稀释能力，并未对企业提高生产工艺和技术水平提出要求，治标不治本，未能从根本上解决 60 年代的严重公害问题。进入 70 年代以后，随着经济发展又产生了许多新的公害。在此背景下，日本政府和新成立的环境厅进一步加快了制定和完善污染防治法的步伐。

日本的污染防治立法工作在 70 年代取得了阶段性成就，主要防治污染法律都产生于这一时期。1970 年，日本政府在第 64 届国会特别会议上一次性通过新制定和修改的 14 项公害法律，如《水质污染控制法及海洋污染控制法》、《农业用地土壤污染法》、《废物处理及环卫清扫法》、《公害纠纷处理法》、《人身健康之公害犯罪处罚法》和《公害防止事业费事业主负担法》等。1971年，环境厅的设立进一步加快了环境行政和环境计划立法的进度，如的《恶臭防止法》（1971 年）、《特定工厂公害防止组织整备法》（1971 年）、《无过失损害赔偿责任法》（1972 年）、《公害健康被害补偿法》（1973 年）、《国土利用计划法》（1974 年）、《振动控制法》（1976 年）等。

20 世纪 60—70 年代出台的这些环保法律主要侧重于对产业公害的治理，并制定了一系列政策来治理公害。在《基本环境法》中规定了公害防止计划，要求相关区域要制定有关环境污染控制计划，国家和地方政府应当努力采取必要措施以达成环境污染控制计划。90 年代后，日本对环境保护提出了更高的要求，1993 年制定了《环境基本法》、《控制特定物质保护臭氧层法》、《全球气候变暖对策推进法》等法律，以适应新的环境保护要求。

（三）　制定严格的环境标准

环境标准和环保法律是相辅相成的，环保法律中包含有许多量化的指标和标准；判定企业是否违法在某种程度上是依靠各类环境标准来衡量的，而环境标准的实施又必须借助于法律的强制性力量。因此，日本政府在制定相关的环保法律时，在部分法律法规中直接注明了相关的环境标准，同时也颁布了一系列专门的环境标准。如《硫氧化物环境基准》（1969 年）、《一氧化碳环境基

准》（1970 年）；《水质污染环境基准》（1970 年）、《噪声环境基准》（1971
年）、《悬浮微粒环境基准》（1972 年）、《大气污染环境基准》（1973 年）等。
法律法规中出现的环境标准和专门的环境标准在颁布后都经历多次修改、强
化，如对氮氧化物、二氧公硫和汽车废气的排放标准在 20 世纪 90 年代以前曾
分别发布过 5 次、8 次和 9 次法规[①]。值得一提的是，日本的环境标准与其他
许多国家相比（见表 17 - 2、表 17 - 3）是比较严格的，而不断强化的环境标
准则对污染企业提出了更高的要求。另外，根据日本的环境管理体制，由中央
政府制定的标准必须在全国通用，地方政府和和地方公共团体可以在本地区制
定区域性标准。许多场合，区域性标准都比国家标准更为严格（见表 17 - 4）。

表 17 - 2　　　　日本和几个主要国家的大气质量标准值（1975 年）

	二氧化硫 ppm	飘尘毫克/米^2	二氧化氮 ppm
日本	0.04	0.10	0.02
加拿大	0.06	0.12	—
美国	0.14	0.26	0.05
芬兰	0.10	0.15	0.10
联邦德国	0.06	—	0.15
意大利	0.15	0.30	—
法国	0.38	0.35	—
瑞典	0.25	—	—

资料来源：（日）环境厅国际课主编：《日本的经验——环境政策成功了吗?》，北京工业出版社
1980 年版，第 23 页。

表 17 - 3　　　　日本和几个主要国家的汽车排气标准

	一氧化碳（克/公里）	碳氢化合物（克/公里）	氮氧化物（克/公里）
日本（1976 年）	2.10	0.25	0.60
日本（1978 年）	2.10	0.25	0.25
美国联邦政府（1975 年）	9.30	0.93	1.93
美国加利福尼亚州（1975 年）	5.60	0.56	1.24
加拿大（1975 年）	15.62	1.25	1.94
瑞典（1976 年）	24.20	2.10	1.90

资料来源：（日）环境厅国际课主编：《日本的经验——环境政策成功了吗?》，北京工业出版社
1980 年版，第 29 页。

---

① 徐家骝：《日本环境污染的对策和治理》，中国环境科学出版社 1990 年版，第 11 页。

如此严格的环境标准，除了依靠法律的强制力予以实施外，日本在执行各种环境标准时还采用了行政指导控制污染、直接介入企业的经营和引入总量控制标准等手段来配合使用。如 1974 年发出的关于改善污水处理设施的命令有 1000 多次，1975 年发出的改善煤烟排放设施的命令约 100 次。东京的行政当局要求市中心的大厦或工厂使用含硫量低于 0.8% 的燃料，同时在首都经营的设施中，已开始使用含硫量低于 0.5% 的燃料。与名古屋市缔结防止公害协定的 68 个工厂中，大部分都要求使用含硫量为 0.5% 的燃料①。

表 17 - 4　　　　　　　　　中央政府和神奈川县制定的主要排水标准

	中央政府（毫克/升）	神奈川县（毫克/升）
生物化学需氧量（BOD）	160	20
化学需氧量（COD）	160	20
悬浮物质	200	50
酚	5	0.005
氟	15	0.8

資料来源：（日）环境厅国际课主编，李金昌译：《日本的经验——环境政策成功了吗?》，北京工业出版社 1980 年版，第 29 页。

日本这种高标准的环境标准和治理污染的强制性手段能够得以顺利实施，很重要的一个原因是几乎所有的人都赞成进行环境治理。一切政党都支持环境立法，甚至各行各业都认为减少污染是必要的，民众对政府在治理污染过程中的各项措施也给予了充分的支持和配合。这种非经济性的强制性治理手段使日本很快走出了 20 世纪 60—70 年代的公害危机，环境质量得到明显改善。1990 年，日本每 1000 美元 GDP 的一氧化硫排放量为 0.5 公斤，只相当于加拿大的 1/16、德国的 1/11、美国的 1/9；一氧化氮排放量为 0.8 公斤，只相当于加拿大的 1/6、美国的 1/5、英国的 1/4；二氧化碳排放量为 0.57 吨，虽略高于法国的 0.49 吨和意大利的 0.54 吨，但与美国的 1.12 吨和加拿大的 1.05 吨相比，都只相当于其一半左右②。

---

① （日）环境厅国际课主编：《日本的经验——环境政策成功了吗?》，北京工业出版社 1980 年版，第 34 页。

② 刘昌黎：《现代日本经济概论》，东北财经大学出版社 2002 年版，第 401、403 页。

三、环保教育和全民环保意识的增强

日本的公害事件在当时的众多国家中是最为严重的，民众在饱受产业公害之苦后成为抵制污染、提倡环保的倡导者和推动者，初期的环保意识是自我觉醒的，是一种被动的事实教育，而全民环保意识的增强是伴随着环境教育的全面实施而出现的。

为保护民众的身心健康，一些学者和教师自发成立了一些民间组织来进行局部性公害教育和宣传，如1967年四日市教育委员会编写出版了《公害学习》参考资料。这种自发的公害教育唤醒了受害者的环保意识，相继出现了抵制污染、要求采取治理措施的各类环保运动，环保运动又更大范围地提高了民众的环保知识和意识。

日本政府对于环保教育也非常重视。早在1965年，日本就出台学校推进环保教育的《学习指导要领》，分年级、分阶段地详细规定有关环境教育的方法和内容。1970年，在第64届国会特别会议上，文部省决定在中小学社会课的教学内容中加入公害教育的内容。此次会议后，文部省又对其发行的中小学教学大纲《学习指导要领》内容进行了修正，强调防止公害问题的发生是每一个公民的责任和义务。进入20世纪80年代尤其是21世纪以后，随着生活型污染的日益严重，如汽车尾气排放造成的大气污染、家庭生活污水造成的水体污染等，民众担当着污染和被污染的双重角色，环保教育就逐步演变为包括各种面向广义环保含义的教育活动。20世纪80年代，文部省进一步调整了《学习指导要领》中的内容，其相关内容渗透于国语、理工、美工、音乐、保健、道德等多门课程中，对中小学生进行如何节水、节电、节油的基础节约教育。

政府、企业和家庭也都非常注重环保意识的培养。日本环境省在2005年开展夏季"清凉装"和冬季"温暖装"活动。日本政府对购买微型车采取鼓励政策、税收优惠政策和道路费优惠政策。日本的多数企业每月公布其能耗情况，在公司和工厂的电灯开关处，都标有"午休时请关灯"、"空调温度限定"等节能提示。日本家庭都能做到自觉将垃圾进行分类，且从小教育孩子如何进行垃圾分类，以便于回收处理。

除了环保教育对民众环保意识的提高外，"爱鸟周"活动、自然观察会、自然保护协会等各类自然保护活动和民间团体也经常性地在全国范围内开展自然保护思想的宣传普及活动。企业界也纷纷改变战略积极开展"环境经营"，向民众实施环保教育等，各种渠道的环保教育使日本民众的环保意识大大增强。

四、环保产业的快速发展和
企业的污染转嫁

　　20 世纪 70 年代起，伴随着污染问题的治理，日本环保产业也开始了快速的发展。客观上，频繁出台的各项环保法律、极其严格的环境标准和严厉的惩罚措施迫使日本企业必须大力发展环保产业，减少废弃物的排放，增强对废弃物的处理，研发节能环保技术以达到环境标准、符合法律要求。主观上，在严峻的环境问题面前，日本政府及民众强烈地意识到环境保护的重要性，在本国国土狭小、资源有限的客观事实面前，政府、企业和民众对环保产业给予了大力的支持。

　　日本政府在采用强制性手段治理污染、加强环保教育和提高全民环保意识的同时，非常重视环保产业的投入和发展。1985 年，日本政府与公益组织用于减污与控污方面的投资占全社会减污与控污投资的 85%。1990 年，这一比重上升到 90%[1]。在政府的大力支持下，日本环保产业得到了较大的发展。20 世纪 80 年代，日本国内生产的污染控制设备总额始终平稳保持在 6000—7000 亿日元/年。1990 年其污染控制设备市场达 7850 亿日元，其中大约一半被水污染控制市场占据。大气污染控制设备占 19.6%，水污染控制设备占 50%，固体废弃物处置设备占 29.6%，噪音和振动防治设备占 0.8%[2]。进入 90 年代以后，环保产业的产值在快速增长后逐步稳定下来（见图 17－1）。[3]

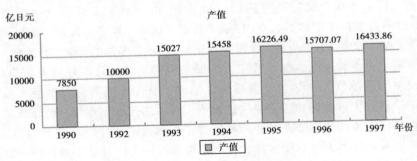

图 17－1　日本环保产业年产值

---

① 徐嵩龄：“世界环保产业发展透视”，《管理世界》1997 年第 4 期。
② 沈晓悦、田春秀：“全球环保产业市场状况及前景分析”，《环境科学动态》1996 年第 2 期。
③ 彭善枝：《环保产业与可持续发展》，武汉大学博士论文，2004 年，第 59 页。

　　日本在环保产业的发展中非常重视对环保技术的研发，注重通过废弃物利用、发展清洁生产、节能降耗开发节能产品等来实现经济的可持续发展。在废弃物利用方面，一般废弃物再生利用率已达到了很高的水平，2005年，碎玻璃、铁罐、铝罐、塑料瓶、旧塑料、废纸、汽车等的再生利用率分别为78%、84%、81%、35%、46%、57%、80%。2007年，空调、电视、冰箱、洗衣机再生利用率分别为86%、77%、71%、79%，废纸回收率为90%，办公用纸几乎全是再生纸①。在清洁生产方面，日本世界级啤酒企业麒麟啤酒株式会社引入零排放清洁生产理念设计生产过程，从1999年到2003年废物产生量减少44%，通过降低啤酒包装物容器壁厚，减少材料使用量约21%；日本最大的电力公司东京电力公司通过增加核能发电比率，单位发电的 CO_2 排放量2004年比2003年降低17%；世界上第一座生态泥企业日本千叶县市原市生态水泥厂，通过在水泥的原料中掺入城市垃圾焚烧灰和污水处理厂产生的污泥，节省26%的石灰石、16%的黏土和6%的硅及其他材料②。在节能降耗开发节能产品方面，2005年日本单位GDP能源消耗量仅相当于1980年的一半。与主要发达国家相比，日本经济的能源效率是很高的，根据法国一定证券公司对创造100万美元GDP所需原油换算成的能源指数，日本为92.2，明显低于美国的254.1和经合组织成员国平均的191.3③；日本在办公机械、家用电器、汽车、生产机械等各个领域开发节能产品，在家电领域，截至2003年10月，日本达到节能标准的电冰箱机种，已占全部产品的87.4%，而且1991—2005年电冰箱的节能，已经从每立升标准容积年耗电量2.28千瓦时降至0.45千瓦时④。

　　在环保法律日益完善、环境标准日益提高的形势下，日本在大力发展环保产业的同时，许多高污染性企业选择了在环境标准较低的发展中国家进行直接投资建厂，将产业废弃物出口到发展中国家，甚至一些低污染型企业在被投资国家为追求企业利益最大化，刻意转嫁污染、降低成本，给被投资国的生态环境带来了极大的破坏。

　　20世纪60年代以来，日本已将60%以上的高污染产业转移到东南亚和拉

①　刘莹："日本循环经济发展模式研究"，《经济研究导刊》2008年第17期。
②　尹小平、王洪会："日本循环经济的产业发展模式"，《现代日本经济》2008年第6期。
③　闫世辉："石油价格攀升凸显世界能源战略"，《世界环境》2004年第5期。
④　杨书臣："日本节能减排的特点、举措及存在的问题"，《日本学刊》2008年第1期。

美国家①。另据报道，日本每年出口的工业废弃物相当于外贸总出口的
10%②。日本向外转移的高污染型行业主要涉及电子行业、食品加工、橡胶、
化工、化纤等行业。20 世纪 80 年代中期以后，日本展开正规的、大规模的对
外直接投资，其中对东亚的投资产业结构明显倾向于劳动密集型和一定程度上
的技术、资本密集型的制造业上，而这些制造业又是日本国内早已标准化或将
要淘汰的"夕阳产业"及环境污染型产业③。以我国为例，日企在跨国公司污
染企业名单中占大多数，日资上海花王有限公司任意排放超标废水，日本雅马
哈发生机株式会社在湖南的下属独资企业在电镀生产线上存在重大环境安全隐
患，日本松下电器上海松下电池有限公司的废水处理设施未保证正常运转致废
水超标排放等。由此可见，日本生态危机的解决在一定程度上是以牺牲发展中
国家的生态质量为代价的。

五、力图通过环保外交争夺国际环保主导权

随着经济实力的增强和科技水平的提高，日本开始日益注重使用各种外交
手段来提升其政治影响力。日本是一个非常注重环保外交的国家，也是最早实
行环保外交的国家之一。1989 年，日本在外务省设立有关环境问题特别小组，
研究在环保领域通过提供资金、技术开展国际合作，以及通过外交途径处理国
家间环境纠纷等问题，日本环保外交的历史自此开始。同年，日本政府在东京
召开地球环境会议，提出《地球环保技术开发计划》，计划中对全球环境问题
给予了极大的关注，并表示要向发展中国家提供环保技术与资金支持。日本政
府发表的《外交蓝皮书》中也首次将"环境问题"作为中心问题之一，与
"和平事业、官方发展援助"等既有主题共同成为重要的外交课题之一④。

进入 20 世纪 90 年代以后，日本为了树立环保大国的国际形象，在进一步
加强国内环保措施的基础上，开始不断推动国际性环境保护的合作，试图通过
活跃的环保外交，争夺国际环保主导权。1992 年，日本首相宫泽在国会演说
中指出，"保护地球环境是人类共同的课题，日本将以知识、经验、技术、资

---

① 曾凡银、冯宗宪："贸易、环境与发展中国家的经济发展研究"，《人大复印资料—世界经济》
2000 年第 10 期。

② 祝惠春："拒绝污染跨国转移"，《经济日报》，2005 年 2 月 25 日。

③ 刘爽："日本对外投资与规避国际贸易摩擦的关系"，《消费导刊》2008 年第 8 期。

④ 张玉来："试析日本的环保外交"，《国际问题研究》2008 年第 3 期。

金从正面全力参与"①。这是日本政府领导人首次以发表正式讲话的形式，强调环保外交的重要性。同年4月，日本前首相竹下登在"地球环境贤人会议"上发表讲话，他认为，"只有在地球环境问题上发挥主导作用，才是日本为国际社会作贡献的主要内容"②。由此，日本开始了通过广泛发展和大力推进环保外交来争夺国际环保主导权的历程。

（一）利用亚太环境会议取得亚太地区环保的话语主导权地位

1991年，日本环境省在东京举办第一届亚太环境会议。1993年至今，日本政府几乎每年都在日本的不同城市举办亚太环境会议，现已举办16届，会议代表由亚太地区国家的环境与发展部长级官员、国际组织代表和专家以及非政府组织及区域环境研究机构专家构成。日本政府宣称会议的目的是为了推动亚太区域政府和有关机构在环境保护方面的对话和长期合作，以促进区域可持续发展。但实际上，日本政府是通过其主办国的主导性地位，取得其在亚洲地区环保的话语主导权，为树立环保大国形象及掌握国际环保主导权做准备。

（二）通过对发展中国家的援助树立环保强国的地位

日本在环保方面对发展中国家的援助主要是从资金、技术和人才这三方面来进行的。一是对发展国家的资金援助。日本政府从20世纪80年代开始增加政府开发援助中的环保资金，1989年日本参加巴黎西方7国首脑会议，允诺增加环保援助，1989—1991年共提供4075亿日元，比前3年增加2.16倍。其他环保援助还有双边协议提供的，如1992年分别给墨西哥、巴西104亿日元和990亿日元的环保贷款。二是对发展中国家转让环保技术。1991年在横滨举行了全球环保技术博览会，通产省成立"环保技术国际转让中心"，向中国、东南亚国家以及匈牙利等东欧国家转让环保技术。三是对发展中国家提供人才培养。1990年，日本援助泰国建立"环境中心"，并派20名专家前往培训泰国环保技术人员。1991年，日本环保专家赴中国考察，与中国专家交流环保信息，研究防治酸雨的对策③。

（三）争夺国际环保主导权

通过亚太环境会议建立的平台和日本对发展中国家（尤其是亚洲各发展

---

① 田中明彦："环境外交是日本最后的王牌"，《中央公论》1992年2月。
② 林晓光："日本政府的环境外交"，《日本学刊》1994年第1期。
③ 林晓光："日本政府的环境外交"，《日本学刊》1994年第1期。

中国家）所提供的环保援助，日本与其他成员国的区域一体化程度不断提高，经济层面的相互依存度日益加深，日本已日渐掌控了亚洲地区的环保主导权。与此同时，日本也通过联合国环境大会和其他一些环境会议，充分表示出争夺国际环保主导权的意愿。1992 年，宫泽首相明确表示，日本将从知识、经验、技术、资金等方面全力参与国际环境保护。同年，在巴西里约热内卢召开的联合国环境与发展大会成为日本进行环保外交的重要舞台。日本派出 113 人的庞大代表团出席会议，日本代表团在大会上表示，在建立国际新秩序的过程中，各国需考虑全球性问题，日本在这些方面将能发挥有益的主导作用。日本首次提出发达国家应降低有害气体排放，并呼吁向发展中国家增加环境援助，还承诺会后五年内为国际环境保护事业提供 9000 亿—10000 亿日元巨资，到 2000 年将二氧化碳的排放量稳定在 1990 年的水平①。

　　此后，日本不断增加环保外交政策在对外政策中的比重，运用经济和环保技术等优势大力推进环保外交。1997 年 6 月，在日本京都召开的联合国第三次气候变化会议上，日本积极主张发达国家应削减有害气体排放，从而促成旨在限制发达国家温室气体排放量以抑制全球变暖的《京都议定书》的签署。2000 年 11 月，联合国第六次气候变化会议在海牙举行，日本建议各国通过自身森林和农田吸收 CO_2 能力来抵消排放量，或通过向一些发展中国家提供环保援助的方式抵消其排放量。2007 年 6 月，日本内阁通过《21 世纪环境立国战略》报告，提出以亚洲国家为中心"建设国际循环型社会"的战略方针。2008 年 7 月，以"地球环境问题"为主要议题的八国峰会在日本北海道举行，作为此次峰会的东道主，日本通过展示电动交通工具等一批高科技节能产品向各与会国展现了日本对亚太及世界环境问题的高度重视，并希望运用先进技术为国际社会作出贡献，充分反映出其期望以倡导国际环境对话与合作确立环保主导权的愿望。2009 年 4 月，日本政府公布名为《绿色经济与社会变革》的政策草案，力图通过加大对太阳能的利用、支援节能家电、普及环保汽车等措施削减温室气体排放，以此来树立良好国际形象、强化绿色经济，以发展绿色经济作为新的经济增长点，带领世界各国走出经济危机。2009 年 12 月，在哥本哈根气候大会上，日本环境相小泽锐仁宣布日本政府将在到 2012 年为止的 3 年中提供约 150 亿美元，帮助发展中国家应对气候变化，提供资金的条件是气候大会制定出全体主要排放国均参与的、公平有效的框架，并就大幅减排目标达成一致。而据首相助理中山义活透露，首相鸠山强调"现在的《京都议

---

① 林晓光："日本政府的环境外交"，《日本学刊》1994 年第 1 期。

定书》框架无法削减全球的二氧化碳排放量。美国和中国不加入新的框架不行"，表示必须就建立所有主要排放国参加的国际框架达到一致①。

日本在各种环境会议上积极参与各种环境协议的制定，多次表示希望对发展中国家进行环保援助，在许多场合对本国的环保技术、环保产品进行展示，推动了全球环保事业的发展。但是，从日本在减排目标上的变化和不确定性等方面可知，日本在国际环保事务中所做努力的最终目的是为争夺国际环保主导权，力图将各国纳入以日本为主导的国际环保体系中来。

第四节

发达国家生态发展道路的比较与借鉴

在过去的 200 年里，面对经济发展过程中出现的生态环境问题，欧盟、美国和日本等发达国家和地区通过颁布环保法律、制定环境标准、发展环保产业、转移污染产业等手段，较为成功地改善了国内生态环境质量，基本走上了人与自然和谐发展的轨道。

一、欧盟、美国、日本生态发展道路的评述

欧盟、美国和日本的生态发展道路都是"先污染、后治理"型，但在完成对污染的初步治理后，又逐步走向不同的生态发展方向。总体而言，欧盟侧重于构筑环境壁垒，可将其称之为环保壁垒型生态发展道路；美国侧重于将环保作为其巩固世界霸主地位的政治手段和外交手段，可将其称之为环保政治型、环保外交型生态发展道路；日本侧重于开发环保技术、发展环保产业，可将其称之为环保产业型生态发展道路。这三种类型的生态发展道路虽在表现形式上有所区别，但其本质是相同的。

① "日本表态 3 年出 150 亿美元有条件援助穷国"，新浪网，2009 年 12 月 18 日，http：// finance. sina. com. cn/j/20091218/07027121546. shtml.

（一） 以服务本国经济发展为出发点

发达国家在工业革命时期和经济快速发展时期都先后出现了不同程度的环境污染，在选择限制性措施、控制型环保政策和强制性手段治理环境污染时，经济发展同环境保护是相矛盾的。迫于严峻的现实，发达国家在当时都暂时牺牲了短期的经济利益，通过强有力的手段对污染问题进行治理。然而，他们很快发现，前期经济发展带来的环境污染还未完全解决，新的污染问题又再度出现。因此，各个国家都开始寻找经济发展和环境保护之间的结合点，增加污染治理的投入，引入市场环保机制、发展环保产业、开发节能技术等，各种环保政策相继出现。此时，发展中国家仍处于工业化的初期阶段，在劳动力、生态环境等方面存在较大的优势，经济竞争力日益增强。在此背景下，欧盟侧重于通过构筑环境壁垒来保护成员国的经济利益；美国则以其强大的经济实力为后盾，在大力发展本国环保产业的基础上，以善变的、强硬的政治手段、外交手段拒绝在节能减排等全球环保事业中承担相应的责任；日本则不断开发节能环保产品，通过在环保技术和环保产业上的优势来争夺国际环保主导权，最终为其经济发展服务。

（二） 以牺牲发展中国家的经济利益和生态环境为代价

三种类型的生态发展道路在侧重点上虽有所不同，但都是以为本国经济服务为根本目的。欧盟、美国、日本等发达国家和地区为实现这一目标，在环境壁垒、承担责任、环保援助等各方面对发展中国家进行限制，以牺牲发展中国家的经济利益和生态环境为代价。

欧盟在近些年不断出台高标准的环保法规，这些环保法规看似是针对所有国家的，实际上是针对工业化程度较低、技术水平不高、环保水平较低的发展中国家，有些甚至是专门针对某国而制定的。但是，欧盟各成员国在进行产品出口时却未完全按其环保法规来执行，其在发展中国家直接投资建立的工厂、企业也经常出现污染环境的问题。

美国作为工业化程度最高的国家，也是排放各种废水、废气、废物最多的国家，对全球的生态危机应承担最大的责任。但是，美国在承担减排目标、对发展中国家进行环保援助等方面却经常表现出不合作的态度。如 2001 年，小布什政府以《京都议定书》会对美国经济带来过重负担，将中国、印度等温室气体排放大国排除在议定书限制之外对美国是不公平的为由，单方面退出《京都议定书》。温室气体排放量占世界总排放量四分之一的美国的退出，使

《京都议定书》一直到俄罗斯于 2004 年 11 月 18 日批准了《京都议定书》，才使得《京都议定书》在 2005 年 2 月 16 日生效。2009 年，奥巴马在其"绿色新政"中将减排基准年从 1990 年调整为 2005 年。美国总是以发展中国家未受限制、未承担责任等为由来拒绝承担应尽的环保责任，迫使发展中国家承担更多的责任，最终来阻碍发展中国家的经济发展。同时，美国也是向发展中国家转移大量废弃物的主要国家之一，他在发展中国家的跨国公司也常常因污染问题被曝光。

近些年，日本在对发展中国家的环保援助、环保技术转让等方面做得相对较好，但这只是其为争夺国际环保主导权所表现出的一种姿态。与此同时，日本也在不断地向发展中国家转移高污染产业、出口废弃物垃圾，其向发展中国家转移高污染产业的比重远高于美国和欧盟。日本生态环境质量的改善在很大程度上也是以牺牲发展中国家的经济利益和生态环境为代价的。

（三）以巩固和提高其国际社会地位为重要目标

欧盟成员国都是老牌的资本主义国家，其工业革命开始的时间是最早的。尤其是英国，作为首先爆发工业革命的国家，曾一度成为"世界工厂"和世界上最富有的国家。但是，受多种因素影响各成员国的经济实力在第一次世界大战、第二次世界大战以后却逐渐下降，经济领先的地位逐步被美国和日本所取代。为促进经济增长、增强经济实力，欧洲各国之间联合成立了欧共体，也即现在的欧盟。成员国之间通过加强经济、社会的协调发展和建立统一货币的经济货币来促进成员国经济和社会的均衡发展，通过实行共同外交和安全政策来增强其政治地位和保护其安全，各成员国又可自主地制定对内的经济、政治政策。在环保政策上也是如此，对内，欧盟各成员国可自主地制定环保政策；对外，则通过构筑环保壁垒来实行统一的环保政策。欧盟的建立和相关政策的制定都是为增强其整体经济实力为目标，都是为提高其国际社会经济地位和政治地位为目的。因此，欧盟各成员国在环保政策上的共进退也是以巩固和提高其国际社会地位为重要目标的。

近 100 多年来，美国一直是世界上第一大经济强国。经济上的强大使其在各项国际事务中都以世界霸主的姿态自居，试图让世界上的其他国家都按它的意愿行事，甚至干涉别国内政。在许多国际问题中，美国都表现出强硬的外交态度，美国的生态发展道路也明显具有这一特征。在参与国际环保事务时，无论是对环保持消极态度的里根政府、布什政府和小布什政府，还是对环保持积极态度的克林顿政府和奥巴马政府，都以强硬的态度向世界传达了美国的主张，并企图以它的主张来主导国际环保事务。美国的环保政治型、环保外交型生态发展道路的主要特征就是将环保政策作为彰显和巩固其国际社会地位的重要手段。

日本在第二次世界大战以后大力发展经济，从 20 世纪 70 年代起就成为仅次于美国的第二大经济强国，但在政治立场上却一直是从属于美国的。为实现其在政治上的独立性，成为政治大国和新的世界霸主，日本在环保事务中表现得非常积极，通过发展环保产业、对发展中国进行环保援助等手段来树立其良好的国际形象。表面上看，日本为发展中国家和全球环保作出了卓越的贡献。实际上，日本对发展中国家的援助经常是有附加条件的，日本向发展中国家转让的环保技术是有大量保留的。日本所表现出来的积极投身环保的姿态是以争夺国际环保主导权为目标的，是企图通过环保将世界纳入日本所主导的国际新秩序中来，是其实现政治大国的重要手段。

二、我国对欧盟、美国、日本生态发展道路的借鉴

综上所述，欧盟、美国、日本等发达国家在进行生态治理的过程中，都通过不同的措施和手段使曾经被严重污染过的生态环境得到恢复，都致力于开发新能源和节能技术，发展环保产业，以实现经济的循环发展和可持续发展。虽然这些国家的生态发展道路存在一定的差异，但总体上来说都是"先污染、后治理"的，而且都是以服务本国经济发展为出发点，是以牺牲发展中国家的经济利益和生态环境为代价，是以巩固和提高其国际社会地位为重要目标的。对工业化刚刚起步的我国来说，要引以为戒。

一是要对环境问题引起重视。在工业化初期就注重对环境问题的防范，加快健全法律法规、发展环保产业、增强环保意识等，以免出现严重的污染问题后再来治理，增加治理成本。

二是不以牺牲其他国家的经济利益和生态环境为代价。我国是社会主义国家，是在马克思主义和科学发展观指导下的社会主义，是代表最广大人民群众利益的，发展本国经济、保护本国环境要通过科学的方法，通过节能环保技术和环保产业来实现。要将眼光放远一点、放宽一点，在同一个地球上，牺牲其他国家的经济利益和生态环境，实际上就是牺牲自身的利益和生态环境。

三是要以实现生态文明为目标。发达国家的生态发展中只注重本国利益，

通过高污染产业的转移、废弃物垃圾的出口、高标准环境壁垒的设置等手段损害和牺牲了众多发展中国家的利益和生态环境。这种生态发展是不文明的，不道德的，只能称之为生态发展道路。我国要走以科学发展观为指导，以绿色城市化、绿色空间布局为发展方式，以实现全人类和谐发展为目标，具有中国特色的生态文明。

同时，发达国家毕竟也是生态建设的先行者，他们的生态发展道路有很多宝贵的经验值得我们学习：

一是要有较为健全的环保法律。在污染治理的初期阶段，频繁出台的环保法律法规成为防止污染的进一步扩大、强制企业对废弃物进行处理、保证污染治理效果的重要手段。我国应加快健全环保法律法规，利用法律的强制力来有效地防止环境污染。

二是有严格的环境标准。比如在日本，地方政府和地方公共团体所制定的区域性标准比中央政府所制定的标准更为严格。严格的环境标准既可以防止环境污染，又可以促使企业开发新的节能技术。

三是采用市场机制来进行环境治理。通过引入市场机制，采用排污许可证、绿色税收等方式来消除经济发展和环境保护之间的矛盾，使两者能够相互促进。

四是大力开发环保技术、发展环保产业。德国、日本等许多发达国家的环保技术和环保产业都居于世界领先地位，通过对废弃物的再处理来实现循环经济，通过节能减排发展低碳经济以实现经济的可持续发展。

五是注重对全民环保意识的培养。许多有过出国经历的人都感慨美国人、德国人、日本人的环保意识。但是，这种环保意识并不是生来就有的，是在进行环境治理的过程中通过加强环保教育而逐步培养出来的。

主要参考文献

1. 《当代中国》丛书编辑委员会：《当代中国的林业》，中国社会科学出版社 1985 年版。

2. 《当代中国的经济管理》编辑部编：《中华人民共和国经济管理大事记》，中国经济出版社 1987 年版。

3. 《湖北林业志》编纂委员会编：《湖北林业志》，武汉出版社 1989 年版。

4. 《湖北省环境保护志》编纂委员会编：《湖北省环境保护志》，中国环境科学出版社 1989 年版。

5. "能源结构调整和优化"，《经济研究参考》2004 年第 84 期。

6. "我国低碳技术差距有哪些?"，国土资源部网站，http://www.mlr.gov.cn/tdzt/zdxc/dqr/41earthday/dtsh/dtjs/201003/t20100329_ 143259.htm。

7. "我国低碳技术专利发展态势良好"，国家知识产权局网站，http://www.sipo.gov.cn/sipo2008/mtjj/2010/201005/t20100528_ 520334.html。

8. "中国 70% 减排核心技术需'进口'实现低碳成本"，中国新闻网，2010 年 5 月 17 日，http://www.chinanews.com/ny/news/2010/05-17/2285161.shtml。

9. 《中国环境保护行政二十年》编委会主编：《中国环境保护行政二十年》，中国环境科学出版社 1994 年版。

10. 《中国环境年鉴》编委会：《中国环境年鉴1990》，中国环境科学出版社 1990 年版。

11. 《中国环境年鉴》编委会：《中国环境年鉴1995》，中国环境科学出版社 1995 年版。

12. 《中国环境年鉴》编委会：《中国环境年鉴1999》，中国环境科学出版社 1999 年版。

13. 《中国环境年鉴》编委会：《中国环境年鉴2007》，中国环境年鉴社 2007 年。

14. "中国启动二氧化碳捕获与封存全流程项目"，新华网，http://

news. xinhuanet. com/2010 - 08/27/c_ 12492740. htm。

15.《中华人民共和国第五届全国人民代表大会第四次会议文件》，人民出版社 1981 年版。

16. A. H. 帕夫连科："'生态危机'：不是问题的问题"，《国外社会科学》2004 年第 1 期。

17. Andre Gorz, *Ecology as Politics*, South End Press, 1980.

18. David Pepper, *Eco - socialism: from deep ecology to social justice*, London, 1993.

19. Dieter Albrecht、柯炳生：《农业与环境》，农业出版社 1992 年版。

20. G. 费伦贝格：《环境研究——环境污染问题导论》，人民卫生出版社 1986 年版。

21. Gorz Andre, *Critique of Economic Reason*, London, Verso, 1989.

22. Howard Parsons, *Marx and Engels on Ecology*, London, 1977.

23. Michael E. Kraft, Brent S. Steel, ed., *Environmental Policy and Politics, 1960's - 1990's*, Pennsylvania State University Publisher, 2000.

24. Norman J. Vig, Michael E. Kraft, ed., *Environmental Policy in the 1990s*, CQ Press, 1997.

25. Reiner Grundmann, *Marxism and Ecology*, Oxford, 1991.

26. W. 桑巴特：《为什么美国没有社会主义》，社会科学文献出版社 2003 年版。

27. 阿尔伯特·施韦泽：《敬畏生命》，上海社会科学出版社 2003 年版。

28. 艾尔弗雷德·W. 克洛斯比：《生态扩张主义：欧洲 900—1900 的生态扩张》，辽宁教育出版社 2000 年版。

29. 爱德华多·加莱亚诺：《拉丁美洲被切开的血管》，人民文学出版社 2001 年版。

30. 安邦："中国环境污染年损失远超万亿"，《社会科学报》，2011 年 1 月 7 日，第 2 版。

31. 鞍山市环境保护志编纂委员会编：《鞍山市环境保护志》，红旗出版社 1989 年版。

32. 班健："潘岳致信中国绿色信贷与经济结构调整论坛指出 要发挥信贷杠杆调节效应时间"，环保部官网，2010 年 1 月 28 日。

33. 北京市地方志编纂委员会：《北京志·市政志·环境保护志》，北京出版社 2004 年版。

34. 本·阿格尔：《西方马克思主义概论》，中国人民大学出版社 1991 年版。

35. 编辑部："新北方国家主导 2050 年后的世界"，《参考消息》，2010 年 9 月 10 日，第 3 版。

36. 编辑部："中国等发展中国家成为西方垃圾站"，《经济深度分析》，2009 年 10 月 19 日，第 26 页。

37. 别尔嘉耶夫：《历史的意义》，学林出版社 2002 年版。

38. 布莱恩·科普兰等：《贸易与环境——理论与实证》，格致出版社 2009 年版。

39. 布伦丹·奥尼尔："汽车与生态帝国主义的兴起"，《参考消息》，2009 年 3 月 25 日，第 4 版。

40. 财政部："调整收入分配推进财税制度改革"，财政部网站，2010 年 4 月 7 日。

41. 蔡守秋主编：《欧盟环境政策法律研究》，武汉大学出版社 2002 年版。

42. 蔡文："当前我国生态文明建设路径的现实选择"，《实事求是》2010 年第 2 期。

43. 曹东、王金南等编著：《中国工业污染经济学》，中国环境科学出版社 1999 年版。

44. 常丽霞、叶进："向生态文明转型的政府环境管理职能刍议"，《西北民族大学学报（哲学社会科学版）》2008 年第 1 期。

45. 陈敏豪：《生态文化与文明前景》，武汉出版社 1995 年版。

46. 陈天翔："'绿色车险'将面市财险公司开打'低碳'牌"，《第一财经日报》，2010 年 4 月 27 日。

47. 崔民选主编：《2006 中国能源发展报告》，社会科学文献出版社 2006 年版。

48. 崔寅："带动复苏的'中国效应'"，《人民日报》，2010 年 11 月 11 日，第 23 版。

49. 崔之元："生态缓解，奴隶制与英国工业革命"，《读书》2001 年第 11 期。

50. 达格玛·德莫："有损他人的现代消费方式"，《参考消息》，2010 年 2 月 3 日，第 13 版。

51. 戴安良："对建设生态文明几个理论问题的认识"，《探索》2009 年第 1 期，第 8 页。

52. 丹尼斯·米都斯等：《增长的极限——罗马俱乐部关于人类困境的报告》，吉林人民出版社 1997 年版。

53. 邓柏盛：《中国对外贸易与环境质量的理论与经验研究》，华中科技大学博士学位论文，2008 年。

54. 杜卓、甘永峰、林燕新："探索排污权交易"，《产权导刊》2007 年第 11 期。

55. 恩格斯：《自然辩证法》，人民出版社 1971 年版。

56. 封志明、刘宝琴、杨艳昭："中国耕地资源数量变化的趋势分析与数据重建：1949—2003"，《自然资源学报》2005 年第 1 期。

57. 冯星辰："感情美国生态保护"，《生态经济》2003 年第 1 期。

58. 冯之浚等："关于推行低碳经济促进科学发展的若干思考"，《新华文摘》2009 年第 13 期。

59. 福克纳：《美国经济史》（上卷），商务印书馆出版 1964 年版。

60. 高桥龟吉：《战后日本经济跃进的根本原因》，辽宁人民出版社 1984 年版。

61. 谷文艳："美国环保产业发展及其推动因素"，《国际资料信息》2000 年第 5 期。

62. 顾阿伦等："中国进出口贸易中的内涵能源及转移排放分析"，《清华大学学报》2010 年 9 期。

63. 顾烨："无锡推环境污染责任保险"，《人民日报》，2011 年 2 月 14 日，第 10 版。

64. 广东省地方志编纂委员会编：《广东省志·林业志》，广东人民出版社 1998 年版。

65. 郭鸿翔、黄宁、邓年胜："武汉渐成总部经济集中区"，火凤网，2009 年 10 月 19 日。

66. 郭嘉："政协委员的视线"，《人民日报》，2010 年 12 月 29 日，第 20 版。

67. 郭晋晖："中国林业体制改革迈出重要一步　林权可进场交易"，第一财经网，2009 年 11 月 23 日。

68. 郭丽君："二氧化碳捕捉技术国际领先"，《光明日报》，2011 年 1 月 17 日，第 10 版。

69. 郭强：《竭泽而渔不可行——为什么要建设生态文明》，人民出版社 2008 年版。

70. 郭胜："简论低碳旅游的实现路径",《光明日报》,2010 年 12 月 27 日,第 9 版。

71. 国家发展和改革委员会能源研究所课题组:《中国 2050 年低碳发展之路》,中国科学出版社 2009 年版。

72. 国家环境保护局、中央广播电台编:《警惕水污染》,海洋出版社 1985 年版。

73. 国家环境保护局办公室编:《环境保护文件选编 1973—1987》,中国环境科学出版社 1988 年版。

74. 国家环境保护总局编著:《全国生态现状调查与评估（综合卷）》,中国环境科学出版社 2005 年版。

75. 国家统计局："从十六大到十七大经济社会发展回顾系列报告之八:工业经济在改革与调整中持续快速稳定发展",国家统计局网站,http: // www. stats. gov. cn/tjfx. /ztfx/sqd/t20070927_ 402435174. htm。

76. 国家统计局工业交通物质统计司编: 《中国工业经济统计资料（1949—1984）》,中国统计出版社 1985 年版。

77. 国家统计局国民经济综合统计司:《新中国 60 年统计资料汇编》,中国统计出版社 2010 年版。

78. 哈尔滨市地方志编纂委员会编:《哈尔滨市志·环境保护　技术监督》,黑龙江人民出版社 1998 年版。

79. 韩联社："韩国推出绿色信用卡",《参考消息》,2010 年 12 月 28 日,第 6 版

80. 韩启德："发展绿色建筑是落实节能减排的重要切入点",《人民日报》,2011 年 1 月 12 日,第 20 版。

81. 韩玉军、周亚敏:"我国外贸体制改革的演进",《人民论坛》2009 年第 30 期。

82. 何志强等:"第五届中国总部经济高层论坛举行",武汉广电网,2009 年 10 月 19 日。

83. 湖北省发展和改革委员会课题组:"湖北节能降耗工作思路",《决策与信息》2007 年第 4 期。

84. 湖北省统计局:"湖北发展低碳经济问题研究",湖北省政府门户网站,2009 年 6 月 3 日。

85. 湖北省统计局:"湖北现代服务业发展现状与方向选择",湖北省政府门户网站,2009 年 3 月 26 日。

86. 环保部："城市污染向农村转移有加速趋势"，中国经济网，2010 年 6 月 4 日。

87. 黄树则、林士笑主编：《当代中国的卫生事业》（上），中国社会科学出版社 1986 年版。

88. 黄泰岩："中国经济学的历史转型"，《经济学动态》2007 年第 12 期。

89. 黄泰岩："转变经济发展方式的内涵与实现机制"，《求是》2007 年第 9 期。

90. 黄锡生、黄金平："水权交易理论研究"，《重庆大学学报》（社科版）2005 年第 11 卷第 1 期。

91. 黄志宁、汪晓萍、张家炎："欧盟环保双指令对我国机电产业及其供应链的影响与对策"，《物流科技》2007 年第 1 期。

92. 吉林市地方志编纂委员会编纂：《吉林市志·环境保护》，吉林文史出版社 1992 年版。

93. 江泽民：《江泽民文选》，人民出版社 2006 年版。

94. 蒋建科："我国内地发明专利授权量前十位省份出炉"，《人民日报》，2011 年 3 月 29 日，第 1 版。

95. 解振华："中国是全球应对气候变化的积极建设性力量"，《经济日报》，2010 年 11 月 28 日，第 3 版。

96. 金川相："欧盟国家的环保产业"，《全球科技经济瞭望》1999 年第 1 期。

97. 剧宇红："绿色消费有关法律问题的探讨"，武汉大学环境法研究所网站，2010 年 4 月 21 日。

98. 课题组：《中国荒漠化（土地退化）防治研究》，中国环境科学出版社 1998 年版。

99. 拉尔夫·亨、布朗：《美国历史地理》，商务印书馆 1973 年版。

100. 雷·艾伦、比林顿：《向西部扩展：美国边疆史》（下），商务印书馆 1991 年版。

101. 蕾切尔·卡逊：《寂静的春天》，吉林人民出版社 1997 年版。

102. 李长健、张磊、董芳芳："生态文明理念下我国农业生态保护法律制度研究——以外部性理论为探究视角"，《中共济南市委党校学报》2008 年第 3 期。

103. 李崇银："关于应对气候变化的几个问题"，《新华文摘》2011 年 5 期。

104. 李飞等："湖北打造全国首批低碳经济发展实验区"，《中国环境报》2010 年 1 月 7 日。

105. 李干杰："农村污染占'半壁江山'将按照'12345'整治"，《人民日报》，2011 年 6 月 3 日。

106. 李金发、吴巧生编著：《矿产资源战略评价体系研究》，中国地质大学出版社 2006 年版。

107. 李京文："破解资源价格改革"，《新华文摘》2009 年第 13 期。

108. 李俊峰："中国风电规模跃居世界第一"，《京华时报》，2011 年 1 月 13 日，第 12 版。

109. 李岚清：《突围——国门初开的岁月》，中央文献出版社 2008 年版。

110. 李丽辉："新安江试点水环境补偿"，《人民日报》，2011 年 3 月 29 日，第 2 版。

111. 李琦主编：《在周恩来身边的日子——西花厅工作人员的回忆》，中央文献出版社 1998 年版。

112. 李同宁："中国投资率与投资效率的国际比较及启示"，《亚太经济》2008 年第 2 期。

113. 李小春、刘延锋、白冰、方志明："中国深部咸水含水层二氧化碳储存优先区域选择"，《岩石力学与工程学报》2006 年第 5 期。

114. 李秀娟、温亚利："环境标志制度对我国对外贸易的影响分析"，《海外环境政策》，2008 年 2 月 21 日。

115. 李旸："我国低碳经济发展路径选择和政策建议"，《城市发展研究》2010 年第 2 期。

116. 厉以宁等著：《中国的环境与可持续发展——CCICED 环境经济工作组研究成果概要》，经济科学出版社 2004 年版。

117. 梁从诫主编：《2005 年：中国的环境危局与突围》，社会科学文献出版社 2006 年版。

118. 梁锡崴："美国环保机制的演变"，《改革与战略》1999 年第 1 期。

119. 廖福霖：《生态文明经济研究》，中国林业出版社 2010 年版。

120. 林晓光："日本政府的环境外交"，《日本学刊》1994 年第 1 期。

121. 林毅夫、苏剑："论我国经济增长方式的转换"，《管理世界》2007 年第 11 期。

122. 林震："生态文明建设中的公众参与"，《南京林业大学学报（人文社会科学版）》2008 年第 2 期。

123. 刘昌黎：《现代日本经济概论》，东北财经大学出版社 2002 年版。

124. 刘惠兰："中国绿色碳汇基金会成立"，《经济日报》，2010 年 9 月 1 日，第 3 版。

125. 刘军："经济全球化与传统社会主义模式的历史价值及当代启示"，《河南大学学报》（社会科学版）2006 年第 46 卷第 1 期。

126. 刘力臻、徐奇渊：""'公地的悲剧'与产权环保效应的分析"，《经济纵横》2005 年第 1 期。

127. 刘爽："日本对外投资与规避国际贸易摩擦的关系"，《消费导刊》2008 年第 8 期。

128. 刘松柏："十一五污染减排任务超额完成"，《经济日报》，2011 年 1 月 14 日，第 3 版。

129. 刘晓燕："欧洲 2020 战略对中国的启示"，《参考消息》，2010 年 6 月 24 日，第 14 版。

130. 刘延春："关于生态文明的几点思考"，《生态文化》2004 年第 1 期。

131. 刘延锋、李小春、白冰："中国二氧化碳煤层储存容量初步评价"，《岩石力学与工程学报》2005 年第 16 期。

132. 刘延锋、李小春、方志明、白冰："中国天然气田二氧化碳储存容量初步评估"，《岩土力学》2006 年第 12 期。

133. 刘莹："日本循环经济发展模式研究"，《经济研究导刊》2008 年第 17 期。

134. 卢现祥、朱巧玲：《新制度经济学》，北京大学出版社 2007 年版。

135. 罗伯特·B. 马克斯：《现代世界的起源——全球的、生态的述说》，商务印书馆 2006 年版。

136. 罗尔斯顿：《环境伦理学》，中国社会科学出版社 2000 年版。

137. 马洪主编：《现代中国经济事典》，中国社会科学出版社 1982 年版。

138. 马克思、恩格斯：《共产党宣言》，《马克思恩格斯选集》（第一卷），人民出版社 1995 年版。

139. 马克思、恩格斯：《马克思恩格斯全集》（第一卷），人民出版社 1956 年版。

140. 马克思、恩格斯：《马克思恩格斯选集》（第三卷），人民出版社 1972 年版。

141. 马克思、恩格斯：《马克思恩格斯选集》（第四卷），人民出版社 1972 年版。

142. 马克思、恩格斯：《马克思恩格斯全集》（第九卷），人民出版社 1961 年版。

143. 马克思：《资本论》（第三卷），人民出版社 2004 年版。

144. 麦肯锡：通向低碳经济之路——全球温室气体减排成本曲线（2.0 版），2007 年，麦肯锡季刊，http：//china. mckinseyquarterly. com/Pathways_ to_ a_ Low – Carbon – Economy_ 2470#。

145. 梅雪芹：《工业革命以来西方主要国家环境污染与治理的历史考察》，《世界历史》2000 年第 6 期。

146. 南京市环境保护志编纂委员会：《南京环境保护志》，中国环境科学出版社 1996 年版。

147. 潘岳："践行科学发展观，推进生态文明建设"，新华网，http：//news. qq. com/a/20071015/002376. htm。

148. 潘岳："社会主义生态文明"，《文明》2007 年第 12 期。

149. 彭慕兰：《大分流》，江苏人民出版社 2003 年版。

150. 彭小丁："正确把握低碳经济与循环经济的异同"，《人民日报》，2011 年 1 月 24 日，第 7 版。

151. 齐齐哈尔市环境保护局编：《齐齐哈尔市环境保护志》，黑龙江科学技术出版社 1989 年版。

152. 钱俊生："怎样认识和理解建设生态文明"，《半月谈》2007 年第 21 期。

153. 曲格平、李金昌：《中国人口与环境》，中国环境科学出版社 1992 年版。

154. 曲格平：《梦想与期待：中国环境保护的过去与未来》，中国环境科学出版社 2000 年版。

155. 曲格平：《我们需要一场变革》，吉林人民出版社 1997 年版。

156. 曲格平：《中国环境问题及对策》，中国环境科学出版社 1989 年版。

157. 全京秀："文明过程和生态危机"，《贵州民族学院学报》（哲学社会科学版）2006 年第 6 期。

158. 冉永平："中国变电站'智商'引先世界"，《人民日报》，2011 年 1 月 14 日，第 1 版。

159. 让—雅克·卢梭著：《论人类不平等的起源和基础》，广西师范大学出版社 2002 年版。

160. 萨拉·萨卡：《生态社会主义还是生态资本主义》，山东大学出版社

2008 年版。

161. 萨缪尔森：《经济学》（第十四版），北京经济学院出版社 1994 年版。

162. 塞缪尔·埃利奥特·莫里森：《美利坚共和国的成长》，天津人民出版社 1991 年版。

163. 沙别可夫：《滚滚绿色浪潮》，中国环境科学出版社 1997 年版。

164. 沈晓悦、田春秀：《全球环保产业市场状况及前景分析》，《环境科学动态》1996 年第 2 期。

165. 施从美："长三角区域环境治理视域下的生态文明建设"，《社会科学》2010 年第 5 期。

166. 世界银行：《2005 年世界发展报告》，中国财政经济出版社 2005 年版。

167. 世界银行：《碧水蓝天：展望 21 世纪的中国环境》，中国财政经济出版社 1997 年版。

168. 世界银行：《绿色工业：社区、市场和政府的新职能》，中国财政经济出版社 2001 年版。

169. 孙京："低碳经济与我国经济可持续发展的路径选择"，《先驱论坛》2010 年第 16 期。

170. 孙立侠："生态文明的制度维度探析"，《前沿》2008 年第 11 期。

171. 孙秀艳："我国七大水系轻度污染中东部旱区湖泊水质明显下降"，《人民日报》，2011 年 6 月 4 日。

172. 孙秀艳："我国完成《蒙特利尔议定书》阶段性履约任务"，《人民日报》，2010 年 9 月 17 日，第 10 版。

173. 谭荣久："中国成为美国绿色贸易壁垒限制最多的国家"，《北京青年报》，2002 年 7 月 19 日，第 4 版。

174. 唐代兴："可持续生存式发展：强健新生的生态文明建设道路"，爱思想网，2010 年 10 月 8 日，http://www.aisixiang.com。

175. 唐纳德·沃斯特，《自然的经济体系》，商务印书馆 1999 年版。

176. 陶在朴：《生态包袱与生态足迹——可持续发展的重量和面积观念》，经济科学出版社 2003 年版。

177. 田海花、刘相、朱健："论以人为本，全面、协调、可持续的发展观"，《山东师范大学学报》2004 年第 2 期。

178. 田力普："低碳技术专利申请增长迅速，仍有不足"，《创新科技》2010 年第 5 期。

179. 万强等："湖北核电时代从城市圈起步"，《长江日报》，2010 年 6 月 5 日。

180. 王博："提高生态文明意识的途径与方法"，《黑龙江史志》2009 年第 7 期。

181. 王方："中国理念丰富世界"，《人民日报》，2011 年 4 月 25 日，第 3 版。

182. 王豪："德国致力于发展环保产业"，《现代化工》1998 年第 3 期。

183. 王红茹："中国首份省市区生态文明水平排名出炉"，《中国经济周刊》2009 年 8 月 17 日。

184. 王金南、曹东等著：《能源与环境：中国 2020》，中国环境科学出版社 2004 年版。

185. 王金南、张惠远："关于中国生态文明建设体系的探析"，《环境保护》2010 年第 4 期。

186. 王金霞："生态补偿财税政策探析"，《税务与经济》2009 年第 2 期。

187. 王金营："中国经济增长与综合要素生产率和人力资本需求"，《中国人口科学》2002 年第 2 期。

188. 王庆一："中国的能源效率及国际比较（下）"，《节能与环保》2003 年第 9 期。

189. 王文清、唐烨："低碳经济下全球各国打什么牌"，《解放日报》，2009 年 12 月 5 日。

190. 王曦：《美国环境法概论》，武汉大学出版社 1992 年版。

191. 王晓林："低碳经济　法制先行"，《人民代表报》，2010 年 1 月 23 日。

192. 王颖、聂莹、何宏飞："绿色保险遭遇发展瓶颈"，《半月谈》2008 年第 23 期。

193. 王雨辰：《生态批判与绿色乌托邦——生态学马克思主义理论研究》，人民出版社 2009 年版。

194. 王震：《低碳技术包括减碳技术、零碳化技术、去碳化技术》，人民网，http://energy.people.com.cn/GB/12237329.html。

195. 魏琦、刘亚卓："我国实施排污权交易制度的障碍及对策"，《商业时代》2006 年第 24 期。

196. 魏一鸣等著：《中国能源报告（2006）：战略与政策研究》，科学出版社 2006 年版。

197. 温家宝：《关于发展社会事业和改善民生的几个问题》，中央政府门户网站，2010 年 4 月 1 日。

198. 吴荣娟："绿色壁垒对我国外贸的影响及对策"，《中国教育创新》2009 年第 21 期。

199. 吴越仁："抢夺绿色商机中国企业大有可为"，《光明日报》，2011 年 2 月 10 日，第 2 版。

200. 武汉市环境保护局编：《武汉环境志》，中国环境科学出版社 1991 年版。

201. 武卫政："中国环境宏观战略研究成果发布"，《人民日报》，2011 年 4 月 22 日，第 2 版。

202. 夏命群："4 省有望试点开征环境税"，《京华时报》，2010 年 8 月 6 日。

203. 夏有富："外商转移污染密集产业的对策研究"，《管理世界》1995 年第 2 期。

204. 向玉乔："生态危机剖析"，《湘潭工学院学报》（社会科学版）2002 年第 4 期。

205. 肖国兴："论中国水权交易及其制度变迁"，《管理世界》2004 年第 4 期。

206. 肖显静：《生态政治——面临环境问题的国家抉择》，山西科学技术出版社 2003 年版。

207. 谢光华："德国循环经济发展现状及对我国的启示"，《江苏商论》2007 年第 1 期。

208. 谢振华主编：《国家环境安全战略报告》，中国环境科学出版社 2005 年版。

209. 新华社："中国绿色核能获重大突破"，《湖北日报》，2010 年 7 月 22 日，第 11 版。

210. 徐华清等著：《中国能源环境发展报告》，中国环境科学出版社 2006 年版。

211. 徐家骝：《日本环境污染的对策和治理》，中国环境科学出版社 1990 年版。

212. 徐世刚、王琦："论日本政府在环境保护中的作用及其对我国的启示"，《当代经济研究》2006 年第 7 期。

213. 徐嵩龄："世界环保产业发展透视"，《管理世界》1997 年第 4 期。

214. 徐文明："以生命伦理作为生态文明建设指导思想"，《绿叶》2009

年第 2 期。

215. 薛晓源、陈家刚："从生态启蒙到生态治理——当代西方生态理论对我们的启示"，《马克思主义与现实》2005 年第 4 期。

216. 亚洲开发银行："亚太面临环境恶化引发的人口大迁徙"，《中国民族报》，2011 年 2 月 11 日第 8 版。

217. 闫世辉："石油价格攀升凸显世界能源战略"，《世界环境》2004 年第 5 期。

218. 严耕、杨志华：《生态文明的理论与系统建构》，中央编译出版社 2009 年版。

219. 杨朝飞：《环境保护与环境文化》，中国政法大学出版社 1994 年版。

220. 杨书臣："日本节能减排的特点、举措及存在的问题"，《日本学刊》2008 年第 1 期。

221. 杨振："中国区域发展与生态压力时空差异分析"，《中国人口资源与环境》2011 年第 4 期。

222. 杨志："积极应对碳交易市场的新特点"，《光明日报》，2011 年 2 月 18 日第 11 版。

223. 姚丽娟："产业集群生态化生态文明建设的战略选择"，《商业时代》2010 年第 1 期。

224. 衣保中：《中国东北农业史》，吉林文史出版社 1993 年版。

225. 殷楠："'绿色保险'助力低碳经济发展"，《经济日报》，2010 年 3 月 26 日。

226. 尹小平、王洪会：《日本循环经济的产业发展模式》，《现代日本经济》2008 年第 6 期。

227. 于青："外国专家喜看中国生态文明建设"，《人民日报》，2010 年 3 月 11 日。

228. 余惕君：《经济发展与环境保护》，上海交通大学出版社 1987 年版。

229. 余文涛、袁清林、毛文永：《中国的环境保护》，科学出版社 1987 年版。

230. 余文涛等：《中国的环境保护》，科学出版社 1987 年版。

231. 余仲飞："低碳经济和低碳技术"，《浙江经济》2010 年 3 月。

232. 羽仪："20 世纪 60—70 年代美国环保运动史述评"，《湖南社会科学》2009 年第 1 期。

233. 袁阳平、沈旅："鄂西旅游圈进入密集建设期　10 大项目陆续启动",《长江商报》，2010 年 6 月 21 日。

234. 约翰·贝拉米·福斯特：《生态危机与资本主义》，上海译文出版社 2006 年版。

235. 约瑟夫·熊彼特著：《资本主义、社会主义与民主》，商务印书馆 2009 年版。

236. 岳跃国："产业大转移 环境挑战咋应对?"，《中国环境报》，2011 年 2 月 25 日。

237. 云南省环境保护委员会编：《云南省志·环境保护志》，云南人民出版社 1994 年版。

238. 云南省林业厅编撰：《云南省志·林业志》，云南人民出版社 2003 年版。

239. 曾凡银、冯宗宪："贸易、环境与发展中国家的经济发展研究"，《人大复印资料—世界经济》2000 年第 10 期。

240. 曾凡银、郭羽诞："绿色壁垒与污染产业转移成因及对策研究"，《财经研究》2004 年第 4 期。

241. 曾繁仁：《生态美学导论》，商务印书馆 2010 年版。

242. 曾培炎：《西部大开发决策回顾》，中共党史出版社 2010 年版。

243. 曾文婷："'生态学马克思主义'的生态危机理论评析"，《北方论丛》2005 年第 5 期。

244. 詹姆斯·奥康纳：《自然的理由——生态学马克思主义研究》，南京大学出版社 2003 年版。

245. 张非非、刘翔霄："立法与执法存"落差"依法治国需提高执行力"，中国新闻网，2007 年 5 月 24 日。

246. 张洪涛、文冬光、李义连、张家强、卢进才："中国二氧化碳地质埋存条件分析及有关建议"，《地质通报》2005 年第 12 期。

247. 张鸿：《中国对外贸易战略的调整》，上海交通大学出版社 2006 年版。

248. 张军扩："'七五'期间经济效益的综合分析"，《经济研究》1991 年第 4 期。

249. 张坤民：《中国环境保护投资报告》，清华大学出版社 1992 年版。

250. 张胜冰："中国传统文化中的生态伦理观念"，《中国美学研究》2004 夏季号。

251. 张胜男："中国要通过补贴支持新能源和节能减排"，路透中文网，

2009 年 5 月 21 日，http：//cn. reuters. com/article/CNEnvNews/idCNChina – 4561220090521。

252. 张文驹主编：《中国矿产资源与可持续发展》，科学出版社 2007 年版。

253. 张新宁："构建生态文明的机制研究"，《创新科技》2008 年第 11 期。

254. 张渝政："马克思主义生态思想为工业文明转向生态文明提供指导思想"，《生态经济》2007 年第 1 期。

255. 张玉来："试析日本的环保外交"，《国际问题研究》2008 年第 3 期。

256. 赵凌云、张连辉："新中国成立以来发展观与发展模式的历史互动"，《当代中国史研究》2001 年第 1 期。

257. 赵凌云："论中国经济发展与增长的'脱钩'与'联动'"，《江汉论坛》1991 年第 6 期。

258. 浙江省林业志编纂委员会编：《浙江省林业志》，中华书局 2001 年版。

259. 郑秉文："20 世纪西方经济学发展历程回眸"，《中国社会科学》2001 年第 3 期。

260. 中共中央文献研究室编：《新时期经济体制改革重要文献选编（上）》，中共中央文献出版社 1998 年版。

261. 中国 21 世纪议程管理中心：《发展的外部影响》，社会科学文献出版社 2009 年版。

262. 中国环境与发展国际合作委员会：《生态补偿机制课题组报告》，中国环境与发展国际合作委员会网站，http：//www. china. com. cn/tech/zhuanti/wyh/2008 – 02/29/content_ 11157887. htm。

263. 中国科学技术情报研究所编：《国外公害概况》，人民出版社 1975 年版。

264. 中国科学院可持续发展研究组：《中国可持续发展战略报告（2002）》，科学出版社 2002 年。

265. 中国社会科学院、中央档案馆编：《1949—1952 中华人民共和国经济档案资料选编：农业卷》，社会科学文献出版社 1991 年版。

266. 中国社会科学院、中央档案馆编：《1953—1957 中华人民共和国经济档案资料选编：农业卷》，中国物价出版社 1998 年版。

267. 中国社会科学院环境与发展研究中心：《中国环境与发展评论（第二

卷）》，社会科学文献出版社 2004 年版。

268. 田中明彦："环境外交是日本最后的王牌"，《中央公论》1992 年 2 月。

269. 季羡林："21 世纪，东方文化的时代"，《今日中国》1996 年 2 期。

270. 宋秀杰、王绍堂、丁庭华、张漫："美国的环保政策及对环保产业发展的影响"，《城市环境与城市生态》2000 年 10 月。

271. 张东华："美国的环保政策"，《中国审计报》，2001 年 3 月 21 日，第 6 版。

272. 张国宝："太阳能将成为新能源支柱产业"，《人民日报》，2011 年 1 月 12 日，第 10 版。

273. 谭荣久："中国成为美国绿色贸易壁垒限制最多的国家"，《北京青年报》，2002 年 7 月 19 日，第 4 版。

274. 刘啸霆："环境问题的人学价值"，《光明日报》，2004 年 6 月 8 日，第 3 版。

275. 王国玲："人口与资源、环境的相互协调是实现可持续发展的基本条件"，中国人口网，2004 年 6 月 24 日。

276. "德国'节能'高招取得显著成效"，《中国电力报》，2004 年 7 月 13 日，第 8 版。

277. 张可兴："山西算出我国第一个省级绿色 GDP"，《中国环境报》，2004 年 8 月 20 日，第 1 版。

278. 王清泉："论人与自然关系的辩证法"，《光明日报》，2004 年 10 月 26 日，第 3 版。

279. 姬振海："对建设中国特色生态文明的若干思考"，《光明日报》，2005 年 4 月 21 日。

280. 沈国明主编：《21 世纪生态文明：环境保护》，上海人民出版社 2005 年版。

281. 吴晶晶："中国工程院报告显示水污染成为东部地区最大环境问题"，《云南日报》，2006 年 3 月 1 日。

282. 韦启光："加强生态环境教育"，《贵州政协报》，2006 年 6 月 2 日。

283. 约翰·贝拉米·福斯特：《生态危机与资本主义》，上海译文出版社 2006 年版。

284. 潘岳："社会主义生态文明"，《学习时报》，2006 年 9 月 27 日第 1 版。

285. 薛惠锋："我国矿产资源开发的生态补偿机制研究"，中国人大网，

2006 年 10 月 25 日。

286. 何建坤等："全球应对气候变化对我国的挑战与对策"，《清华大学学报》2007 年 5 期。

287. 田春华：《数字增减看形势——简析〈2006 年中国国土资源公报〉》，国土资源网，2007 年 7 月 2 日。

288. 刘本炬：《论实践生态主义》，中国社会科学出版社 2007 年版。

289. 李飞、彭岚："湖北拟定排污权交易办法造纸等排污行业成试点"，《中国环境报》，2007 年 8 月 7 日。

290. 魏澄荣：《科学发展观与生态产业发展》，中国环境生态网，2007 年 8 月 15 日。

291. 刘菊花、马俊："国资委：中央企业节能减排工作有五大重点"，新华网，2007 年 8 月 29 日。

292. 徐艳梅：《生态学马克思主义研究》，社会科学文献出版社 2007 年版。

293. 李虎军："出口商品隐含能源消耗，谁该对碳排放增长负责"，中国经济网，2007 年 12 月 11 日。

294. 李景源："建设生态文明中国特色发展道路"，《中国绿色时报》，2008 年 1 月 17 日，第 4 版。

295. 郑立新："论'三个转变'"，《求是》2008 年 1 月 18 日。

296. 社论："绿色信贷：环保部门和银行共担其责"，新京报网，2008 年 2 月 14 日。

297. 吴晶晶："环保总局发布《关于加强上市公司环保监管工作的指导意见》"，新华社 2008 年 2 月 25 日电。

298. 国土资源部："2007 年国土资源公报"，中央政府门户网站，2008 年 4 月 17 日。

299. 楚晓宁："生态文明背景下公众参与制度的完善——环境保护 NGO 不可忽视"，《法制与社会》2008 年 7 月（上）。

300. 李雁争："潘岳：绿色证券细则正在制定过程中"，《上海证券报》，2008 年 7 月 9 日。

301. 林艳兴、刘晨："集体林权制度改革的'产权突破'"，新华网，2008 年 7 月 20 日。

302. 王世玲："外贸新变量：环保部启动贸易环境逆差核算"，新浪网，2008 年 8 月 28 日，http：//finance. sina. com. cn/roll/20080828/23482398229. shtml。

303. 张爱娥、赵美珍："论生态文明建设的环境法治保障"，《江苏工业学院学报》2008 年第 9 期。

304. 章轲："环保部编制《全国生态脆弱区保护纲要》"，《第一财经日报》，2008 年 10 月 14 日，第 1 版。

305. 塔尼亚·布兰妮根："水土流失将使中国近亿人失去土地"，《参考消息》，2008 年 11 月 24 日，第 7 版。

306. 董智永："生态补偿机制促进子牙河水质改善"，人民网，2008 年 11 月 27 日。

307. 张瑞丹："中国'绿色保险'已取得阶段性进步"，财经网，2009 年 1 月 7 日。

308. 杨通进：《生态文明理论构建与文化资源》，中央编译出版社 2009 年版。

309. 布伦丹·奥尼尔："汽车与生态帝国主义的兴起"，《参考消息》2009 年 3 月 25 日，第 4 版。

310. 田如柱："常修泽：资源产权制度改革正当时"，《经济参考报》，2009 年 4 月 15 日。

311. 冯永峰："警惕工矿污染与城市污染向农村转移"，《光明日报》，2009 年 6 月 10 日。

312. 杨速炎："外资'盯上'中国垃圾"，网易探索（广州），2009 年 7 月 29 日。

313. 邱成利："新环境、技术创新与新产业发展"，景德镇科技网，2009 年 8 月 29 日。

314. 常昕："环保部官员：中国愿与国际社会携手应对环境挑战"，《国际在线》，2009 年 9 月 14 日。

315. 中国法学会能源法研究会："能源变革与法律制度创新"，中国能源法律网，2009 年 9 月 24 日。

316. 刘国成、黄绳纪："推行绿色保险利在社会惠及百姓"，《珠江环境报》，2009 年 9 月 30 日。

317. 联合国开发计划署编：《中国人类发展报告.2009/10：迈向低碳经济和社会的可持续未来》，中国对外翻译出版公司 2010 年版。

318. 张年亮、舒方静、骆盈盈："生态补偿机制建设获新进展"，《人民日报》（海外版），2009 年 10 月 26 日，第 4 版。

319. 谈尧："中国实行怎样的碳税制度"，《中国财经报》，2009 年 10 月

27 日。

320. 胡鞍钢："中国绿色现代化三步走"，中国新闻网，2009 年 11 月 13 日。

321. 温铁军："我国集体林权制度三次改革解读"，中国园林网，2009 年 11 月 18 日。

322. 肖明、朱亚梅："资源税费改革步伐加快环境税上马碳税或 2012 年开征"，《21 世纪经济报道》，2009 年 12 月 12 日。

323. 逯元堂："稳步推行环境公共财税政策"，《中国环境报》，2009 年 12 月 24 日。

324. 赵承等："青山遮不住，毕竟东流去——温家宝总理出席哥本哈根气候变化会议纪实"，《人民日报》，2009 年 12 月 25 日，第 1 版。

325. 赵文明："推动'绿色保险'亟须法律保障 让污染受害者不再为索赔奔波"，《法制日报》，2009 年 12 月 31 日。

326. 黄东风："关于发展低碳能源技术的探讨"，《资源与发展》2010 年第 1 期。

327. 毛明芳："中国特色生态文明的理论定位特质与建构"，《中国井冈山干部学院学报》2010 年第 1 期。

328. 新华社："温家宝在 2009 年度国家科学技术奖励大会上的讲话"，中央政府门户网站，2010 年 1 月 11 日。

329. 中华人民共和国环境保护部："第一次全国污染源普查公报"，《经济日报》，2010 年 2 月 10 日，第 7 版。

330. 张国宝："科学发展：电力工业赢得挑战的根本路劲"，《求是》2009 年第 4 期。

331. 张国宝："太阳能将成为新能源支柱产业"，《人民日报》，2011 年 1 月 12 日，第 10 版。

332. 张国宝："中国低碳能源多项居世界前列"，中国新闻网，2010 年 7 月 3 日。

333. 张擎："低碳路上的'取'与'舍'——选择中国特色低碳道路"，《前沿》2010 年第 7 期。

334. 张庆源、胡健："战略性新兴产业圈定七大领域"，《财经国家周刊》2010 年第 21 期。

335. 张文驹主编：《中国矿产资源与可持续发展》，科学出版社 2007 年版。

336. 张语和："生态文学向我们走来"，《人民日报》，2011 年 1 月 18 日。

337. 郑秉文："中国经济需向效率驱动型转变"，《湖北日报》，2011 年 3 月 15 日，第 9 版。

338. 中共中央马恩列斯著作编译局：《马克思恩格斯〈资本论〉书信集》，人民出版社 1976 年版。

339. 中国中央文献研究室编：《毛泽东哲学批注集》，中央文献出版社 1988 年版。

340. 中华人民共和国环境保护部："第一次全国污染源普查公报"，《经济日报》，2010 年 2 月 10 日，第 7 版。

341. 中新社：《潘岳：要继续推进环境税费、绿色信贷等经济政策》，中国新闻网，2009 年 7 月 29 日。

342. 重庆环境保护局编：《重庆市环境保护志》（内部发行），1997 年。

343. 周国富："以生态文明建设为导引　加快转变经济发展方式"，《人民日报》，2010 年 8 月 6 日。

344. 周生贤："进一步提高可持续发展能力"，《经济日报》，2009 年 11 月 12 日，第 7 版。

345. 周生贤："探索中国环境保护新道路，提高生态文明水平"，环保部网，2010 年 11 月 12 日，http://www. chinadaily. com. cn/hqgj/jryw/2010 - 11 - 12/content_ 1195032. html.

346. 周生贤："以生态文明为指导探索中国特色环境保护道路"，《人民日报》，2009 年 6 月 4 日，第 7 版。

347. 周生贤："积极建设生态文明"，《今日中国论坛》2009 年第 11、12 期合刊。

348. 周新："国际贸易中隐含碳排放核算及贸易调整后的国家温室气体排放"，《管理评论》2010 年第 6 期。

349. 周兆军、应妮："可再生能源法修改为应对气候变化提供法律支持"，中国新闻网，2009 年 12 月 26 日。

350. 朱莉、卓昕："中国可持续投资市场正在萌芽"，中国报道网，2010 年 4 月 24 日。

351. 朱剑红："国家低碳省区市试点启动"，《人民日报》，2010 年 8 月 19 日，第 3 版。

352. 朱丽叶·埃尔伯林："中国在减排方面取得进展"，《参考消息》，2010 年 9 月 14 日。

353. 朱小雯："'绿色证券'正细化'双高'行业分类",《每日经济新闻》,2008 年 11 月 26 日。

354. 祝惠春："拒绝污染跨国转移",《经济日报》,2005 年 2 月 25 日,第 7 版。

后 记

2008 年 6 月，我主持申报的国家社会科学基金课题"以科学发展观指导生态文明建设研究"有幸得以立项，批准号为 08BJY005。研究工作历时四年。四年间，课题组成员根据分工和总的指导思想，进行了大量的文献研究和实地调查研究。先后完成和公开发表了七篇专题论文。其间，课题组多次召集会议，进行集中研讨，集中修改，终于完成了现在这份研究报告。在国家社会科学基金管理委员会组织的成果鉴定中，被鉴定为"优秀"。党的十八大将生态文明建设纳入中国特色社会主义总体布局后，我们又根据这一精神做了修订和补充。

本书在写作中参考借鉴了课题研究分报告的成果。课题研究报告由我提出总体框架，课题组成员分头提供初稿，最后由我修改、补充定稿。本书各章作者是：导论（赵凌云），第一章（赵凌云、李海新、朱建中），第二章（赵凌云），第三章（赵凌云、付泽风），第四章（张连辉），第五章（张连辉），第六章（赵凌云、朱建中），第七章（赵凌云），第八章（黄家顺），第九章（易杏花），第十章（赵凌云），第十一章（马德富），第十二章（赵凌云），第十三章（常静），第十四章（付泽风），第十五章（张连辉），第十六章（赵凌云），第十七章（张璐）。姚莉参与了案例研究。张连辉、易杏花、朱建中协助我做了统稿工作。课题研究中得到湖北省社会科学院曾成贵书记、宋亚平院长的关心，得到中南财经政法大学和湖北省社会科学院科研处的大力帮助，在此深表谢意。特别要感谢中国财政经济出版社贾杰社长和刘五书博士对本书出版的大力支持。

生态文明建设是中国特色社会主义"五位一体"总体格局中一项新的内容，理论和实践探索尚未全面展开，加上我们学力有限，希望学界同仁对错误和疏漏之处不吝批评指正。

赵凌云

于中南财经政法大学

2013 年 4 月 6 日